U0343199

移动开发丛书

iOS移动开发
从入门到精通

李发展　王亮　编著

清华大学出版社
北京

内容简介

本书由资深iOS开发工程师精心编撰，系统地介绍了使用iOS 10+Swift 3+Xcode 8开发移动应用的关键技术。

本书共分三篇，第一篇为基础篇，主要介绍了iOS开发基础知识，包括iOS系统的历史、Swift 3.0语言、UI界面构建技术、视图控制器、常用的控件、表和集合视图、视图和层、声音、视频、动画等。第二篇为进阶篇，主要介绍了Alamofire网络服务、数据的持久化、多线程、CoreText、CoreImage、Storyboard、自动化测试、性能分析、本地化、加密与安全等实用技术。第三篇为实例篇，通过对实体层、表现层和逻辑层三层相关技术的讲解，向读者详细展示了MVC设计模式在项目开发中的应用方式，并最终创建一个成熟的商业项目。

本书采用丰富的实例，直观的代码展示，向读者形象地讲解了在创建一款优秀的iOS应用程序时，所需要的大部分技巧，帮助读者轻松掌握并高效开发iOS程序。本书适合iOS开发新手、iOS程序员、iPhone开发人员、iPad开发人员使用，也可以作为相关培训机构和大专院校相关专业的教学用书。

图书在版编目（CIP）数据

iOS移动开发从入门到精通/李发展，王亮编著. —北京：清华大学出版社，2017
（移动开发丛书）
ISBN 978-7-302-46202-6

Ⅰ. ①i… Ⅱ. ①李… ②王… Ⅲ. ①移动终端－应用程序－程序设计 Ⅳ. ①TN929.53

中国版本图书馆CIP数据核字（2017）第020001号

责任编辑：王金柱
封面设计：王　翔
责任校对：闫秀华
责任印制：宋　林

出版发行：清华大学出版社
网　　址：http://www.tup.com.cn，http://www.wqbook.com
地　　址：北京清华大学学研大厦A座　　**邮　　编：**100084
社 总 机：010-62770175　　**邮　　购：**010-62786544
投稿与读者服务：010-62776969，c-service@tup.tsinghua.edu.cn
质 量 反 馈：010-62772015，zhiliang@tup.tsinghua.edu.cn
印 装 者：清华大学印刷厂
经　　销：全国新华书店
开　　本：190mm×260mm　　**印　张：**37.25　　**字　　数：**954千字
版　　次：2017年3月第1版　　**印　　次：**2017年3月第1次印刷
印　　数：1～3500
定　　价：99.00元

产品编号：069159-01

前　言

编写本书的目的

2011 年 9 月，笔者第一次接触了 mac OS 平台，并且学习了 Xcode 工具和 Objective-C 语言。当时市面上的学习资料也比较稀少，所以学习 iOS 开发即便是对于笔者这个曾经从事过三年 PHP 编程和四年 J2EE 开发的程序员来说，也是比较吃力的事情。而对于现在的读者来说，几乎有数十种 iOS 入门的教程可供选择。不过令人感到困惑的是，还没有一本书籍，能够作为初学者向更高阶内容前进的桥梁。

本书针对没有任何苹果应用程序开发基础的开发者，从基本的 iOS 程序语言 Swift 3.0 开始，接着对苹果公司提供的开发 API 框架 Cocoa touch 的原理进行分类和详细讲解，进而对 iOS 的顶尖技术进行梳理和讲解。最后结合实际案例，整合出一款符合 MVC 设计模式的商业 App，让读者能够成为在 iOS 应用开发领域中驰骋的高手。

iOS 系统已陪伴我们走过了 9 个年头，iPhone、iPod touch、iPad 这些搭载着 iOS 系统的设备，以其丰富的功能和出色的用户体验，改变了我们日常的生活、工作和娱乐方式。

当全世界都在赞叹苹果的 iOS 时，iOS 的就业大门也面向全世界打开了。随着移动互联网渐入佳境，越来越多的组织和个人开始进入移动互联网领域。在这个充满机会的移动互联时代，赶快加入 iOS App 的开发行列吧！

本书主要内容

本书内容全面，几乎涵盖了 iOS 10 应用开发所需要的主要内容，全书内容言简意赅，讲解方法通俗易懂，特别适合于初学者学习使用。

本书共分三篇，第一篇为基础篇，主要介绍了 iOS 开发基础知识，包括 iOS 系统的历史、Swift 3.0 语言、UI 界面构建技术、视图控制器、常用的控件、表和集合视图、视图和层、声音、视频、动画等。第二篇为进阶篇，主要介绍了 Alamofire 网络服务、数据的持久化、多线程、CoreText、CoreImage、Storyboard、自动化测试、性能分析、本地化、加密与安全等实用技术。第三篇为实例篇，通过对实体层、表现层和逻辑层三层相关技术的讲解，向读者详细展示了 MVC 设计模式在项目开发中的应用方式，并最终创建一个成熟的商业项目。

本书采用丰富的实例，直观的代码展示，向读者形象地讲解了在创建一款优秀的 iOS 应用程序时，所需要的大部分技巧，帮助读者轻松掌握并高效开发 iOS 程序。

本书特点

内容全面：包含 Swift 3.0 语言、Cocoa Touch、视图控制器、控件、表格、网络、地图、音频、视频、动画、触摸、手势、故事板、CoreData、性能测试、加密解密等众多功能模块。这些内容是 iOS 开发必知必会的内容，需要读者重点掌握。

由浅入深：内容按照原理讲解、实现过程、代码解析的编排顺序讲解，使读者朋友更容易掌握知识点。同时对重点代码做了大量注释和讲解，以便于读者更加轻松地学习。

代码精简：为了在有限的篇幅内讲解更多的实用功能，在本书中只给出了每个实例的核心代码及分析结构性代码，保留关键代码和核心代码，以节省篇幅，让本书更超值。

原理图解：为复杂的原理讲解配有生动、详细的图例，以帮助读者轻松理解相关概念。

重点讲解：对每个实例的核心功能都给予了专门讲解，以便于读者更好地掌握。

书中的实例完全适用于全新的 iOS 10 开发平台，同时也兼容 iOS 9 开发平台。

读者对象

通过对本书的学习，读者可以基本建立起 iOS 10 技术的思想框架，并且对 iOS 10 开发的过程有一个全面的了解。因此本书适合 iOS 开发初学者、iOS 程序员、iPhone 开发人员、iPad 开发人员学习，同时也可以作为相关培训机构和大专院校相关专业的教学用书。

配套光盘

本书配套光盘提供了作者特别录制的有关 iOS 开发的相关视频课程和全书示例源代码，以方便读者掌握本书内容。

源代码中的文件夹名称，如 17.1.3 CoreTextProject_RichText，名称的前三个数字依次表示第 17 章的第 1 节的第 3 个示例项目的源代码。CoreTextProject 表示当前为 CoreText 相关的示例项目，而 RichText 为示例项目的名称。

本书中大部分示例可以在 Xcode 8 的 iOS 模拟器中运行。部分示例如相机、定位设备的使用，需要连接真机进行测试。此时你需要一个苹果开发者账户，来访问大部分工具和文档，并且需要一个开发人员许可证来在真机上运行应用程序，对此请参考第 1 章的内容进行账号的注册和设置。

勘误和支持

书中所有章节的内容和源码，都根据 Swift 3.0 和 iOS 10.0 版本进行了更新。如果你遇到有关兼容性的问题请联系我们，我们会发布更新并进行修改。

如果你对本书的内容有任何建议，或者发现了本书的一些错误，希望尽快联系我们，这将对本书的后续版本有很大的帮助。我们非常愿意听取任何能使本书变得更加完善的建议，并会不断致力于让本书更加完美。

如果你有关于本书的任何评论或者疑问，请访问微信公众号 coolketang 联系我们。

致谢

对于本书的完成，要特别感谢王金柱编辑给予的帮助和指导。诸位编辑在检查书稿时认真细致的态度，也令人称赞，整个沟通过程非常愉快。

感谢笔者的爱人在孕期依然帮助笔者校对书稿，感谢家里的老大和刚刚出生的小女儿给笔者莫大的精神支持。

最后还要感谢冉玉玲、李爱民、谢美仙、李晓飞、朱娟、李红梅、金善众、蔡银珠、金依灵、郑大翰、戴永威等人在写作的过程中给予的支持和鼓励！

编　者

2016 年 12 月 12 日

目 录

第 01 章 开发准备

工欲善其事，必先利其器。在学习 iOS 移动开发之前，首先应该将开发环境配置完成并且对所需要使用的开发工具进行了解。本章将首先向读者介绍 iOS 10 系统相比之前系统的一些新特性，使读者对目前主流的 iOS 系统有一定的宏观上的了解，后面将一步步演示开发环境的搭建并向读者介绍开发工具 Xcode 的常用功能。

通过本章的学习，读者能够掌握：

1. 了解 iOS 10 的新特性和新功能。
2. 申请免费的 Apple ID 账号。
3. 使用 Xcode 开发工具创建 iOS 工程。
4. 使用 Xcode 开发工具编写与调试程序。
5. 熟悉 Xcode 工程结构。
6. 编写第一个程序 HelloWorld。
7. 使用 Git 工具进行版本管理。
8. 使用 GitHub 代码托管平台。

1.1 iOS 移动开发现状

iOS 是 Apple 公司（简称 Apple）推出的一款操作系统，是用于 Apple 移动设备的移动操作系统，和 Apple 的 macOS 操作系统一样，属于类 Unix 的商业操作系统。在 2007 年 1 月 9 日的 Macworld 大会上，Apple 公司公布了这个系统。由于最初是设计给 iPhone 使用的，所以该系统原名为 iPhone OS，即“iPhone 运行 OS X”，该系统使用了和 macOS 一样的 Unix 内核。

iPhone OS 系统后来被陆续应用到 iPod touch、iPad 等产品上，这样 iPad、iPhone、iPod touch 三个系列的产品都在使用 iPhone OS 系统，因此在 2010 年的 WWDC 大会上，Apple 宣布其 iPhone OS 改名为 iOS，并获得了思科 iOS 的名称授权。

经历了近十年时间的发展，iOS 系统经历过多个版本，支持了多代的 iPhone、iPad 和 iPod 设备，目前已经成长为一个市场上影响力最大、功能最丰富、生态最完整的移动操作系统。

1.1.1 iOS 的历史

2007 年，当乔布斯（史蒂夫•乔布斯，Apple 公司联合创始人，别名乔帮主）带来 iPhone 手机的同时，iOS 移动系统也跟大家见面了。如今该系统已经升级到了 iOS 10，它原来的掌舵人也从 Scott Forstall 变为了乔纳森。在图 1.1 中列出了从 iOS 1.0 至 iOS 10.0 共 10 个版本的 Home Screen 的界面变化。

图 1.1 （摘自 www.coolketang.com）

第一代 iPhone OS 面世时，其存在着各种各样的问题，诸如无法发送 MMS、无法使用复制粘贴功能、全封闭的系统，并且只有黑色的背景，无法自定义壁纸等。但是这些问题并不能阻止它成为一个伟大的操作系统。iOS 1.0 拥有大量的创新功能，它展现了革命性的人机交互方式，iPhone 之前的智能手机都是使用键盘或手写的方式进行人机交互，而 iPhone 则实现了一种全手控操作模式。所以谷歌地图在第一代 iPhone 上的用户体验，秒杀了当时在其他平台上的版本。

一年后伴随着 iPhone 3G 的出现，iPhone OS 才算是得到了真正意义上的完整。2008 年 7 月，Apple 为 iOS 发布了 APP Store，并为第三方应用提供了一种可管理的标准模式，用来开发、浏览、下载和安装应用。如今的 App Store 绝对是 iOS 发展史上最重要的杀手应用，它不仅帮助 Apple 建立了一个庞大的应用生态，而且让众多的开发者因此找到了自己的商业模式和商业机会，而 Apple 也因此积累了庞大数量的精品应用。

在 iPhone 3GS 发布的同时，Apple 也带来了 iOS 3.0 系统。iPhone 3GS 型号中的 S 也代表了 Speed 速度的意思，由于硬件上的提升，所以 3GS 在速度上有了不小的升级。从此 iPhone 手机每两年进入一次大升级，中间一年推出的设备型号的尾部常被标以 S，如 iPhone 4S、iPhone 5S 等，表示在设备性能上进行了一些升级。此时自 iOS 3.2 开始被应用于 iPad，Apple 针对大屏幕进行了 UI 优化设计，并且专门针对大屏幕做了功能优化设计。

在 iPhone 4 时代，iPhone OS 被正式更名为 iOS，iOS 4 开始支持多任务技术，此时的多任务方式比较不会受到后台应用占用内存的影响，也能保证不错的续航能力。多任务的菜单是通过双击 Home 键的方式调出的。

Siri 是 iOS 5 最大的亮点，实现了语音控制输入的功能。用户可以通过 Siri 技术，使用语音提问的方式进行人机交互。Apple 在 iOS 5 中取消了对数据线的依赖，可以使用 Wi-Fi 进行设备的激活，这意味着 iPad、iPhone 已经彻底变成了个人移动终端，减轻了对桌面环境的依赖。

Siri 语音助手在 iOS 6 中得到了加强，iOS 6 用户已经可以使用语音打开应用程序，甚至可以发送状态到 Facebook 和 Twitter。iOS 6 也被称为一个告别谷歌的系统版本，最大的一个变化是不再使用从第一代开始一直内置的谷歌地图，而是采用了 Apple 自己开发的地图服务。

iOS 系统最突出的一次演变是在 iOS 7 时发生的。iOS 掌门人换成乔纳森后，iOS 7 也进行了大调整，大家熟悉的拟物化图标全都被拍扁了，多任务界面也发生了巨大的变化，变得更加直观，用卡片式替代了原有的应用图标，如图 1.2 所示。当时受 Windows Phone 的影响，其他两个主流移动操作系统 iOS 和 Andriod 都开始陆续向界面简洁、扁平、易操作和多彩的风格变化。而 Apple 从 iOS 7 开始就将系统的设计风格变得扁平及鲜艳，景深切换看上去也非常炫酷，并且图标的改动也非常容易理解。这个变化是从第一代 iPhone 问世以来最明显的不同。

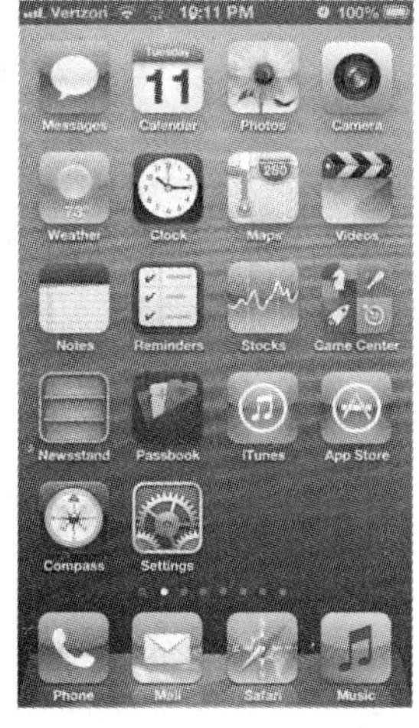

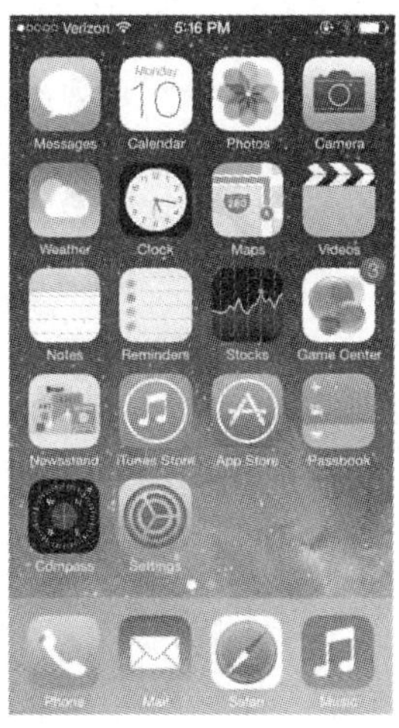

图 1.2

iOS 8 的正式版本的系统于 2014 年 9 月 17 日向用户推送，它支持 iPhone 4S、iPad 2、iPod touch（第五代）及更新的设备。在这个版本中，Apple Pay 终于和大家见面了，只是当时的中国内地用户还暂时无法使用该功能。在 iOS 8 中，Apple 也对一直被诟病的输入法进行了升级，终于开放了对第三方输入法的支持，也正是从该版本开始，iOS 越狱版的用户变得也越来越少。

iOS 9 系统比 iOS 8 更加稳定，功能也更加全面，而且还更加开放。iOS 9 加入了更多的新功能，包括更加智能的 Siri 和省电模式。Siri 变得更加智能，甚至在你开口之前，新的主动建议功能就可以帮你把事情办妥；Slide Over、Split View 和画中画功能让用户能够以全新的方式，在 iPad 上进行多任务处理；还有全新的 QuickType 功能，让快捷键触手可及，从而使格式设定和文本选择更为轻松。

1.1.2 iOS 10 的十大变化

iOS 在过去近 10 年的时间里，对智能手机的发展做出了巨大的贡献，其实现了对使用习惯、用户体验和人机交互等多方面的多种创新和革命，功能也变得更加完善。

2016 年 6 月，Apple 发布了 iOS 第 10 个版本，不知不觉 iOS 的版本号也到达了两位数的大关。Apple 对系统版本的更新也是严格控制，无论是消费者还是企业用户，都能够第一时间体验到最新版本的系统。在第 10 个版本中，Apple 共有 10 项重大革新：

- 锁屏界面和控制中心的重新设计　锁屏界面可以显示丰富的通知功能，左滑右滑可以进入不同的功能页面，并且可以使用 3D Touch 直接管理通知并进行各项操作，无须解锁就可进入系统；控件中心布局更加合理，功能更加丰富，同时也增加了左滑右滑的操作，使用 3D Touch 也可以在控制中心实现多样化的操作；
- Siri　Siri 变得更加开放，允许开发者的 App 调用 Siri API，你可以使用 Siri 发送微信、调用 Uber 和滴滴打车软件等；
- Photos　加入了智能脸部和场景的识别，并且增加 LivePhoto 编辑功能。还配备了深度学习智能系统，能够自动将照片进行归类；
- Apple Map　提供全新设计的 UI，支持实时交通信息，并且将苹果地图开放给开发者以集成如订餐、打车等服务；
- Apple Music　音乐播放界面变得更加简洁、清爽，并且提供音乐下载管理面板，同时支持歌词的显示；
- News　支持新闻订阅功能，并且可以推送大量突发、重大的新闻；
- HomeKit　管理所有连接 iOS 的智能硬件，提供场景化功能；
- 电话功能　针对中国用户进行了优化，增加防骚扰电话功能；
- iMessage　自动识别可以转换为 emoji 表情的词语，同时向开发者开放；隐形信息可通过涂抹来查看内容，Tapback 则允许接收人对发过来的信息进行评价；
- QuickType　使用快速输入功能，iOS 10 可以在用户输入地点、电话、联系人等信息时提供快速输入支持。

1.1.3 iOS 应用开发的八个特点

iOS 作为移动操作系统，在开发运行在其平台上的应用和游戏时，需要注意和传统的软件开发方式的一些不同之处。

- 屏幕的不同　采用 iOS 系统的 iPhone 屏幕较小，只是把需要显示给用户的内容合理地组织在一块小小的屏幕上，所以需要设计者进行精心的设计和排版。
- iOS 系统采用手指触摸的方式进行人机交互，所以要尽可能使按钮等交互控件的尺寸保持在 44 点以上，以避免误操作。
- 内存的不同　运行 iOS 系统的移动设备，通常内存在 512MB ~ 2GB 之间。用户需要在应用中合理地使用多媒体素材，保证应用不会因太耗内存而被系统自动关掉。
- 电量的不同　作为运行在移动设备上的应用，需要尽可能降低电量的消耗。比如及时关闭地理定位服务，减少不必要的网络请求，尽量避免以轮询的方式工作，不然会使 CPU 无法进入睡眠状态，从而引起电量的长时间消耗。
- 安全方面的限制　一个 App 作为一个程序束 bundle 存在，App 只可以访问其资源束之内的文件夹或其他资源文件。
- 可访问的设备众多　在 iOS 中运行的应用，可以访问移动设备自带的加速计、陀螺仪、地理定位设备、蓝牙、相机等。
- 少用菜单　iOS 系统中的应用很少使用菜单进行页面之间的跳转，而是通常采用导航控制器或标签控制器进行页面之间的导航。
- 程序退出方式　iOS 系统中的应用，没有最小化和关闭按钮。用户通过按下设备底部的 Home 键，退出正在运行的应用，应用退出后仍然会在内存中保留一段时间。

1.2 iOS 10 的新功能

Apple 公司的技术团队是非常棒的，他们把基于 mac OS 的移动计算与多点触摸屏幕、位置感知等技术结合在 iOS。

Apple 公司于 2008 年 3 月首次推出 iPhone SDK beta 版本，仅仅用了 9 年，iOS 的版本号就已然风风火火地升级到了 iOS 10。遥想当年，iOS 1.0 的版本还没有问世，就被乔布斯认为这个不符合用户需求，内部 pass 掉了。后来的 iPhone SDK 上市不到一周，下载量就超过了 10 万。

Apple 保持着每年更新一个技术版本功能，iOS 迭代周期的速度之快，让同行望尘莫及。iOS 5 增加了 ARC 和 iCloud；iOS 6 增加了内购；iOS 7 增加了对 Bit 64 支持，TextKit 和全新的扁平化设计；iOS 8 增加了 Size class 和 Autolayout；iOS 9 增加了 3D Touch 和 iPad 分屏等丰富有趣的新功能。那么在 iOS 10 中有哪些新增功能呢？下面我们一一道来。

1.2.1 SiriKit

iOS 10 中增加了 SiriKit 的框架，这毫无疑问会提升使用了 SiriKit 的 App 的用户体验。SiriKit 为我们提供了全套从语音识别到代码处理功能，最后向用户展示结果的流程。使用 Intents.framework 来封装 Siri 获取解析的结果，Intents.framework 是 Apple 加入的一套全新的框架，再通过 IntentsUI.framework 提供给用户反馈结果。遗憾的是 Apple 并没有完全把 Siri 放开给我们的 App，但这也算是良好的开始。目前仅支持下面几种类型的服务：

- 语音和视频通话
- 发送消息
- 发送或接收付款
- 搜索照片
- 约车
- 管理健身
- 设置 CarPlay（仅仅支持汽车企业）
- 酒店预定（需要 Apple 的额外支持）

1.2.2 Proactive Suggestions（预建议）

iOS 9 中增加了系统给予用户预建议的功能，这个功能主要体现在这几个使用场景：Spotlight 搜索、Safari 搜索、Handoff 和 Siri 建议。Apple 在 iOS 10 之后对这些功能做了增强，开发者可以提供一些信息，让用户能够体验到 App 的简捷性，例如键盘上的 QuickType 建议、地图、车载娱乐、应用切换、Siri 交互、锁屏播放等场景。实现这些场景功能，需要一组技术的支持，例如：NSUserActivity、Web 标签（定义在 Schema.org 中）和定义在 Core Spotlight、MapKit、UIKit、Media Player 中的一些简单的 API。使用场景如下：

- 在一个应用里看一个酒店，可以使用 iOS 10 中 NSUserActivity 里新增的 mapitem 属性去保存正在查看的这个酒店的位置。假如用户正在使用 Hotel App，利用 mapitem 保存了位置，然后切换旅行或地图等其他 App 时，这个位置可以自动提供使用。如果需要利用这样的功能来共享一个位置给 Siri，那么需要指定这个位置的经纬度、地名和电话等属性，方便于 Siri 的直接调用。
- 可以共享位置给 iOS 系统。需要指定 CSSearchableItemAttributeSet 中的 latitude 和 longitude 值，同时还建议指定 namedLocation 和 phoneNumbers 属性，用户即可看到地名和电话。还可以让 Siri 去给这个位置打电话，就像百度地图中可以查到商家的店铺名和电话一样。
- 在 iOS 9 中，可以添加标记到 Web 的页面中，用户可以在 Spotlight 和 Safari 中搜到相关的结果。在 iOS 10 中，还可以添加一些标签（定义在 Schema.org）。例如增加了 PostalAddress，可以更好地提升用户体验，如果用户在网页中查看一个位置，当跳转到 Map App 时，可以同样定位到网页中的位置。
- UIKit 在 UITextInputTraits 中增加了 textContextType 属性，系统可以在这个区域提示建议字词或来自其他 App 的建议性字词。

- iOS 10 中可以利用 MPPlayableContentManager 中的方法，让用户在锁屏的状态下去播放视频音频，查看封面图片。

1.2.3 Integrating with the Messages App

首先要明确一下，iPhone 中的 Messages App 发送信息时有两种形式：一种是通过短信的形式发送，第二种是通过 Apple ID 以流量的形式发送。iOS 系统优先采用流量的形式发送，如果失败了再采用短信的形式发送。

iOS 9 中，我们也常用 Messages App（iPhone 上的短信）中的手机号发短信，去验证用户身份等功能，我们对 Messages App 的使用仅此而已，而在 iOS 10 有了一定的提升后，可以利用 Message extension 和 Messages App 打交道。用户可以发送一些文字、贴纸（程序中 Stickers.xcstickers 中的一些图片）和交互式的信息。互动式的信息就是当用户发送信息给其他用户，其他用户做出相应的反应后，用户发送的信息会自动更新。

Messages App 流量方式的最大弊端依旧是不能兼容 Android 平台，仅能在 iOS、watch OS、mac OS 设备间进行发送。

Messages Extension 有两种形式：

- 添加一个贴纸包（Sticker Pack）到应用程序当中，我们可以把一些图片放到 Stickers.xcstickers 目录下供 Messages App 使用。
- 可以在 Messages App 中创建自定义界面，进行贴图、文字、媒体文件的发送和收取。

在现有的工程中添加 Messages extension 的步骤是 File > New > Target，然后选择 Sticker Pack Application 或 iMessage Application，如图 1.3 所示。

图 1.3

1.2.4 User Notifications

一个 App 可以没有访问相册的功能，可以没有拍照的功能，可以不用 CoreData 数据存储，可以不用 UIWebView 网页浏览，但是几乎没有哪个 App 是不使用消息推送功能的，也就是 iOS 设备中的通知中心。

在 iOS 8 中苹果对通知中心做了提升，增加了 Widget 功能（如图 1.4 所示）和本地通知，与此同时也对接受消息推送后的方法做了调整。

图 1.4

在 iOS 10 中，Apple 对用户中心方面的代码从新梳理，并引入了 UserNotifications.framework 和 UserNotificationsUI.framework 两个框架。

我们利用 UserNotifications.framework 处理来自本地和远程的通知，也可以利用 UserNotifications.framework 处理特定条件的本地或远程通知，特定条件可以是时间或某个地点。我们的 App 和 App Extensions 都可以利用 UserNotifications.framework 接受和修改收到的通知。

我们可以利用 UserNotificationsUI.framework 去自定义收到通知后的显示界面，App extension 可以借助这个框架，实现收到通知后的可视化的反馈和执行与之相关的方法。

1.2.5 Speech Recognition

iOS 10 中引入了全新的语音识别功能，并且是连续识别，这个功能可以说是相当强大的。也有很多公司主要业务是提供这个服务，但是大部分都是收费的服务。所以这对开发者来说是一个响当当的福音。

所有的语音识别都被苹果封装到了 Speech.framework 中，我们的 App 可以借助 Speech.framework 来实现语音识别并且转化成文本，也可以实时转化已有的录音文件。最有意思的事情是，我们也完全可以利用 AVFoundation 中的 AVSpeechSynthesizer，来实现将文字转换为语音的功能，这样就实现了在 iOS 中语音与文字之间的相互转换。举例：我们在 App 中可以获得一个 speech recognizer 开始一个录音识别。

```
let recognizer = SFSpeechRecognizer()
let request = SFSpeechURLRecognitionRequest(url: audioFileURL)

recognizer?.recognitionTask(with: request, resultHandler: { (result, error) in
    print (result?.bestTranscription.formattedString)
})
```

像使用其他用户受保护的数据（Calendar 和 Photos）一样，使用语言识别是需要用户授权的。语音要临时上传到苹果的服务器，这样可以提高语音识别的准确度。数据临时放到苹果的服务器上是值得信赖的，FBI 曾在 2016 年 3 月要求 Apple 解码一个疑似恐怖份子的 iPhone 手机密码，Apple 拒绝了，因为他们更加尊重用户的隐私。

为了实现用户授权，需要在 Info.plist 中增加 NSSpeechRecognitionUsageDescription 作为 key。有一点需要注意，当我们的 App 正在实时识别语音的时候，需要给用户一个界面性的提示，并尽量减少环境音的干扰。

1.2.6 Wide Color

在 iOS 10 中增加了 Wide Color，iOS 系统中的 Core Graphics、 Core Image、 Metal 和 AVFoundation 都已经对此提供了支持。

图形堆栈扩展方式比以往支持广色域的显示更加容易。现在对 UIKit 扩展 sRGB 的色彩空间工作，性能更好，也可以在广泛的色域中搭配 sRGB 颜色。我们在开发中经常会使用到 UIColor，UIColor 中新增了一个构造方法，用来获得一个 P3 颜色对象。

```
init(displayP3Red: CGFloat, green: CGFloat, blue: CGFloat, alpha: CGFloat)
```

1.2.7 Adapting to the True Tone Display

iOS 10 中引入了 TrueTone Display 显示技术，提供了四通道光源传感器，这个功能是需要硬件支持的。这让它能根据环境光量程度调整颜色，这种技术比单纯的亮度调节又更进了一步，它能直接改变屏幕的颜色。

比如天气比较暗的时候屏幕会偏冷色，周围是暖色调屏幕也会呈现暖色调，这是很强大的技术。我们需要在程序中的 Info.plist 中，指定 UIWhitePointAdaptivityStyle 作为 key，来适应不同的 App。

key 包含 5 个档位的值：

- UIWhitePointAdaptivityStyleStandard 标准，适用于普通的 App。
- UIWhitePointAdaptivityStyleReading 阅读，适用于阅读的 App，强于 Standard。
- UIWhitePointAdaptivityStylePhoto 图片，适用于图片的 App，弱于 Standard。
- UIWhitePointAdaptivityStyleVideo 视频，适用于视频的 App，弱于 Standard。
- UIWhitePointAdaptivityStyleGame 游戏，适用于游戏的 App，弱于 Standard。

1.2.8 Widget Enhancements

iOS 10 中的 Widget 可以在锁屏时显示，之前只能在通知中心显示。为了让 Widget 和锁屏屏幕背景看起来协调，用户可以指定 widgetPrimaryVibrancyEffect 或 widgetSecondaryVibrancyEffect 属性，原有的 notificationCenterVibrancyEffect 会被抛弃。另外 Widget 还增加了显示模式的概念，也就是枚举 NCWidgetDisplayMode，可以选择紧凑和扩展两种形态。

1.2.9 Security and Privacy Enhancements

Apple 一向以安全和用户隐私为底线，这些年在一路飙升到 iOS 10 的过程中，每一个版本都对用户的安全和隐私做了提升和优化。

虽然也曾有暴力破解 iPhone 开机密码，Xcode Ghost 或用 Safari 访问一个网页来直接越狱等各种漏洞，即便如此，iOS 的设备没有像其他平台的 App 那样，可以很容易地盗取用户通讯录、手机短信验证码等严重危害到用户的隐私和资金安全的漏洞。Apple 每年九月份都会发布一个 iOS 新版本，在发布前后的一年时间里，也会逐渐升级一些小版本，以弥补漏洞和加强系统的安全性。由此可见，Apple 对用户的安全是多么的重视。

iOS 10 对系统安全性的增强体现在如下几个方面：

- 在 Info.plist 中增加了 NSAllowsArbitraryLoadsInWebContent 作为 key，便于 UIWebview 或 WKWebview 去加载 Web 页面，但是需要与 ATS 配合使用。
- 使用改进后的 SecKey API 替代过时的 CDSA API。
- 安全传输 API 中不再支持 SSLv3，建议尽快停用 SHA1 和 3DES 加密算法。
- 设备间的剪切板功能的相关 API 需要指定设备，并且剪切板内容有了过期时间。
- 所有和用户权限相关的功能必须在 info.plist 里配置，这点最重要。如果不配置，当用户操作这个功能的时候，App 就会崩溃。这个方式在 Android 里早就有了。iOS App 中可能需要配置的权限如下，但是 macOS、watch OS 还有更多的 key:
  - NSBluetoothPeripheralUsageDescription//蓝牙
  - NSCalendarsUsageDescription//日历
  - NSCameraUsageDescription//相机
  - NSContactsUsageDescription//通讯录
  - NSHealthShareUsageDescription//健康数据
  - NSHealthUpdateUsageDescription//更新健康数据
  - NSHomeKitUsageDescription//智能家居
  - NSLocationAlwaysUsageDescription//位置
  - NSLocationWhenInUseUsageDescription//位置
  - NSMicrophoneUsageDescription//麦克风
  - NSMotionUsageDescription//motion
  - NSPhotoLibraryUsageDescription//相册
  - NSRemindersUsageDescription//提醒
  - NSSiriUsageDescription//Siri
  - NSSpeechRecognitionUsageDescription//语音识别

在本小节中，我们重点介绍了在 iOS 10 中新引入或比之前有改进的一些平台特性，这里主要是针对 iPhone 开发相关的，如 SiriKit、Proactive Suggestions、Integrating with the Messages App、User Notifications、Speech Recognition、Wide Color、Adapting to the True Tone Display、Widget Enhancements 和 Security and Privacy Enhancements。

还有一些其他新特性并没有列在这里，例如 CallKit、Apple Pay、Video Subscriber Account、News Publisher、App Search 等，没有太大必要完全了解，读者朋友如果在日后的工作中，使用到这些功能，可去查看相应的资料。

作为一名有预见性的 iOS 工程师，应该在每年的 WWDC 发布会后关注一下新版本的新特性，然后在秋季的新品发布会之后，实验一下自己的研究成果。

Apple 用户的系统更新率高到没有之一了，所以像微信或 QQ 这样的有着 8 亿用户的 App 也只兼容了最新的 3～4 个版本。因此我们应该每年都要跟着 Apple 的步伐，学一些新的东西，让我们的用户获得更加卓越的功能和最佳的用户体验。

1.3 成为一名 iOS 开发者

iOS 开发人员和其他传统开发者相比较，除了有一些不同之外，并非像传统开发者那样只需坐下来即可进行编码操作。

首先 iOS 开发者需要拥有一些其他开发者无法具备的硬件和软件条件，下面进行详细说明。

1.3.1 硬件上的需求

开发 iOS 应用，首先你需要使用 Apple 的电脑。虽然也可以使用黑苹果或者虚拟机，在 PC 上进行 iOS 开发，但是作为一名专业的 iOS 开发者，你应该有一台真正的 Mac 电脑。

当你打算购买开发设备时，可以依据是否移动办公和资金限制两个因素进行设备的选择：

- 第一个因素是你是否需要移动办公，如果只是在固定的位置办公，你可以选择 iMac，它拥有 21 寸和 27 寸两种屏幕，每个尺寸的屏幕又拥有低配和高配的区别。
  如果需要移动办公，比如经常进行代码 Review、功能演示、进度通告、客户沟通等，建议你选择 MacBook Pro 笔记本，该设备分为 13 寸和 15 寸两种型号，每种型号又有低配和高配的区别。使用 MacBook Pro 可以提高开发效率，并且在进行幻灯片演示和讲解时非常方便。在此并不推荐使用 MacBook Air。
- 对于资金有限的朋友来说，可以选择 MacBook 笔记本。投入最低的选择是 Mac Mini 加普通的显示器，这样只需要 4000 左右就可以搭建好 iOS 开发环境了。

硬件采购的原则是，在资金允许的情况下，尽可能地购买配置较高的设备。由于移动开发周期短的特点，开发过程往往处于赶工的状态。当使用一台配置较高的设备进行开发工作时，你会发现这的确会为你节省大量的开发时间。iOS 开发者最大的痛苦莫过于，当你急需处理用户或测试人员反馈的 Bug 时，电脑的编译速度却像蜗牛一样不给力。

1.3.2 加入 Apple 开发者计划

现在你已经拥有了一台可以进行 iOS 开发的设备，在编写代码之前还需要加入 Apple 的开发者计划（Developer Program）。加入开发者计划之后，你就可以下载 Xcode 开发软件，编写 iOS 程序，并且在 iPhone 或 iPad 模拟器中运行你的程序，而这一切都是免费的。

当然免费是有一定限制的，你无法使用 beta 版的 iOS SDK，无法进行真机测试，也无法向 App Store 发布你的产品。iOS SDK 大部分功能是可以在模拟器中测试的，无须真机测试，但是像内购、社会化分享、3D Touch、超过两点的多点触摸等功能，以及相机、传感器等设备的使用，就需要在真机环境进行测试了。

创建 Apple ID

在苹果开发者网站，可以创建一个 Apple ID，作为享有苹果所有服务的凭证。首先访问 Apple 的开发中心 https://developer.apple.com，点击右上角的【Account】链接，进入开发者账户管理页面，如图 1.5 所示。如果你已经通过 iTunes、iCloud 或其他的 Apple 产品创建了 Apple ID，可以直接使用该账号进行登录。

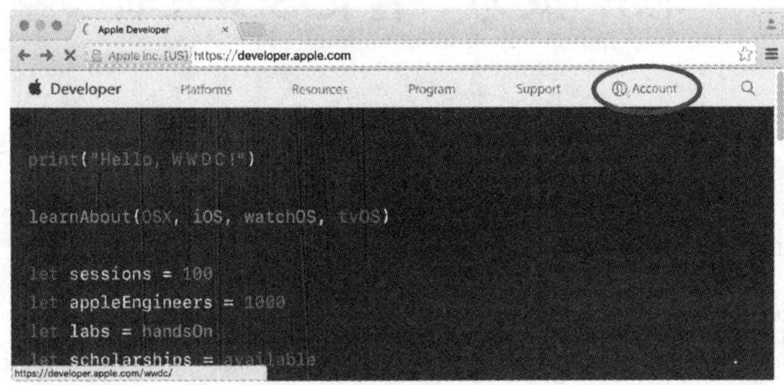

图 1.5

如果你还没有 Apple ID，可以点击登录页面的【Create Apple ID】按钮，创建一个 Apple ID，如图 1.6 所示。这样就进入了注册页面，如图 1.7 所示。

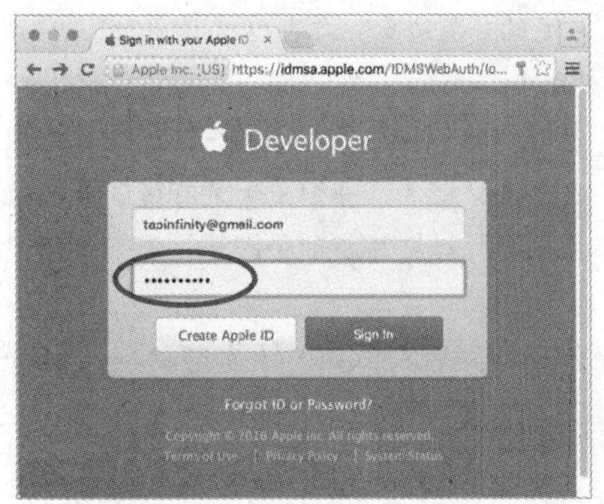

图 1.6

图 1.7

在创建 Apple ID 的页面中，注册流程将引领你创建一个新的 Apple ID。由于 Apple ID 是使用邮箱作为账号的，所以当完成注册流程后，Apple 会往你的邮箱中发送一封邮件，点击邮件中的链接，即可激活你的 Apple ID。

加入付费的开发者计划

当你拥有一个 Apple ID 之后，便可以申请加入付费的开发者计划了。这里有三个选择，如表 1-1 所示，根据你的情况选择适合的项目。

表 1-1　视图控制器的生命周期

项目	说明
Individual	个人开发者账户，每年 99 美金。可以在 App Store 发布产品或在 100 个 iOS 设备上进行测试。该账户在 App Store 中显示为个人姓名
Company	公司开发者账户，每年 99 美金。可以在 App Store 发布产品或在 100 个 iOS 设备上进行测试。并且允许多个开发者协作开发。该账户在 App Store 中显示的销售者为公司名称。申请该类型的账户时，需要填写公司的邓白氏编码（D-U-N-S）

（续表）

项目	说明
Enterprise	企业开发者账户，每年 299 美金。该账号不能在 App Store 中发布产品，但是可以在企业内部进行无设备数量限制的分发

申请加入付费开发者计划，需要等待一定时间通过 Apple 的审核，大约需要等待一至两周的时间。同时需要注意的是，在填写银行账户信息时，还需要填写信用卡账号，以便 Apple 从中扣除 99 美金或 299 美金的年费。申请加入付费开发者计划成功后，在 iTunes Connect 的【协议、税务和银行业务】页面，需要填写储蓄卡账号，以接收 Apple 发送的在 App Store 中的收益，如图 1.8 所示。

图 1.8

1.3.3 下载安装 Xcode 和模拟器

终于到了安装 Xcode 开发软件的环节了。Xcode 的安装有很多方法，之前大家都是使用迅雷或者在各大网盘进行下载，毕竟当时从 Apple 官网下载 Xcode 比较慢，而且经常出现下载到快成功时，突然莫名其妙停止了。但是自从 2015 年 Xcode Ghost 事件发生后，iOS 开发者再也不敢从其他渠道下载 Xcode 了，而是返回 Apple 官网进行下载。好在目前 Apple 已经对大陆用户进行了服务器优化，Xcode 的下载不再费时费神。

所以我们选择从 Apple 官网进行 Xcode 的下载和安装。Xcode 的下载和安装十分简单和方便，只需要在 Mac OS 中打开 App Store 软件，然后在右上角的搜索框内，输入 Xcode 并按下 Enter 键，就可以找到 Xcode 开发软件。然后点击获取按钮即可自动下载和安装，如图 1.9 所示。

图 1.9

Xcode 下载完成后，打开 Xcode 软件，你会发现它已经集成了最新版的 iOS 模拟器。但是在 iOS 开发工作中，我们经常需要测试老版本的 iOS 系统，所以你需要手动安装其他版本的 iOS 模拟器。依次点击【Xoce > Preference > Components】命令，进入组件面板，然后在该面板中选择安装所需版本的 iOS 模拟器，如图 1.10 所示。

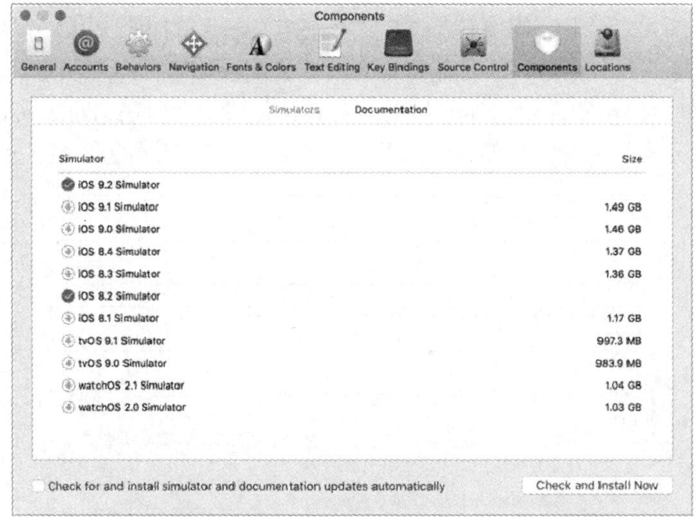

图 1.10

1.3.4 创建开发和发布配置文件 Provisioning Profile

如果你加入了付费的开发者计划，并且下载了 Xcode 开发软件和 iOS 模拟器之后，仍然无法在真机上测试编写的程序，那是因为你还没有创建并安装开发配置文件。

由于 Apple 对 iOS 应用分发的限制，禁止开发人员将开发的 iOS 应用随意进行传播，所以你需要将你的账户和应用相关信息添加到开发配置文件中。该配置文件包含了 iOS 开发者、应用程序 ID 以及运行该应用程序的设备的唯一标识符，从而使你开发的应用程序能够安装在测试设备上供测试人员使用。如果你需要在 App Store 上发布你的应用，那么还需要创建并安装发布配置文件。

创建开发证书

你需要在 Apple 开发者平台创建配置文件，首先使用你的开发者账号登录 https://developer.apple.com 网站，然后选择左侧的【Certificates, IDs & Profiles】菜单，进入证书、应用程序 ID 和配置文件的创建，如图 1.11 所示。

图 1.11

在【Certificates, IDs & Profiles】页面中，我们开始创建开发配置文件，首先添加一个开发证书，如图 1.12 所示，点击右上角的+号图标。

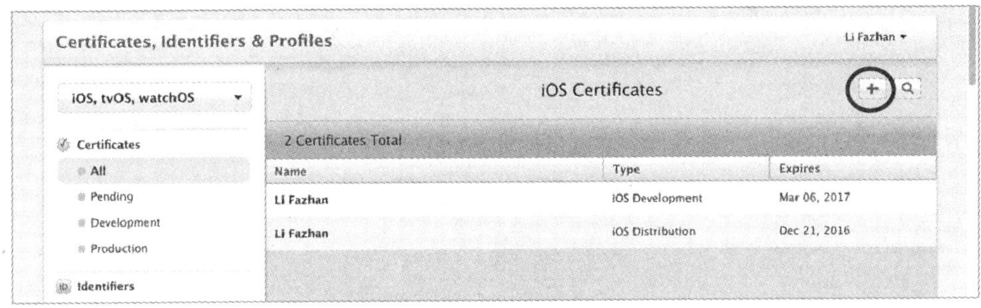

图 1.12

接着在证书类型选择页面中，选择【iOS App Development】选项，创建一个开发类型的证书，然后点击【Continue】按钮，进入证书签名（Certificate Signing Request）页面，如图 1.13 所示。

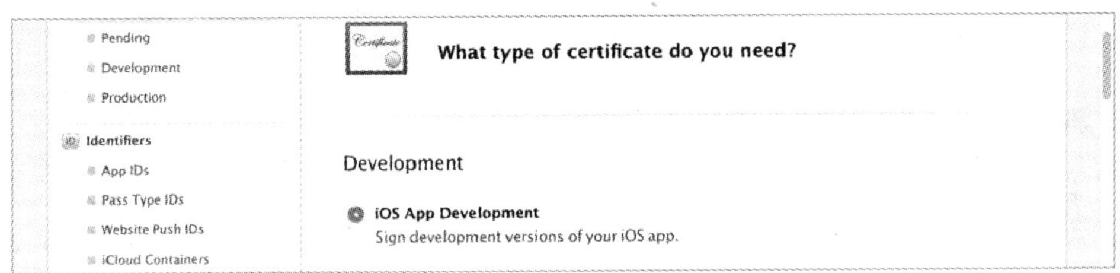

图 1.13

要创建证书签名 CSR 文件，首先依次进入并打开【应用程序 > 实用工具 > 钥匙串访问】工具，接着在顶部的菜单栏中，依次点击【钥匙串访问 > 证书助理 > 从证书颁布机构请求证书】命令。然后在弹出的证书助理设置窗口中，在【用户电子邮件地址】输入框内，输入你的电子邮箱，然后在【请求是】设置区域中，选择【存储到磁盘】选项，最后点击【继续】按钮，即可完成 CSR 文件的创建。

CSR 文件创建完成后，在 CSR 选择页面中，找到并打开该文件，最后点击【Continue】按钮，完成开发证书的创建。

创建 App ID

每个 iOS 应用都有一个唯一的 App ID，作为其在 App Store 中的唯一标识符。点击左侧的 App IDs 菜单，进入 App IDs 列表页面，然后点击右上角的+号图标，注册一个新的 App ID，如图 1.14 所示。

在页面中依次输入三项内容：

- App ID Description：App ID 的描述信息，比如 App ID for Demo；
- App ID Prefix：设置一个团队 ID，用于创建一系列应用；
- Bundle ID：应用的唯一标识符，使用反写域名的方式，例如 com.coolketang.appName。

输入完成后，点击页面底部的【Continue】按钮，完成 App ID 的创建。需要注意的是，App ID 一经创建无法删除。

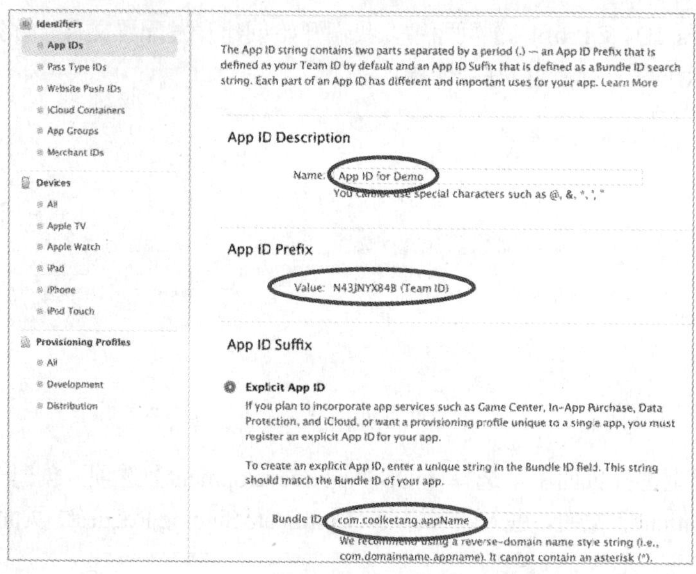

图 1.14

添加测试设备

接下来需要添加测试设备的 UDID 号，iPhone 或 iPad 设备的 UDID 号可以按照下述步骤进行操作：将设备连接至电脑，然后打开 Xcode 软件，依次点击【Window > Devices】菜单命令，打开 Devices 窗口中，在该窗口中，获得设备的关 UDID 号。

然后返回开发者平台网页，点击左侧的【Devices > All】命令，进入测试设备列表页面，接着点击右上角的+号图标，注册一款新的测试设备，如图 1.15 所示。

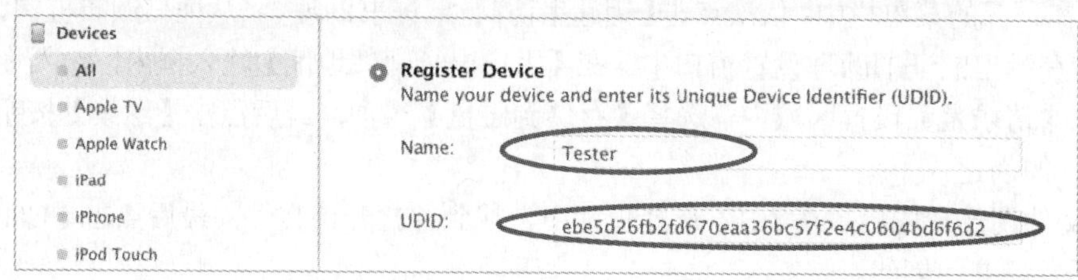

图 1.15

在注册设备页面中，依次填写设备的名称和 UDID 信息。设备名称可以由开发者自行定义，UDID 可以将在 Xcode 的 Devices 窗口中复制的内容粘贴在此输入框内。最后点击页面底部的【Continue】按钮，完成设备的添加。

生成开发配置文件

最后一步是生成开发配置文件。在开发者管理平台，点击左侧的【Provisioning Profiles > All】菜单命令，进入证书列表页面，然后点击页面右上角的+号图标，进入创建配置文件页面，如图 1.16 所示。在该页面中，选择【iOS App Development】选项，创建一份开发配置文件。

接着点击页面底部的【Continue】按钮，进入下一步设置页面，依次设置证书的 App ID、选择测试设备 UDID，以及选择之前创建的开发证书等刚刚完成的操作。最后点击下载按钮，下载生成的开发配置文件。

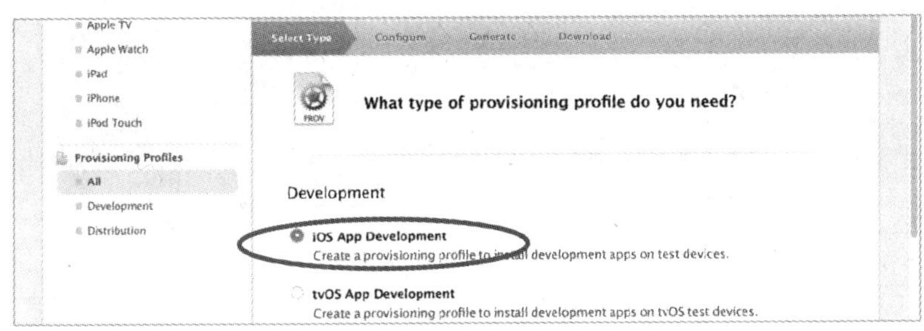

图 1.16

然后打开 Xcode 软件，并双击下载的开发配置文件即可完成所有操作。生成发布配置文件的流程和开发配置文件相同，而且不必再重复前三步操作，只需在第四步创建一个 Distribution Provisioning Profile 即可。

1.4 创建一个基本的 iOS 项目

已经完成了 Apple ID 的注册、加入 Apple 开发者计划、Xcode 软件和模拟器的下载与安装，以及开发配置文件的创建等操作，可以创建并运行一个 iOS 项目了。

1.4.1 项目的创建

打开下载并安装好的 Xcode 8.0 软件，首先进入 Xcode 欢迎页面，如图 1.17 所示。

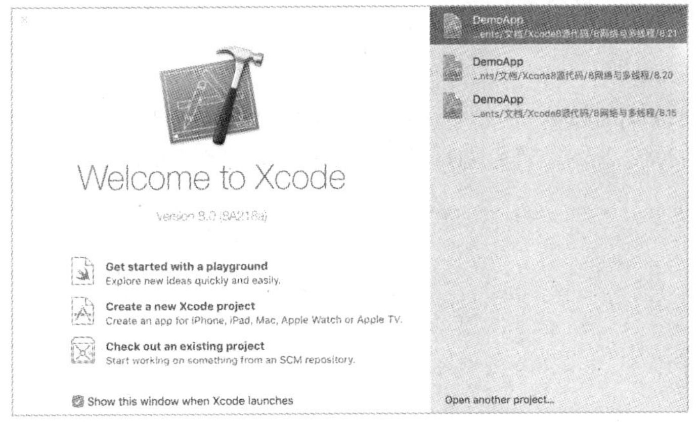

图 1.17

在 Xcode 欢迎窗口的左侧可以创建一个 playground 来学习 Swift 语言，也可以创建一个空白项目，或者从 SCM 源码管理系统中 check out 一个项目。窗口的右侧是曾经打开过的项目列表，从中可以选择并快速打开一个历史项目。

这里点击选择左侧的【Create a new Xcode project】项目，打开 Xcode 项目模板选择窗口（也可以依次点击【File > New > Project】命令），如图 1.18 所示，在模板选择窗口中，选择【Singe View Application】选项，创建一个单视图项目。

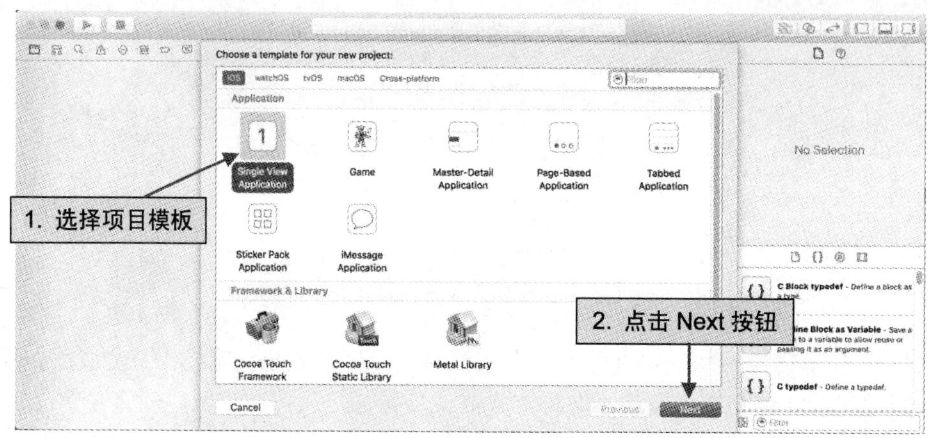

图 1.18

接着点击【Next】按钮，进入项目信息设置页面，如图 1.19 所示。在该页面中，依次输入产品名称、组织名称、组织标志符，然后选择项目的语言为 Swift，选择设备的类型为 Universal，即当前的产品将可以在 iPhone、iPod 和 iPad 上运行。

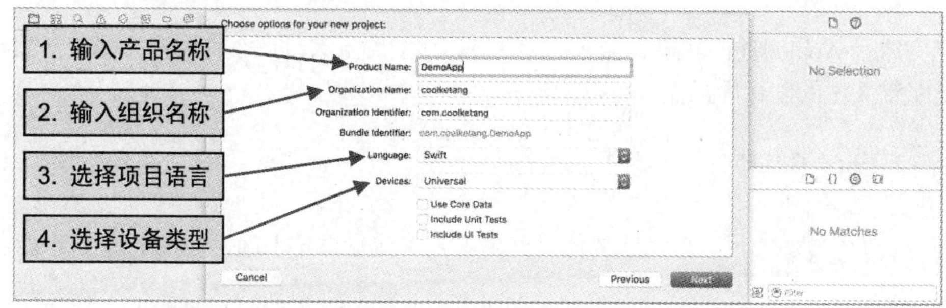

图 1.19

然后点击【Next】按钮，进入下一步页面，在该页面中选择项目的保存位置，最后点击【Create】按钮，完成项目的创建。Xcode 将自动打开创建的项目，效果如图 1.20 所示。

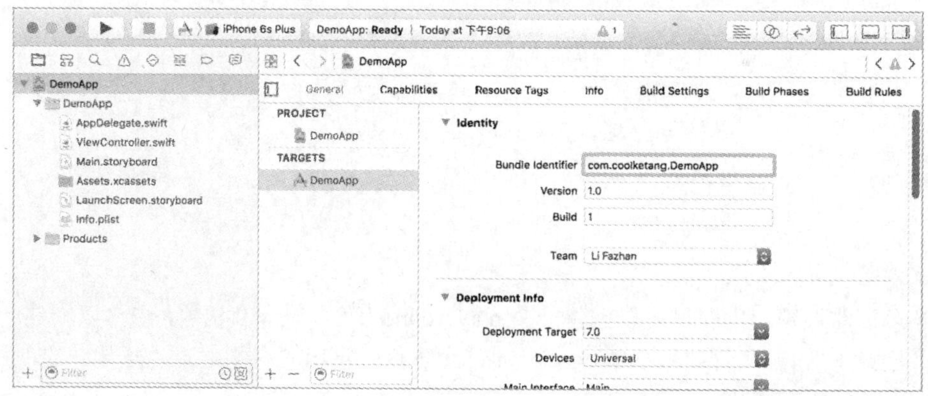

图 1.20

项目创建后，Xcode 已经自动生成了 App 的唯一标签符、版本号、编译号等信息：

- Bundle Identifier　App 唯一标识符。
- Version　App 当前的版本号。
- Build　App 当前的编译版本号，你可以向 App Store 提交多个相同 Version 号而不同 Build 号的 App。主要用于审核失败时，重新提交相同 Version 的 App。

1.4.2 设置项目的信息

项目创建完成后，我们需要对其进行一些设置操作，首先进入 Deployment Info 设置区，进行一些部署设置，如图 1.21 所示。

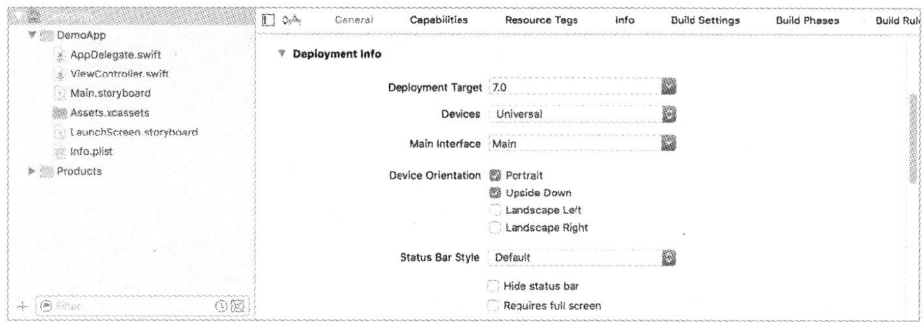

图 1.21

- Deployment Target　设置 App 可以在 iOS 7.0 以上系统中运行。
- Devices　设置 App 可以在所有 iOS 设备上运行。
- Main Interface　设置 App 默认启动的故事板文件为 Main.storyboard。
- Device Orientation　设置 App 在设备中运行的朝向为竖向（共有竖向和横向两种）。
- Status Bar Style　设置顶部状态栏的样式，默认为暗色背景。

App 在设备上运行时，在图标的下方会显示 App 的名称。App 的名称可以在 Build Setting 面板中进行设置，如图 1.22 所示。在搜索框内输入【product name】搜索相应的参数。该参数的默认值为 DemoApp，在参数名称右侧的值字段上双击，打开编辑窗口，并输入新的产品名称，输入完成后按下键盘上的 Enter 键完成命名操作。

图 1.22

1.4.3 设置应用的 Icon 图标

为了支持更多的 iOS 设备、更高分辨率的屏幕，iOS 开发者往往需要为自己的应用准备各种尺寸的主程序图标文件，而且这个文件列表随着苹果移动设备类型的增加而越来越多。

之前我们为应用设置图标，通常需要制作各种分辨率的图标，并且按照规则进行命名。而现在给应用程序设置图标变得非常简单，首先点击项目信息设置页面的【General】标签，进入通用信息设置页面，然后在【App Icons and Launch Images】设置区，点击【App Icons Source】右侧的右向箭头，进入 Icon 设置面板，如图 1.23 所示。

图 1.23

在 AppIcon 设置页面中，按用途和 iOS 的版本对图标进行了分组，每组包含不定比例的尺寸，从 1 至 3 倍的缩放比例不等。例如左上角的 29pt 的三个图标，其中 1x～3x 分别用在 iPhone 3GS 及 iPad 2 以下的非 Retina 设备、iPhone 4 至 iPhone 5 和 iPad 3 以上的 Retina 设备、以及 iPhone 6 以上的设备。

你需要把 29px*29px、58px*58px 和 87px*87px 三种规格的 PNG 图标拖放到对应的位置。PNG 图标素材不需要包含透明像素，并且不需要进行特别的命名，只需要把对应尺寸的图片拖放到相应的位置即可，最终效果如图 1.24 所示。

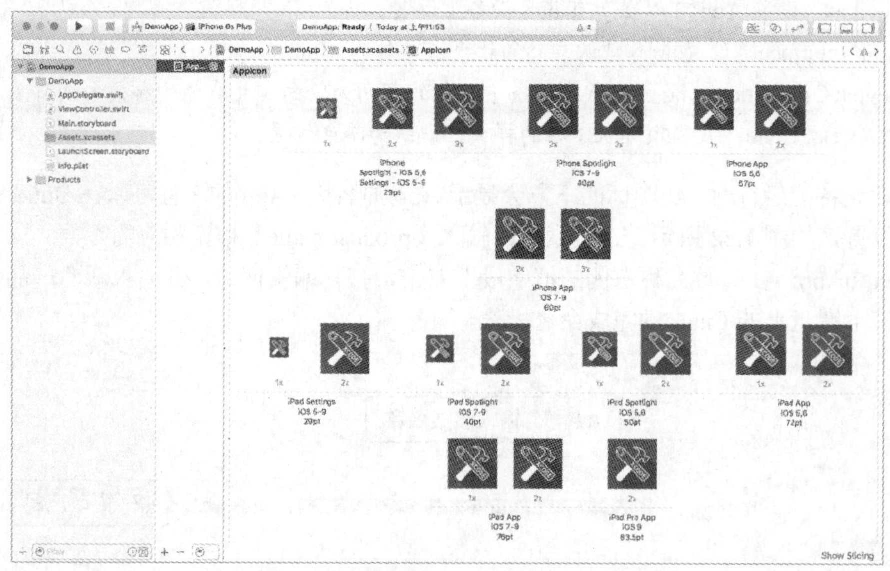

图 1.24

1.4.4 设置应用的 Launch 图片

当用户使用手指点击某个应用图标时，iOS 就会将该应用加载到内存中。有时加载的时间比较长，此时系统就会根据当前设备的分辨率加载开发者设置好的 Launch 图片，以避免用户失去等待的耐心。请注意 iOS 无法容忍加载时间过长的应用，超过一定加载时间的 App 会被 iOS 直接关闭掉。

现在来给新建的项目添加 Launch 图片，首先在 Xcode 界面左侧的项目导航区，点击选择【Assets.xcassets】，进入图像资源管理页面。Asset Catelog 是自 Xcode 5 起，引入的一个新的图片管理方式。Assets.xcassets 可以自动管理内部的图片，如 picName@1x、picName@2x、picName@3x，读取图片的时候，只需要使用 picName 名字即可，iOS 会根据当前设备的类型，加载相应尺寸的图片。

接着点击底部的加号图标，弹出资源导入菜单，并依次选择【App Icons & Launch Images > New iOS Launch Image】菜单命令，添加名为 Launch Image 的 Asset Category，如图 1.25 所示。由于之前已经设置了应用的图标，所以此处存在一个名为 AppIcon 的资源组。

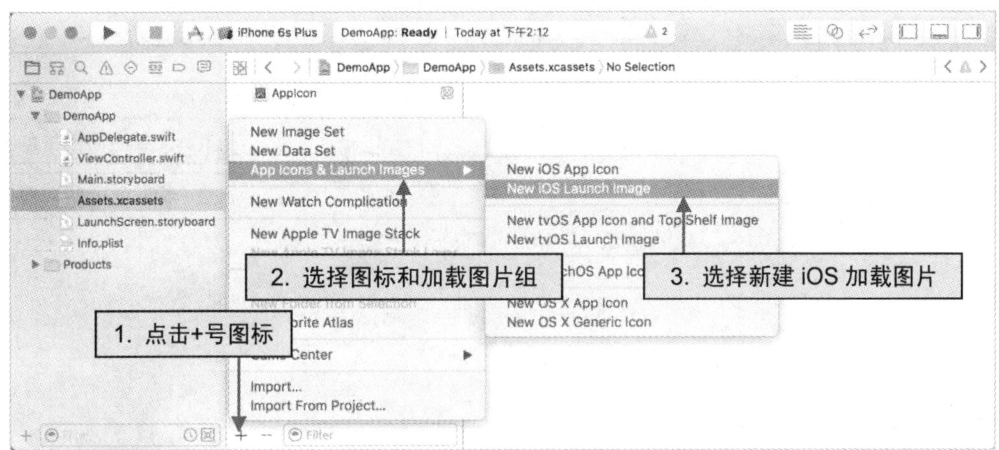

图 1.25

在 Launch 图片设置页面中，按设备类型和设备的朝向对 Launch 图片进行了分组，每组包含相同的设备朝向、不同的设备类型。针对不同的设备和不同的朝向，将 Launch 图片拖放至相应的位置。最终的结果如图 1.26 所示。每种图标对应素材的尺寸如表 1-2 所示。

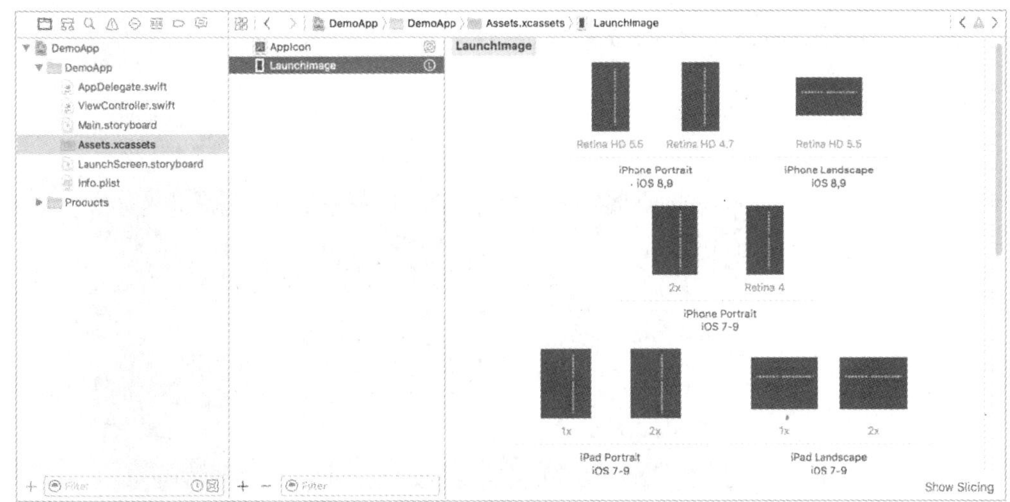

图 1.26

表 1-2 竖向设备 Lanuch 图片尺寸列表

设备类型	尺寸
iPhone Portrait iOS 8,9-Retina HD 5.5	1242×2208
iPhone Portrait iOS 8,9-Retina HD 4.7	750×1334
iPhone Portrait iOS 7-9 2x	640×960
iPhone Portrait iOS 7-9 Retina 4	640×1136
iPad Portrait iOS 7-9 1x	768×1024
iPad Portrait iOS 7-9 2x	1536×2048

添加完 Launch 图片之后，还需要进入一些设置操作，以取消默认的 Lanuch Screen File，并设置 Launch 图片的源，如图 1.27 所示。

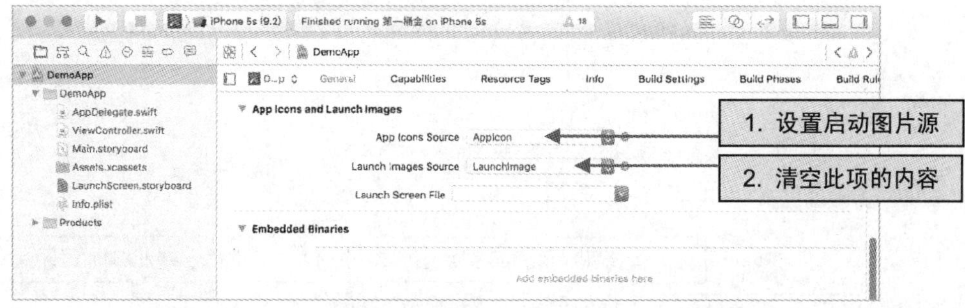

图 1.27

1.4.5 编译并运行项目

至此已经完成了第一个 iOS 项目的创建和配置的所有操作，只是还没有进行任何的编码操作。现在我们来编写一行代码，修改当前视图控制器根视图的背景颜色。

首先在 Xcode 界面左侧的项目导航区选择编辑【ViewController.swift】文件，然后在【viewDidLoad】方法中，输入一行代码，将根视图的背景颜色修改为红色：

```
self.view.backgroundColor = UIColor.redColor()
```

效果如图 1.28 所示。

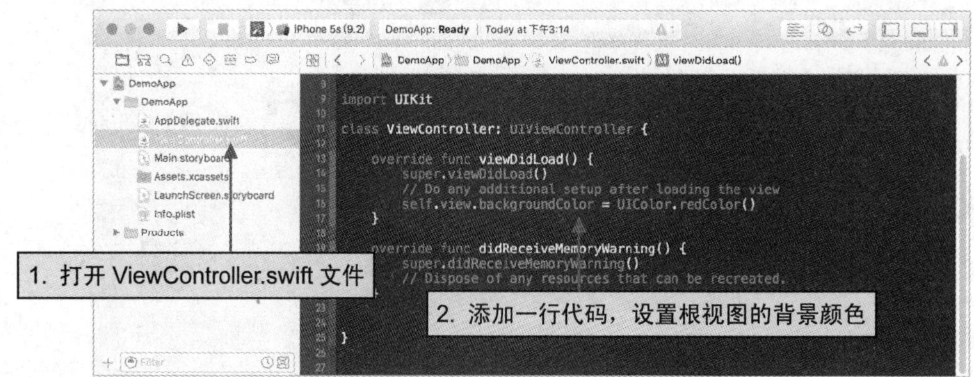

图 1.28

接着点击 Xcode 窗口顶部的【Set the active scheme】，弹出模拟器列表，在列表中选择需要进行测试的模拟器，如图 1.29 所示。

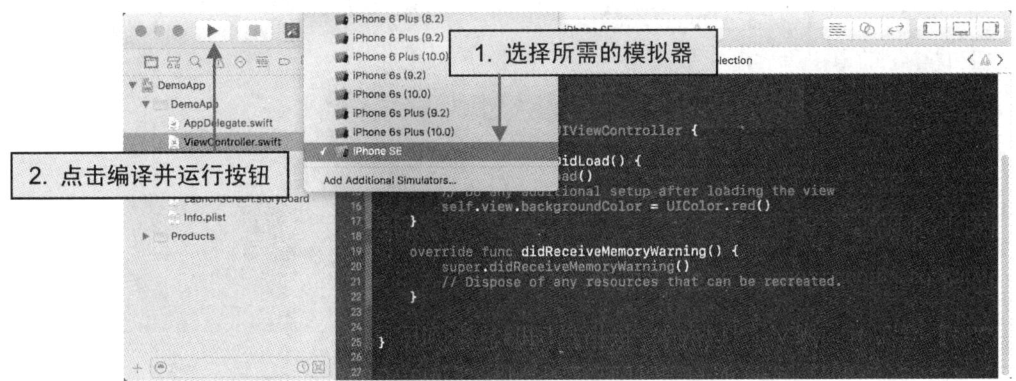

图 1.29

然后点击左上角的【Build and run the current scheme】按钮，打开选择的模拟器，并在模拟器中运行第一个项目。模拟器打开后，在加载应用的过程中，会显示刚刚设置的 Launch 图片，如图 1.30 所示，接着很快就会进入应用程序界面，如图 1.31 所示。

接着依次点击【Hardward > Home】菜单命令，或者使用【Command + Shift +H】快捷键，在模拟器中返回 Home Screen，你会在应用列表中，发现名为第一桶金的应用，其图标为 1.3.3 节中设置的图标，如图 1.32 所示。

图 1.30

图 1.31

图 1.32

1.5 iOS 应用的生命周期

对于一个 iOS 应用来说，生命周期是一个至关重要的概念。iOS 应用的生命周期是指从应用程序的启动，到应用程序结束整个阶段的全过程。

整个 iOS 应用的生命周期包含了各种状态，有时系统会从应用的一种状态切换至另一种状态来响应系统发生的事件。例如当应用程序崩溃、电话打入或其他中断应用的事件发生时，当前运行的应用程序会通过切换状态来响应突发。

作为 iOS 开发者，需要熟知 iOS 应用的生命周期，在不同的生命周期做出相应的操作，比如在用户按下 Home 键退出程序时，就需要进行一些数据的备份操作。

1.5.1 iOS 应用程序的状态

iOS 应用程序的生命周期共包含 Not running 未运行、Inactive 未激活、Active 已激活、Background 后台和 Suspended 挂起 5 种状态，这 5 种状态下的互相转换如图 1.33 所示。

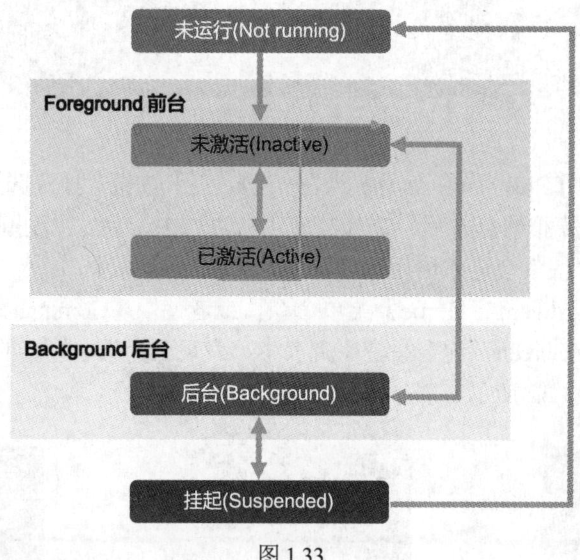

图 1.33

iOS 应用程序 5 种状态的描述如表 1-3 所示。

表 1-3 iOS 应用程序生命周期的各个状态

状态类型	状态说明
未运行（Not running）	应用程序尚未被启动
未激活（Inactive）	应用程序正在前台运行，但是无法接收事件。通常当应用程序从一种状态进入另一种状态时，中间会在此状态短暂停留，比如用户锁屏或者响应来电时。在没有事件处理的情况下，应用程序通常处于此状态
已激活（Active）	应用程序正在前台运行，并且可以接收各种事件。应用程序在前台运行绝大部分处于此状态
后台（Background）	应用程序处于后台，并且还在执行某些代码。应用程序在进入挂起状态时，通常会在此状态停留一会儿。应用程序可以通过一些特殊的请求，从而延长处于后台状态的时间
挂起（Suspended）	应用程序处于后台，并且不能执行任何代码。当挂起时，应用程序仍然处于内存中，由系统决定何时从内存中清除处于该状态的程序，以提供更多的内存给处于前台的其他应用程序。当系统发生低内存告警时，会将处于挂起状态的程序从内存中清除

1.5.2 演示 iOS 应用程序的各种状态

每一个 iOS 应用程序都包含一个 UIApplication 对象，iOS 系统通过 UIApplication 对象监控应用程序生命周期的全过程。iOS 应用程序都要为 UIApplication 对象指定一个代理对象，并由该代理对象处理 UIApplication 对象监测到的应用程序生命周期事件。

UIApplication 代理对象的生命周期函数如下所示。

- application:didFinishLaunchingWithOptions　当应用程序载入后执行该方法。
- applicationWillResignActive　当程序将要进入非活动状态时，调用此方法，在此期间，程序不接收消息或事件。
- applicationDidEnterBackground　当程序被推送到后台的时候，调用此方法。如果要设置当程序进入后台仍然继续某些动作时，在这个方法里面添加代码即可。
- applicationWillEnterForeground　当程序将要从后台重新回到前台的时候，调用此方法。
- applicationDidBecomeActive　当程序进入活动状态的时候，执行该方法。
- applicationWillTerminate　当程序将要退出时，将调用该方法。通常是用来保存数据和进行一些退出前的清理工作。

接着在 AppDelegate.swift 文件中的各个生命周期方法中，添加 print 日志输出方法。当应用程序进入某个状态时，在控制台输出相关的日志，如图 1.34 所示。

图 1.34

接着点击 Xcode 界面右上角的【编译并运行】按钮，打开模拟器运行该项目。此时在控制台输出相应的日志信息，如图 1.35 所示。

图 1.35

然后依次点击【Hardward > Home】菜单命令，使模拟器返回 Home Screen，此时的日志面板输出的信息如图 1.36 所示。

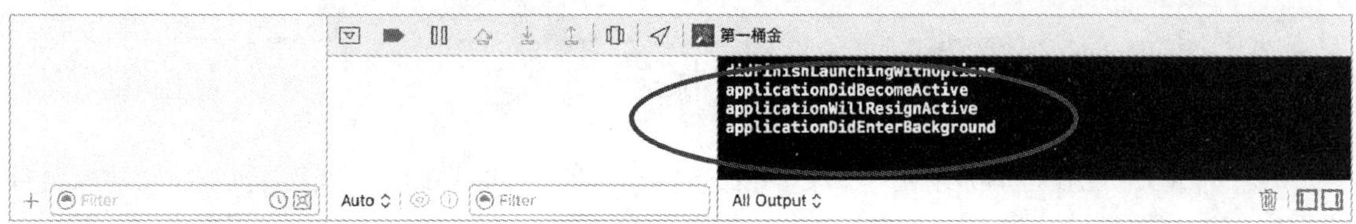

图 1.36

最后在 Home Screen 点击应用程序的图标，再次进入应用程序界面，此时的日志面板输出的信息如图 1.37 所示。

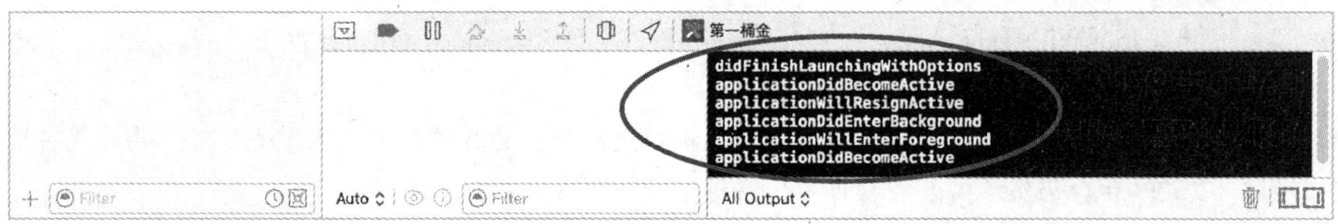

图 1.37

1.6 小 结

本章主要讲解了 iOS 系统的演变历程和 iOS 开发圈子的现状。同时为初次学习 iOS 开发的学员分析了 iOS 开发的特点，以及如何加入开发者计划，从而获得发布应用程序的资格。此外还讨论了如何下载和安装 Xcode 软件，以及创建开发配置文件。

同时我们通过创建一个简单的项目，向读者展示了 iOS 项目从创建至运行的整个流程。虽然这是一个简单的项目，但是和复杂的项目没有什么区别，它们都是具有相同的创建、配置、编码、测试流程的。

最后我们还谈到了应用程序的生命周期。因为熟悉应用程序的生命周期，在 iOS 开发中是相当重要的，开发者经常需要在应用程序不同的生命状态下，进行不同的业务操作。

通过本章的学习，相信你对 iOS 开发已经有了一个全局和概括的认识，在接下来的章节中，你将陆续学习到 iOS 开发领域具体的知识点。

Xcode 8 IDE 和 iOS 模拟器

本章主要介绍如何使用 Xcode 8 和 iOS 模拟器。在 iOS 开发工作中，90%以上的工作都需要利用这两个工具来完成，它们为开发者提供了设计、编码、调试、发布等功能。

2.1 Xcode 8 的使用

Xcode IDE 是进行 iOS 开发的核心工具。Xcode 与 Cocoa 和 Cocoa Touch 框架紧密集成，为构建精彩的 mac OS、iOS、watchOS 和 tvOS 应用程序带来难以置信的高效环境。Xcode 提供了设计、开发、调试、测试、发布等功能，绝大部分开发工作都可以在 Xcode 中完成。

Apple 公司在 2016 年发布并推出了 Xcode 8.0 版本，当你使用 Xcode 打开一个 iOS 项目时，它的程序界面如图 2.1 所示。

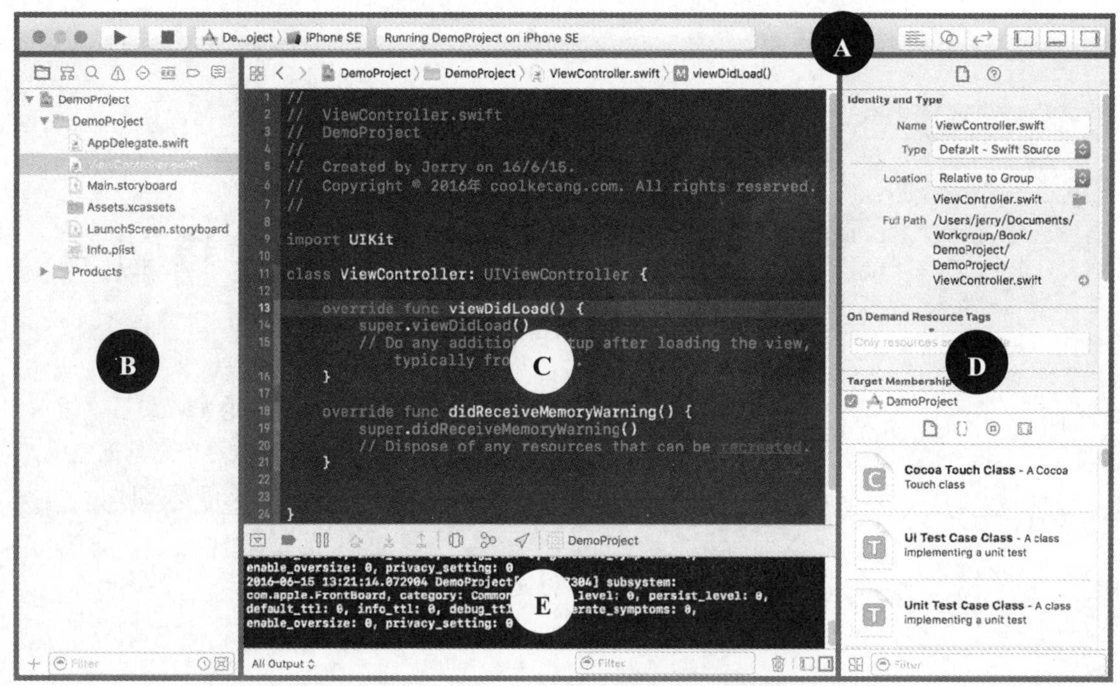

图 2.1

Xcode 界面共划分为 5 个区域，每个区域都有各自的主要职能：

A. 工具栏 Toolbar　两侧各提供了一些常用的快捷功能，中间显示项目的各种状态信息。

B. 导航器 Navigator　包含默认的项目导航器，以及符号、搜索导航器等 8 个导航器。

C. 编辑器 Editor　用来设计故事板界面、编写代码文件等功能。

D. 工具区 Utility　包含对象检查器、属性检查器等面板，常用来配置故事板中的元素。

E. 调试区 Debug Area　用来调试应用程序，并显示应用程序输出的日志信息。

2.1.1 工具栏的使用

在 Xcode 界面顶部的工具栏中，左侧包含了 Build and then run the current scheme（编译并运行）▶ 和 Stop the running scheme or application【停止运行】■ 两个按钮，你会经常使用这两个按钮来运行和中止应用程序。

接着是 Set the active scheme 选项 DemoProject 〉 iPhone SE ，点击此处时，会显示测试设备列表，你可以在列表中选择进行测试的真实设备或者各种类型的模拟器。

工具栏中间的状态条，用来动态显示项目的各种状态信息，比如 Xcode 在编译应用程序时，在此处会显示应用程序当前编译的进度。

工具栏右侧有两组按钮，每一组都包含功能相似的三个按钮：

- 其中 Standard editor 按钮 默认处于激活状态，表示 Xcode 会显示拥有一个编辑器的标准视图模式。
- Assistant editor 按钮 将会以左右相邻的方式同时显示两个编辑器，可以在两个编辑器中显示同一个文件的代码，以对比文件的不同代码区域；或者在一个编辑器中显示故事板文件，而在另一个编辑器中显示故事板元素对应的代码。
- Version editor 按钮 可以将左右两个编辑器，分别显示一份文件的两个不同的历史版本，方便你查看和管理文件在诸如 Git 版本管理系统中的历史状态。

工具栏右侧第二组的三个按钮，主要用来切换一些功能面板的可见性：

- 其中 Hide or show navigator 按钮 ，用来切换左侧的导航器面板的可见性。
- Hide or show debug area 按钮 ，用来切换底部调试控制台的可见性。
- Hide or show the utilities 按钮 ，用来切换右侧的工具面板的可见性。

2.1.2 导航器的功能介绍

Xcode 包含 8 个导航器，其中 Project navigator 导航器处于默认的显示状态。可以通过使用鼠标点击导航窗口顶部的 8 个图标，在导航器之间进行切换，或者使用键盘上的【Command+1 至 8 之间的数字】，进入导航器的切换。

这 8 个导航器功能各有不同，如表 2-1 所示。

表 2-1 Xcode 8 个导航器功能列表

导航器类型	功能说明
项目导航器	以树状结构的方式展示和管理项目中的代码文件、故事板、多媒体资源以及项目配置文件
符号导航器	符号导航器显示了项目中的类列表，点击类名左侧的右向箭头，可以查看类下的属性和方法列表。在方法上点击可以进行快速定位
搜索导航器	在搜索导航面板中，允许通过输入关键字来查找项目中的所有文件，找出拥有该关键字的文档
状况导航器	状况导航器显示了项目中所有文档中的代码问题。黄色标志表示各种不影响程序运行的小问题，红色标志表示致命错误，需要修复才能使项目运行
测试导航器	测试面板显示了项目中的所有测试用例
调试导航器	调试导航器用来显示应用程序在运行时，设备各硬件的运行状态，包含 CPU、内存消耗、硬盘读取、网络访问等数据
断点导航器	断点导航器列出了项目中的所有断点
报告导航器	报告导航器记录了当前项目所有的历史动作

2.1.3 项目导航器中的内容

在 Xcode 的 8 个导航器中，Project navigator 项目导航器是默认的，也是最常用的，如图 2.2 所示。

它以树状结构的方式展示和管理项目中的所有文件。当使用【Single View Application】模板创建一个新的项目时，Xcode 会在项目中自动创建一些文件。使用鼠标点击某个文件时，Xcode 会在中间的编辑区打开该文件。这些文件的用途如表 2-2 所示。

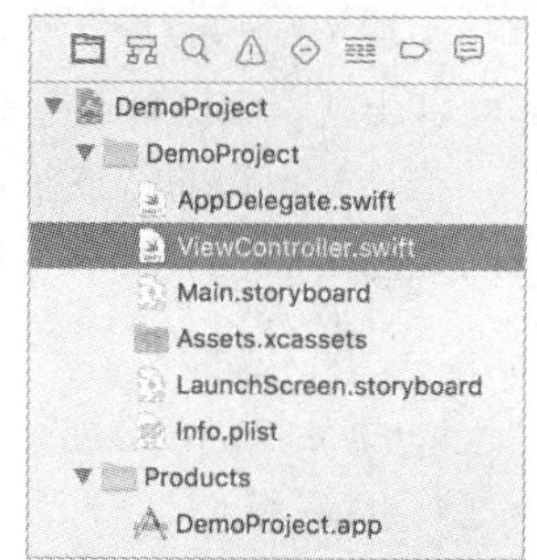

图 2.2

表 2-2 项目导航器主要文件及文件夹功能说明

名称	功能说明
DemoProject 文件夹	以项目名称命名的文件夹，包含了项目所有的主体内容，之后往项目中添加的各种文件都将放置在该文件夹下。随着项目内容的增多，你可以在该文件夹下创建子文件夹或者组，从而对项目文件进行管理
AppDelegate.swift	作为应用程序的代理文件，你可以在该文件中管理应用程序生命周期中的各个状态，也可以在此文件中创建一些全局变量
ViewController.swift	视图控制器类，应用程序中显示的内容、各种业务逻辑，都是在不同的视图控制器类文件中实现的
Main.storyboard	Apple 倾向于推荐开发者使用 Storyboard 进行应用程序界面的搭建。所以该文件作为应用程序的入口，你可以在 Storyboard 中自由发挥你的界面设计创意
Assets.xcassts	除了用来管理应用程序的图标 App Icon 和启动图片，还可以管理整个项目中所有的图片资源
LaunchScreen.storyboard	当 iOS 系统加载应用程序时，会首先加载该 Storyboard 文件，作为应用程序的启动页面。你可以在该 Storyboard 文件中对启动页面进行多分辨率的适配工作
Info.plist	项目配置文件，包含了产品名称、版本号、设备朝向等各种项目属性信息
Products 文件夹	该文件夹包含了编译之后的应用程序文件包

2.1.4 创建一个组和 Swift 文件

在 Xcode 中我们通常使用 Group（组），而不是文件夹来分类和管理项目中的众多文件。组和文件夹是有区别的，项目中的文件夹与 Finder 中的文件夹是一一对应的。在 DemoProject 文件夹上单击鼠标右键，然后选择右键菜单中的【Show in Finder】命令，就可以在 Finder 中定位 DemoProject 文件夹的位置，如图 2.3 所示。

组则是逻辑上的文件夹，它在 Finder 也就是电脑磁盘上并不存在。组被用来管理项目中的所有文件，对文件进行有意义地分类，使项目中的文件在 iOS 开发工作中更利于检索和维护。

创建一个组

如要创建一个新组，需在 DemoProject 文件夹上单击鼠标右键，然后选择【New Group】命令，如图 2.4 所示。

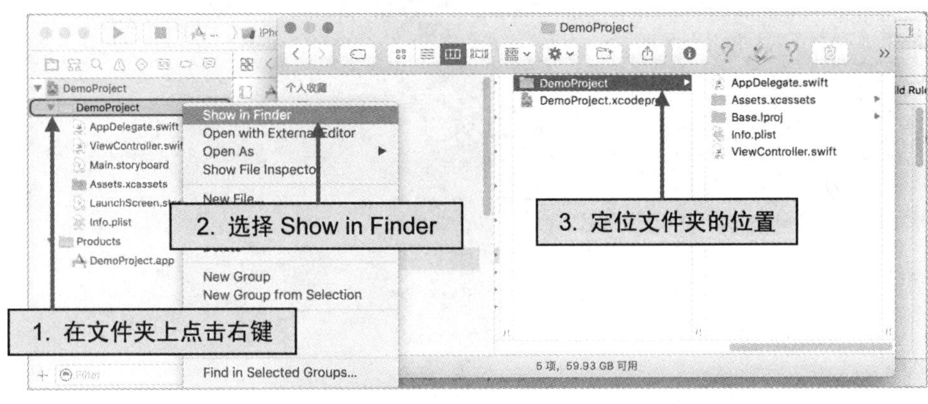

图 2.3

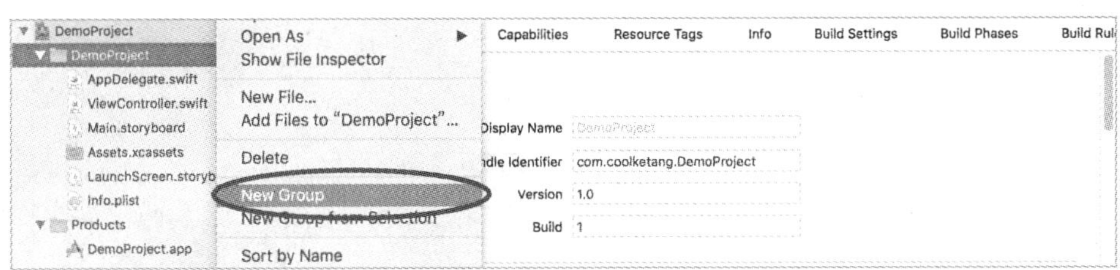

图 2.4

组创建完成后，它的外观和一个文件夹没有什么区别，但是它并不是 DemoProject 下的子文件夹，你可以在 Customer 组中单击鼠标右键，然后在右键菜单中，选择【Show in Finder】命令，打开组所在 Finder 中的位置，如图 2.5 所示。从截图中可以得知，DemoProject 文件夹下并没有名为 Customer 的子文件夹。

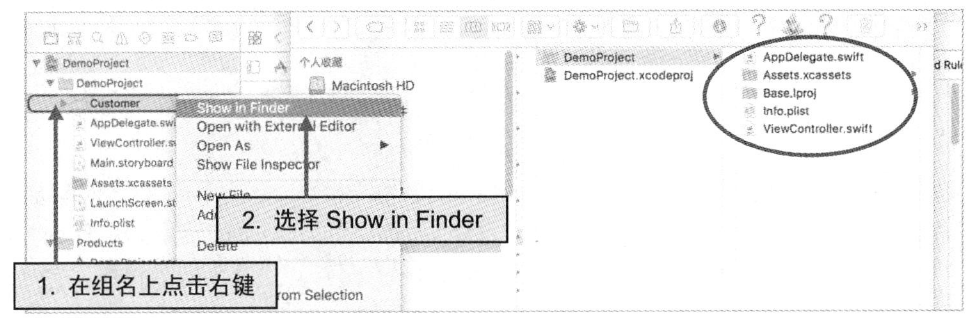

图 2.5

往组中添加类文件

接着往 Customer 组中添加一个 Swift 类文件。你可以在 Customer 组名上单击鼠标右键，然后在弹出的右键菜单中选择【New File...】命令，如图 2.5 所示。也可以点击项目导航器底部左下角的+号图标，弹出文件导入命令列表，然后选择列表中的【File...】命令，如图 2.6 所示。

当执行【File...】命令后，Xcode 自动弹出新文件模板选择窗口。在模板窗口中的左侧是 Apple 四大系统的列表。由于 Xcode 可以为 iOS、watchOS、tvOS 和 macOS 开发应用程序，所以在模板窗口中，选择在左侧选择应用程序运行的操作系统环境，这里保持默认的 iOS 系统。然后选择 iOS 系统下的【Source】选项，表示创建运行在 iOS 系统下的代码文件。

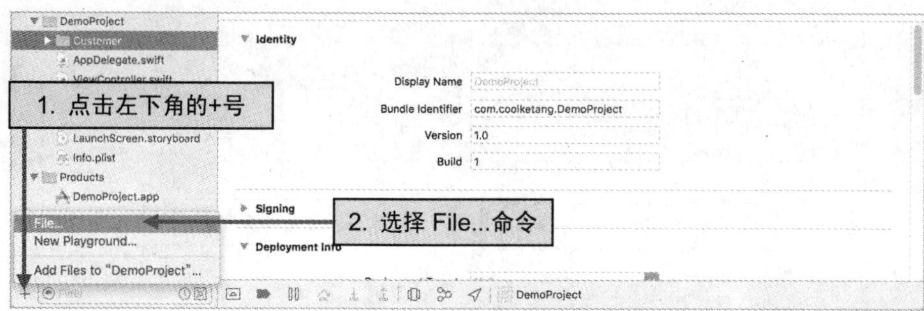

图 2.6

接着在右侧的文件模板中选择【Cocoa Touch Class】模板，并点击下方的【Next】按钮，进入下一步设置页面，如图 2.7 所示。

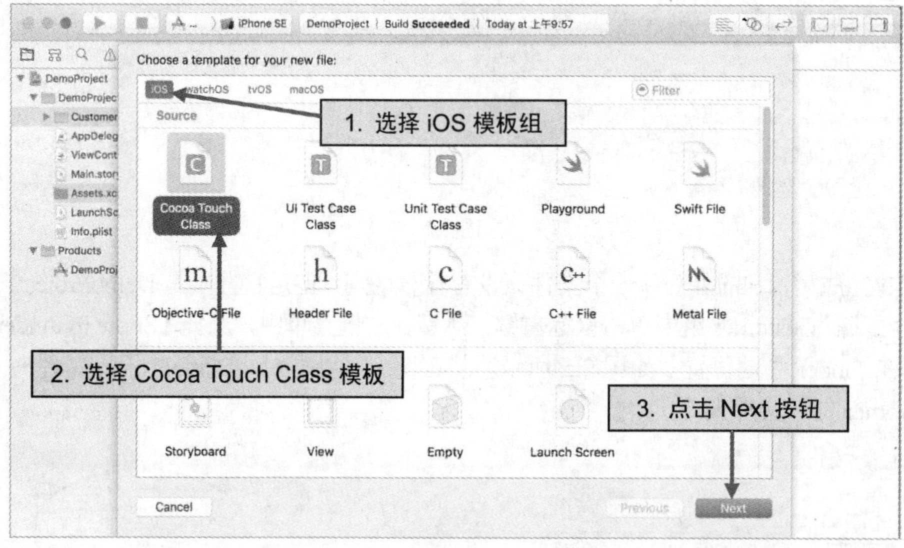

图 2.7

在 Swift 类文件选项设置窗口中，首先在【Class】输入框内输入待创建的 Swift 类的名称 CustomerViewController，然后在【Subclass of】输入框内，输入 UIViewController 作为 Swift 类的父类，同时保持默认的【Language】语言选项为 Swift，最后点击【Next】按钮，完成 Swift 类的设置，如图 2.8 所示。

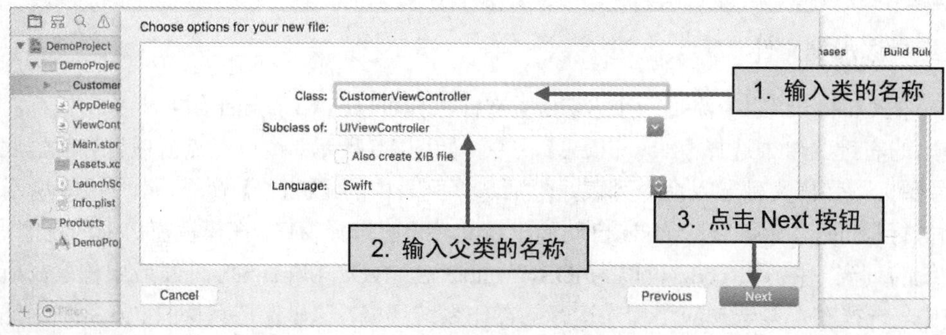

图 2.8

最后在弹出的下一个窗口中，保持默认的 Swift 类的存放位置，点击【Create】按钮，完成 Swift 类的创建。你会发现在 Customer 组中，多了一个名为 CustomerViewController.swift 的文件，该文件将自动进入编辑模式，如图 2.9 所示。

图 2.9

如果此时在 CustomerViewController.swift 文件上单击鼠标右键，然后选择右键菜单中的【Show in Finder】命令，你会发现该文件仍处于 DemoProject 文件夹下，如图 2.9 所示。

2.1.5 在项目中搜索文件

随着项目的深入，工程中的各种组、类文件、资源文件的数量越来越庞大。这时在项目中快速定位目标文件变得越来越困难。Xcode 充分认识到这一点，并提供给开发者 4 个方便、快捷的功能，以辅助开发者快速查找、定位目标文件或代码段。

通过名称过滤文件

在项目导航器的底部，有一个【Show files with matching name】文件名的过滤框，你可以在此处输入待查找的文件的一部分名称，快速过滤项目中名称包含指定输入内容的文件。如图 2.10 所示，在输入框内输入 view，然后过滤出名称中包含 view 的文件，并且 view 以高亮的方式显示在文件名称中。

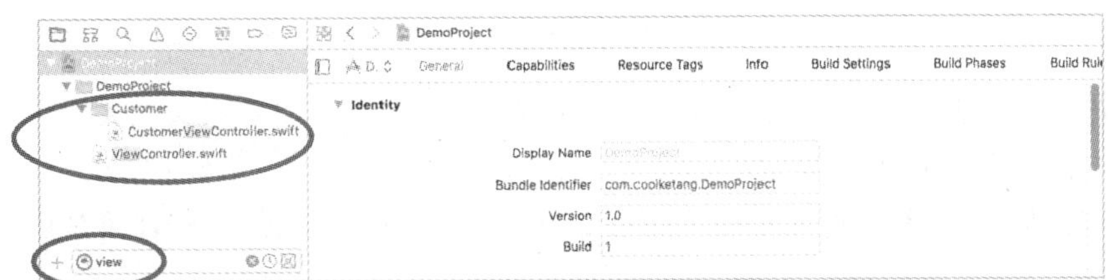

图 2.10　使用文件名过滤框快速查找文件

文件名过滤框的右侧有三个按钮，它们的作用依次是：

- 取消过滤按钮 ⊗ 用来取消对项目文件按照名称的过滤操作。
- Show only recent files 按钮 🕓 用来显示或隐藏最近打开或使用过的文件。当点击此按钮时，只显示最近使用过的文件，再次点击则取消对历史文件的过滤。
- Show only recent files with source-control status 按钮 ⊠ 用来显示或隐藏拥有版本控件状态的文件。当点击此按钮时，将显示被编辑后尚未被提交至版本控制中心的文件，再次点击此按钮，则取消对版本状态的过滤。

使用跳转栏

在编辑器的上方是跳转栏 Jump bar，使用跳转栏可以快速定位处于任意层级的属性、方法或类文件。它提供了一种分段的层次关系的文件路径，如图 2.11 所示。

图 2.11

当你在某个层级的分段处点击时，可以显示该层级的项目列表，如图 2.12 所示。

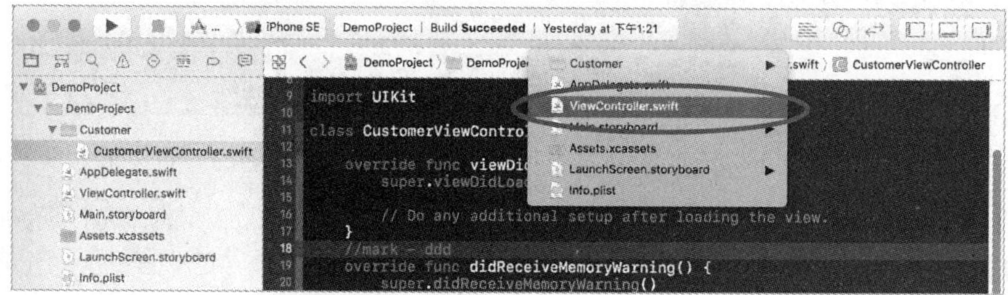

图 2.12

在项目列表中，点击某个文件即可快速打开并跳转到该文件。这里还有一个小技巧，当你在按住 Option 键的同时，点击项目列表中的某个文件，可以在辅助编辑器中打开该文件，这样就可以方便地对比两个代码文件，或者进行 Storyboard 元素和代码的链接，如图 2.13 所示。

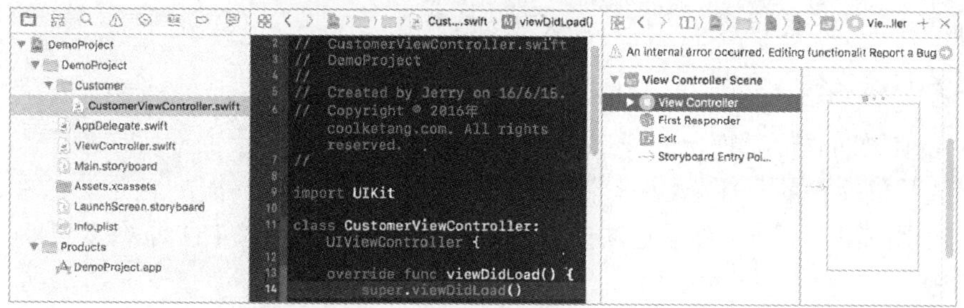

图 2.13

在跳转栏最左侧是一个名为 Related items 的按钮，点击它可以显示最近打开的文件列表，或者如果你正在使用 Object-C 开发项目，它也可以显示当前正在编辑中的实现文件(.m)对应的接口文件(.h)，如图 2.14 所示。然后在文件列表中，点击某个文件即可快速打开该文件。

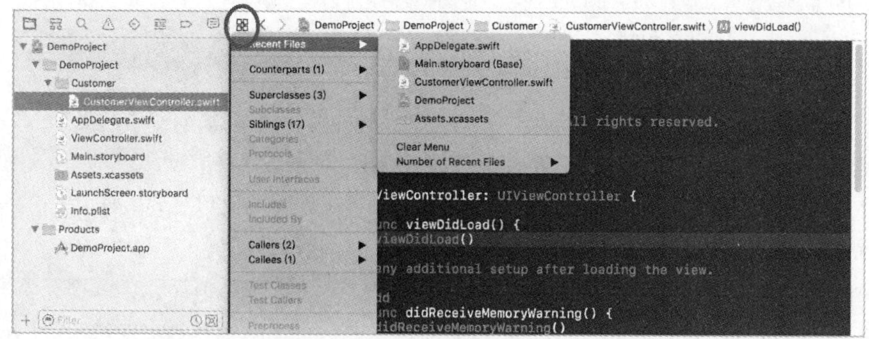

图 2.14

在 Related items 按钮的右侧是两个方向箭头，点击这两个箭头，可以在最近使用的历史文件中进行快速跳转。如果你是使用苹果笔记本进行开发，也可以在触摸板上按下两个手指，然后通过左右滑动在历史文件中进行快速切换。

使用 Open Quickly 功能

你可以通过【File > Open Quickly】命令使用该功能，推荐使用【Command + Shift + O】快捷键快速调出该功能，这是笔者最喜欢的一个功能。和 Eclipse 软件的快速查找功能相似，你可以在搜索框内，输入文件的部分名称，快速查找并打开你想要编辑的文件，如图 2.15 所示。

或者在输入框内，输入方法的名称，搜索包含该方法的类文件，然后在列表中双击，快速跳转到目标代码段，如图 2.16 所示。

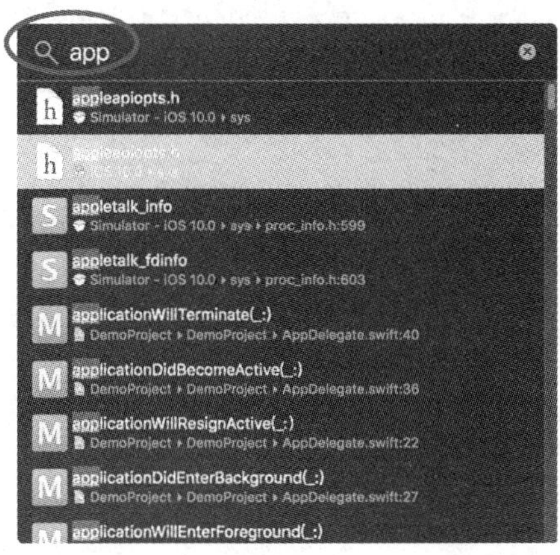

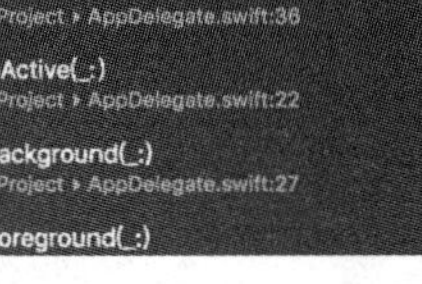

图 2.15

图 2.16

使用搜索导航器

在搜索导航器中，允许你通过输入关键字，来查找项目中的所有文件，找出拥有该关键字的文档或者代码段。通过点击导航器顶部的 🔍 按钮，进入搜索导航器面板，然后在搜索框内输入进行搜索的关键词，接着按下键盘上的 Enter 键即可。

如图 2.17 所示，在搜索框内输入 viewdidload 关键词，然后按下 Enter 键，搜索出在两个文件中的 4 个结果，在其中一个搜索结果中点击，即可快速跳转到指定的代码段。

图 2.17

2.1.6 代码的查找和替换

在使用 Object-C 语言进行开发的项目中，如果需要更改一个方法的名称，可以使用【Edit > Refactor > Rename】菜单命令，对该方法及调用该方法的地方进行方法名称的批量修改。由于目前 Refactor 中的功能对 Swift 语言尚不能很好地支持，所以我们无法使用 Rename 功能，但是可以使用 Xcode 提供的【Find and Replace】功能，来实现文字替换的功能。

要调用查找和替换功能，可以依次点击【Find > Find and Replace...】菜单命令，或者使用【Command + Option + F】快捷键，在编辑器的上方打开查找和替换面板。当你在上方的文本框内输入需要查找的内容时，Xcode 将在文字输入的同时，自动查找并高亮显示搜索结果。然后在下方的文本框内输入替换为的文字，接着点击右侧的【All】按钮，将文件中的所有【addImage】文字，全部替换为【addCompanyLogo】，如图 2.18 所示。

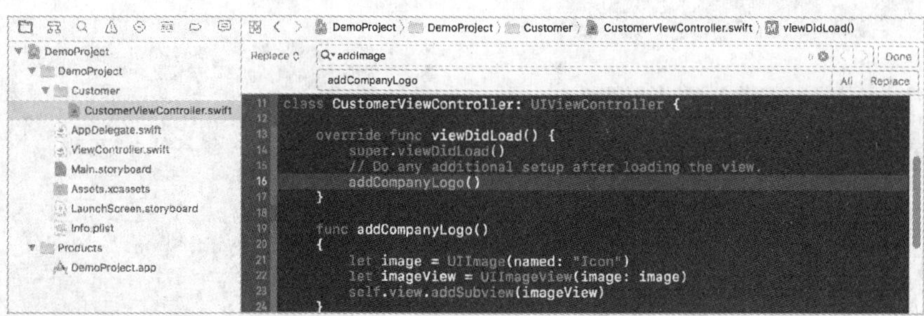

图 2.18

2.1.7 代码的 Debug 调试

在 iOS 开发工作中，你会经常使用到 Xcode 软件的 Debug area 进行程序的调试，查找一些变量的状态或者诊断出现的 bug。在使用 Debug 功能之前，首先在 ViewController.swift 文件中添加一个名为 appendThreeViews 的方法，用来往当前视图控制器的根视图中，添加三个 UIView 子视图，代码如下所示：

```
func appendThreeViews()
{
    let firstView = UIView(frame: CGRect(x: 40, y: 80, width: 100, height: 100))
    firstView.backgroundColor = UIColor.green()
    self.view.addSubview(firstView)

    let secondView = UIView(frame: CGRect(x: 40, y: 80, width: 120, height: 120))
    secondView.backgroundColor = UIColor.blue()
    self.view.addSubview(secondView)

    let thirdView = UIView(frame: CGRect(x: 40, y: 80, width: 140, height: 140))
    thirdView.backgroundColor = UIColor.purple()
    self.view.addSubview(thirdView)
}
```

在之后的章节会为读者讲解 UIView 视图的使用，这里你只需要了解这些代码的作用，是依次创建了三个位于相同位置(40, 80)的视图。它们拥有不同的背景颜色，从第一个视图至第三个视图依次是绿色、蓝色和紫色。这三个视图也拥有不同的尺寸，从第一个视图至第三个视图，尺寸依次变大，所以第三个紫色的视图会遮挡前两个视图。

接着在 viewDidLoad 方法中调用 appendThreeViews 方法：

```
override func viewDidLoad() {
    super.viewDidLoad()
    // Do any additional setup after loading the view, typically from a nib.
    appendThreeViews()
}
```

然后在第 23 行代码的行号上单击鼠标，添加一个断点标志，当程序运行到此行代码时，会自动停留在这个位置，如图 2.19 所示。

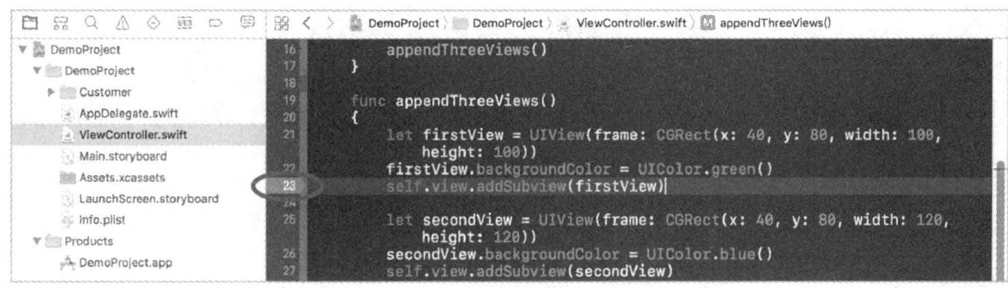

图 2.19

然后点击 Xcode 界面左上角的【编译并运行】按钮 ，打开模拟器调试项目，项目运行后，将自动停留在第 28 行代码中，并在底部的调试区显示调试面板。调试面板的上方是一排调试按钮，左侧是变量信息列表，右侧是日志区。如果需要查看 firstView 对象的属性，可以在日志区的（lldb）右侧输入 po 命令（print object 的缩小）和变量的名称，然后按下键盘上的 Enter 键，查看对象的描述信息，如图 2.20 所示。

图 2.20

你可以使用调试区顶部的一排按钮，进行程序的调试，调试按钮的功能如表 2-3 所示。

表 2-3　调试按钮功能说明

调试按钮	功能说明
调试区	隐藏调试区面板
断点	激活所有断点，或使所有断点暂时失效
继续	跳过所有断点，继续程序的执行
跳转	跳转至下一行代码
跳入	跳入所在行的方法内的第一行代码
跳出	从一个方法中跳出
视图层级	在三维视图下显示窗口中视图的层级关系
内存图形	展示内存分类的顺序和多少，如图 2.21 所示
地理位置	在模拟器中模拟地理位置的定位

分别使用 、、 三个按钮进行程序的调试，最后按下 按钮，结束程序的调试。在这些按钮中，你可以点击 Debug memory garph 按钮 ，查看当前页面内存的分配情况，如图 2.21 所示，选择左侧的【ViewController】项目，在右侧显示该项目的内存分配状况。

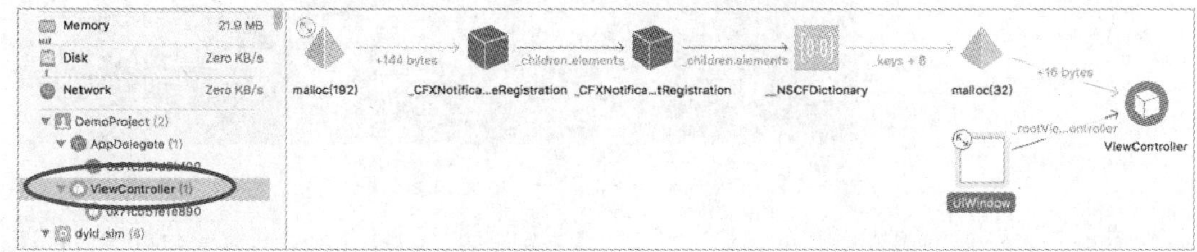

图 2.21

另外一个实用的工具是 Debug View Hierachy 按钮。做 iOS 移动开发，界面管理是很重要的内容，如果想要查看伙伴制作的页面的元素结构，或者查看自定义控件的构成，就可以使用该工具。如图 2.22 所示，点击【Orient to 3D】按钮，转换为三维视图模式，然后拖动左侧的【Adjusting the spacing between views】滑杆，调整各视图在三维坐标系统 Z 轴的距离。通过拖动右侧的【Adjust the range of visible views】滑杆，可以从前往后或者从后往前逐个隐藏窗口中的视图，以方便进行界面上的调试。

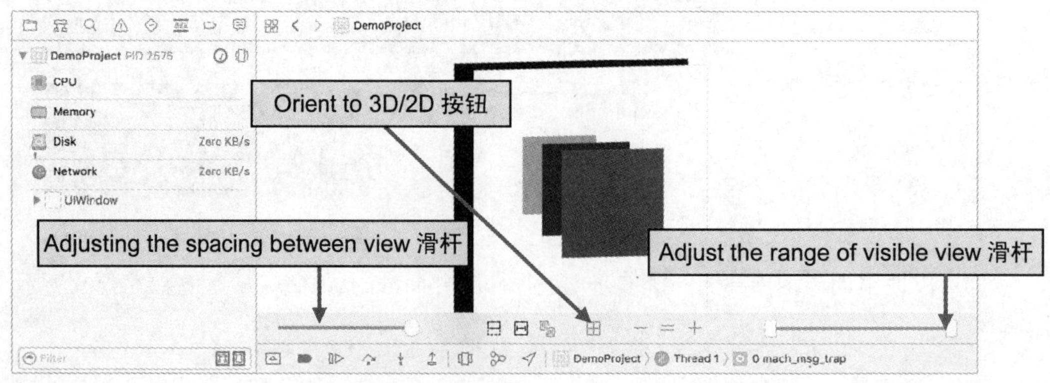

图 2.22

2.2 iOS 模拟器的使用

当你在使用 Xcode 软件开发 iOS 平台的应用程序时，可以使用 Apple 提供的 iOS 模拟器进行应用程序的测试。Apple 提供了各个版本的 iPhone 和 iPad 模拟器供开发者测试应用程序，这样你就无需花费大量的金钱去购买测试设备。

尽管 iOS 模拟器无法模拟所有的真机功能，但是它可以提供真实设备绝大部分的功能，所以 iOS 模拟器在应用程序开发工作中的地位非常重要。

2.2.1 使用多种 iOS 模拟器

要使用 iOS 模拟器，首先打开光盘中的示例项目，在示例项目中添加了一个 UIImageView 图像视图。当你点击 Xcode 界面左上角的【编译并运行】按钮 ，打开模拟器之后，模拟器窗口中将显示一幅图像，如图 2.23 所示。

由于当前使用 Xcode 8 运行项目，所以系统默认启动 iPhone SE 模拟器。如果需要使用其他的模拟器，可以点击 Set the active scheme 选项 DemoProject 〉 iPhone SE，弹出测试设备列表，如图 2.24 所示。测试设备列表拥有 4 个分组，每个分组的含义如下：

图 2.23

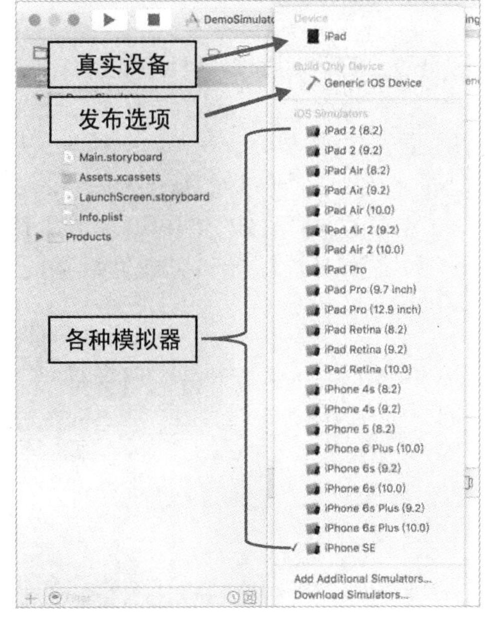

图 2.24

- 在位于顶部的【Device】分组中，列出了所有连接 Mac 电脑的 iOS 真机设备，如果你需要在真机中测试程序，可以选择该组中的真实设备。
- 如果你需要将应用程序编译并发布至 App Store 或面向企业内部的分发，需要选择【Build Only Device】分组中的选项。

- 在【iOS Simulators】分组中，列出了所有可以使用的各种版本的 iOS 模拟器。
- 在位于底部的分组中，允许安装 Xcode 目前所没有具备的模拟器。

在【iOS Simulators】分组中，选择【iPad Air 2 10.0】模拟器，然后再次点击【编译并运行】按钮 ▶，将切换至 iPad Air2 模拟器，并在该模拟器中重新安装并打开当前的应用程序，如图 2.25 所示。iPad Retina 版本以上的设备由于分辨率较高，往往在 Mac 电脑中占据很大一块面积，如果影响到了工作，你可以使用【Window > Scale > 50%】，将其缩小至原来的一半大小。iOS 模拟器可以缩放至 100%、75%、50%、33%、25% 5 个级别。

图 2.25

另外，也可以使用【Hardware > Device】命令，切换至其他的模拟器。

在模拟器中，你可以使用鼠标替换手指进行操作，如同在真实设备上操作一样使用单击、滑动等手势。如果使用多点手指的话，可以按下键盘上的 Option 键，此时将出现两个灰色透明圆点，这样就可以使用双指捏合等操作了。如果需要改变两个圆点的位置，保持 Option 键的按下状态，然后再次按下 Shift 键，即可同时移动两个圆点的位置。

2.2.2 iOS 模拟器方向的切换

如果你的应用程序支持多朝向的话，可以对模拟器执行旋转操作，以测试应用程序界面在 4 个朝向下的变化。依次点击【Hardware > Rotate Left】或【Hardware > Rotate Right】菜单命令，对模拟器进行向左或向右旋转，也可以使用【Command + <】或【Command + >】快捷键对模拟器进行旋转，模拟器旋转 90 度的效果如图 2.26 所示。

图 2.26

2.2.3 iOS 模拟器语言的切换

iOS 模拟器默认为英文环境，如图 2.27 所示。如果需要更改模拟器的语言，以进行应用程序本地化的测试，可以在模拟器中依次点击【Settings > General > Language & Region > iPhone

Language】命令，进入语言列表页面，然后在列表中选择【简体中文】选项，接着点击右上角的【Done】按钮，将 iPhone 模拟器调整为简体中文，如图 2.28 所示，调整后的效果如图 2.29 所示。

图 2.27

图 2.28

图 2.29

2.2.4 截取模拟器屏幕

当你向 App Store 提交应用程序打包后的产品时，需要在 iTunes Connect 中上传应用程序在各种设备中的截图。由于 Apple 对应用程序截图的尺寸进行了限制，所以你最好直接截取 iOS 模拟器中的画面。

截取模拟器的画面非常简单，依次点击【File > Save Screen Shot】菜单命令，或者使用键盘上的【Command + S】快捷键，模拟器的截图将默认保存在桌面位置，如图 2.30 所示。

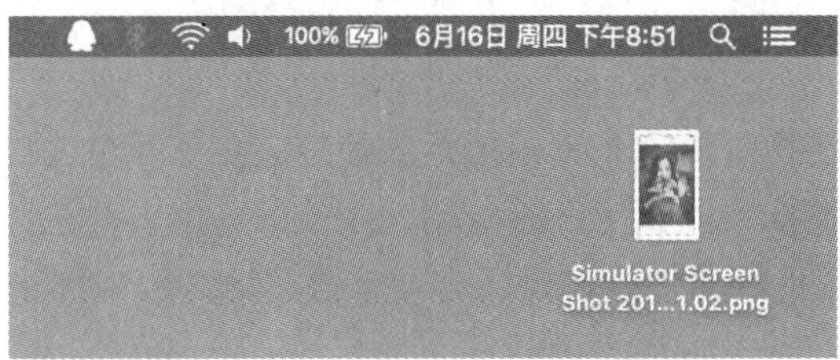

图 2.30

2.2.5 应用程序的退出和删除

在模拟器打开应用程序之前，Xcode 已经将该应用程序安装在 iOS 模拟器中，就像在真实设备上安装应用程序一样。如果需要在模拟器中退出当前的应用程序，可以使用【Hardware > Home】命令，或者使用【Command + Shift + H】快捷键。

在进行应用程序测试工作时，我们经常需要将应用程序从内存中清除。如果要从内存中移除该应用程序，可以在按下【Command + Shift】键的同时，快速按两下 H 键，即可进入后台程序列表界面，如图 2.31 所示。然后在应用程序的缩略图上按下手指，并向上方拖动，即可将应用程序从内存中移除。

将应用程序从内存中清除后，该应用程序仍然保留在模拟器中，直至你删除它。要删除模拟器中的某个应用程序，可以使用鼠标长按该应用程序的图标，以进入删除模式，就像在真机上操作一样，如图 2.32 所示。然后点击图标左上角的删除按钮，即可删除该程序。

如果需要删除在模拟器中由开发者安装的所有应用程序，并将模拟器恢复至默认状态，可以使用【Simulator > Reset Content and Settings】命令，然后在弹出的警告窗口中，点击【Reset】按钮。重置模拟器后，除模拟器自带的应用程序外，其他由开发者编译安装的应用程序都将被清除，如图 2.33 所示。

图 2.31

图 2.32

图 2.33

2.3 小 结

本章讲解了 Xcode 8 及其自带的 iOS 模拟器的使用。读者可通过本章学到 Xcode 8 各个功能区域的使用，以及查找、替换、调试等各种实用的功能。

通过学习 iPhone SE 模拟器的使用，可以方便、快捷地对应用程序进行测试操作，而无需连接真实的设备。

磨刀不误砍柴工，熟练使用这两个开发和调试工具，在如今强调敏捷开发的时代显得尤为重要。如果你能够记下 Xcode 的各种常用快捷键，那就再好不过了。

Swift 3.0 的基础知识

Swift 是 Apple 于 2014 年 WWDC（苹果开发者大会）发布的全新开发语言，可与 Objective-C 共同运行于 mac OS 和 iOS 平台，用于搭建基于 Apple 平台的应用程序。

本章主要介绍 Swift 3.0 的常量、变量、数据类型、运算符、循环语句、条件语句等一些基础的语法知识。

3.1 Swift 的基本概念

Swift 是一种强劲而直观的编程语言，它由 Apple 创造，可用来为 iOS、Mac、Apple TV 和 Apple Watch 等设备和平台开发应用程序。Swift 语言旨在为开发者提供充分的自由，所以它易用并且开源，只要有想法，谁都可以使用 Swift 创造非凡的作品。

Swift 将现代编程语言思想的精华和 Apple 工程师文化的智慧结合了起来。编译器对性能进行了优化，编程语言对开发进行了优化，两者互不干扰，鱼与熊掌兼得。所以 Swift 具有快速而且高效的特点，它还是第一套和脚本语言具有同样表现力和趣味性的系统编程语言。

Swift 的设计以安全为出发点，以避免各种常见的编程错误类别。Swift 能够提供实时反馈，而且可以被无缝集成到现有的 Objective-C 代码中，因此开发者能够编写安全而可靠的代码，并在节省时间的同时，创造出非常丰富的 App 体验。

Apple 官网提供了一些使用 Swift 语言开发的知名 App，如图 3.1 所示。

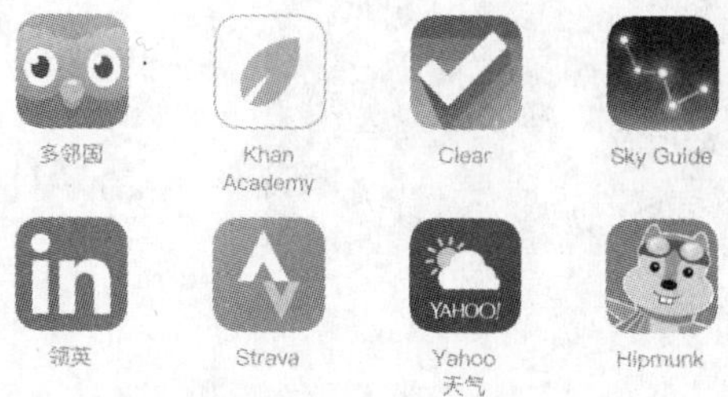

图 3.1（来自 apple.com）

Swift 语言非常契合 2014 年 WWDC 的 slogan：Write the code，change the world。（写代码，改变世界）。Swift 作为新的编程语言，它集中了很多其他高级语言的影子，尤其是它们的很多优点。它和 JavaScript、Go、Ruby、Python 等语言都有些神似，并且它的语法更加接近自然语言，使得编程的过程变得更加简单和有趣。这些变化进一步降低了 Apple 平台上 App 开发的门槛，延续苹果一贯主张的用 App 来解决一切问题，而这也是 Apple 生态链中重要的一个环节。

Swift 推出的新版集成开发环境 Xcode 已经完全支持使用 Swift。Xcode 所附带的在线文档中也在原有的 Objective-C 内容的旁边放上了 Swift 的说明，可见 Apple 是多么重视 Swift 语言的发展。这也正好印证了前面提到的，Apple 在降低自己生态链中最重要一环的门槛，这会使得其自身的竞争力进一步加强。

虽然目前看来，Swift 语言可能还不够完美，比如可以使用的第三方库还比较少，但是它的出现代表着接近自然语言语法的编程方法正在快速地发展，从而使每个希望编写应用程序的人都可以很容易上手编码工作，并快速开发出高质量的应用程序。

3.1.1 Swift 语言的特点

- 代码的编写更加简洁。
- 结合 Playground，可以做到真正意义上的所见即所得。
- 便于扩展，通过桥接可以使用 Objective-C 代码。
- 直接支持闭包。
- 支持面向过程编程和面向对象编程。

- Swift 全面优于 Objective-C 语言，性能是 Objective-C 的 1.3 倍，并且上手更加容易。
- 使用自动引用计数（Automatic Reference Counting, ARC）来简化内存管理。
- Swift 是一门类型安全语言，类型安全语言需要代码里值的类型非常明确。如果你的代码中有部分值需要 Int 类型，你就不能错误地传递 String。
- Objective-C 需要头文件.h 和实现文件.m，而 Swift 只需要一个.swift 文件。
- Swift 不再需要;（分号）作为代码的分隔符了。

3.1.2 Swift 常量和变量的定义

常量所指向的是一个特定类型的值，如数字 8 或者字符“Swift”。变量的值可以根据需要不断进行修改，而常量的值一经定义，是不能够被修改的。

常量和变量在使用前都需要定义（声明），在 Swift 中定义常量和变量变得非常简单。你可以使用 let 关键词定义一个常量，使用 var 关键词定义一个变量。

```
let pi = 3.14159265                //常量
var enemyKilled = 100              //变量
```

在上面的代码中，首先定义了一个常量 pi，表示圆周率，因为圆周率是固定不变的，所以将其定义为常量。接着又定义了一个变量 enemyKilled，表示在游戏场景中消灭的敌人数量，因为玩家水平不同，消灭的敌人数量也不相同，所以这里定义为一个变量，你可以根据需要修改变量的值。与变量不同的是，常量的值一旦确定就不能修改。如果想尝试改变一个常量的值，编译代码时就会报错。

你可以在同一行代码中，定义多个常量或变量，名称之间使用半角逗号分隔：

```
var length = 10, width = 20, height = 30
```

不需要为常量指定数据类型，但是必须给常量指定一个值。编译器会根据常量的值，自动判断常量的类型。在上面的代码中，编译器会认为 pi 常量的数据类型为浮点类型，因为它的值是一个浮点数。一旦定义了一个常量或变量，将不可以再改变它们的数据类型。

为了能够直观地显示常量或变量的数据类型，也可以在定义常量或变量时通过冒号设置它们的数据类型：

```
var age : Int = 24                 //为变量 age 设置整型的数据类型
```

这里定义了一个名为 age 的变量，它的类型为整型，值为 24。Swift 提供了与 Objective-C 相似的基础数据类型，包含整数 Int，浮点数 Double、Float，布尔值 Bool 以及 String 字符串。同时 Swift 也提供了两种强大的集合数据类型：数组 Array 和字典 Dictionary。

Swift 可以使用几乎任何字符来作为常量和变量名，包括 Unicode 字符。Unicode 是为了解决传统的字符编码方案的局限而产生的，它为每种语言中的每个字符设定了统一并且唯一的二进制编码，以满足跨语言、跨平台进行文本转换、处理的要求。它也包含了各种文字编码，如中文、日文、韩文、英文等字符；甚至是聊天工具中使用的表情符号等。虽然常量或变量的名称都可以包含数字，但是名称的开头不能是数字：

```
let _count = 6            //正确的命名方式
```

```
let count = 8              //正确的命名方式
let Count = 8              //正确的命名方式，Swift 命名是区分大小写的
let 猫 = "Cat"             //正确的命名方式，中文字符可以作为常量或变量的名称
let 🐱 = "Cat"             //正确的命名方式
let default = 0            //错误的命名方式：default 作为关键字不能被用作常量或变量的名称
let 8Count = 8             //错误的命名方式：数字不能放在名称的开头
let count# = 8;            //错误的命名方式：名称中不能包含特殊字符
```

在定义常量时，通常使用大写的常量名称，这样代码将更加具有识别性：

```
let PI= 3.14159265
```

在定义变量时，为了统一项目的编码风格，可以采用驼峰命名法，或者使用下划线风格：

```
var enemyKilledNumber = 100        //驼峰风格命名法
var enemy_killed_number = 100      //下划线风格命名法
```

3.1.3 常量和变量的输出

Swift 使用 print 全局函数来输出变量或者常量。除了使用 print 函数，还可以使用 debugPrint、dump 函数来输出常量和变量的值。Swift 原来提供的 println 函数，已经被更名为 print 函数，所有 print 函数拥有了和 println 函数相同的功能，即输出变量或常量的值之后，再输出一个换行：

```
1 var str = "Hello, Swift"
2
3 print(str)              //输出内容为：Hello, Swift
4 debugPrint(str)         //输出内容为：" Hello, Swift"
5 dump(str)               //输出内容为：- Hello, Swift
```

在第 3 行至第 5 行之间的所有代码，都可以输出 Hello, Swift 内容。

在 print 语句中使用小括号，可以同时输出多个常量或变量的值，在小括号的左侧需要添加反向斜线\。

```
1 let name = "王丰"
2 let age = "24"
3 print("我的名字是\(name)，今年\(age)岁了。")
```

第 3 行语句的输出结果为：

我的名字是王丰，今年 24 岁了。

你也可以使用+号进行输出语句的拼接，将第三行的代码替换为：

```
1 print("我的名字是"+name+"，今年"+age+"岁了。")
```

输出的结果同样是：

我的名字是王丰，今年 24 岁了。

3.1.4 注释

注释就是对代码的解释和说明，其目的是为了让同伴一看就知道这段代码的作用，而且也方便日后对代码做修改和管理。注释的另一个用途是用来调试程序，通过注释一部分的代码，用来快速定位引起问题的代码。另外，Swift 编译器在编译代码时，会忽略掉这些注释内容，并不会对注释信息进行编译。

常见的程序注释一般分为序言性注释和功能性注释。序言性注释的内容主要包括模块的接口、数据的描述和模块的功能；功能性注释主要包括程序段的功能、语句的功能和数据的状态。

Swift 的注释方法和 Objective-C 语言的注释是类似的，包含两类注释：单行注释（//）和多行注释（/*...*/）。

单行注释以两个正斜线开始：

```
doSomething()          //这是一个单行注释
```

多行注释的起始标记为单个正斜杠后跟随一个星号（/*），终止标记为一个星号后跟随单个正斜杠（*/）：

```
/*这是一个
多行注释
可以书写更多的内容*/
doSomething()
```

多行注释是可以嵌套的，可以将 Swift 的多行注释嵌套在其他的多行注释之间。通过运用嵌套多行注释，可以快速、方便地注释掉一大段代码，即使这段代码之中已经包含了多行注释块。

```
/*
  /*
    第一个多行注释;
    用来创建一个用户;
  */
  createUser();
  第二个多行注释
*/
```

3.1.5 Playground

Playground（游乐场）是自 Xcode 6 开始便自带的一款 Swift 代码开发环境。Swift 是一个全新的语言，所以许多开发者使用 Playground 来了解 Swift 的语法和规则。在 Swift 中，这个 Playground 可以一边写代码，一边预览效果，实现所见即所写，这给开发者带来的方便是不言而喻的。

创建 Playground 环境非常简单，在 Xcode 欢迎界面中，点击【Get started with a playground】选项，即可创建一个 Playground 开发环境，如图 3.2 所示。

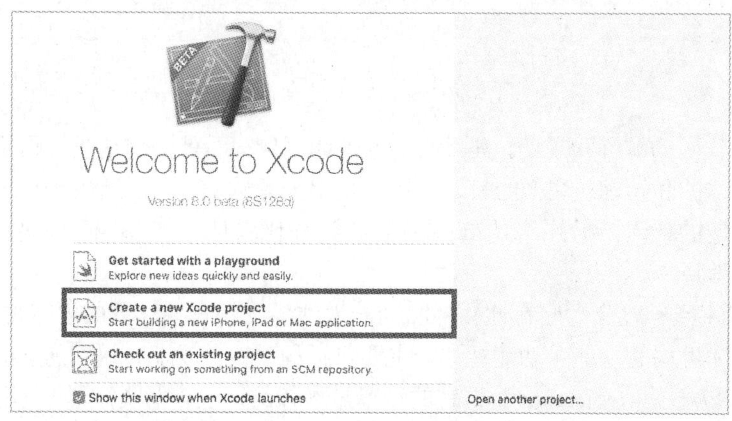

图 3.2

创建一个 Playground 之后，其外观如图 3.3 所示。

图 3.3

Playground 追求的是 What you see is what you get，即所见即所得。使用 Playground 编写 Swift 代码，不需要编译 Swift 文件或运行一个要编译的工程，即可快速地看到代码执行的结果和代码执行的中间过程。即在屏幕的左侧输入代码时，在屏幕的右侧可实时演示出代码的执行效果，如图 3.4 所示。

图 3.4

使用 Playground 不仅可以实时预览变量的值，还可以查看随步长递增或递减值的变化。如图 3.5 所示。

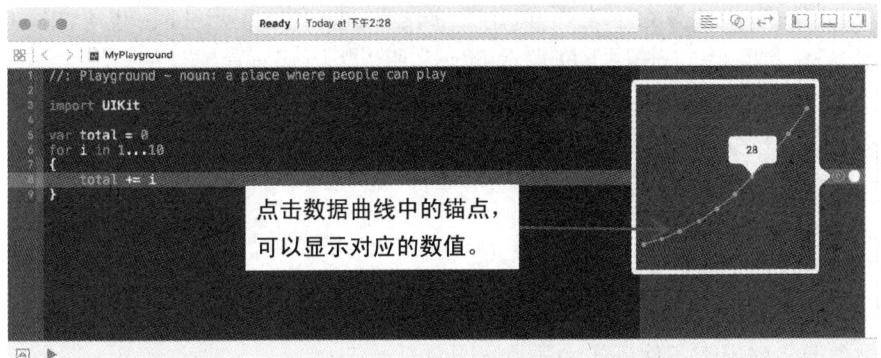

图 3.5

Playground 提供了即时显示结果的功能，是一个开发辅助工具。你甚至可以使用 Playground 进行 UIKit 的开发。如图 3.6 所示，创建了一个自定义外观的 UIView 视图。

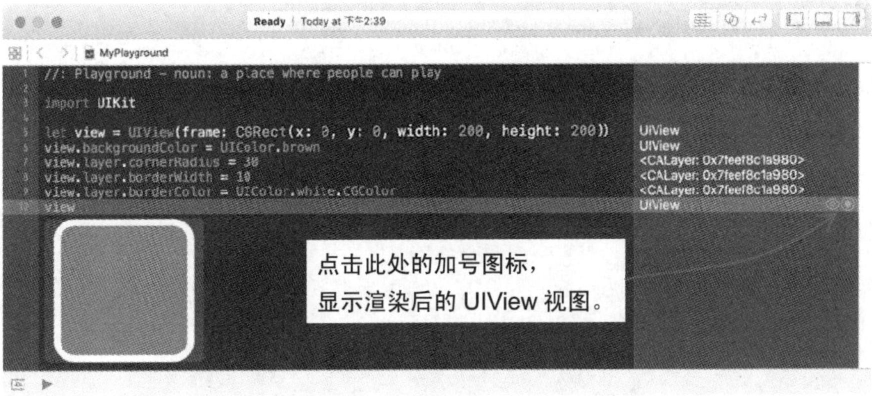

图 3.6

但 Playground 也有下述缺点：

- Playground 暂时不支持界面交互，即无法在 Playground 中测试你的交互应用；
- 无法将 Playground 文件直接用到工程项目中，但可以粘贴代码到项目中；
- Playground 不是模拟器，无法执行 App 程序。

3.2　数据类型与运算

3.2.1　布尔类型

Bool（布尔）类型是 Swift 中最基本的数据类型，可以基于它很方便地创建简单的数据类型。Bool 值只能是 true 或者 false。

```
let isFriend = true
let isEnemy = false
```

使用 Swift 语言，无法像 C 语言那样，用非 0 表示 true，用 0 表示 false；也不能像 Objective-C 那样，使用 YES 表示 true，使用 NO 表示 false，所以以下代码是错误的：

```
let isFriend = 1
if(isFriend)                    //错误：整型无法作为布尔类型使用
{
    print("You are my friend.")
}
let isEnemy = NO                //错误：NO 无法使用，请使用布尔类型的 false 代替
```

布尔类型通常被用于条件语句中：

```
let isEnemy = true
if(isEnemy)
{
    print("Shoot it.")
}
```

在条件判断语句中，除了使用布尔类型的常量或变量作为判断的条件外，也可以使用返回布尔类型结果的表达式：

```
let score = 61
if(score > 60)
{
    print("你通过测试了！")
}
```

3.2.2 Int 类型及实例属性

整数类型指的是没有小数部分的数字，比如 88 和-3。整数可以是有符号的，包括正整数，零或者负整数，也可以是无符号的，如正整数或零。

Swift 提供的有符号的整数和无符号的整数有 8，16，32，64 位形式。这些整数命名规则遵循 C 语言的惯例，UInt8 代表 8 位无符号整数，Int32 代表 32 位有符号整数。

```
let age = 12
let score = 12300
let studentAmount = 72
```

你可以使用整型的最小和最大属性，访问每个整数类型的最小值和最大值。

```
let minValueOfUInt8 = UInt8.min          //结果：0
let maxValueOfUInt8 = UInt8.max          //结果：255
let minValueOfUInt = UInt.min            //结果：0
let maxValueOfUInt = UInt.max            //结果：18446744073709551615
```

```
let minValueOfInt = Int.min              //结果：-9223372036854775808
let maxValueOfInt = Int.max              //结果：9223372036854775807
```

在大多数情况下，你并不需要为整数挑选特定的大小在代码中使用。

Swift 提供了一个整数类型 Int，它会根据应用程序的运行环境自动调节大小：在 32 位平台，Int 与 Int32 宽度一致，而在 64 位平台，Int 与 Int64 宽度一致。除了一些特殊情况，推荐使用 Int 类型来创建代码中的整数值，这有助于代码的一致性和互操作性。

整型是很常用的数据类型，所以 Swift 提供了一些用于整型数据的实用函数：

```
var intNumber = 30
intNumber.distance(to: 40)               //获得两个数据的差值，结果：10
intNumber.advanced(by: 20)               //将整数增加 20，结果：50
```

3.2.3 浮点类型及实例属性

浮点数值是具有小数部分的浮点数，比如 3.1415 和-0.228。

相比整数来说，浮点数类型能表示更广的数值范围，储存更大或者更小的数字。Swift 提供了以下两种有符号的浮点数类型：

- Double 表示 64 位浮点数，在浮点数需要特别大或者特别精确的时候，可使用此类型。
- Float 表示 32 位浮点数，在不需要 64 位精度的时候可使用此类型。

```
let num = 9.8
let floatNum = 3.5
let doubleNum = 10.6
let floatInfinity = Float.infinity          //结果：inf
let doubleInfinity = Double.infinity        //结果：inf
```

注意，Double 具有 15 位小数的精度，而 Float 只有 6 位，如何选择需要根据代码中对数值范围和大小的具体需求来决定。

Swift 提供了大量用于浮点数据的实用函数，如下所述：

```
var number = -9.8
number.advanced(by: 20)                  //将浮点数据加上 20，结果：10.2
number.distance(to: 23.3)                //获得两个数据的差值，结果：33.1
number.isFinite                          //判断数据是否是有限的，结果：true
number.isInfinite                        //判断数据是否是无限的，结果：false
number.isZero                            //判断数据是否为零，结果：false
number.isLess(than: -9.0)                //判断数据是否小于-9.0，结果：true
number.multiply(by: 2)                   //将数据乘以 2，结果：-19.6
```

3.2.4 字符和字符串

字符

Swift 中的字符与 Objective-C 有些不同，每一个字符代表了一个可拓展的字母集，可拓展的字母集由若干个（大于等于一个）Unicode 标量值表示，这些标量构成了一个可拓展的字母集，也就是一个人类可读的字符。

```
let characterA:Character = "A"      // "A"
let sun = "\u{2600}"/               / "☀"
let snow = "\u{2744}"               // "❄"
```

你可以将字符拼接为字符串。

```
let sunAndSnow = "\u{2600}\u{2744}"          // "☀❄"
```

字符拼接后，将以字符串的形式存在，所以下面的代码是错误的：

```
let sunAndSnow: Character = "\u{2600}\u{2744}"
```

字符串

Swift 中的字符串由若干个字符构成，并且和 Obejctive-C 中的字符串不太一样。在 Swift 语言中，你可以使用两种方式定义一个字符串：

```
1 var emptyString1 = ""
2 var emptyString2 = String()
```

在第一行代码中，通过给变量设置一个初始值，创建了一个内容为空的字符串。在第二行代码中，则创建了一个 String 的实例。

使用字符串的 isEmpty 属性，可以检查一个字符串是否为空字符串：

```
var name = ""
name.isEmpty            //true
```

字符串的引入

在 Objective-C 中，你可以使用 stringWithFormat 方法和%@符号相结合的方式，在一个字符串中引入其他字符串。在 Swift 中引入其他字符串更加简单，可以使用\()以引入其他字符串。

```
let 数学 = 95
let 语文 = 90
let 成绩 = "你的语文成绩是\(数学)，语文成绩是\(语文)"
```

除了使用\()引入其他字符串，还可以使用+号。例如：

```
let firstName = "Jerry"
let secondName = "Lee"
let FullName = firstName + " "+ "Lee"          //结果为：Jerry Lee
```

Swift 还提供了几种非常实用的字符串拼接的快捷方法：append()、insert()和 append ()，通过下面的实例，可以认识它们的使用方法和具体功能：

```
var hello = "Hello, swift"
let ganTanHao:Character = "!"
hello.append(ganTanHao)                    // Hello, swift!
```

```
hello.insert(ganTanHao, at: hello.endIndex)        // Hello, swift!!
hello.append (" Great Language!")                  // Hello, swift!! Great Language!
```

字符串中的转义符

字符串的操作非常普遍，你会在字符串中经常发现如\n 之类的转义字符，那么 Swift 包含哪些常见的转义符呢？表 3-1 列出了一些常用的转义字符和它们的用途。

表 3-1 调试按钮功能说明

转义符	用途说明	转义符	用途说明
\0	空字符	\r	回车符
\\	反斜杠	\"	双引号
\t	制表符	\'	单引号
\n	换行符		

转义符在代码中的使用：

```
let message = "Hi\tJerry,\n\"Good morning.\""
```

以上代码的结果为：

```
HiJerry,
"Good morning."
```

字符串的比较

在实际的开发工作中，经常需要进行字符串的比较。例如，判断用户输入的登录密码是否与数据库保存的注册密码一致。对字符串的比较可以直接使用==符号：

```
let passwordFromUser = "123456"
let passwordFromDb = "123456"
if(passwordFromUser == passwordFromDb)
{
    print("你可以登录系统了。")
}
```

如果只需判断字符串的前部分和后部分，是否与另一个字符串相同，可以使用 hasPrefix()方法和 hasSuffix()方法，分别用来判断一个字符串的前面或后面，是否包含某个字符串：

```
let userType1 = "京东的金牌商家"
let userType2 = "淘宝的金牌买家"
print(userType1.hasPrefix("京东"))        //true
print(userType2.hasSuffix("买家"))        //true
```

字符串的大小写转换

可以使用 uppercased()和 lowercased()方法，进行英文字符串的大小写转换。

```
let hello = "Hello, swift"
print(hello.uppercased())                 //HELLO, SWIFT
```

```
print(hello.lowercased())                    //hello, swift
print(hello.capitalized)                     //Hello, Swift
```

字符串的截取和替换

在实际工作中，你会经常在字符串中查找特定的内容，或者使用另一个字符串替换源字符串中指定的内容。Swift 为字符串提供了很多相关的方法，以方便使用者的工作。

```
1  var hello = "Hello, Swift！"
2  hello.substring(from: hello.index(hello.startIndex, offsetBy: 7))     //Swift!
3  hello.substring(to: hello.index(hello.endIndex, offsetBy: -8))       //Hello
4  hello.replacingOccurrences(of: "Hello", with: "Hi")                  //Hi, Swift!
5  hello.remove(at: hello.index(hello.startIndex, offsetBy: 5))         //,
6  print(hello)                                                         //Hello Swift!
```

在第 2 行代码中，使用 substring (from: Index, offsetBy)方法，获得从第 1 个字符开始至指定位置的字符串。其中参数为 Index 类型。这里使用 offsetBy 参数，以字符串的 startIndex 位置右移 7 位为起点，进行字符串的截取。

在第 3 行代码中，使用 substring (to: Index, offsetBy)方法，从字符串的结束点开始，截取至字符串结束点坐标左移 8 个字符后的位置。

在第 4 行代码中，使用 replacingOccurrences (of, with)方法，将字符串中的 hello 字符，替换为 Hi。

第 5 行代码中的 remove(at, offsetBy)方法，可以删除字符串指定位置上的字符。

遍历字符串中的字符

既然字符串是由一个个的字符相互组合而成的，即字符串是字符的集合，那么就可以对字符串进行遍历、查找和打印字符串中的每个字符。例如在下面的代码中，介绍了如何查找手机号码中某个数字出现的次数。

```
var num = 0
let hello = "15011123451"
for temp    in hello.characters
{
    if temp == "1"
    {
        num += 1
    }
}
print(num)              //结果为：5
```

3.2.5 元组类型

元组是一个包含了若干个相关联变量的对象。

```
let people = ("John", 33)
```

由于 Swift 的类型推导，people 被推导为（String, Int）类型的常量。

元组作为一个临时复合值，在某些时候是非常有用的。它经常被用作函数返回值，用来传递一些数据。

例如一个用来获取网页的函数，可能会返回一个（Int, String）元组，用来描述是否获取成功。和只能返回一个类型的值比较起来，一个包含两个不同类型值的元组，可以让函数的返回信息更加有用：

```
let http404Error = (404, "Not Found")
let http200Status = (statusCode:200, description:"OK")
```

从一个元组中单独取出某一个数据有两种方式，第一种方式是使用下标：

```
let http404Error = (404, "Not Found")
print("errorCode = \(http404Error.0)")          // 输出结果为：errorCode = 404
```

第二种方式如下：

```
let http404Error = (404, "Not Found")
let (errorCode, errorMessage) = http404Error
print("errorCode = \(http404Error.0)")          // 输出结果为：errorCode = 404
```

如果之前是按照键值对创建的元组，可以按照访问属性的形式来获取相关的值：

```
let people = (name:"John", age:33)
print("People's name is \(people.name), and age is \(people.age).")
```

元组在临时组织数据的时候很有用，但是并不适合创建复杂的数据结构。如果你的数据结构并不是临时使用，可使用类或者结构体而不是元组。

3.2.6 一元、二元和三元运算符

运算符是一种特定的符号或表达式，用来检验、修改或合并变量。例如，用于求和的运算符+，可以对两个数字进行求和，还有逻辑运算符&&等。

运算符都是一元、二元或三元的。其中一元运算符用于处理单个对象，一元前缀运算符出现在对象前，一元后缀运算符出现在对象的后面。

一元减号和加号

在一个数值的前面，添加的一个-减号，叫作一元减运算符；同样在数值前面添加的+加号，被称为一元加运算符，它们的用法如下：

```
let one = 1
let minusOne = -one                 //结果为：-1
let plusOne = +one                  //结果为：1
let anotherOne = -minusOne          //结果为：1
```

一元逻辑非运算符

在数值的前面，添加!感叹号运算符，可以对逻辑数值进行逻辑非运算。

```
let isHero = false
let playerType = !isHero            //结果为：true
```

请注意无论是减号、加号还是感叹号运算符，它们与右侧的数值之间不能有空格。

另外++递增和--递减等是在 Swift1.0 版本中出现的一元运算符，在新版的 Swift 语言中已经被移除，这里就不再进行讲解。

二元运算符

二元运算符是用来对两个目标进行操作的，所以二元运算符常常出现在两个数值之间的位置。如常用的加、减、乘、除数学运算符：

```
3 + 2            //结果为：5
3 – 2            //结果为：1
3 * 2            //结果为：6
3 / 2            //结果为：1
```

余数运算符（x % y）可以求出多少个 y 的倍数能够刚好放进 x 中，并且返回剩下的值，也就是余数。在 Swift 中你可以对正数、负数进行取余计算：

```
5 % 2            //结果为：1
-5 % 2           //结果为：-1
```

三元条件运算符

三元运算符拥有三个部分，它看起来是这样的：question ? answer1 : answer2。这是一种基于 question 是真还是假，来选择后面两个表达式之一的便捷写法。如果 question 是真，则会返回 answer1，否则返回 answer2。

```
let score = 66
let result = (score >= 60) ? "通过考核" : "未通过考核"            //结果为：通过考核
```

三元条件运算符提供了一个非常有效的简写，以根据指定的条件做出相应的选择。

3.2.7 比较运算符

你会经常使用比较运算符，对两个数值进行比较，从而根据比较结果，进行相应的操作。Swift 支持所有 C 语言的标准比较运算符，每个比较运算符都会返回一个 Boolean 值，来表示语句是否为真。

```
2 > 1            //结果为：true
2 < 1            //结果为：false
2 >= 1           //结果为：true
2 <= 1           //结果为：false
```

```
2 == 1              //结果为：false
2 != 1              //结果为：true
```

比较运算符通常被用在 if 条件语句当中，例如：

```
let workingAge = 18
if workingAge >= 15
{
    print("享受 15 天年假")
}
```

拥有同样值数量的元组也可以进行比较，前提是元组中的值是可以比较的。元组以从左到右的顺序，进行值大小的比较，直到找到两个不相等的值为止。如果两个元组的所有值都相同，则两个元组被认为是相等的。

```
(2, 3) > (1, 3)                          //结果为：true
("Class1", 98) > ("Class2", 54)          //结果为：false
(7, "Sunday") == (7, "Sunday")           //结果为：true
```

3.3 循环语句和条件判断语句

3.3.1 for 循环

Swift 的 for 循环语句，可以用来重复执行一系列语句，直到达成特定的条件。

Swift 提供了两种 for 循环语句，一种是 C 语言风格的 for 循环：条件递增（for-condition-increment），这种方式在 Swift 3.0 中被遗弃，所以这里只讲解 Swift 推荐使用的 for-in 循环。

```
for index in 0 ..< 3
{
    print("index is \(index)")
}
```

在 for-in 语句中，..<符号表示数值范围在 0～3 之间，但是并不包含数字 3，所以打印出来的结果如下：

```
index is 0
index is 1
index is 2
```

如果需要在循环中包含数字 3，可以使用...符号：

```
for index in 0 ... 3
{
    print("index is \(index)")
}
```

以上代码在控制台输出的结果为：

```
index is 0
index is 1
index is 2
index is 3
```

for-in 循环语句用途广泛，我们曾经在 3.2.4 节中，对字符串中的字符进行遍历。你还可以使用该语句，对数组和字典进行遍历。

```
let students = ["Jerry", "Thomas", "John"]
for student in students {
    print("Student name:\(student)")
}
```

以上代码在控制台输出的结果为：

```
Student name:Jerry
Student name:Thomas
Student name:John
```

通过 for-in 循环语句，可以遍历一个字典里的键值对（key-value pairs）。在遍历字典时，字典的每项元素会以（key, value）元组的形式返回。

```
let scores = ["Jerry":78, "Thomas":88, "John":92]
for (student, score) in scores
{
        print(student + "' score is \(score)")
}
```

以上代码在控制台输出的结果为：

```
John' score is 92
Jerry' score is 78
Thomas' score is 88
```

因为字典的内容在内部是无序的，所以遍历元素时不能保证与其插入的顺序一致，字典元素的遍历顺序和插入顺序可能不同。

3.3.2 while 循环语句

Swift 的 while 循环语句，和 Objective-C 的 while 语句非常相似，主要用于重复执行某个代码块。while 语句的样式如下所示。

```
while condition {
statements
}
```

其中 *condition* 为执行循环语句的条件，其值如果为 true，则执行大括号里面的代码块；如果为 false，while 语句执行完毕。

```
var index = 0
while index < 3
{
    index += 1
    print("Try connect server again.")
}
```

以上 while 语句的执行结果为：

```
Try connect server again.
Try connect server again.
Try connect server again.
```

3.3.3 repeat-while 循环语句

Swift 1.0 中的 do-while 语句，在 Swift 2.2 中已经被 repeat-while 语句所替换，但是使用方法和传统的 do-while 语句是一致的，现在将上面例子中的 while 语句修改一下：

```
var index = 0
repeat
{
    index += 1
    print("Try connect server again.")
}
while index < 3
```

以上 repeat-while 语句的执行结果为：

```
Try connect server again.
Try connect server again.
Try connect server again.
```

由于 repeat-while 语句是先执行代码块，再进行条件的判断，所以代码段总会被执行至少一次。将上面代码中的条件判断语句修改为：

```
var index = 0
repeat
{
    index += 1
    print("Try connect server again.")
}
while index < 0
```

以上 repeat-while 语句的执行结果为：

```
Try connect server again.
```

3.3.4 if 条件判断语句

在日常开发工作中，经常需要判断用户的输入是否正确，以进行不同的处理逻辑。例如当用户输入非 15 位或 18 位身份证时，需要提醒用户输入错误：

```
let IDCard = "35021119810618000"
let count = IDCard.lengthOfBytes(using: String.Encoding.utf8)
if (count != 18 && count != 15)
{
    print("错误的身份证号码。")
}
```

用户输入的身份证号码为 17 位，将在控制台得到这样的输出：

错误的身份证号码。

Swift 的 if 语句不需要使用小括号，所以将上面的代码修改为这样也是正确的：

```
if count != 18 && count != 15
```

在 Objective-C 环境中使用 if 语句，如果代码段只有一行，可以不使用大括号{}，但是在 Swift 中，为了提高代码的规范性，大括号是强制使用的。

通过配合使用 else 语句，可以进行更多的条件判断，例如：

```
let IDCard = "35021119810618000"
let count = IDCard.lengthOfBytes(using: String.Encoding.utf8)
if count == 18
{
    print("正确的身份证号码")
}
else if count == 15
{
    print("正确的身份证号码")
}
else
{
    print("错误的身份证号码")
}
```

3.3.5 switch 条件判断语句

switch 语句会尝试把某个值与若干个条件进行匹配。根据第一个匹配成功的条件，switch 语句会执行对应的代码。当条件判断的情况比较多时，通常用 switch 语句替换 if 语句。

switch 语句都由多个 case 构成。每一个 case 都是代码执行的一条分支，这与 if 语句比较类似。与之不同的是，switch 语句会决定哪一条分支应该被执行。与 Obejctive-C 不同的地方是，在 Swift 中，你不需要为 case 分支添加 break 语句：

```
1  let time = 12
2  switch time
3  {
4      case 7:
5          print("It's time to get up.")
6      case 8, 12, 18:
7          print("It's time for eating.")
8      case let x where x>18 && x<=24:
9          print("Happy time.")
10     case 1...6:
11         print("It's time for rest.")
12     default:
13         print("Keep busy.")
14 }
```

为了匹配某些更特定的值，Swift 提供了几种更复杂的匹配模式。在第 8 行代码中，使用了 let（或 var）语句来绑定常量，从而判断在 18～24 点之间的时间范围的情况。

而在第 10 行代码中，使用了...范围符创建了一个 1～6 点之间的条件范围。

switch 语句必须是完整的，即每一个可能的值，都必须至少有一个 case 分支与之对应。在某些不可能涵盖所有值的情况下，你可以使用默认 default 分支满足该要求。在第 12 行代码中，添加了一个 default 语句，以判断其他未覆盖的条件。这个默认分支，必须放置在语句的最后面。

3.3.6 continue 语句和 forthrough 语句

continue 语句

Swift 的 continue 语句，用来告诉用户一个循环体停止本次的循环，并立即进入下次的循环。在下面的代码中，使用了 continue 语句，用来统计男生的数量。

```
let studentGender = ["男", "女", "男", "女", "男", "男", "女"]
var boysAmount = 0;
for gender in studentGender
{
    if(gender == "女")
    {
        continue
    }
    boysAmount += 1
}
print(boysAmount)
```

由于在第 5～8 行代码中使用了 continue 语句，所以在遍历 studentGender 数组的过程中，当遇到值为"女"的字符串时，程序跳过当前的循环，并进入下一个循环，从而没有将女生统计在内，而只汇总男生的数量。

fallthrough 语句

在 Swift 语言中，switch 语句并不会从一个 case 分支跳转到下一个 case 分支，而是只要匹配到一个 case 分支，就完成整条 switch 语句。相比之下，在 Objective-C 语言中，你必须通过在 case 分支的末尾插入 break 语句，来阻止自动跳入下一个 case 分支中。

Swift 的这种特性，可以使程序代码更加清晰和可预测，从而避免无意识地执行多个 case 分支。尽管如此，Swift 仍然提供了 fallthrough 语句，通过使用该语句，可以允许 Swift 代码在执行完一个 case 分支后，跳转到下一个 case 分支中，例如：

```
1  let time = 6
2  var message = "It's now"
3  switch time
4  {
5      case 2, 3, 6, 7, 9, 10, 16:
6          message += " \(time) o'clock"
7          fallthrough
8      default:
9          message += "."
10 }
```

在第 7 行代码中，由于使用了 fallthrough 语句，所以当执行完第一个 case 分支后，会跳转到 default 语句中，从而为 message 变量添加了句号。

3.4 数组和字典

3.4.1 数组

所谓数组，就是将相同数据类型的元素，按一定顺序进行排列的集合，就是把有限个类型相同的变量用一个名字命名，然后用编号区分它们的变量集合，这个名字被称为数组名，编号称为数组的下标。

组成数组的各个变量称为数组的分量，也称为数组的元素，有时也被称为下标变量。Swift 数组是在程序设计中，为了处理方便，把具有相同类型的若干变量，按有序的形式组织起来的一种形式，这些按序排列的同类数据元素的集合称为 Swift 数组。

Swift 数组对存储数据有具体要求。不同于 Objective-C 的 NSArray 和 NSMutableArray 类，它们可以存储任何类型的实例，而且不提供他们返回对象的任何本质信息。

数组的创建

在 Swift 中，数据值在被存储进入某个数组之前，数据的类型必须明确，方法是通过显式的类型标注或类型推断：

```
1 let stringArray = Array<String>()
2 let floatArray = [Float]()
3 let intArry = [1, 2, 3, 4, 5]
```

在第一行代码中，通过使用命名型类型 Array<SomeType>，创建了一个字符串类型的数组，其中 SomeType 是这个数组中唯一允许存在的数据类型。

在第二行代码中，我们使用了像 SomeType【】这样的简单语法，创建了一个类型为浮点数的数组 floatArray。

前面两种方法都是通过显示的类型标注，创建指定类型的数组。在第三行代码中，通过给常量设置默认值，从而由 Swift 对其类型做出推断。因为所有值都是整数类型，所以数组的类型被推断为整型数组。

数组的访问和查找

数组中元素的访问，是通过下标语法实现的：

```
let intArry = [1, 2, 3, 4, 5]
print(intArry[2])          //结果为：3
```

通过使用数组的只读属性 count 和 isEmpty，可以获取数组中的元素数量：

```
intArry.isEmpty          //判断数组是否为空，结果为：false
intArry.count            //获得数组中元素的数量，结果为：5
```

通过使用数组的 contains()方法，可以判断数组中是否存在某个元素：

```
intArry.contains(3)      //判断数组中是否存在 3，结果为：true
```

数组的编辑

在 Swift 中，可以使用数组的 append()方法，或者直接使用加号+，往已有的数组中添加新的元素。

```
var intArry = [1, 2, 3, 4, 5]
intArry += [6]                //intArray 的元素：[1, 2, 3, 4, 5, 6]
intArry.append(7)             //intArray 的元素：[1, 2, 3, 4, 5, 6, 7]
```

如果需要在数组的中间位置添加新的元素，可以使用 insert()方法，新的元素将被插入数组中指定的 index 位置，该位置原来的元素将依次右移。

```
intArry.insert(100, at: 2)    // intArray 的元素：[1, 2, 100, 3, 4, 5, 6, 7]
```

在 Swift 中修改数组中的某个元素，也是非常简单的。首先使用下标定位到需要修改的元素，然后直接给元素指定新的值即可。

```
intArry[2] = 9                // intArray 的元素：[1, 2, 9, 3, 4, 5, 6, 7]
```

使用这种方式，甚至可以一次性修改数组中的多个元素的值：

```
intArry[3...5] = [8, 8, 8]          //intArray 的元素：[1, 2, 9, 8, 8, 8, 6, 7]
```

Swift 数组提供了几种 remove 方法，用来删除数组中的元素。

```
intArry.removeFirst()               //intArray 的元素：[2, 9, 8, 8, 8, 6, 7]
intArry.removeLast()                //intArray 的元素：[2, 9, 8, 8, 8, 6]
intArry. remove(at: 2)              //intArray 的元素：[2, 9, 8, 8, 6]
intArry. removeSubrange(Range(1..<3))      //intArray 的元素：[2, 8, 6]
intArry.removeAll()                 //intArray 的元素：[]
```

数组的排序

相对于 Objective-C 语言来说，在 Swift 中对数组进行排序变得极为简单。

```
var intArry = [11, 22, 3, 14, 25]
print(intArry.sort())                    // 输出的结果：[3, 11, 14, 22, 25]
```

sort()方法默认是按升序进行排列，按照降序对数组进行排列如下：

```
intArry.sort(isOrderedBefore: >)         // 输出的结果：[25, 22, 14, 11, 3]
```

对拥有复杂类型元素的数组进行排序，也是非常简单的，在下面的例子中，创建了一个包含三个元组对应的数组，并且按照元组中姓名的升序进行排列。

```
var userList = [(name: " Thomas", age: 20),   (name: " John", age: 32),   (name: " Bill", age: 28)]
userList.sort(isOrderedBefore: {$0.name > $1.name})
```

userList 排序后的结果为[("Bill", 28), ("John", 32), ("Thomas", 20)]。

3.4.2 多维数组

多维数组是指在数组中仍然存在其他的数组。

你可以将多维数组理解为，通过几次索引可以找到存储的值就为几维数组，例如在一维数组 userList 中，通过一个索引值 userList[0]，就可以查到第一个用户；在二维数组 userList2，就需要进行两次索引 userList[0] [0]，才可以查到第一个用户。

多维数组的创建与一维数组类似，以下代码定义了一个包含整数元素的二维数组。

```
var intArray = [[Int]]()
```

同样可以通过指定初始值的方法，创建一个多维数组。

```
let numbers = [[1, 2, 3], [4, 5, 6, 7]]
```

和一维数组一样，可以使用 append()方法，往多维数组中添加更多的数组元素：

```
var numbers = [[1, 2, 3], [4, 5, 6, 7]]
numbers.append([8,9,10])               //numbers 的元素：[[1, 2, 3], [4, 5, 6, 7], [8, 9, 10]]
```

那么如何获取多维数组中的元素呢？假如你需要获得 numbers 数组中的 8 这个数字，首先需要通过 numbers[2]获得[8, 9, 10]数组，然后通过 numbers[2][0]获得[8, 9, 10]数组中的第一个元素。

即通过 numbers[2][0]获得第三个子数组中的第一个元素：8。

3.4.3 数组的遍历

在下面的代码中，使用..<符号，遍历数组从 0～4 之间的所有元素：

```
var numbers = [1, 2, 3, 4, 5]
for index in 0 ..< numbers.count
{
    print(numbers[index])
}
```

数组的遍历其实可以更加简单，例如：

```
var numbers = [1, 2, 3, 4, 5]
for num in numbers
{
    print(num)
}
```

如果仅需遍历指定范围内的数组元素，可以通过定义 Range 的方法来实现。

```
var numbers = [1, 2, 3, 4, 5]
let range = 2..<numbers.count
for (index, value) in zip(range, numbers[range])
{
  print("\(index) : \(value)")
}
```

对于包含复杂元素的数组进行遍历，也是非常简单的事情。

```
let scores = ["Jerry":78, "Thomas":88, "John":92]
for (student, score) in scores
{
    print(student + "' score is \(score)")
}
```

通过 for-in 语句，也能很方便地实现对多维数组的遍历，例如：

```
var numbers = [[1, 2, 3],[4, 5, 6, 7]]
for subNumbers in numbers
{
    for number in subNumbers
    {
        print(number)
    }
}
```

3.4.4 字典

Swift 语言提供两种集合类型来存储数据：数组和字典。数组是一个同类型的序列化列表集合；而字典是一个能够使用类似于键的唯一标识符来获取值的非序列化集合。

字典是一种存储多个相同类型的值的容器，每个值 value 都关联唯一的键 key，键作为字典中的这个值数据的标识符。

和数组不同的是，字典中的元素并没有具体的顺序，也就是说字典是无序存放元素的，并且和 Objective-C 中的字典对象不同的是，在 Swift 语言中，在某个特定字典中可以存储的键和值必须提前定义它们的类型，可以通过显性类型标注或者类型推断来定义键和值的类型。这意味着字典不会因为插入一个错误类型的值而导致程序出错，也意味着当你在字典中取回数值时，就能够确定它的类型。

字典的创建

Swift 的字典写法是 Dictionary<KeyType,ValueType>，KeyType 是你想要储存的键的数据类型，ValueType 是你想要储存值的数据类型。这里的 KeyType 可以使用字符串 String、整型 Int、双精度 Double 和布尔 Bool 类型。

```
1  var diallingCodes1 = Dictionary<String, String>()
2  var diallingCodes2 = ["010":"北京", "021":"上海", "0592":"厦门"]
```

在第一行代码中，diallingCodes1 被定义为 Dictionary<String, String>()类型，即这个字典的键和值的类型都是 String。由于 diallingCodes1 被 var 定义为变量，所以你可以在之后的代码中，添加或编辑它的内容。

在第二行代码中，给 diallingCodes2 字典对象设置了初始值。由于在初始值中的键和值的类型都是 String，所以 diallingCodes2 的类型被推断为 Dictionary<String, String>()类型。

字典的读取和编辑

我们可以使用下标语法，通过在字典中设置的键获得对应的值。

```
let diallingCodes = ["010":"北京", "021":"上海", "0592":"厦门"]
print(diallingCodes["010"])          //输出结果为：Optional("北京")
```

通过下标语法，还可以往字典中添加新的元素。

```
var diallingCodes = ["010":"北京", "021":"上海", "0592":"厦门"]
diallingCodes["020"] = "广东"
print(diallingCodes["020"])          //输出结果为：Optional("广东")
```

如果在下标中的键名已经存在于字典中，则会修改该键对应的值。

```
var diallingCodes = ["010":"北京", "021":"上海", "0592":"厦门"]
diallingCodes["020"] = "广东"
diallingCodes["020"] = "广州"
print(diallingCodes["020"])          //输出结果为：Optional("广州")
```

也可以使用字典的 updateValue()方法，修改指定键的值。

```
var diallingCodes = ["010":"北京", "021":"上海", "0592":"福州"]
diallingCodes.updateValue("厦门", forKey: "0592")
print(diallingCodes["0592"])         //输出结果为：Optional("厦门")
```

当需要删除字典中的某对键值时，可以使用 removeValueForKey()方法，或者将某个键的值设为 nil，也能起到相同的作用。以下两行代码，都能在字典中删除键为“020”的键值对。

```
diallingCodes["020"] = nil
diallingCodes.removeValue(forKey: "020")
```

字典的遍历

你可以使用 for-in 循环，来遍历某个字典中的键或值，也可以同时遍历字典中的键值对。以下的代码中，对字典的键进行了遍历操作。

```
var diallingCodes = ["010":"北京", "021":"上海", "0592":"厦门"]
for key in diallingCodes.keys
{
    print(key)
}
```

通过遍历字典对象的 keys 属性，输出了字典中所有键的信息：

021
010
0592

通过访问字典对象的 values 属性，可以遍历字典的所有的值：

```
let diallingCodes = ["010":"北京", "021":"上海", "0592":"厦门"]
for value in diallingCodes.values
{
 print(value)
}
```

以下为代码的输出结果：

上海
北京
厦门

每一个字典中的数据项，都由（key, value）元组所组成，所以你可以使用临时常量或者变量来分解这些元组，以下代码是对字典的键值对进行遍历的输出：

```
let diallingCodes = ["010":"北京", "021":"上海", "0592":"厦门"]
for (key, value) in diallingCodes
{
```

```
print(key+":"+value)
}
```

代码在控制台输出的结果为：

```
021:上海
010:北京
0592:厦门
```

3.5 小 结

新人学习 iOS 开发，完全可以放弃 Objective-C，从 Swift 语言入手。Swift 语言在 3.0 版本后将变得稳定起来，所以在本章为读者讲解了 Swift 3.0 语言的基本概念和语法，这些内容都是在进行 iOS 开发时必须掌握的基础知识，在开发过程中每时每刻都会使用到这些知识点，所以请读者熟练掌握本章的所有内容，为日后的开发工作打下坚实的基础。

第 04 章 Swift 3.0 的进阶内容

在第 3 章为大家揭开了 Swift 3.0 语言的神秘面纱，并讲解了 Swift 3.0 的基本语法知识。

本章将继续围绕 Swift 3.0 讲解一些更加深层次的知识。我们将谈到函数、枚举、结构体、类、扩展、协议等干货内容，同时还详细解释问号（?）和感叹号（!）在编码中的用途以及使用方法。

4.1 函　　数

4.1.1 函数的定义和调用

函数是一个组织在一起的程序代码集合，用来完成某个特定的功能。为了提高代码的复用性，通常对代码进行抽取，将能够完成同一个任务的代码放置在一起，可作为一个函数使用。给定函数一个名称标识，当执行其任务时，就可以用这个标识来进行函数的调用。

Swift 使用关键字 func 进行函数的定义。当定义一个函数时，可以为其定义一个或多个不同名称、类型的值，作为函数的输入参数。当该函数完成时，将返回输出定义的类型。

每个函数都有一个函数名来描述它的功能。通过函数名以及对应类型的参数值，可调用这个函数，函数的参数传递的顺序必须与参数列表中的顺序相同。

函数定义的格式如下所示：

```
func 函数名(参数变量：类型，参数变量：类型...) -> 返回类型
{
    程序语句
    程序语句
    ……
    return 结果
}
```

在下面的代码中，我们定义了一个无参数并且无返回类型的函数：

```
func sayHelloSwift()
{
    print("Hello, Swift!")
}
```

函数定义之后，我们可以通过函数名以及对应类型的参数值来调用函数，函数的参数传递的顺序必须与参数列表相同。由于 sayHelloSwift 函数是一个无参函数，所以你可以直接使用函数的名称，以调用该函数。

```
sayHelloSwift()
```

sayHelloSwift 函数极为简单，当调用该函数后，将在控制台输出"Hello, Swift!"信息。

在下面的代码中，我们定义了拥有两个参数和返回值的函数。所有的参数都被放置在函数名称右侧的小括号内。指定的函数的返回类型以箭头->（一个连字符后跟一个右尖括号）以及随后类型的名称作为函数。

```
func sum(number1:Int, number2:Int)->Int
{
    return number1 + number2
}
```

当调用包含参数的函数时，你需要在函数名称内，传递相同数量的参数。sum 函数是通过用户传递两个整数，从而获得两个整数之和，所以在调用该函数时，需要传递两个整数作为函数的参数。函数执行完毕后，通过 result1 和 result2 分别获得两次执行的结果，并在控制台打印输出函数执行的结果。

```
let result1 = sum(1, number2: 1)
print(result1)                    //输出结果：2
let result2 = sum(2, number2: 2)
print(result2)                    //输出结果：4
```

4.1.2 为参数设置默认值

在 Swift 环境中，可以为函数的参数设置默认值。

例如，在游戏中需要计算屏幕中的各个敌人距离炮塔的位置，以确定距离是否近到可以引起炮塔的攻击。由于炮塔的位置是固定的，所以可以将该参数值设置为默认值。

```
func getDistance(enemyPosition:CGPoint, turretPosition: CGPoint=CGPoint(x: 100, y: 100))->CGFloat
{
    let xDis = turretPosition.x - enemyPosition.x
    let yDis = turretPosition.y - enemyPosition.y
    return sqrt(xDis*xDis + yDis*yDis)
}
```

在 getDistance 方法的参数声明区域，当添加第二个参数时，在参数类型的右侧添加了一个等号，并在等号后面添加了默认参数值。当调用该方法时，只需要传入第一个参数即可。

```
let enemyPosition = CGPoint(x: 200, y: 200)
let distance = getDistance(enemyPosition: enemyPosition)
print(distance)                  //输出结果：141.4213562373095
```

如果游戏场景中拥有多个炮塔，你仍然可以使用 getDistance 函数，只需在调用该函数时，填写上第二个参数即可。

```
let enemyPosition = CGPoint(x: 200, y: 200)
let anotherTurrentPosition = CGPoint(x: 100, y: 400)
let distance = getDistance(enemyPosition: enemyPosition, turretPosition: anotherTurrentPosition)
print(distance)                  //输出结果：223.606797749979
```

4.1.3 设置可变的函数参数数量

在定义函数时，如果你不确定参数的数量，可通过在变量类型后面加 (...) ，定义可变参数。一个函数最多能有一个可变参数，且必须是函数表中最后的一个。为避免在调用函数时产生歧义，一个函数如果有一个或多个参数，并且还有一个可变参数，一定要把可变参数放在最后。

```
func getAverage(numbers: Double...) -> Double
{
```

```
3         if numbers.count == 0
4         {
5             return 0.0
6         }
7         var total: Double = 0
8         for number in numbers
9         {
10            total += number
11        }
12        return total / Double(numbers.count)
13    }
```

在第 1 行代码中，创建了一个名为 getAverage 的函数，用来求取一批浮点数据的平均值。通过将其参数设置为 Double...类型，可设定函数的参数为属于 Double 类型的、数量不定的浮点数。

在第 3～6 行的代码中，进行了安全的判断，以避免用户在调用函数时，没有输入任何的参数，避免产生被零除的错误。

在第 8～11 行的代码中，通过 for-in 语句，遍历并汇总用户输入的所有浮点参数，并将汇总结果存储在 total 变量中。

最后在第 12 行代码中，求取并返回所有参数的平均值。

当用户调用该函数，并且在函数中未提供任何参数时，可以得到如下的结果：

```
let average = getAverage()
print(average)                    //输出结果：0
```

当用户调用该函数，并且在函数中输入一定数量的参数时，可以得到如下的结果：

```
let average = getAverage (numbers: 1,2,3,4,5,6)
print(average)                    //输出结果：3.5
```

4.1.4 函数作为参数和返回类型

Swift 中的每个函数都有一个类型，包括函数的参数类型和返回类型。你可以方便地使用此类型，像其他类型一样。

函数作为参数

这使得它很容易将函数作为参数，传递给其他的函数，甚至从函数中返回函数类型。

```
func getSmaller (number1:Int, number2:Int) -> Int
{
    return ((number1 < number2) ? number1 : number2)
}
func getBigger (number1:Int, number2:Int) -> Int
{
    return ((number1 > number2) ? number1 : number2)
}
```

```
9  func printMathResult(mathFunction: (Int, Int)->Int, num1:Int, num2:Int)
10 {
11     print("The result is: \(mathFunction(num1, num2))")
12 }
```

在第 1～4 行代码中，创建了一个名为 getSmaller 的函数，它包含两个整型参数，主要功能是用来获得两个参数中的较小的值。

在第 5～8 行代码中，创建了一个名为 getBigger 的函数，它也包含两个整型参数，主要功能是用来获得两个参数中的较大的值。

在第 9～12 行代码中，创建了一个名为 getMathResult 的函数，它拥有三个参数。其中第一个参数的类型为(Int, Int)->Int，即拥有两个整型参数，并且返回整型结果的函数类型；另外两个参数为两个整型数值。该函数功能是通过传入的第一个参数，来决定使用 getSmaller 函数还是 getBigger 函数，对后面的两个整型参数进行处理。

接着调用 printMathResult 函数，并且分别在该函数中传入 getSmaller 函数和 getBigger 函数。

```
printMathResult(mathFunction: getSmaller, num1: 1, num2: 2)
printMathResult(mathFunction: getBigger, num1: 1, num2: 2)
```

以上代码分别求出了两个参数中的最小值和最大值，最终的输出结果如下：

```
1
2
```

函数作为返回类型

一个函数除了可被作为另一个函数的参数使用，同时也可以作为其他函数的返回类型。在下面的代码中，通过将函数作为另一个函数的返回类型，实现了与上一个例子同样的功能。

```
1  func getSmaller(number1:Int, number2:Int) -> Int
2  {
3      return ((number1 < number2) ? number1 : number2)
4  }
5  func getBigger(number1:Int, number2:Int) -> Int
6  {
7      return ((number1 > number2) ? number1 : number2)
8  }
9  func chooseFunction(needBigger: Bool) -> (Int, Int) -> Int
10 {
11     return needBigger ? getBigger : getSmaller
12 }
13 let function = chooseFunction(needBigger: true)
14 print(function(2, 3))                    //输出结果：3
```

和前一个示例一样，在第 1～4 行代码中，创建了一个 getSmaller 函数，它包含两个整型参数，主要功能是用来获得两个参数中的较小的值。

在第 5～8 行的代码中，创建了一个 getBigger 函数，它也包含两个整型参数，主要功能是用来获得两个参数中的较大的值。

接着在第 9～12 行的代码中，定义了一个名为 chooseFunction 的函数，它包含一个布尔类型的参数 needBigger，从而由用户来选择使用 getBigger 和 getSmaller 两个函数中的哪个。如果 needBigger 参数为 ture，则使用 getBigger 函数以获得较大的值，反之则使用 getSmaller 函数以获得两个参数中较小的值。

在第 13 行的代码中，定义了一个常量 function，并根据传入 chooseFunction 函数的参数值 true，将 getBigger 函数赋予 function 常量。因此 function 常量将具有获得两个参数较大者的功能。

4.1.5 元组作为函数的返回类型，实现多个返回值

在日常的开发工作中，可能会遇到这样的场景：当用户通过用户名（一般为邮箱或手机号）和密码登录系统后，需要从服务器获取用户的姓名、用户级别和头像信息。对于像这样的需要同时返回多条信息的函数，你可以使用元组来组织函数返回的所有内容。

```
1 func getUserInfo(userId:String) -> (userName: String, userLevel: Int, photoPath: String)
2 {
3     let userName = "John"
4     let userLevel = 3
5     let photoPath = "http://www.coolketang.com/userPhoto/323sfa4.png"
6 
7     return (userName, userLevel, photoPath)
8 }
```

在第 1 行的代码中，定义了一个名为 getUserInfo 的函数，其包含一个参数 userId，通过该参数，可从服务器查询指定用户的属性信息，并设置返回类型为（String, Int, String），分别存储用户的姓名、级别和头像路径等信息。

接着在第 3～7 行代码中，定义了用户的三个属性信息，并将三个属性组成一个元组，最后使用 return 语句，在函数的结尾返回包含用户属性的元组。

服务器以元组的形式返回用户属性信息后，在控制台打印输出元组的信息即可。

```
let message = getUserInfo(userId: "2341")
print(message.0)          //输出结果：John
print(message.1)          //输出结果：3
print(message.2)          //输出结果：http://www.coolketang.com/userPhoto/323sfa4.png
```

4.1.6 使用函数类型

使用函数类型就跟使用其他的类型一样。比如可以定义一个常量或变量，其类型就是函数，而且可以给这个函数赋值。

这里首先定义一个普通的函数，它包含两个整型参数，然后计算并返回两个参数之和。

```
func getTotal(num1:Int, num2:Int) -> Int
```

```
{
    return num1 + num2
}
```

接着定义一个 newFunction 的变量，其类型是两个整型参数并返回整型的函数，并让这个变量指向 getTotal 函数。

```
let newFunction: (Int, Int) -> Int = getTotal
let result = newFunction(1, 1)
print(result)                    //输出结果：2
```

在给使用函数类型定义变量时，可以省略函数类型的书写。

```
let anotherFunction = getTotal
let result2 = anotherFunction(num1: 1, num2: 2)
print(result2)                   //输出结果：3
```

那么如何使用无参数并且无返回值的函数类型呢？首先定义一个此类型的函数。

```
func printHelloSwifth()
{
    print("Hello, Swift!")
}
```

printHelloSwifth 函数没有包含任何参数，也没有任何返回值，当需要定义该函数类型的常量或变量时，可以使用以下方式：

```
let anotherGreating : ()->() = printHelloSwifth
anotherGreating()                //输出结果：Hello, Swift!
```

4.1.7 函数的输入输出参数

在冒泡排序算法中，需要比较相邻的两个数字的大小。例如需要对一个数组中的数字进行升序排列，如果前面的数字比后面相邻的数字较大，则需要交换两个数字在数组中的位置。

你可以创建一个拥有两个参数的函数 swap，来实现相邻数字之前的互换操作。

如果想要一个函数可以修改参数的值，并且这些修改在函数结束调用后仍然存在，那就可以将参数定义为输入输出参数，这可以通过在参数类型的前面添加 inout 关键字来实现。

同时，传入函数的参数，只能是变量而不能是常量，当传入的参数作为输入输出参数时，需要在参数面前加上&符号，表示这个参数值是可以被修改的。

```
func swap(prevNumber: inout Double, nextNumber: inout Double)
{
    let tempNumber = prevNumber
    prevNumber = nextNumber
    nextNumber = tempNumber
}
```

在第 1 行的代码中，定义了一个名为 swap 的函数，该函数拥有两个参数，参数类型的左侧都拥有 inout 关键字，表示两个参数都是输入输出参数。

接着第 3～5 行代码中，通过创建一个临时常量 tempNumber，交换两个输入输出参数 prevNumber 和 nextNumber 的值。

在调用 swap 函数时，需要注意它的两个参数必须为变量类型，并且系统会自动在两个变量的左侧添加&符号。

```
var preNumber = 2
var nextNumber = 1
swap(&preNumber, &nextNumber)
print(preNumber)               //输出结果：1
print(nextNumber)              //输出结果：2
```

4.1.8 函数的嵌套

一个函数也可以写在其他函数之中，来封装一个嵌套函数，用以实现仅在一定范围内起作用的功能。

```
1  func chooseNumber(needBigger: Bool, number1:Int, number2:Int)
2  {
3      func getSmaller()
4      {
5          print ((number1 < number2) ? number1 : number2)
6      }
7      func getBigger()
8      {
9          print ((number1 > number2) ? number1 : number2)
10     }
11     needBigger ? getBigger : getSmaller
12 }
```

在第 1 行代码中，定义了一个名为 chooseNumber 的函数，由其布尔类型的参数 needBigger 决定采用该函数中的哪个子函数，以实现子函数对应的功能。

接着在第 3～10 行代码中，依次定义了两个子函数 getSmaller 和 getBigger，其功能依次是获得父函数中的两个参数中较小的值和较大的值，并将它们在控制台打印输出。

然后在第 11 行代码中，通过用户指定的 needBigger 布尔值，执行相应的子函数。

需要注意的是，被嵌套的子函数只能在其父函数的内部使用，在父函数的外部是无法被调用的。

4.1.9 函数的递归用法

递归函数即自调用函数，该函数可以在函数体的内部，直接或间接地调用函数自身，即函数的嵌套调用是函数的本身。

```
1  func recursion(n: Int) -> Int
2  {
3      if n <= 1
4      {
5          return 1
6      }
7      else
8      {
9          return recursion(n: n-1) + recursion(n: n-2)
10     }
11 }
12 print(recursion(n: 5))                //输出结果：8
```

在第 1 行的代码中，定义了一个名为 recursion 的递归函数，它包含一个整型参数，并且拥有一个整型的返回值。

在第 3～10 行代码中，当参数小于或等于 1 时，返回 1 并中止该函数的执行；否则执行第 9 行的代码，即将参数减 1 和减 2 之后的结果进行相加。

最后在第 12 行将最终的结果在控制台打印输出，其结果为 8。

从 Playground 中可以看出，第 14 行的递归语句执行了 7 次，导致第 10 行的返回 1 的语句被执行了 8 次，从而使 8 个 1 相加，得到结果为 8，如图 4.1 所示。

图 4.1

递归函数的优点是定义简单，逻辑清晰。理论上，所有的递归函数都可以写成循环的方式，但循环的逻辑不如递归清晰、明了。

4.1.10 常用的内置函数

Swift 包含众多的内置函数，本小节介绍部分非常实用的内置函数，它们会在日常工作中为你提供非常大的帮助。

abs 绝对值函数

绝对值函数，用来返回指定参数的正值。当参数为负数时，返回对应的正数；当参数为正数时，结果将保持不变。

```
print(abs(-1))                    //输出结果：1
```

min 最小值函数

最小值函数，用来返回不定数量的参数之间的最小值。

```
print(min(8, 2, 3))               //输出结果：2
```

max 最大值函数

最大值函数，用来返回不定数量的参数之间的最大值。

```
print(min(8, 2, 3, 10))           //输出结果：10
```

filter 函数

Filter 函数通常用于查找在数组元素中，满足指定条件的元素。例如查找 1～10 之间可以被数字 3 整除的数字：

```
1 for i in (1...10).filter({$0 % 3 == 0})
2 {
3       print(i)
4 }
```

在第一行的代码中，{$0 % 3 == 0}为筛选闭包，这里忽略了参数名，而使用默认参数$0，返回类型隐式推断为 Bool 类型。最终在控制台输出结果为：

3
6
9

map 函数

map 函数通常用于将数组中的每个元素，通过指定的方法进行转换。例如将一个整数数组中的每个数字乘以 3：

```
for i in (1...4).map({$0 * 3})
{
 print(i)
}
```

在上面的代码中，同样通过一个闭包语句：{$0 * 3}，将(1…4)数组中的每个整数进行乘以 3 的操作，最终在控制台的输出结果为：

3
6
9

```
12
```

reduce 函数

reduce 函数可以把数组元素组合计算为一个值，比如将数组中的每个数字进行相加，从而获得数组中所有元素之和。

```
1 let result = (1...4).reduce(0, combine: {$0 + $1})
2 print(result)                    //输出结果：10
```

在第一行的代码中，reduce 函数的第一个参数为起始值，这里设置起始值为 0。即将 0 与 1、2、3、4 这 4 个数字进行相加，所以结果为 10。

另外，reduce 方法可以进行进一步的简化，即将{$0 + $1}，缩写为+。例如：

```
let result = (1...4).reduce(0, combine: +)
print(result)                    //输出结果：10
```

如果需要计算数组中所有元素的积，可以将加号+修改为*，同时还需要将起始值从 0 修改为 1，不然进行乘积计算的结果将是 0。

```
let result = (1...4).reduce(0, combine: *)
print(result)                    //输出结果：24
```

4.2 枚举和结构体

4.2.1 枚举

在实际应用中，有的变量只有几种取值的选择。如人的性别只有两种取值（也可能是 3 种），星期则只有 7 种取值，其他的还有月份、颜色、学历、职位之类等。

在 Swift 语言中对这种取值比较特殊的变量，可以定义为枚举类型。所谓枚举是指将变量的值一一列举出来，并只限于在列举出来的值的范围内进行取值。

在程序设计语言中，一般用一个数值来代表某一状态，这种处理方法不直观，易读性差。如果能在程序中，用自然语言中的有相应含义的单词来代表某一状态，则程序就很容易阅读和理解了。也就是说，事先考虑到某一变量可能的取值范围，尽量用自然语言中含义清楚的单词来表示它的每一个值，这种方法称为枚举方法，用这种方法定义的类型称为枚举类型。

Swift 语言中的枚举类型更加灵活，并且不须给枚举中的每一个成员都提供值。在 Swift 中，枚举可以支持字符串、字符、整数和浮点类型，作为枚举成员的数据类型。

枚举语法

枚举的定义需要使用 enum 关键字，枚举的成员则被放置在一对大括号之中。

```
enum 枚举名称
{
```

```
    // 此处放置枚举的成员
}
```

当我们需要创建一个具有用户等级的系统时，就可以把用户的等级定义为枚举类型。

```
enum UserLevel
{
    case 总经理
    case 区域经理
    case 主管
    case 业务员
}
```

在 UserLevel 枚举中定义的值：总经理、区域经理、主管、业务员等内容，就是枚举的成员值或成员，通过 case 关键字明确要定义的成员值。

在定义枚举时，如果枚举成员比较少，你可以将枚举成员放置在一行之中。例如，你可以将 UserLevel 枚举修改为：

```
enum UserLevel
{
    case 总经理, 区域经理, 主管, 业务员
}
```

这两种方式，都可以完成枚举的定义。

和 Objective-C 不同的是，Swift 的枚举成员在被创建时，不会被赋予一个默认的整数值。例如，在上面的 UserLevel 枚举中，总经理、区域经理、主管和业务员等成员，它们的值并不会隐式等于 0、1、2 或 3。

此外，和 Swift 中的其他类型一样，枚举的名字例如 UserLevel，推荐以一个大写字母开头，以便于读起来更加容易理解。

```
print(UserLevel.业务员)              //输出结果：业务员
```

当你定义一个枚举类型的常量或变量时，在输入枚举名称和半角句号之后，系统会自动弹出枚举列表，以方便你做出选择，如图 4.2 所示。

图 4.2

当 UserLevel 变量被声明为一个 UserLevel 枚举类型时，你可以通过使用更快捷的点（.）语法，将其修改为另一个 UserLevel 的成员值。

```
var userLevel = UserLevel.业务员
userLevel = .区域经理
```

如果已知 UserLevel 变量的类型，当设定它的值时，可以不必再写类型名，但是仍然推荐使用显示类型的枚举值，这样可以让代码具有更好的可读性。

枚举值的遍历

通常使用 switch 语句进行枚举值的遍历操作，例如：

```
let userLevel = UserLevel.业务员
switch userLevel
{
    case UserLevel.总经理:
        print("总经理登录系统后，进入系统配置页面。")
    case UserLevel.区域经理:
        print("区域经理登录系统后，进入区域报表页面。")
    case UserLevel.主管:
        print("主管登录系统后，进入业务员任务签发页面。")
    case UserLevel.业务员:
        print("业务员登录系统后，进入报备客户页面。")
}
```

通过 switch 语句，对 UserLevel 常量进行枚举的遍历，然后根据用户的级别，在用户登录系统后，进入各自级别对应的页面。

就像在条件控制流中所描述的那样，当判断一个枚举成员时，switch 语句应该是对所有的枚举值全覆盖的，否则就需要使用 default 语句，以包含未被明确处理的枚举值。

```
let userLevel = UserLevel.业务员
switch userLevel
{
    case UserLevel.业务员:
        print("业务员登录系统后，进入报备客户页面。")
    default:
        print("无法进入客户报备页面，请重新登录！")
}
```

在上面的示例中，使用了 default 语句，处理用户使用非业务员账号登录系统的情况。

枚举的原始值

枚举成员可以使用相同类型的默认值，这些默认值被称为枚举的原始值。

```
enum Gender : UInt8
{
    case Male = 1
    case Female = 2
    case Unknow = 3
}
```

在第一行代码中，定义了一个名为 Gender 的枚举，其原始值的类型为 UInt8，枚举的三个成员的值依次是 1、2、3。

当你在操作存储整数或字符串类型的原始值枚举的时候，不必显式地给每一个成员都分配一个原始值。Swift 将会自动为没有分配原始值的成员分配对应的原始值。以下代码是对上一个枚举示例设置原始值的简化版本：

```
enum Gender : UInt8
{
    case Male = 1, Female, Unknow
}
```

当整数值被用作原始值时，每个成员的隐式值都比前一个值大 1。如果第一个成员没有值，那么它的值就是 0。在上面的例子中，Gender. Male 有一个明确的原始值 1，则 Gender. Female 的隐式原始值是 2，以此类推。

你可以用 rawValue 属性来访问一个枚举成员的原始值，例如：

```
print(Gender.Female.rawValue)        //输出结果：2
```

如果用原始值类型来定义一个枚举，那么枚举就会自动收到一个可以接受原始值类型的值的初始化器，然后返回一个枚举成员或者 nil。

可以使用这个初始化器来尝试创建一个枚举的新实例。

```
let gender = Gender(rawValue: 2)
print(gender)                        //输出结果：Optional(Gender.Female)
```

给枚举添加方法

和 Objective-C 语言中的枚举不同，你可以为 Swift 的枚举添加方法。

```
enum Gender : UInt8
{
    case Male, Female, Unknow
    func description()
    {
        switch self
        {
            case .Male:
                print("Hi, man!")
            case .Female:
                print("Hi, lady!")
            case .Unknow:
                print("Hi...")
        }
    }
}
```

在第 4～15 行的代码中，为 Gender 枚举添加了一个名为 description 的方法，在该方法体内，通过 switch 语句遍历枚举的值，并相应地打印输出不同的内容。

调用枚举的方法也很简单。

```
let gender = Gender.Female
gender.description()                    //输出结果：Hi, lady
```

4.2.2 结构体

在 Swift 开发环境中，结构体是构建代码所用的一种通用且灵活的构造体。

可以为结构体定义常量或变量的属性，甚至可以像枚举一样，给结构体添加方法，从而扩展结构体的功能。

结构体的定义

结构体的定义格式和枚举极为相似，其是以 struct 关键字来进行定义的，并且也将结构体的内容放置在一对大括号之中：

```
struct 结构体名称{
    //此处放置结构体的内容
}
```

在动物园管理系统中，你可以将动物定义为一个结构体：

```
1 struct Animal {
2       let zooName:String = "Beijing Zoo"
3       var name:String
4 }
```

在第 1 行的代码中，使用 struct 关键字定义了一个名为 Animal 的结构体。

由于在动物园管理系统中，动物园的名称是固定的，所以在第 2 行定义了一个名为 zooName 的字符串常量，并且设置了一个默认值 Beijing Zoo。

接着在第 3 行的代码中，定义了一个名为 name 的字符串变量，作为每个动物的名称属性。

对于结构体的实例化，你可以采用这种方式：

```
let animal = Animal(name:"Tiger")
```

通过 print 语句可以输出 animal 结构体的 name 属性：

```
print(animal.name)                     //输出结果：Tiger
```

还可以修改结构体实例的 name 属性：

```
var animal = Animal(name:"Tiger")
animal.name = "Elephant"
print(animal.name)                     //输出结果：Elephant
```

这里需要注意的是，类是引用类型，而结构体和枚举都是值类型。值类型是一种当它被指定为常量或者变量，或者被传递给函数时会被拷贝的类型。这意味着你所创建的任何结构体和枚举实例，作为属性所包含的任意值类型，在代码传递中总是被拷贝的。

请看如下示例：

```
1 let firstAnimal = Animal(name:"Tiger")
2 var secondAnimal = firstAnimal
3 secondAnimal.name = "Elephant"
4 print(firstAnimal.name)          //输出结果：Tiger
5 print(secondAnimal.name)         //输出结果：Elephant
```

在第 1 行的代码中，创建了一个 Animal 结构体的实体，并初始化 name 属性为 Tiger。

接着在第 2 行的代码中，将 firstAnimal 实例赋予 secondAnimal 变量。当 firstAnimal 被赋予 secondAnimal 变量时，firstAnimal 的值就被拷贝了一份，并将拷贝的实例赋予 secondAnimal 变量。这样就产生了两个不同的实例，所以当 secondAnimal 的 name 属性被修改后，firstAnimal 的值并不会发生变化。

给结构体添加方法

和 Objective-C 语言中的结构体不同，你可以为 Swift 的结构体添加方法。

```
1 struct Animal
2 {
3     let zooName:String = "Beijing Zoo"
4     var name:String
5     func say()
6     {
7         print("Hi, I'm \(name).")
8     }
9 }
```

在第 5～8 行的代码中，给 Animal 结构体添加了一个名为 say 的方法，在该方法中打印输出了其自身的名称。调用结构体实例的方法如下：

```
let tiger = Animal(name:"Tiger")
tiger.say()       //输出结果：Hi, I'm Tiger.
```

结构体的下标

结构体、类和枚举都可以定义下标，它可以作为访问集合、列表或序列成员元素的快捷方式。可以使用下标通过索引值来设置或检索值，而不需要为设置和检索分别使用实例方法。

可以为一个结构体定义多个下标，并且下标会基于传入的索引值的类型，选择合适的下标重载使用。下标没有限制单个维度，你可以使用多个输入形式参数来定义下标，以满足自定义类型的需求。

下标的语法类似于实例方法和计算属性。使用关键字 subscript 来定义下标，并且指定一个或多个输入形式参数和返回类型，与实例方法一样。

在下面的示例中，为 MySubscript 结构体定义了一个下标：

```
1 struct MySubscript
2 {
3     var number:Int
4     subscript(n:Int) -> Int
5     {
6         return number * n
7     }
8 }
```

这里定义了一个名为 MySubscript 的结构体，它拥有一个名为 number 的整型属性。

接着在第 4～7 行的代码中，使用 subscript 关键字定义了一个下标，通过传入一个整型参数，将结构体的属性乘以若干倍，并返回最终的乘积结果。

结构体实例的下标使用方法如下：

```
1 let subScript = MySubscript(number: 4)
2 print(subScript[3])          //输出结果：12
```

首先在第 1 行的代码中，实例化一个 MySubscript 结构体，并设置实例的 number 参数值为 4。

接着在第 2 行的代码中，使用下标的方法获得 number 属性值乘以 3 之后的乘积，并在控制台打印出最终的结果：12。

4.3 类

4.3.1 类的创建

Swift 类是构建代码的一种通用而灵活的构造体。

在 Swift 中，用“类”来描述“对象”，所谓的对象是指现实世界中的一切事物，那么类就可以看作是对相似事物的抽象，找到这些不同事物间的共同点，如三轮车和小汽车，首先它们都属于对象，并且具有一定的相同点和一些不同点。相同点是它们都有质量，都有轮胎，并且都属于交通工具。质量、轮胎属于这个对象的属性，而被当作交通工具，则属于该对象具有的行为，也就是方法。

类是属于用户自定义的数据类型, 并且该类型的数据具有一定的行为能力，也就是类中所描述的方法。

通常来说，一个类的定义包含两部分内容，一部分是该类的属性，另一部分是它所拥有的方法。以汽车这个类来说，每种车都有自己的品牌、车龄、出厂日期、耗油量等属性，此外汽车还拥有启动、刹车、转弯、倒车等属于汽车所具有的行为。

这样可看出，类和结构体是极为相似的，都拥有属性，并且都可以定义方法。但两者也是有区别的，例如类是引用类型，而结构体是值类型。两者之间的区别如表 4-1 所示。

表 4-1　类和结构体的区别

属性特征	类	结构体
定义属性用于存储值	√	√
定义方法用于提供功能	√	√
定义下标脚本用于允许使用下标语法访问值	√	√
定义初始化器用于初始化状态	√	√
可以被扩展来实现默认所没有的功能	√	√
遵循协议来针对特定类型提供标准功能	√	√
继承允许一个类继承另一个类的特征	√	
类型转换允许你在运行时检查和解释一个类实例的类型	√	
反初始化器允许一个类实例释放任何被其分配的资源	√	
引用计数允许不止一个对类实例的引用	√	

与其他编程语言所不同的是，Swift 并不要求你为自定义类去创建独立的接口和实现文件，你所要做的就是在一个单一文件中定义一个类，系统会自动生成面向其他代码的外部接口。类的定义和结构体相似，它使用 class 作为关键字，并把类的具体内容放置在一对大括号中。

```
Class 类名
{
  属性列表
方法列表
}
```

这里以刚刚介绍的汽车形象为样本，创建一个汽车类。

```
1  class Car
2  {
3        var brand : String = ""
4        var speed : Int = 0
5  }
```

在第 1 行的代码中，使用 class 关键字定义了一个名为 Car 的类，它拥有 brand 和 speed 两个属性。Swift 要求在定义类时，类的属性要进行初始化，所以这里设置 brand 属性的默认值为空的字符串，而 speed 属性的默认值为 0。

其中可以在定义类的时候，给它指定自定义的 init 初始化方法，例如：

```
class Car
{
      var brand : String
      var speed : Int
      init()
      {
            self.brand = ""
```

```
8            self.speed = 0
9        }
10   }
```

在第 5～9 行的代码中，添加了一个 Init 方法，在该初始化方法中，对 brand 和 speed 属性都进行了初始化操作。

接着为 Car 类添加一个实例方法：

```
class Car
{
    var brand : String
    var speed : Int
    init()
    {
        self.brand = ""
        self.speed = 0
    }
    func drive()
    {
        print("Driving \(brand) at \(speed) speed >>>")
    }
}
```

现在的 Car 类拥有了两个属性 brand 和 speed，以及一个名为 drive 的方法。接着来实例化 Car 类，以调用实例的方法。

```
1  let car = Car()
2  car.brand = "Audi"
3  car.speed = 80
4  car.drive()                //输出结果：Driving Audi at 80 speed >>>
```

在第 1 行的代码中，实例化了一个 car 对象。

接着在第 2～3 行的代码中，设置了 car 对象的 brand 和 speed 属性的值。

然后在第 4 行的代码中，调用了 car 对象的 drive 方法，并在日志区输出相应的内容。

如果你觉得示例中的初始化方法比较烦琐，可以为 Car 类继续添加一个包含参数的初始化方法。

```
class Car
{
    var brand : String
    var speed : Int
    init()
    {
        self.brand = ""
        self.speed = 0
```

```
9        }
10       init(brand : String, speed : Int)
11       {
12           self.brand = brand
13           self.speed = speed
14       }
15       func drive()
16       {
17           print("Driving \(brand) at \(speed) speed >>>")
18       }
19   }
```

在第 10～14 行的代码中，添加了一个包含两个参数的 init 方法，用来设置实例的两个属性的值。你可以采用以下的方法实例化 car 对象。

```
let car = Car(brand: "Audi", speed: 80)
car.drive()                    //输出结果：Driving Audi at 80 speed >>>
```

4.3.2 类属性的 set 和 get 方法

了解 Java 语言的朋友，一定很清楚在类中对属性进行 set 和 get 设置。这里我们来学习一下 Swift 类属性的 set 和 get 方法。

先来看看 set 和 get 这两个词的表面意思，set 是设置的意思，而 get 是获取的意思，顾名思义，这两个方法是对数据进行设置和获取用的。

```
1   class Hero
2   {
3       var damage : Int = 10
4       var level : Int
5       {
6           get
7           {
8               return self.damage / 10
9           }
10          set(newLevel)
11          {
12              self.damage = newLevel * 10
13          }
14      }
15  }
```

在第 1 行代码中，通过 class 关键字，定义了一个名为 Hero 英雄的类。

接着在第 3～4 行分别定义了两个属性 damage 伤害和 level 级别。其中 damage 的值，可以根据 Hero 对象的 level 属性计算得出。所以为 level 属性添加了 set 和 get 方法，当对 level 属性进行 get 操作时，将返回 damage 属性的值被 10 除之后的结果。当对 level 属性执行 set 操作时，同时设置 damage 的值为 level 属性值的 10 倍。

接着来测试一下 level 属性的 get 和 set 方法，首先在控制台打印输出默认的 Hero 实例中的属性的值：

```
16 let hero = Hero()
17 print(hero.level)          //输出结果：1
18 print(hero.damage)         //输出结果：10
```

在第一行代码中，初始化了一个 hero 实例。

由于 hero 实例的 damage 属性的初始值为 10，所以当执行第二行代码的 hero.level 语句时，调用了 level 属性的 get 方法，从而通过将 damage 的值除以 10，得出 level 的值为 1。接着修改一下 hero 的 level 属性：

```
15 hero.level = 10
16 hero.level                 //输出结果：10
17 print(hero.damage)         //输出结果：100
```

在第 1 行代码中，设置 level 属性的值为 10，这样将自动调用 level 属性的 set 方法，从而在设置 level 值的同时，也将 damage 属性的值设置为 level 属性值的 10 倍。

4.3.3 类属性的 willSet 和 didSet 方法

通过给属性添加 willSet 和 didSet 方法，可以给类添加属性观察者。属性观察者可以观察属性值的改变，并对此做出相应的反应。当设置属性的值时，属性观察者就被调用，即使当新值和原值相同时也会被调用。

可以单独或同时使用下面的两个方法，以进行属性观察者的定义：willSet 方法在设置属性值之前被调用，而 didSet 方法则在设置属性值之后被调用。

当实现 willSet 观察者时，新的属性值作为常量参数被传递。可以为这个参数起一个名字，如果不命名，则这个参数就被默认命名为 newValue。

在下面代码中，我们对 Hero 类进行了修改，给 level 属性添加了 willSet 和 didSet 方法，当对 level 执行 set 方法时，将在 set 方法执行之前，首先执行 level 属性的 willSet 方法，当执行完 set 方法之后，立即执行 level 属性的 didSet 方法。

```
1  class Hero
2  {
3      var damage : Int = 10
4      var level : Int = 1
5      {
6          willSet
7          {
8              print("即将为 level 设置新值：\(newValue)。")
9          }
10         didSet
```

```
11          {
12              if  level > oldValue
13              {
14                  print("你的英雄升级了！")
15              }
16              else
17              {
18                  print("挑战失败，英雄未能升级。")
19              }
20          }
21      }
22  }
```

在第 6～9 行代码中，为 level 属性添加了 willSet 方法。当调用此方法时，在日志区输出提示语句，告知用户 level 属性将被设置的新值的大小。其中 newValue 为参数的默认名称。

在第 10～20 行代码中，为 level 属性添加了 didSet 方法。当调用此方法时，根据新值和旧值的大小比较，进行相应的操作。其中 oldValue 为 level 属性此次设置前的旧值。接着创建了一个 Hero 类的实例，并给 level 属性赋值，以观察 willSet 和 didSet 方法的使用。

```
23  let hero = Hero()
24  hero.level = 2
25  hero.level = 2
```

在上面的代码中，level 属性进行了两次赋值 set 操作，所以 willSet 方法和 didSet 方法都被调用了两次，在控制台输出的最终结果如下：

即将为 level 设置新值：2。
你的英雄升级了！
即将为 level 设置新值：2。
挑战失败，英雄未能升级。

Hero 实例的 level 属性默认值为 1，当被设置为 2 时，由于 level 属性的新值比旧值 1 较大，所以在日志区输出：你的英雄升级了！

当第二次为 level 属性设置值时，由于新值和旧值都是 2，所以在日志区输出：挑战失败，英雄未能升级。

4.3.4 类的静态方法

在移动开发项目中，你会经常发现在一些工具类中，定义了大量的静态方法。如果某些操作不依赖具体实例，那它就是静态的，你可以将方法定义为静态方法。反之如果某些操作是依赖具体实例的，那它就应该是实例化的。

静态方法为类所有，需要通过类来使用，因此静态方法不必建立类的实例就可使用。

在 Swift 环境中，可以为类、结构体和枚举等类型定义静态方法，也称为类型方法。在为结构体和枚举定义静态方法时，可使用 static 关键字；在为类定义静态方法时，可以使用 class 关键字。下面是一个为工具类定义的静态方法：

```
1  class MathTool
2  {
3      class func sum(number1:Int, number2:Int) -> Int
4      {
5          return number1 + number2
6      }
7      class func multiply(number1:Int, number2:Int) -> Int
8      {
9          return number1 * number2
10     }
11 }
```

在第 1 行的代码中，创建了一个名为 MathTool 的类。

接着在第 3～10 行的代码中，依次创建了两个静态方法 sum 和 multiply。它们都拥有两个整型参数，并且返回一个整型值。它们的功能分别是返回两个参数之和、返回两个参数之积。

静态方法的使用，可以通过类名进行直接调用：

```
print(MathTool.sum(number1: 2, number2: 3))              //输出结果：5
print(MathTool.multiply(number1: 2, number2: 3))         //输出结果：6
```

使用静态方法，省去了对类进行实例化的步骤，通过类名即可快速调用该方法。因此如果一个方法不依赖具体实例，建议将它定义为静态方法。

4.3.5 类的析构

Swift 和 Objective-C 一样是通过自动引用计数（ARC）技术，来实现对实例的内存管理的。Swift 会自动释放不再需要的实例以释放资源。所以当你的实例被释放时，不需要手动去清理。

但是，当释放程序中的资源时，你可能需要进行一些额外的清理。例如，如果创建了一个自定义的类来打开一个文件，并写入若干数据，就需要在类实例被释放之前关闭该文件。

```
class FileManager
{
    func loadFile()
    {
        print("Load file form the resorce.")
    }
    func writeFile()
    {
        print("Write the data into the file.")
    }
    deinit
    {
```

```
13            print("Delete the fileManager.")
14        }
15    }
```

在第 1 行的代码中，定义了一个名为 FileManager 的类。

接着在第 3～6 行的代码中，定义了一个名为 loadFile()的方法，用来从资源文件夹中加载需要编辑的文本文件。

然后在第 7～10 行的代码中，定义了一个名为 writeFile()的方法，用来向加载到内存中的文本文件写入新的数据。

最后在第 11～14 行的代码中，添加了一个 deinit 析构函数。当 FileManager 类的实例的引用计数为 0 时，系统会自动调用该析构函数（无法手动调用）。

```
16 var fileManager:FileManager? = FileManager()
17 fileManager!.loadFile()
18 fileManager!.writeFile()
19 fileManager = nil
```

在第 16 行代码中，创建了一个 FileManager 类的实例，然后依次调用 loadFile 和 writeFile 实例方法，最后将 fileManager 实例设置为 nil，将该实例的引用计数设置为 0，从而使系统自动调用析构函数，最终在控制台的输出结果为：

```
Load file form the resorce.
Write the data into the file.
Delete the fileManager.
```

4.3.6 类的继承

在 Swift 环境中，类的继承不同于结构体和枚举类型，继承是类所特有的。当一个类继承其他类时，继承类就称为子类，被继承类称为父类或超类。

通过继承特性，可以使一个类获取另外一个类的方法和属性。在 Swift 中，类可以调用和访问父类的方法、属性和下标脚本，也可以重写它们。

类的继承具有以下优点：

- 继承是在一些通用类的基础上构造、建立和扩充新类的最有效的手段。
- 继承简化了人们对事物的认识和描述，能清晰体现相关类之间的层次结构关系。
- 继承提供了软件复用功能。若乙类继承甲类，那么建立乙类时，只需要再描述与甲类不同的属性和方法即可。这种做法能够减小代码的冗余度，增加程序的重用性。
- 继承通过增强一致性，来减少模块间的接口和界面，大大增加了程序的易维护性。

在使用继承功能之前，首先创建了一个基类，即没有继承其他类的类：

```
class Animal
{
    func say()
    {
```

```
5            print("I'm an animal.")
6        }
7 }
```

这里定义了一个名为 Animal 的基类，它拥有一个名为 say 的方法。接着定义一个继承自 Animal 的子类：

```
8  class Dog: Animal
9  {
10     var name:String
11     init(name:String)
12     {
13         self.name = name
14     }
15     override func say()
16     {
17         print("I'm dog, my name is \(name).")
18     }
19 }
```

在第 8 行的代码中，定义了一个名为 Dog 的子类，它的父类是 Animal。子类和父类的名称之间需用冒号隔开。

在子类可以添加父类中没有的属性和方法，这里添加了一个名为 name 的属性，并建立了该属性的 init 构造方法。

第 15～18 行的代码中，在子类中重写了父类的 say 方法。在重写一个父类的方法时，你需要在重写的方法名称前面加上 override 关键字。不使用 override 关键字，可能会引起意外的重写，从而导致意想不到的行为。并且任何没有使用 override 关键字的重写，都会在编译时被诊断为错误。

在建立好子类后，就可以定义子类的实例了。在下面的代码中，创建了一个 Dog 子类的实例，并且调用了在子类中重写的方法：

```
20 var dog = Dog(name: "Nano")
21 dog.say()                              // I'm dog, my name is Nano.
```

由于对父类的 say 方法进行了重写，所以在子类中调用 say 方法时，输出的是子类中定义的内容，而不是在父类的 say 方法中定义的内容。

如果不希望父类的属性、下标或方法被重写，可以在属性或方法名称的前面，添加 final 修饰符，比如 final var、final func、final class func、final subscript。

当在子类中尝试重写 final 方法、属性或下标脚本时，都将被报告为编译时错误。

4.3.7　类的延迟加载属性 lazy

延迟加载属性是指当第一次被调用的时候，才会对其进行初始化操作的属性。

当一个类拥有一个重度且不经常使用的属性时，比如该属性是一个复杂的类，或者属性在初始化时需要从本地或网络加载所需的资源。此时在属性声明前使用 lazy 关键词，可将该属性标示为一个延迟加载的属性，这样只有在使用到该属性时，才会对该属性进行初始化操作，从而提高程序的运行效率。

```
1  class Avarta
2  {
3       var photo:UIImage = UIImage(named: "Pic1")!
4  }
5  class User
6  {
7       var name:String = "John"
8       lazy var avarta:Avarta = Avarta()
9  }
10 let user = User()
11 print(user.avarta.photo)
```

在第 1～4 行的代码中，定义了一个名为 Avarta 的类，这个类将作为 User 类的头像 avarta 属性的类型。Avarta 类 photo 属性，被用来加载指定位置的图片。

接着在第 5～9 行的代码中，定义了一个名为 User 的类，该类拥有一个类型为 Avarta 的属性 avarta，该属性的左侧拥有 lazy 标识，这就意味着该属性在被调用时，才会进行初始化操作。

然后在第 10 行代码中，对 User 类进行实例化。并在第 11 行代码中，在日志区打印输出用户头像图片的信息。程序在被编辑运行后，通过断点可以查看 lazy 属性的动态信息。从图 4.3 可以得知：在 user 实例被初始化后，其 name 属性已经有值，而 avarta 属性仍为空。

图 4.3

接着点击 Step over 按钮，获得 user 实例的 avarta 的 photo 属性。由于 lazy 属性被调用，所以它立即进行了初始化操作，从右侧的变量信息区域可以看出，UIImage 已经被初始化，并且其图片的尺寸信息为{320, 454}，如图 4.4 所示。

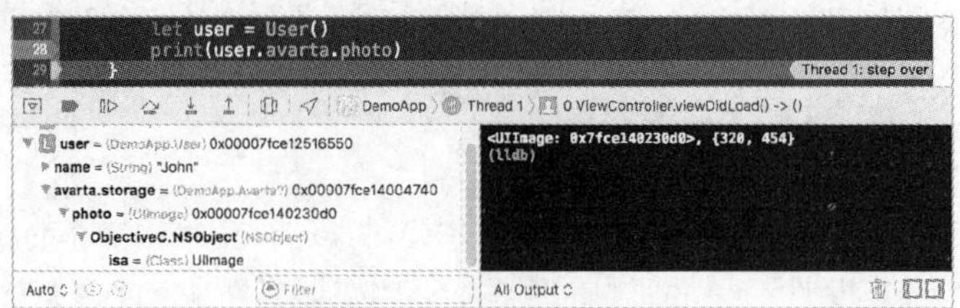

图 4.4

4.3.8 类的引用特征

在 Swift 环境中，元组、枚举和结构属于值类型，而类则属于引用类型。

值类型最基本的特征就是复制在赋值、初始化和传递参数过程中的数据，并为这个数据创建一个崭新和独立的实例。

与值类型不同，引用类型的实例在被赋予到一个变量或常量，或者作为参数被传递到一个函数时，其操作的并不是类实例的拷贝，而是已存在的实例本身。为了演示类的引用特征，首先创建一个简单的类：

```
1  class Animal
2  {
3      var name:String = "Tiger"
4  }
```

这里创建了一个名为 Animal 的类，它仅有一个属性 name，其默认值为 tiger。接着实例化该类，并将初始化后的实例赋予另一个常量。

```
5  let tiger = Animal()
6  print(tiger.name)            //输出结果：Tiger
7  let lion = tiger
8  lion.name = "Lion"
9  print(lion.name)             //输出结果：Lion
10 print(tiger.name)            //输出结果：Lion
```

首先创建了一个 Animal 类的实例 tiger，然后输出实例 name 属性的值，输出结果为 Tiger。

接着将 tiger 实例赋予 lion 常量，因为类是引用类型，所以 tiger 和 lion 实际上引用的是相同的 Animal 实例。换句话说，它们只是同一个实例的两种叫法。

所以当在第 8 行修改 lion 实际的 name 属性的值之后，在控制台打印输出两个实例的 name 属性的值都是新的值：Lion。

4.3.9 类型检查

类型检查在 Swift 中是一种检查实例类型的方式，同时也是让实例作为它的父类或者子类的一种方式。

类型检查在 Swift 中，是使用 is 和 as 操作符来实现的。这两个操作符提供了一种简单的方式，来检查实例的类型或者转换它的类型。

在使用 is 或 as 操作符进行类型检查和转换之前，首先创建一个基类：

```
class Creature
{
    var name: String
    init (name: String)
    {
```

```
        self.name = name
    }
}
```

这里定义了一个名为 Creature 生物的简单基类，它拥有一个 name 属性，并给该类添加了 init 初始化方法，接着创建两个继承自该基类的子类：

```
class Dog: Creature
{
    var master: String
    init (name: String, master: String)
    {
        self.master = master
        super.init(name: name)
    }
}
class Bird: Creature
{
    var food: String
    init (name: String, food: String)
    {
        self.food = food
        super.init(name: name)
    }
}
```

这里使用相同的方式，依次创建了两个名为 Dog 和 Bird 的子类，它们都继承自 Creature 父类。其中 Dog 类拥有一个 master 属性，用来设置狗的主人，然后在初始化方法中，对 master 属性进行初始化设置，同时调用父类的 init 方法，对 name 属性进行初始化设置。Bird 类则多了一个名为 food 的属性，用来设置鸟的食物。

接着创建一个数组，数组中包含基于 Dog 和 Bird 两个类的实例：

```
let creatures:[Creature] =
[
    Dog(name: "Nono", master: "John"),
    Bird(name: "Max", food: "Bugs"),
    Dog(name: "Bailey", master: "Smith"),
    Bird(name: "Charlie", food: "Spider"),
    Dog(name: "Toby", master: "Bill")
]
```

由于 Dog 类和 Bird 类都继承自 Creature 类，所以这里创建了一个 Creature 类型的数组，该数组包含来自 Dog 和 Bird 两个类的共 5 个实例。

现在需要我们统计出该数组中，狗和鸟两类动物各自的数量。这里就需要使用 is 操作符，来判断每个实例的类型：

```
35 var dogAmount = 0
36 var birdAmount = 0
37 for item in creatures
38 {
39       if item is Dog
40       {
41             dogAmount += 1
42       }
43       else if item is Bird
44       {
45             birdAmount += 1
46       }
47 }
48 print(dogAmount)              //输出结果：3
49 print(birdAmount)             //输出结果：2
```

在第 35～36 行代码中，依次创建了两个变量，分别用来统计狗类和鸟类的数量。

接着通过一个 for-in 循环对 creatures 数组进行循环遍历。在循环体中，通过 is 操作符判断 item 的类型，如果 item 属于 Dog 类型，则将 dogAmount 变量递增。如果 item 属于 Bird 类型，则将 birdAmount 变量递增。

最终的输出结果是：

3 和 2

接着我们将使用 as 操作符，将数组中的各个元素转换为自身的类型：

```
50 for item in creatures
51 {
52       if let dog = item as? Dog
53       {
54             print("Dog: \(dog.name), belongs to \(dog.master)")
55       }
56       else if let bird = item as? Bird
57       {
58             print("Bird: \(bird.name), loves \(bird.food)")
59       }
60 }
```

这里再次使用 for-in 循环语句，对 creatures 数组进行遍历。并且使用 if-let 和 as 语句，并 item 转换为对应的类型，从而分别进行不同的操作，最终在控制台输出的结果为：

```
Dog: Nono, belongs to John
Bird: Max, loves Bugs
Dog: Bailey, belongs to Smith
Bird: Charlie, loves Spider
Dog: Toby, belongs to Bill
```

4.3.10 Any 和 Anyobject

Swift 为不确定的类型，提供了两种特殊类型别名：AnyObject 和 Any。其中 AnyObject 可以代表任何 class 类型的实例，Any 则可以表示任何类型，除了方法类型（function types）。

由于 Any 和 Anyobject 的使用方法相似，所以这里仅提供对 Any 的演示。

```
var anythings = [Any]()
anythings.append(8)
anythings.append(3.1415)
anythings.append("hello")
anythings.append((3.0, 5.0))
```

这里创建了一个类型为 Any 的数组，并使用 append 方法，依次往数组中添加了整型、浮点类型、字符串和元组类型的元素。

接着使用 for-in 循环对该数组进行遍历，同时将 switch-case 语句和 as 操作符相结合，将数组中的元素转换为对应的数据类型，并在控制台输出相应的结果。

```
for item in anythings
{
    switch item
    {
        case let someInt as Int:
            print("An integer value of \(someInt)")
        case let someSouble as Double:
            print("A double value of \(someSouble)")
        case let someString as String:
            print("An string value of \(someString)")
        case let (x, y) as (Double, Double):
            print("An (x,y) point of \(x), \(y)")
        default:
            print("Something else.")
    }
}
```

在上面的代码中，首先使用 for-in 语句，对 anythings 数组进行循环遍历；然后使用 switch-case 语句，对遍历的每个 item 进行操作；接着通过 let-as 语句，将数组中的每个元素都转换为对应的数组类型；最后在日志区打印输出结果：

```
An integer value of 8
A double value of 3.1415
An string value of hello
An (x,y) point of 3.0, 5.0
```

4.4 扩展、协议和其他

4.4.1 扩展

Swift 中的扩展功能(Extension)，可以动态地给类增加功能，类似于 JavaScript 中的 prototype，这包括在没有权限获取原始源代码的情况下，扩展某个类型的功能。而在 Objective-C 中，则是通过 runtime 来实现动态调用或者添加功能的。

现有的类、结构或枚举类型的方法，可以在扩展的帮助下进行添加。类型的功能可以使用扩展加入，但重写的功能不能使用扩展。

在 Swift 中使用扩展可以完成以下任务：

- 添加计算型属性和计算静态属性。
- 定义实例方法和类型方法。
- 提供新的构造器。
- 定义下标。
- 定义和使用新的嵌套类型。
- 使一个已有类型符合某个接口。

扩展类型的属性

扩展可以向已有数据类型添加计算型实例属性和计算型类型属性。

下面的例子向 Swift 的内建 Int 类型添加了 4 个计算型实例属性，通过这些属性可以快速获得整数的若干倍数。

```
extension Int
{
    var dobule : Int
    {
        return self * 2
    }
    var triple : Int
    {
        return self * 3
    }
    var fourfold : Int
    {
        return self * 4
    }
    var half : Double
    {
        return Double(self) / 2.0
```

```
18        }
19 }
```

在第 1 行代码中，通过 extension 关键字创建了一个针对 Int 类型的扩展，具体的扩展内容被放置在一对大括号之间。

在第 3～18 行代码中，给 Int 类型依次添加了 4 个属性，分别用于求取当前整型数值的 2 倍、3 倍、4 倍和半数的数值。

接着通过访问某个整型数值的 4 个扩展属性，获得该整型数值的相应倍数：

```
20 print(2.dobule)          //输出结果：4
21 print(2.triple)          //输出结果：6
22 print(2.fourfold)        //输出结果：8
23 print(3.half)            //输出结果：1.5
```

扩展类型的方法

使用扩展可以很方便地向已有类型添加新的实例方法和类型方法。

在下面的例子中，我们对一个结构体扩展了其实例方法。通过扩展的方法可以很容易地获得两点之间的距离，首先定义一个指示平面坐标的结构体：

```
1 struct XYPoint
2 {
3        var x = 0.0
4        var y = 0.0
5 }
```

接着使用 extension 关键字，对 XYPoint 结构体进行方法的扩展：

```
6 extension XYPoint
7 {
8        func distance(point : XYPoint) -> Double
9        {
10              let disX = point.x - self.x
11              let disY = point.y - self.y
12              return sqrt(disX*disX + disY*disY)
13       }
14 }
```

在第 8 行的代码中，添加了一个名为 distance 的方法，该方法包含一个 XYPoint 类型的参数，并且返回一个 Double 类型的浮点结果。

在 distance 方法体中，实现了对于参数传入的坐标点和自身坐标点之间距离的计算，并将计算结果返回。接着创建两个 XYPoint 结构体对象，并使用扩展的 distance 方法计算两者之间的距离，然后在日志区打印输出。

```
15 let StartPoint = XYPoint(x: 0, y: 0)
16 let endPoint = XYPoint(x: 100, y: 100)
17 print(StartPoint.distance(endPoint))          //输出结果：141.42135623731
```

4.4.2 协议

协议是为方法、属性等定义一套规范，没有具体的实现，类似于 Java 中的抽象接口，它只是描述了方法或属性的骨架，而不是实现。

协议可以通过一个类、结构或枚举，来提供协议中要求的具体实现。类，结构体或枚举类型都可以遵循协议，并提供具体实现来完成协议定义的方法和功能。

任意能够满足协议要求的类型，都可以被称为遵循（conform）这个协议。

协议的定义

定义协议的语法格式如下所示：

```
protocol 协议名称
{
    //协议的内容
}
```

协议的定义使用 protocol 关键字，协议的内容被放置在一对大括号中，在下面的代码中定义了一个名为 Walking 的协议，该协议拥有一个名为 walk 的方法：

```
protocol Walking
{
    func walk()
}
```

协议的继承

协议能够继承一到多个其他的协议，多个协议之间需要用逗号，分隔。

```
protocol Fighting : Walking
{
    var damage:Int{get set}
    func fight()
}
```

这里定义了一个名为 Fighting 的协议，该协议继承自 Walking 协议，并且添加了一个协议属性 damage 和一个协议方法 fight。

在类中实现协议

要使类遵循某个协议，需要在类的名称后加上协议名称，中间以冒号:进行分隔，作为类型定义的一部分。当一个类遵循多个协议时，各协议之间用逗号,进行分隔。为了使类能够遵循多个协议，这里再次添加一个新的名为 Eating 的协议：

```
protocol Eating {
    func eat()
}
```

接着创建一个名为 Animal 的类，并遵循两个协议：

```
class Animal: Fighting, Eating
{

}
```

Animal 类遵循 Fighting 和 Eating 协议，由于 Fighting 协议继承自 Walking 协议，所以 Animal 类共遵循了三个协议：Walking、Fighting、Eating。如果 Animal 类尚未实现三个协议中的方法，系统会进行错误警告，如图 4.5 所示。

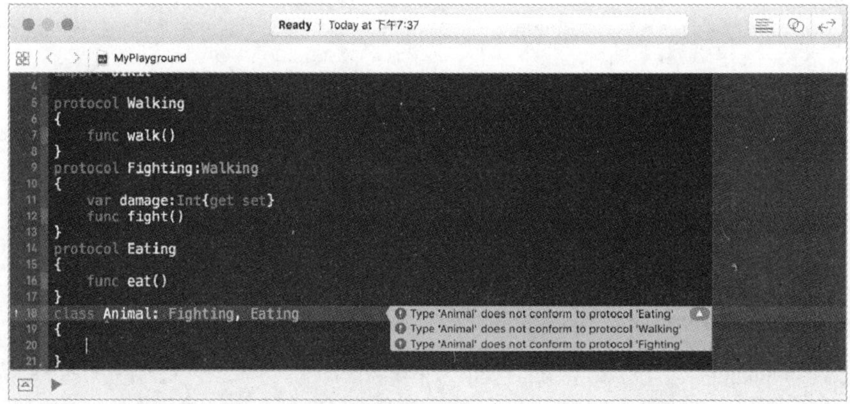

图 4.5

根据错误提示，我们接下来要实现三个协议中的内容：

```
13  class Animal: Fighting, Eating
14  {
15      var damage = 10
16      func walk()
17      {
18          print("I'm walking gracefully!")
19      }
20      func fight()
21      {
22          print("I'm fighting hard!")
23      }
24      func eat()
25      {
26          print("I'm eating happily!")
27      }
28  }
```

在第 15 行代码中，实现了一个来自 Fighting 协议的属性 damage，并设置默认值为 10。协议中的属性也是需要实现的，否则系统也会报出和图 4.5 中相同的错误。

接着在第 16～19 行代码中，实现了一个来自 Walking 协议的方法 walk()。

在第 20～23 行代码中，实现了一个来自 Fighting 协议的方法 fight()。

最后在第 24～26 行实现了来自 Eating 协议的方法 eat()。

接着来创建一个 Animal 类的实例，并调用实现的协议中的方法：

```
29  var animal = Animal()
30  print(animal.damage)                //输出结果：10
31  animal.walk()                       //输出结果：I'm walking gracefully!
32  animal.fight()                      //输出结果：I'm fighting hard!
33  animal.eat()                        //输出结果：I'm eating happily!
```

4.4.3 问号?和感叹号!

在 Swift 语言中，我们是使用 var 关键词来定义变量的。但是和别的语言不同的是，Swift 并不会自动给变量赋初始值。比如你在 Java 中定义了一个整型变量，如果不给该变量赋值，则它的默认值为 0。

而 Swift 并不会对变量自动设置默认值，所以当使用未经初始化的变量时，系统就会报错，如图 4.6 所示。

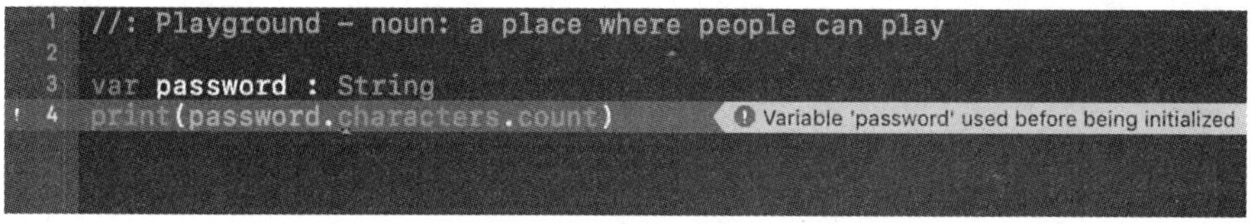

```
//: Playground - noun: a place where people can play

var password : String
print(password.characters.count)        Variable 'password' used before being initialized
```

图 4.6

在上面的例子中，我们定义了一个字符串变量 password，但是并没有给它进行初始化操作，所以当打印该字符串的长度信息时，系统将报错：password 变量在使用前首先需要初始化。

在讲解问号？的功能之前，首先介绍一下 Optional 类型。Optional 类型其实是个 enum 枚举类型，该枚举类型包含 None 和 Some 两个元素。

即 nil 对应于枚举值 Optional.None，而非 Optional.Some。在通过 Some(T)包装 wrap 原始值之后，在使用 Optional 的时候，就要进行相应的拆包操作。

Opitonal 枚举类型的定义如下：

```
enum Optional<T> : LogicValue, Reflectable{
    case None
    case Some(T)
    init()
    init(_ some: T)

    /// Allow use in a Boolean context.
    func getLogicValue() -> Bool

    /// Haskell's fmap, which was mis-named
    func map<U>(f: (T) -> U) -> U?
```

```
    func getMirror() -> Mirror
}
```

所以你可以将图 4.7 中的代码修改成如下样式：

```
1  var password : String?
2  print(password?.characters.count)        //输出结果：nil
```

在第 1 行代码中，我们在 String 类型的右侧添加了一个问号？表示 password 变量属于 Optional 类型，它的值可能是一个 String 类型的字符串，也可能是 nil。这里请留意，password 类型属于 Optional 类型，而不是 String 类型。对于一个类型为 Optional 的变量，如果它未被初始化，则它的默认值为 nil。

在第 2 行代码中，我们在 password 的右侧，也添加了一个问号？表示对 password 变量进行拆包，尝试获得 Optional 包中的 String 内容。

但是由于 password 未经初始化，所以作为 Optional 类型的 password 的默认值为 nil，即 Optional.None。此时就会跳过 characters.count 语句，而只保留 password 变量，所以最终的输出结果为 password 的值，即 nil。

接着我们使用感叹号！对代码继续进行修改，如图 4.7 所示。

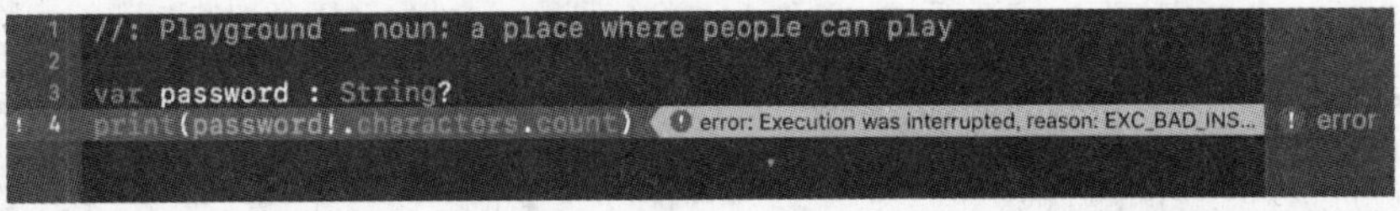

```
1  //: Playground - noun: a place where people can play
2
3  var password : String?
4  print(password!.characters.count)   error: Execution was interrupted, reason: EXC_BAD_INS...   error
```

图 4.7

当你使用感叹号时，就表示你告诉了编译器：我确认 password 一定不是 nil，请继续下面的操作吧。但是 password 毕竟值为 nil，所以系统报错：由于错误的指令，执行被中止。

继续对代码进行修改，如图 4.8 所示。

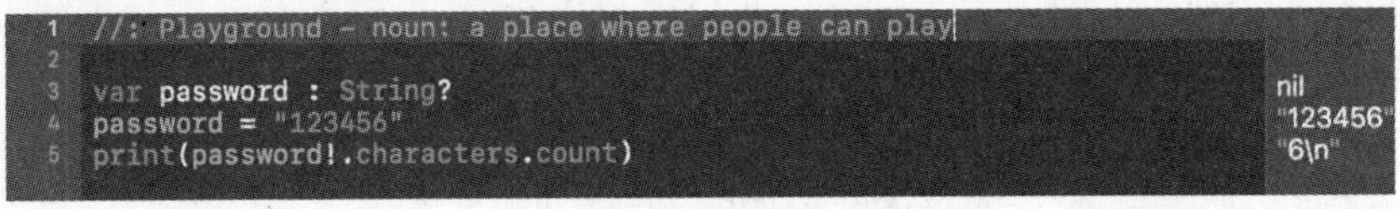

```
1  //: Playground - noun: a place where people can play
2
3  var password : String?                      nil
4  password = "123456"                         "123456"
5  print(password!.characters.count)           "6\n"
```

图 4.8

在第 4 行的代码中，为 password 进行了赋值操作。所以当系统执行到第 5 行时，通过感叹号！对 Optional 类型的 password 变量进行了成功的解包，从而正确打印出了 password 变量的长度信息。

接着继续对代码进行修改，将第 7 行 password 右侧的感叹号！改为问号？，如图 4.9 所示。

```
1  //: Playground - noun: a place where people can play
2
3  var password : String?                      nil
4  password = "123456"                         "123456"
5  print(password?.characters.count)           "Optional(6)\n"
```

图 4.9

当使用问号对 Optional 类型的 password 变量进行解包时，由于 password 的值不为 nil，所以也是能够成功进行解包操作的，只是在控制台输出的结果中，会多出一个 Optional 的标识。

4.5 小 结

本章的内容覆盖了 Swift 3.0 的函数式编程特征和面向对象特征以及协议和扩展等内容。Swift 虽然提供了简洁的语法，但 Swift 的功能并不简单，绝对是一门具有工业品质的强大语言。Swift 既支持函数式的编程方式，也支持面向对象的编程方式。

Swift 的函数式编程方式完全支持主流的函数和闭包，传参方式既支持值传递方式，也支持引用传递方式，还支持多返回值的函数，语法功能非常丰富。

在面向对象的支持方面，Swift 支持面向对象的封装、继承、多态等基本功能，而且 Swift 提供了枚举、结构体和类三种面向对象的类型，这三种类型都可创建实例、调用方法，而且都允许定义属性、方法、构造器、下标和嵌套类型，语法功能非常丰富。

如果真正全面掌握了 Swift 3.0 的所有功能，就会发现 Swift 虽然是一门简洁的编程语言，但它也是一门功能非常强大的开发语言。

视图 UIView 和层 CALayer

窗口和UIView视图是为iOS应用程序构造用户界面的可视化组件。窗口为内容显示提供背景平台，而UIView视图负责绝大部分的内容描画，并负责响应用户的交互。

UIView之所以能够显示，完全是因为其内部的CALayer层对象。UIView真正的绘图部分，就由一个CALayer类来管理，其本身更像是一个CALayer的管理器，访问它跟绘图和坐标有关的属性，例如frame、bounds等，实际上内部都是在访问它所包含的CALayer的相关属性。通过操作这个CALayer对象，可以很方便地调整UIView的一些界面属性，比如阴影、圆角大小、边框宽度和颜色等。

本章将逐步讲解UIView视图及其内部的CALayer层的原理和具体的使用方法。

5.1 视图 UIView

5.1.1 UIView 概述

UIView 是 UIKit 框架里面最基础的视图类。UIView 类定义了一个矩形的区域，并管理该矩形区域内的所有屏幕显示。

在 iOS 的应用程序中，每个视图对象都要负责渲染视图矩形区域中的内容，并响应该区域中发生的触碰事件。这一双重行为意味着视图是应用程序与用户交互的重要机制。

UIView 类定义了视图的基本行为，但并不定义其视觉表现，而是 UIKit 通过其子类来为文本框、按键及工具条这样的标准界面元素定义具体的外观和行为。

UIView 视图类如图 5.1 所示。

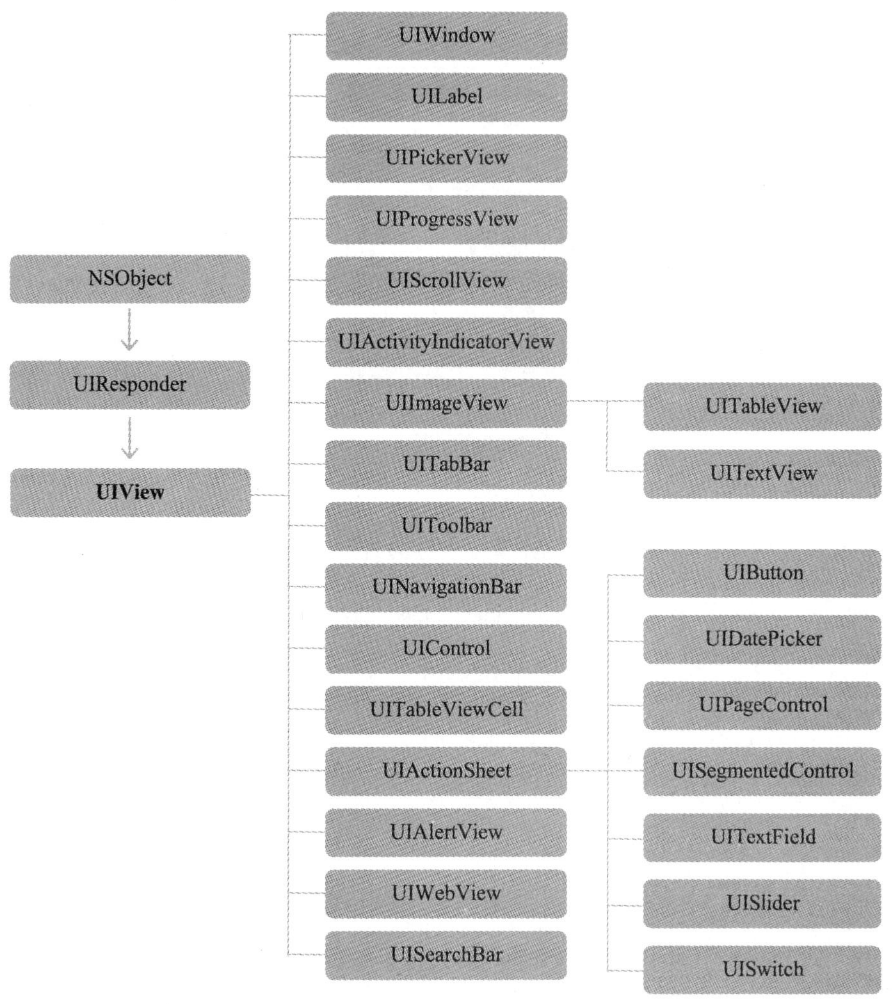

图 5.1

这个视图层次可以分为如下几个大类，如表 5-1 所示。

表 5-1　UIKit 层次图主要项目说明

项目	说明
NSObject 根类	NSObject 是一个根类，几乎所有的类都是从它派生而来。根类拥有所有类都有的方法，如 alloc 和 init
UIResponsder 响应者	UIResponder 可以让继承它的类响应移动设备的触摸事件，由于可能有多个对象响应同一个事件，iOS 将事件沿响应链向上传递
UIWindow 窗口类	UIWindow 提供了一个用于管理和显示视图的窗口。窗口提供一个描画内容的表面，是所有其他视图的根容器。每个应用程序通常都只有一个窗口
UIView 视图类	UIView 视图是所有控件的父类。控件用于响应用户的交互，而 UIVIew 则负责内容的显示和布局
UIControl 控件类	UIControl 类几乎是所有交互控件的父类，如按钮，滑块、文本框等。所以 UIControl 类负责根据触摸事件触发相应的动作
警告视图和动作表单	警告视图和动作表单都可以用于提示用户。它们向用户显示一条消息和一个或多个可选的按键，用户通过这些选项来响应消息

UIView 视图和 UIWindow 窗口

UIView 视图和 UIWindow 窗口是为 iOS 应用程序构造用户界面的可视组件。窗口为内容显示提供背景平台，而视图负责绝大部分的内容描画与响应用户的交互。

iOS 程序启动后，创建的第一个视图控件就是 UIWindow，接着创建视图控制器的 view，并将该 view 添加到 UIWindow 上，于是控制器的 view 就显示在屏幕上了，如图 5.2 所示。

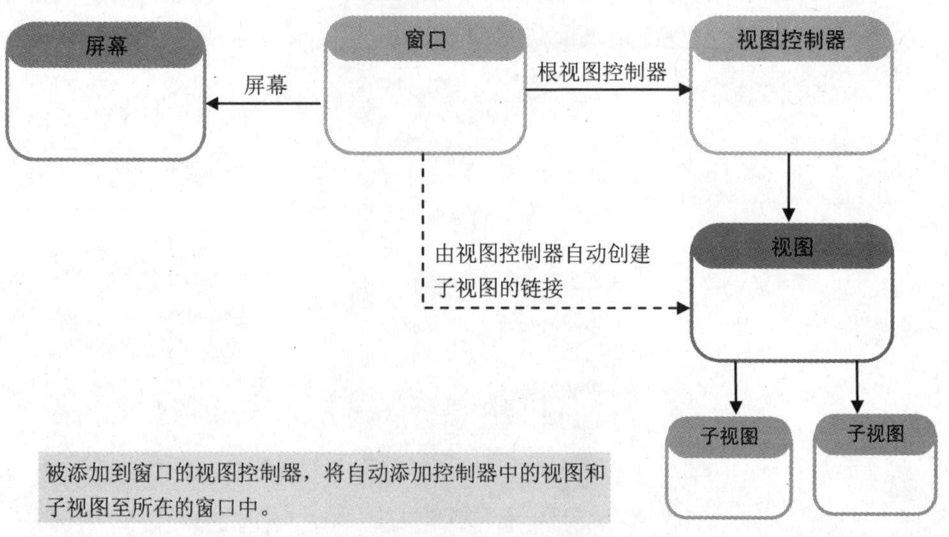

图 5.2

和桌面 mac OS 的应用程序有所不同，iOS 应用程序通常只有一个窗口，表示为一个 UIWindow 类的实例。应用程序在启动时创建这个窗口，并往窗口中加入一个或多个视图，然后将它显示出来。窗口一旦显示出来，你基本上就不会再使用到它了，而更多的是对 UIView 视图的操作。

在 iOS 应用程序中，窗口对象并没有像关闭框或标题栏这样的区域，所以用户不能直接对其进行关闭或其他操作。

在 mac OS 中，NSWindow 的父类是 NSResponder。而在 iOS 系统中，UIWindow 的父类是 UIView。因此，UIWindow 窗口在 iOS 系统中也是一个视图对象。

尽管 iOS 支持多个窗口的存在，但是最好不要创建多个窗口。比如当你希望在自己内容的上方显示警告窗口时，可以使用 UIKit 提供的警告视图控制器 UIAlertController，而不应该再创建新的窗口。

5.1.2　UIView 的外观属性

UIView 类的外观属性常用的主要有背景颜色、切边、透明度、显示与隐藏。

首先来设置 UIView 实例的背景颜色。

背景颜色 backgroundColor

```
1  import UIKit
2
3  class ViewController: UIViewController {
4
5      override func viewDidLoad() {
6          super.viewDidLoad()
7          // Do any additional setup after loading the view, typically from a nib.
8
9          let view = UIView(frame: CGRect(x: 40, y: 80, width: 240, height: 240))
10         view.backgroundColor = UIColor.black
11         self.view.addSubview(view)
12     }
13
14     override func didReceiveMemoryWarning() {
15         super.didReceiveMemoryWarning()
16         // Dispose of any resources that can be recreated.
17     }
18 }
```

在第 9 行的代码中，创建了一个位置在(40, 80)、宽度和高度都是 240 的 UIView 视图。关于视图的坐标和尺寸等属性，可参阅 5.1.3 节中的介绍。

接着在第 10 行代码中，设置视图的 backgroundColor 背景颜色属性为黑色。UIColor 是 UIKit 中存储颜色信息的一个重要的类，一个 UIColor 对象包含了颜色和透明度的值，它的颜色空间已经针对 iOS 进行了优化。UIColor 包含了一些类方法用于创建一些最常见的颜色，如白色、黑色、红色、透明色等。

最后通过 addSubView()方法，将设置背景色之后的视图添加到当前视图控制器的根视图中。在将项目编译并运行之后，效果如图 5.3 所示。

除了给视图设置实体颜色之外，还可以将一张图片作为视图的背景颜色：

```
9  let view = UIView(frame: CGRect(x: 40, y: 80, width: 240, height: 240))
10 let image = UIImage(named: "Sample")
11 view.backgroundColor = UIColor.init(patternImage: image!)
12 self.view.addSubview(view)
```

在第 10 行的代码中，通过 UIImage 对象加载资源文件夹中的一张图片，然后使用 UIColor 类的 init 方法，将加载的图片作为图案平铺在视图的背景中，效果如图 5.4 所示。

不透明度 alpha

接着对代码继续进行修改，以修改视图的不透明度属性 alpha。在第 10 行的代码中，在视图背景颜色的代码下方，继续添加一行代码，用来设置视图的 alpha 属性：

```
9  let view = UIView(frame: CGRect(x: 40, y: 80, width: 240, height: 240))
10 view.backgroundColor = UIColor.black
11 view.alpha = 0.3
12 self.view.addSubview(view)
```

显示器是由一个个的像素点组成的，每个像素点都可以显示一个由 RGBA 颜色空间组成的一种颜色值，其中的 A 就表示透明度 alpha。

UIView 中的 alpha 属性是一个浮点值，取值范围在 0~1.0，表示从完全透明到完全不透明。alpha 属性的默认值为 1，当把 alpha 的值设置成 0 以后：

- 当前的 UIView 及其子视图都会被隐藏，而不管子视图的 alpha 值为多少。
- 当前的 UIView 会从响应者链中移除，而响应者链中的下一个会成为第一响应者。

将视图的 alpha 属性设置为 0.3 之后，在模拟器中的效果如图 5.5 所示。

隐藏属性 hidden

视图的 hidden 属性是布尔值类型，用来表示 UIView 视图是否处于隐藏的状态。接着修改程序的代码为：

```
9  let view = UIView(frame: CGRect(x: 40, y: 80, width: 240, height: 240))
10 view.isHidden= true
11 self.view.addSubview(view)
```

在第 10 行代码中，将视图的 isHidden 属性设置为 true。

其默认值为 false，即视图处于显示状态。当把值设为 true 时：

- 当前的 UIView 及其子视图都会被隐藏，而不管子视图的 hidden 值为多少。
- 当前 UIView 会从响应者链中移除，而响应者链中的下一个会成为第一响应者。

在模拟器中的运行结果如图 5.6 所示。

图 5.3

图 5.4

图 5.5

图 5.6

切边属性 clipsToBounds

在默认情况下，当向一个视图中添加一个子视图时，如果子视图的区域超出了父视图的范围，子视图超出的部分仍然会在屏幕上正常显示。

如果需要限制子视图的显示范围不超过父视图的显示区域，就需要设置父视图的 clipsToBounds 属性。首先观察 clipsToBounds 属性在默认状态下的显示效果：

```
1  import UIKit
2
3  class ViewController: UIViewController {
4
5      override func viewDidLoad() {
6          super.viewDidLoad()
7          // Do any additional setup after loading the view, typically from a nib.
8          let view = UIView(frame: CGRect(x: 40, y: 80, width: 240, height: 240))
9          view.backgroundColor = UIColor.black
10
11         let subView = UIView(frame: CGRect(x: 40, y: 40, width: 240, height: 240))
12         subView.backgroundColor = UIColor.brown
13         view.addSubview(subView)
14
15         self.view.addSubview(view)
16     }
17
18     override func didReceiveMemoryWarning() {
19         super.didReceiveMemoryWarning()
20         // Dispose of any resources that can be recreated.
21     }
22 }
```

在第 8～9 行的代码中，创建了一个 UIView 视图，并设置视图的背景颜色为黑色。

接着在第 11～13 行的代码中，创建了另一个 UIView 视图 subView，并设置视图的背景颜色为褐色。然后把褐色背景的 subView 视图添加到 view 视图中，使 subView 视图作为黑色背景视图的子视图。

最后在第 15 行的代码中，将 view 视图添加到当前视图控制器的根视图中。点击 Xcode 界面左上角的【编译并运行】按钮 ▶ 运行该项目，在模拟器中的效果如图 5.7 所示。

接着在代码中设置 view 视图的 clipsToBounds 属性，将该属性的值设置为 true：

```
14 view.clipsToBounds = true
15 self.view.addSubview(view)
```

再次点击编译并运行按钮，运行该项目，在模拟器中的效果如图 5.8 所示。

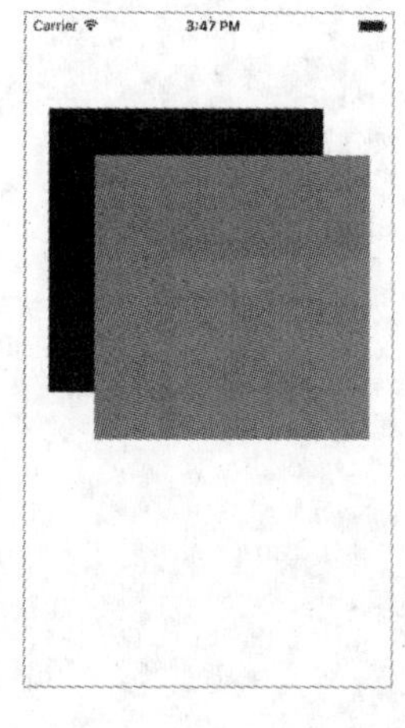

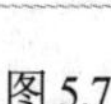

图 5.7

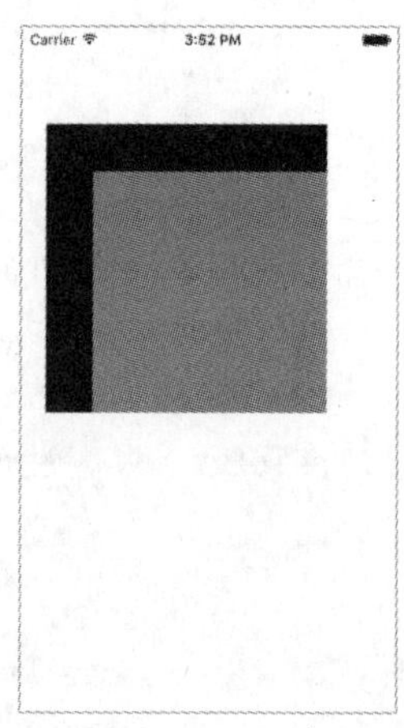

图 5.8

5.1.3 UIView 的几何属性

在为你讲解 UIView 的几何属性之前，首先了解一下 iOS 系统的坐标系。

在 iOS 坐标系统中，坐标的原点位于左上角。如图 5.9 所示，我们添加了一个 UIImageView 视图，其原点在(40, 80)，宽度为 240，高度为 340：

```
imgView.frame = CGRect(x: 40, y: 80, width: 240, height: 340)
```

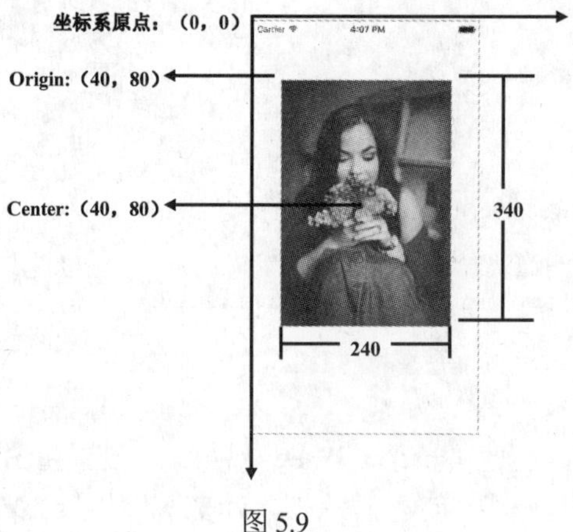

图 5.9

iOS 系统包含两个坐标系，其中 UIKit 坐标系是 X 轴正方向向右，Y 轴正方向向下，而标准的 Quartz 2D 绘图坐标系为 X 轴正方向向右，Y 轴正方向向上。

下面解释一些相关的概念：

- UIView 的 frame(origin, size)属性：定义了一个矩形，描述一个 UIView 的大小和在父坐标系的位置。
- UIView 的 bounds(origin, size)属性：同样定义了一个矩形，描述一个 UIView 的大小和自身坐标系原点的位置。bounds.origin 属性默认值是(0, 0)，而 bounds.size 和 frame.size 是一致的。
- UIView 的 center 属性：用于确定一个视图的中心点位置，其参照系也是其父视图的坐标系统。在对视图进行放大、缩小或旋转时，该属性的值不会改变。

在下面的代码中，创建了一个简单的 UIView，并使用 CGRect(x, y, width, height)来定义视图的坐标和尺寸信息。

```
1  import UIKit
2  
3  class ViewController: UIViewController {
4  
5      override func viewDidLoad() {
6          super.viewDidLoad()
7          // Do any additional setup after loading the view, typically from a nib.
8          let frame = CGRect(x: 0, y: 0, width: 250, height: 250)
9          let view = UIView(frame: frame)
10         view.backgroundColor = UIColor.black
11 
12         let subView = UIView(frame: CGRect(x: 0, y: 0, width: 200, height: 200))
13         subView.backgroundColor = UIColor.brown
14         view.addSubview(subView)
15 
16         self.view.addSubview(view)
17     }
18 
19     override func didReceiveMemoryWarning() {
20         super.didReceiveMemoryWarning()
21         // Dispose of any resources that can be recreated.
22     }
23 }
```

在第 8 行的代码中，定义了一个位置在(0, 0)、宽度和高度都是 250 的区域。然后在第 9～10 行的代码中，创建了基于该区域的视图对象，并设置背景颜色为黑色。

在第 12～14 行的代码中，创建了第二个视图对象，并设置背景颜色为褐色。同时将第二个视图作为子视图，添加到第一个视图中。

最后在第 16 行的代码中，将父视图添加到当前视图控制器的根视图中。点击【编译并运行】按钮▶，运行该项目，在模拟器中的效果如图 5.10 所示。

接着来设置父视图 view 的 bounds 属性，在第 10 行的代码的下方添加设置语句：

```
9  let view = UIView(frame: frame)
10 view.backgroundColor = UIColor.black
11 view.bounds = CGRect(x: -50, y: -50, width: 250, height: 250)
```

完成代码的修改后，再次点击【编译并运行】按钮▶运行该项目，在模拟器中的新的效果如图 5.11 所示。

接着继续修改代码，将第 11 行的代码修改为：

```
9  let view = UIView(frame: frame)
10 view.backgroundColor = UIColor.black
11 view.bounds = CGRect(x: -50, y: -50, width: 200, height: 200)
```

bounds 属性修改后，它的宽度和高度都变小了。再次点击【编译并运行】按钮▶，运行该项目，在模拟器中的新的效果如图 5.12 所示。

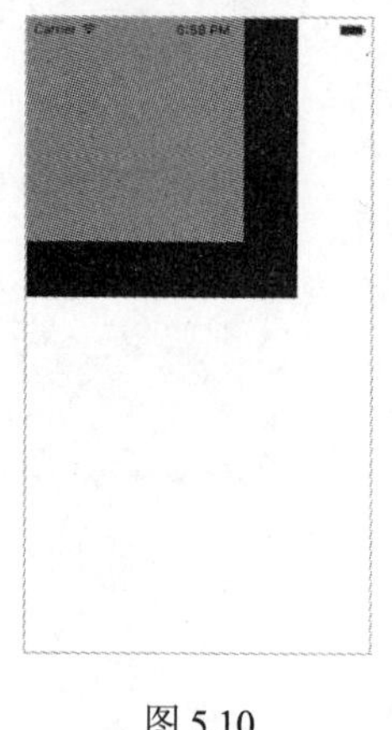

图 5.10

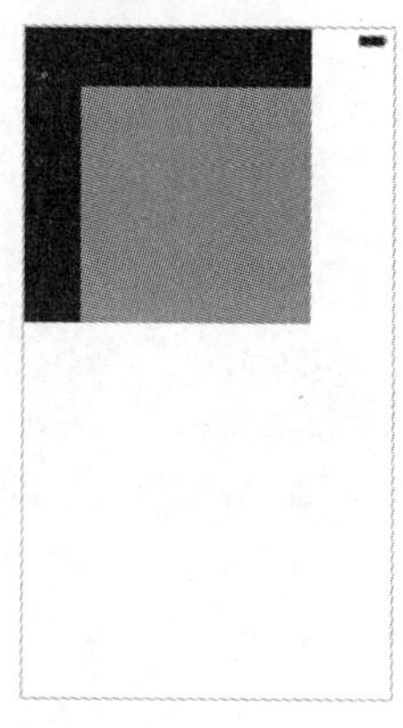

图 5.11

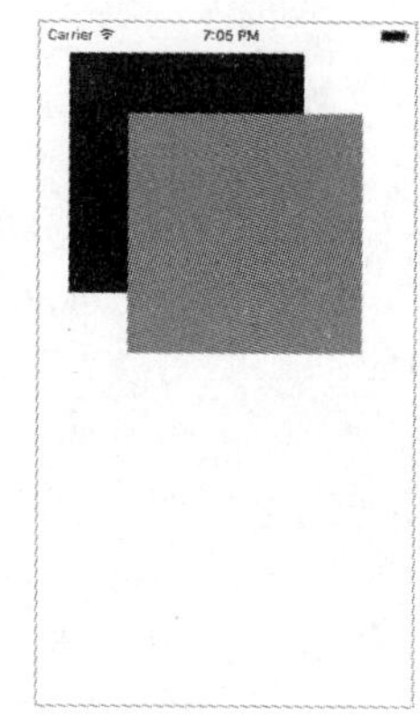

图 5.12

5.1.4 UIView 的嵌套和层次关系

视图可以通过嵌套的方式，组成复杂的层次结构。

例如视图可能包含按钮、标签、图像视图等控件，这些控件则被称为子视图，而包含它们的视图称为父视图。你可以根据项目的业务需求，对视图进行多级嵌套，从而形成复杂的父子视图图层结构。

视图的这种布局方式被称为视图层次，一个视图可以包含任意数量的子视图，通过为子视图添加子视图的方式，可以实现任意深度的嵌套。

视图在视图层次中的组织方式决定了在屏幕上显示的内容，原因是子视图总是被显示在其父视图的上方；这个组织方法还决定了视图如何响应事件和变化。每个父视图都负责管理其直接的子视图，即根据需要调整它们的位置和尺寸，以及响应它们没有处理的事件。

对 UIView 进行层次管理的方法如表 5-2 所示。

表 5-2 UIView 视图层次管理方法列表

方法名称	方法说明
insertSubview(view:, at:)	在指定的位置上插入视图
insertSubview(view:, aboveSubview:)	将视图添加到指定视图的上方
insertSubview(view:, belowSubview:)	将视图添加到指定视图的下方
bringSubview(toFront:)	将指定的子视图移动到最前面
bringSubiew(toBack:)	将指定的子视图移动到最后面
exchangeSubview(at:, withSubviewAt:)	交换两个指定位置的子视图在父视图中的位置
removeFromSuperview	将子视图从父视图中删除

为了演示视图之间的层次转换，我们首先创建三个视图，并将视图依次添加到视图控制器的根视图中。

```
1  import UIKit
2
3  class ViewController: UIViewController {
4
5      override func viewDidLoad() {
6          super.viewDidLoad()
7          // Do any additional setup after loading the view, typically from a nib.
8          let fisrtView = UIView(frame: CGRect(x: 20, y: 40, width: 200, height: 200))
9          fisrtView.backgroundColor = UIColor.black
10
11         let secondView = UIView(frame: CGRect(x: 50, y: 70, width: 200, height: 200))
12         secondView.backgroundColor = UIColor.darkGray
13
14         let thirdView = UIView(frame: CGRect(x: 80, y: 100, width: 200, height: 200))
15         thirdView.backgroundColor = UIColor.lightGray
16
17         self.view.addSubview(fisrtView)
18         self.view.addSubview(secondView)
19         self.view.addSubview(thirdView)
20     }
21
22     override func didReceiveMemoryWarning() {
23         super.didReceiveMemoryWarning()
24         // Dispose of any resources that can be recreated.
25     }
26 }
```

在第 8～15 行的代码中，依次创建了三个视图，它们具有相同的尺寸，但是拥有不同的坐标位置和背景颜色。

接着在第 17～19 行的代码中，将创建的三个视图依次添加到当前视图控制器的根视图中。点击【编译并运行】按钮 ▶，运行该项目，在模拟器中的效果如图 5.13 所示。

观察模拟器中的三个视图的层次关系，然后使用 insertSubview(view, belowSubview)方法，调整 thirdView 和 secondView 两个视图在父视图中的层次：

```
17  self.view.addSubview(fisrtView)
18  self.view.addSubview(secondView)
19  self.view.addSubview(thirdView)
20  self.view.insertSubview(thirdView, belowSubview: secondView)
```

通过在第 20 行的代码中调用 insertSubview 方法，将第三个视图插入到第二个视图的下方，最终效果如图 5.14 所示。

继续修改代码，在第 20 行的代码下方添加一行代码，调用 bringSubview(toFront:)方法，将第一个视图放置在所有子视图的上方：

```
20  self.view.insertSubview(thirdView, belowSubview: secondView)
21      self.view.bringSubviewToFront(fisrtView)
```

通过在第 21 行调用 bringSubview(toFront:)方法，第一个视图被放置在其父视图的最顶部的位置，如图 5.15 所示。

最后再次修改代码，在第 21 行的代码下方添加一行代码，调用 removeFromSuperview()方法，将第一个视图从其父视图中删除：

```
21  self.view.bringSubview(toFront: fisrtView)
22  fisrtView.removeFromSuperview()
```

通过调用 firstView 视图的 removeFromSuperview()方法，firstView 视图将从父视图中移除，效果如图 5.16 所示。

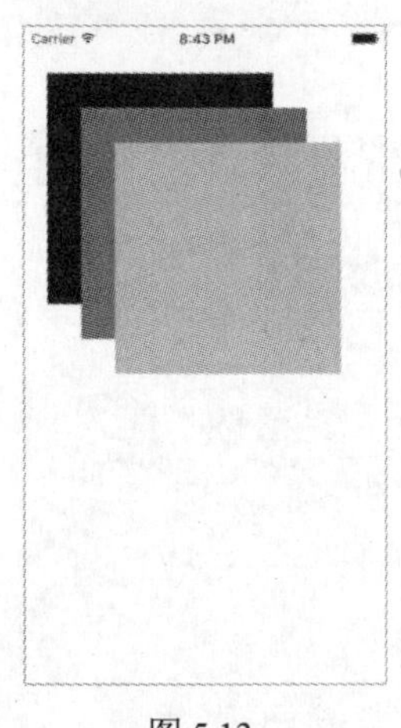
图 5.13

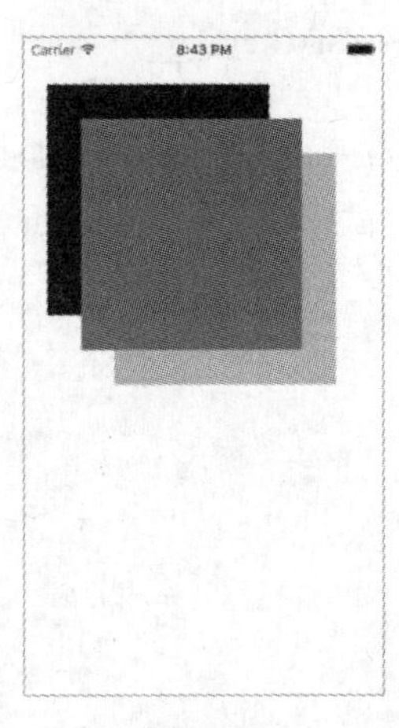
图 5.14

图 5.15

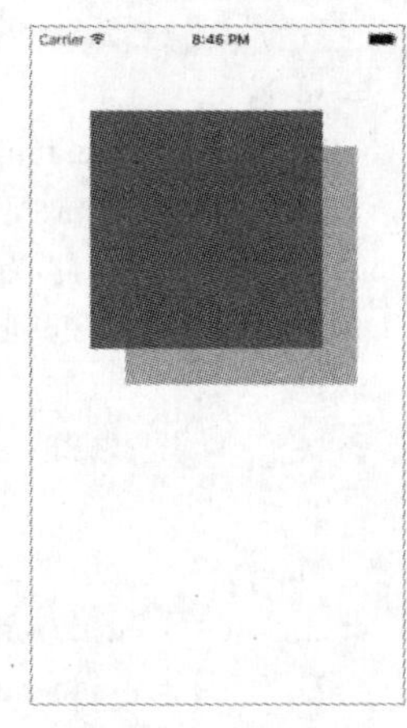
图 5.16

5.1.5 UIView 的交互属性

通过设置 UIView 的 userInteractionEnabled 属性，可以激活用户的交互特性。该属性值为布尔类型，由属性本身的名称可知，该属性决定 UIView 是否接受并响应用户的交互。

当该属性的值为 false 时，UIView 会忽略那些发生在其自身的诸如触摸和键盘等用户事件，并将这些事件从消息队列中移除出去；当值为 true 时，这些用户事件会正常派发至 UIView 本身，UIView 会按照之前注册的事件处理方法来响应这些事件。

下面通过一个实例，讲解如何给视图添加交互事件。

```
1  import UIKit
2
3  class ViewController: UIViewController {
4
5      override func viewDidLoad() {
6          super.viewDidLoad()
7          // Do any additional setup after loading the view, typically from a nib.
8
9          let touchView = UIView(frame: CGRect(x: 60, y: 60, width: 200, height: 200))
10         touchView.backgroundColor = UIColor.black
11         self.view.addSubview(touchView)
12
13         let guesture = UITapGestureRecognizer(target: self, action: #selector(ViewController.SingleTap))
14         touchView.addGestureRecognizer(guesture)
15     }
16
17     func SingleTap()
18     {
19         print("You touched me.")
20     }
21
22     override func didReceiveMemoryWarning() {
23         super.didReceiveMemoryWarning()
24         // Dispose of any resources that can be recreated.
25     }
26 }
```

在第 9～11 行的代码中，创建了一个简单的黑色背景的 UIView 视图，并将视图添加到当前视图控制器的根视图。

接着在第 13 行的代码中，创建了一个 UITapGestureRecognizer 手势对象，手势对象的详细讲解可参考第 9 章课程。

手势创建完成后，在第 14 行的代码中，通过 addGestureRecognizer 方法，将手势对象指定给视图对象。当用户点击该视图时，将调用手势定义的回调方法 SingleTap()。

最后在第 17～20 行的代码中，实现手势的回调方法 SingleTap()，当用户点击手势绑定的视图时，将在控制台输出一条日志语句。

完成代码的编写之后，点击【编译并运行】按钮 ▶，运行该项目，项目在模拟器中的效果如图 5.17 所示。在模拟器中点击黑色的视图对象，并观察 Xcode 界面的右下角控制台的日志输出。

图 5.17

5.1.6 UIView 的变形操作

CGAffineTransform 仿射转换结构体代表了一种用于仿射变换的矩阵。

结构体的参数指定了从一个坐标系的点转化成另外一个坐标系的点的规则。你可以通过仿射转换功能，对一个视图的坐标系统进行一些变换，从而实现视图的缩放、旋转、位移等功能。

仿射变换是一种特殊类型的映射，保留在一个路径中的平行线，但不一定保留长度或角度。缩放、旋转、平移是最常用的仿射变换。我们通常不会直接创建一个仿射变换，只需要根据现有的参数，修改现有的仿射变换即可。

常用的几种仿射变换见表 5-3 所示。

表 5-3 几种常用的仿射变换

名称	说明
CGAffineTransformMakeTranslation	通过指定的 x, y 值，创建一个平移矩阵
CGAffineTransformTranslate	对已存在的矩阵进行平移
CGAffineTransformMakeRotation	通过指定角度来创建一个旋转矩阵
CGAffineTransformRotate	对已存在的矩阵进行旋转
CGAffineTransformMakeScale	通过指定的 x, y 缩放因子，创建一个缩放矩阵
CGAffineTransformScale	对已存在的矩阵进行缩放
CGAffineTransformInvert	反转矩阵，将值与反转矩阵相乘得到原先的值
CGAffineTransformConcat	对仿射效果进行叠加操作

平移仿射变换

接着我们来编写代码，使用仿射变换对视图进行位移、缩放、放置和斜切的变换操作。

```
import UIKit

class ViewController: UIViewController {

    override func viewDidLoad() {
        super.viewDidLoad()
        // Do any additional setup after loading the view, typically from a nib.
        let view = UIView(frame: CGRect(x: 0, y: 0, width: 200, height: 50))
        view.center = self.view.center
        view.backgroundColor = UIColor.black
        self.view.addSubview(view)

        let transform = view.transform
        view.transform = transform.translateBy(x: 0, y: 100)
    }

    override func didReceiveMemoryWarning() {
```

```
18            super.didReceiveMemoryWarning()
19            // Dispose of any resources that can be recreated.
20        }
21 }
```

在第 8～9 行的代码中，创建了一个位于{0, 0}、宽度为 200、高度为 50 的 UIView 视图。接着设置视图的 center 属性，将视图的 center 属性设置为与当前视图控制器根视图的 center 相同的位置。由于仿射变换是以视图的 center 为基点的，所以将视图放置在屏幕的中心位置，方便对仿射变换操作效果进行观察。

在第 10～11 行的代码中，将视图的背景颜色设置为黑色，并添加到当前视图控制器的根视图中。该视图在未使用仿射变换前的效果，如图 5.18 所示。

在第 13～14 行的代码中，首先获得视图对象的 transform 属性，然后使用仿射变换的 transform.translateBy(x:, y:)方法，对视图的仿射矩阵进行平移操作。其中 transform 表示现有的矩阵，参数 x 表示在水平方向上平移的距离，参数 y 表示在垂直方向上平移的距离。这里是在垂直方向上，将视图的矩阵向下平移了 100。

点击【编译并运行】按钮▶，运行该项目，项目在模拟器中的效果如图 5.19 所示。

缩放仿射变换

接着来使用 transform.scaleBy(x: , y:)方法，对视图的矩阵进行缩放操作。其中 transform 表示现有的矩阵，参数 x 表示在水平方向上缩放的比例，参数 y 表示在垂直方向上缩放的比例。

将第 14 行的代码修改为：

```
14   view.transform =transform.scaleBy(x: 1.5, y: 1.5)
```

对矩阵的缩放操作，本质上是拉长或缩短原来矩阵中的点与点之间的距离。这里是通过 transform 对象的 scaleBy(x: , y:)方法，将视图在水平和垂直方向上各放大了 1.5 倍。最终的效果如图 5.20 所示，同时与图 5.18 的原始效果进行比较。

旋转仿射变换

接着来使用 transform.rotate(angle)方法，对视图的矩阵进行旋转操作。其中 transform 表示现有的矩阵，参数 angle 表示在顺时针方向上旋转的角度。

```
14        view.transform = transform.rotate(3.14/4)
```

这里通过 transform 的 rotate(angle)方法，将视图沿顺时针旋转 45 度，最终效果如图 5.21 所示。

斜切仿射变换

在上面进行的平移、缩放、旋转操作中，都是采用系统封装好的方法。例如我们使用 transform 的 rotate(angle)方法传入的 angle 参数，就是对 CGAffineTransformMake 方法的 6 个参数的封装。

系统并没有提供类似于 CGAffineTransformRotate 方法的斜切操作方法。所以这里我们将使用 CGAffineTransformMake(CGFloat sx, CGFloat shx, CGFloat shy, CGFloat sy, CGFloat tx, CGFloat ty)方法，自定义视图的变换，从而实现对视图进行斜切操作。

CGAffineTransformMake 方法中的 6 个参数的含义如表 5-4 所示。

表 5-4　CGAffineTransformMake 方法参数列表

参数名称	参数说明	参数名称	参数说明
sx	水平方向上的缩放因子	shy	垂直方向上的斜切因子
sy	垂直方向上的缩放因子	tx	水平方向上的位移因子
shx	水平方向上的斜切因子	ty	垂直方向上的位移因子

在 Swift 3.0 中，CGAffineTransformMake 方法已经被取消，但是 CGAffineTransform 包含 6 个属性 a、b、c、d、tx、ty，分别对应于 CGAffineTransformMake 方法的 sx、shx、shy、sy、tx、ty 6 个参数，因此我们可以通过设置这 6 个参数的值，来达成和使用 CGAffineTransformMake 方法一样的效果。

这里将第 14 行的代码修改为：

```
14  view.transform.a = 1.0
15  view.transform.b = 0.5
16  view.transform.c = 0.5
17  view.transform.d = 1.0
18  view.transform.tx = 0.0
19  view.transform.ty = 0.0
```

在设置 transform 的过程中，其参数 a、d 的值为 1，即保持缩放比例不变；其 tx、ty 属性为 0，即在水平和垂直方向上不进行平移；其 b 和 c 属性都为 0.5，即在水平和垂直方向上进行斜切操作。斜切的效果如图 5.22 所示。

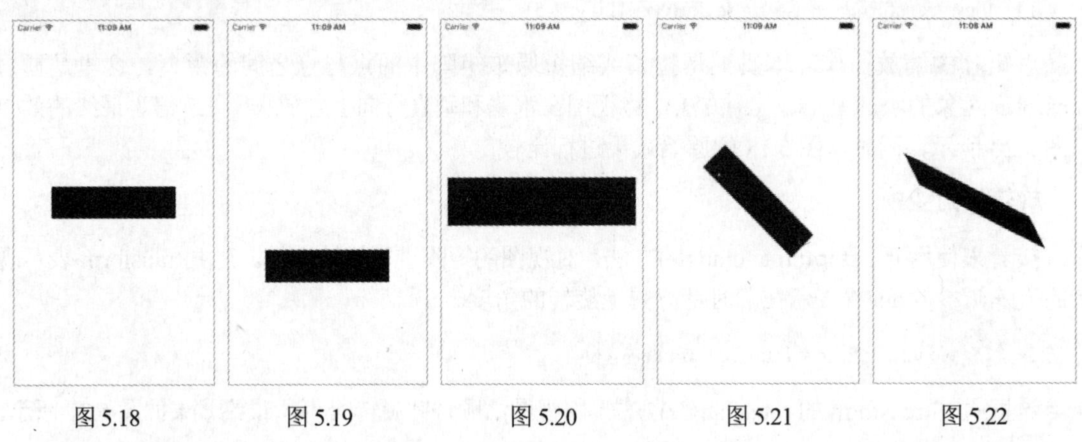

图 5.18　图 5.19　图 5.20　图 5.21　图 5.22

5.1.7　自定义 UIView 视图

在 iOS 开发工作中，经常会使用到自定义的 UIView 视图。使用自定义视图，可以很方便地复用一些复杂或不规则的视图对象。

在创建自定义 UIView 视图前，首先往项目中添加一个 Swift 文件，如图 5.23 所示。

接着在弹出的模板选择窗口中，依次选择【iOS > Source > Swift File】选项，创建一个新的 Swift 类文件，如图 5.24 所示。

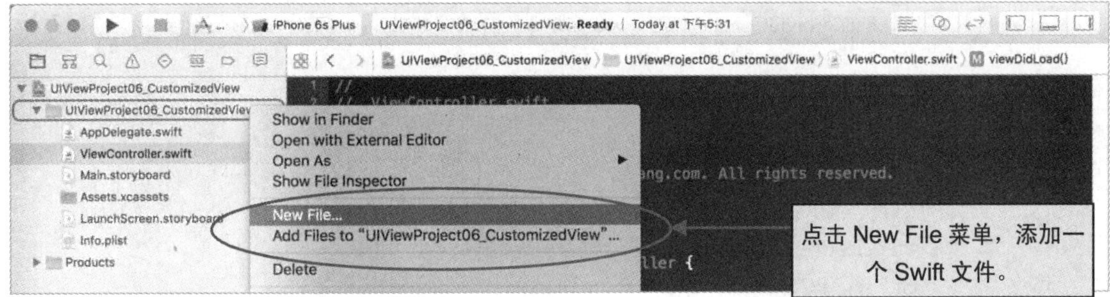

图 5.23

图 5.24

Swift 文件创建后的效果如图 5.25 所示。

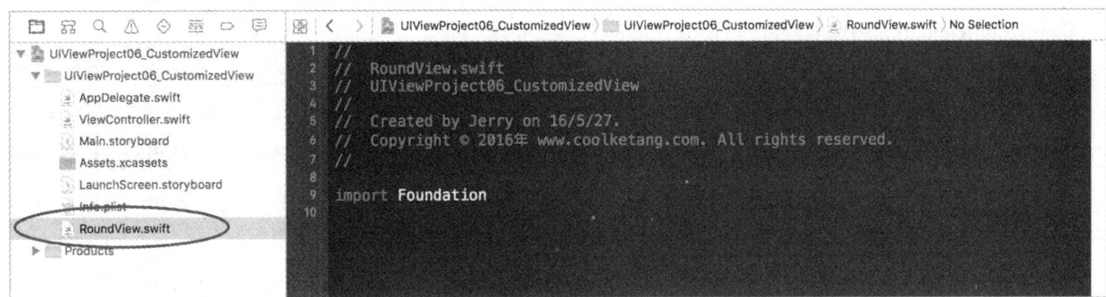

图 5.25

编写 RoundView 自定义视图

现在开始编写代码，实现 RoundView.swfit 自定义视图。

```
import UIKit
class RoundView: UIView
{
    var color = UIColor.blue
    override init(frame: CGRect)
    {
        super.init(frame:frame)
```

```
8                self.backgroundColor = UIColor.clear
9          }
10
11         override func draw(_ rect: CGRect)
12         {
13               let ctx = UIGraphicsGetCurrentContext()
14               ctx?.clear(self.frame)
15               ctx?.setFillColor(color.cgColor)
16               ctx?.fillEllipse(in: CGRect(x: 0, y: 0, width: self.frame.width, height: self.frame.height))
17         }
18
19         required init?(coder aDecoder: NSCoder)
20         {
21               fatalError("init(coder:) has not been implemented")
22         }
23   }
```

在第 2 行的代码中，使用 class 关键字，创建了一个名为 RoundView 的类，该类继承自 UIView 父类。RoundView 类的主体功能被放置在一对大括号之间。

在第 4 行的代码中，给 RoundView 类添加了一个 UIColor 类型的属性 color，并设置 color 属性的默认值为蓝色。

接着在第 5～9 行的代码中，重写了 RoundView 自定义类的初始化 init 方法。在该初始化方法中，首先调用父类的初始化方法，然后自定义设置背景颜色为无色，从而保证 RoundView 只显示在 drawRect 方法中创建的内容。

在第 11～17 行的代码中，重写了 drawRect 方法。绘制一个 UIVIew 最灵活的方式就是由它自己完成绘制。实际上你并没有绘制一个 UIView，而只是子类化了 UIView，并赋予子类绘制自己的能力。当一个 UIVIew 需要执行绘图操作时，drawRect:方法就会被调用。覆盖此方法可让你获得绘图操作的机会。当 drawRect:方法被调用时，当前的图形上下文也被设置为属于视图的图形上下文，可以使用 Core Graphics 或 UIKit 提供的方法将图形画到该上下文中。

所以在第 13 行的代码中，通过 UIGraphicsGetCurrentContext 方法，获得当前的图形上下文。然后调用 ctx 上下文的 clear 方法擦除一个区域，这个函数会擦除一个矩形范围内的所有已存在的绘图内容。

接着调用 ctx 上下文的 setFillColor 方法，设置在图形上下文中的填充颜色为当前视图属性 color 的颜色。

最后在第 16 行的代码中，调用 ctx 上下文的 fillEllipse 方法，在当前的图形上下文中，在(0,0)位置绘制与当前视图相同尺寸的椭圆。

当视图的宽度和高度相同时，绘制的图形为正圆。

使用自定义视图

完成自定义视图的创建后，打开 ViewController.swift 文件，在此文件中创建刚刚自定义的视图，并将自定义视图添加到当前的视图控制器的根视图中。

```
1  import UIKit
2
3  class ViewController: UIViewController {
4
5      override func viewDidLoad() {
6          super.viewDidLoad()
7          // Do any additional setup after loading the view, typically from a nib.
8
9          let view = RoundView(frame: CGRect(x: 40, y: 40, width: 240, height: 240))
10         self.view.addSubview(view)
11     }
12
13     override func didReceiveMemoryWarning() {
14         super.didReceiveMemoryWarning()
15         // Dispose of any resources that can be recreated.
16     }
17 }
```

在第 9 行的代码中，创建了一个自定义的 RoundView 视图，其位置在(40, 40)，宽度和高度都是 240。接着在第 10 行的代码中，将视图添加到当前视图控制器的根视图中。

接着点击【编译并运行】按钮 ▶，运行该项目。项目在模拟器中的效果如图 5.26 所示。

由于我们给 RoundView 自定义视图添加了 color 属性，所以你可以自定义圆形的颜色。

在第 9 行的代码下方添加一行代码，将圆形的背景颜色修改为绿色：

```
10 view.color = UIColor.green
```

修改后的效果如图 5.27 所示。

接着我们再修改第 9 行的代码，将自定义视图的高度设置为 140：

```
9 let view = RoundView(frame: CGRectMake(40, 40, 240, 140))
```

自定义视图的高度变小后，将由正圆转换为椭圆，如图 5.28 所示。

图 5.26

图 5.27

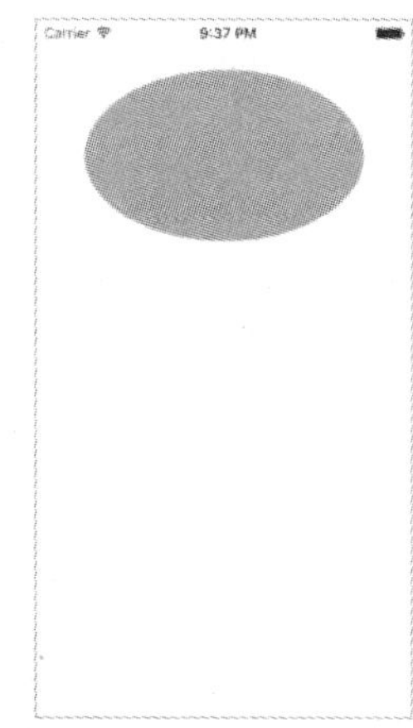

图 5.28

5.2 CALayer 层

UIView 是 iOS 系统中界面元素的基础，所有的界面元素都继承自它，它本身完全是由 CoreAnimation 来实现的。

而 UIView 真正的绘图部分，是由一个叫 CALayer(Core Animation Layer)的类来管理的。

UIView 本身更像是一个 CALayer 的管理器，访问它的跟绘图和跟坐标有关的属性，例如 frame，bounds 等，实际上内部都是在访问它所包含的 CALayer 的相关属性。

UIView 与 CALayer 的关系如图 5.29 所示。

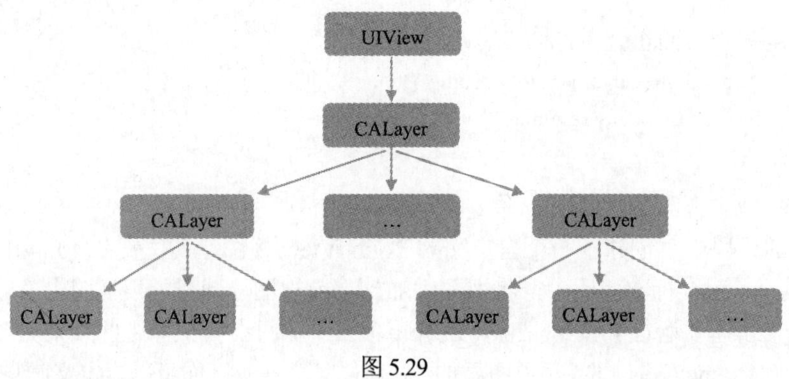

图 5.29

5.2.1 CALayer 边框

通过设置 CALayer 的 borderWidth 和 borderColor 属性，可以给视图添加边框效果：

```
import UIKit

class ViewController: UIViewController {

    override func viewDidLoad() {
        super.viewDidLoad()
        // Do any additional setup after loading the view, typically from a nib.
        let view = UIView(frame: CGRect(x: 60, y: 60, width: 200, height: 200))
        view.backgroundColor = UIColor.black
        view.layer.borderWidth = 20
        view.layer.borderColor = UIColor.lightGray.cgColor

        self.view.addSubview(view)
    }

    override func didReceiveMemoryWarning() {
        super.didReceiveMemoryWarning()
```

```
18              // Dispose of any resources that can be recreated.
19          }
20  }
```

在第 8～9 行的代码中，创建了一个位于(60,60)、宽度和高度都是 200 的视图，并设置视图的背景颜色为黑色。

接着在第 10 行的代码中，设置层的边缘宽度 borderWidth 为 20。

然后在第 11 行的代码中，设置层的边缘颜色 borderColor 的值为浅灰色。这里使用的是 CGColorRef 数据类型，而不是 UIColor。这是因为 UIColor 是定义在 UIKit 框架中的，只能在 iOS 中使用。而 CALayer 是定义在 QuartzCore 框架中的，所以需要使用具有跨平台特性的 CGColorRef 数据类型。通过调用 UIColor 对象的 CGColor 属性，可以获得 UIColor 转换后的 CGColorRef 值。

接着点击 Xcode 界面左上角的【编译并运行】按钮 ▶ ，运行该项目。项目在模拟器中的效果如图 5.30 所示。

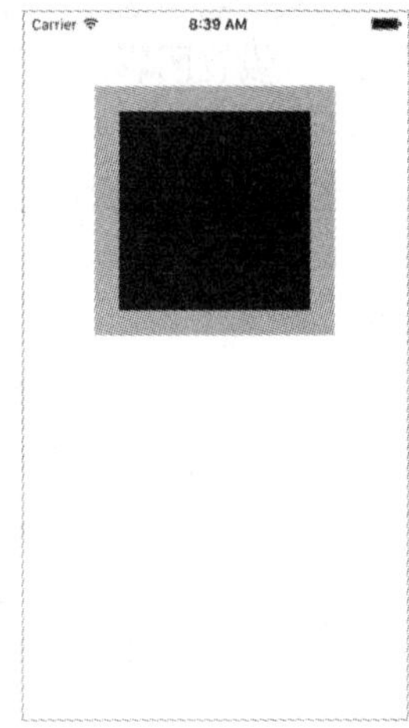

图 5.30

5.2.2　CALayer 阴影

通过设置 CALayer 的几个阴影属性，可以给视图添加阴影效果，这样即使不需要使用 Photoshop 等图像处理软件，也能够实现投影效果了。

```
class ViewController: UIViewController {

    override func viewDidLoad() {
        super.viewDidLoad()
        // Do any additional setup after loading the view, typically from a nib.
        let view = UIView(frame: CGRect(x: 60, y: 60, width: 200, height: 200))
        view.backgroundColor = UIColor.black

        view.layer.shadowColor = UIColor.black.cgColor
        view.layer.shadowOffset = CGSize(width: 10.0, height: 10.0)
        view.layer.shadowOpacity = 0.45
        view.layer.shadowRadius = 5.0

        self.view.addSubview(view)
    }

    override func didReceiveMemoryWarning() {
        super.didReceiveMemoryWarning()
        // Dispose of any resources that can be recreated.
    }
}
```

在第 8～9 行的代码中，创建了一个位于(60,60)、宽度和高度都是 200 的视图，并设置视图的背景颜色为黑色。

接着在第 9～12 行的代码中，设置了层的阴影属性。首先在第 9 行的代码中，设置了 shadowColor 阴影颜色为黑色。然后在第 10 行的代码中，设置阴影的偏移值为(10.0, 10.0)，即在水平方向上向右侧偏移 10，在垂直方向上向下偏移 10。shadowOffset 的默认值为(0.0, -3.0)。

在第 11 行的代码中，设置阴影的不透明度值为 0.45。该属性的取值范围为 0～1，即从完全透明到完全不透明。shadowOpacity 的默认值为 0.0。

最后在第 12 行的代码中，设置阴影的 shadowRadius 模糊半径为 5.0，用来实现阴影的模糊效果，使阴影更加柔和、自然。shadowRadius 参数的默认值为 3.0。

接着点击 Xcode 界面左上角的【编译并运行】按钮 ▶，运行该项目。项目在模拟器中的效果如图 5.31 所示。

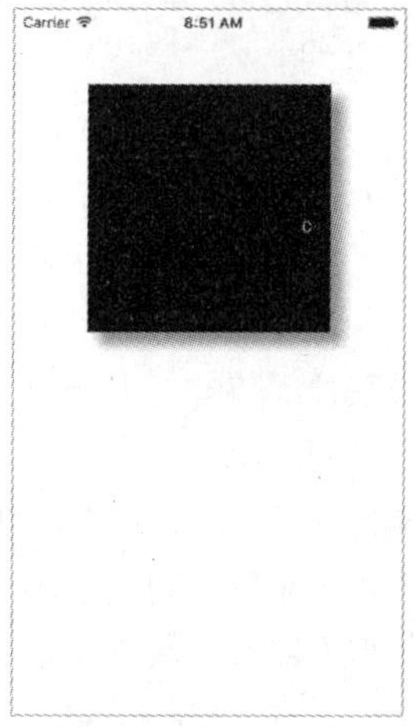

图 5.31

5.2.3 CALayer 圆角

通过设置 CALayer 的 cornerRadius 属性，可以给视图添加圆角效果：

```
import UIKit

class ViewController: UIViewController {

    override func viewDidLoad() {
        super.viewDidLoad()
        // Do any additional setup after loading the view, typically from a nib.
        let view = UIView(frame: CGRect(x: 60, y: 60, width: 200, height: 200))
        view.backgroundColor = UIColor.black
        view.layer.cornerRadius = 40

        let subView = UIView(frame: CGRect(x: 0, y: 0, width: 200, height: 100))
        subView.backgroundColor = UIColor.gray

        view.addSubview(subView)
        self.view.addSubview(view)
    }

    override func didReceiveMemoryWarning() {
        super.didReceiveMemoryWarning()
        // Dispose of any resources that can be recreated.
    }
}
```

在第 8～9 行的代码中，创建了一个位于(60,60)、宽度和高度都是 200 的视图，并设置视图的背景颜色为黑色。

接着在第 10 行的代码中，设置层的 cornerRadius 圆角半径为 40。当该属性被设置为大于 0 的值时，将会在层的四周绘制指定半径的圆角。

在第 12～13 行的代码中，创建了一个宽度为 200、高度为 100、位于(0, 0)的视图，该视图的背景颜色为灰色。

最后在第 15～16 行的代码中，将灰色视图作为子视图，添加到黑色视图之中。并将黑色视图添加到当前视图控制器的根视图中。

接着点击 Xcode 界面左上角的【编译并运行】按钮，运行该项目。项目在模拟器中的效果如图 5.32 所示。

从模拟器中的效果可以看出，虽然给黑色视图添加了圆角效果，但是由于子视图的存在，你无法看到上方两个顶点的圆角效果。这是因为圆角效果只对视图的背景颜色和层的边框起作用，而不会对层中的内容起作用。不过系统提供了一个属性 masksToBounds，你可以将该属性的值设置为 true，这样将会沿着圆角边缘对视图中的内容进行裁切。

在第 10 行的代码的下方添加一行新的代码：

```
8   let view = UIView(frame: CGRectMake(60, 60, 200, 200))
9   view.backgroundColor = UIColor.blackColor
10  view.layer.cornerRadius = 40
11  view.layer.masksToBounds = true
```

设置层的 masksToBounds 属性之后，再次运行模拟器，视图的圆角效果如图 5.33 所示。

在设置圆角半径时，如果将 cornerRadius 设置为正方形宽度的一半，那么将会创建了一个正圆形。这里将第 10 行的代码修改为：

```
10  view.layer.cornerRadius = 100
```

修改 cornerRadius 半径数值后的效果如图 5.34 所示。

也许你还想知道，如果继续增加 cornerRadius 半径数值，会有什么样的圆角效果。我们将 cornerRadius 半径数值设置为与正方形宽度相同：

```
11  view.layer.cornerRadius = 200
```

将 cornerRadius 半径数值修改为 200 后的效果如图 5.35 所示。

5.2.4　CALayer 渐变

CALayer 和 UIView 相似地方是，CALayer 层也可以嵌套多个子 CALayer 层，从而实现多种多样的效果。

这里将演示如何往层中添加一个 CAGradientLayer 渐变层。CAGradientLayer 是用来生成两种或更多的颜色平滑渐变效果的。

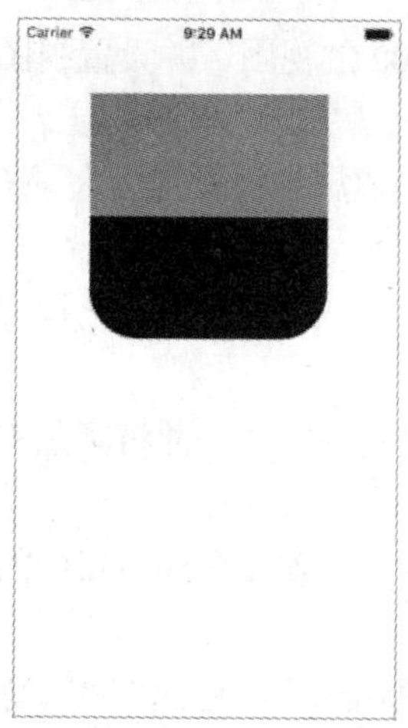

图 5.32

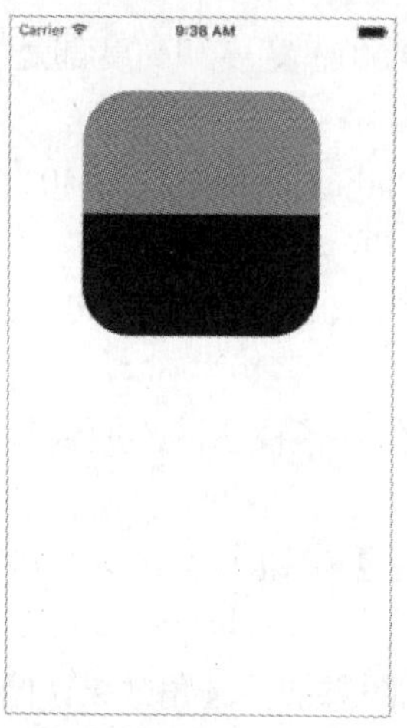

图 5.33

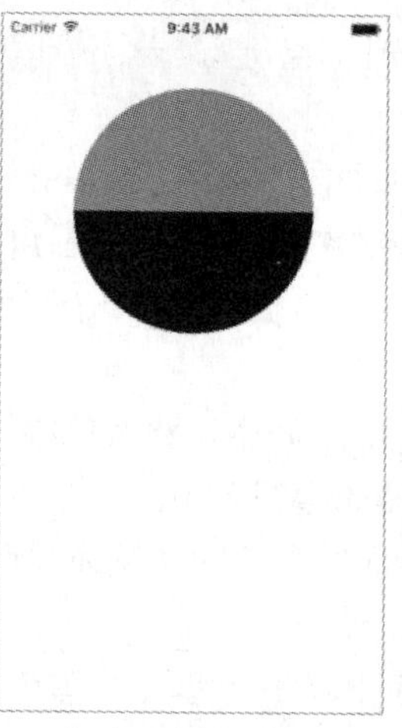

图 5.34

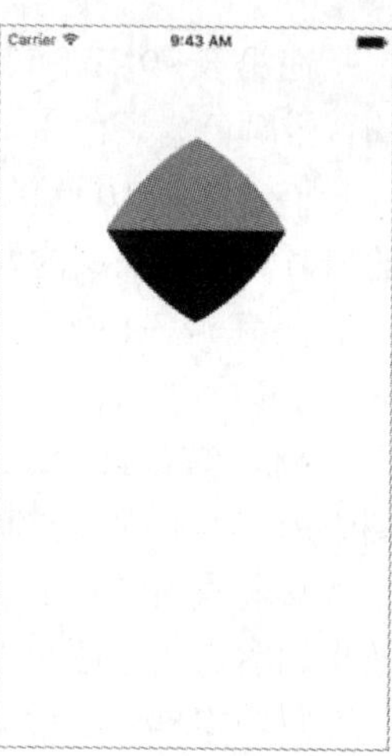

图 5.35

```
import UIKit

class ViewController: UIViewController {

    override func viewDidLoad() {
        super.viewDidLoad()
        // Do any additional setup after loading the view, typically from a nib.
        let rect = CGRect(x: 20, y: 60, width: 240, height: 240)
        let gradientView = UIView(frame: rect)

        let gradientLayer = CAGradientLayer()
        gradientLayer.frame = gradientView.frame

        let fromColor = UIColor.yellow.cgColor
        let midColor = UIColor.blue.cgColor
        let toColor = UIColor.red.cgColor

        gradientLayer.colors = [fromColor, midColor, toColor]
        gradientLayer.startPoint = CGPoint(x: 0, y: 0)
        gradientLayer.endPoint = CGPoint(x: 1, y: 1)
        gradientLayer.locations = [0, 0.3, 1]

        gradientView.layer.addSublayer(gradientLayer)
        self.view.addSubview(gradientView)
    }

    override func didReceiveMemoryWarning() {
        super.didReceiveMemoryWarning()
```

```
29            // Dispose of any resources that can be recreated.
30        }
31    }
```

在第 8～9 行的代码中，创建了一个位于(20,60)、宽度和高度都是 240 的视图。

接着在第 11～12 行的代码中，创建一个 CAGradientLayer 渐变层，并设置渐变层的 frame 属性与视图的 frame 属性相同。

然后在第 14～16 行的代码中，依次创建三个颜色：黄色、蓝色和红色。这三个颜色将作为渐变线上的起始颜色、中间颜色和结束颜色。

在第 18 行的代码中，设置了渐变层的 colors 属性，这里将刚刚创建的三个颜色放在一个数组中，并赋予 colors 属性。

在第 19 行的代码中，设置了渐变层的起点位置为(0, 0)，即渐变线的起点位于渐变层的左上角。

接着在第 20 行的代码中，设置了渐变层的终点位置为(1, 1)，即渐变线的终点位于渐变层的右下角。这样就创建了一个从左上角至右下角 45 度方向的渐变效果。

在第 21 行的代码中，设置了渐变层的各颜色点在颜色线中的分布情况。在 locations 属性值数组中的 0.3 表示渐变线中间的颜色，即蓝色将位于渐变线 30%的位置。

在第 23～24 行的代码中，依次将渐变图层添加到视图对象的根层中，然后将视图对象添加到当前视图控制器的根视图中。

接着点击 Xcode 界面左上角的【编译并运行】按钮 ▶，运行该项目。项目在模拟器中的效果如图 5.36 所示。

图 5.36

从图中的效果可以看出，我们创建了一条从左上角至右下角的渐变效果，渐变色依次为黄色、蓝色、红色。其中蓝色位于渐变线 30%的位置，即比较靠近渐变线开始位置的黄色，而距离渐变线结束位置的红色较远。

5.3 小　结

我们经常会在网上冲浪，网页中的各种视觉元素基本上都是由 Div 容器组成的。就像网页中的 Div 标签一样，iOS 设备中的大部分视觉元素也都是通过 UIView 视图组成的。本章主要讲解了 UIView 视图的基本属性、各个属性之间的关系，以及如何在应用程序中创建和操作这些属性。

除此之外，本章还讨论了视图如何响应触摸事件，以及如何创建自定义视图以描绘定制的内容。使用 UIView 甚至可以制作出很多精美的动画效果，我们将在第 10 章详细讨论 UIView 动画的设计和制作。

在讲解 UIView 视图时，始终绕不开 CALayer 层概念，所以在本章还讲解了 CALayer 层和 UIView 视图之间的联系，以及如何使用 CALayer 构建一些诸如圆角、阴影、渐变之类的外观效果。

第06章 视图控制器 UIViewController

视图控制器在 Model-View-Controller 设计模式中扮演着控制器的角色，它是 UIViewController 类或其子类的实例。每个控制器都负责管理一个视图层次结构，包括处理视图相关用户事件，以及将整个视图层次结构添加到应用窗口中。

本章主要介绍了如何使用 UIViewController 视图控制器、UITabBarController 标签控制器、UINavigationController 导航控制器以及常用的项目层次结构。

6.1 UIViewController 视图控制器概述

在运行 iOS 应用程序时，屏幕中显示的内容是一组组的视图对象，它们负责显示屏幕中的内容。而在视图的后面则是 UIViewController 视图控制器，其作用是管理那些视图中的显示内容，并协调它们和应用程序其他部分的关系。

UIViewController 主要包含以下功能：

- 在一个复杂的 iOS 应用程序中，往往包含很多屏幕的内容，使用 UIViewController 可以很方便地管理众多的内容。
- UIViewController 类负责创建其管理的视图，并在内存较低时将它们从内容中移出。
- 可以通过视图控制器来将新的视图内容，以模态窗口的方式显示在当前视图的上方。
- 视图控制器可以响应设备的方向变化，对视图进行相应的调整，以适应新的方向。
- 一些特殊的视图控制器，如导航视图控制器、标签视图控制器，可使视图的管理更加方便和规范。

6.1.1 视图控制器与 MVC

MVC 设计模式是指：模型（Model）、视图（View）、控制器（Controller）。该模式最先应用于桌面程序的开发，M 是指数据模型，V 是指界面视图，而 C 是指控制器。

MVC 设计模式强制将程序的输入、处理和输出分开，使它们相互分离，各自处理自己的任务。而控制器 C 的存在，则是用来协调数据模型 M 和用户界面 V。

如图 6.1 所示，我们经常使用 Microsoft Excel 电子表格软件，通过一些数据来生成相应的图表。可以将电子表格中的数据看作数据模型 M，将由数据模型生成的相应图表看作视图 V，将 Excel 电子表格软件看作控制器 C。

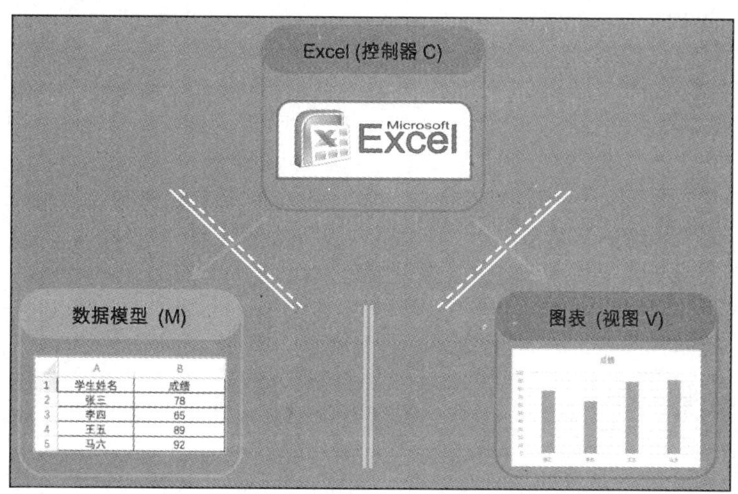

图 6.1

每当数据模型中的数据发生变化时，由扮演控制器角色的 Excel 软件通知图表做出相应的变化。在图 6.1 下方的中间位置有条双实线，类似于交通法规，双实线两侧的数据模型和视图是无法互相沟通的。

两侧的白色虚线表示控制器可以自由访问数据模型和视图。白色虚线旁边的实线，表示数据模型和视图需要通过一些方式，才能访问控制器。

它们在 iOS 中的间接通信方式如下：

- 数据模型 Model 通过通知 Notification 和键值观察 KVO 机制与控制器 Controller 间接通信。
- 控制器通过设置 View 的 DataSource 属性，设置视图的数据源，如 UITableView。
- 视图 View 通过动作 Action Target 向视图控制器 ViewController 报告事件的发生，例如用户点击了视图。
- 视图 View 通过 Delegate 委托（代理），向视图控制器报告事件的发生。如 UIAlertViewDelegate、UITextFieldDelegate。

6.1.2 创建一个视图控制器

UIViewController（视图控制器）在 MVC 设计模式中，扮演着控制层（C）的角色，UIViewController 的职责对内管理与之关联的 View，对外跟其他 UIViewController 通信和协调。一个视图控制器管理一个根视图，其他视图都放置在根视图中，其 view 属性指向它所管理的根视图。

新建一个项目

可以使用代码或通过 Storyboard 创建一个视图控制器，当通过【Single View Application】模板创建一个项目时，系统会自动在 Storyboard 中创建一个视图控制器，同时创建一个与 Storyboard 中视图控制器相对应的 ViewController.swift 文件。

在弹出的模板选择窗口中，选择【Single View Application】模板，如图 6.2 所示。

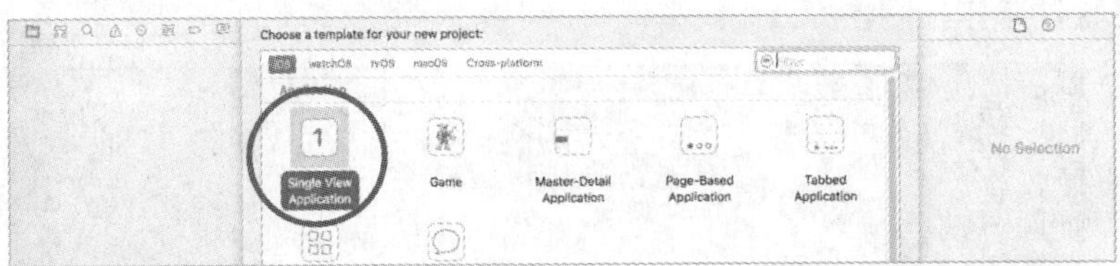

图 6.2

项目创建完成后，在项目导航区，打开 Main.storyboard 文件，从 Storyboard 中可以看出，系统已经创建了一个视图控制器，如图 6.3 所示。

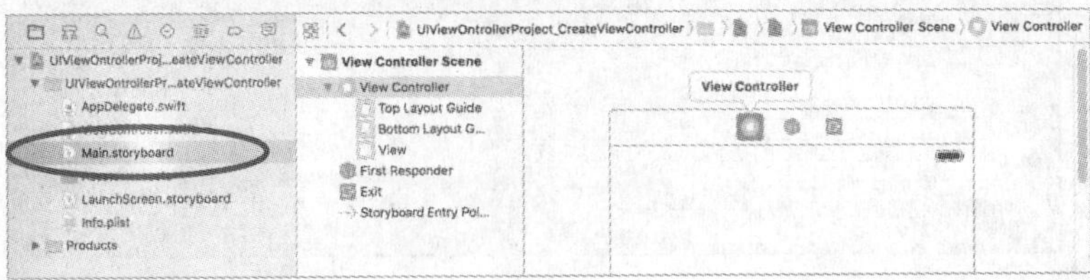

图 6.3

接着打开 ViewController.swift 文件，对系统默认创建的视图控制器进行一些修改，在 viewDidLoad 方法，更改视图控制器根视图的背景颜色为绿色，如图 6.4 所示。

```
//
//  ViewController.swift
//  UIViewOntrollerProject_CreateViewController
//
//  Created by Jerry on 16/5/29.
//  Copyright © 2016年 www.coolketang.com. All rights reserved.
//

import UIKit

class ViewController: UIViewController {

    override func viewDidLoad() {
        super.viewDidLoad()
        // Do any additional setup after loading the view, typically from a nib.
        self.view.backgroundColor = UIColor.green()
    }
```

图 6.4

然后点击【编译并运行】按钮 ▶ 打开模拟器，系统默认创建的视图控制器如图 6.5 所示。

图 6.5

新建一个视图控制器

接着来创建一个新的视图控制器，在项目文件夹上单击鼠标右键，弹出右键菜单，然后选择菜单中的【New File】命令，打开模板选择窗口，如图 6.6 所示。

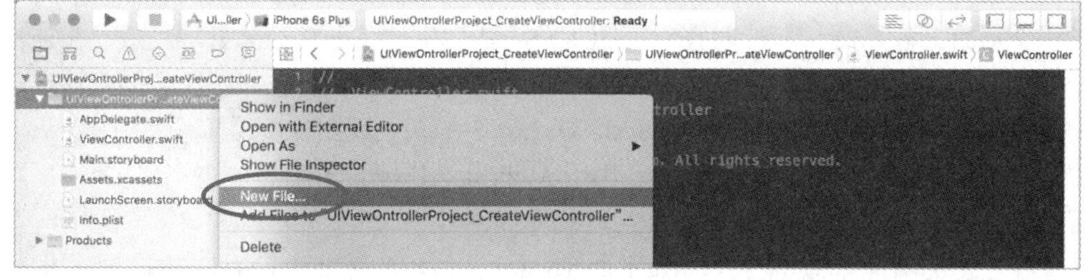

图 6.6

在弹出的模板选择窗口中，选择【Cocoa Touch Class】选项，如图 6.7 所示。

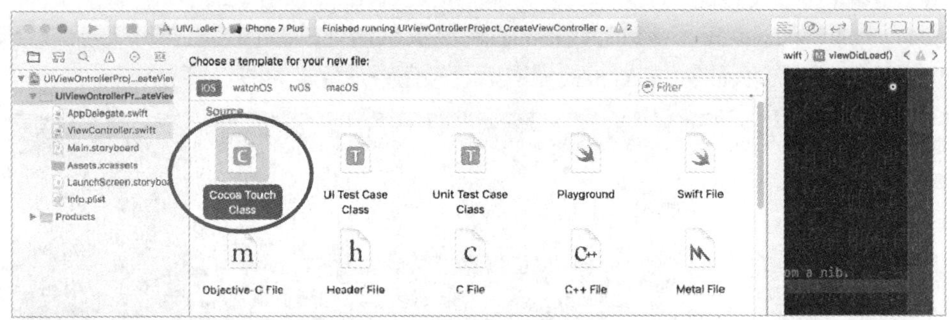

图 6.7

在创建的窗口中，在 Class 输入框内输入【NewViewController】，在 subClass of 输入框内输入【UIViewController】，作为新建类的父类，如图 6.8 所示。

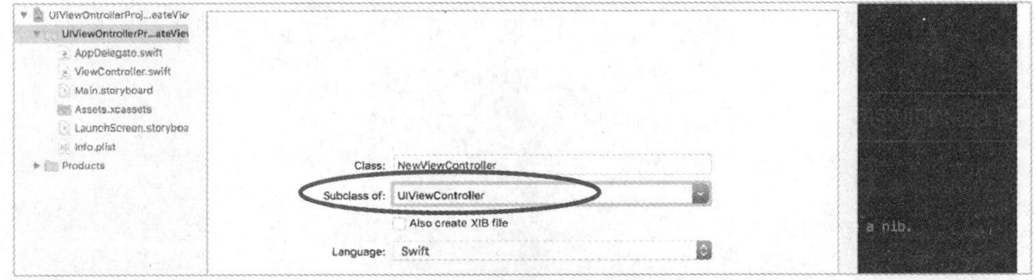

图 6.8

在创建的 NewViewController.swift 文件中，将视图的背景颜色修改为棕色，如图 6.9 所示。

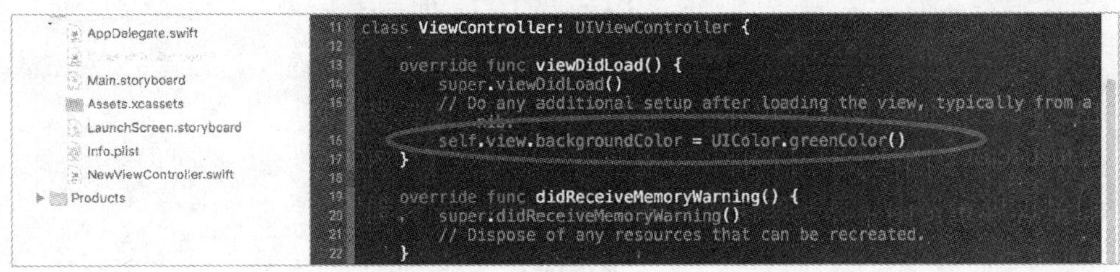

图 6.9

修改默认视图控制器

接着修改项目的默认视图控制器，这里有两种方式：第一种方式是在 Storyboard 中修改视图控制器对应的类文件；第二种方式是在 AppDelegate 中，设置窗口的默认视图控制器。

首先介绍第一种方式，当创建了一个新的【Single View Application】项目后，在项目配置【General】信息页面中的【Deployment Info】设置区，找到【Main interface】选项，该选项的默认值为【Main】，即项目的主界面是 Main.storyboard 中的初始视图控制器（每个 Storyboard 都有一个初始视图控制器），如图 6.10 所示。由于 Main.storyboard 只有一个视图控制器，所以项目启动后，就会加载该视图控制器。

接着在左侧的项目导航区，打开 Main.storyboard 文件，修改 Storyboard 中的初始视图控制器所绑定的类文件。

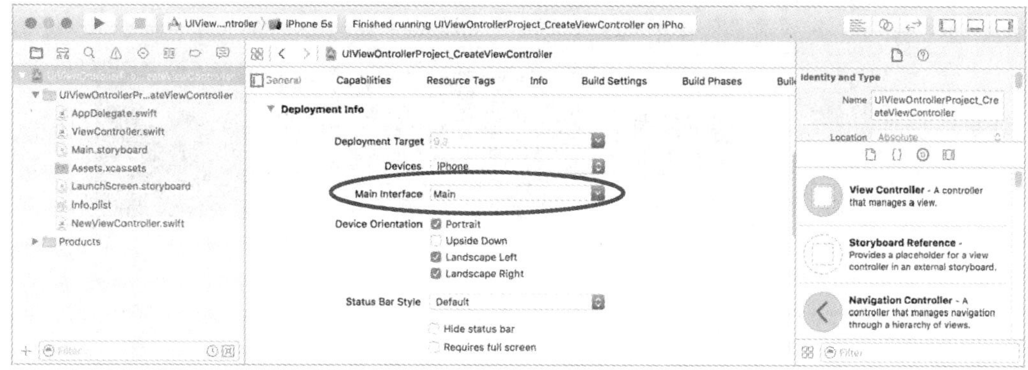

图 6.10

在打开的故事板中，首先选择需要修改类文件的视图控制器，然后单击右侧的【Show the indentity inspector】图标，打开属性检查器面板，接着在【Custome class】设置区域的【Class】输入框内，输入【NewViewController.swift】，作为视图控制器新的类文件，如图 6.11 所示。

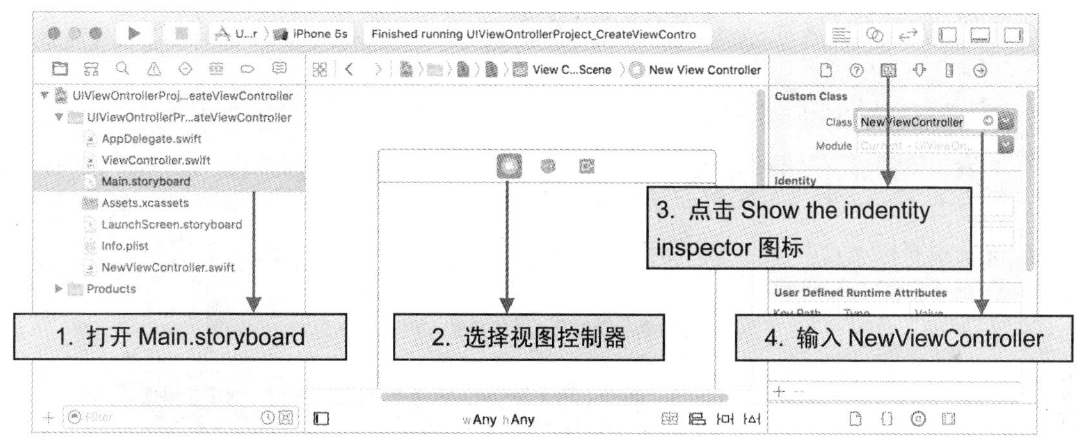

图 6.11

操作完成后，再次点击【编译并运行】按钮 ▶ 运行项目，效果如图 6.12 所示。

更改项目的默认视图控制器的第二种方式，是修改 AppDelegate.swift 中的 didFinishLaunchingWithOptions 方法，该方法在程序加载完成后执行：

如图 6.13 所示，在 didFinishLaunchingWithOptions 方法中添加一行代码，使用 NewViewController()方法，创建一个新视图控制器的实例，然后将实例赋予当前窗口的根视图控制器 rootViewController。

操作完成后，再次点击【编译并运行】按钮 ▶ 运行项目，效果如图 6.12 所示。

图 6.12

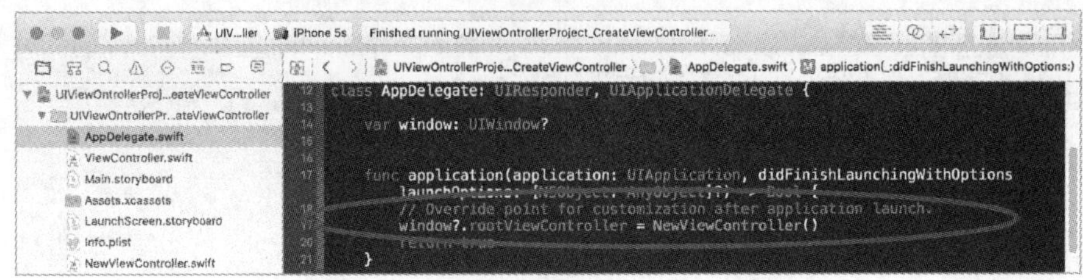

图 6.13

6.1.3　以模态方式弹出视图控制器

在 iOS 开发中，可能会经常遇到以模态方式显示的视图控制器，如 UIImagePickerController。当以模态方式打开 UIImagePickerController 时，用户在新打开的页面中选择所需的图片，然后再通过 dismiss 方法关闭弹出的 UIImagePickerController。

使用模态方式展示视图控制器，主要用于以下两个场合：

- 收集用户输入的数据：比如用户点击区域按钮，以模态的方式显示省、市区域列表，使用户在新的页面进行省、市的选择。
- 显示临时信息：比如用户点击注册协议按钮，以模态的方式临时显示用户协议内容。

这里我们将创建了一个新的视图控制器，并以模态的方式显示新的视图控制器，同时向新的视图控制器中传递数据。

首先使用 6.1.2 小节中的方法，创建一个基于【Single View Application】模板的项目，同时创建一个新的视图控制器类，项目创建完成后，效果如图 6.14 所示。

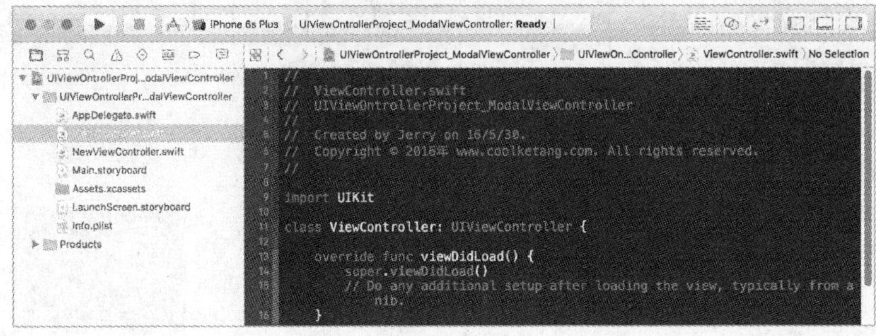

图 6.14

修改初始视图控制器

接着在 ViewController.swift 中添加一个按钮，当用户点击按钮时，以模态的方式弹出另一个视图控制器，同时向该视图控制器中传入参数。

```
import UIKit

class ViewController: UIViewController {

        var label:UILabel!
```

```
6
7        override func viewDidLoad() {
8            super.viewDidLoad()
9            self.view.backgroundColor = UIColor.brown
10           label = UILabel(frame: CGRect(x: 40, y: 100, width: 240, height: 44))
11           label.text = ""
12           self.view.addSubview(label)
13
14           let button = UIButton(frame: CGRect(x: 40, y: 180, width: 240, height: 44))
15           button.setTitle("打开新的视图控制器", for: UIControlState())
16           button.backgroundColor = UIColor.black
17           button.addTarget(self, action: #selector(ViewController.openViewController), for: .touchUpInside)
18           self.view.addSubview(button)
19       }
20
21       func openViewController()
22       {
23           let newViewController = NewViewController()
24           newViewController.labelTxt = "传递的参数！"
25           newViewController.viewController = self
26           self.present(newViewController, animated: true, completion: nil)
27       }
28   }
```

在第 5 行的代码中，给视图控制器类添加了一个 UILabel 标签属性，该标签用来显示从模态窗口中返回的数据。

在第 9～12 行的代码中，首先设置当前视图控制器根视图的背景颜色为棕色，然后对 label 属性进行初始化操作，设置 label 的默认文字为无，并将标签添加到根视图中。

接着在第 14～18 行的代码中，创建了一个 UIButton 按钮对象，同时设置按钮的标签文字和背景颜色。在第 17 行代码中，给按钮绑定了点击事件，当用户点击该按钮时，将调用相应的方法，在该方法中打开相应的视图控制器。

最后在第 21～26 行的代码中，创建了一个名为 openViewController 的方法，用来响应按钮的点击事件。首先在第 23 行的代码中，创建了一个 NewViewController 的实例，然后在第 24 行代码中，设置实例的 labelTxt 字符串属性的值。在第 25 行的代码中，设置 viewController 属性为当前的视图控制器，该属性将被用来从模态视图控制器，向当前的视图控制器中返回数据。

在第 26 行的代码中，调用当前视图控制器实例的 present(newViewController:, animated:, completion:)方法，以模态的方式显示新的视图控制器。该方法的第一个参数表示需要打开的视图控制器实例，第二个参数表示是否以动画的方式打开视图控制器，第三个参数表示视图控制器被打开后的回调方法。

2. 修改新的视图控制器

接着修改 NewViewController.swift 文件，将在该类中添加一个标签对象的属性，用来显示从前一个视图控制器传递进来的数据。还需要添加一个按钮对象，当用户点击该按钮时，退出当前的视图控制器，并返回原来的视图控制器，同时向原来的视图控制器返回数据。

```
1  import UIKit
2
3  class NewViewController: UIViewController {
4
5      var viewController : ViewController?
6      var labelTxt = ""
7      override func viewDidLoad() {
8          super.viewDidLoad()
9          self.view.backgroundColor = UIColor.purple
10         let label = UILabel(frame: CGRect(x: 40, y: 100, width: 240, height: 44))
11         label.text = labelTxt
12         self.view.addSubview(label)
13
14         let button = UIButton(frame: CGRect(x: 40, y: 180, width: 240, height: 44))
15         button.setTitle("关闭", for: UIControlState())
16         button.backgroundColor = UIColor.black
17         button.addTarget(self, action: #selector(NewViewController.dismissSelf), for: .touchUpInside)
18         self.view.addSubview(button)
19     }
20
21     func dismissSelf()
22     {
23         viewController?.label.text = "返回的参数。"
24         self.dismiss(animated: true, completion: nil)
25     }
26 }
```

首先在第 5～6 行的代码中，给 NewViewController 类添加了两个属性：一个是 viewController 属性，用来表示弹出当前视图控制器的源视图控制器；另一个字符串属性 labelTxt，表示从源视图控制器中传进来的数据。

接着在第 9～12 行的代码中，设置了当前视图控制器根视图的背景颜色为紫色，并创建了一个 UILabel 标签对象，用来显示从源视图控制器传递进来的数据 labelTxt 的内容。

然后在第 14～18 行的代码中，创建了一个 UIButton 对象，并设置按钮上标签的文字内容为关闭，背景颜色为黑色。同时在第 17 行代码中，给按钮绑定了点击事件，当用户点击按钮时，将退出当前的视图控制器，并返回源视图控制器。

最后在第 21～25 行的代码中，创建了一个名为 dismissSelf 的方法。在该方法中，首先设置了源视图控制器中的标签对象的文字内容，然后调用视图控制器对象的 dismiss(animated:, completion:)方法，退出当前的视图控制器，并返回源视图控制器。该方法的第一个参数，表示是否以动画的方式退出视图控制器；第二个参数则表示视图控制器退出完毕后的回调方法。

代码编写完成后，点击【编译并运行】按钮 ，打开模拟器运行项目，效果如图 6.15 所示。在打开的模拟器中，点击【打开新的视图控制器】按钮，新的视图控制器将从底部滑入，滑入后的状态如图 6.16 所示，并且在【关闭】按钮上方的标签中，显示了从源视图控制器传入的数据。

接着点击【关闭】按钮，新的视图控制器将从上往下滑出，并返回源视图控制器，同时将源视图控制器中的标签对象的文字内容设置为【返回的参数】，如图 6.17 所示。

图 6.15

图 6.16

图 6.17

6.1.4　视图控制器的生命周期

一个视图控制器整个的生命周期可以被划分为【视图控制器的创建 > 添加到窗口中 > 视图控制被移出屏幕 > 销毁】。视图控制器经历的全部生命周期如表 6-1 所示。

表 6-1　视图控制器的生命周期

项目	说明
alloc	创建一个视图控制器对象，并分配内存空间
init ()	对视图控制器对象进行初始化操作
loadView	如果从故事板文件创建视图，则从故事板中加载视图
viewDidLoad	视图载入完成，可以进行一些自定义的操作
viewWillAppear	视图将要被展示在屏幕上
viewDidAppear	视图已经在屏幕上完成渲染操作并正确显示
viewWillLayoutSubviews	视图即将布局其子视图
viewDidLayoutSubviews	视图已经完成子视图的布局
viewWillDisappear	视图将要从屏幕中消失
viewDidDisappear	视图已经从屏幕中消失
dealloc	视图被销毁

当视图的可见性发生改变时，视图控制器会自动调用相应的状态转变方法，如图 6.18 所示。

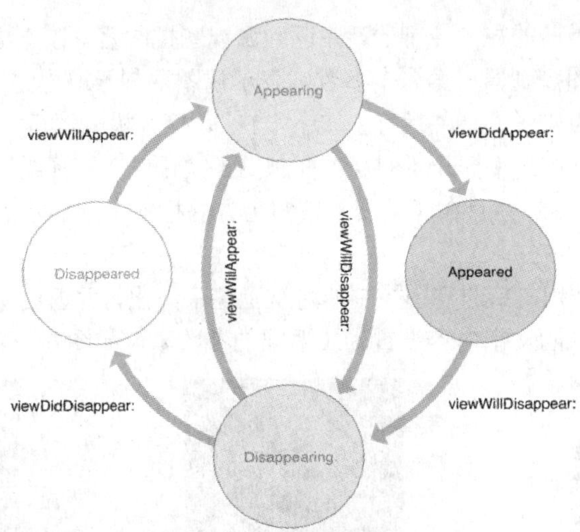

图 6.18（来自 apple.com）

可以在每种状态变化事件中，执行相应的操作：

- loadView　当访问视图控制器的 view 属性时，如果 view 此时是 nil，那么视图控制器会自动调用 loadView 方法，来初始化一个 UIView 视图，并赋值给 view 属性。
- viewDidLoad　视图控制器的视图对象在载入到内存之后调用此方法，可用于对视图进行一些初始化的操作。
- viewDidUnload　如果内存不够，一些没有处于显示状态的视图控制器就会收到内存不够的警告，然后自动释放自己拥有的视图，以达到释放内存的目的。
- viewWillAppear　我们通常使用这个方法，对即将显示的视图做进一步的处理，如根据设备不同的朝向，对视图进行不同的设置。另外，当从一个视图返回当前视图时，并不会重复调用 viewDidLoad 方法，所以如果此时需要对界面进行更新，就需要在 viewWillAppear 方法中实现。
- viewDidAppear　在视图被添加到视图层级中显示时调用。为了加快应用的响应速度，我们可以将界面首先显示出来，然后将一些长时间的操作放在界面显示之后进行。比如在显示完旧邮件的列表之后，再去读取服务器最新的邮件。
- viewWillLayoutSubviews　视图即将布局其子视图。比如视图的 bounds 属性改变后，要调整子视图的位置。
- viewDidLayoutSubviews　视图已经完成子视图的布局操作。
- viewWillDisappear　视图即将从父视图中移除，此时还没有调用子视图的 removeFromSuperview 方法。
- viewDidDisappear　视图已经从父视图中移除，此时已经完成 removeFromSuperview 方法的调用。

最后还要考虑一个重要的情况：内存不足警告。当程序收到内存警告的时候，会调用每一个 ViewController 的 didReceiveMemoryWarning 方法，我们需要做出反应，释放程序中暂时不需要的资源。

6.1.5 视图控制器和 UIScrollView

一个复杂的 iOS 应用程序往往包含多个页面，而移动设备的屏幕大小是极其有限的，因此直接展示在用户眼前的内容也相当有限。当展示的内容较多，超出一个屏幕时，用户可通过滚动手势来查看屏幕以外的内容。

UIScrollView 是一个能够滚动的视图控件，可以用来展示大量的内容。这里我们将使用 UIScrollView，对多个视图控制器的内容进行管理。用户可通过在 UIScrollView 上滑动手指，查看多个视图控制器中的内容。

首先创建一个基于【Single View Application】模板的项目，同时创建三个新的视图控制器类：FirstViewController、SecondViewController 和 PageControlViewController，并分别设置前两个视图控制器的背景颜色为棕色和紫色，如图 6.19 所示。

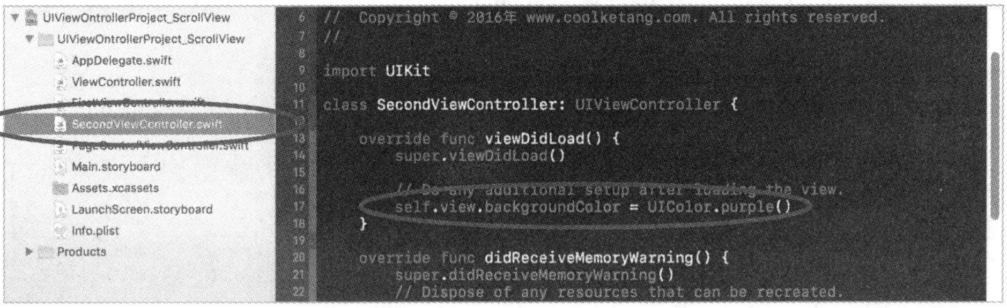

图 6.19

接着在项目导航区打开 PageControlViewController.swift 文件，我们将在此视图控制器中，使用 UIScrollView 整合前两个视图控制器。

```
import UIKit

class PageControlViewController: UIViewController, UIScrollViewDelegate {

    var scrollView = UIScrollView()
    var pageControl = UIPageControl()
    var isPageControlUsed = false
    override func viewDidLoad() {
        super.viewDidLoad()
        var screenFrame = UIScreen.main.bounds
        let screenWidth = screenFrame.size.width
        let screenHeight = screenFrame.size.height

        scrollView.frame = screenFrame
        scrollView.isPagingEnabled = true
        scrollView.contentSize = CGSize(width: screenWidth * 2, height: screenHeight)
        scrollView.backgroundColor = UIColor.black
        scrollView.delegate = self
```

```

        let pcHeight:CGFloat = 50.0
        let pcRect = CGRect(x: 0, y: screenHeight - pcHeight, width: screenWidth, height: pcHeight)

        pageControl.frame = pcRect
        pageControl.numberOfPages = 2
        pageControl.currentPage = 0
        pageControl.backgroundColor = UIColor.gray
        pageControl.addTarget(self, action:
#selector(PageControlViewController.pageControlDidChanged(_:)), for: UIControlEvents.valueChanged)

        let firstController = FirstViewController()
        screenFrame.origin.x = 0
        firstController.view.frame = screenFrame

        let secondController = SecondViewController()
        screenFrame.origin.x = screenFrame.size.width
        secondController.view.frame = screenFrame

        scrollView.addSubview(firstController.view)
        scrollView.addSubview(secondController.view)

        self.view.addSubview(scrollView)
        self.view.addSubview(pageControl)
    }

    func pageControlDidChanged(_ sender:AnyObject)
    {
        let crtPage = (CGFloat)(pageControl.currentPage)
        var frame = scrollView.frame
        frame.origin.x = frame.size.width * crtPage
        frame.origin.y = 0

        scrollView.scrollRectToVisible(frame, animated: true)
        isPageControlUsed =    true
    }

    func scrollViewDidScroll(_ scrollView: UIScrollView)
    {
        if(!isPageControlUsed)
        {
            let pageWidth = scrollView.frame.size.width
            let page = floor((scrollView.contentOffset.x - pageWidth/2)/pageWidth) + 1
            pageControl.currentPage = Int(page)
```

```
62            }
63        }
64
65        func scrollViewDidEndDecelerating(_ scrollView: UIScrollView)
66        {
67            isPageControlUsed = false
68        }
69    }
```

在第 3 行的代码中，创建了一个名为 PageControlViewController 的视图控制器类，并让该类循环 UIScrollViewDelegate 协议，从而可以检测滚动视图的状态。

接着在第 5～6 行的代码中，分别创建了一个 UIScrollView 滚动视图对象和一个 UIPageControl 页面控制对象。其中 UIPageControl 控件在程序中出现得比较频繁，尤其在和 UIScrollView 配合来显示大量内容时，会使用它来控制 UIScrollView 的翻页。在滚动 ScrollView 时可通过 PageControl 中的小白点，来观察当前页面的位置，也可通过点击 PageControl 中的小白点，来滚动到指定的页面。

在第 7 行的代码中，创建了一个名为 isPageControlUsed 的布尔值属性，用来判断是否使用了 pageControl 对象。如果没有使用 pageControl 对象，而是使用手指滑动 scrollView 进行内容的滚动查看，则在查看内容时，可实时更新 pageControl 对象的状态。

在第 10～12 行代码中，获得当前屏幕的 frame 属性，以及相应的宽度和高度信息。

接着在第 14～18 行的代码中，对 scrollView 滚动视图对象进行了一些自定义设置。首先设置 scrollView 的显示区域与屏幕尺寸相同，以使 scrollView 进行全屏显示。然后在第 15 行的代码中，设置 pagingEnabled 的属性为 true，即 scrollView 将以一整页为单位进行翻页操作。在第 16 行的代码中，设置 scrollView 对象的高度与屏幕高度相同，但是宽度是屏幕宽度的两倍，这是因为我们需要 scrollView 在两个页面中分别显示两个视图控制器的内容。然后继续设置 scrollView 的背景颜色为黑色，并设置 scrollView 的代理对象为当前的视图控制器对象。

在第 20～21 行的代码中，设置 pageControl 页面控制对象的高度为 50，并设置 pageControl 的显示区域位于屏幕的底部。

接着在第 23～27 行的代码中，对 pageControl 对象进行了一些自定义设置。首先设置 pageControl 的显示区域位于屏幕的底部。然后在第 24 行的代码中，设置 pageControl 的 numberOfPages 属性的值为 2，即设置 pageControl 拥有两个小白点，以标识两页的内容。在第 25 行的代码中，设置 pageControl 当前处于第一页。接着设置 pageControl 的背景颜色为灰色，并为 pageControl 绑定点击事件，当用户使用手指点击 pageControl 时，将执行相应的动作。

在第 29～31 行的代码中，实例化了一个 FirstViewController 对象，并设置 screenFrame 的基点在 x 轴的位置为 0，即 FirstViewController 对象将位于 scrollView 中的第一页。

在第 33～35 行的代码中，实例化了一个 SecondViewController 对象，并设置 screenFrame 的基点在 x 轴的位置为屏幕的宽度，即 SecondViewController 对象将位于 scrollView 中的第二页，暂时处于屏幕之外。

接着在第 37～38 行的代码中，将 firstViewController 和 SecondViewController 的根视图都添加到 scrollView 滚动视图中。

然后在第 40～41 行的代码中，将 scrollView 和 pageControl 对象都添加到当前视图控制器的根视图中。

在第 44～53 行的代码中，创建了一个名为 pageControlDidChanged 的方法，当 pageControl 对象被点击时，将调用该方法。在该方法中，首先获得 pageControl 对象当前的页码，以及 scrollView 的 frame 属性；然后在第 48 行的代码中，通过 pageControl 当前的页码，计算 scrollView 应该滚动到的目标区域；接着在第 51 行的代码中，通过执行 scrollRectToVisible 方法，将 scollView 滚动到目标区域。同时设置 isPageControlUsed 的值为 true，即通过用户点击 pageControl 对象，进行 scrollView 的页面滚动。

接着在第 55～63 行的代码中，实现了 UIScrollViewDelegate 协议中的 scrollViewDidScroll 方法。当用户使用手指滑动 scrollView 时，将调用该方法。在该方法中，首先判断是否通过用户的手指进行 scrollView 的滑动，如果是的话，则通过 scrollView 在水平方向上的偏移值，当 scrollView 在水平方向上被拖动超过屏幕宽度一半距离时，计算 pageControl 对应的页码。

最后在第 65～67 行的代码中，实现了 UIScrollViewDelegate 协议中的 scrollViewDidEndDecelerating 方法。该方法将在 scrollView 减速至停止滚动时被调用。在该方法中设置 isPageControlUsed 的值为 false，恢复该属性的默认状态。

当结束所有的编码操作时，接着在 AppDelegate.swift 中修改当前窗口的根视图控制器，将根视图控制器修改为 PageControlViewController 的实例，如图 6.20 所示。

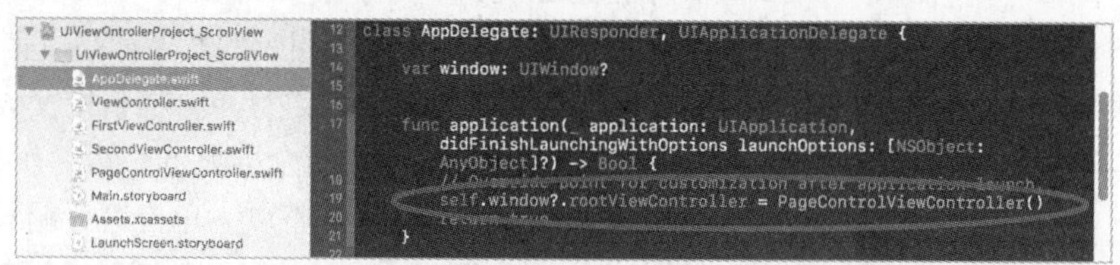

图 6.20

代码编写完成后，点击【编译并运行】按钮，打开模拟器运行项目，效果如图 6.21 所示。模拟器底部的灰色长条是 pageControl 对象，pageControl 中的两个小白点说明当前的 scrollView 拥有两页内容，并且当前处于第一页。点击第二个灰色的小白点，scrollView 将跳转至第二页，如图 6.22 所示。也可以在 scrollView 中通过手指拖动，以浏览 scrollView 中各页的内容，在 scrollView 跳转的过程中，底部的 pageControl 对象也会发生相应的变化。

图 6.21

图 6.22

6.2 UITabBarController

UITabBarController 是 iOS 中很常用的一个视图控制器，例如系统的闹钟程序、Health 程序等都有用到。UITabBarController 支持用户在一组不同的屏幕之间切换，每个屏幕都代表应用程序的一种不同的操作模式。

UITabBarController 通常作为整个程序的 rootViewController，而且不能添加到别的视图控制器中。UITabBarController 主要用来管理用户提供的包含各种内容的子视图控制器，而每一个子视图控制器则负责管理自己的视图层级关系。

当用户的应用程序打算提供一些相同等级的、系列性的不同界面时，UITabBarController 将是你最好的选择。你可以设置多个 Tab ，每一个 Tab 对应一个 UIViewController。当某个 Tab 被点击时，UITabBarController 就会选中该 Tab，并且显示该 Tab 对应的视图控制器中的内容。如图 6.23 所示，当点击 Tab bar 中的第 4 个 Tab 时，可切换至当前 Tab 对应的视图控制器：

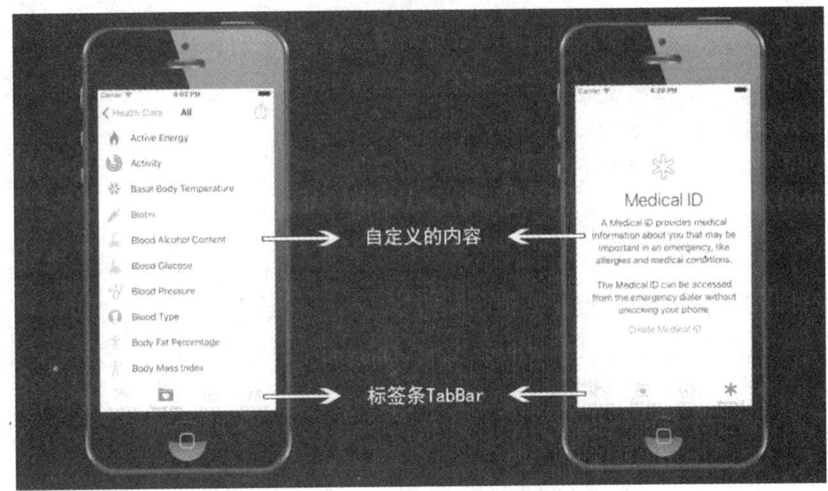

图 6.23

观察上图你会发现，最下面的那个 Tab bar，是由 UITabBarController 自己负责维护的，就像 UINavigation Bar 由 UINavigationController 负责维护一样。

6.2.1 创建一个 UITabBarController

创建三个子视图控制器

这里将演示如何创建一个 UITabBarController。首先创建一个基于【Single View Application】模板的项目，同时创建三个新的视图控制器类：FirstViewController，SecondViewController 和 ThirdViewController，如图 6.24 所示。

接着为三个视图控制器，分别设置各自的 tab 属性。首先打开 FirstViewController.swift 文件，然后在 viewDidLoad 方法中，添加以下代码：

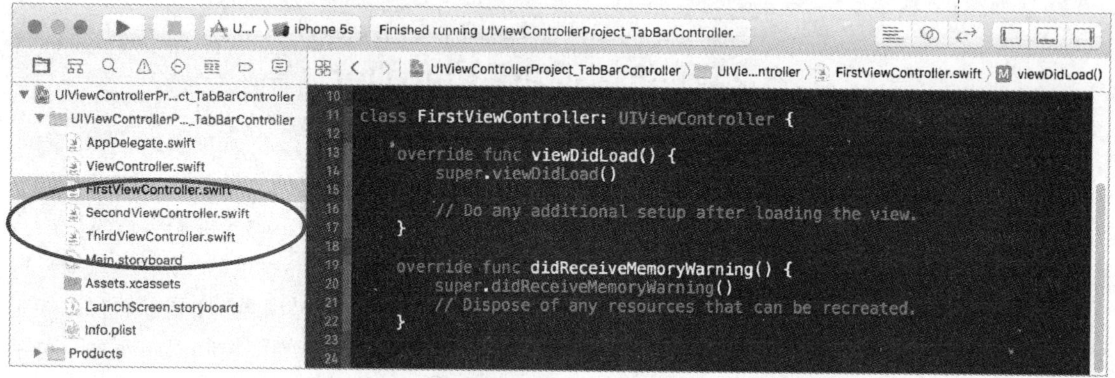

图 6.24

```
1 self.view.backgroundColor = UIColor.brown
2 self.title = "Item #1"
3 self.tabBarItem.image = UIImage(named: "Tab1")
4
5 let label = UILabel(frame: CGRect(x: 40, y: 150, width: 240, height: 44))
6 label.text = "第一页"
7 label.textAlignment = NSTextAlignment.center
8 label.font = UIFont(name: "Arial", size: 36)
9 self.view.addSubview(label)
```

首先在第 1 行的代码中，设置当前视图控制器根视图的背景颜色。

接着在第 2 行的代码中，设置当前视图控制器的标题文字，该标题将显示在 Tab 上。

最后在第 3 行的代码中，设置当前视图控制器在 Tab 上显示的图片。

接着在第 5~9 行的代码中，创建一个 UILabel 对象，用来区别当前显示的页面。

使用相同的方式，依次为其他两个视图控制器进行相同的属性设置。

导入 Tab 中使用的图片

接着往 Assets.xcassets 文件夹中导入三张图片，作为 Tab 的图标，如图 6.25 所示。

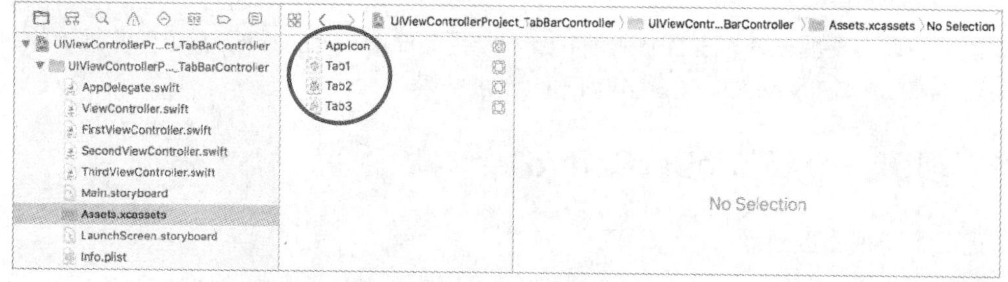

图 6.25

实现 UITabBarController

在完成子视图控制器的属性设置，并导入相同的图片后，我们就可以创建 UITabBarController 了。首先打开 AppDelegate.swift 文件，然后在 didFinishLaunchingWithOptions 方法中，添加以下代码：

```
1  let firstViewController = FirstViewController()
2  let secondViewController = SecondViewController()
3  let thirdViewController = ThirdViewController()
4
5  let tabViewController = UITabBarController()
6  tabViewController.viewControllers = [firstViewController, secondViewController, thirdViewController]
7  self.window?.rootViewController = tabViewController
```

在第 1～3 行的代码中，依次创建三个视图控制器，这三个视图控制器将作为 UITabBarController 的子视图控制器。

接着在第 5 行的代码中，初始化了一个 UITabBarController 的实例 tabViewController。然后在第 6 行的代码中，将三个视图控制器，放在一个数组中，并赋予 tabViewController 对象的 viewControllers 属性。

完成所有操作步骤之后，点击【编译并运行】按钮，打开模拟器运行项目，效果如图 6.26 所示。接着点击底部的 Tab，切换至其他页面，如图 6.27 和图 6.28 所示。

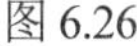

图 6.26

图 6.27

图 6.28

6.2.2 改变 Tab bar 的位置

UITabBarController 的 Tab bar 在默认情况下位于屏幕的底部，用户可以根据工作需要，将它放置在其他的位置上。这里仍旧使用在 6.2.1 节中使用的项目，首先在左侧的项目导航区，打开 AppDelegate.swift 文件，然后修改 Tab bar 的 frame 属性：

```
1  let tabViewController = UITabBarController()
2  tabViewController.viewControllers = [firstViewController, secondViewController, thirdViewController]
3  let screenWidth = UIScreen.main.bounds.width
4  tabViewController.tabBar.frame = CGRect(x: 0, y: 0, width: screenWidth, height: 44)
```

第 1～2 行的代码属于旧代码，在第 3 行的代码中，获得了当前屏幕的尺寸信息。然后在第 4 行的代码中，将 Tab bar 的 frame 属性设置为屏幕顶部的区域，宽度与屏幕的宽度保持一致，Tab bar 的高度数值为 44。

完成代码的编辑后，再次点击【编译并运行】按钮 ▶ ，打开模拟器预览项目。模拟器启动后，你会发现 Tab bar 被放置在了屏幕的顶部，如图 6.29 所示。

图 6.29

现在的 Tab bar 会被顶部的状态栏遮挡，通过以下两个步骤的设置，可以隐藏顶部的状态栏。首先在项目导航区打开 info.plist 文件，该文件是项目启动的参数配置文件。然后在该配置文件中，将【Status bar is initially hidden】属性的值设置为 YES，如图 6.30 所示。

接着执行第二步操作，为 Info.plist 文件添加一个新的属性，点击【Status bar is initially hidden】属性名称右侧的+加号图标，添加一行新的属性，属性名称为【View controller-based status bar appearance】，并保持默认值为 NO，如图 6.31 所示。

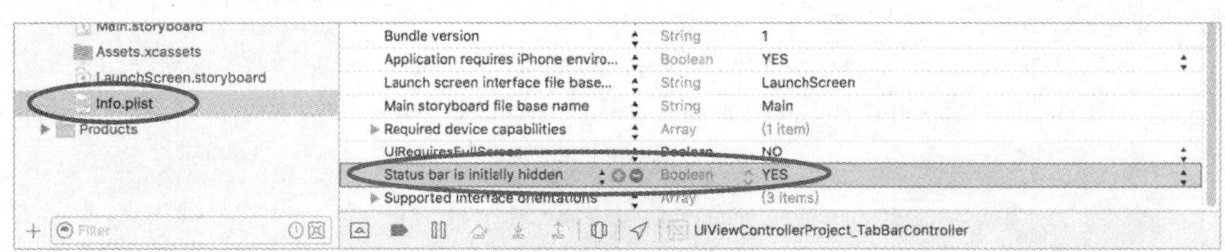

图 6.30

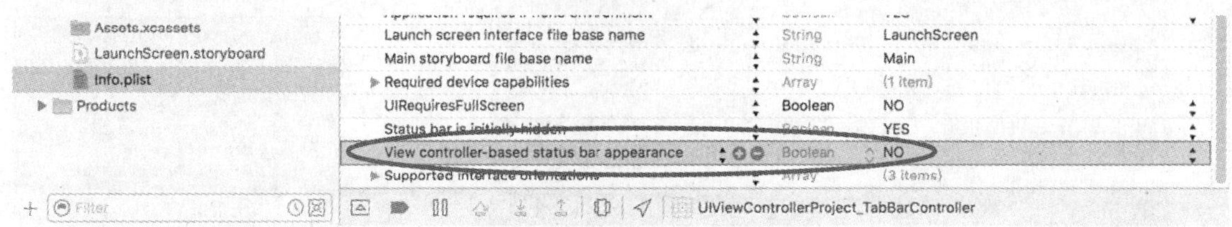

图 6.31

完成所有的配置操作后，再次点击【编译并运行】按钮 ▶ ，打开模拟器预览项目。模拟器启动后，你会发现屏幕顶部的状态栏已经消失，如图 6.32 所示。

图 6.32

6.2.3 改变 UITabBarController 索引

在使用 UITabBarController 时，用户通过手指点击 Tab bar 中的 item 图标，进行页面的切换。但是有时我们需要在页面中，通过用户触发一个事件后，进入相关的页面。这时我们可以通过设置 UITabBarController 实例的 selectedIndex 属性来跳转到指定的页面。首先打开 FirstViewController.swift 文件，并在该视图控制器中，添加一个按钮控件，当用户点击该按钮时，跳转到 UITabBarController 实例中的第二个页面：

```
let button = UIButton(frame: CGRect(x: 40, y: 220, width: 240, height: 44))
button.setTitle("进入第二页", for: UIControlState())
button.backgroundColor = UIColor.black
button.addTarget(self, action: #selector(FirstViewController.enterPage2), for: .touchUpInside)
self.view.addSubview(button)
```

接着在 FirstViewController.swift 文件中，添加一个方法，用来响应按钮的点击事件：

```
func enterPage2()
{
 self.tabBarController?.selectedIndex = 1
}
```

当用户点击按钮时，首先通过 tabBarController 属性，获得当前视图控制器所属的 tabBarController，然后设置 tabBarController 对象的 selectedIndex 属性的值为 1，即可进入 tabBarController 中的第二个页面。

完成编码操作后，再次点击【编译并运行】按钮 ▶ ，打开模拟器预览项目。模拟器启动后，将自动进入 tabBarController 实例的第一个页面，如图 6.33 所示。在该页面中，点击【进入第二页】按钮，将跳转到第二个页面，如图 6.34 所示。

图 6.33

图 6.34

6.2.4 在 Tab 图标上显示角标

iOS 设备在收到推送消息后，会在 APP 的图标上出现一个红色的角标。同样当某个 tab 有信息需要处理时，显示角标能够很好地引起用户的注意。我们将通过设置 tabBarItem 的 badgeValue 属性，在标签的图标右上角添加红色的角标。

首先打开 SecondViewController.swift 文件，然后在 viewDidLoad 方法中，添加一行代码：

```
self.tabBarItem.badgeValue = "8"
```

这里将 tabBarItem 的 badgeValue 的属性设置为"8"，需要注意的是，该属性的类型是字符串，所以在角标中你也可以输入非数字的字符。

完成编码操作后，再次单击【编译并运行】按钮预览项目，效果如图 6.35 所示。

图 6.35

6.3 UINavigationController

UINavigationController 导航控制器用于显示多屏并具有一定层次结构的内容，是构建分层应用程序的主要工具。它维护了一个视图控制器栈，所有的子视图控制器都处于堆栈中。

UINavigationController 导航控制器在管理、切入和切出多个内容页方面，与 UITabBarController（标签控制器）类似。两者之间的主要区别在于：UINavigationController 是作为栈来实现的，它更适合用于处理和显示分层的数据。

如图 6.36 所示，iPhone 手机的用户在左侧的设置页面点击【通用】菜单时，进入中间的通用信息页面，接着在通用信息页面点击【关于本机】选项，进入右侧的关于本机信息页面。从中我们可以看出，处于 UINavigationController 导航控制器中的页面都是具有层级关系的。

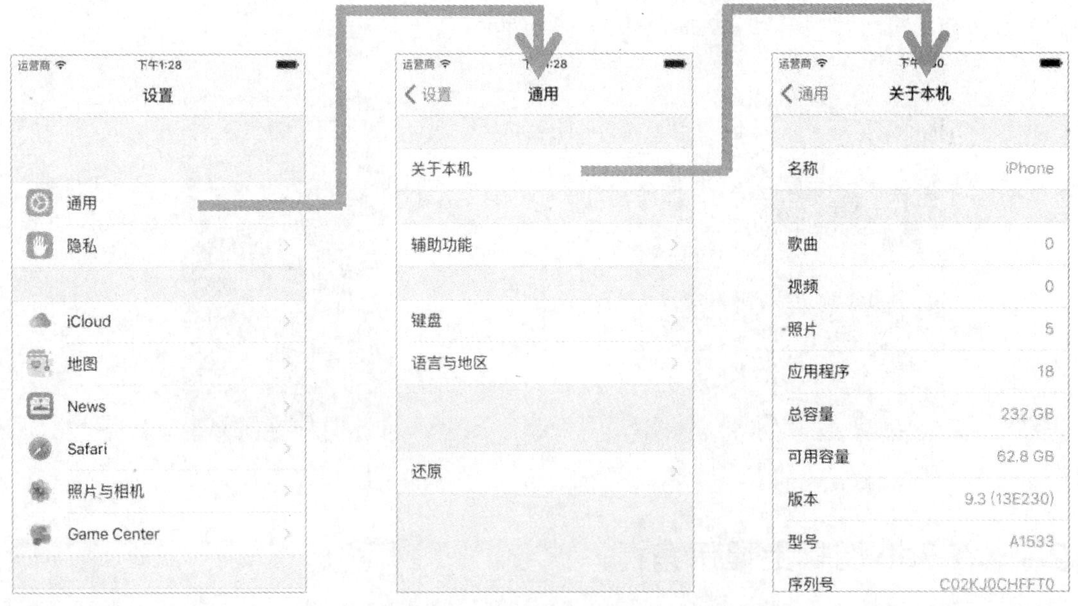

图 6.36

6.3.1 创建一个 UINavigationController

创建两个子视图控制器

这里将演示如何创建一个 UINavigationController。首先创建一个基于【Single View Application】模板的项目，同时创建两个新的视图控制器类：FirstViewController、SecondViewController，这两个视图控制器将作为 UINavigationController 导航控制器的子视图控制器，如图 6.37 所示。

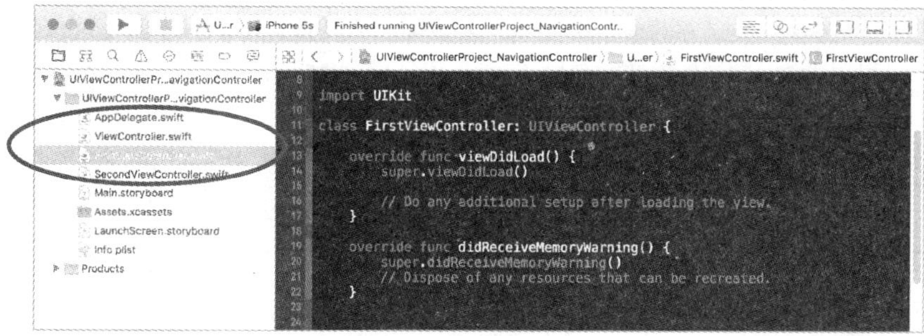

图 6.37

接着在 FirstViewController.swift 文件中的 viewDidLoad 方法中，设置该视图控制器的属性：

```
1  override func viewDidLoad() {
2          super.viewDidLoad()
3          // Do any additional setup after loading the view.
4          self.title = "第一页"
5          self.view.backgroundColor = UIColor.brown
6          self.navigationItem.rightBarButtonItem = UIBarButtonItem(title: "下一页", style:
UIBarButtonItemStyle.plain, target: self, action: #selector(FirstViewController.nextPage))
7  }
```

在第 4 行的代码中，设置了当前视图控制器的 title 属性，该属性的内容将显示在顶部的导航栏中，如图 6.38 所示。

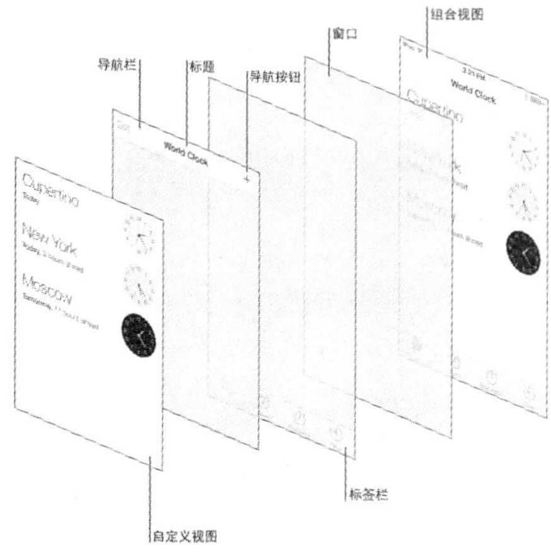

图 6.38（来自 apple.com）

接着在第 5 行的代码中，重新创建了一个导航按钮 UIBarButtonItem，并替换默认的导航栏右侧的按钮。

每一个加到 NavigationController 对象的 ViewController 都会有一个对应的 navigationItem，该对象由 ViewController 以 lazy load 懒加载的方式创建，从而使开发者可以对 navigationItem 中的 leftBarButtonItem、rightBarButtonItem、backBarButtonItem、title 以及 prompt 等几项属性进行设置。

在第 5 行的代码中，通过设置当前视图控制器的 navigationItem 的 rightBarButtonItem 属性，对顶部导航栏右侧的按钮进行自定义操作。当用户点击该 rightBarButtonItem 实例时，将调用 nextPage 方法。

接着在 FirstViewController.swift 文件的 viewDidLoad 方法的下面，添加一个名为 nextPage 的方法，用来响应 rightBarButtonItem 的点击事件：

```
func nextPage()
{
    let viewController = SecondViewController()
    self.navigationController?.pushViewController(viewController, animated: true)
}
```

在 nextPage 方法中，当用户点击 rightBarButtonItem 时，将实例化 SecondViewController 对象，然后获得当前视图控制器的导航控制器 navigationController 属性，并调用该属性的 pushViewController 方法，加载新的视图控制器。pushViewController 方法拥有两个参数，第一个参数表示需要加载的视图控制器，第二个参数 animated 表示是否以动画的方式进行视图控制器的加载。

接着同样对 SecondViewController.swift 文件进行修改，为了区分第一个视图控制器 FirstViewController，为该视图控制器设置不同的标题和背景颜色：

```
self.title = "第二页"
self.view.backgroundColor = UIColor.purple
```

创建导航视图控制器

接着打开 AppDelegate.swift 文件，我们将在该文件的 didFinishLaunchingWithOptions 方法中，创建一个导航视图控制器，并将 FirstViewController 视图控制器作为导航视图控制器的根视图控制器：

```
1 func application(_ application: UIApplication, didFinishLaunchingWithOptions launchOptions: [NSObject: AnyObject]?) -> Bool {
2     // Override point for customization after application launch.
3     let viewController = FirstViewController()
4     let navigationController = UINavigationController(rootViewController: viewController)
5     self.window?.rootViewController = navigationController
6 
7     return true
8 }
```

在第 3 行的代码中，初始化了一个 FirstViewController 视图控制器的实例，然后在第 4 行的代码中，创建了一个 UINavigationController 导航控制器，并将 FirstViewController 视图控制器的实例作为导航控制器的根视图控制器。

最后在第 5 行的代码中，将导航控制器作为当前应用程序窗口的根视图控制器。

完成编码操作后，再次点击 Xcode 界面左上角的【编译并运行】按钮 ▶，打开模拟器预览项目，效果如图 6.39 所示。

当模拟器打开后，将显示导航控制器的根视图控制器 FirstViewController，并在屏幕的顶部显示导航栏。导航栏中的中间位置是当前视图控制器的 title 内容。当用户点击右侧的 rightBarButtonItem 时，将在导航控制器内 Push 到第二页，如图 6.40 所示。

图 6.39

图 6.40

此时若点击左上角的 leftBarButtonItem（<第一页），将返回图 6.39 所示的界面。

6.3.2 UINavigationController 视图入栈和出栈

在上一节中我们创建了一个简单的导航控制器，该导航控制器拥有一个名为 FirstViewController 的根视图控制器，当用户点击导航栏右侧的 rightBarButtonItem 时，SecondViewController 将被 Push 到导航控制器中，这个 Push 动作被视为入栈操作。

与 Push 动作相反的是 Pop 操作。根据堆栈的先进先出的特性，当对导航控制器执行 Pop 操作时，其位于栈顶的视图控制器，将从导航控制器的堆栈中移除，如图 6.41 所示。

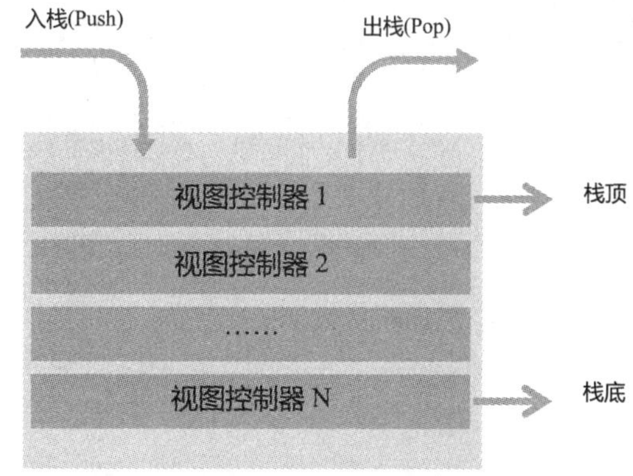

图 6.41 导航控制器堆栈示意图

这里我们演示 UINavigationController 导航控制器的入栈和出栈操作，仍然使用上一节中的项目，在左侧的项目导航区，打开并编辑 SecondSubViewController.swift 文件，我们在此视图控制器中添加 4 个按钮，当用户点击不同的按钮时，将执行不同的入栈或出栈操作：

```
1 import UIKit
2
3 var pageNum = 0
4 class SecondViewController: UIViewController {
5
6     override func viewDidLoad() {
7         super.viewDidLoad()
8         pageNum = pageNum + 1
9
10        self.title = "第\(pageNum)页"
11        self.view.backgroundColor = UIColor.purple
12
13        let push = UIButton(frame: CGRect(x: 40, y: 120, width: 240, height: 40))
14        push.setTitle("Push Page", for: UIControlState())
15        push.backgroundColor = UIColor.orange
16        push.addTarget(self, action: #selector(SecondViewController.pushPage), for: UIControlEvents.touchUpInside)
17        self.view.addSubview(push)
18
19        let pop = UIButton(frame: CGRect(x: 40, y: 180, width: 240, height: 40))
20        pop.setTitle("Pop Page", for: UIControlState())
21        pop.backgroundColor = UIColor.orange
22        pop.addTarget(self, action: #selector(SecondViewController.popPage), for: UIControlEvents.touchUpInside)
23        self.view.addSubview(pop)
24
25        let index = UIButton(frame: CGRect(x: 40, y: 280, width: 240, height: 40))
26        index.setTitle("Goto Index Page", for: UIControlState())
27        index.backgroundColor = UIColor.orange
28        index.addTarget(self, action: #selector(SecondViewController.gotoIndexPage), for: UIControlEvents.touchUpInside)
29        self.view.addSubview(index)
30
31        let root = UIButton(frame: CGRect(x: 40, y: 340, width: 240, height: 40))
32        root.setTitle("Goto Root Page", for: UIControlState())
33        root.backgroundColor = UIColor.orange
34        root.addTarget(self, action: #selector(SecondViewController.gotoRootPage), for: UIControlEvents.touchUpInside)
35        self.view.addSubview(root)
36    }
37 }
```

在第 3 行的代码中，添加了一个名为 pageNum 的全局变量，作为当前视图控制器的序号。

接着修改 viewDidLoad 方法，在第 8 行代码中，将全局变量 pageNum 增加 1，即每当 SecondViewController 视图控制器被创建新的实例时，即将 pageNum 变量加 1，然后在第 10 行的代码中，根据 pageNum 变量的值，生成当前视图控制器的标题。

在第 13～17 行的代码中，创建一个标题为 Push Page 的按钮，当用户点击该按钮时，将新的视图控制器，Push 到导航控制器的栈中。

在第 19～23 行的代码中，创建了一个标题为 Pop Page 的按钮，当用户点击该按钮时，将位于栈顶的视图控制器从导航控制器中 Pop 移除。

在第 25～29 行的代码中，创建了一个标题为 Goto Index Page 的按钮，当用户点击该按钮时，将依次 Pop 位于栈顶的视图控制器，直至 index 所指定的位置。

在第 31～35 行的代码中，创建了一个标题为 Goto Root Page 的按钮，当用户点击该按钮时，将 Pop 导航控制器堆栈中所有的视图控制器，仅保留根视图控制器。

接着依次创建 4 个方法，用来响应 4 个按钮的点击事件：

```
1  func pushPage()
2  {
3      let viewController = SecondViewController()
4      self.navigationController?.pushViewController(viewController, animated: true)
5  }
6  func popPage()
7  {
8      self.navigationController?.popViewController(animated: true)
9  }
10 func gotoIndexPage()
11 {
12     let viewController = self.navigationController?.viewControllers[2]
13     self.navigationController?.popToViewController(viewController!, animated: true)
14 }
15 func gotoRootPage()
16 {
17     self.navigationController?.popToRootViewControllerAnimated(animated: true)
18 }
```

在第 1～5 行的代码中，创建了一个名为 pushPage 的方法。在该方法中，对 SecondViewController 类进行了实例化，并将实例化后的视图控制器，Push 到导航控制器中。

在第 6～9 行的代码中，创建了一个名为 popPage 的方法。在该方法中，调用了 navigationController 对象的 popViewControllerAnimated 方法，将位于导航控制器栈顶的视图控制器从堆栈中移除，并对屏幕显示的内容进行更新。

在第 10～14 行的代码中，创建了一个名为 gotoIndexPage 的方法。在该方法中，首先获得在导航控制器堆栈位于底部的第三个视图控制器，然后调用 navigationController 对象的 popToViewController 方法，跳转到该视图控制器。位于该视图控制器上方的其他视图控制器，都将从导航控制器堆栈中 Pop 移除。

在第 15～18 行的代码中，创建了一个名为 gotoRootPage 的方法。在该方法中，通过调用 navigationController 对象的 popToRootViewControllerAnimated 方法，将在导航控制器堆栈中除了根视图控制器之外的所有其他视图控制器全部移除。

完成编码操作后，点击【编译并运行】按钮，打开模拟器预览项目，效果如图 6.42 所示。点击下一页按钮，进入第二页，如图 6.43 所示。在第二页的页面中，多次点击【Push Page】按钮，将当前页面多次 Push 到导航控制器的堆栈中，直至标题显示为第 6 页，如图 6.44 所示。

接着点击第 6 页中的【Pop Page】按钮，将当前的视图控制器从导航控制器中移除，导航控制器将跳转至第 5 页，结果如图 6.45 所示。

在第 5 页中，点击【Goto Index Page】按钮，将跳转至指定的第 2 页视图控制器，如图 6.46 所示。

最后在第 2 页中，点击【Goto Root Page】按钮，将跳转至导航控制器的根视图控制器的位置，即返回第一个页面，如图 6.47 所示。

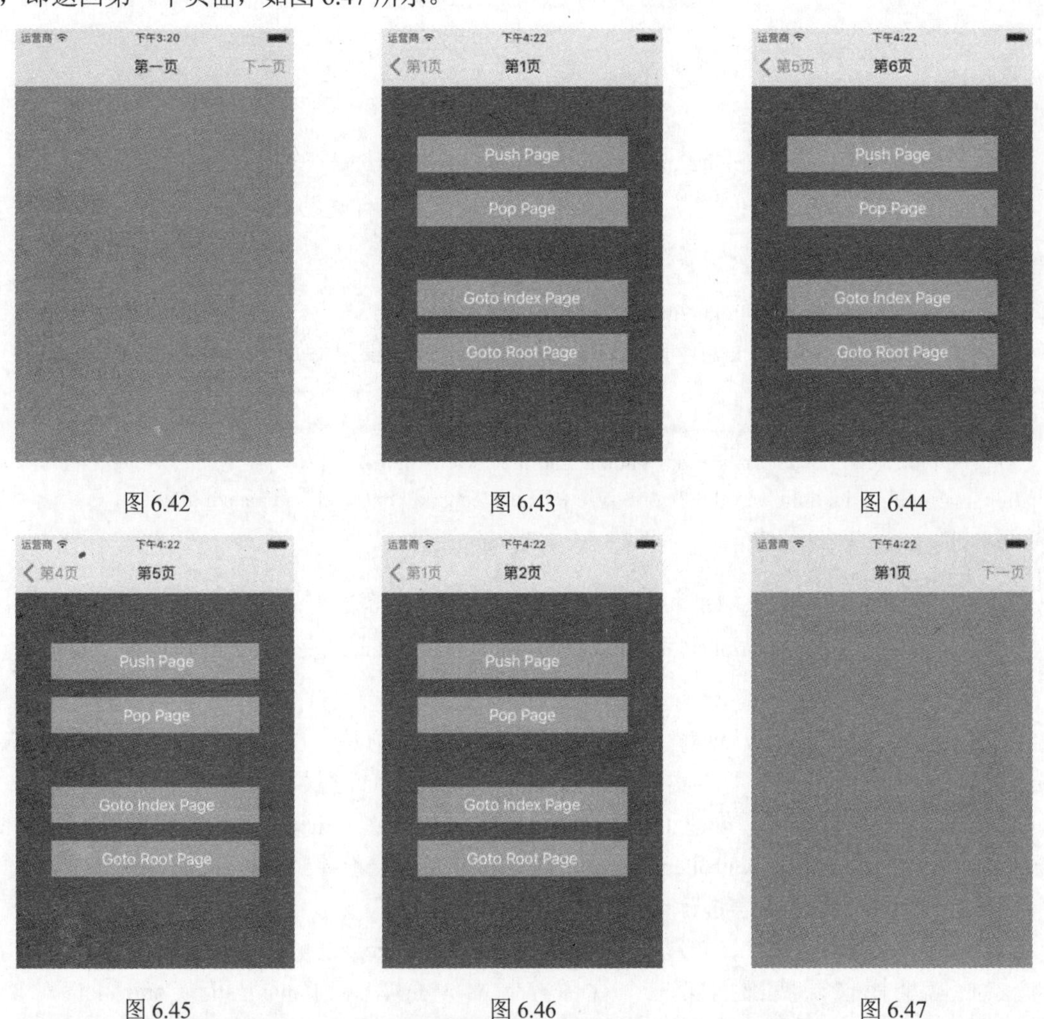

图 6.42　图 6.43　图 6.44

图 6.45　图 6.46　图 6.47

6.3.3 导航栏和工具栏的显示和隐藏

从图 6.37 可以看出，导航控制器拥有顶部的导航栏和底部的工具（或标签）栏。在默认状态下，底部的工具栏处于隐藏状态，我们可以在视图控制器的 viewWillAppear 方法中，将工具栏在视图即将显示时，更改工具栏和导航栏的可见性。

首先在左侧的项目导航区，打开 FirstSubViewController.swift 文件，并在该文件中重写 viewWillAppear 方法：

```
override func viewWillAppear(animated: Bool) {
    super.viewWillAppear(animated)
    self.navigationController?.setToolbarHidden(false, animated: false)
    self.navigationController?.setNavigationBarHidden(true, animated: true)
}
```

在重写的 viewWillAppear 方法中，通过调用当前导航控制器的 setToolbarHidden 方法，将底部的工具栏设置为可见状态。该方法的第一个参数表示工具条的可见性状态，第二个参数表示是否以动态的方式切换工具条的可见性状态。

然后通过调用导航控制器的 setNavigationBarHidden 方法，将顶部的导航栏隐藏。该方法的第一个参数表示导航栏的可见性状态，第二个参数表示是否以动态的方式切换导航栏的可见性状态。

完成编码操作后，点击【编译并运行】按钮▶，打开模拟器预览项目，效果如图 6.48 所示。

从图中可以看出，顶部的工具栏已经显示，由于没有给工具栏添加任何功能按钮，所以现在的工具栏是一个白色的长条。

同时，位于顶部的导航栏也已经消失。

图 6.48

6.3.4 导航栏样式的修改

接着我们继续修改导航栏的外观样式，首先在左侧的项目导航区，打开 FirstSubViewController.swift 文件，并在该文件中重写 viewWillAppear 方法：

```
override func viewWillAppear(_ animated: Bool) {
    super.viewWillAppear(animated)
    self.navigationItem.prompt = "正在载入..."
    self.navigationItem.leftBarButtonItem = UIBarButtonItem(barButtonSystemItem: .refresh, target: self, action: #selector(FirstSubViewController.refresh))
    self.navigationController?.navigationBar.isTranslucent = false
    self.navigationController?.navigationBar.barStyle = UIBarStyle.black
    self.navigationController?.navigationBar.tintColor = UIColor.orange
}
```

在第 3 行的代码中，设置了 navigationItem 对象的 prompt 属性的内容。当 prompt 属性被设置后，导航栏的高度将变为 74。

接着在第 4 行的代码中，对导航栏左侧的按钮进入了自定义设置。其样式为 UIBarButtonSystemItem.Refresh。UIBarButtonSystemItem 是枚举类型，共包含 24 种按钮样式。当用户点击导航栏左侧的按钮时，将调用 refresh 方法。

在第 5 行的代码中，设置了导航栏的背景为不透明，在第 6 行的代码中，设置了导航栏的样式为黑色主题，接着在第 7 行的代码中，设置导航栏的 tintColor 为橙色。tintColor 属性是 view 专门用来指定所包含的关键元素颜色的。

接着添加一个名为 refresh 的方法，用来响应按钮的点击事件：

```
func refresh()
{
    print("刷新数据。")
}
```

当用户点击导航栏左侧的按钮时，在控制台打印输出日志信息。完成编码操作后，点击【编译并运行】按钮 ▶，打开模拟器预览项目，效果如图 6.49 所示。

在模拟器顶部的导航栏中，背景色被设置为黑色，并且处于不透明的状态。由于设置了 prompt 属性，导航栏的高度变为 74。并且在标题的上方显示 prompt 内容：正在载入...

导航栏两侧的按钮由于 tintColor 属性的设置，显示为橙色。此时点击左侧的刷新图标，将在控制台输出指定的内容。

图 6.49

6.4 导航控制器和标签控制器

在开发 iOS 应用时，经常将 UINavigationController 导航控制器和 UITabBarController 标签控制器相结合，来创建一个应用程序的框架。

创建三个子视图控制器

在使用 UINavigationController 和 UITabBarController 之前，首先创建一个基于【Single View Application】模板的项目，同时创建三个新的视图控制器类：FirstViewController、SecondViewController 和 ThirdViewController，这三个视图控制器将作为 UITabBarController 和 UINavigationController 的子视图控制器。创建后的项目如图 6.50 所示。

接着依次为三个子视图控制器进行一些设置操作，首先在左侧的项目导航区打开 FirstViewController.swift 文件，并修改该类的 viewDidLoad 方法：

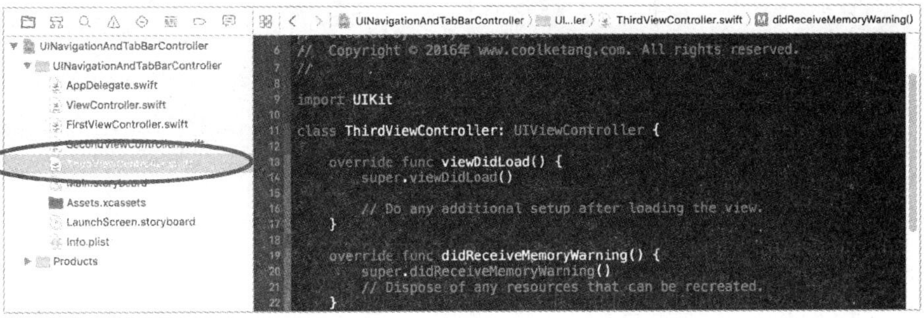

图 6.50

```
override func viewDidLoad() {
    super.viewDidLoad()

    self.view.backgroundColor = UIColor.brown
    self.navigationItem.rightBarButtonItem = UIBarButtonItem(title: "下一页", style: UIBarButtonItemStyle.Plain, target: self, action: #selector(FirstViewController.nextPage))
}
```

在 viewDidLoad 方法中，首先设置当前视图控制器的标题和 tab 图标的图片，并设置视图控制器的背景颜色为棕色，同时设置导航栏右侧的导航按钮，并为导航按钮绑定点击事件，当用户点击该按钮时，在导航控制器中 Push 到下一个页面。

接着打开并编辑 SecondViewController.swift 文件，同样对 viewDidLoad 方法进行如下修改：

```
override func viewDidLoad() {
    super.viewDidLoad()

    self.view.backgroundColor = UIColor.purple
}
```

在 viewDidLoad 方法中，依次设置视图控制器的标题、tab 图标和根视图的背景颜色，然后以相同的方式对 ThirdViewController.swift 文件进行修改。

修改 AppDelegate.swift 文件

接着在左侧的项目导航区，打开并编辑 AppDelegate.swift 文件。在 AppDelegate.swift 文件中，对 didFinishLaunchingWithOptions 方法进行如下修改：

```
func application(application: UIApplication, didFinishLaunchingWithOptions launchOptions: [NSObject: AnyObject]?) -> Bool {

        let firstViewController = FirstViewController()
        let thirdViewController = ThirdViewController()

        let tabBarController = UITabBarController()
        let navigationController = UINavigationController(rootViewController: firstViewController)
        tabBarController.viewControllers = [navigationController, thirdViewController]
```

```
9
10            let tabBar = tabBarController.tabBar
11            let item = tabBar.items![0]
12            item.image = UIImage(named: "Tab1")
13            item.title = "item1"
14
15            let item3 = tabBar.items![1]
16            item3.image = UIImage(named: "Tab3")
17            item3.title = "item3"
18
19            window?.rootViewController = tabBarController
20            return true
21        }
```

在第 3～4 行的代码中，依次创建了 FirstViewController 和 ThirdViewController 视图控制器的实例，它们将分别作为 UINavigationController 和 UITabBarController 控制器的子控制器。

在第 6 行的代码中，创建了一个 UITabBarController 标签控制器对象。

接着在第 7 行的代码中，创建了一个 UINavigationController 导航控制器，并设置导航控制器的根视图控制器为 firstViewController 对象。

在第 8 行的代码中，设置了 tabBarController 标签控制器拥有两个子视图控制器，第一个子视图控制器为导航控制器，第二个子视图控制器为 thirdViewController 对象。

然后在第 10～17 行的代码中，依次为两个标签设置了标签图标和标签文字，这样做可以避免标签和文字不显示的问题。

最后在第 19 行的代码中，设置应用程序当前窗口的根视图控制器，为 tabBarController 标签视图控制器。

代码编写完成后，在项目导航区打开 Assets.xcassets 文件夹，并添加三张 png 格式的图片作为 tab 的图，如图 6.51 所示。

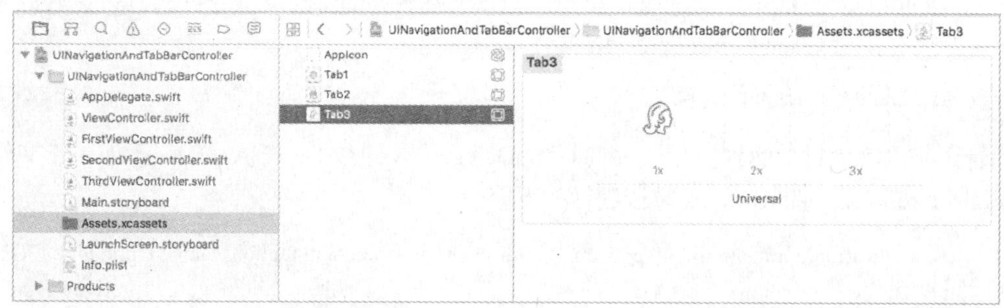

图 6.51

完成所有的操作后，点击【编译并运行】按钮 ▶ 预览项目，效果如图 6.52 所示。

在打开的模拟器中，点击顶部导航栏右侧的【下一页】按钮，将在导航控制器中进入第二个页面，如图 6.53 所示。接着点击标签栏中的第二个 tab，进入第三个页面，如图 6.54 所示。

图 6.52

图 6.53

图 6.54

6.5 小　结

本章主要讲解了 UIViewController 视图控制器的使用，视图控制器在 iOS 的 MVC 设计模式中扮演控制器的角色，以及视图控制器概念的重要性，我们不仅讨论了视图控制器的理论知识，还讲解了视图控制器与 UIScrollView 的配合使用。

最后还讲解了常用的 UITabBarController 标签控制器、UINavigationController 导航控制器的使用，以及如何使用这两种控制器构建一个常见的项目结构。鉴于应用程序一般都是多界面的，所以熟练掌握 UIViewController 是成为一名合格的 iOS 开发工程师的前提条件。

第07章 常用经典控件

在第 5 章中，我们介绍了视图（UIView）和它的子类，如果读者朋友们已经有一些遗忘，可以到第 5 章回顾一下。

曾经有人说，在 iOS 设备（即 iPhone、iPad、iTouch 等）中凡是你能看到、摸到的，都是 UIView，所以 UIView 在 iOS 开发中扮演着非常重要的角色。其实控件是 UIView 的子类，也就是 UIView。那么我们常用的控件有哪些呢？又如何驾驭它们？本章我们将讲解这些控件的功能和使用方法。

7.1 控件概述

在 iOS 系统中的控件是指专为与用户交互而设计的 UIControl 类及其子类，子类包括 UIButtonUITextField、UISwitch、UIPageControl、UISegmentedControl、UIDataPicker、UISlider 等，具体的家谱图参见图 5.1 所示。

从家谱图中，我们不难看得出 UIControl 继承自 UIView，所以 UIControl 具备 UIView 的可视化功能，也就是说 UIView 的功能，控件家族都拥有这一特性，继承是不是让我们现代化了许多？

在前面我们曾说过，控件是专为与用户交互而设计的，主要体现在 UIControl 类中增加了 Target-Action 机制，利用这种机制，用户就可以在 iOS 世界里“指点江山”了。

7.1.1 何为 Target-Action 机制

UIControl 类中引入了 Target-Action（目标行为模式）机制，那么所有 UIControl 的子类也就自然地拥有了这种机制，通过这种 Target-Action 机制，控件实现了与用户的交互。但是不仅仅是 Target-Action 机制能实现与用户的交互，还有 delegate 设计模式、手势等手段也可以实现与用户的交互。

Target-Action 机制可以识别来自用户的操作行为，这些用户操作行为被 iOS 系统定义在 UIControlEvents 结构体中，结构体中的每个成员都与一种用户操作行为相对应。UIControlEvents 主要包括 3 种：

- 基于触摸的控件事件。
- 基于值的控件事件。
- 基于编辑的控件事件。

如表 7-1 中列出了控件事件的类型。

表 7-1 UIControlEvent 事件一览表

触摸事件	TouchDown	表示控件边界内任何地方发生的按下（手指触到屏幕）事件
	TouchUpInside	表示控件边界任何地方发生的抬起来（手指离开屏幕）事件
	TouchUpOutside	表示手指完全落在控件的边界外的事件
	TouchDragEnter	表示拖拽进入控件边界内的事件
	TouchDragExit	表示拖拽移出控件边界内的事件
	TouchCancel	表示取消当前的一个触摸的系统事件
	AllTouchEvents	表示用于捕获任意触摸事件
值事件	ValueChanged	表示控件的值发生变化后触发的事件，例如：UITextField 的 text 发生变化，以及 UISlider 和 UISwitch
编辑事件	EditingDidBegin	表示 UITextField 控件内部的触摸开始的事件，表示 UITextField 开始编辑的状态，即表示获得焦点
	EditingDidEnd	表示 UITextField 控件外部的触摸结束的事件，表示 UITextField 结束编辑的状态，即表示失去焦点

（续表）

<table>
<tr><td rowspan="7">编辑事件</td><td>EditingChanged</td><td>表示 UITextField 的内容编辑修改时候触发的事件</td></tr>
<tr><td>EditingDidEndOnExit</td><td>表示结束编辑会话事件，但不一定是控件的外边界触摸事件</td></tr>
<tr><td>AllEditingEvents</td><td>表示用于捕获任意编辑事件</td></tr>
<tr><td>ApplicationReserved</td><td>表示应用程序的特定事件</td></tr>
<tr><td>SystemReserved</td><td>表示系统（内部的框架）的特定事件</td></tr>
<tr><td>PrimaryActionTriggered</td><td>表示 semantic action</td></tr>
<tr><td>AllEvents</td><td>表示用于捕获任意触摸、值、编、应用程序、系统事件</td></tr>
</table>

我们说完了 Target-Action 机制中的 UIControlEvent，接着再看看如何定义 action？

代码实现通常有如下 3 种形式：

- @IBAction func doSomething()
- @IBAction func doSomething(sender:UIButton)
- @IBAction func doSomething(sender:UIButton,forEvent event: UIEvent)

如何通过 Storyboard 界面方式拖拽出 Action 呢？

步骤 01 首先选中 “Show the assistant editor”，也就是这三个按钮中间的一个，之后进入眼帘的是如下的界面，如图 7.1 所示。我们在画布中添加个按钮，即 Button。

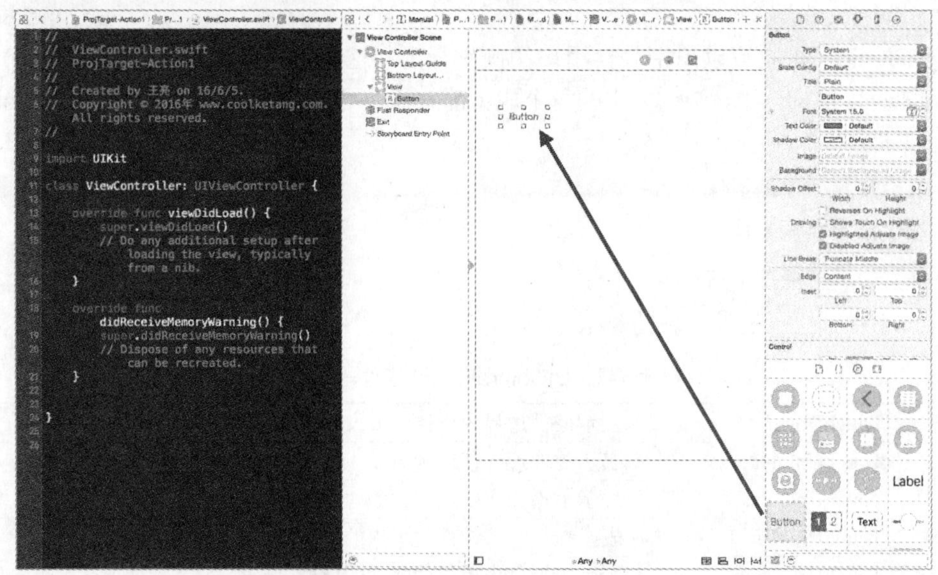

图 7.1

步骤 02 在按钮控件上按住鼠标右键不放，并拖拽到左侧的代码区域中的类的内部。

步骤 03 在弹出的菜单中的 connection 选项中选择 Action。

- name 选项中可以按照命名规范填写我们认为与动作相符的方法名。
- type 是 sender 参数的类型。
- event 选项默认拖拽过来就是 TouchUpInside，当然我们还可以在这里改变其他事件的类型，但是对于按钮而言，一般都是用的这个事件。

- Arguments 默认是只有一个参数 sender，这个参数的可能情况分别为无、Sender、Sender and Event 三种形式，也就是我们上边用代码实现的三种形式。

由于我们已经指定了画布上的按钮在 TouchUpInside 事件上的方法，所以当用户在按钮上执行点击操作时，即用户触发了按钮上的这个事件，那么与之关联的方法也将被执行，如图 7.2 所示。

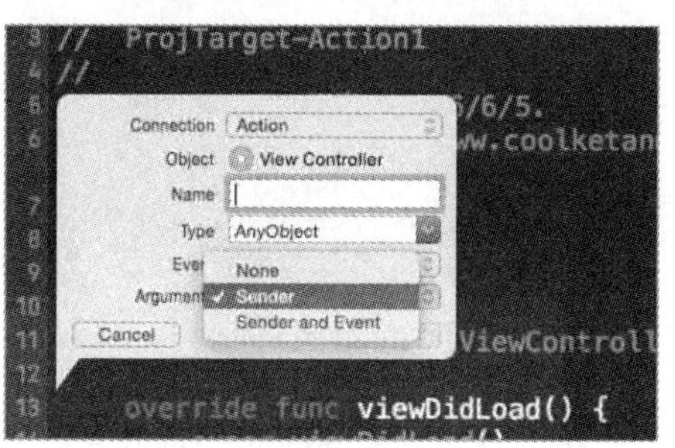

图 7.2

7.1.2　UIControl 类的方法和属性

我们介绍过 UIControl 是所有控件的父类，那么父类所有具有的属性和方法，子类当然都要继承了。因此了解 UIControl 的属性和方法，对于控件的学习是非常有帮助的。

UIControl 中重量级的属性如表 7-2 所示，方法如表 7-3 所示。

表 7-2　UIControl 常用的属性列表

属性名称	方法说明
alignment	alignment 是 Interface Builder 属性，控件的 content 的水平和垂直的对齐方式所说的 conent 就是文本或图片，例如 UIButton、UITextField。可以使用 alignment 去配置 conent 在控件的 bounds 中的对齐方式。需要小伙伴们特别注意的是，这里的对齐方式并不是指控件在其父视图中的对齐方式
content	首先要说明这是 Interface Builder 属性，控件的初始化状态。使用这个 checkbox 可以选择 Selected、Enabled、Hightlighted
state	控件的状态，state 是一个只读(readonly)属性，它的返回值都是 UIControlType，但是要特别说明的是当我们调用 state 属性的时候，得到的有可能不仅仅是 UIControlType 中的一个值，而是多个值，例如 focused 和 highlighted
enabled	是否开启，仅在控件的该属性处于开启状态时，用户的触摸事件才是有效的
selected	是否选中，一般的控件不会用到它的选中状态，但是有一些会，例如 UISegmentedControl 会实现它的选中状态
highlighted	是否高亮的状态，控件的 highlighted 状态是在手指点击到控件且没有松手的时候，在我们的 app 中，一般会针对 highlighted 做特别的设置，例如 UIButton
contentVerticalAlignment	内容的垂直对齐方式，对于那些可以配置文本或图片的控件来说，文本或图片就是控件的内容，那么这个属性就是可以配置文本或图片的垂直对齐方式
contentHorizontalAlignment	内容的水平对齐方式，同 contentVerticalAlignment 一样

在 StoryBoard 配置 UIControl 的 Alignment 和 Content 属性，如图 7.3 所示。

如何用代码实现呢？其实代码中的 contentVerticalAlignment 和 contentHorizontalAlignment 归属于 Alignment 属性；enabled、highlighted、selected 归属于 Content 属性。所以就不难得出我们的代码是这样编写的了。

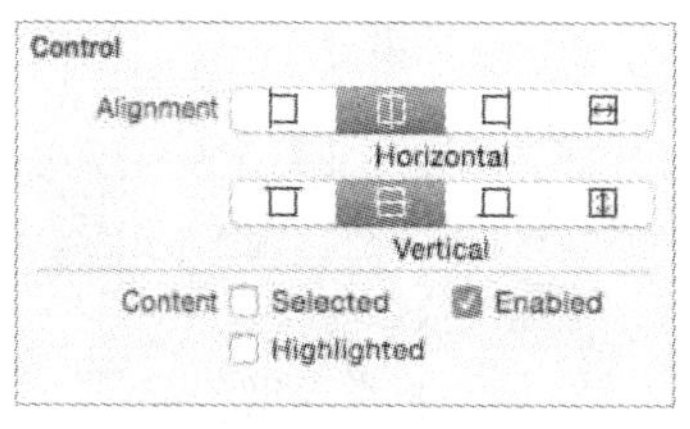

图 7.3

表 7-3　UIControl 视图层次管理方法列表

方法名称	方法说明
sendAction(_ action: Selector, to target: Any?, forEvent event: UIEvent?)	通过此方法调用指定的方法，这样说起来感觉有点不容易理解，其实就是把当前控件、方法、方法所属的对象、事件等关联起来，进行手动调用。这个方法在我们的日常开发中并不常用，主要是被其他系统方法调用，例如被 sendActionsForControlEvents 调用
sendActionsForControlEvents(_ controlEvents: UIControlEvents)	调用与指定事件关联的方法
addTarget(_ target: Any?, action action: Selector, forControlEvents controlEvents: UIControlEvents)	关联指定对象、指定方法和指定的事件。这样可以让指定对象的方法在用户有指定的行为时被调用
removeTarget(_ target: Any?, action action: Selector, forControlEvents controlEvents: UIControlEvents)	移除当前控件上指定对象的关联方法
actionsForTarget(_ target: Any?, forControlEvent controlEvent: UIControlEvents) -> [String]?	获取绑定在指定对象和指定事件发生时候的方法数组
allTargets() -> Set<NSObject>	获取与当前控件关联的所有目标对象
allControlEvents() -> UIControlEvents	获取与当前控件本身关联的所有事件

```
1   //是否启用
2   self.btn.isEnabled = true
3   //是否高亮
4   self.btn1.isHighlighted = true
5   //纵向对齐方式
6   self.btn2.contentVerticalAlignment = .top
7   //横向对齐方式
8   self.btn2.contentHorizontalAlignment = .center
9   @IBAction func touchupInsideBtnAction(sender: AnyObject, forEvent event: UIEvent) {
10
11      print("按下的按钮是 Button")
12      btn .sendAction(#selector(ViewController.helloWorld), to: self, forEvent: nil)
13
14      }
15
16      func helloWorld(){
17          print("helloWorld")
18      }
```

在第 12 行的代码中，目的是当触发某个事件的时候，调用当前类中的 helloWorld 方法。读者可能会有如下疑问，为什么我们在调用的时候，最后一个参数是 nil 呢？这是因为我们是手动调用，没有一个事件是与之对应的，所以用 nil。如果系统自动调用，那么一定会生成一个相应的事件作为输入参数。

为什么要这样写呢？为什么不直接使用 self.helloWorld()调用呢？

的确像读者所说的那样，这样调用的场景并不多，但是这样做有一个好处就是，如果 helloWorld 带有 UIButton 或 UIEvent 参数方法，那么在 helloWorld 内部就可以很方便地做一些逻辑判断，以区分是哪个 UIButton 手动触发了方法。

```
19 @IBAction func touchUpInsideBtn1Action(sender: AnyObject) {
20
21         print("按下的按钮是 Button1")
22         btn .sendActionsForControlEvents(.touchUpInside)
23 }
```

在第 22 行的代码中，调用了与.touchUpInside（手指触碰到控件并抬起的时候）关联的方法。

7.1.3　让我们一起动手来实现一个 UIControl 吧

程序员是个至高无上的工种，智慧的搬运工，在工作中难免会遇到形形色色的产品经理、交互设计师，他们总是期望我们的 App 是最优秀的，所以总会有各种需求要我们去实现。

本章开篇的时候已经向读者介绍过了，UIControl 是 UIButton、UITextField 等的基（父）类，UIButton、UITextField 等是乔帮主已经为我们想到的常规性的需求控件，为了更优化用户体验，我们有可能需要自己动手来实现一个 UIControl。

```
24 class CustomControl: UIControl {
25     override func sendAction(action: Selector, to target: AnyObject?, forEvent event: UIEvent?) {
26         super.sendAction(action, to: target, forEvent: event)
27     }
28 }
29 self.customControl = CustomControl(frame:CGRectMake(100,100,100,100))
30 self.customControl.backgroundColor = UIColor.redColor()
31 self.customControl.addTarget(self, action: Selector("touchUpInside"), forControlEvents:
UIControlEvents.TouchUpInside)
32 self.view.addSubview(self.customControl)
```

在第 24～28 行的代码中，定义了一个继承自 UIControl 类的自定义类 CustomControl，并重写 sendAction 方法。

接着在第 29～32 行的代码中，创建这个自定义类的实例，并设置它的背景颜色为红色，然后给实例绑定一个点击事件，用来执行 touchUpInside 方法，最后将自定义类的实例添加到父视图中。

7.2 UIButton 的概述

之前讲过，iOS 的世界里一切能看得到、摸得着的都是 UIView，所以 UIButton 无疑也是一个 UIView 的子类，也是在 iOS 开发之中，必须要精通的控件之一。

UIButton 在 iPhone 手机上随处可见，比如常用的微信 App 的右上角的 + 符号，这个就是按钮来实现的，当手指按到了 + 号后，就会有一个弹出一个视图的行为。

UIButton 能够让用户在你指定的时间内，执行你要执行的代码，这是该控件的关键功能所在。我们可以为 UIButton 设置标题、标题的颜色、图片和背景色等，通过这些信息，用户便知道了如果点击了这个按钮，会有什么样的反应，当然这个所谓的反应就是你的代码喽。

图 7.4

我们界面层上的绝大部分工作都可以通过 StoryBoard 或 XIB 去实现，但是有很小的一部分是不得不在代码中实现的。UIButton 对这两种方式都是支持的，前面我们说过，UIButton 是 UIControl 的子类，不论是通过代码实现还是通过 StoryBoard 等方式实现，都是和上一节中一样的，不过这里要特别说明的是，Target-Action 机制可以对同一个控件绑定多个 Action，如果图 7.4 所示。那么读者朋友们可能会有疑问，这两个方法谁会先执行呢？当然是先连接哪个方法，就先执行哪个方法了。

如图 7.5 所示的日志输出部分可以看得出来。

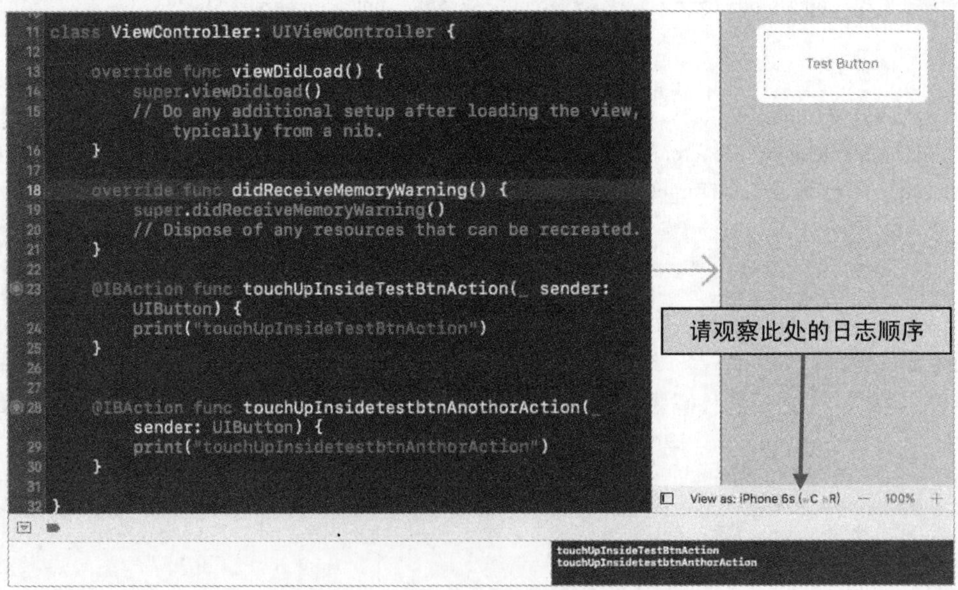

图 7.5

1. UIButton 的外观属性

这是一个颜值决定命运的时代，我们的控件在一定程度上也是如此，一款拥有好的视觉体验的 App 会让用户很容易记住，并愿意再次使用，进而才可能被长期使用。所以视觉设计师们会打开脑洞，挖空心思地想一些炫的、酷的效果让工程师来实现，这一切都要依赖外观属性。

在前一节中，我们用了较大的篇幅来介绍 UIControl 的 state 属性，也知道 UIButton 是 UIControl 的子类，所以 UIButton 中的 state 和 UIControl 中的 state 是一样的，这就是面向对象语言带来的好处之一（继承）。

值得一提的是，UIButton 不仅仅继承了 UIControl 的 state，而且还增添了与之相关联的特性：

- 如图 7.6 显示了自 UIControl 继承而来的 state 属性。
- 如图 7.7 显示了在 StoryBoard 中，可以针对不同的 State 设置不同的外表属性。
- 如图 7.8 显示了 state config 在 default 状态运行的效果。
- 如图 7.9 显示了在 highlighted 状态下运行的结果。

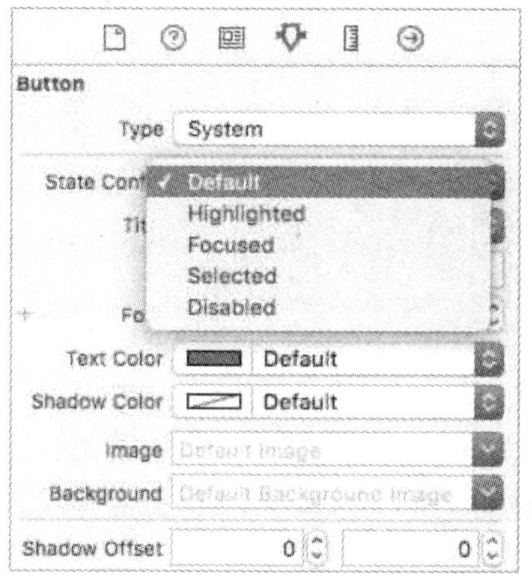

图 7.6

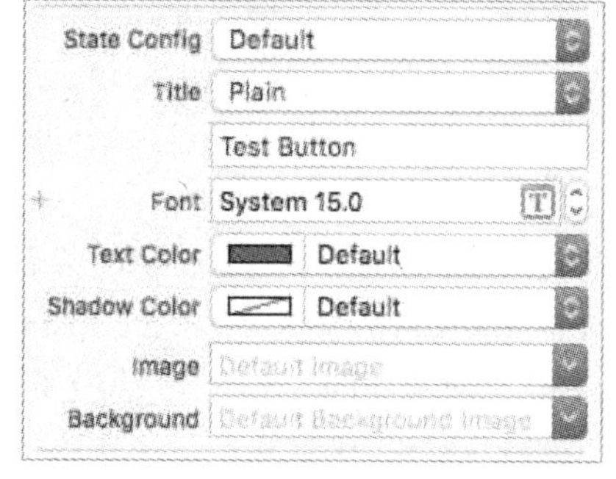

图 7.7

图 7.8

图 7.9

代码的实现如下：

```
self.btnTest.setTitleColor(UIColor.black,for: UIControlState.Normal)        //普通状态下文字的颜色
self.btnTest.setTitleShadowColor(UIColor.green,for:.Normal)            //普通状态下文字阴影的颜色
self.btnTest.setBackgroundImage(UIImage(named:"AGShareBG"),for:.Normal)   //设置按钮背景图片
```

如图 7.10 所示的 type 是 UIButton 的类型，富有经验的苹果设计师已经为我们总结了 6 种按钮常用类型。其中 Custom 是自定义类型，也是我们最常用的一种类型。其他 5 种类型会因 iOS 系统版本的变化而略有不同，但是外观是大体一致的。

我们的 App 当然要给用户一个统一的 UI 标准，否则产品经理会天天追着你屁股跑，或是在产品上线后出了问题你也会受不了。

iOS 6 和 iOS 8 的按钮差异如图 7.11 所示。

图 7.10

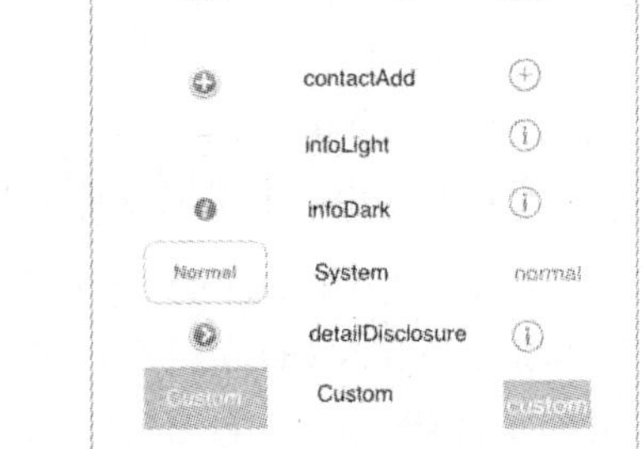

图 7.11

那么如何创建 UIButton 呢？

```
self.btn1Test = UIButton.init(type: UIButtonType.custom)
self.btn1Test?.setTitle("我是 btn1", for: UIControlState.highlighted)
self.btn1Test?.frame = CGRect(x: 10, y: 10, width: 50, height: 40)
self.btn1Test?.backgroundColor = UIColor.red
self.view .addSubview(self.btn1Test!)
```

同时，UIButton 还针对 state 属性做了进一步的扩展，就是按钮在高亮状态和禁用状态时，在 adjustsImageWhenHighlighted 和 adjustsImageWhenDisabled 都设置为 true 的情况下，如果没有设置这两种状态对应的图片，那么系统会把默认状态的图片变得暗一些，用于区分高亮状态和普通状态，这一点在开发中很实用。

禁用的代码如下：

```
self.btnTest.adjustsImageWhenHighlighted=false          //使触摸模式下按钮也不会变暗
self.btnTest.adjustsImageWhenDisabled=false             //使禁用模式下按钮也不会变暗
```

经过上面的示例，相信读者也对 UIButton 有了一定的了解。

接着我们来认识一下 UIButton 控件的组成部分，相信会让读者对 UIButton 的学习有很大的帮助。UIButton 的显示是用三个视图来实现的，分别是 2 个 UIImageView 和 1 个 UILabel ，我们可以单独修改 UIImageView 和 UILable，如图 7.12 所示。

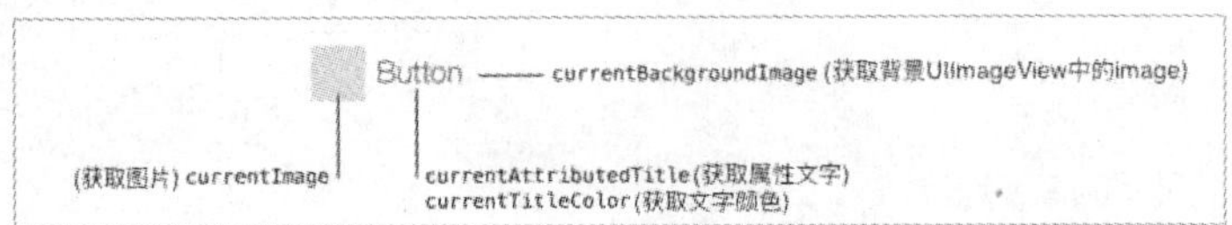

图 7.12

但是 UIButton 提供了很多便捷的方法，去修改 UIButton 各个部位的内容。笔者建议使用 UIButton 提供的便捷方法，毕竟 UIButton 是对 UIImageView 和 UILabel 的组合封装。子弹可以解决的问题何必要拼刺刀呢！

2. Tint Color

Tint color 是在 iOS 7.0 之后，苹果新增的一个属性，正如第 5 章我们在 UIView 中所介绍的一样，它是来自 UIView 的属性。

需要注意的两点如下：

- 在默认情况下，如果你的视图并没有指定 tingColor 属性，那么这个视图将使用父类中的 tingColor 属性。例外的是，如果 UIButton 是 custom 的属性，也并不会从父类中继承 tintColor。tintColor 的颜色默认是蓝色。
- UIButton 中受到 tintColor 影响的范围仅有 title 和 image 的颜色，文字很好理解，tintColor 会改变文字的颜色。但是如果你修改了 textColor，tintColor 就不起作用了，如图 7.13 所示。若由于印刷的原因，难以从示例图中看出来，建议运行工程 07UIButtonTintColorExample 来进行查看。

图 7.13

7.3 UILabel 文本视图

UILabel 是文本视图（为了方便读者的学习，这里把 UILabel 翻译成了文本视图，实际开发中，在和同事交流的时候，可以直接说英文名 UILabel，这样沟通更直接、简便，不是每句英文都需要翻译哦）。

这个并不是一个控件，但是本章重点在于介绍 iOS 开发中常用的界面元素。

UILabel 是 iOS 开发者必备的一个文本视图。通过这个文本视图，开发者可以设置单行或多行的静态文字在其显示区域中，产品经理要求的大部分文案可以通过设置这个文本视图的文字属性，向用户显示信息，使用户理解。

UILabel 支持两种文本字符串，一种是常用的 String，另一种是 NSAttributedString。String 就像我们在手机上常看到的“姓名”“手机号”等文本信息。

UILabel + String 可以实现一般性的视觉要求，如字体、字号、字色、阴影等。但是如果用 UILabel + NSAttributedString 的组合，就可以轻松地实现对字符串的某些位置的字符，设置不同的颜色、字体、字号、阴影等，如图 7.14 所示。

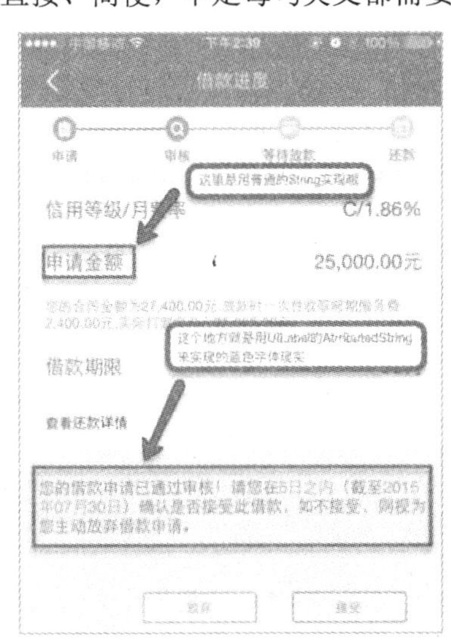

图 7.14

如果读者之前接触过 CSS，可能会对 NSAttributedString 有亲切感，但是如果之前没有了解过 CSS，也没有关系，我们在第 17 章中也有详细的介绍。

7.3.1 UILabel 的创建和文案显示

“文案”是我们在开发中经常会听到的词，我们的 App 就是通过文案来向用户传达信息，文案在开发工作中通常是由产品经理提供。文案显示尤为重要，在程序中，文案就是字符串（String）。

让我们一起动手把文案添加到应用程序当中吧。

```
1  let rect = CGRect(x: 20, y: 100, width: 280, height: 80)
2  let label = UILabel(frame: rect)
3  label.text = "Hello, Xcode and Swift 3!"
4
5  let font = UIFont(name: "Arial", size: 24)
6  label.font = font
7
8  label.textAlignment = NSTextAlignment.right
9  label.textColor = UIColor.purple
10 label.backgroundColor = UIColor.yellow
11
12 self.view.addSubview(label)
```

在第 2 行的代码中，通过 UILabel 的构造器方法，创建了一个大小为 280×80 像素，起始位置为（20, 100）的 UILabel 的对象。

在第 3 行的代码中，把文案设置到 label 的 text 属性，需要特别说明的是，在实际开发中也可以这样用：开发人员会经常用 UILabel 画一条分割线之类的东西，如图 7.15 所示。

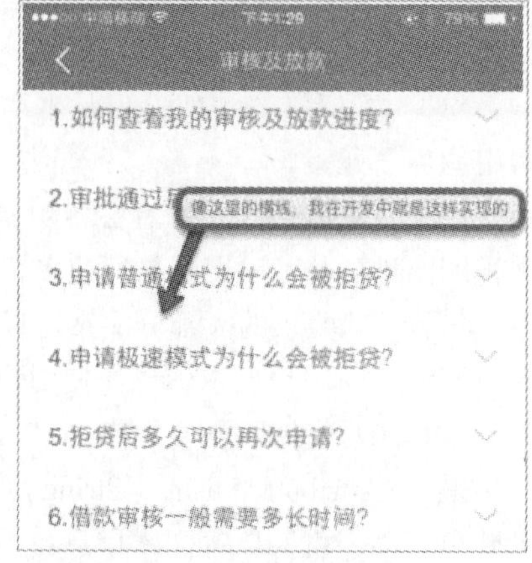

图 7.15

在第 5 行的代码中，用 UIFont 的构造器方法创建了一个 UIFont 字体对象，并且指定了 UIFont 对象的字体为 Arial，字号大小为 24，然后把 font 对象设置到了 label 的 font 属性。这里需要说明的是，如果不设置 label 的 font 属性，UILabel 会提供默认的 font，字体名字是 iOS 系统默认的，字号默认是 17。

在第 8 行的代码中，使用枚举 NSTextAlignment 来进行文本对齐。在代码示例中，使用的是右对齐，也就是说在一个宽为 280，高为 80 的文本显示区域中，我们让“Hello, Xcode and Swift 3!”这段字符串自 UILabel 的右侧依次向左排列。

枚举 NSTextAlignment 的说明可参照表 7-4。需要说明的是，在 iOS 9 之后，UILabel 的默认对齐方式不再是 left ，而是 natural。所以从兼容性的角度来说，在使用 UILabel 时，设置 UILabel 的 textAlignment 为 left 为最佳，因为我们习惯自左向右阅读文案。

表 7-4　枚举 NSTextAlignment 列表

名称	功能说明
left	表示字符串在 UILabel 的区域中，每一行都是自左向右依次排开
right	表示字符串在 UILabel 的区域中，每一行都是自右向左依次排开
center	表示字符串在 UILabel 的区域中，每一行都是自中间向两边依次排开
justified	表示段落的最后一行是采用 natural 的对齐方式
natural	表示文字的对齐方式是采用 App 的本地化的方式，因为有一些语言的文字是自右向左排开的

以上示例的运行结果如图 7.16 所示。

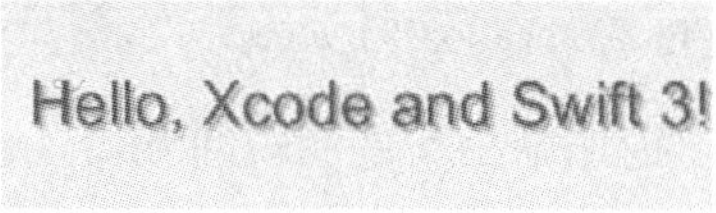

Hello, Xcode and Swift 3!

图 7.16

7.3.2　UILabel 处理过长的文案

在实际开发中，文案过长的情况是难免的，虽然手机屏幕的大小已经从 iPhone 4 的 3.5 寸，飙升到 iPhone 6 Plus 的 5.5 寸，但苹果手机屏幕的尺寸仍然是有限的，所以 UILabel 上显示的文案的长度就一定是有限的。

那么如何处理这种过长的文案呢？笔者罗列了一下过往的项目，处理方法总结如下：

增加行数和字符串的截取

```
1  label.lineBreakMode = NSLineBreakMode.byTruncatingMiddle
2  label.numberOfLines = 0
```

在第 1 行代码中，使用了 NSLineBreakMode 枚举去设置 label 的 lineBreakMode 属性，这个属性可以设置 UILabel 如何包裹字符串或如何截取字符串。枚举 NSLineBreakMode 的说明可参照表 7-5。

表 7-5　枚举 NSLineBreakMode 列表

名称	功能说明
ByWordWrapping	表示以单词为显示单位显示，后面部分省略不显示
ByCharWrapping	表示以字符为显示单位显示，后面部分省略不显示
ByClipping	表示剪切与文本宽度相同的内容长度，后半部分被删除
ByTruncatingHead	表示开头省略，显示尾部文字内容
ByTruncatingTail	表示结尾省略，显示开头的文字内容，默认
ByTruncatingMiddle	表示中间省略，显示头尾的文字内容

在第 2 行代码中，把 label 的 numberOfLines 属性设置成了 0。numberOfLines 表示可以显示的最多行数，0 在这个属性中是个特别的值，表示可以拥有无限行数。值得注意的是，这个属性

的默认值是 1，默认只有一行。当在指定的最大行数范围内无法显示完整信息的时候，可以用第 1 行代码，对字符串进行基本的处理。

调整字体大小以完全显示文案

```
3  label.adjustsFontSizeToFitWidth = true
```

在第 3 行代码中，开启了 label 的自动调整功能，使 label 的字体大小自适应其宽度，以适应 label 的显示区域。需要注意的是，在调整字体大小的时候，lineBreakMode 的值不能为 ByCharWrapping 或 ByWordWrapping。

缩小字间距以完全显示文案

```
4  label.allowsDefaultTighteningForTruncation = true
```

在这一行代码中，开启了截取前的缩小文字间距的方式。

动态调整 UILabel 的大小以完全显示文案

```
5       /**
6        *  获取字符串的宽度和高度
7        *
8        *  @param text:NSString
9        *  @param font:UIFont
10       *
11       *  @return CGRect
12       */
13      class func getTextRectSize(text:NSString,font:UIFont,size:CGSize) -> CGRect {
14          let attributes = [NSFontAttributeName: font]
15          let option = NSStringDrawingOptions.usesLineFragmentOrigin
16          let rect:CGRect = text.boundingRect(with: size, options: option, attributes: attributes, context: nil)
17          print("rect:\(rect)");
18          return rect;
19      }
```

这个方法可以根据传入的字符串的字体、最大的宽和高，返回字符串实际占用的宽和高。

7.3.3 UILabel 的阴影

```
1  label.shadowColor = UIColor.lightGray
2  label.shadowOffset = CGSize(width: 2, height: 2)
3
4  label.backgroundColor = UIColor.yellow
```

在第 1 行的代码中，我们使用 label 的 shadowColor 属性设置 label 的阴影颜色为浅灰，如图 7.17 所示，第 2 行的代码设置的是阴影的偏移量，CGSize（width:2,height:2）表示向右偏移 2px，向下也偏移 2px。

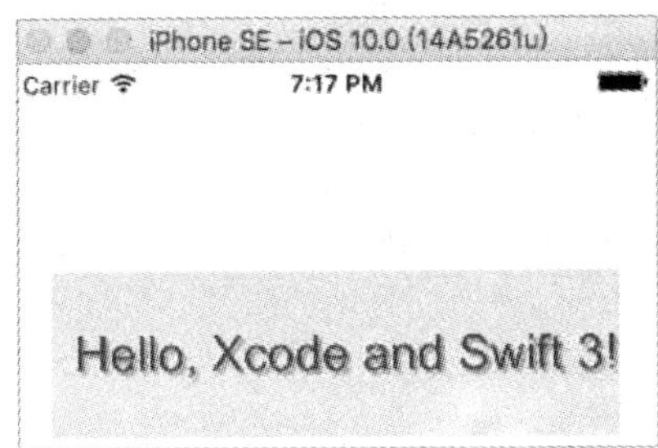

图 7.17

7.4 UISwitch 开关视图

使用 UISwitch 控件可以轻松地实现一个具有 on（开）和 off（关）的并且具有指示用户做出选择功能的控件，如图 7.18 所示。

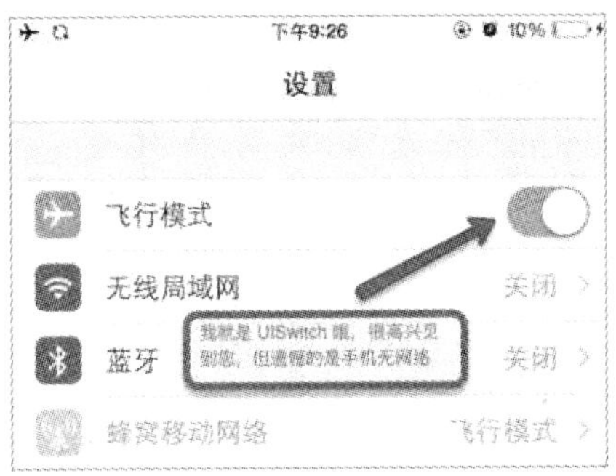

图 7.18

7.4.1 UISwitch 的创建

```
5  let rect = CGRect(x: 130, y: 100, width: 0, height: 0)
6  let uiSwitch = UISwitch(frame: rect)
7  uiSwitch.setOn(true, animated: true)
8
9  self.view.addSubview(uiSwitch)
```

在第 6 行代码中，用 UISwitch 的构造方法，创建了一个 x 坐标为 130、y 坐标为 100 的 UISwith。这一切好像都很平常，实际上笔者要说明的是，这个 uiSwitch 的 width 和 height 都设置成了 0 和 0，可能会什么都不显示吗？答案是不会，因为即便你设置了 UISitch 的 width 和 height，结果依然是原来的大小。

针对这种情况，Apple 官方也给出了解释，UISwitch 的大小设置是无效的，其永远保持在 width 为 51 px、height 为 31 px 的大小。

在第 7 行代码中，设置了 uiSwitch 的状态为 on，并且在界面绘制的时候伴随着动画；如果第二个参数为 false，就不会有动画。

7.4.2 UISwitch 的开关使用

```
10 let rect = CGRect(x: 130, y: 100, width: 0, height: 0)
11 let uiSwitch = UISwitch(frame: rect)
12  uiSwitch.setOn(true, animated: true)
13
14  uiSwitch.thumbTintColor = UIColor.blue
15  uiSwitch.onTintColor = UIColor.green
16  uiSwitch.tintColor = UIColor.brown
17
18  uiSwitch.addTarget(self, action: #selector(ViewController.switchChanged(_:)), for: UIControlEvents.valueChanged)
19
20  self.view.addSubview(uiSwitch)
```

在第 14～16 行的代码中，分别设置了 UISwitch 的 thumbTintColor、onTintColor、tintColor 颜色，用于表示 UISwitch 的外观区域可划分为 onTintColor、thumbTintColor 和 tintColor，具体的所在位置如图 7.19 所示。

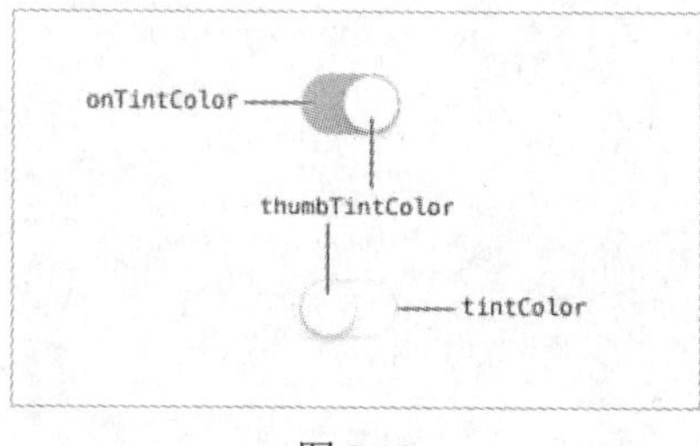

图 7.19

在第 18 行代码中，利用了从 UIControl 中继承而来的 Target-Action 机制，当用户在拨动了 UISwitch 选项的时候，就会调用 UIControlEventValueChanged 事件，进而会触发与之关联的方法#selector(ViewController.switchChanged(_:))。

7.5 UIRefreshControl 刷新控件

UIRefreshControl 是一个标准的系统提供的可以刷新表格视图数据的控件，表格视图（UITabelView）会在第 8 章中专门介绍，因为 UITableView 在日常开发中会经常用到。

本节重点介绍 UIRefreshControl 的使用，在示例中有涉及 UITableView 的地方，如果有疑惑也不用着急，在第 8 章中我们会有全面系统的介绍。

UIRefrshControl 和 UITableView 关联之后，当向下滑动 UITableView 的时候，就会出现刷新图片，因为 UIRrefreshControl 是继承的 UIControl，所以 UIRefreshControl 也同样拥有 Target-Action 机制，我们可以检测 UIControlEventValueChanged 事件，通过调用与之关联的 Action 刷新 UITableView 的数据。

UIRefreshControl 刷新控件的应用

```
//添加刷新
import UIKit

```

```
class ViewController: UIViewController ,UITableViewDelegate,UITableViewDataSource{

    @IBOutlet weak var tabvLayout: UITableView!

    var refreshControl = UIRefreshControl()

    override func viewDidLoad() {
        super.viewDidLoad()
        // Do any additional setup after loading the view.
        self.automaticallyAdjustsScrollViewInsets = false

        //添加刷新
        refreshControl.addTarget(self, action: #selector(refreshData), for:
UIControlEvents.valueChanged)
        refreshControl.attributedTitle = NSAttributedString(string: "松开后自动刷新")
        tabvLayout.addSubview(refreshControl)
        refreshData()
    }


    // 刷新数据
    func refreshData() {
            self.tabvLayout.reloadData()
            self.refreshControl.endRefreshing()

    }

    // MARK: - UITableViewDataSource
    func tableView(_ tableView: UITableView, numberOfRowsInSection section: Int) -> Int {
        return 10;
    }

    func tableView(_ tableView: UITableView, cellForRowAt indexPath: IndexPath) ->
UITableViewCell {

        let cell = UITableViewCell(style: UITableViewCellStyle.value1, reuseIdentifier: "newsCell")

        let date = NSDate()
        let timeFormatter = DateFormatter()
        timeFormatter.dateFormat = "yyy-MM-dd 'at' HH:mm:ss.SSS"      //(时间格式)
        let strNowTime = timeFormatter.string(from: date as Date) as String
        cell.textLabel?.text   = strNowTime
        let rect = CGRect(x:0,y:cell.frame.height-1,width :self.view.frame.size.width,height:1)
```

```
64                let label = UILabel(frame: rect)
65                label.backgroundColor = UIColor.lightGray()
66                cell .addSubview(label)
67                return cell;
68        }
69
70        override func didReceiveMemoryWarning() {
71                super.didReceiveMemoryWarning()
72                // Dispose of any resources that can be recreated.
73        }
74
75 }
```

在第 23 行代码中，让类遵守 UITableViewDelegate,UITableViewDataSource 协议。

在第 25 行代码中，声明了一个 UITableView 变量 tabvLayout，此部分会在第 8 章详细介绍。

在第 27 行代码中，声明并实例化了一个类型为 UIRefreshControl 的变量 refreshControl，因为这个变量要在很多方法中用到，所以将它定义在类中。我们并没有指定 UIRefreshControl 的 frame，系统会根据 UITableView 来自动计算出一个合理的大小，这在某些场景是智能的表现，而在一些场景中可能是一个坑。

在第 35 行代码中，利用了继承自 UIControl 中的 Target-Action 机制，绑定了 refreshData 方法。refreshData 的主要工作就是刷新数据和调用 endRefreshing 方法以停止刷新，此处为了突出 UIRefreshControl 并没有调用网络请求，但是在实际项目中，会在网络请求结束后再去调用 endRefreshing 方法。

在第 36 行代码中，利用了 UIRefreshControl 的 attributedTitle 设置显示的文字为“松开后自动刷新”，如图 7.20 所示。UITableView 中每一行显示的是时间，每刷新一次，就会看到更新时间的变化，以此来模拟时间的变化。

图 7.20

7.6 UITextField 文本框控件

UITextField 是 iOS 开发不可绕过的一个控件，主要是因为这个控件已经足够强大和灵活，所以很受开发者的青睐，根据笔者多年的开发经验，几乎没有看见过 UITextField 的子类。

UITextField 是一个可编辑的文本区域，它可以收集用户通过键盘输入或剪贴板粘贴的数据。UITextField 是 UIControl 的子类，所以 Target-Action 的机制它依然拥有，一个设计优秀的控件应该提供多种支持方式，所以 UITextField 也提供了代理模式 delegate，这两种设计模式都可以检测到文本输入的整个过程。

UITextField 的键盘（keyboard）是可以配置的，其支持多种输入形式，如普通文本键盘、邮箱键盘、数字键盘等。

7.6.1 UITextField 的创建和基本应用

```
1  import UIKit
2
3  class ViewController: UIViewController, UITextFieldDelegate {
4
5      override func viewDidLoad() {
6          super.viewDidLoad()
7          // Do any additional setup after loading the view, typically from a nib.
8          let rect = CGRect(x: 60, y: 80, width: 200, height: 30)
9          let textField = UITextField(frame: rect)
10
11         textField.borderStyle = UITextBorderStyle.roundedRect
12         textField.placeholder = "Your Email"
13         textField.autocorrectionType = UITextAutocorrectionType.no
14         textField.returnKeyType = UIReturnKeyType.done
15         textField.clearButtonMode = UITextFieldViewMode.whileEditing
16         textField.keyboardType = UIKeyboardType.emailAddress
17         textField.keyboardAppearance = UIKeyboardAppearance.dark
18         textField.delegate = self
19
20         self.view.addSubview(textField)
21     }
22
23     func textFieldShouldReturn(_ textField: UITextField) -> Bool {
24         textField.resignFirstResponder()
25         return true
26     }
27 }
```

在第 9 行的代码中，使用 UITextField 的构造方法创建了实例。

在第 11 行代码中，使用圆角矩形 roundedRect 样式，作为 textField 的边框样式 borderStyle。UITextBorderStyle 是边框样式枚举，枚举 UITextBorderStyle 的说明可参照表 7-6。需要特别说明的是，当 textField 的 borderStyle 属性为 roundedRect 时，textField 的 background 背景图属性就不起作用了。

表 7-6 枚举 UITextBorderStyle 列表

名称	功能说明	名称	功能说明
none	表示无边框	bezel	表示有阴影的边框
line	表示直角矩形边界线	roundedRect	表示圆角的矩形边框

在第 12 行代码中，设置了 textField 的 placeholder 属性为"Your Email"，paceholder 在工作沟通中常常被称为默认文本，这个默认文本只有当 textField 中没有任何文本的时候，才会显示。

在第 13 行代码中，设置了 textField 的 autocorrectionType 属性为 UITextAutocorrectionType.no，即关闭文字的自动修复功能，这个属性的作用为是否开启 textField 的自动修复，或给用户一些建议的词的功能。

在第 14 行代码中，设置了 textField 的 returnKeyType 属性为 UIReturnKeyType.done，returnKeyType 属性表示返回键的类型，这个返回键是苹果标准键盘的右下角的那个虚拟按键。

UIReturnKeyType.done 表示完成按钮，UIReturnKeyType 也是个枚举，这个枚举为我们定义好了各种业务场景下的 returnkey 的功能和展现样式，可参照表 7-7。

表 7-7　枚举 UITextFieldViewMode 列表

名称	功能说明
Never	表示清除按钮重不出现
whileEditing	表示清除按钮编辑时出现
unlessEditing	表示清除按钮除了编辑外都出现
Always	表示清除按钮一直出现

在第 15 行的代码中，设置了 textField 的 clearButtonMode 属性为 whileEditing。whileEditing 的含义是当编辑 textField 的时候，显示右边的清除按钮。枚举 UITextFieldViewMode 的其他值可参照表 7-8。

表 7-8　枚举 UIReturnKeyType 列表

名称	功能说明
default	表示默认 灰色按钮，标有 Return
go	表示有 Go 的蓝色按钮
google	表示有 Google 的蓝色按钮，用语搜索
join	表示有 Join 的蓝色按钮
next	表示有 Next 的蓝色按钮
route	表示有 Route 的蓝色按钮
search	表示有 Search 的蓝色按钮
send	表示有 Send 的蓝色按钮
yahoo	表示有 Yahoo 的蓝色按钮
done	表示有 done 的蓝色按钮
emergencyCall	表示有 UIReturnKeyEmergencyCall 的蓝色按钮
continue	表示有 continue 的蓝色按钮

7.6.2 UITextField 的背景图

```
textField.backgroundColor = UIColor.brown
textField.background = UIImage(named: "background")
```

```
3    textField.isEnabled = false
4    textField.disabledBackground = UIImage(named: "disabledBackground")
```

在第1行代码中，设置了textField的背景色为棕色，注意设置背景色只有在不设置backgroud属性时才是有效的。

在第2行代码中，设置了textField的背景图片为项目中图片名字为background的图片。

在第4行代码中，设置了textField的disabledBackground属性，这个属性是textField在不启用的状态下的背景图。需要说明的是，只有在第3行代码中isEnabled为false时，并且在background属性已经设置的情况下才有效。

7.6.3 UITextField的浮动视图（Overlay view）

除了上面所涉及的基本的文本编辑功能之外，UITextField文本编辑视图本身还可以使用Overlay View去扩展自身。经常看到扩展的有书签按钮、搜索按钮、刷新按钮和内置的“清除”按钮，如图7.21所示。

这个功能是在开发中不怎么用到的属性，但是一旦用到它的时候，会发现这个功能真是体贴，很多“老司机”也未必知道这条路。

以常用的微信为例，如图7.22所示。在卡号的输入框中，它有一个这样的逻辑：如果UITextField中有卡号，右侧就会变成“清除”按钮；如果UITextField中没有卡号，右侧的按钮就会变成“拍照”按钮。要实现这个功能，在UITextField的右侧放一个UIButton，然后根据UITextField的内容决定如何显示UIButton的image即可。但是如果我们的产品设计上需要在很多地方都有拍照的应用，都有这个逻辑，将“拍照”按钮放到UITextField的rightView当中就可以了。

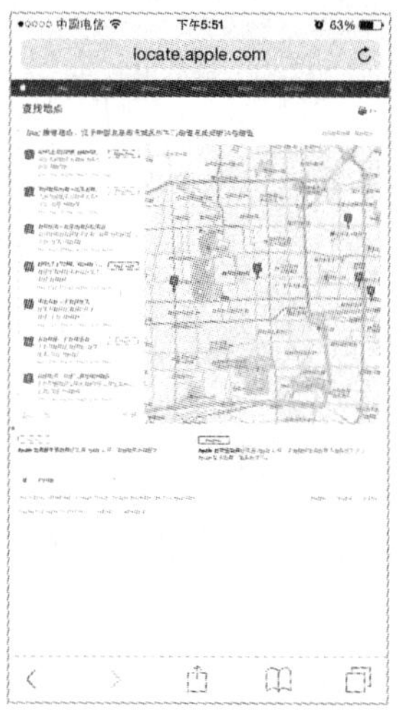

图7.21

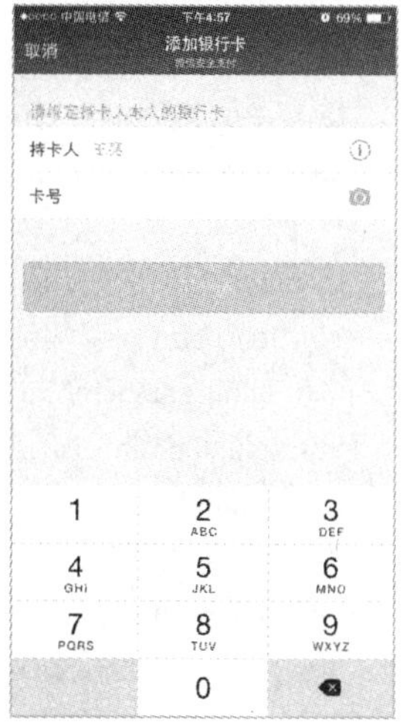

图7.22

这样我们就把UITextField和UIButton很好地结合在了一起。技术在于精益求精，所以笔者推荐后者。

```
import UIKit

```

```
class ViewController: UIViewController, UITextFieldDelegate {

    override func viewDidLoad() {
        super.viewDidLoad()
        // Do any additional setup after loading the view, typically from a nib.
        let rect = CGRect(x: 10, y: 80, width: 300, height: 40)
        let textField = UITextField(frame: rect)

        textField.placeholder = "Bank card no"
        textField.autocorrectionType = UITextAutocorrectionType.no
        textField.returnKeyType = UIReturnKeyType.done
        textField.clearButtonMode = UITextFieldViewMode.whileEditing
        textField.keyboardType = UIKeyboardType.numberPad
        textField.keyboardAppearance = UIKeyboardAppearance.dark
        textField.delegate = self

        textField.borderStyle = UITextBorderStyle.line


//      textField.clearButtonMode = .whileEditing

        let btnLeft:UIButton = UIButton(type: UIButtonType.custom)
        btnLeft.frame = CGRect(x:0,y:0,width: 30,height: 30)

        btnLeft.setBackgroundImage(UIImage(named: "银行信息"), for: UIControlState())
        textField.leftView = btnLeft
        textField.leftViewMode = .unlessEditing

        let btnRight:UIButton = UIButton(type: UIButtonType.custom)
        btnRight.frame = CGRect(x:0,y:0,width: 30,height: 30)
        textField.rightViewMode = .always
        btnRight.addTarget(self, action: #selector(touchupInsideBtnAction(_:)), for: UIControlEvents.touchUpInside)
        btnRight.setBackgroundImage(UIImage(named: "相机"), for: UIControlState())
        textField.rightView = btnRight
        self.view.addSubview(textField)
    }

    func textFieldShouldReturn(_ textField: UITextField) -> Bool {
        textField.resignFirstResponder()
        return true
    }

```

```
45          func touchupInsideBtnAction(_ btn:UIButton)
46          {
47              let message = "模拟拍照扫描银行卡."
48
49              let alert = UIAlertController(title: "Information", message: message, preferredStyle: UIAlertControllerStyle.alert)
50              let OKAction = UIAlertAction(title: "OK", style: UIAlertActionStyle.default, handler: nil)
51              alert.addAction(OKAction)
52              self.present(alert, animated: true, completion: nil)
53          }
54  }
```

在第25～30行代码中，定义了一个UIButton作为textField的左视图，不论是这里的左视图，还是我们刚刚介绍的右视图，都可以像前面提到的“清除”按钮一样，设置它们的leftViewMode或right ViewMode为UITextFieldViewMode的成员变量之一。这样我们就拥有了控制左视图或右视图的机会。

在第32～37行代码中，定义了一个UIButton作为textField的右视图，这个UIButton是模拟相机识别银行卡的功能，这里绑定的是touchupInsideBtnAction 方法。

7.6.4　UITextField 的代理 UITextFieldDelegate

这个协议声明了很多个用于管理UITextField文本编辑和验证的方法，协议所有的方法都不是必须实现的。

下面是对delegate设计模式的典型的应用。

```
55  import UIKit
56
57  class ViewController: UIViewController, UITextFieldDelegate {
58
59      override func viewDidLoad() {
60          super.viewDidLoad()
61          // Do any additional setup after loading the view, typically from a nib.
62
63          let rect = CGRect(x: 10, y: 80, width: 300, height: 40)
64          let textField = UITextField(frame: rect)
65
66          textField.placeholder = "Bank card no"
67          textField.autocorrectionType = UITextAutocorrectionType.no
68          textField.returnKeyType = UIReturnKeyType.done
69          textField.clearButtonMode = UITextFieldViewMode.whileEditing
70          textField.keyboardType = UIKeyboardType.numberPad
71          textField.keyboardAppearance = UIKeyboardAppearance.dark
72          textField.delegate = self
```

```
        textField.borderStyle = UITextBorderStyle.line

    }

    override func didReceiveMemoryWarning() {
        super.didReceiveMemoryWarning()
        // Dispose of any resources that can be recreated.
    }

    func textFieldShouldBeginEditing(_ textField: UITextField) -> Bool // return NO to disallow editing.
    {
        return true
    }

    func textFieldDidBeginEditing(_ textField: UITextField) // became first responder
    {

    }

    func textFieldShouldEndEditing(_ textField: UITextField) -> Bool // return YES to allow editing to stop and to resign first responder status. NO to disallow the editing session to end
    {
        return true
    }

    func textFieldDidEndEditing(_ textField: UITextField) // may be called if forced even if shouldEndEditing returns NO (e.g. view removed from window) or endEditing:YES called
    {

    }

    func textField(_ textField: UITextField, shouldChangeCharactersIn range: NSRange, replacementString string: String) -> Bool {
        // return NO to not change text
        return true
    }

    func textFieldShouldClear(_ textField: UITextField) -> Bool {
        return true
    }

```

```
112        func textFieldShouldReturn(_ textField: UITextField) -> Bool {
113            return true
114        }
115    }
```

在第 83 行代码中，将要开始编辑状态时调用此协议方法。

在第 88 行代码中，编辑状态开始后调用此协议方法。

在第 93 行代码中，编辑状态将要结束后调用此协议方法。

在第 98 行代码中，编辑状态结束后调用此协议方法。

在第 103 行代码中，协议方法在文本将要输入的时候调用。

在第 108 行代码中，协议方法返回一个 BOOL 值，指明是否允许根据用户请求清除内容。

在第 112 行代码中，协议方法返回一个 BOOL 值，指明是否允许在按下 Enter 键时结束编辑。

7.7 小　结

本章所涉及的基本控件和界面视图都是开发中常用的、原理性的。在内容分配上，笔者也花了很长时间来整理相关案例，希望读者务必多加练习以熟悉这些控件的用法。

这一章我们介绍了 UIControl、UIButton、UILabel、UISwitch、UIRefreshControl、UITextField，其中 UILabel 是视图，其他都是控件，UIControl 是所有控件的父类，其提供了 Target-Action 机制，所以子类就都有了这个机制。熟练掌握这一章的内容对学习 Apple 提供的其他控件和视图都十分有帮助。

UITableView 和 UICollectionView

UITableView 是在 iOS 开发中使用极为广泛的控件，绝大部分 iOS 应用中都能看到它的身影，同时它也是具备非常多知识点的控件。

作为 UIKit 里面最复杂的一个控件，使用起来虽然不难，但是要用好并不容易。当使用 UITableView 的时候，开发者需要考虑到 tableViewCell 的设计和重用、tableView 数据内容的设计，以及 tableView 的效率等问题。

本章主要介绍如何使用 UITableView 和 UICollectionView 进行大数据量的显示，并分析和比较两者之间的相似性和差异点。

8.1 UITableView 概述

UITableView 用于在一栏内显示一系列对象，它是 UIScorllView 的子类。大家知道，UIScrollView 可以在任意方向上滑动内容，而 UITableView 仅支持在垂直方向上的滑动。UITableView 由单元格 UITableViewCell 组成，UITableView 中的内容都是由 UITableViewCell 负责显示的。

UITableView 在应用程序中可用于：

- 方便用户浏览具有层次结构的数据（如图 8.1 所示）。
- 提供一个可供选择的列表（如图 8.2 所示）。
- 显示一系列数据的索引列表（如图 8.3 所示）。
- 利用分组结构，展示细节信息和更详细的设置（如图 8.4 所示）。

图 8.1　　图 8.2　　图 8.3　　图 8.4

尽管 4 张示例图片的外观不同，但是它们都是使用 UITableView 展示数据的。

8.1.1 UITableViewCell 单元格

UITableView 由 UITableViewCell 组成，在 UITableView 中，由 UITableViewCell 负责数据的显示，UITableView 的每一行，即每一个 UITableViewCell 显示一条项目。UITableView 的行数，即 UITableViewCell 对象的数量不受限制，仅由设备的内存决定。

UITableView 和 UITableViewCell 之间的关系如图 8.5 所示。

UITableViewCell 类定义了单元格在 UITableView 中的属性和行为。

可以对单元格做如下操作：

- 自定义单元格的文字标题、图标、背景等属性。
- 对单元格进行选择和高亮操作。
- 配置单元格的附加视图。
- 对单元格进行添加、删除、改变位置等操作。

图 8.5

当创建一个单元格时，你可以自定义一个单元格，或者使用系统预定义的几种单元格格式。系统预定义的单元格样式，包含固定样式的标签、图标等对象。

使用预定义的单元格，只需为标签和图标提供对应的文字内容和图像内容即可。可以使用 textLabel 和 detailTextLabel 属性来设置单元格的文字内容，使用 imageView 属性来设置单元格的图标。

单元格的预定义样式如表 8-1 所示。

表 8-1　单元格样式枚举类型

枚举类型	说明
UITableViewCellStyle.default	包含一个位于单元格左侧的可选图像视图，和一个左对齐的标签对象，如图 8.6 所示
UITableViewCellStyle.value1	包含一个位于单元格左侧的可选图像视图和一个左对齐的标签对象，在单元格的右侧还有一个灰色、右对齐的标签对象。例如设置页面使用到了这种样式的单元格，如图 8.7 所示
UITableViewCellStyle.value2	包含一个位于单元格左侧的、右对齐的、蓝色文字的标签对象，和一个位于右侧的左对齐标签对象。例如电话或联系人页面使用到了这种样式的单元格，如图 8.8 所示
UITableViewCellStyle.subtitle	包含一个位于单元格左侧的可选图像视图和一个左对齐的标签对象，在该标签对象下方还有一个字体较小的标签对象。例如 iPod 应用常使用这种单元格，如图 8.9 所示

图 8.6　　图 8.7

图 8.8

图 8.9

8.1.2 创建一个简单的表格

图 8.10

在这一节中，我们制作一个最简单的表格，该表格将拥有 20 行单元格。通过创建该简单表格，读者将接触到以下知识点：

- UITableView 表格的初始化。
- 设置 UITableView 表格的数据源。
- 设置 UITableView 表格的行数。
- 自定义 UITableViewCell 单元格的样式和内容。

本实例的最终效果如图 8.10 所示。

```
import UIKit

class ViewController: UIViewController, UITableViewDataSource {

    override func viewDidLoad() {
        super.viewDidLoad()
        // Do any additional setup after loading the view, typically from a nib.

        let screenRect = UIScreen.main.bounds
        let tableRect = CGRect(x: 0, y: 20, width: screenRect.size.width, height: screenRect.size.height - 20)
        let tableView = UITableView(frame: tableRect)

        tableView.dataSource = self

        self.view.addSubview(tableView)
    }

    func tableView(_ tableView: UITableView, numberOfRowsInSection section: Int) -> Int{
        return 20
    }

    func tableView(_ tableView: UITableView, cellForRowAt indexPath: IndexPath) -> UITableViewCell {

        let identifier = "reusedCell"
        var cell = tableView.dequeueReusableCell(withIdentifier: identifier)

        if(cell == nil)
        {
            cell = UITableViewCell(style: UITableViewCellStyle.default, reuseIdentifier: identifier)
        }
```

```
31
32              cell?.textLabel?.text = "命运负责洗牌，玩牌的是我们自己！"
33
34              return cell!
35          }
36
37          override func didReceiveMemoryWarning() {
38              super.didReceiveMemoryWarning()
39              // Dispose of any resources that can be recreated.
40          }
41  }
```

在第 3 行代码中，给视图控制器类添加了一个 UITableViewDataSource 协议，主要用来给 UITableView 表格提供数据来源，并用来处理数据源的变化。其主要代理方法如表 8-2 所示。

表 8-2　UITableViewDatasource 主要的代理方法

代理方法	方法说明
tableView(_:cellForRowAt:)	初始化和复用指定索引位置的单元格（必须实现）
tableView(_:numberOfRowsInSection:)	设置某一章节中的单元格行数，默认值为 1（必须实现）
numberOfSections(in:)	设置表格中章节的数量
tableView(_:titleForHeaderInSection:)	设置表格中指定章节的标题文字，如果此代理方法返回值为 nil，则章节不显示标题
tableView(_:canEditRowAt:)	设置表格中指定索引位置的单元格是否可以被编辑，可以编辑的单元格会显示插入和删除图标
tableView(_:commit:forRowAt:)	当完成插入和删除操作时调用此方法
tableView(_:canMoveRowAt:)	设置指定索引路径的单元格是否可通过拖动的方式，改变其位置
tableView(_:moveRowAt:to:)	当单元格被从一个位置拖动到另一位置时，调用此方法

在第 9～11 行代码中，首先获得当前设备的屏幕尺寸，接着初始化了一个 UITableView 对象，并设置 UITableView 对象的位置和尺寸，其位置位于顶部状态栏的下方。

在第 13 行的代码中，设置 UITableView 对象的数据源为当前的视图控制器对象，即由当前的视图控制对象，实现数据源协议中定义的各种代理方法。

在第 18～20 行的代码中，实现了 tableView(_:numberOfRowsInSection:)代理方法，并设置方法的返回值为 20。由于表格默认拥有一个章节，所以在此设置了默认章节具有 20 行数据。

在第 22～35 行的代码中，实现了 tableView(_:cellForRowAtIndexPath:)方法，用来初始化和复用单元格。每当表格对象需要绘制一个单元格时，都会调用该方法。

该方法的参数及其说明如表 8-3 所示。

表 8-3 cellForRowAtIndexPath 方法的参数列表

参数	说明
tableView	当前需要初始化或复用单元格的表格对象
indexPath	NSIndexPath 类用来描述在嵌套数列的树中指定节点的路径，即索引路径。索引路径中的每一个索引，都用来表示一个节点的子数组中的指定索引位置。如图 8.11 描述了 1.4.3.2 索引路径。事实上，NSIndexPath 描述了一个整数阵列，表示在表格视图中指定章节中的指定行。UITableView 中的索引路径包含两个元素，第一个元素 section 是表格的章节序号，第二个元素 row 表示章节中的行序号。 示例：NSIndexPath(forRow: 8, inSection: 2)，表示在表格中第 3 个章节中的第 9 个单元格。 除了 UITableView 之外，在 UICollectionView 中，也同样使用 NSIndexPath 来描述集合视图中的索引路径

在继续讲解后面代码之前，首先来了解下 UITableView 的复用机制。复用机制无处不在，即使是在现实生活中，你也可以看到它的身影。

如图 8.12 所示，左侧显示的是 Swift 酒店在不采用复用机制的情况下，每个月所消耗的餐碟数量。由于采用用完即扔的方式，Swift 酒店每个月都要花费一笔不菲的费用，来采购大量的餐碟。后来酒店采用了更先进的复用机制，当餐碟被顾客使用完毕，并洗涮和消毒之后，再提供给下一批顾客使用，这样大大降低了在餐碟上面的采购费用。

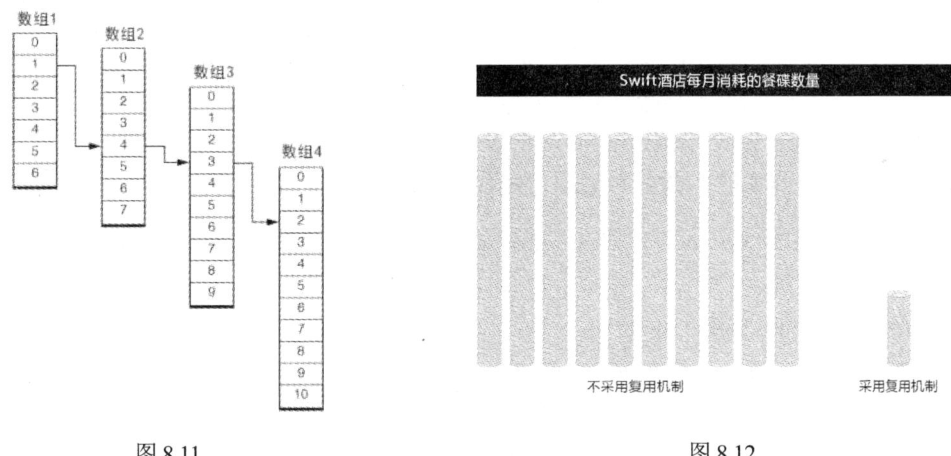

图 8.11　　　　图 8.12

在游戏开发过程中，也经常采用复用机制，来降低内存的消耗。如图 8.13 所示，在一款战机类的游戏中，需要用到大量的子弹对象。

如果每发射一枚子弹，就创建一个子弹对象，这样就会消耗大量的内存，而在移动设备中，内存是很稀缺、宝贵的资源。同时，由于每次开辟内存创建新的对象都会花费一定的时间，这样也会产生卡顿现象。

复用机制就可以完美解决这些问题。在游戏开始前，首先创建一定数量的子弹对象，每当一枚子弹被发射并且飞至屏幕之外，或者撞击到敌机消失后，不采用立即销毁子弹对象的方式，而是将消失的子弹恢复其默认属性，留待下次发射时使用。

UITableView 采用相同的复用机制，一个 UITableView 对象可能拥有超过一百行数据，但是由于受移动设备屏幕尺寸的限制，一次只能显示 9 行数据，如图 8.14 左图所示。当手指在 UITableView 对象中上下滑动时，最多可以显示 10 行数据，如图 8.14 中的右图所示。

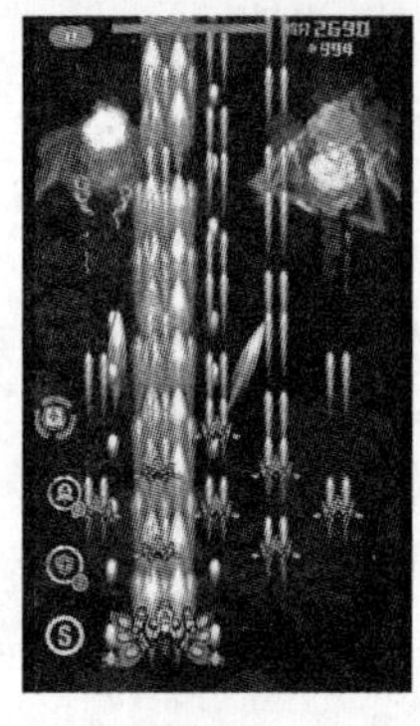
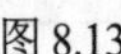

图 8.13

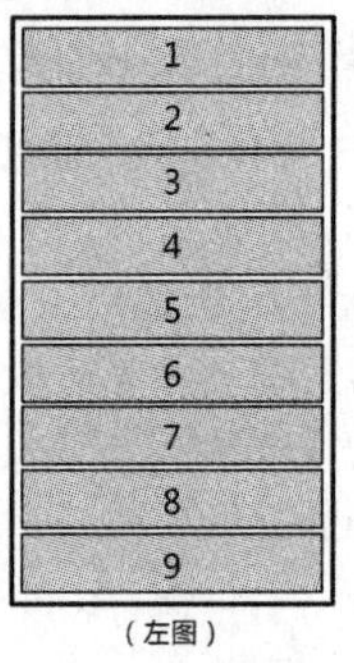

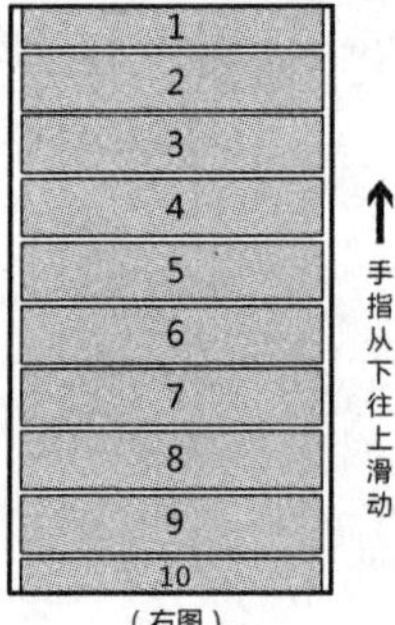

图 8.14

所以系统只需要创建 10 个单元格 UITableViewCell 对象即可。当手指从下往上滑动时，回收处于屏幕之外的最上方的单元格，并放置在表格的最下方，作为将要显示的第 11 个单元格。当 UITableView 对象从上往下滑动时，也是同样的复用机制。

了解了 UITableView 的复用机制后，我们再继续讲解示例中的代码。

在第 24 行代码中，定义了一个字符串常量，作为单元格的类型。你可以给表格添加多种类型的单元格，例如奇数行的单元格，作为标题类型，用来显示文章的标题；偶数行的单元格，作为另一种类型的单元格，负责显示文章摘要，以及阅读数、点赞数、分享数等内容。

```
24          let identifier = "reusedCell"
```

在第 25 行的代码中，调用表格对象的 dequeueReusableCellWithIdentifier 方法，从单元格对象池中获取指定类型的、并且可以重复使用的单元格。

```
25          var cell = tableView.dequeueReusableCell(withIdentifier: identifier)
```

如果从对象池中获得的可复用单元格为 nil，则调用第 27～30 行的代码，从内存中创建一个新的单元格 UITableViewCell 对象。

```
27          if(cell == nil)
28          {
29              cell = UITableViewCell(style: UITableViewCellStyle.default, reuseIdentifier: identifier)
30          }
```

其中初始化 UITableViewCell 对象的方法 init(style style: UITableViewCellStyle,reuseIdentifier reuseIdentifier: String?)，其参数说明如表 8-4 所示。

表 8-4　UITableViewCell 初始化方法的参数列表

参数	说明
style	一个常量，表示单元格的样式。详见表 8-1 所示
reuseIdentifier	作为一个字符串类型的参数，它用来标识具有相同类型的、可复用的单元格。对于相同类型的单元格，需要使用相同的 reuseIdentifier 参数

通过第 24～30 行代码，获得了可以使用的 UITableViewCell 对象。接着我们需要设置 UITableViewCell 对象显示的文字。

在第 32 行的代码中，通过 UITableViewCell 对象的 UILabel 属性，设置单元格的文字内容。

```
32          cell?.textLabel?.text = "命运负责洗牌，玩牌的是我们自己！"
```

在第 34 行的代码中，返回获得并配置好的 UITableViewCel 对象。

```
34          return cell!
```

最后点击 Xcode 界面左上角的【编译并运行】按钮 ▶ ，打开模拟器运行项目。最终效果如图 8.10 所示。

8.1.3　自定义单元格 UITableViewCell

在上一节中，我们创建了一个简单的 UITableView 对象，该对象中的单元格继承自默认的 UITableViewCell 类。在实际工作中，我们常常需要使用自定义的 UITableViewCell，来创建更加复杂的单元格对象，以符合业务需求。

本节将演示如何创建并使用自定义的 UITableViewCell 类。

首先创建一个新的 Swift 项目，然后在项目文件夹上单击鼠标右键，选择【New File...】命令，创建一个 Swift 类文件，如图 8.15 所示。

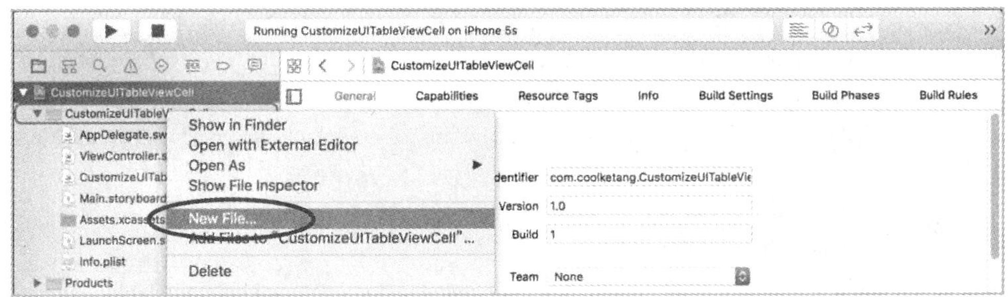

图 8.15

接着在弹出的文件选项设置窗口中，配置 Swift 类文件。具体的设置如图 8.16 所示。

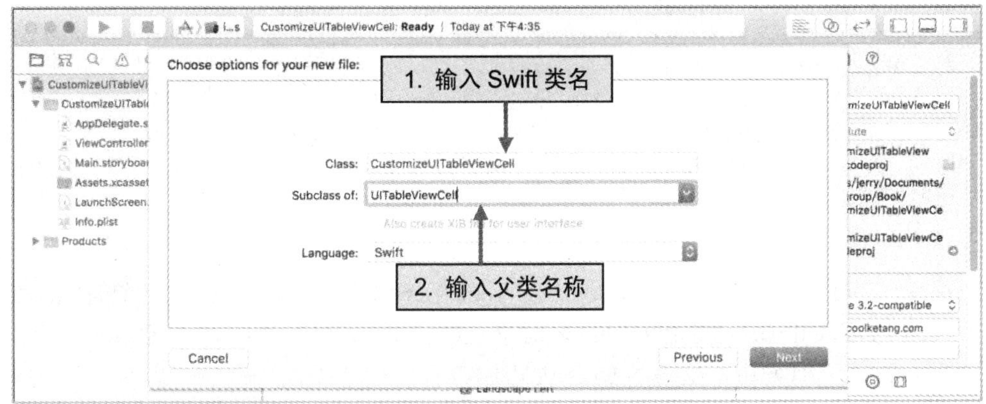

图 8.16

输入完 Swift 的类名和父类名之前，点击【Next】按钮进行下一步，然后保持默认的文件存储位置，接着点击【Create】按钮完成 Swift 文件的创建。CustomizeUITableViewCell.swift 文件创建成功后，打开该文件并输入以下代码：

```
1  import UIKit
2
3  class CustomizeUITableViewCell: UITableViewCell {
4
5      var thumbnail : UIImageView!
6      var title : UILabel!
7      var detail : UIButton!
8
9      override init(style: UITableViewCellStyle, reuseIdentifier: String?) {
10
11         super.init(style: style, reuseIdentifier: reuseIdentifier);
12
13         self.thumbnail = UIImageView(image: UIImage(named: "user"))
14         self.thumbnail.center = CGPoint(x: 30, y: 22)
15         self.title = UILabel(frame: CGRect(x: 80, y: 0, width: 120, height: 40))
16         self.title.text = "自定义单元格"
17
18         self.detail = UIButton(frame: CGRect(x: 240, y: 8, width: 60, height: 24))
19         self.detail.setTitle("详情", for: UIControlState())
20         self.detail.backgroundColor = UIColor.gray
21         self.detail.addTarget(self, action: "showDetail:", for: UIControlEvents.touchUpInside)
22
23         self.addSubview(self.thumbnail)
24         self.addSubview(self.title)
25         self.addSubview(self.detail)
26     }
27
28     func showDetail(_ sender:UIButton){
29         print("显示详细信息")
30     }
31
32     required init(coder aDecoder: NSCoder) {
33         fatalError("init(code:)has not brrn implomented");
34     }
35 }
```

在第 5～7 行的代码中，为 CustomizeUITableViewCell 类依次添加了三个属性，分别是 UIImageView 对象、UILabel 对象和 UIButton 对象，这三个对象将作为自定义单元格的子元素存在。

在第 9～27 行的代码中，重写了 UITableViewCell 类的初始化方式。

其中在第 13～16 行的代码中，初始化了 UIImageView 对象和 UILabel 对象。

在第 18～21 行的代码中，初始化了 UIButton 按钮对象，并给按钮对象添加了一个点击事件。

在第 28～30 行的代码中，创建了一个名为 showDetail 的方法，用来响应按钮的点击事件。

最后在第 33 至 35 行的代码中，实现了继承 UITableViewCell 类所必需的 init(coder aDecoder: NSCoder)构造方法。

现在完成了自定义的 CustomizeUITableViewCell 类文件的创建，接着在 ViewController.swift 类文件中，调用该自定义单元格类。

ViewController.swift 类文件中的代码与上节课中的代码基本一致，只需修改一下 tableView(_:cellForRowAtIndexPath:)方法，如下所示。

```
1  func tableView(_ tableView: UITableView, cellForRowAt indexPath: IndexPath) -> UITableViewCell {
2
3      let identifier = "reusedCell"
4      var cell:CustomizeUITableViewCell? = tableView.dequeueReusableCell(withIdentifier: identifier) as? CustomizeUITableViewCell
5
6      if(cell == nil)
7      {
8          cell = CustomizeUITableViewCell(style: UITableViewCellStyle.default, reuseIdentifier: identifier)
9      }
10
11     cell?.title?.text = "客户姓名"
12
13     return cell!
14 }
```

在第 3～4 行的代码中，调用表格对象的 dequeueReusableCell-WithIdentifier 方法，从单元格对象池中，获取了指定类型的并且可以重复使用的自定义单元格。

接着在第 6～7 行的代码中，使用 CustomizeUITableViewCell 类的初始化方式，初始化了一个自定义单元格对象，并设置单元格的样式为默认样式。

在第 11 行的代码中，修改了自定义单元格 CustomizeUITable-ViewCell 对象的 UILabel 属性的值。你可以像修改 UITableViewCell 对象的属性一样，修改 CustomizeUITableViewCell 对象中各种自定义的属性。

至此代码全部编写完成，最后点击 Xcode 左上角的【编译并运行】按钮 ▶ 运行项目，并点击自定义单元格右侧的按钮对象，观察按钮对象的交互效果。

最终效果如图 8.17 所示。

图 8.17

8.1.4 自定义单元格的高度

在前面两节中，已经创建了两个表格，但是这两个表格的单元格高度都是系统默认的。在实际工作中，经常需要根据单元格展示的内容，来设置不同的单元格高度。

这一节将制作一个自定义单元格高度的表格，具体的代码如下所示：

```
import UIKit

class ViewController: UIViewController, UITableViewDataSource, UITableViewDelegate {

    override func viewDidLoad() {
        super.viewDidLoad()
        // Do any additional setup after loading the view, typically from a nib.

        let screenRect = UIScreen.main.bounds
        let tableRect = CGRect(x: 0, y: 20, width: screenRect.size.width, height: screenRect.size.height - 20)
        let tableView = UITableView(frame: tableRect)

        tableView.dataSource = self
        tableView.delegate = self

        self.view.addSubview(tableView)
    }

    func tableView(_ tableView: UITableView, heightForRowAt indexPath: IndexPath) -> CGFloat {
        if (indexPath as NSIndexPath).row % 2 == 0
        {
            return 104;
        }
        return 40;
    }

    func tableView(_ tableView: UITableView, numberOfRowsInSection section: Int) -> Int{
        return 20
    }

    func tableView(_ tableView: UITableView, cellForRowAt indexPath: IndexPath) -> UITableViewCell {

        let identifier = "reusedCell"
        var cell = tableView.dequeueReusableCell(withIdentifier: identifier)
```

```
35
36            if(cell == nil)
37            {
38                cell = UITableViewCell(style: UITableViewCellStyle.default, reuseIdentifier: identifier)
39            }
40            if (indexPath as NSIndexPath).row % 2 == 0
41            {
42                cell?.imageView?.image = UIImage(named: "picture.png")
43            }
44            else
45            {
46                cell?.textLabel?.text = "每有会意，便欣然忘食！"
47            }
48
49            return cell!
50        }
51    }
```

在第 3 行代码中添加了 UITableViewDelegate 代理协议，UITableViewDelegate 协议的主要用途是提供一些可选的方法，用来控制表格的选择、指定章节的头和尾的显示、单元格内容的复制和粘贴，以及协助完成单元格的排序等功能。其主要代理方法如表 8-5 所示。

表 8-5　UITableViewDelegate 主要的代理方法

代理方法	方法说明
tableView(_:heightForRowAt:)	设置指定索引位置上的单元格的高度。每当表格需要显示时，都会调用此方法，用来设置表格中每一行单元格的高度
tableView(_:willDisplay:forRowAt:)	当指定索引位置上的单元格即将显示时，调用此方法。此方法使委托对象有机会在单元格显示之前重写其状态属性，如选择背景颜色等
tableView(_:didSelectRowAt:)	当用户点击选择指定索引位置上的单元格时，调用此方法。可以在此方法中设置单元格选中后的状态，比如添加一个被选中的标志图片
tableView(_:didDeselectRowAt:)	当用户点击一个已被选中的单元格时，调用此方法
tableView(_:viewForHeaderInSection:)	在此方法中设置表格视图指定章节的头部区域视图。可以返回一个 UIImageView、UILabel 对象或自定义的 UIView 对象，作为章节的头部
tableView(_:viewForFooterInSection:)	在此方法中设置表格视图指定章节的尾部区域视图

在第 14 行代码中，设置了表格视图的代理对象为当前的视图控制器。

接着在第 19～25 行的代码中，实现了协议中的 tableView(_:heightForRowAt:)方法，用来设置表格视图中指定索引位置的单元格的高度。首先通过 indexPath.row 语句，获得需要设置高度的单元格的所在行数，然后设置偶数行的高度为 104，奇数行的高度为 40。

在第 27～29 行的代码中，设置表格的行数为 20。

然后在第 40～47 行的代码中，由于偶数行的单元格的高度比较大，我们在偶数行的单元格中显示一幅图片，而奇数行的单元格则显示一行文字。

至此代码全部编写完成。

最后点击 Xcode 左上角的【编译并运行】按钮 ▶ ，运行项目，并点击自定义单元格右侧的按钮对象，观察按钮对象的交互效果。

最终效果如图 8.18 所示。

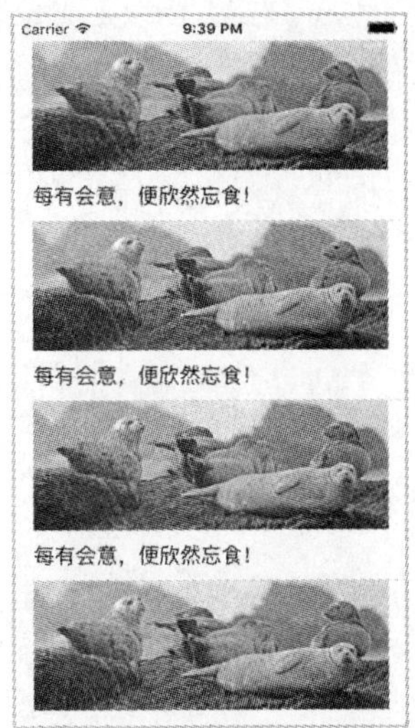

图 8.18

本节讲解了如何根据奇偶行的不同，设置不同的单元格的固定高度，你可以在本节中学会如何根据单元格文字内容的多少，动态计算并设置单元格的高度。

8.1.5 给表格添加章节和索引

带有索引的表格和普通的表格的外观基本相同，唯一的区别是在表格的右侧显示了一个索引序列。通过点击索引序列，可以在表格中快速定位到指定的位置，尤其是当表格拥有大量数据的时候。

一个最常见的带有索引的表格，是 iOS 系统内置的通讯录功能。通过索引功能，用户可以不通过滑动即可快速跳转到指定的位置，如图 8.19 所示。

图 8.19

本节我们将制作一份世界上主要国家的名称列表，并在表格右侧添加一份索引列表。具体需要使用到的代理方法如表 8-6 所示。

表 8-6 索引表格项目需要用到的代理方法

代理方法	方法说明
numberOfSectionsInTableView(_:)	设置表格视图中章节的数量，默认值为 1。如果需要添加多个章节，只需返回一个更大的整数即可
tableView(_:numberOfRowsInSection:)	设置指定章节中，单元格行的数量
tableView(_:titleForHeaderInSection:)	设置章节的标题文字，返回结果为字符串。如果返回结果为 nil，则章节没有标题
sectionIndexTitlesForTableView(_:)	设置在表格右侧显示的索引序列的内容，返回结果为一个字符串数组
tableView(_:cellForRowAtIndexPath:)	初始化和复用单元格

在开始制作索引表格之前，需要首先创建索引表格所需的数据源。在前面 3 节中，制作的表格的数据源都是数组常量，本节将演示如何将一个字典对象作为表格的数据源。

事实上，表格通常具有各种各样的数据来源，比如加载文本文件和属性列表文件，将加载至内存的数据作为表格的数据源；或者访问远程服务器，将远程服务器返回的 JSON 或 XML 数据作为表格的数据源。

这里采用字典对象作为表格的数据源。字典对象的键作为 UITableView 的 Section，字典对象的值（数组）作为 Section 中单元格的内容。具体的实现代码如下所示。

```
import UIKit

class ViewController: UIViewController, UITableViewDataSource {

    var countries :Dictionary<String, [String]> = ["A": ["Afghanistan", "Albania", "Algeria", "Angola", "Australia", "Austria", "Azerbaijan"], "B":["Bangladesh","Belgium","Bhutan","Bolivia","Brazil","Bahrain", "Bulgaria"],"C":["Canada","Congo","Chile","China","Colombia","Cuba"],"D":["Denmark","Djibouti","Dominica"], "E":["Egypt","Estonia","Ethiopia"], "F":["Fiji","Finland","France"], "G":["Gambia","Germany","Greece"], "H":["Haiti","Honduras","Hungary"], "I":["India","Indonesia","Iran","Ireland","Iraq","Italy"], "J":["Jordan", "Japan"], "K":["Kazakhstan","Korea","Kuwait"], "L":["Laos","Libya","Lebanon"], "M":["Madagascar","Morocco", "Malaysia","Mexico","Mali","Mozambique"], "N":["Nepal","Netherlands","Nigeria","New Zealand"], "O": ["Oman"], "P":["Pakistan","Panama","Philippines","Portugal"], "Q":["Qatar"], "R":["Romania","South Africa", "Russia"], "S":["Serbia & Montenegro","Senegal","Singapore","Somalia","Switzerland"], "T":["Thailand", "Turkmenistan","Tunisia","Turkey"], "U":["United Arab Emirates","United States of America", "Uzbekistan"], "V":["Vanuatu","Venezuela","Vietnam"], "Y":["Yemen"], "Z":["Zambia","Zimbabwe"]]

    var keys:[String] = []

    override func viewDidLoad() {
        super.viewDidLoad()
        // Do any additional setup after loading the view, typically from a nib.

        keys = Array(countries.keys).sorted()

        let screenRect = UIScreen.main.bounds
        let tableRect = CGRect(x: 0, y: 20, width: screenRect.size.width, height: screenRect.size.height - 20)
        let tableView = UITableView(frame: tableRect)

        tableView.dataSource = self

        self.view.addSubview(tableView)
    }

    func numberOfSections(in tableView: UITableView) -> Int {
        return keys.count
```

```
26        }
27
28        func tableView(_ tableView: UITableView, numberOfRowsInSection section: Int) -> Int{
29            let subCountries = countries[keys[section]]
30            return (subCountries?.count)!
31        }
32
33        func tableView(_ tableView: UITableView, titleForHeaderInSection section: Int) -> String? {
34            return keys[section]
35        }
36
37        func sectionIndexTitles(for tableView: UITableView) -> [String]? {
38            return keys
39        }
40
41        func tableView(_ tableView: UITableView, cellForRowAt indexPath: IndexPath) -> UITableViewCell {
42
43            let identifier = "reusedCell"
44            var cell = tableView.dequeueReusableCell(withIdentifier: identifier)
45
46            if(cell == nil){
47                cell = UITableViewCell(style: UITableViewCellStyle.default, reuseIdentifier: identifier)
48            }
49
50            let subCountries = countries[keys[(indexPath as NSIndexPath).section]]
51            cell?.textLabel?.text = subCountries![(indexPath as NSIndexPath).row]
52
53            return cell!
54        }
55    }
```

在第 5 行代码中，初始化了一个字典对象作为表格对象的数据源，字典对象的键【A-Z】将作为章节的标题，键对应的值将作为所在章节的单元格的内容。

在第 7 行代码中，定义了一个名为 keys 的数组对象，它将用来存储按升序排列后的键名序列。这个数组的长度，将作为表格中章节的数目。

在第 13 行代码中，获得 countries 字典对象所有的键名，并转化为一个数组对象。由于字典对象的键名是无序排列的，所以接着又调用了数组对象的 sorted()方法，对数组进行升序排列。

在第 24～26 行代码中，实现了 numberOfSectionsInTableView(_:)方法，并返回键名数组的长度，作为表格中章节的数目。

在第 28～31 行的代码中，实现了 tableView(_:numberOfRowsInSection:)方法。在该代理方法中，首先根据 section 参数，获得 keys 数组中的键名。然后根据键名，获得字典对象中键名对应的键值，即国家名称的数组。最后返回数组的长度，作为指定章节的单元格数量。

在第 33～35 行的代码中，实现了 tableView(_:titleForHeaderInSection:)方法。该代理方法用来设置指定章节的标题文字。这里返回 keys 数组中的键名，作为章节的标题文字。

在第 37～39 行的代码中，实现了 sectionIndexTitlesForTableView(_:)方法。该代理方法用来设置表格右侧索引序列的内容。这里返回键名数组，作为索引序列的内容。

在 tableView(_:cellForRowAtIndexPath:)方法中的第 50 行代码中，首先根据 NSIndexPath 参数的 section 值，获得当前单元格所在的章节序号，然后根据章节序号，获得键名数组 keys 中指定位置的键名，再根据键名，获得键名在字典对象 countries 中的键值，也就是一个由国家名称组成的数组。接着根据 NSIndexPath 参数的 row 值，获得当前单元格所在章节中的行号，再根据行号获得对应的国家名称，最后设置单元格 UILable 属性的值为对应的国家名称，从而完成单元格的初始化和设置。

至此代码全部编写完成，点击 Xcode 左上角的【编译并运行】按钮 ▶ ，运行项目，点击右侧索引列表中的索引字符，观察表格视图的跳转。

最终效果如图 8.20 所示。

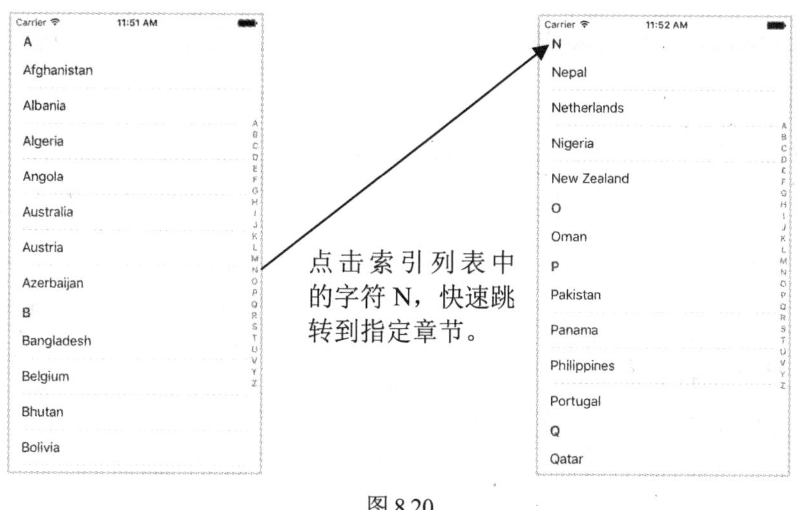

图 8.20

8.1.6　单元格的选择与取消选择

到目前为止，我们创建了 4 个 UITableView 表格，但是这些表格都是用来展示数据的，如果用户在表格上有任何点击操作的话，我们并不清楚用户点击了哪些单元格。

我们经常会遇到这样的业务场景：在创建的电子商务客户端中，需要使用 UITableView 显示一份产品列表，供用户选择购买；或者在一款 RPG 游戏中，显示一份每日任务清单，供玩家选择执行。类似的业务场景还有很多，所以给 UITableView 对象的单元格添加点击交互功能是非常重要的。

本节将制作一份《暗黑破坏神 3》游戏的难度清单，玩家在开始游戏前，需要通过难度清单，选择适合自己的游戏难度，具体的实现代码如下：

```
import UIKit

```

```
class ViewController: UIViewController, UITableViewDataSource, UITableViewDelegate{

    let diablo3Level = ["普通模式", "困难模式", "高手模式", "大师模式", "痛苦模式"]

    override func viewDidLoad() {
        super.viewDidLoad()
        // Do any additional setup after loading the view, typically from a nib.

        let screenRect = UIScreen.main.bounds
        let tableRect = CGRect(x: 0, y: 20, width: screenRect.size.width, height: screenRect.size.height - 20)
        let tableView = UITableView(frame: tableRect)

        tableView.dataSource = self
        tableView.delegate = self
        self.view.addSubview(tableView)
    }

    func tableView(_ tableView: UITableView, numberOfRowsInSection section: Int) -> Int{
        return diablo3Level.count
    }

    func tableView(_ tableView: UITableView, cellForRowAt indexPath: IndexPath)
        -> UITableViewCell {

            let identifier = "reusedCell"
            var cell = tableView.dequeueReusableCell(withIdentifier: identifier)

            if(cell == nil)
            {
                cell = UITableViewCell(style: UITableViewCellStyle.default,
                    reuseIdentifier: identifier)
            }

            cell?.textLabel?.text = diablo3Level[(indexPath as NSIndexPath).row]

            return cell!
    }

    func tableView(_ tableView: UITableView, didSelectRowAt indexPath: IndexPath) {
        let cell = tableView.cellForRow(at: indexPath)
        if(cell?.accessoryType == UITableViewCellAccessoryType.none){
            cell?.accessoryType = UITableViewCellAccessoryType.checkmark
```

```
45                 print("您选择了：\(cell?.textLabel?.text)")
46             }else{
47                 cell?.accessoryType = UITableViewCellAccessoryType.none
48                 print("您取消选择了：\(cell?.textLabel?.text)")
49             }
50         }
51 }
```

在第 3 行代码中，给当前的视图控制器类添加了 UITableViewDataSource 和 UITableViewDelegate 两个协议，前者用于设置表格的行数和初始化及复用 UITableViewCell 对象，后者用于具体处理单元格的选择事件。

在第 5 行代码中，定义了一个游戏难度的数组，作为 UITableView 对象的数据源。

在第 11～13 行的代码中，创建了一个指定显示区域的 UITableView 对象。

在第 15～16 行的代码中，设置了 UITableView 对象的数据源和代理，为当前的视图控制器对象。

然后在第 21 行代码中，设置了表格的行数为 diablo3Level 游戏难度数组的长度。

实现 UITableView 选择功能的核心代码位于第 41～50 行，在此实现了 tableView(_:didSelectRowAtIndexPath:)代理方法，该方法的两个参数的说明如表 8-7 所示。

表 8-7 tableView(_:didSelectRowAtIndexPath:)方法参数说明

参数	参数说明
tableView	当前处于交互状态的表格对象
indexPath	被选择的单元格所在的索引位置

在该方法中，首先通过表格对象的 cellForRowAtIndexPath()方法，获得在表格对象中被选中的单元格。接着判断被选中的单元格当前的附件类型为空，则设置单元格的附件类型为 Checkmark，同时在控制台输出被选中的游戏难度。

如果被点击的单元格对象已处于选中状态，则恢复其附件类型为空，同时在控制台输出日志，提示用户取消了对游戏难度的选择。其中 UITableViewCellAccessoryType 共有 4 种类型，如表 8-8 所示。

表 8-8 UITableViewCellAccessoryType 的五种类型

枚举类型	示例图
UITableViewCellAccessoryType.none	无
UITableViewCellAccessoryType.detailButton	ⓘ
UITableViewCellAccessoryType.detailDisclosureButton	ⓘ >
UITableViewCellAccessoryType.disclosureIndicator	>
UITableViewCellAccessoryType.checkmark	✓

最后点击 Xcode 左上角的【编译并运行】按钮 ▶ 运行项目，点击任一单元格，查看单元格的选中效果。

最终效果如图 8.21 所示。

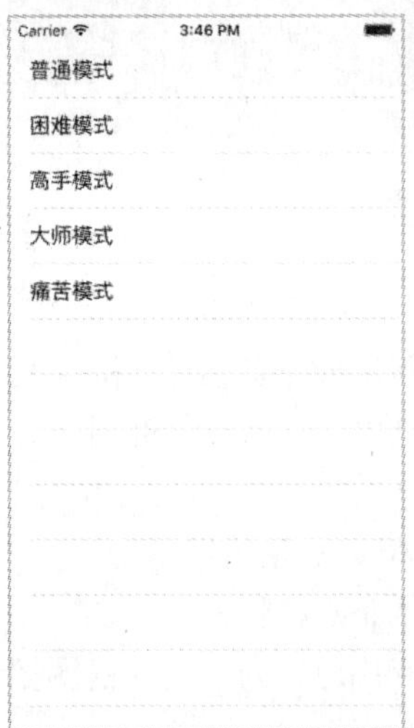

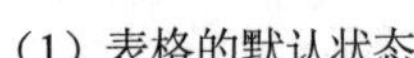
（1）表格的默认状态

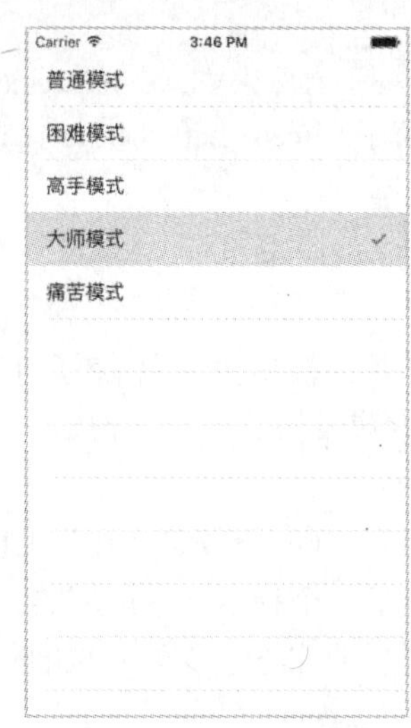

（2）点击选择大师模式的效果

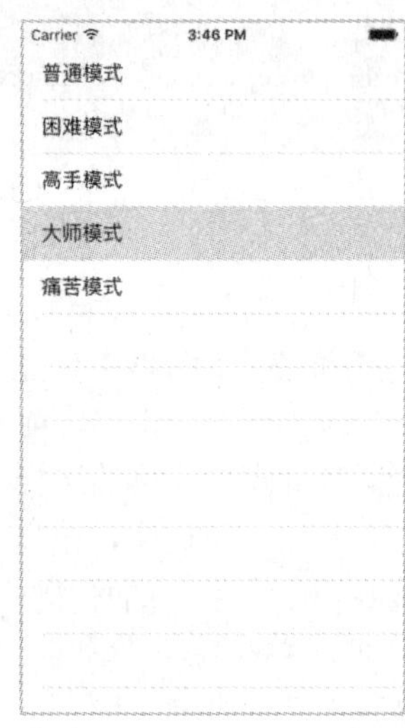

（3）再次点击大师模式取消选择

图 8.21

8.1.7 单元格的插入和删除

在讲解单元格的插入和删除之前，我们首先来了解下 UITableView 的设计模式，也是程序员使用最多的设计模式，即模型-视图-控制器模式（Model-View-Controller）。

- Model（模型）是应用程序中用于处理数据逻辑的部分。通常模型对象负责在数据源中存取数据。
- View（视图）是应用程序中处理数据显示的部分。通常视图是依据模型数据创建的。
- Controller（控制器）是应用程序中处理用户交互的部分。通常控制器负责从视图读取数据，控制用户输入，并向模型发送数据。

MVC 设计模式有助于管理复杂的应用程序，你可以在一段时间内，专门关注一个方面，例如你可以在不依赖业务逻辑的情况下，专注于视图设计。同时也让应用程序的测试更加容易，简化了分组开发。不同的开发人员可同时开发视图、控制器逻辑和业务逻辑。

这里有张可视化图表，可以帮助读者理解 UITableView 中 MVC 设计模式的应用，如图 8.22 所示。

游戏的难度信息都存储在单独的数组对象模型中，而 UITableView 对象则是被用户所看到的界面视图，它负责显示数据的所有视觉效果，例如文字大小、文字颜色等。

UITableViewController 则被看作 UITableView 表格和游戏难度信息数据模型之间的桥梁。当 UITalbeView 对象需要显示某行数据时，UITableView 对象首先向 UITableViewController 对象发送数据请求，然后由 UITableViewController 对象向数据模型请求获取指定的数据。

明白 UITableView 对象的 MVC 设计模式之后，接下来我们开始实现单元格的插入和删除操作。在 UITableView 中，插入一行单元格或者删除一行单元格，具体的操作流程如图 8.23 所示。

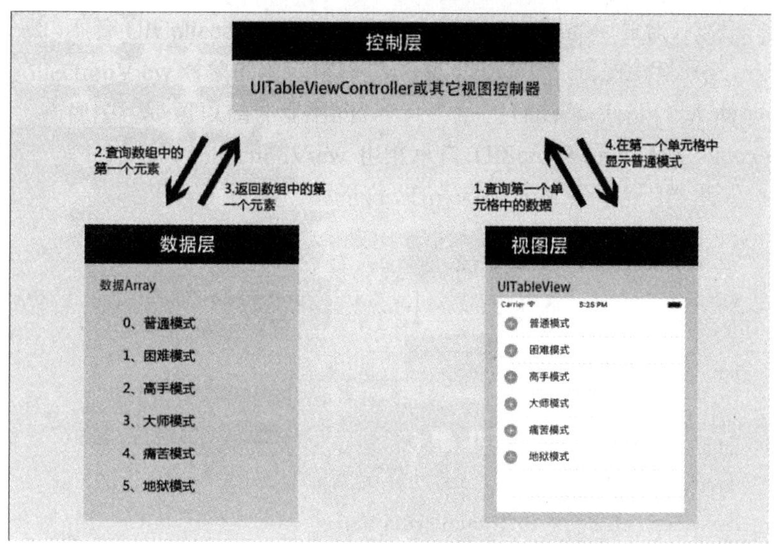

图 8.22

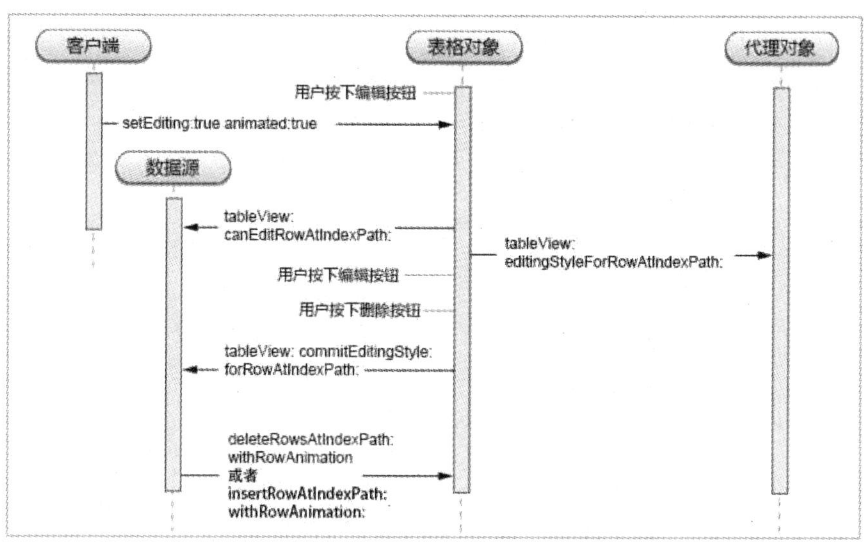

图 8.23

以插入单元格的功能为例，首先通过实现 tableView(_:editingStyleForRowAt:)方法，设置单元格的编辑模式为插入模式，然后当用户点击编辑按钮或者执行 setEditng(_:animated:)命令后，就会在单元格的左侧显示图标。

当用户点击图标后，代理对象就会调用 tableView(_:editingStyle:, forRowAt:)方法，最后在该方法中，调用表格对象的 insertRowAtIndexPath: withRowAnimation:方法，实现单元格的插入功能。具体的实现代码如下：

```
import UIKit

class ViewController: UIViewController, UITableViewDataSource, UITableViewDelegate{

```

```
    var diablo3Level = ["普通模式", "困难模式", "高手模式", "大师模式", "地狱模式"]

    override func viewDidLoad() {
        super.viewDidLoad()
        // Do any additional setup after loading the view, typically from a nib.

        let screenRect = UIScreen.main.bounds
        let tableRect = CGRect(x: 0, y: 20, width: screenRect.size.width, height: screenRect.size.height - 20)
        let tableView = UITableView(frame: tableRect)

        tableView.dataSource = self
        tableView.delegate = self
        tableView.setEditing(true, animated: true)
        self.view.addSubview(tableView)
    }

    func tableView(_ tableView: UITableView, numberOfRowsInSection section: Int) -> Int{
        return diablo3Level.count
    }

    func tableView(_ tableView: UITableView, cellForRowAt indexPath: IndexPath)
        -> UITableViewCell {

            let identifier = "reusedCell"
            var cell = tableView.dequeueReusableCell(withIdentifier: identifier)

            if(cell == nil){
                cell = UITableViewCell(style: UITableViewCellStyle.default,
                    reuseIdentifier: identifier)
            }

            cell?.textLabel?.text = diablo3Level[(indexPath as NSIndexPath).row]
            return cell!
    }

    func tableView(_ tableView: UITableView, editingStyleForRowAt indexPath: IndexPath) -> UITableViewCellEditingStyle {
        return UITableViewCellEditingStyle.insert
    }

    func tableView(_ tableView: UITableView, commit
        editingStyle: UITableViewCellEditingStyle, forRowAt indexPath: IndexPath) {
```

```
46              if editingStyle == UITableViewCellEditingStyle.insert{
47                  diablo3Level.insert("痛苦模式", at:indexPath.row)
48                  tableView.insertRows(at: [indexPath], with: UITableViewRowAnimation.right)
49
50              }
51          }
52  }
```

在第 3 行代码中，我们给当前的视图控制器类添加了 UITableViewDataSource、UITableViewDelegate 两个协议，前者用于设置表格的行数和初始化及复用 UITableViewCell 对象，后者用于具体处理单元格的插入操作。

接着在第 15～16 行的代码中，设置 UITableView 对象的数据源和代理为当前的视图控制器对象。

同时在第 17 行代码中，调用了 setEditing(animated:)方法。当调用该方法时，UITableView 视图将进入编辑模式，根据设置的编辑样式，显示相应的编辑图标或重新排序图标。该方法的两个参数的说明如表 8-9 所示。

表 8-9 UITableViewCellAccessoryType 的两种类型

枚举类型	说明
editing	当值为 true 时，表格视图进入编辑模式。默认值为 false，即非编辑模式
animate	当值为 ture 时，以动画的方式，平滑进入编辑模式。默认值为 false，即不显示任何动态效果，立刻进入编辑模式

在第 40～42 行代码中，实现了 tableView(_:editingStyleForRowAt:)代理方法，当 tableView 对象进入编辑模式以后，单元格上面究竟显示的是删除图标还是插入图标，除了跟单元格的编辑样式有关，还与该方法的返回值有关。该方法的返回值共有三种，如表 8-10 所示。

表 8-10 UITableViewCellEditingStyle 的三种类型

枚举类型	说明
UITableViewCellEditingStyle.none	单元格不显示任何编辑图标，为默认样式
UITableViewCellEditingStyle.delete	在单元格中显示删除图标，点击此图标，删除一行单元格
UITableViewCellEditingStyle.insert	在单元格中显示插入图标，点击此图标，插入一行单元格

实现插入单元格功能的核心代码位于第 44～51 行，此处实现了当用户点击插入图标后，调用 tableView(_:commit:, forRowAt:)代理方法。

在该方法中，首先检查当前的编辑操作是否为插入操作，如果是，先在表格对象的数据源数组中插入一条新的数据，以保持表格视图与数据源的数据一致性。接着调用表格对象的 insertRows (_:at:)方法，在指定索引位置的单元格处插入新的单元格。

这里需要解释一下 insertRows (_:at:)方法的两个参数，具体说明如表 8-11 所示。

现在我们已经完成了单元格插入功能的所有代码，点击 Xcode 左上角的【编译并运行】按钮，运行项目，然后点击单元格左侧的图标，插入一行单元格。

表 8-11 insertRows (_:at:)方法参数说明

参数名称	参数说明
at	该参数是一个 IndexPath 对象构成的数组[indexPath]，也就是说你可以将多个 IndexPath 对象构成一个数组，从而实现单元格的批量插入
animation	该参数用来设置当单元格被插入或删除时，所执行的动画样式。动画样式分为以下几种： • fade 待插入或删除的单元格，将以淡入或淡出的方式显示或移除 • right 待插入的单元格从右侧滑入，待删除的单元格从右侧滑出 • left 待插入的单元格从左侧滑入，待删除的单元格从左侧滑出 • top 待插入的单元格从顶部滑入，待删除的单元格从顶部滑出 • bottom 待插入的单元格从底部滑入，待删除的单元格从底部滑出 • none 待插入或删除的单元格，将采用默认的动画方式 • middle 表格视图将尽量使新旧单元格居中显示在曾经或将要停留的位置 • automatic 将由表格视图自身选择合适的动画方式

最终效果如图 8.24 所示。

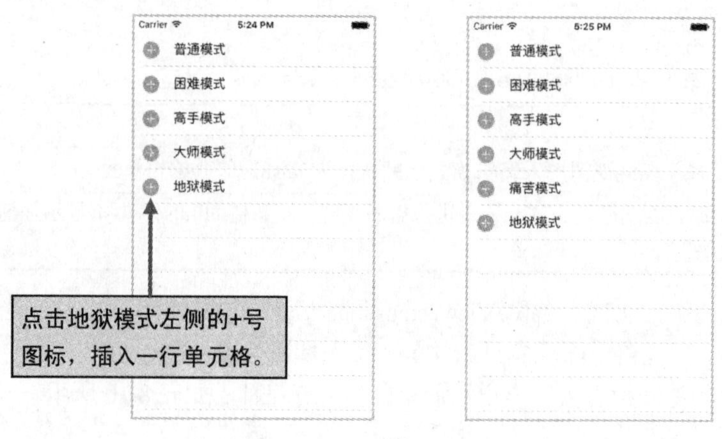

图 8.24

单元格的默认状态和开启编辑后的状态如图 8.25 所示。当单元格进入编辑模式后，contentView 会自动向右侧移动，给编辑图标腾出位置。如果在 contentView 中添加了子视图，并且子视图的 autoresizingMask 属性设置为随同父元素自动缩放的话，单元格默认的适配机制将自动调整 contentView 中子视图的位置。

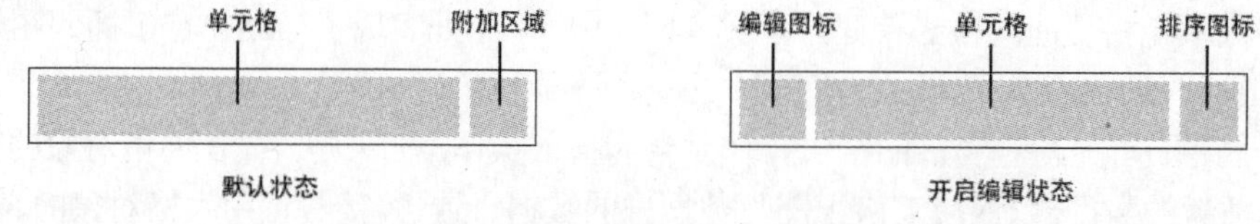

图 8.25

另外在进入编辑模式后，编辑图标区域将用来显示插入或者删除按钮，而附加区域将用来显示排序按钮。

我们已经实现了单元格的插入功能，现在来修改一下代码，实现单元格的删除功能。首先将第 42 行的代码：

```
return UITableViewCellEditingStyle.insert
```

修改为

```
return UITableViewCellEditingStyle.delete
```

即将单元格的编辑样式从插入样式设置为删除样式。

接着将 47～50 行的代码修改为

```
47  if editingStyle == UITableViewCellEditingStyle.delete{
48      diablo3Level.remove(at: indexPath.row)
49      tableView.deleteRows(at: [indexPath], with: UITableViewRowAnimation.right)
50  }
```

在上方的代码中，首先判断当前的编辑样式是否为删除样式，如果当前编辑样式为删除样式，则先删除位于数据源中指定位置的数据，以保持视图与数据源的数据一致性。

然后调用表格视图对象的 deleteRows (_:at:)方法，实现单元格的删除功能。其中该方法中的两个参数与表格对象的插入单元格方法 insertRows (_:at:)中的两个参数完全相同，这里不再详细解释。

代码修改完成后，再次点击 Xcode 左上角的【编译并运行】按钮，运行项目，然后点击单元格左侧的图标，删除一行单元格。

最终效果如图 8.26 所示。

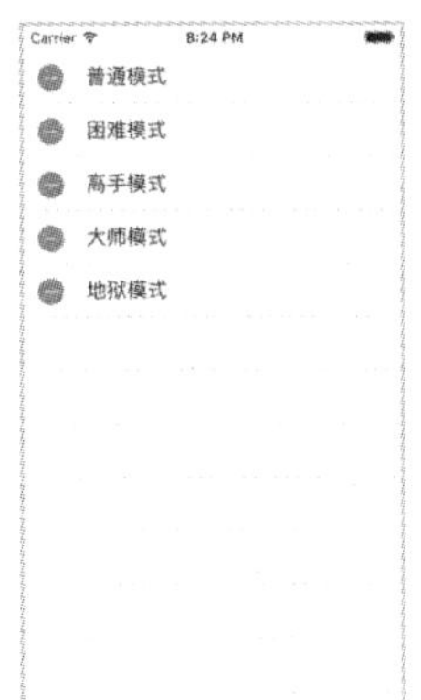

（1）表格的默认状态

（2）点击左侧的删除图标，在右侧显示 Delete 按钮

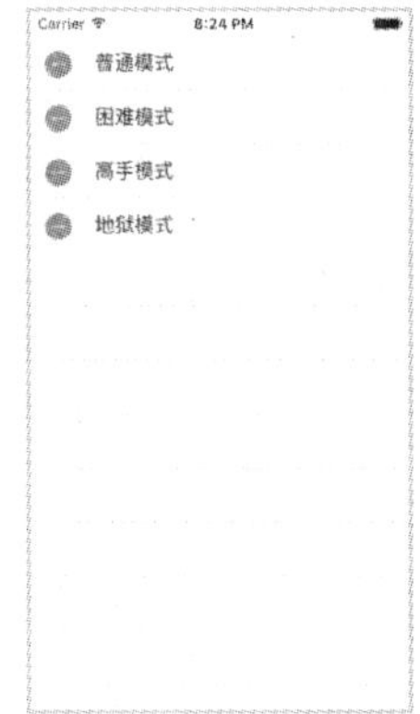

（3）最后点击 Delete 按钮，执行单元格的删除操作

图 8.26

8.1.8 移动单元格的位置

在上一节课程中，我们实现了单元格的插入与删除操作，本节课将实现单元格的重新排序 Reordering 功能。支持 Reordering 功能的 UITableView 表格，允许用户通过拖动位于单元格右侧的排序图标，来重新排列 UITableView 对象中的单元格。

UITableView 的 Reordering 功能用途比较广泛，例如在一款客户关系管理 App 的客户列表页面中，默认情况下是按客户加入的时间进行排序的，而 Reordering 功能则可以帮助 App 的使用者对客户按重要性、区域等属性进行自定义排列。

当用户拖动 Reordering 按钮时，具体的流程如图 8.27 所示。

从图 8.27 可以看出，当 UITableView 对象进入编辑模式后，UITalbeView 对象会对所有可见的单元格依次调用 tableView(_:canMoveRowAt:)代理方法，判断该单元格是否可以拖动，并且在单元格右侧显示拖动按钮。

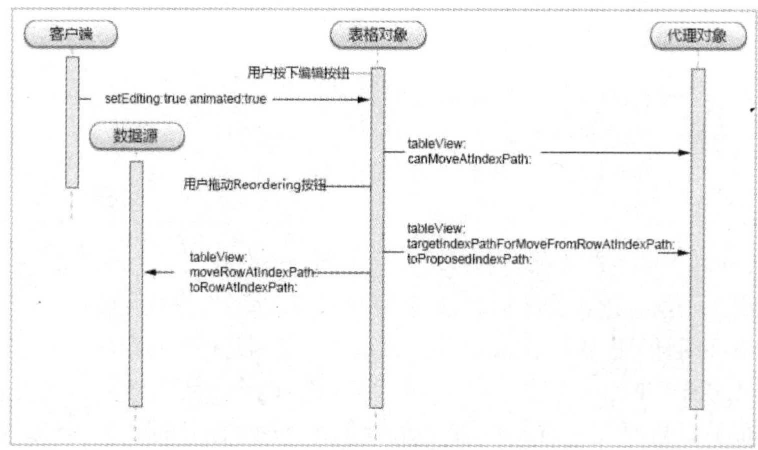

图 8.27

当用户拖动单元格右侧的拖动按钮时，被拖动的单元格每滑过一个其他单元格时，都会调用 tableView(_:targetIndexPathForMoveFromRowAt:toProposedIndexPath:)代理方法，来判断当前滑过的单元格是否可与被拖动的单元格进行替换。

当用户松开手指停止拖动单元格时，调用 tableView(_:moveRowAt:to:)**方**法，更新表格视图中单元格的顺序。

现在开始编写代码，实现 UITableView 的 Reordering 功能。

```
import UIKit

class ViewController: UIViewController, UITableViewDataSource, UITableViewDelegate{

    var customers = ["[普通客户]江炳林", "[普通客户]扶伽霖", "[普通客户]冈皑冰",
        "[金牌客户]符博富", "[普通客户]范姜臣华"]

    override func viewDidLoad() {
        super.viewDidLoad()
        // Do any additional setup after loading the view, typically from a nib.

        let screenRect = UIScreen.main.bounds
        let tableRect = CGRect(x: 0, y: 20, width: screenRect.size.width, height: screenRect.size.height - 20)
        let tableView = UITableView(frame: tableRect)

        tableView.dataSource = self
        tableView.delegate = self
        tableView.setEditing(true, animated: true)
```

```
19          self.view.addSubview(tableView)
20      }
21
22      func tableView(_ tableView: UITableView, numberOfRowsInSection section: Int) -> Int{
23          return customers.count
24      }
25
26      func tableView(_ tableView: UITableView, cellForRowAt indexPath: IndexPath)
27          -> UITableViewCell {
28
29              let identifier = "reusedCell"
30              var cell = tableView.dequeueReusableCell(withIdentifier: identifier)
31
32              if(cell == nil){
33                  cell = UITableViewCell(style: UITableViewCellStyle.default,
34                      reuseIdentifier: identifier)
35              }
36
37              cell?.textLabel?.text = customers[(indexPath as NSIndexPath).row]
38              return cell!
39      }
40
41      func tableView(_ tableView: UITableView, editingStyleForRowAt indexPath: IndexPath) ->
UITableViewCellEditingStyle {
42          return UITableViewCellEditingStyle.none
43      }
44
45      func tableView(_ tableView: UITableView, canMoveRowAt indexPath: IndexPath) -> Bool {
46          return true
47      }
48
49      func tableView(_ tableView: UITableView, moveRowAt sourceIndexPath: IndexPath, to
destinationIndexPath: IndexPath) {
50          let fromRow = (sourceIndexPath as NSIndexPath).row
51          let toRow = (destinationIndexPath as NSIndexPath).row
52          let customer = customers[fromRow]
53
54          customers.remove(at: fromRow)
55          customers.insert(customer, at: toRow)
56      }
57  }
```

在第 3 行代码中，给当前的视图控制器类添加了 UITableViewDataSource、UITableViewDelegate 两个协议，前者用于设置表格的行数、初始化和复用 UITableViewCell 对象，后者用于具体处理单元格的排序操作。

在第 5～6 行的代码中，给 UIViewController 类添加了一个数组属性，作为 UITableView 表格对象的数据源。

接着在第 16～17 行的代码中，设置 UITableView 对象的数据源和代理，为当前的视图控制器对象。

同时在第 18 行的代码中，调用了 setEditing 方法，开启单元格的编辑模式。reordering 控件将显示在单元格的右侧，并把 accessaryView 覆盖掉。用户通过上下拖动 reordering 控件，实现单元格的 reordering 功能。

在第 41～43 行的代码中，实现了 tableView(_:editingStyleForRowAt:)代理方法，并设置方法的返回值为 UITableViewCellEditingStyle.None，即隐藏单元格左侧的编辑按钮。

在第 45～47 行的代码中，实现了 tableView(_:canMoveRowAt:)代理方法，并返回 true 值，用来设置 UITableView 视图中的所有单元格都是可以被拖动的。

在第 49～56 行的代码中，实现了 tableView(_:moveRowAt:to:)代理方法。当用户松开手指，释放被拖动的单元格时，调用此方法。该方法的参数说明见表 8-12 所示。

表 8-12　tableView(_:moveRowAtIndexPath:toIndexPath:)的参数说明

参数	说明
tableView	当前被拖动的单元格所属的表格对象
fromIndexPath	当前被拖动的单元格的起始索引位置
toIndexPath	在表格视图中，处于拖动状态的单元格将要停留的目标索引位置

在该方法中，首先通过 50～51 行的代码，获得单元格的原始索引位置和目标索引位置，然后通过第 52 行的代码，获得在客户数组中被拖动的客户姓名。接着调用数组的 removeAtIndex: 方法，删除数组原始位置上的元素。最后调用数组的 insert(: atIndex)方法，将被拖动的客户姓名插入数组中的目标位置，以保持视图层与数据源层的数据同步。

现在我们已经完成了单元格 reordering 功能的所有代码，点击 Xcode 左上角的【编译并运行】按钮▶运行项目，然后按下最后一行单元格右侧的☰图标，并向上拖动该单元格至 UITableView 视图的最上方，同时观察拖动过程中，被拖动的单元格与滑过的单元格之间的动态替换效果。

最终效果如图 8.28 所示。

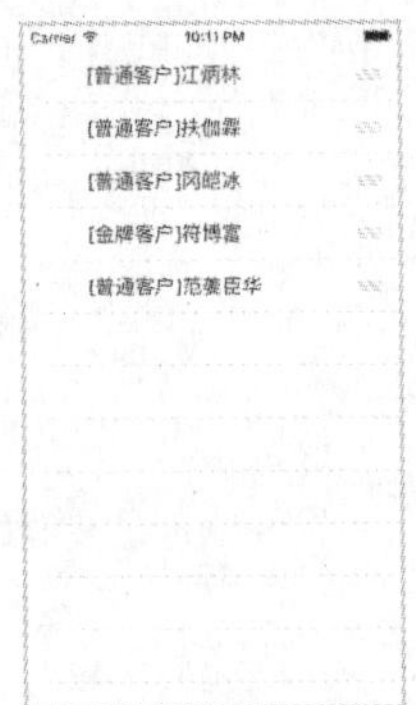

（1）表格的默认状态

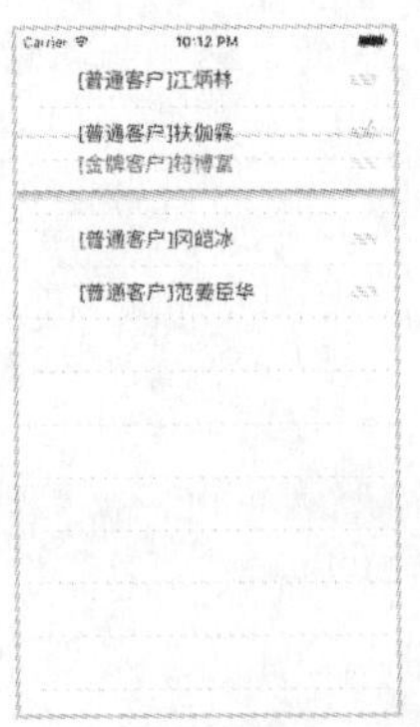

（2）向上拖动右侧的删除图标

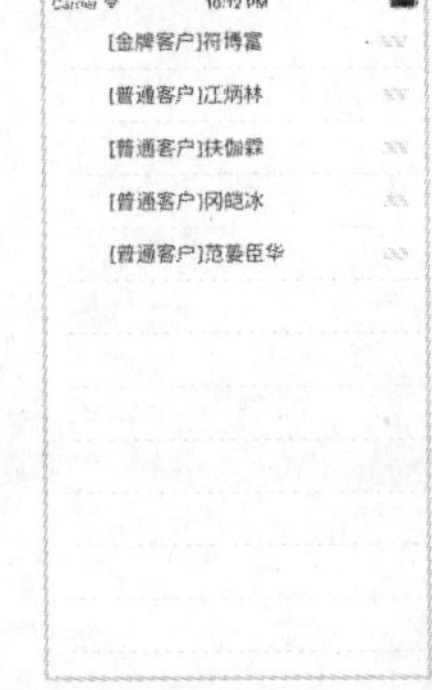

（3）当拖动到最上方的单元格时，松开手指

图 8.28

8.1.9 表格之间的嵌套

前面我们制作了各种各样的表格，但是这些表格都是采用基本的布局方式，无法应付一些复杂的场景。

如果你使用过 Office 办公套件中的 Word 软件，那么一定知道可以在一个表格中嵌套另一个表格，从而进行复杂文档的排版操作。

表格之间的嵌套在网页设计中应用得更加广泛。如图 8.29 所示，网页设计师首先创建一个外层表格，外层表格拥有两行单元格，每个单元格放置某一分类的新闻。

然后在每行单元格中，继续添加另一个表格，该表格中的每一行单元格分别放置一条新闻标题。

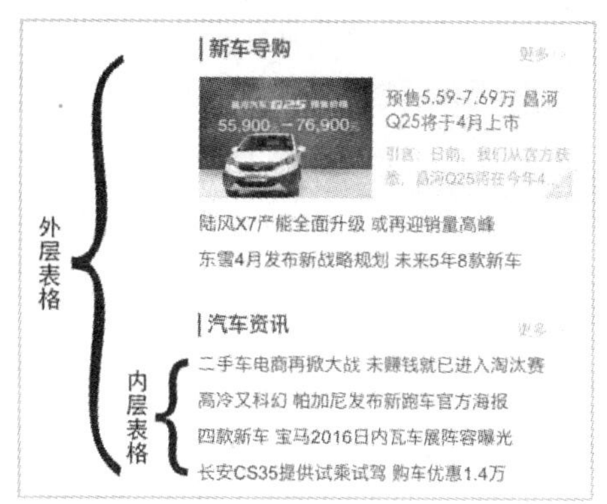

图 8.29

使用表格嵌套的方式进行页面排版，具有整齐美观、结构分明的特点。

本节将演示如何在iOS项目中，制作嵌套的UITableView表格。该表格的偶数行（UITalbeView的行数从 0 开始）为普通的 UITableVieCell 单元格，用来显示新闻的标题文字。表格的偶数行为自定义的单元格，该单元格拥有一个 UITableView 对象，用来显示网友对新闻的评论信息。

本项目就从创建自定义的 CustomizeUITableViewCell 类开始，具体的操作步骤参考第 8.1.3 节中的讲解。

CustomizeUITableViewCell.swift 文件创建完成后，打开该文件并输入以下代码：

```
import UIKit

class CustomizeUITableViewCell: UITableViewCell, UITableViewDataSource, UITableViewDelegate {

    var tableView : UITableView!;
    var comments : [String] = []

    override init(style: UITableViewCellStyle, reuseIdentifier: String?) {

        super.init(style: style, reuseIdentifier: reuseIdentifier);

        tableView = UITableView(frame: CGRect(x: 20, y: 0, width: 280, height: 90))
        tableView.dataSource = self
        tableView.delegate = self
        tableView.isScrollEnabled = false;

        self.addSubview(tableView)
    }

    func tableView(_ tableView: UITableView, numberOfRowsInSection section: Int) -> Int{
```

```
            return comments.count
    }

    func tableView(_ tableView: UITableView, cellForRowAt indexPath: IndexPath)
            -> UITableViewCell {
                let identifier = "reusedCell"
                var cell = tableView.dequeueReusableCell(withIdentifier: identifier)

                if(cell == nil){
                    cell = UITableViewCell(style: UITableViewCellStyle.default,
                        reuseIdentifier: identifier)
                }
                cell?.textLabel?.text = comments[(indexPath as NSIndexPath).row]
                cell?.textLabel?.font = UIFont.systemFont(ofSize: 12)
                cell?.textLabel?.textColor = UIColor.gray
                cell?.textLabel?.numberOfLines = 0;
                return cell!
    }

    func tableView(_ tableView: UITableView, heightForRowAt indexPath: IndexPath)
            -> CGFloat {
            let subComments = comments[(indexPath as NSIndexPath).row]
            let size = subComments.boundingRect(with: CGSize(),
                options: NSStringDrawingOptions.usesFontLeading, attributes: nil, context: nil);
            let cellHeight =    size.height*size.width/170
            if(cellHeight < 30){
                return 30
            }else{
                return cellHeight
            }
    }

    func setCommentsForTable(_ comments:[String]){
            self.comments = comments

            var tableHeight:CGFloat = 0
            for i in 0 ..< comments.count
            {
                let size = comments[i].boundingRect(with: CGSize(),
                    options: NSStringDrawingOptions.usesFontLeading, attributes: nil, context: nil);
                tableHeight += size.height*size.width/170
            }
            tableView.frame = CGRect(x: 20, y: 0, width: 280, height: tableHeight + 50)
```

```
64            tableView.reloadData()
65        }
66
67        func getMyHeight()->CGFloat{
68            return tableView.frame.size.height
69        }
70
71        required init(coder aDecoder: NSCoder) {
72            fatalError("init(code:)has not brrn implomented");
73        }
74    }
```

在第 5 行代码中，为当前的自定义单元格类添加了一个 tableView 属性，可在后面的代码中对该属性进行初始化和各种设置操作。同时在之后的代码中，为了方便根据评论文字的多少重新设置 tableView 的高度，将 tableView 元素提取为当前类的一个属性。

在第 6 行的代码中，添加了一个字符串数组，作为 tableView 元素的数据源。该数组的初始值为空。

在第 15 行代码中，将 tableView 对象的 scrollEnabled 属性设置为 false，禁止 tableView 的滚动。这样，当手指在该 tableView 上方滑动时，最外层的 tableView 会跟随手指滑动；否则的话，当前 tableView 对象将跟随手指滑动，而外层的 tableView 对象将保持静止的状态。

在第 33～36 行的代码中，依次设置了单元格中文本标签对象的文字内容、文字大小、文字颜色和行数限制等属性。其中将标签对象的 numberOfLines 属性设置为 0，表示不限制标签对象中文字的行数。如果不设置标签对象的 numberOfLines 属性，那么无论文字多少，标签对象仅显示一行数据，并在行尾显示...省略号的字样。

在第 40～51 行的代码中，实现了 tableView(_:heightForRowAtIndexPath:)代理方法，用来设置指定索引位置的单元格的高度。这里根据该单元格将要显示的文字的多少，来设置相应的高度。具体的实现步骤如下：首先根据索引位置，获得数据源中指定位置的评论信息。

然后调用字符串对象的 boundingRectWithSize(_:options:context:)方法，获得绘制该字符串所需的矩形区域的大小。该方法具体的参数说明见表 8-13 所示。

表 8-13　boundingRectWithSize(_:options:context:)方法的参数说明

参数	说明
size	表示在计算文本绘制所占据的矩形区域时的宽度和高度约束
options	在渲染文本时需要应用的一些附加选项，具体的 4 个选项如下所示： • TruncatesLastVisibleLine　如果文本不匹配指定的范围，则进行截取操作，并在最后一个可见行的末尾添加省略号 • UsesLineFragmentOrigin　绘制字符串时指定的原点是线片段原点，而不是基准原点 • UsesFontLeading　使用字体的字冠信息计算行高 • UsesDeviceMetrics　在计算布局时，使用字形边界而不是排版边界
attributes	字符的样式信息，如字体下划线、阴影、描边宽度等
context	上下文信息，包含如何调整字间距以及缩放等信息，该对象包含的信息最终将用于文本绘制

当计算出文字的绘制区域尺寸后，就可以计算出单元格的行高数值了。通过公式size.height*(size.width/170)，计算出显示所有评论信息所需要的单元格的高度数值。其中通过size.width/170 计算出大致有多少行文字，然后再乘以 size.height 即文字每行的高度，得出文字区域总的绘制高度。最后再判断如果该高度数值小于 30，则仍旧使用 30 的单元格高度，以设置单元格的最小高度数值。

在第 53～65 行的代码中，添加了一个方法 setCommentsForTable()，该方法拥有一个字符串数组类型的参数，用于设置表格对象的数据源。当设置表格对象的数据源之后，需要根据数据源中评论信息的文字数量，重新设置表格对象的高度数值。

计算表格高度数值的代码如下：

```
58  for i in 0 ..< comments.count
59  {
60      let size = comments[i].boundingRect(with: CGSize(),
61                 options: NSStringDrawingOptions.usesFontLeading, attributes: nil, context: nil);
62      tableHeight += size.height*size.width/170
63  }
64  tableView.frame = CGRect(x: 20, y: 0, width: 280, height: tableHeight + 50)
65  tableView.reloadData()
```

这里和计算一个单元格高度的方法相同，通过一个 for 循环语句，把表格中所有的单元格的高度都分别计算一次，然后把结果累加起来作为表格的高度，最后把累加后的高度数值赋予当前的 tableView 对象。注意在第 64 行的代码中，将表格的高度额外增加 50，这样可以使表格对象避免过于拥挤。

最后调用 tableView 对象的 reload()方法，重新加载表格对象。调用该方法，可以重新加载表格的数据源，并重新生成表格对象中的所有章节头部标题、章节尾部内容、索引序列以及单元格的内容。基于执行效率的考量，每次执行该方法时，tableView 对象仅仅重新绘制可见的内容。

这样我们就完成了自定义单元格的编码工作。现在继续编写代码，在 ViewController.swift 文件中创建一个嵌套表格。具体的代码如下所示（其中第 7 行的 comments 变量值较长，限于篇幅这里仅显示省略文字的字样，具体内容可查看示例项目代码）：

```
1   import UIKit
2
3   class ViewController: UIViewController, UITableViewDataSource, UITableViewDelegate {
4
5       var articles = ["微软有哪些「黑历史」？", "苹果有哪些黑科技？", "巴宝莉和 Apple TV 强强
联手推出天台秀直播"]
6       var comments = [["省略的文字", "省略的文字"],["省略的文字", "省略的文字"],["省略的文字",
"省略的文字"]]
7
8       override func viewDidLoad() {
9           super.viewDidLoad()
10          // Do any additional setup after loading the view, typically from a nib.
11
```

```
        let screenRect = UIScreen.main.bounds
        let tableRect = CGRect(x: 0, y: 20, width: screenRect.size.width, height: screenRect.size.height - 20)
        let tableView = UITableView(frame: tableRect)

        tableView.dataSource = self
        tableView.delegate = self
        tableView.separatorStyle = UITableViewCellSeparatorStyle.none

        self.view.addSubview(tableView)
    }

    func tableView(_ tableView: UITableView, numberOfRowsInSection section: Int) -> Int{
        return articles.count * 2
    }

    func tableView(_ tableView: UITableView, cellForRowAt indexPath: IndexPath)
        -> UITableViewCell {

            let cellForArticle = "cellForArticle"
            let cellForComments = "cellForComments"

            var cell1:UITableViewCell?;
            var cell2:CustomizeUITableViewCell?;

            if (indexPath as NSIndexPath).row % 2 == 0{
                cell1 = tableView.dequeueReusableCell(withIdentifier: cellForArticle)
                if cell1 == nil{
                    cell1 = UITableViewCell(style: UITableViewCellStyle.default,
                        reuseIdentifier: cellForArticle)
                }
                cell1?.textLabel?.text = articles[(indexPath as NSIndexPath).row/2]
                cell1?.textLabel?.font = UIFont.systemFont(ofSize: 16)
                cell1?.textLabel?.textColor = UIColor.lightGray
                cell1?.backgroundColor = UIColor.black
                return cell1!
            }else{
                cell2 = tableView.dequeueReusableCell(withIdentifier: cellForComments) as? CustomizeUITableViewCell
                if cell2 == nil{
                    cell2 = CustomizeUITableViewCell(style: UITableViewCellStyle.default,
                        reuseIdentifier: cellForComments)
                }
                let subComments = comments[(indexPath as NSIndexPath).row/2]
```

```
54                  cell2?.setCommentsForTable(subComments)
55                  return cell2!
56              }
57      }
58
59      func tableView(_ tableView: UITableView, heightForRowAt indexPath: IndexPath) -> CGFloat {
60          if (indexPath as NSIndexPath).row % 2 == 0{
61              return 40
62          }else{
63              let subComments = comments[(indexPath as NSIndexPath).row/2]
64              var cellHeight:CGFloat = 0
65              for i in 0 ..< subComments.count
66              {
67                  let size = subComments[i].boundingRect(with: CGSize(), options: NSStringDrawingOptions.usesFontLeading, attributes: nil, context: nil);
68                  cellHeight += size.height*(size.width/170)
69              }
70              return cellHeight + 50
71          }
72      }
73  }
```

在第 5～6 行的代码中，分别添加了两个数组属性，其中 articles 数组包含三条新闻的标题内容。Comments 数组中，又包含了三个字符串数组，每个字符串数组对应一条新闻的所有评论信息。限于篇幅，这里对评论文字进行了缩略处理，具体的内容可查看光盘中的代码。

在第 18 行代码中，设置了 tableView 对象的 separatorStyle 属性，并把该属性设置为 UITableViewCellSeparatorStyle.none，即不显示单元格之间的分隔线，以避免和内层 tableView 中的单元格分隔线混淆。

注意在第 23～25 行的代码中，实现了 tableView(_:numberOfRowsInSection:)方法，并设置单元格的行数为 articles 数组长度的 2 倍。这是因为我们创建的表格，其偶数行用来显示新闻标题，奇数行用来显示新闻评论，所以这里设置单元格的数量为数组长度的 2 倍。

使用表格嵌套的核心代码在第 27～57 行之间。首先在第 30～31 行代码中，定义了两个字符串变量，表示两种类型的单元格。第一种类型的单元格为普通的 UITableViewCell 单元格，用于显示新闻的标题；第二种类型的单元格为自定义的 CustomizeUITableViewCell 单元格，该单元格包含一个 UITableView 子元素，用于显示某条新闻所属的所有评论信息。

在第 33～34 行的代码中，分别创建了这两种类型的单元格对象。

在第 36～46 行的代码中，判断如果当前单元格是偶数行，则创建普通的 UITableViewCell 单元格对象，并依次设置单元格的文本标签的内容、文字的字体大小、文字的颜色。需要注意的是，在获取数组中的字符串元素时，需要将当前单元格的索引序号除以 2。同时在第 45 行的代码中，设置单元格的背景颜色为黑色。

在第 48～55 行的代码中，设置奇数行的单元格为 CustomizeUITableViewCell 类型的单元格。然后将当前单元格的索引位置除以数字 2，获得该单元格需要显示的评论数组。接着调用自定义单元格对象的 setCommentsForTable()方法，设置自定义单元格中 UITableView 对象的数据源为刚刚获得的评论数组对象。

到这里就完成了嵌套表格对象的构建工作，接下来还需要设置外层表格的单元格的高度。通过第 60～61 行的代码可知，对于用来显示新闻标题的单元格来说，可以将其高度设置为固定值，但是对于用来显示评论信息的单元格来说，其高度应根据评论文字内容的多少而动态变化。其单元格高度的计算方式与内层表格高度的计算方法一样，这里就不再赘述。

现在已经完成了实现嵌套表格的所有代码，点击 Xcode 左上角的【编译并运行】按钮 ▶ 运行项目，然后使用手指向上滑动表格，查看所有的评论信息。最终的效果如图 8.30 所示。

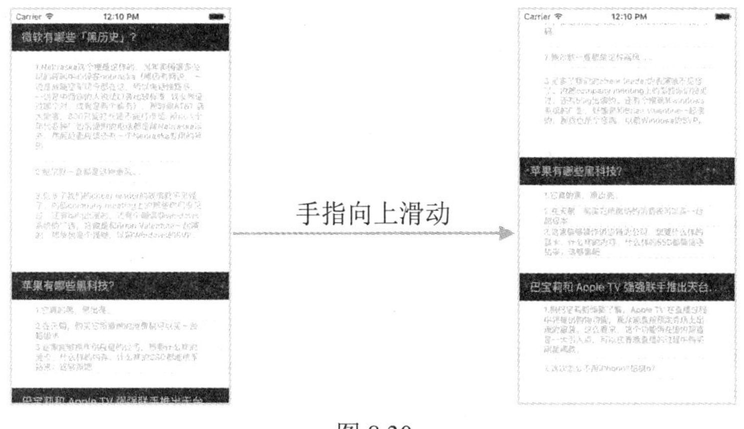

图 8.30

8.2　UICollectionView 概述

在 8.1 节中我们通过 9 个实例，详细讲解了 UITableView 视图的使用方法。

本节将讲解另一个相似的组件：UICollectionView。通过本节内容的学习，能够掌握 UICollectionView 与 UItableView 两者之间的相似处和彼此之间的差异。

使用 UITableView 可以使 App 向用户方便、灵活地展示大量的数据。在 Apple 技术团队多年的支持下，UITableView 已经拥有了丰富、实用的 API 接口，但是其最大的特点，是将所有的内容都以上下相连的方式排列在一栏（one column）的滚动列表之中，这就使得 UITableView 的布局有了很大的局限性。

UICollectionView 和 UICollectionViewController 类是 iOS 6 新引进的 API，用于展示集合视图，其布局更加灵活，可实现多列布局，用法类似于 UITableView 和 UITableViewController 类。

简单来说，可以把 UICollectionView 理解成多列的 UITableView。如果你用过 iBooks 的话，那么应该对书架布局还有一定的印象：一个虚拟书架上，放着下载和购买的各类图书，整齐排列。其实这就是一个很典型的 UICollectionView 的表现形式，如图 8.31 所示。最简单的 UICollectionView 就是一个格子，每个格子里面放置一个 item。

除了 iBooks，iOS 系统的照片也是一个不错的 UICollectionView 案例，如图 8.32 所示。

图 8.31

图 8.32

8.2.1 UICollectionView 的实现原理

UICollectionView 类负责管理数据的有序集合，并使用自定义布局的模式来呈现这些数据。UICollectionView 可以用于实现多列网格、平铺的布局、圆形的布局和更多的自定义布局，如果你愿意，甚至可以动态地改变它的布局。

当添加一个集合视图到用户界面之后，应用程序的主要工作就是管理与该集合视图相关联的数据。该集合视图的数据源对象，需要遵守 UICollectionViewDataSource 协议，并初始化和复用集合视图中的单元格。例如，在一款图书阅读 App 中，在每个单元格中，都需要放置一张图片的封面照片，集合视图使用一个单元格来呈现一本书。

标准的 UICollectionView 对象包括三个部分：Cells、Supplementary Views、Decoration Views，这三个部分都是 UIView 的子类，如图 8.33 所示。

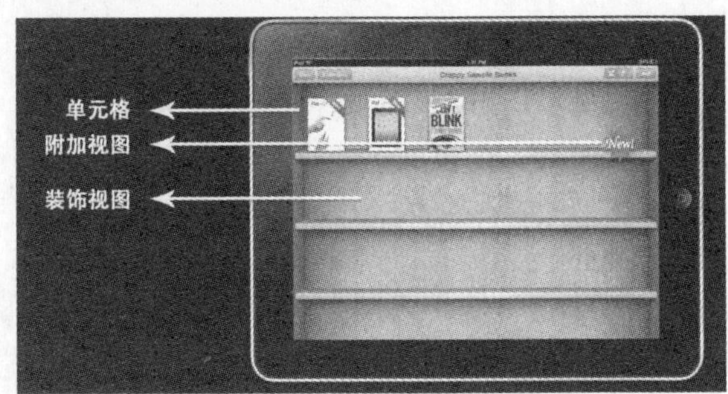

图 8.33

这三部分的主要功能说明如表 8-14 所示。

表 8-14　UICollectionView 对象的三个组成部分

名称	说明
Cells	单元格，作为展示内容的主体存在，对于不同的 cell 可以指定不同尺寸和不同的内容
Supplementary Views	附加视图，如同 UITableView 对象中，每个章节的 Header 或 Footer 视图区域，用来设置每个章节的视图
Decoration Views	装饰视图或背景视图，用来设置每个章节的背景视图，见图 8.33

需要说明的是，不管 UICollectionView 对象多么复杂、布局如何变化，这三个部分都是始终存在的，并且 UICollectionView 对象的单元格除了能像 UITableView 中的单元格一样可以复用外，它的附加视图和装饰视图也是可以循环复用的。

和 UITableView 一样，UICollectionView 也继承自 UIScrollView。UICollectionView 与其他类的关系如图 8.34 所示。

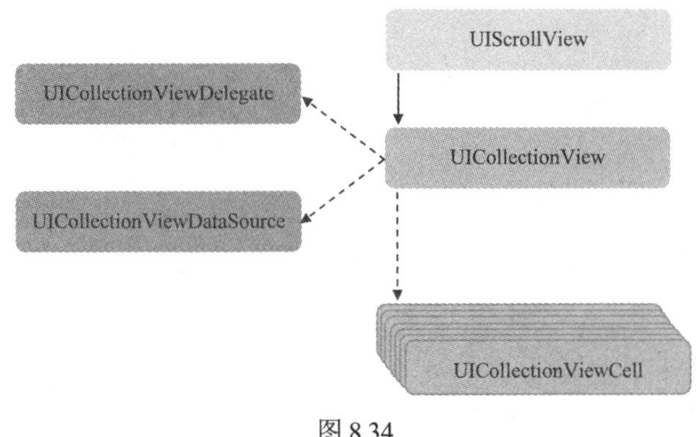

图 8.34

从图 8.34 可以看出：

- UICollectionView 类继承自 UIScrollView 类。
- UICollectionView 的代理对象需遵循 UICollectionViewDelegate 和 UICollectionViewDataSource 两个协议。
- UICollectionView 同时包含并管理其内部的所有 UICollectionViewCell 对象。

8.2.2 创建一个 UICollectionView 对象并添加点击事件

上一节，介绍了 UICollectionView 的使用范围和内部机制，本节将通过具体的 UICollectionView 实例，更深入地讲解 UICollectionView 的核心概念。

该实例将创建一个相册应用，该相册支持触摸事件。相册中的图像的透明度默认为半透明，当用户使用手指触摸某个单元格时，该单元格中的图像将恢复透明度，从而实现点击图像后，图像进行高亮显示的效果。

此实例中将使用 UICollectionView 的 UICollectionViewFlowLayout 默认布局模式，除了该布局模式之外，UICollectionView 还具有堆叠布局（如图 8.35 所示）、圆形布局（如图 8.36 所示）和 Cover Flow 布局模式（如图 8.37 所示）。

图 8.35

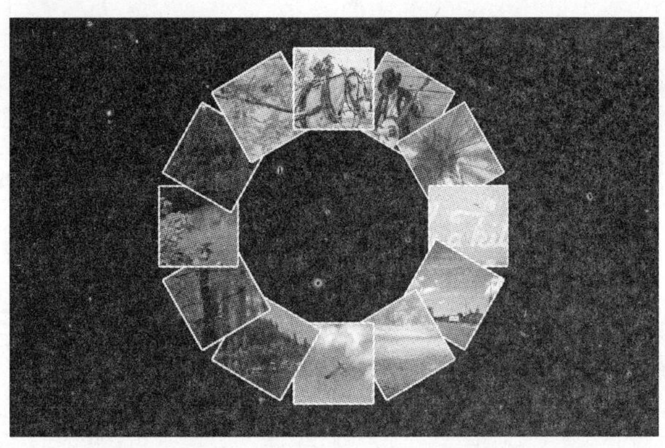

图 8.36

图 8.37

在开始编写代码前，需要往项目中导入要用到的图片素材，首先在 Xcode 左侧的项目导航区，打开 Assets.xcassets 文件夹，同时打开图片所在的磁盘位置，如图 8.38 所示。

图 8.38

然后将文件夹中的所有图片，拖动至 Assets.xcassets 文件夹中，结果如图 8.39 所示。

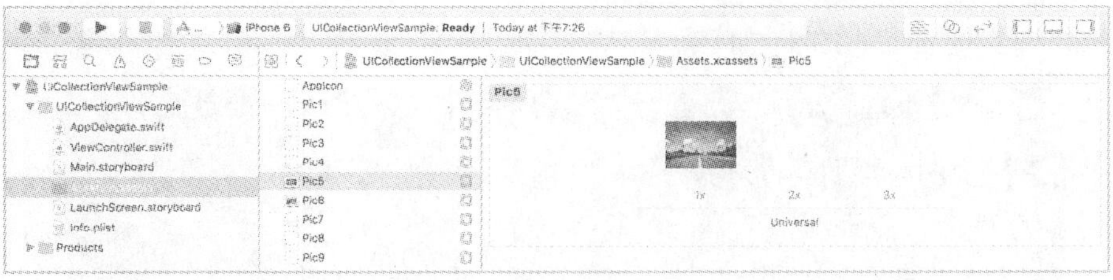

图 8.39

接着打开 Xcode 左侧项目导航区的 ViewController.swift 文件，开始编写代码，本实例具体的实现代码如下：

```
import UIKit

class ViewController: UIViewController, UICollectionViewDataSource, UICollectionViewDelegate {

    var images = ["Pic1", "Pic2", "Pic3", "Pic8", "Pic5", "Pic6", "Pic7", "Pic4", "Pic9"]

    override func viewDidLoad() {
        super.viewDidLoad()
        // Do any additional setup after loading the view, typically from a nib.
        let screenRect = UIScreen.main.bounds
        let rect = CGRect(x: 0, y: 20, width: screenRect.size.width, height: screenRect.size.height - 20)

        let flowLayout = UICollectionViewFlowLayout()
        flowLayout.itemSize = CGSize(width: 155, height: 135)
        flowLayout.scrollDirection = UICollectionViewScrollDirection.vertical

        let collectionView = UICollectionView(frame: rect, collectionViewLayout: flowLayout)

        collectionView.dataSource = self
        collectionView.delegate = self
        collectionView.register(UICollectionViewCell.classForCoder(), forCellWithReuseIdentifier: "reusedCell")
        self.view.addSubview(collectionView)
    }

    func collectionView(_ collectionView: UICollectionView, numberOfItemsInSection section: Int) -> Int {
        return images.count
    }

    func collectionView(_ collectionView: UICollectionView, cellForItemAt indexPath: IndexPath) -> UICollectionViewCell {

        let identifier = "reusedCell"
        let cell = collectionView.dequeueReusableCell(withReuseIdentifier: identifier, for: indexPath)

        let imageView:UIImageView? = cell.viewWithTag(1) as? UIImageView
        if imageView == nil{
            let image = UIImage(named: images[(indexPath as NSIndexPath).row])
            let imageView = UIImageView(image: image)
            imageView.frame = CGRect(x: 0, y: 0, width: 150, height: 135)
            imageView.layer.opacity = 0.5
            imageView.tag = 1
            cell.addSubview(imageView)
        }else{
```

```
43                  imageView?.image = UIImage(named: images[(indexPath as NSIndexPath).row])
44              }
45
46              return cell
47          }
48
49          func collectionView(_ collectionView: UICollectionView, didSelectItemAt indexPath: IndexPath) {
50              let cell = collectionView.cellForItem(at: indexPath)
51              let imageView = cell?.viewWithTag(1)
52              imageView?.layer.opacity = 1.0;
53          }
54  }
```

在第 5 行代码中，为当前的视图控制器类添加了一个数组属性 images，并对数据进行初始化操作，将 9 张图片的名称存储在该数组中，该数组将作为 UICollectionView 对象的数据源。

与 UITableView 不同的是，在创建 UICollectionView 对象时，需要设置 UICollectionView 对象的布局模式。在第 13 行的代码中，创建了一个 UICollectionViewFlowLayout 布局模式对象。该布局对象以网格的方式对 item 进行排列，并可以为每个章节设置头部和尾部内容。网格中的 item 按行和例进行紧密排列，并根据 cell 的尺寸信息，在一行中尽可能多地放 cell。另外，cell 的尺寸可以相同，也可以不同。

创建完 UICollectionViewFlowLayout 布局模式对象后，在第 14 行的代码中，设置了布局对象的 itemSize 属性，该属性用来设置 cell 的默认尺寸信息。如果没有设置该属性，则布局对象将采用(50.0, 50.0)的尺寸渲染 cell。

在第 15 行代码中，设置布局对象的 scrollDirection 属性为垂直方向，即集合视图可以在垂直方向上进行滑动。网格只能在一个方向轴上进行滑动，要么是垂直方向，要么是水平方向。

接着在第 17 行代码中，创建了一个 UICollectionView 对象，并设置对象的位置和尺寸，以及布局模式信息。并在第 18～19 行的代码中，依次设置 UICollectionView 对象的数据源和代理对象，为当前的视图控制器对象。

注意在第 20 行代码中，我们调用了集合对象的 registerClass(_:forCellWithReuseIdentifier:)方法，由于集合对象是通过代码生成的，而不是通过故事板或 NIB 文件生成，所以需要注册一个 UICollectionViewCell 类，不然在初始化新的 UICollectionViewCell 时会发生错误。同时要注意 forCellWithReuseIdentifier:参数的值，该值应与创建 UICollectionViewCell 对象时的重用标志字符串相同。

在第 25～27 行的代码中，实现了 collectionView(_:numberOfItemsInSection:)代理方法，用来设置指定章节中 item 的数目。由于集合对象默认拥有一个章节，所以这里设置的是第一个章节中的 item 的数目。这个和 tableView(:numberOfRowsInSection:)代理方法类似。

在第 29～47 行的代码中，初始化并复用了 UICollectionViewCell 对象。首先在第 32 行的代码中，创建一个字符串对象，其值与调用集合对象的 registerClass(_:forCellWithReuseIdentifier:)方法的参数 forCellWithReuseIdentifier 的值相同。然后通过 collectionView 的 dequeueReusableCell (withIdentifier:)方法，获得在集合视图中可重复使用的 cell。

同时检查 cell 中是否存在 tag 值为 1 的 UIImageView 对象，如果不存在该 UIImageView 对象，则给 cell 添加一个新的 UIImageView 对象。然后根据当前 cell 的索引位置，从数据源数组中获得图片的名称。根据图片名称加载 Assets.xcassets 中的图片，并将加载后的图片赋予 UIImageView 对象。

接着在第 38～40 行的代码中，依次设置 UIImageView 对象的位置和尺寸，层的透明度为 0.5，以及给 UIImageView 对象指定 tag 值。

在第 50～55 行的代码中，实现了 UICollectionViewDelegate 协议中的手指触摸检测方法：collectionView(_:didSelectItemAtIndexPath:)，当用户点击选择某个 cell 时，将调用此方法。在该方法中，首先调用集合对象的 cellForItemAtIndexPath()方法，获得选中的 cell，然后再调用 cell 的 viewWithTag()方法，获得 cell 中的 UIImageView 对象，最后设置 UIImageView 对象层的透明度为完全不透明。

现在已经完成了创建 UICollectionView 功能的所有代码，点击 Xcode 左上角的【编译并运行】按钮▶，运行项目，然后使用手指向上滑动集合视图，查看集合视图底部的内容，并点击选择一个单元格，查看单元格被选中后的效果。

最终效果如图 8.40 所示。

（1）集合视图开始状态

（2）手指向上滑动后的状态

（3）手指点击单元格后的状态

图 8.40

8.3　小　结

本章内容极为丰富，采用了大量经典案例来讲解 UITableView 的使用，帮助读者快速、全面地掌握 iOS 应用开发中最常用也是最强大的 UITableView 控件。熟练掌握 UITableView 控件，是一个成熟的 iOS 开发者必备的技能。

最后还讲解了 UICollectionView 的使用，如果读者在 8.1 节中学会了 UITableView 的使用，就会发现 8.2 节中的 UICollectionView 是非常容易使用的，因为它们的原理和使用方法都是大体相似的。

第09章 触屏事件和触摸手势

iPhone 问世时，能够迅速风靡全球的主要原因在于它那无与伦比的人机交互特性。早期的 iPhone 可能在商务功能方面不如 BlackBerry，娱乐功能方面不如诺基亚，但是它却拥有最简单的界面。尽管功能繁多，不但可以用来打电话、收发电子邮件、上网、玩游戏，还可以看视频节目、听音乐等，但其主要界面非常简洁，只需在屏幕上轻点一两下即可。

通过手指在屏幕上的触摸，不仅可以完成传统手机物理键盘所提供的功能，还可以通过捏合、滑动等多种手势，完成传统手机无法实现的用户体验。

本章主要介绍如何在视图控制器中监听并处理触屏事件以及常用手势的使用，最后讲解 iPhone 6s 中带来的 3D Touch 功能的使用。

9.1 触摸事件的监测

无论是iPhone、iPad还是iWatch、iPod，这些iOS设备最突出的特点是，它们都能够通过设备的屏幕与用户进行亲密的互动。初代iPhone在商业上获得了巨大的成功，很大一部分得益于它多点触摸的强大功能，乔布斯让人们认识到手机其实是可以不用按键和手写笔，而可以直接使用手指进行操作的，这实在是一项工业设计上的伟大创新。

iPhone和iPod touch融合了革命性的多点触摸技术，用户通过点击、拖拽、捏合等手势与应用程序和他们的iOS设备进行交互。使用手势操作拉近了用户和设备之间的距离，并且增强了设备的直接操纵感。

除了用户熟悉的标准手势，iOS还定义了一些系统范围内的操作手势，例如从屏幕的顶部向下滑动手指，以拉出消息中心Notification Center；从屏幕的底部向上滑动手指，以拉出控制中心Control Center；以及在iOS 10系统上通过左右滑动，显示不同的Widget小工具。

9.1.1 对触摸事件阶段的监测

在iOS中并不是所有的类都能接收并处理事件，只有继承自UIResponder类的对象才能处理触摸事件。UIResponder是UIView的父类，常用的UIView控件、UIViewController视图控制器、UIApplication都继承自UIResponder，它们都能接收并处理触摸事件。

触摸事件的响应链

当触摸交互行为发生时，它们被发送给第一响应者，如果第一响应者没有对触摸进行处理，那么该行为将沿着响应链到达下一级对象。触摸事件的响应链如图9.1所示。

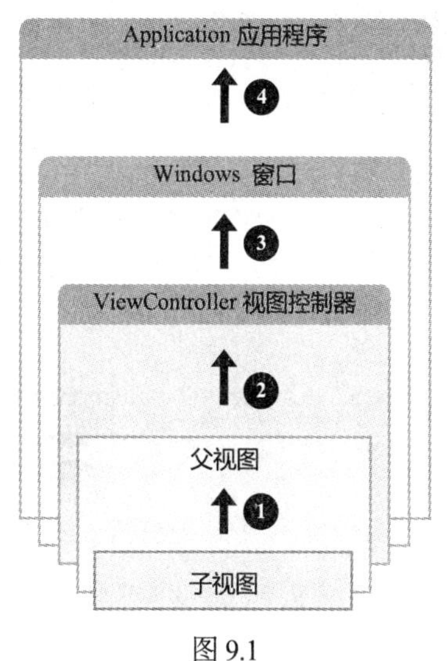

图9.1

如图9.1所示，当一个触摸事件发生后，首先看子视图是否能够处理该事件，如果不能处理则将触摸事件传递给其父视图。如果父视图仍然无法处理触摸事件，则继续向上传递。当传递到UIViewController视图控制器的根视图时，首先判断根视图是否能够处理该触摸事件，如果根视图无法处理，则接着判断UIViewController视图控制器是否可以处理触摸事件。

如果UIViewController视图控制器还是不能处理该触摸事件，则继续传递至UIWindow窗口对象。如果UIWindow对象仍然无法处理触摸事件，则继续向上传递至UIApplication应用程序单例对象，如果UIApplication应用程序对象也无法处理该触摸事件，则该交互事件将被丢弃。

实现触摸事件阶段的监测

在iOS中，一个UIResponder对象表示一个可以接收触屏上触摸事件的对象，也就是一个可以接收事件的对象。UIResponder 对象能够处理触摸、手势、远程控制等事件，所有显示在界面上的控件都是从 UIResponder 直接或间接继承的。

自 iOS 3.2 版本以来，UIResponder 提供了 4 个方法来处理用户的触屏事件，如表 9-1 所示。

表 9-1　UIResponder 处理触屏事件的四个方法

方法名称	功能说明
touchesBegan(_:with:)	当一个或多个手指在相关联的视图上按下时调用此方法
touchesMoved(_:with:)	当一个或多个手指在相关联的视图上滑动时调用此方法
touchesEnded(_:with:)	当一个或多个手指滑出相关联的视图时调用此方法
touchesCancelled(_:with:)	当由于系统事件的发生（比如来电、低电量通知等），而造成触摸事件被取消时调用此方法

可以在视图控制器类文件中，通过 override 重写这 4 个方法，实现对触摸事件的监测。

```
1  class ViewController: UIViewController {
2
3      override func viewDidLoad() {
4          super.viewDidLoad()
5          // Do any additional setup after loading the view, typically from a nib.
6      }
7
8      override func touchesBegan(_ touches: Set<UITouch>, with event: UIEvent?) {
9          print("touchesBegan");
10     }
11
12     override func touchesMoved(_ touches: Set<UITouch>, with event: UIEvent?) {
13         print("touchesMoved");
14     }
15
16     override func touchesEnded(_ touches: Set<UITouch>, with event: UIEvent?){
17         print("touchesEnded");
18     }
19
20     override func touchesCancelled(_ touches: Set<UITouch>, with event: UIEvent?) {
21         print("touchesCancelled");
22     }
23 }
```

在第 8～22 行代码中，依次实现了对触摸事件 4 个状态进行监测的方法，并在方法中通过 print 语句，在日志区输出当前的触摸事件的状态。

接着点击 Xcode 界面左上角的【编译并运行】按钮 ▶ ，打开模拟器运行项目。项目运行后，将弹出一个空白的模拟器。在模拟器中的任意位置点击一下，将依次调用 touchesBegan(_:with:)方法和 touchesEnded(_:with:)方法，并在日志区输出相关的日志，如图 9.2 所示。

当按下手指并滑动一段距离，然后松开手指时，整个交互过程将首先调用一次 touchesBegan(_:with:)方法，然后根据滑动的距离和时间的长短，调用次数不等的 touchesMoved(_:with:)方法，最后调用一次 touchesEnded(_:with:)方法。在日志区输出的相关日志内容，如图 9.3 所示。

在手指按下并滑动时，如果此时按下手机上的 Home 键，或者在模拟器上按下键盘上的【Command+Shift+H】键，将返回 Home 页，此时将调用 touchesCancelled(_:with:)方法，并在日志区输出相关的日志内容，如图 9.4 所示。

图 9.2

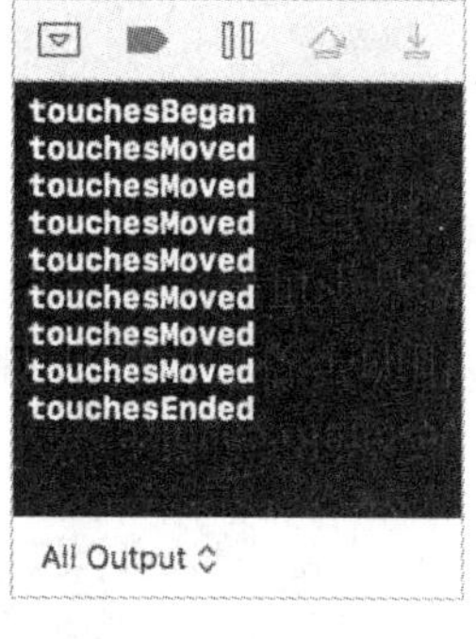

图 9.3

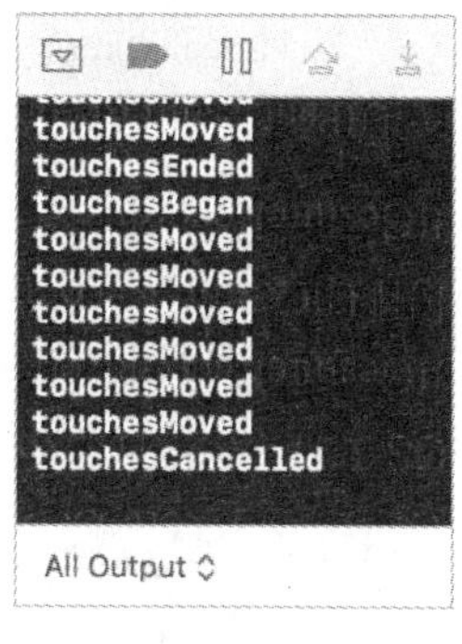

图 9.4

9.1.2 监测是否触摸到某个视图

当用户点击某个视图时，可以通过 UITouch 类获得点击事件在视图中的位置，然后通过判断该位置是否在视图的 frame 区域中，从而判断用户是否点击了某个视图。

首先给视图控制器类添加两个属性，第一个属性为一个图像视图控件，用来判断用户是否点击了该图像视图；第二个属性为布尔类型，用来标识用户是否点击了图像视图。

```
1  var imageView : UIImageView!
2  var isTouchInImageView : Bool = false
```

接着在视图控制器类的 viewDidLoad 方法中，初始化该图像视图控件，并将图像视图添加到当前视图控制器的根视图中。

```
3  override func viewDidLoad() {
4      super.viewDidLoad()
5      // Do any additional setup after loading the view, typically from a nib.
6      let image = UIImage(named: "Star")
7      self.imageView = UIImageView(image: image)
8      self.view.addSubview(self.imageView)
9  }
```

在第 4 行代码中从项目的资源文件夹中加载一张图片，然后在第 5 行代码中使用该图片创建一个图像视图，并在第 6 行代码中将图像视图添加到当前视图控制器的根视图中。

接着添加一个 touchesBegan(_:with:)方法，用来监测用户是否按下手指。

```
10 override func touchesBegan(_ touches: Set<UITouch>, with event: UIEvent?) {
11     let touch = touches.first
```

```
12          let touchPoint = touch?.location(in: self.view)
13
14          let imageViewFrame = self.imageView.frame
15          let minX = imageViewFrame.origin.x
16          let minY = imageViewFrame.origin.y
17          let maxX = minX + imageViewFrame.size.width
18          let maxY = minY + imageViewFrame.size.height
19          if (touchPoint?.x)! >= minX && (touchPoint?.y)! <= maxX && (touchPoint?.y)! >= minY && (touchPoint?.y)! <= maxY
20          {
21              isTouchInImageView = true;
22              print("您捡到一枚星星");
23          }
24      }
```

该方法的 touches 参数是一个 UITouch 类型的 set 集合，根据用户在屏幕上按下的手指的数量，包含了一个或多个 UITouch 对象。该对象包含了触摸事件的所有信息，如表 9-2 所示。

表 9-2　UITouch 常用属性说明

属性名称	说明
view	触摸事件所在的视图对象
timestamp	触摸事件发生的时间戳
tapCount	触摸事件在短时间内的点击次数
location	触摸事件在指定视图中的位置
previousLocation	触摸事件在指定视图中的上一次移动时的位置
phase	触摸事件所在的阶段
force	触摸的压力值，1.0 表示一个普通压力的触摸事件

这里首先在第 11 行代码中，通过 set 集合的 first 属性，获得一个 UITouch 对象，然后在第 12 行代码中，通过 UITouch 对象的 location(in:)方法获得在当前视图控制器根视图中的位置。

接着在第 14 行代码中，获得当前视图控制器的 frame 属性。然后在第 15～18 行的代码中，依次获得图像视图显示区域在 x 轴和 y 轴坐标的最小值和最大值。其中 minX 和 minY 分别表示图像视图的原点的坐标，maxX 和 maxY 表示图像视图在 x 和 y 轴的原点坐标，分别与图像视图宽度和高度之和。在第 19 行代码中，通过将 UITouch 的位置和最小值以及最大值进行比较，以判断用户是否点击了图像视图。

当判断用户的点击位于图像视图区域之内时，将 isTouchInImageView 属性的值设置为 true，并在日志区输出一条语句：您获得一枚星星。

接着点击 Xcode 界面左上角的【编译并运行】按钮 ▶ ，打开模拟器运行项目。项目运行后，将弹出一个模拟器，如图 9.5 所示。在模拟器中的图像视图上点击，将在日志区输出一条日志，如图 9.6 所示。

图 9.5

图 9.6

9.1.3 实现图像视图的拖动

利用 touchesMoved(_:with:)方法，通过对图像视图的 center 属性进行设置，可以很轻松地实现手指对图像视图的拖动。

在这一节中仍然使用 9.1.2 节中的示例项目，并往视图控制器类添加 touchesMoved(_:with:)方法，以实现对触摸移动事件的实时监测。

```
25 override func touchesMoved(_ touches: Set<UITouch>, with event: UIEvent?) {
26     if !isTouchInImageView{
27         return;
28     }
29     let touch = touches.first
30     let touchPoint = touch?.location(in: self.view)
31     let touchPrePoint = touch?.previousLocation(in: self.view)
32     let disX = (touchPoint?.x)! - (touchPrePoint?.x)!
33     let disY = (touchPoint?.y)! - (touchPrePoint?.y)!
34
35     var centerPoint = self.imageView.center
36     centerPoint.x += disX
37     centerPoint.y += disY
38     self.imageView.center = centerPoint
39 }
```

首先在第 26～28 行的代码中，判断 isTouchInImageView 属性是否为真，即用户是否在图像视图中按下手指。

然后在第 29～30 行的代码中，获得用户当前的触摸位置。接着在第 31 行的代码中，通过 UITouch 对象的 previousLocation(in:)方法，获得上一个移动位置。

在第 32～33 行的代码中，获得前、后两个位置在 x 轴和 y 轴上的偏移距离。

接着在第 35 行代码中，获得当前图像视图中心点的位置，然后在第 36～37 行的代码中，将中心点的位置与前、后两次移动位置的偏移值相加，从而使图像视图跟随手指移动。

touchesMoved(_:with:)方法完成后，继续对 touchesEnded(_:with:)方法进行编辑，在该方法中设置 isTouchInImageView 的值为 false，即当用户抬起手指时，设置 isTouchInImageView 属性的值为 false。

```
override func touchesEnded(_ touches: Set<UITouch>, with event: UIEvent?) {
        isTouchInImageView = false;
}
```

至此就完成了拖动图像视图的功能，现在点击 Xcode 界面左上角的【编译并运行】按钮 ▶ ，打开模拟器运行项目。项目运行后，将弹出一个模拟器，如图 9.7 所示。在模拟器中的图像视图上按下手指，并尝试将其移动到其他位置，如图 9.8 所示。

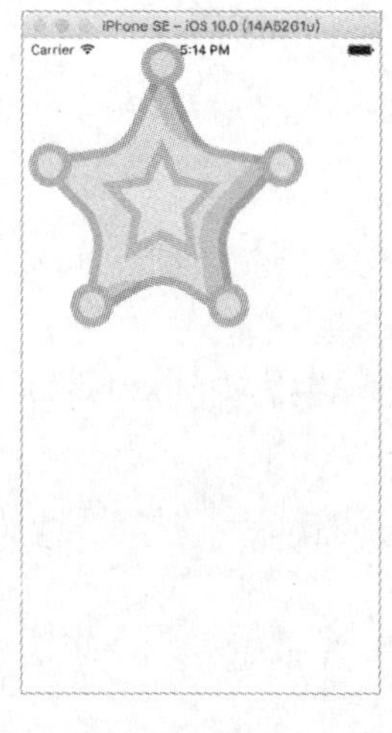

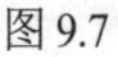
图 9.7

图 9.8

9.2 触摸手势的使用

使用 touchesBegan、touchesMoved 和 touchesEnded 方法，可以非常细致地进行触摸手势的监测，只是使用起来比较烦琐。比如对于双击、长按等手势的判断，需要进行一些复杂的计算。所以在 iOS 3.2 版本之后，Apple 推出 UIGestureRecognizer 类，以方便开发者对手势进行管理和监测。

UIGestureRecognizer 类对用户常用的手势操作进行了识别，并封装成具体的类供开发者使用。使用 UIGestureRecognizer 类，开发者不再需要自己计算手指的移动轨迹。

UIGestureRecognizer 类包含以下 6 种手势：

- UIPanGestureRecognizer 拖动手势
- UIPinchGestureRecognizer 捏合手势
- UIRotationGestureRecognizer 旋转手势
- UITapGestureRecognizer 点击手势
- UILongPressGestureRecognizer 长按手势
- UISwipeGestureRecognizer 轻扫手势

通过这些手势，可以很轻松地处理用户的 Tap 点击、DoubleTap 双击、Pinch 捏合、Rotation 旋转、Swipe 快速滑动（用于监测移动方向）、Pan 慢速滑动（用于监测移动的距离）、LongPress 长按等手势。

手势的状态

UIGestureRecognizer 手势分为 discrete gestures 非连续手势和 continuous gestures 连续手势两种。UITapGestureRecognizer 属于非连续类型的手势，其他 5 种手势则属于连续类型的手势。非连续类型的手势如点击只发生一次，并且一旦识别就无法取消；而连接类型的手势则会多次调用手势事件，并且在连续手势被识别后还可以取消该手势，如图 9.9 所示。

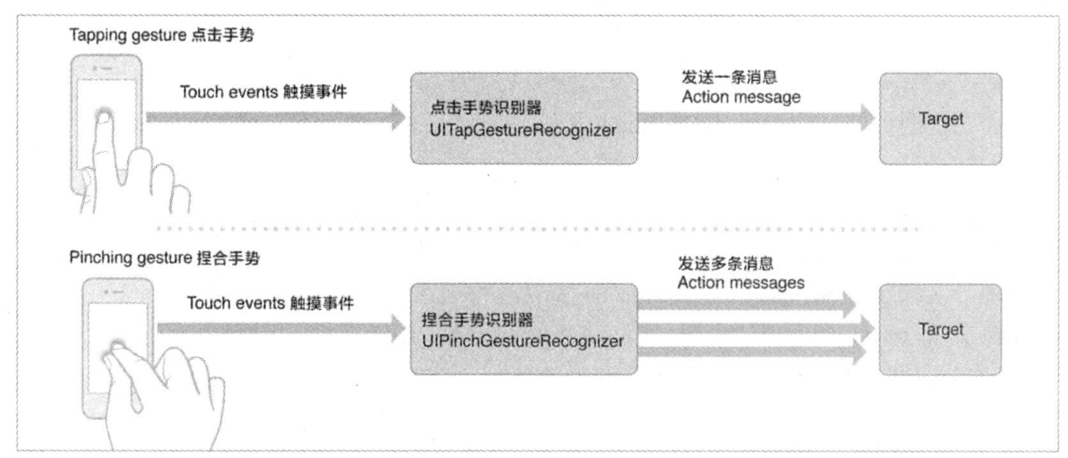

图 9.9

UIGestureRecognizer 手势的状态由 UIGestureRecognizerState 枚举表示，如表 9-3 所示。

表 9-3 UIGestureRecognizerState 手势状态的枚举类型

属性名称	说明
possible	手势识别器尚未监测到手势，但是可能正在对触摸事件进行分析
began	手势识别器已经识别到一个手势
changed	手势识别器识别到一个持续类型手势的变化
ended	手势识别器识别到一个持续类型手势的结束
cancelled	手势识别器识别到一个持续类型手势被取消
failed	手势识别器获得一个触摸序列，但是无法将它识别为手势
recognized	手势识别器获得一个触摸序列，并且将它识别为手势

9.2.1 实现单点触摸手势

首先使用 UITapGestureRecognizer 点击手势来给一个 UIImageView 图像视图添加点击事件，当用户点击该图像视图时，将修改图像视图显示的内容。

手势的使用非常简单，可以将其分为以下三个步骤：

（1）创建指定类型的手势识别器对象。在创建手势识别器时，可以指定手势识别器的类型，如 UITapGestureRecognizer、UILongPressGestureRecognizer 等，同时还需要给手势识别器对象指定相应的回调方法，当监测到手势时执行该方法；

（2）对手势识别器对象的相关属性进行设置，如点击次数、长按时长等；

（3）给手势识别器对象绑定指定的视图，每个手势识别器只能绑定一个视图对象，但是一个视图对象可以绑定多个手势。

现在就来实现一个单点触摸手势，首先创建一个基于【Single View Application】模板的空白项目，然后在左侧的项目导航区打开并编辑【ViewController.swift】文件，首先给当前的视图控制器类添加一个 UIImageView 类型的属性：

```
1  var imageView : UIImageView!
```

接着在视图控制器类的 viewDidLoad 方法中，对 imageView 属性进行初始化，并给它绑定一个 UITapGestureRecognizer 点击手势：

```
2  override func viewDidLoad() {
3      super.viewDidLoad()
4      // Do any additional setup after loading the view, typically from a nib.
5      let rect = CGRect(x: 0, y: 80, width: 320, height: 320)
6      self.imageView = UIImageView(frame: rect)
7
8      let image = UIImage(named: "lock")
9      imageView.image = image
10
11     imageView.isUserInteractionEnabled = true
12     self.view.addSubview(self.imageView)
13
14     let guesture = UITapGestureRecognizer (target: self, action: #selector(ViewController.singleTap))
15     imageView.addGestureRecognizer(guesture)
16 }
```

首先在第 5 行代码中，创建了一个矩形区域，用来显示图像视图，接着在第 6 行的代码中，创建了一个指定显示区域的图像视图对象。

然后在第 8 行代码中，从项目的资源文件夹 Assets.xcassets 中加载一张图片，并在第 9 行的代码中，使用 imageView 图像视图显示该图片。

在第 11 行代码中，设置图像视图对象的 isUserInteractionEnabled 属性的值为 true，使图像视图可以接收用户的交互动作。接着在第 12 行的代码中，将图像视图添加到当前视图控制器的根视图中。

在第 14 行代码中，创建了一个 UITapGestureRecognizer 点击类型的触摸对象，当用户使用手指点击图像视图时，调用当前视图控制器类的 singleTap 方法。最后在第 15 行代码中，将 UITapGestureRecognizer 手势识别器绑定到图像视图对象中。

接着添加一个名为 singleTap 的方法，用来响应图像视图对象的触摸事件：

```
17 func singleTap()
18 {
19     let image = UIImage(named: "unlock")
20     imageView.image = image
21 }
```

在第 19 行的代码中，从项目的资源文件夹中加载另一张图片，然后将新的图片赋予图像视图对象的 image 属性，从而更改图像视图显示的图片内容。

至此就完成了图像视图手势功能的添加，现在点击 Xcode 界面左上角的【编译并运行】按钮 ，打开模拟器运行项目。项目运行后，将弹出一个模拟器，如图 9.10 所示。在模拟器中的图像视图上按下手指，图像视图将显示另一张图片，如图 9.11 所示。

图 9.10

图 9.11

9.2.2　实现双击触摸手势

双击手势的实现方式和单击手势基本相同，也是使用 UITapGestureRecognizer 类对触摸事件进行监测，只是需要对 UITapGestureRecognizer 手势识别器的属性进行一些设置。

本示例的代码与 9.2.1 中的示例基本相同，只是在 viewDidLoad 方法中进行了一些修改。

```
override func viewDidLoad() {
    super.viewDidLoad()
    // Do any additional setup after loading the view, typically from a nib.
    let rect = CGRect(x: 0, y: 80, width: 320, height: 320)
    self.imageView = UIImageView(frame: rect)

    let image = UIImage(named: "lock")
    imageView.image = image

    imageView.isUserInteractionEnabled = true
```

```
11          self.view.addSubview(self.imageView)
12
13          let guesture = UITapGestureRecognizer(target: self, action: #selector(ViewController.doubleTap))
14          guesture.numberOfTapsRequired = 2
15          guesture.numberOfTouchesRequired = 1
16          imageView.addGestureRecognizer(guesture)
17      }
```

其中第 1～12 行代码与上一个示例完全相同，在此不再讲解。

在第 13 行代码中，创建了一个 UITapGestureRecognizer 点击类型的手势识别器对象，当用户使用手指触摸图像视图时，调用当前视图控制器类的 doubleTap 方法。

接着在第 14 行代码中，设置 guesture 手势对象的 numberOfTapsRequired 属性的值为 2，即识别进行两次点击的手势，该属性的默认值为 1。

然后在第 15 行代码中，设置 guesture 手势对象的 numberOfTouchesRequired 属性的值为 1，即识别一根手指进行两次点击的手势，该属性的默认值也是 1。

在第 16 行代码中，将 UITapGestureRecognizer 手势识别器绑定到图像视图对象。

接着添加一个名为 doubleTap 的方法，用来响应图像视图对象的双击触摸事件。doubleTap 方法的内容与 singleTap 方法完全一致，这里不再讲解。

至此就完成了图像视图手势功能的添加，现在点击 Xcode 界面左上角的【编译并运行】按钮 ▶ ，打开模拟器运行项目。项目运行后，将弹出一个模拟器，如图 9.11 所示。在模拟器中的图像视图上手指双击，图像视图将显示另一张图片，如图 9.12 所示。

9.2.3 实现长按手势的监测

和单击、双击手势不同的是，如果需要实现对长按手势的监测，就不能使用 UITapGestureRecognizer 手势识别器了，这时就需要使用到 UIGestureRecognizer 基类提供的另一个手势监测子类 UILongPressGestureRecognizer。

使用 UILongPressGestureRecognizer 类可以进行长按手势的检测，并且可以对手指按下的时间属性 minimumPressDuration 进行设置，从而设置当用户的手指保持按下状态至少多长的时间，才会被当作长按手势处理；你也可以设置在手指按下时，如果发生移动，那么在移动多少的距离下仍可被看作长按手势。

在 Xcode 右侧的项目导航区打开并编辑【ViewController.swift】文件，然后在 ViewController 类文件的 viewDidLoad 方法中添加以下代码：

```
override func viewDidLoad() {
    super.viewDidLoad()
    // Do any additional setup after loading the view, typically from a nib.
    let rect = CGRect(x: 0, y: 80, width: 320, height: 320)
    self.imageView = UIImageView(frame: rect)

    let image = UIImage(named: "lock")
    imageView.image = image
```

```
9
10          imageView.isUserInteractionEnabled = true
11          self.view.addSubview(self.imageView)
12
13          let guesture = UILongPressGestureRecognizer(target: self,
action:#selector(ViewController.longPress(_:)))
14          guesture.minimumPressDuration = 1.0
15          guesture.allowableMovement = 20.0
16          imageView.addGestureRecognizer(guesture)
17      }
```

其中第 1～12 行代码与上一个示例完全相同，在此不再讲解。

在第 13 行代码中，创建了一个 UILongPressGestureRecognizer 长按类型的触摸对象，当用户使用手指长按图像视图时，调用当前视图控制器类的 longPress 方法。

在第 14 行代码中，设置手势 guesture 对象的 minimumPressDuration 属性值为 1.0，即只有当手指按下并持续 1 秒钟之后，才会被识别为长按手势。

接着在第 15 行代码中，设置手势 guesture 对象的 allowableMovement 属性值为 20.0，即在手指处于按下状态时，如果手势移动的距离超过 20 点，则视为非长按手势，即使手指按下的持续时间超过 1 秒钟。此属性的默认值为 10。

在第 16 行代码中，将 UILongPressGestureRecognizer 手势识别器绑定到图像视图对象。接着添加一个名为 longPress 的方法，用来响应图像视图对象的长按触摸事件。

```
18  func longPress(_ gusture:UILongPressGestureRecognizer)
19  {
20          if(gusture.state == UIGestureRecognizerState.began)
21          {
22                  let image = UIImage(named: "unlock")
23                  imageView.image = image
24          }
25  }
```

longPress 方法拥有一个 UILongPressGestureRecognizer 类型的参数，该参数包含了和长按手势相关的所有信息。在第 20 行代码的判断语句中，当手势处于 began 状态时，更改图像视图的图片内容。

当手势满足以下条件时，将处于 UIGestureRecognizerState 的 began 状态：

- 手势按下的手指数量为手势对象的 numberOfTouchesRequired 属性的值。
- 手指按下的时长等于或超过手势对象的 minimumPressDuration 属性的值。
- 手指在按下状态时的移动距离不超过手势对象的 allowableMovement 属性的值。

至此就完成了图像视图长按手势功能的添加，现在点击 Xcode 界面左上角的【编译并运行】按钮，打开模拟器运行项目。项目运行后，将弹出一个模拟器，见图 9.10。在模拟器中的图像视图上长按手指，图像视图将显示另一张图片，见图 9.11。

9.2.4 捏合手势的监测

最后来实现一下捏合手势的监测，与单击、双击、长按手势不同的是，捏合手势需要两个手指来实现。

捏合手势由 UIPinchGestureRecognizer 类来实现，它拥有两个 CGFloat 类型的属性 scale 和 velocity，分别用来表示捏合手势的缩放比例和在进行缩放动作时的速度。

当两个手指按下并移到一定距离时，会被识别为一个 Pinch 捏合手势，此时捏合手势处于 Begins 状态。接着只要其中一个手指继续移动，捏合手势将进入 Changes 状态。当两个手指都松开时，捏合手势将处于 Ends 状态。

捏合手势的实现也非常简单，在 Xcode 右侧的项目导航区打开并编辑【ViewController.swift】文件，然后在 ViewController 类文件的 viewDidLoad 方法中添加以下代码：

```
1  override func viewDidLoad() {
2      super.viewDidLoad()
3      // Do any additional setup after loading the view, typically from a nib.
4      let rect = CGRect(x: 0, y: 80, width: 320, height: 320)
5      let imageView = UIImageView(frame: rect)
6
7      let image = UIImage(named: "Hand")
8      imageView.image = image
9
10     imageView.isUserInteractionEnabled = true
11     self.view.addSubview(imageView)
12
13     let guesture = UIPinchGestureRecognizer(target: self,
action:#selector(ViewController.pinchImage(_:)))
14     imageView.addGestureRecognizer(guesture)}
```

在第 4～5 行的代码中，创建了一个指定显示区域的图像视图对象。

接着在第 7～8 行的代码中，从当前项目的资源文件夹中加载一张图片，并使用 imageView 图像视图对象显示该图片。

然后在第 10～11 行的代码中，通过设置 isUserInteractionEnabled 属性的值，激活图像视图的交互功能，并将图像视图添加到当前视图控制器的根视图中。

在第 13 行代码中，创建了一个 UIPinchGestureRecognizer 捏合类型的触摸对象，当用户使用两个手指在图像视图上进行捏合操作时，调用当前视图控制器的 pinchImage 方法。

在第 14 行代码中，将 UIPinchGestureRecognizer 手势识别器绑定到图像视图对象。

接着添加一个名为 pinchImage 的方法，用来响应图像视图对象的捏合触摸事件：

```
15 func pinchImage(_ recognizer:UIPinchGestureRecognizer)
16 {
17     recognizer.view?.transform = (recognizer.view?.transform.scaledBy(x: recognizer.scale, y:
recognizer.scale))!
```

```
18        recognizer.scale = 1;
19  }
```

pinchImage 方法拥有一个 UIPinchGestureRecognizer 类型的参数 recognizer，该参数包含了捏合手势的所有状态信息。在第 17 行的代码中，通过 recognizer 对象的 view 属性，可以获得包含捏合手势的视图对象，然后通过 recognizer 对象的 scale 属性的值，更改 view 对象的 transform 属性，从而实现图像视图的缩放功能。

最后在第 18 行代码中，重置 recognizer 对象的 scale 属性的值为 1，使捏合手势的缩放比例始终在 1 倍的基础上进行递增或递减。

至此就完成了图像视图长按手势功能的添加，现在点击 Xcode 界面左上角的【编译并运行】按钮  ，打开模拟器运行项目。项目运行后，将弹出一个模拟器，如图 9.12 所示。

此时按下键盘上的 Option 键，在模拟器中将显示两个灰色圆点，用来模拟两个手指头，见图 9.12。接着按下鼠标然后将两个小灰点向内移动，从而对图像视图进行缩小操作，结果如图 9.13 所示。

图 9.12

图 9.13

如果需要同时移动两个小灰点，可以在按下 Option 键的同时，再按下 Shift 键，这样就可以在模拟器中同时移动两个小灰点至图像视图的其他位置了。

9.3 3D Touch 的使用

iPhone 6s 推出了一种可以让用户与手机进行互动的全新方式。除了轻点、轻扫、双指开合这些传统的 Multi-Touch 手势之外，3D Touch 还带来 Peek 和 Pop，将 iOS 设备的使用体验带到了一个全新的高度。iPhone 6s 还会以轻微的触感向用户提供反馈，让用户知道它正在感应手指施加的力度。

在 3D Touch 技术问世之前，我们已经从 Apple 的 MacBook 系列的产品上体验过 Force Touch 技术。在 ForceTouch 触控板的设计中，无论你点按触控板表面的哪个位置，都能得到灵敏且效果一致的点击响应。此外在触控板下方，还有力度感应器可检测你的点按力度，从而开启你与笔记本电脑互动的全新方式。你可以通过用力长按来启用一系列新功能，比如只需在触控板上点击并按住不放，即可快速查看词语定义或预览文件。

3D Touch 可以看作是 Force Touch 延伸出的新一代技术，首次用于 iPhone 6s。3D Touch 在原有 Force Touch 轻按、轻点的基础上，新增了重按这一维度的功能。iPhone 6s 的屏幕有轻点、轻按及重按这三层维度，比 Apple Watch 上的压力触摸屏技术更加敏感。

Force Touch 和 3D Touch 其实基于同一种技术，也就是苹果的 Taptic 引擎，如图 9.14 所示。

在 iOS 10 推出之后，Apple 赋予了 3D Touch 技术更多的使用场景。例如在拥有 iOS 10 系统并且支持 3D Touch 技术的设备中，当你通过 App Store 商店下载多个应用时，如果需要优化下载其中一个应用，在老版本的 iOS 系统中，需要将其他正在下载的 App，一个一个进行暂停处理。但是使用 iOS 10 中的 3D Touch 技术，就可以在应用程序的图标上进行 3D Touch 操作，然后在弹出的菜单列表中，选择【Prioritize Download】选项，即可将该 App 进行优化下载。此时系统会暂停其他 App 的下载，而优先下载该 App，如图 9.15 所示。

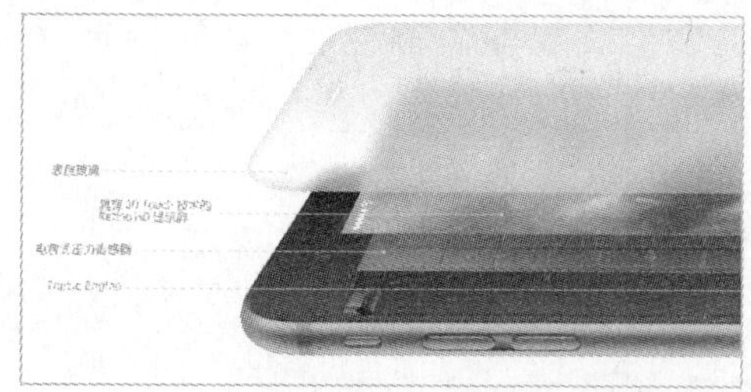

图 9.14（摘自 apple.com）

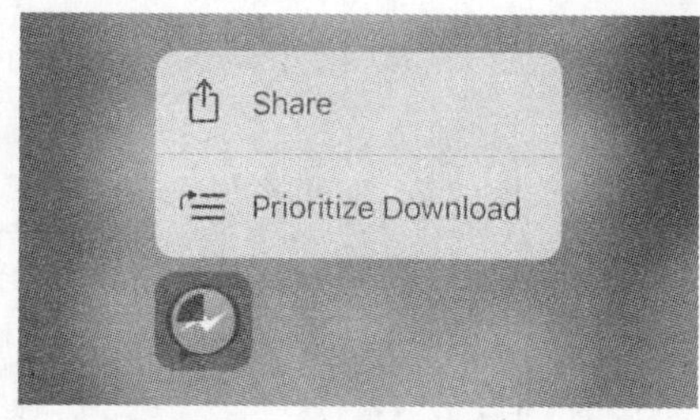

图 9.15（摘自 cnbeta）

实现 3D Touch 的 Quick Actions 快捷动作

图 9.15 为我们展示了应用程序的 Quick Actions（快捷动作），通过给应用程序添加快捷动作，可以快速调用应用程序的常用功能。如图 9.16 所示，可以在相机应用图标上使用 3D Touch，快速调用相机的录相、拍照等功能，或者在信息应用图标上使用 3D Touch，快速创建新的信息。

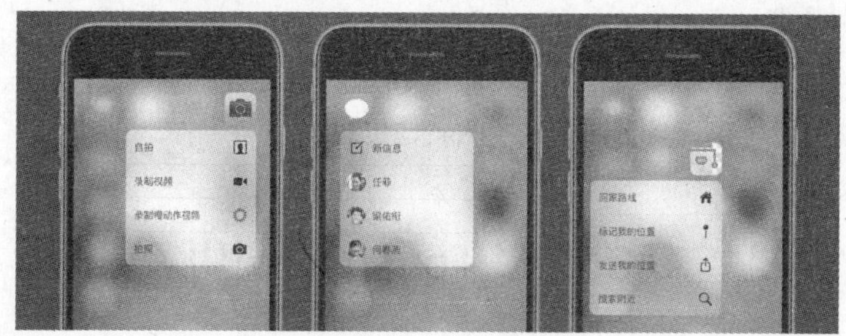

图 9.16（摘自 apple.com）

这里我们给自己的应用程序添加一系列的 Quick Actions，首先创建一个基于【Single View Application】模板的空白项目，然后在左侧的项目导航区打开并编辑【AppDelegate.swift】文件，在 AppDelegate 类的 didFinishLaunchingWithOptions 方法中添加以下代码：

```
func application(_ application: UIApplication, didFinishLaunchingWithOptions launchOptions:
[NSObject: AnyObject]?) -> Bool {
```

```
2        // Override point for customization after application launch.
3        let addEventIcon = UIApplicationShortcutIcon(type: .add)
4        let unlockEventIcon = UIApplicationShortcutIcon(templateImageName: "unlockEvent")
5        let listEventIcon = UIApplicationShortcutIcon(templateImageName: "listEvent")
6
7        let addEvent = UIApplicationShortcutItem(type: "com.coolketang.addMember", localizedTitle: "添加会员", localizedSubtitle: "Add Member", icon: addEventIcon, userInfo: nil)
8        let unlockEvent = UIApplicationShortcutItem(type: "com.coolketang.unlockMember", localizedTitle: "解锁会员", localizedSubtitle: "Unlock Member", icon: unlockEventIcon, userInfo: nil)
9        let listEvent = UIApplicationShortcutItem(type: "com.coolketang.memberList", localizedTitle: "会员列表", localizedSubtitle: "Members List", icon: listEventIcon, userInfo: nil)
10       let shortCutItems = [addEvent, unlockEvent, listEvent]
11       application.shortcutItems = shortCutItems;
12
13       return true
14   }
```

在第 3～5 行的代码中，分别创建三个 UIApplicationShortcutIcon 对象。其中第 3 行代码创建了一个系统自带的类型为 UIApplicationShortcutItemIconType.add 的快捷图标，系统提供了 29 种快捷图标供开发者使用。第 4～5 行的代码中，则使用项目资源文件夹中的图片，创建了两个自定义的快捷图标。

接着在第 7～9 行的代码中，依次创建三个 UIApplicationShortcutItem 快捷项目对象，并设置快捷项目的标题、图标等信息。

UIApplicationShortcutItem 初始化方法各参数的含义如表 9-4 所示。

表 9-4　UIApplicationShortcutItem 初始化方法参数说明

参数名称	参数说明
type	必要参数，表示快捷项目的唯一标识
localizedTitle	必要参数，表示快捷项目的标题
localizedSubtitle	可选参数，表示快捷项目的副标题
icon	可选参数，表示快捷项目的图标
userInfo	可选参数，表示 App 传递给动作的自定义数据信息

最后在第 11 行的代码中，将三个 UIApplicationShortcutItem 快捷项目对象放入一个数组中，并设置 UIApplication 对象的 shortcutItems 属性为该数组，从而完成应用程序快捷项目的设置。

接着添加一个名为 application:performActionForShortcutItem:completionHandler:的方法，用来响应用户在快捷菜单中的点击事件。当用户点击选择某个快捷菜单时，将自动打开应用程序，并且调用 AppDelegate 中的该方法。

我们可以在该方法中，对用户的选择做出相应的处理。

```
15   func application(_ application: UIApplication, performActionFor shortcutItem: UIApplicationShortcutItem, completionHandler: (Bool) -> Void) {
16       if shortcutItem.type == "com.coolketang.addMember"{
```

```
17            print("跳转至添加会员页面。")
18        }
19        else if shortcutItem.type == "com.coolketang.unlockMember"{
20            print("跳转至解锁会员页面。")
21        }
22        else if shortcutItem.type == "com.coolketang.memberList"{
23            print("跳转至会员列表页面。")
24        }
25    }
```

在第 16～24 行的代码中，通过判断 UIApplicationShortcutItem 对象的 type 属性的值，来决定跳转到应用程序的哪个功能页面。其中 type 属性的值是在创建 UIApplicationShortcutItem 对象时设置的内容。

至此就完成了应用程序快捷动作功能的添加，由于模拟器不支持 3D Touch 操作，所以需要连接 iPhone 6S 及以上的设备进行真机测试。连接真实设备之后，点击 Xcode 界面左上角的【编译并运行】按钮 ▶ ，在真机上运行该项目。项目运行后，按下键盘上的 Home 键返回 iPhone 的 Home 界面，然后在应用程序的图标上进行 3D Touch 操作，将弹出自定义的快捷动作菜单，如图 9.17 所示。

图 9.17

在快捷动作菜单中点击选择第一个项目，将再次打开应用程序，并在日志区输出相应的内容，如图 9.18 所示。

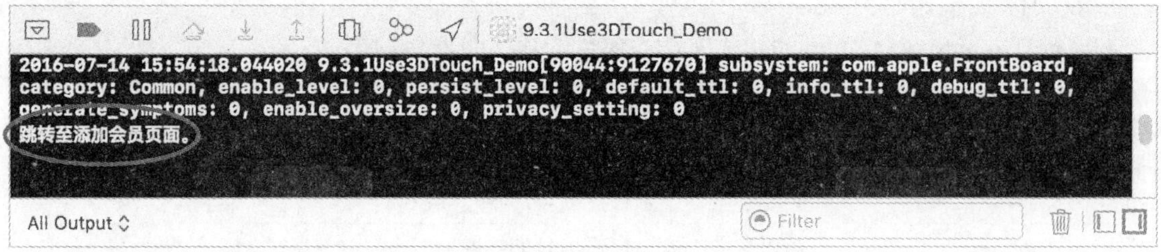

图 9.18

9.4 小　结

人类的手指是非常灵活的，Apple 充分认识到这一点，所以 App Store 向用户提供了大量学习演奏、绘画类的应用。用户在使用这些应用时，就像使用手指在真正的乐器上演奏乐章，或者在真正的纸张上绘画一样，这些功能的实现全部基于对手势动作的监测和反馈。

本章主要讲解了如何在视图控制器中对触摸事件进行检测，并根据触摸的各个状态执行不同的业务逻辑。同时还讲解了如何使用手势功能，给普通的视图快速添加长按、双击、捏合等交互手势，最后还讲解了 3D Touch 技术的使用。

建议读者认真学习以充分掌握本章的所有内容，然后充分发挥想象力，创建一个属于自己的、具有优秀交互性的应用程序。

第10章 动画、声音与视频

随着移动互联网的发展，如今的手机早已不只是可以打电话、发短信那么简单了，播放音乐、视频，甚至录音和拍照等都是很常用的功能。

iOS 设备对于多媒体的支持是非常强大的，无论是音视频播放、录制，还是对麦克风、摄像头的操作都提供了多套API。

本章主要介绍如何制作动画、播放声音和视频，以及如何实现在 iPad 中的画中画效果。

10.1 制作动画

动画效果是带来流畅的用户体验的关键因素。iOS 的用户界面中遍布着细微、精美的动画，它们使得应用的体验更具吸引力，更具动态性。在应用程序中添加适当的动画，可以传达状态和提供反馈、增强直接操纵感，帮助人们可视化其操作的结果。

iOS 中的动画实现技术主要是 Core Animation 和 UIKit，两者都可以负责所有的滚动、旋转、缩小和放大以及所有的 iOS 动画效果，开发者不需要自己编写绘制动画的代码，Core Animation 和 UIKit 提供了丰富、简便的 API，来快速实现需要的动画效果。

其中 UIKit 可以看作是对 CoreAnimation 的封闭，我们首先对 UIKit 动画进行讲解。

10.1.1 UIView 的动画

UIKit 框架中的 UIView 视图类封装了一些动画属性，通过使用这些动画属性，你可以在不使用 Core Animation 技巧的情况下，就能制作很多炫酷的动画效果。

UIView 拥有多种动画的实现方式：UIView 动画块、UIView 的 Block 动画，甚至包含关键帧动画。使用 UIView 动画，可以通过修改以下 UIView 视图的属性，从而产生平滑的动画效果：

- frame
- bounds
- center
- transform
- alpha
- backgroundColor
- contentStretch

UIView 动画块

UIKit 可直接将动画集成到 UIView 类中，实现简单动画的创建过程。UIView 类定义了几个内在支持动画的属性声明，当这些属性发生改变时，视图为其变化的过程提供内建的动画支持。在下面的示例中，我们将对视图的 frame 属性、背景颜色和不透明度三种属性进行动态变化。

```
import UIKit

class ViewController: UIViewController {

    override func viewDidLoad() {
        super.viewDidLoad()
        // Do any additional setup after loading the view, typically from a nib.
        let rect = CGRect(x: 40, y: 80, width: 240, height: 240)
        let view = UIView(frame: rect)
```

```
10          view.backgroundColor = UIColor.red
11          view.tag = 1
12          self.view.addSubview(view)
13
14          let button = UIButton(type: UIButtonType.System)
15          button.frame = CGRect(x: 50, y: 400, width: 220, height: 44)
16          button.backgroundColor = UIColor.black
17          button.setTitle("Play", for: UIControlState())
18          button.addTarget(self, action: #selector(ViewController.playAnimation), for: UIControlEvents.touchUpInside)
19          self.view.addSubview(button)
20      }
21
22      func playAnimation()
23      {
24          UIView.beginAnimations(nil, context: nil)
25          UIView.setAnimationCurve(.easeOut)
26          UIView.setAnimationDuration(5)
27          UIView.setAnimationBeginsFromCurrentState(true)
28
29          let view = self.view.viewWithTag(1)
30          view?.frame = CGRect(x: 40, y: 40, width: 0, height: 0)
31          view?.backgroundColor = UIColor.blue
32          view?.alpha = 0
33
34          UIView.setAnimationDelegate(self)
35          UIView.setAnimationDidStop(#selector(ViewController.animationStop))
36          UIView.commitAnimations()
37      }
38
39      func animationStop()
40      {
41          print("Animaton stop.")
42          self.view.viewWithTag(1)?.removeFromSuperview()
43      }
44
45      override func didReceiveMemoryWarning() {
46          super.didReceiveMemoryWarning()
47          // Dispose of any resources that can be recreated.
48      }
49  }
```

在第 8～12 行的代码中，创建了一个位置在{40, 80}，宽度和高度都是 240 的视图对象，并把视图对象的背景颜色设置为红色。

同时在第 11 行的代码中，将视图的 tag 值设置为 1。UIView 对象的 tag 表示该视图对象在父视图中的唯一标识。该视图被添加到父视图时，父视图可以通过 viewWithTag(tag:Int)方法，快速找到拥有该标识的子视图。

设置完视图的 tag 属性后，在第 12 行的代码中，将红色背景的视图添加到当前视图控制器的根视图中。

接着在第 14～19 行的代码中，创建了一个 UIButton 对象，该按钮对象位于{50, 400}，宽度为 220，高度为 44。

在第 16～17 行的代码中，设置按钮的背景颜色为黑色，并且设置按钮在正常状态下的标题内容为 Play。

在第 18 行的代码中，给按钮对象绑定了点击事件，当用户点击该按钮时，执行 playAnimation 方法，实现 UIView 动画的播放。

然后在第 23～38 行的代码中，定义了名为 playAnimation 的方法，用来响应按钮的点击事件。当按钮被点击时，将调用该方法。

在 playAnimation 方法中，首先在第 24 行的代码中，通过 UIView 的类方法 beginAnimations，开始动画参数的配置。调用 beginAnimations:context:方法来启动一个动画，动画并不会立即被执行，直到调用 UIView 类的 commitAnimations 类方法。对于一个视图对象执行的介于 beginAnimations 方法跟 commitAnimations 方法之间的操作，在 commitAnimations 方法被执行后，才会生成并播放动画。

接着在第 25 行的代码中，通过调用 UIView 的类方法 setAnimationCurve，设置动画的播放速度变化曲线。动画曲线是动画运行过程中相对的速度变化。该属于的默认值为 easeInOut，即动画速度在起始和结束阶段较慢，在中间时动画的播放速度较快。这里设置为 easeOut，即动画的播放速度为由快至慢。

动画的播放速度曲线类型如表 10-1 所示：

表 10-1　UIView 动画曲线类型

动画曲线类型	动画曲线类型说明
easeInOut	动画播放速度在开始时较慢，然后逐渐加速，在完成之前再次变慢
easeIn	动画播放速度在开始时较慢，然后在动画过程中逐渐加速
easeOut	动画播放速度在开始时较快，然后在动画过程中逐渐减速
linear	动画插入速度在动画过程中始终保持不变

在第 26 行的代码中，通过调用 UIView 的类方法 setAnimationDuration，设置动画块的动画持续时间，单位为秒，默认值为 0.2。这里设置为 5，即动画将持续 5 秒钟。

接着在第 27 行的代码中，通过调用 UIView 的类方法 setAnimationBeginsFromCurrentState，设置动画是否从当前状态开始播放。其默认值为 false，即在当前动画结束之前，新动画将使用视图最后状态的位置作为新动画的开始状态。这里设置为 true，即动画在播放过程中，当前视图的位置将会作为新的动画的开始状态。

配置完动画的属性后，在第 29～32 行的代码中，进行 UIView 视图的属性调整。首先通过 viewWithTag 方法，根据子视图的 tag 值，获得刚刚创建的视图作为动画的载体。接着依次更改视图对象的 frame、backgroundColor、alpha 三项属性，从而产生这三个维度上的动画。

视图即动画载体的属性修改完成后，开始结束动画块的编辑。在结束动画块之前，首先在第 34 行的代码中，设置动画的代理为当前的视图控制器，用来检测动画的播放状态。接着在第 35 行代码中，设置动画结束时的回调方法。最后在第 36 行的代码中，调用 commitAnimations 方法，结束动画块的设置，并开始播放动画。

接着在第 39～43 行的代码中，定义了动画结束时的回调方法 animationStop。当动画播放结束之后，将调用该方法，以在控制台输出动画结束的提示语句，同时将 UIView 视图从当前视图控制器的根视图中移除。

至此就完成了动画制作并播放的功能，现在点击 Xcode 界面左上角的【编译并运行】按钮▶，打开模拟器运行项目。动画在模拟器中的效果如图 10.1～10.3 所示。

图 10.1　动画开始前

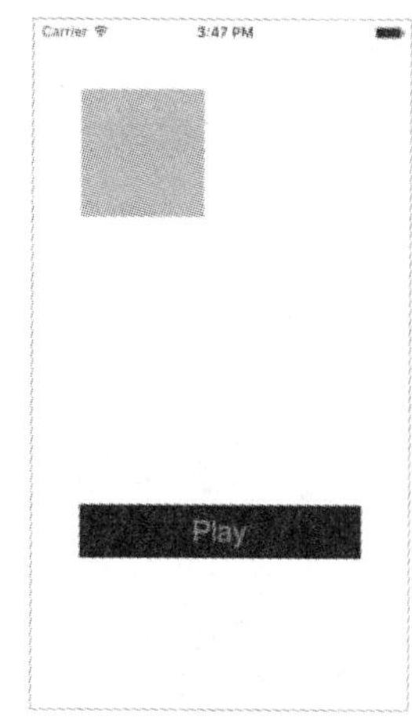

图 10.2　动画播放中

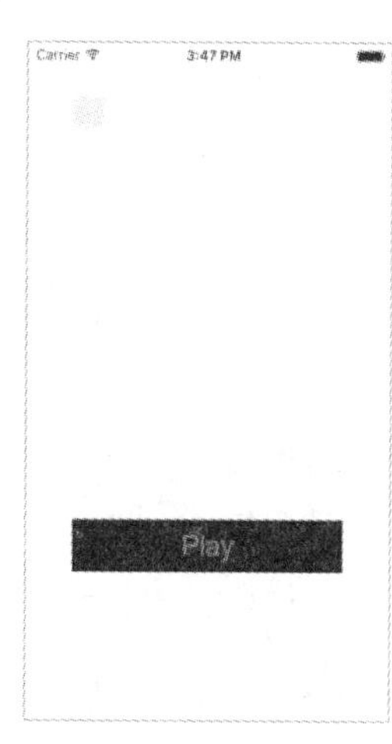

图 10.3　动画结束前

UIView 动画块的 setAnimationTransition

除了在动画块中通过修改视图的外观属性来实现相应的动画效果外，iOS 系统还提供了一些特殊的动画效果。开发者可以通过 UIView 的类方法 setAnimationTransition(_transition: UIView-AnimationTransition, for view: UIView, cache: Bool)，在动画块中为视图设置自定义的过渡动画效果。

该类方法包含三个参数，第一个参数表示过渡效果，系统提供了 5 种过渡效果，如表 10-2 所示。

表 10-2　UIView 过渡效果列表

过渡效果	效果说明
flipFromLeft	视图从左向右滑入屏幕
flipFromRight	视图从向右左滑入屏幕
curlUp	视图从底部向顶部卷曲的翻页动画
curlDown	视图从顶部向底部卷曲的翻页动画
none	无过渡效果

这里为读者演示翻页动画的效果，首先修改 playAnimation 方法：

```
func playAnimation()
{
 UIView.beginAnimations(nil, context: nil)
UIView.setAnimationCurve(.easeOut)
UIView.setAnimationDuration(5)
UIView.setAnimationBeginsFromCurrentState(true)

let view = self.view.viewWithTag(1)
UIView.setAnimationTransition(.curlUp, for: view!, cache: true)

UIView.setAnimationDelegate(self)
UIView.setAnimationDidStopSelector(#selector(ViewController.animationStop))
UIView.commitAnimations()
 }
```

代码修改完成后，现在点击 Xcode 界面左上角的【编译并运行】按钮 ▶ ，打开模拟器运行项目。模拟器中的效果如图 10.4～10.6 所示。

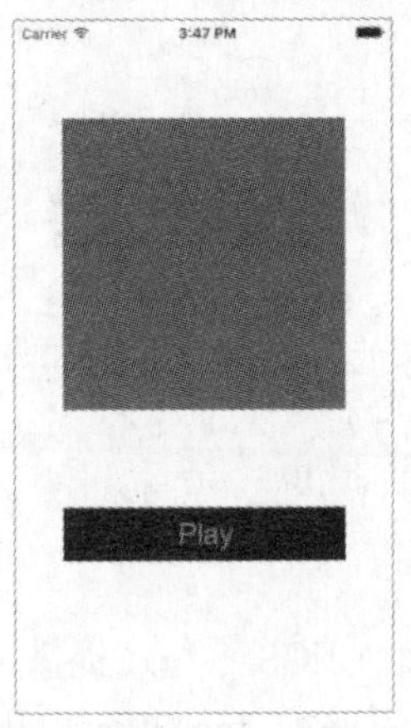

图 10.4　动画播放前

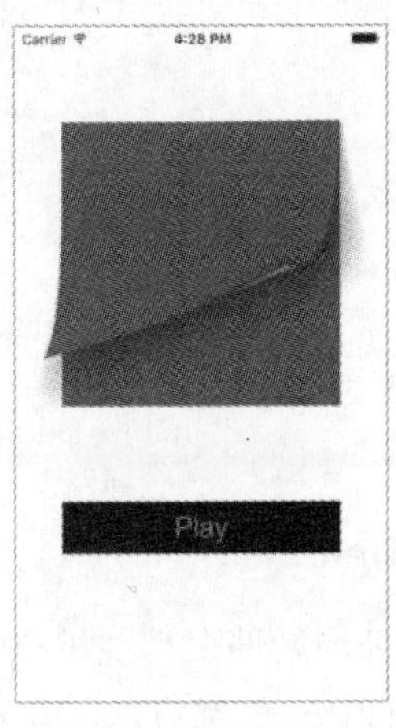

图 10.5　动画播放中

图 10.6　动画结束前

UIView 的 Block 动画

Apple 推荐在 iOS 4 以后使用 UIView 的 animate 方法来制作 UIView 的动画，而不使用原来的 beginAnimations 方法。

两者都能完成相同的功能，使用 UIView 的 animate 方法相对会更简洁一些。现在使用该方法对上一节中的代码进行修改：

```
func playAnimation()
{
 UIView.animate(withDuration: 5, delay: 0, options: [.curveEaseOut], animations: {

let view = self.view.viewWithTag(1)
view?.frame = CGRect(x: 40, y: 40, width: 0, height: 0)
```

```
view?.backgroundColor = UIColor.blue
view?.alpha = 0

}, completion: {
 (value: Bool) in
print("Animaton stop.")
self.view.viewWithTag(1)?.removeFromSuperview()
})
 }
```

UIView 的 animate 方法的全称为：animate(withDuration duration: TimeInterval, delay: TimeInterval, options: UIViewAnimationOptions = [], animations: () -> Swift.Void, completion: ((Bool) -> Swift.Void)? = nil)该方法的第 1 个参数为动画的时长，在此设置为 5 秒；第 2 个参数为动画延迟时间，这里设置为 0；第 3 个参数是动画的属性设置，你可以使用一个数组，以进行更多的参数设置。这里设置动画的播放速度曲线为由快至慢。

该方法的第 4 个参数为动画的主体设置区域。在此使用相同的方式获得需要进行动画播放的视图对象，然后依次修改视图的三个视觉属性。

该方法的第 5 个参数为动画完成后的回调事件，这里使用和前面相同的代码。

代码修改完成后，再次点击 Xcode 界面左上角的【编译并运行】按钮 ▶ ，运行该项目。在模拟器中的效果可参考前面的图 10.1～图 10.3。

10.1.2 使用 UIImageView 播放帧动画

一个 UIImageView 图像视图可以存储一个动画图片序列，UIImageView 图像视图对象的 animationImages 属性可以存储一个 UIImage 数据类型的图像数组。设置好动画图片序列之后，就可以开始动画的播放，其效果和普通的 gif 动画类似。

在使用 UIImageView 播放动画需要注意以下两点：

- 图片序列中的图片需要具有相同的尺寸，如果序列中的图片具有不同的尺寸，可能会产生意料之外的动画效果。
- 图片序列中的图片需要具有相同的缩放比例，即每个图片的 scale 属性的值相同。

新建一个基于【Single View Application】模板的空白项目，然后在 Xcode 界面左侧的项目导航区打开【Assets.xcassets】资源文件夹，并导入需要生成动画的图像序列，如图 10.7 所示。

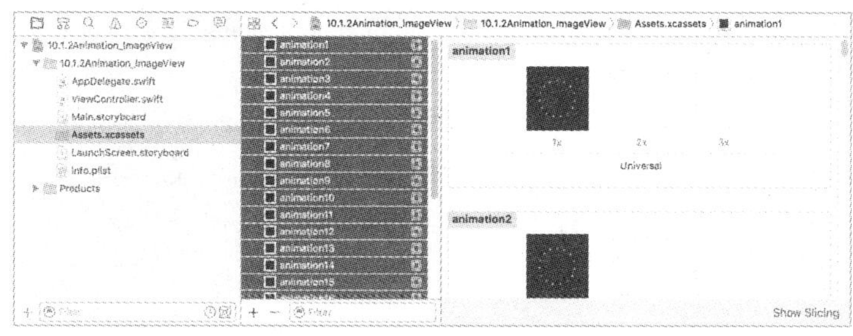

图 10.7

接着打开并编辑【ViewController.swift】文件，在该视图控制器类文件中创建一个图像视图UIImageView，并使用UIImageView 播放刚刚导入的图片序列。

```
16  import UIKit
17
18  class ViewController: UIViewController {
19
20          override func viewDidLoad() {
21                  super.viewDidLoad()
22                  // Do any additional setup after loading the view, typically from a nib.
23
24                  var images = [UIImage]()
25                  for i in 1 ... 19{
26                          images.append(UIImage(named: "animation\(i)")!)
27                  }
28
29                  let imageView = UIImageView(frame: CGRect(x: 0, y: 60, width: 335, height: 253))
30                  imageView.animationImages = images
31                  imageView.animationDuration = 5
32                  imageView.animationRepeatCount = 0
33                  imageView.startAnimating()
34
35                  self.view.addSubview(imageView)
36          }
37  }
```

在第 9 行代码中，创建了一个 UIImage 类型的数组，然后在第 10～12 行的代码中，创建一个 19 次的循环语句，从资源文件夹中加载图片并将图片存入数组。

接着在第 14 行的代码中，创建一个指定显示区域的图像视图，然后在第 15 行的代码中设置图像视图对象的 animationImages 属性的值为 images 图像数组。animationImages 的值必须是UIImage 类型的数组，数组中允许包含相同的 UIImage 图片。

在第 16 行的代码中，设置 imageView 图像视图的 animationDuration 属性的值为 5，即在 5 秒内将播放完 19 帧的动画。该属性的默认值为 0，即在 1 秒内播放 30 帧的画面。

在第 17 行的代码中，设置 imageView 图像视图的 animationRepeatCount 属性的值为 0，即动画将进行不限次数的循环播放。

设置好动画的属性后，通过在第 18 行的代码中，调用 imageView 图像视图对象的开始播放动画的 startAnimating 方法，开发播放帧动画。

最后在第 20 行的代码中，将设置好动画属性的 imageView 图像视图添加到根视图中。

现在已经完成了所有的编码工作，点击 Xcode 界面左上角的【编译并运行】按钮 ▶ ，打开模拟器运行项目。项目运行后，将弹出一个包含图像视图的模拟器，并自动进行动画的播放，如图 10.8～图 10.10 所示。

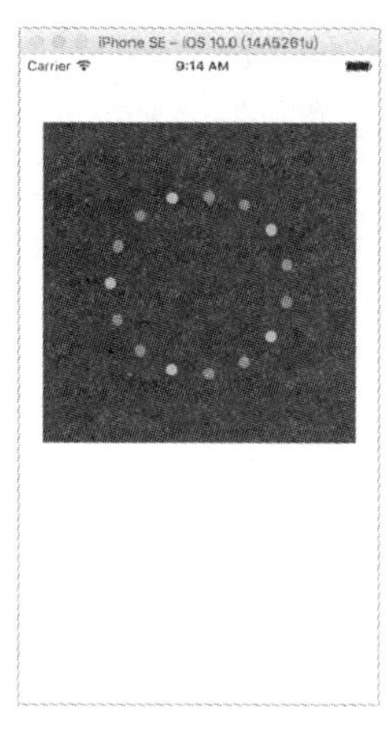

图 10.8

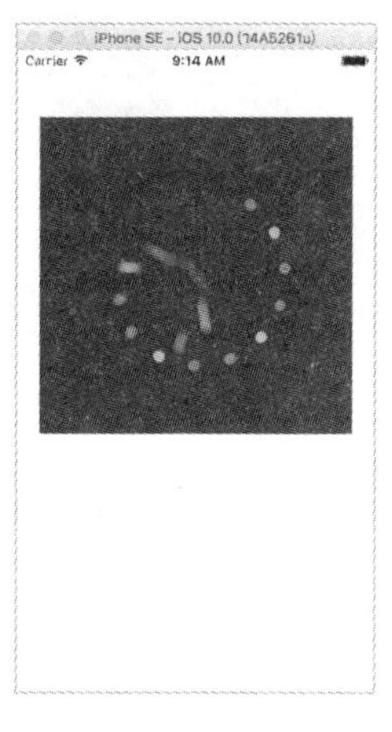

图 10.9

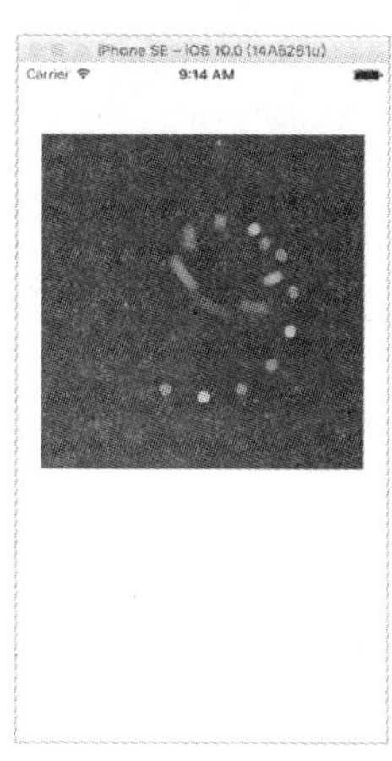

图 10.10

10.1.3 位移关键帧动画的制作

Core Animation 是一组非常强大的动画处理 API，使用它能做出非常绚丽的动画效果。但是 Core Animation 的动画只是从一个数值渐变到另一个数值，只能应付一些比较简单的动画场景。这种直线式的动画无法实现复杂的动画效果，这时我们就可以使用 CAKeyFrameAnimation 类进行关键帧动画的制作。

关键帧动画的概念来源于动画产业，Disney 公司在早期的动画制作工作中，通常是由资深的动画设计师根据动画剧情的需要，绘制一些关键的画面或人物动作，然后再由普通的动画设计师完成两个关键画面或动作之间的过渡。

CAKeyFrameAnimation 的原理也是如此，通过对某个属性设置一组不同的数值，然后由系统自动生成相邻数值之间的线性过渡帧，如图 10.11 所示。

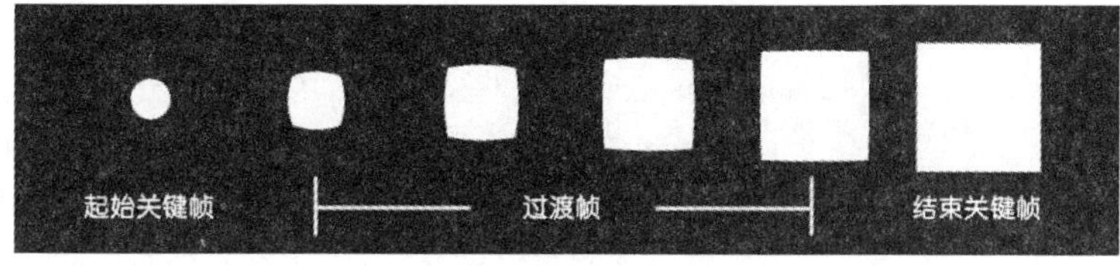

图 10.11

制作 CAKeyFrameAnimation 关键帧动画包含以下几个步骤：

（1）设置关键帧动画的视图属性，比如 opacity、position、transform、bounds 等。

（2）设置属性在开始、中间、结束等多个阶段时的值。

（3）设置两个关键帧之间的时长。

（4）设置整个动画的播放时长。

这里我们将通过 CAKeyFrameAnimation 制作一个沿着指定路径进行位移的关键帧动画，通过设置路径上的几个关键点的位置，使图片沿着指定的路径进行移动。首先创建一个基于【Single View Application】模板的空白项目，然后往项目中导入一张图片，如图 10.12 所示。

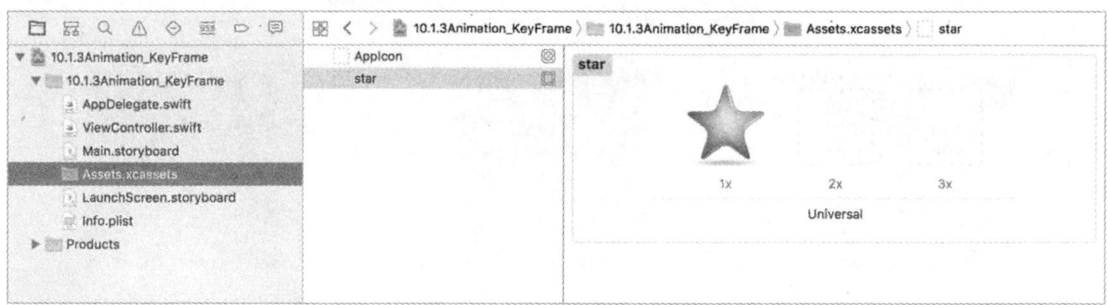

图 10.12

接着在左侧的项目导航栏打开并编辑【ViewController.swift】文件，并在 viewDidLoad 方法中输入以下代码：

```
1  override func viewDidLoad() {
2      super.viewDidLoad()
3      // Do any additional setup after loading the view, typically from a nib.
4  
5      let imageView = UIImageView(frame: CGRect(x: 40, y: 80, width: 64, height: 64))
6      imageView.image = UIImage(named: "star")
7      self.view.addSubview(imageView)
8  
9      let animation = CAKeyframeAnimation(keyPath: "position")
10 
11     let point1 = CGPoint(x: 40, y: 80)
12     let point2 = CGPoint(x: 280, y: 80)
13     let point3 = CGPoint(x: 60, y: 300)
14     let point4 = CGPoint(x: 280, y: 300)
15 
16     animation.values = [NSValue(cgPoint: point1), NSValue(cgPoint: point2),
17                         NSValue(cgPoint: point3), NSValue(cgPoint: point4)]
18     animation.keyTimes = [NSNumber(value: 0.0), NSNumber(value: 0.4),
19                           NSNumber(value: 0.6), NSNumber(value: 1.0)]
20 
21     animation.delegate = self
22     animation.duration = 5.0
23 
24     imageView.layer.add(animation, forKey: "Move")
25 }
```

首先在第 5～7 行的代码中，创建一个指定显示区域的图像视图，并从项目的资源文件夹中加载一张图片交由图像视图显示。

接着在第 9 行代码中，创建一个 CAKeyframeAnimation 关键帧动画，并设置 keyPath 为 position。通过指定 keyPath，可以对图像视图 CALayer 层的该属性进行更改，从而使图像视图产生位置变化的动画效果。

然后在第11～14行的代码中，设置位移路径上的4个点的坐标。接着在第16行的代码中，将这4个点放入一个数组，并设置关键帧动画的values属性的值为该坐标数组。values属性用来设置整个位移动画过程中的关键位置，如果需要绘制一条闭合的路径，可以在数组的末尾，再放置一个和起点相同的坐标。

在第18行的代码中，设置了关键帧动画的keyTimes属性为一个浮点类型的数组，数组中的每个数值都在0.0～1.0之间，并且后面的一个数值需要大于或等于前一个数值，通常该数组中数值的数量应该和values属性值的数组中的数量保持一致。如果values和keyTimes两个属性的数组长度不一致，可能会产生意料之外的动画效果。

接着在第21行代码中，设置关键帧动画的代理为当前的视图控制器，以监测动画的开始和结束事件，并设置动画的duration时长为5秒。

在第24行代码中，将动画添加到图像视图的层中，以实现动画的播放。

最后添加两个方法以实现对动画的开始和结束事件的监测：

```
26  func animationDidStart(_ anim: CAAnimation) {
27          print("The animation starts")
28  }
29
30  func animationDidStop(_ anim: CAAnimation, finished flag: Bool) {
31          print("End of the animation")
32  }
```

在第26～28行的代码中，实现了animationDidStart方法，当动画开始播放时，在日志区输出一条动画开始的日志。

接着在第30～32行的代码中，实现了animationDidStop方法，当动画播放结束时，在日志区输出一条动画结束的日志。

现在已经完成了所有的编码工作，点击Xcode界面左上角的【编译并运行】按钮 ▶ ，打开模拟器运行项目。项目运行后，将弹出一个包含图像视图的模拟器，并自动进行动画的播放，如图10.13～图10.16所示。

图10.13

图10.14

图10.15

图10.16

10.2 音频的播放

iOS 系统对于多媒体的支持是非常强大的，Apple 提供了大量 API，使开发者可以很方便地进行音视频的播放和录制、麦克风的操作等。

音频播放从形式上可以分为音效播放和音乐播放。音效主要指的是一些比较短暂的音频播放，通常作为点缀音效，对于这类音频不需要进行进度、循环等控制。后者指的是一些较长的音频，通常是主音频，对于这些音频的播放通常需要进行精确的控制。

在 iOS 中通常分别使用 System Sound Services 和 AVAudioPlayer 来完成音效和音乐的播放。除了这两种方式之外，还可以选择 Audio Queue Services 和 Open AL 技术，这 4 种音频播放技术各有自身的特点。

System Sound Services

System Sound Services 是最底层，也是最简单的音频播放服务，通过提供的 C 语言接口，允许开发者通过简单地调用 AudioServicesPlaySystemSound 方法，即可播放一些简短的音频文件。它具有以下几个特点：

- 播放的声音长度要小于 30 秒。
- 声音文件的格式必须是 PCM 或 IMA4（IMA/ADPCM）。
- 无法控制音频播放的进度。
- 调用方法后立即播放声音，并且无法设置声音大小。
- 无法进行循环播放或立体声播放的控制。
- 可以调用系统的震动功能。
- 从这些特点可以得知，使用此方法比较适合播放一些短暂的提示或警告声音。

AVAudioPlayer

AVAudioPlayer 能实现的功能类似于 System Audio Services，可以播放单一的音频文件，但它们之间的不同之处在于 AVAudioPlayer 可以播放任意长度的音频文件、支持循环播放、可以同步播放多个音频文件、控制播放进度以及从音频文件的任意一点开始播放等。比如用它可以很方便地实现重复播放。

另外 AVAudioPlayer 还有一个很强大的功能，就是可以很方便地调节左右声道的音量，从而实现很酷的立体声效果。因此 AVAudioPlayer 很适用于游戏中的音频播放。

由于 AVAudioPlayer 没有队列这个概念，因此它只能播放一个指定路径的音频。如果需要播放多个音频，可以通过创建多个 AVAudioPlayer 实例来实现。

使用 AVAudioPlayer 技术可以：

- 播放任意时长的音频文件。
- 播放文件中或者内存缓存区中的声音。
- 进行音频文件的循环播放。
- 使用多个 AVAudioPlayer 实例可以同时播放多个音频文件。

- 控制播放的音量、设置立体声，还可以设置播放中声音的速率。
- 支持进行声音播放的快进和后退。

Audio Queue Services

使用 Audio Queue Services 对音频进行播放，可以完全实现对声音的控制。开发者可以将声音数据从文件中读取到内存缓冲区，并对声音数据进行特殊处理，比如进行声音的快速、慢速播放，或者改变声音的音色等。

Open AL

和 Open GL 类似，Open AL 也是一个跨平台的开源音频处理接口，它为音频播放提供了一套更加底层、更加精细的方案，特别适合具有复杂音频使用场景的游戏开发。Open AL 是自由软件界的跨平台音效 API，它设计给多通道三维位置音效的特效表现，其 API 风格模仿自 Open GL。

10.2.1 使用 System Sound Services 播放简短声音

当需要播放一个自定义的警告音或者消息提示音时，用 System Sound Services 音频服务比其他的方法更加节省资源。

虽然 System Sound Services 无法直接实现音频文件的循环播放，但是通过 System Sound Services 的 AudioServicesAddSystemSoundCompletion 方法对音频的播放事件进行监听，当音频播放结束之后，可以重复音频的播放，从而实现音频的循环播放功能。

本示例将使用 System Sound Services 播放一条短暂的提示音，并实现声音的循环播放效果。首先创建一个基于【Single View Application】模板的空白项目，然后在项目名称文件夹上点击鼠标右键，并选择右键菜单中的【Add Files to】命令，往项目中导入一份.wav 格式的音频文件，如图 10.17 所示。

图 10.17

接着在左侧的项目导航区打开并编辑【ViewController.swift】文件，在使用 System Sound Services 播放声音时，需要首先在类文件中引入 AudioToolbox 框架：

```
import UIKit
import AudioToolbox

class ViewController: UIViewController {
```

```
5
6        override func viewDidLoad() {
7            super.viewDidLoad()
8            // Do any additional setup after loading the view, typically from a nib.
9
10           var _soundId:SystemSoundID = 0
11           let path = Bundle.main.path(forResource: "camera", ofType: "wav")
12           let soundUrl = URL(fileURLWithPath: path!)
13           AudioServicesCreateSystemSoundID(soundUrl as CFURL, &_soundId)
14
15           AudioServicesAddSystemSoundCompletion(_soundId, nil, nil, { (soundID, clientData) -> Void in
16           print("音频播放结束之后，重复音频的播放。。。")
17           AudioServicesPlaySystemSound(soundID)
18           }, nil)
19           AudioServicesPlaySystemSound(_soundId)
20       }
21   }
```

接着在第 10 行代码中，声明一个系统声音标识类型的声音变量。在第 11 行代码中，获得导入的音频文件 camera.wav 在项目文件夹中的路径。然后在第 12 行的代码中，将字符串格式的文件路径转换为 URL 路径。

在第 13 行代码中，通过 AudioServicesCreateSystemSoundID 方法，加载指定路径的音频文件，并创建一个 System sound 对象。

在第 15 行代码中，通过 AudioServicesAddSystemSoundCompletion 方法，给音频播放添加播放结束的状态监听方法。当音频播放结束时，在日志区输出一条播放结束的通知语句，并调用 AudioServicesPlaySystemSound 方法，重复音频文件的播放。

最后在第 19 行代码中，调用 AudioServicesPlaySystemSound 方法，开始音频的播放。

现在已经完成了所有的编码工作，点击 Xcode 界面左上角的【编译并运行】按钮 ▶ ，打开模拟器运行项目。项目运行后，将开始音频的自动播放，每播放一次音频文件，将在日志区输出一条提示语句，如图 10.18 所示。

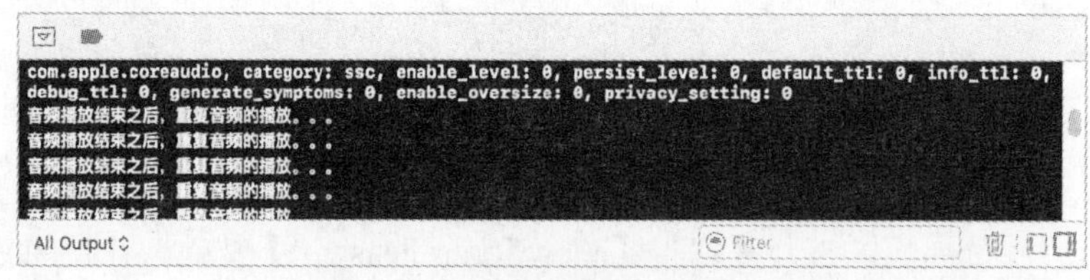

图 10.18

10.2.2 使用 AVAudioPlayer 播放音乐

AVAudioPlayer 可以让开发者播放 iOS 和 macOS 系统支持的任何格式的音频文件，并且能够进行播放进度、音量和播放速度等的控制。通过遵循 AVAudioPlayerDelegate 协议，可以实现对音乐播放状态的监测，比如音乐播放的结束事件，或者由于被来电事件所中断的状态。

AVAudioPlayer 常用的属性及说明如表 10-3 所示。

表 10-3　AVAudioPlayer 常用属性列表

属性名称	属性说明
isPlaying	布尔类型 true or false，表示 audio player 是否处于播放状态
volume	audio player 播放时的音量，范围在 0.0~1.0 之间
pan	audio player 的立体声平移位置。-1.0 表示完全为左声道，0.0 表示左右声道平衡，1.0 则表示完全为右声道
rate	audio player 的播放速率，范围在 0.5~2.0 之间，其中 1.0 表示正常的播放速率
enableRate	布尔类型 true or false，表示是否允许修改 audio player 的播放速率
numberOfLoops	audio player 循环播放的次数，-1 表示无限循环播放
numberOfChannels	audio player 的声道数
duration	audio player 音频的总长度，单位为秒
currentTime	audio player 当前播放位置的时间点，单位为秒

AVAudioPlayer 常用的方法及说明如表 10-4 所示。

表 10-4　AVAudioPlayer 常用方法列表

方法名称	方法说明
init(contentsOf: URL)	从指定的路径上加载并播放音频文件
init(data: Data)	从内存的缓冲区加载并播放音频文件
prepareToPlay()	将音频文件加载到缓冲区，为音频文件的播放作准备
play()	以异步的方式播放一条音频
play(atTime: TimeInterval)	从指定的位置开始音频文件的播放
pause()	暂停音频文件的播放
stop()	停止音频文件的播放
averagePower(forChannel: Int)	获得正在播放的音频指定声道的平均功率，单位为分贝
peakPower(forChannel: Int)	获得正在播放的音频指定声道的峰值功率，单位为分贝
updateMeters()	更新正在播放的音频的所有声道的平均和峰值功率数值

接着通过一个示例来演示 AVAudioPlayer 在音乐播放中的使用方法和步骤。首先创建一个基于【Single View Application】模板的空白项目，然后在项目名称的文件夹上点击鼠标右键，并选择右键菜单中的【Add Files to】选项，往项目中导入一份音频文件 music.mp3，此时的项目结构如图 10.19 所示。

图 10.19

接着在左侧的项目导航区打开并编辑【ViewController.swift】文件。

```
import UIKit
import AVFoundation

class ViewController: UIViewController, AVAudioPlayerDelegate {
    var audioPlayer:AVAudioPlayer = AVAudioPlayer()
    override func viewDidLoad() {
        super.viewDidLoad()
        // Do any additional setup after loading the view, typically from a nib.
        let path = Bundle.main.path(forResource: "music", ofType: "mp3")
        let soundUrl = URL(fileURLWithPath: path!)

        do{
            try audioPlayer = AVAudioPlayer(contentsOf: soundUrl)
            audioPlayer.volume = 1.0
            audioPlayer.numberOfLoops = -1
            audioPlayer.delegate = self
            audioPlayer.play()
        } catch{
            print(error)
        }
        let stopMusic = UIButton(frame: CGRect(x: 20, y: 80, width: 280, height: 44))
        stopMusic.backgroundColor = UIColor.purple
        stopMusic.setTitle("暂停/恢复音乐", for: UIControlState.init(rawValue: 0))
        stopMusic.addTarget(self, action: #selector(ViewController. pauseOrResumeMusic), for: .touchUpInside)
        self.view.addSubview(stopMusic)
    }
    func pauseOrResumeMusic(){
        if self.audioPlayer.isPlaying {
            self.audioPlayer.pause()
        }
        else{
```

```
32                  self.audioPlayer.play()
33              }
34      }
35      func audioPlayerBeginInterruption(_ player: AVAudioPlayer) {
36          print("音乐播放被打断。")
37      }
38      func audioPlayerDidFinishPlaying(_ player: AVAudioPlayer, successfully flag: Bool) {
39          print("音乐播放完毕。");
40      }
41  }
```

要使用 AVAudioPlayer 进入音频文件的播放，首先在第 2 行的代码中，往类文件中引入 AVFoundation 框架。接着在第 3 行的代码中，给当前的类文件添加 AVAudioPlayerDelegate 协议，从而实现对音频播放事件的监听。

在第 5 行代码中，给类添加一个 AVAudioPlayer 类型的属性。

接着在第 9～10 行的代码中，从项目中获得导入的音频文件的路径，并将字符串格式的路径转换为 URL 类型。

由于 AVAudioPlayer 的初始化操作会抛出异常，所以在第 12～20 行的代码中，通过一个 do-catch 语句实现 audioPlayer 的初始化操作，并加载指定路径的音频文件。

接着在第 14 行代码中设置音频播放的音量为最高音量 1.0，通过设置 numberOfLoops 的属性值为-1，从而实现音频文件的循环播放。

然后将 audioPlayer 的代理设置为当前的视图控制器对象，并通过调用 audioPlayer 对象的 play()方法，开始播放音频文件。

在第 21～25 行的代码中，创建一个按钮控件，并给按钮控件绑定了点击事件，当点击该按钮时，将暂停音乐的播放，再次点击该按钮，可恢复音乐的播放。

接着在第 27～34 行的代码中，添加一个名为 pauseOrResumeMusic 的方法，用来响应按钮的点击事件。当用户点击按钮时，首先通过 audioPlayer 的 isPlaying 属性，判断 audioPlayer 是否处于播放状态，如果处于播放状态则调用 audioPlayer 的 pause 方法，暂停音乐的播放，否则调用 audioPlayer 的 play 方法，开始或恢复音乐的播放。

在第 35～37 行的代码中实现了 AVAudioPlayerDelegate 协议中的 audioPlayerBeginInterruption 方法，当音频的播放由于来电等特殊情况而被中断时，将调用此方法以在日志区输出一条提示语句。最后在第 38～40 行的代码中实现了 AVAudioPlayerDelegate 协议中的 audioPlayerDidFinishPlaying 方法，当音频的播放结束时，将调用此方法以在日志区输出一条提示语句。

运行和测试项目

现在已经完成了所有的编码工作，点击 Xcode 界面左上角的【编译并运行】按钮 ▶ ，打开模拟器运行项目。项目运行后，将开始音频的自动播放，如图 10.20 所示。当点击模拟器中的【暂停/恢复音乐】的按钮时，将暂停音乐的播放，再次点击该按钮，将恢复音乐的播放。

图 10.20

如果将代码中的第 15 行的代码修改为 audioPlayer.numberOf- Loops = 1，则当音乐播放结束时，将在控制台输出一条音乐播放结束的日志，如图 10.21 所示。

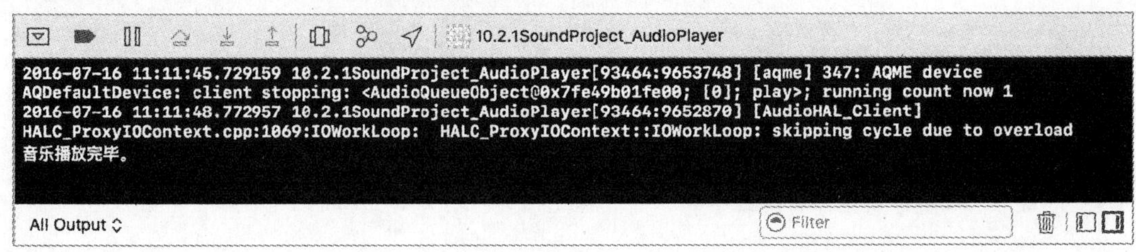

图 10..21

10.3 视频的播放

在 iOS 开发中播放视频通常采用两种方式，一种是使用 MPMoviePlayerController，还有一种是使用 AVPlayer。MPMoviePlayerController 是 iOS 9.0 之前的用法，该视频播放方式的使用更加简单，但是功能不如 AVPlayer 强大，而且随着 iOS 版本的升级，MPMoviePlayerController 将逐渐被丢弃。

10.3.1 使用 AVPlayer 播放影片

使用 AVPlayer 播放影片非常简单，只需创建一个 AVPlayerLayer 的实例，并将该实例添加到当前视图控制器根视图的子层中即可。

首先创建一个基于【Single View Application】模板的空白项目，并在项目名称文件夹上点击鼠标右键，并选择右键菜单中的【Add Files To】命令，往项目中添加一个视频文件 movie.mp4，此时的项目结构如图 10.22 所示。

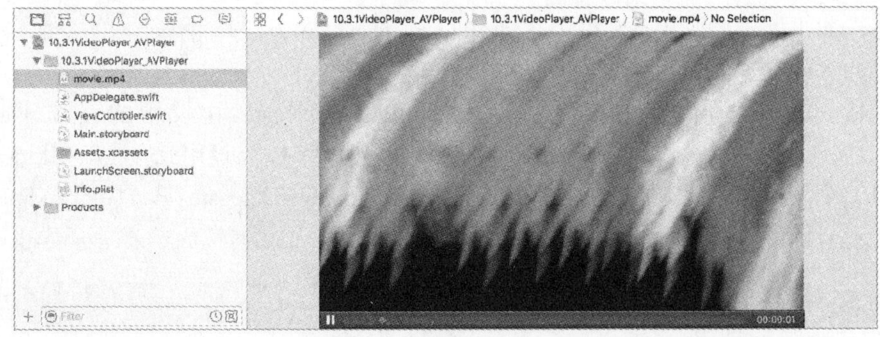

图 10.22

接着在右侧的项目导航栏打开并编辑【ViewController.swift】文件：

```
import UIKit
import AVFoundation

```

```
4 class ViewController: UIViewController {
5
6     override func viewDidLoad() {
7         super.viewDidLoad()
8         // Do any additional setup after loading the view, typically from a nib.
9         let moviePath = Bundle.main.path(forResource: "movie", ofType: "mp4")
10        let movieURL = URL(fileURLWithPath: moviePath!)
11
12        let avPlayer = AVPlayer(url: movieURL as URL)
13        let avPlayerLayer = AVPlayerLayer(player: avPlayer)
14        avPlayerLayer.frame = self.view.bounds
15        avPlayerLayer.videoGravity = AVLayerVideoGravityResizeAspectFill
16        self.view.layer.addSublayer(avPlayerLayer)
17
18        avPlayer.play()
19    }
20 }
```

在使用 AVPlayer 之前，首先往类文件中导入 AVFoundation 框架，在第 2 行的代码中，引入 AVFoundation 框架。

接着在第 9～10 行的代码中，从项目文件夹中加载名为 movie.mp4 的视频文件，并将字符串格式的视频文件路径转换为 URL 格式。

在第 12 行的代码中，创建一个 AVPlayer 实例，并加载指定位置的视频文件。然后在第 13 行的代码中创建一个 AVPlayerLayer 视频播放层。AVPlayer 是一个不可见的组件，要将视频文件显示在用户界面上，需要使用 AVPlayerLayer 类。

在第 14 行的代码中，设置 avPlayerLayer 的 frame 边框大小，与当前视图控制器根视图的边界属性保持一致，使视频的播放区域和设备的屏幕尺寸相同。

AVPlayerLayer 实例有一个名为 videoGravity 的属性，定义了 3 个不同的 gravity 类型，如表 10-5 所示，其中 AVLayerVideoGravityResizeAspect 为默认选项。

表 10-5　AVPlayerLayer 实例的 videoGravity 属性类型

方法名称	方法说明
AVLayerVideoGravityResizeAspectFill	保留视频的宽高比，并对视频进行缩放，以填满层的范围区域
AVLayerVideoGravityResizeAspect	在视频层的显示范围内缩放视频大小，以保持视频的原始宽高比
AVLayerVideoGravityResize	将视频内容拉伸来匹配视频层的显示范围

完成 AVPlayerLayer 视频播放层的设置之后，将视频播放 AVPlayerLayer 层添加到当前视图控制器根视图的层中。

最后在第 18 行的代码中，调用 avPlayer 对象的 play 方法，开始视频的播放。

现在已经完成了所有的编码工作，点击 Xcode 界面左上角的【编译并运行】按钮 ▶ ，打开模拟器运行项目。项目运行后，将自动播放视频，视频的播放效果如图 10.23 所示。

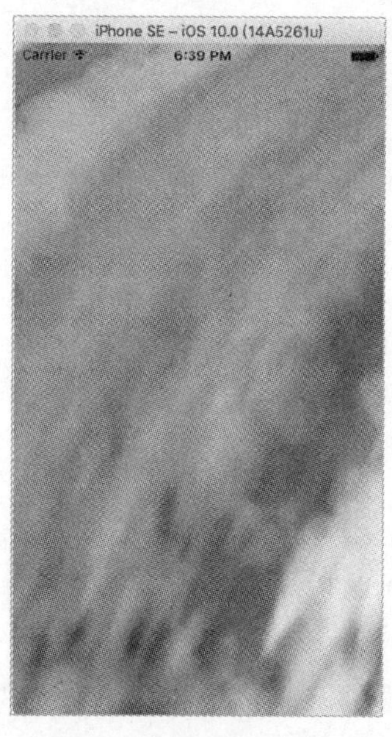

图 10.23

10.3.2 实现影片的画中画功能

使用 AVPlayer 播放影片只是单纯地进行视频的播放，并不会提供视频播放控制器。如果需要对视频的播放进行暂停、继续播放等控制，就需要创建自定义的按钮了。

在 iOS 8.0 之后，Apple 推出了一个 ViewController 的子类 AVPlayerViewController，其不仅可以实现视频的播放，还额外提供了对视频播放进行管理的标准控制界面。此外，使用 AVPlayerViewController 还可以轻松地实现 iPad 中的画中画效果。

在使用 AVPlayerViewController 之前，首先创建一个基于【Single View Application】模板的空白项目，并在项目名称文件夹上点击鼠标右键，并选择右键菜单中的【Add Files To】命令，往项目中添加一个视频文件 movie.mp4，此时的项目结构如图 10.24 所示。

图 10.24

接着在右侧的项目导航栏打开并编辑【ViewController.swift】文件：

```
1  import UIKit
2  import AVFoundation
3  import AVKit
4
5  class ViewController: UIViewController {
6      override func viewDidLoad() {
7          super.viewDidLoad()
8          // Do any additional setup after loading the view, typically from a nib.
9          let moviePath = Bundle.main.path(forResource: "Sunrise", ofType: "mp4")
10         let movieURL = URL(fileURLWithPath: moviePath!)
11
12         let avPlayer = AVPlayer(url: movieURL as URL)
13         let playerVC = AVPlayerViewController()
14         playerVC.player = avPlayer
15         playerVC.videoGravity = AVLayerVideoGravityResizeAspect;
16         playerVC.allowsPictureInPicturePlayback = true
17         playerVC.showsPlaybackControls = true
18         playerVC.view.frame = self.view.bounds
19
20         playerVC.player!.play()
21         self.view.addSubview(playerVC.view);
22     }
23 }
```

在使用 AVPlayer 之前，首先往类文件中导入 AVFoundation 和 AVKit 框架，在第 2～3 行的代码中，引入 AVFoundation 和 AVKit 框架。

接着在第 9～10 行的代码中，从项目文件夹中加载名为 Sunrise.mp4 的视频文件，并将字符串格式的视频文件路径转换为 URL 格式。

在第 12 行的代码中，创建一个 AVPlayer 实例，并加载指定位置的视频文件。然后在第 13 行的代码中创建一个 AVPlayerViewController 视频播放视图控制器。在第 14 行的代码中，设置视频播放视图控制器的 player 属性的值为 avPlayer，使视频播放视图控制器播放 avPlayer 中加载的视频文件。

接着在第 15 行的代码中，设置 AVPlayerViewController 视频播放视图控制器将视频在显示范围内进行宽度的等比例缩放显示。

在第 16 行的代码中，设置视频播放视图控制器的 allowsPictureInPicturePlayback 属性值为 true，即允许在 iPad 中进行视频播放的画中画功能。

在第 17 行的代码中，设置视频播放视图控制器的 showsPlaybackControls 属性值为 true，使得在播放视频的过程中显示视频播放标准控制界面。

然后在第 18 行的代码中，设置视频播放视图控制器的 frame 边框，与当前视图控制器的根视图的 bounds 属性大小相同。

最后在第20行代码中，通过调用AVPlayer对象的play()方法，实现视频的播放，并将playerVC视图控制器的根视图添加到当前视图控制器的根视图中。

配置画中画功能

为了激活在 iPad 中视频播放的画中画功能，还需要对项目进行一些设置操作。首先点击项目设置页面中的【Capabilities】标签进行 Capabilities 设置面板，然后激活【Background Modes】选项，并勾选【Audio, AirPlay and Picture in Picture】选项，如图 10.25 所示。

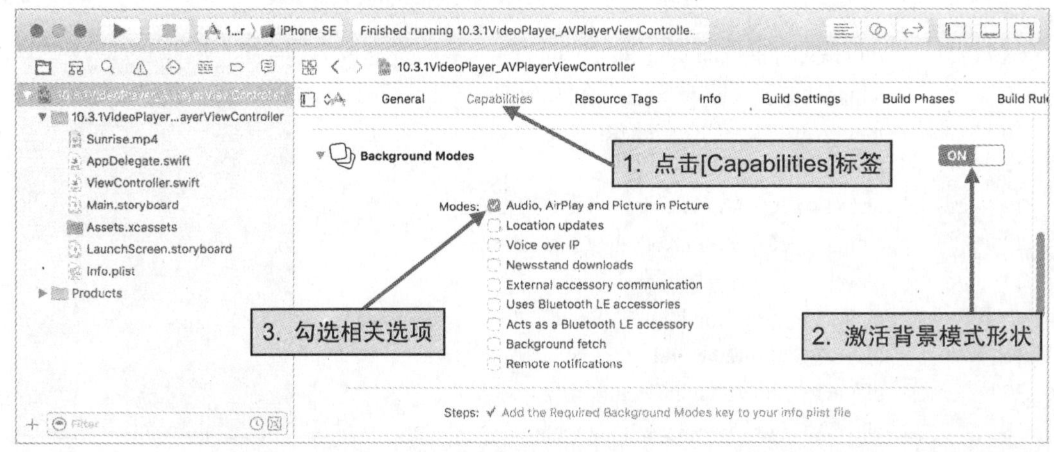

图 10.25

现在已经完成了所有的编码和配置工作，点击Xcode界面左上角的【编译并运行】按钮 ▶ ，打开模拟器运行项目。项目运行后，将自动播放视频，并在视频播放区域的周围显示标准的视频控制界面，如图 10.26 所示。

接着将模拟器更换为iPad Air 2，然后再次点击Xcode界面左上角的【编译并运行】按钮 ▶ ，打开 iPad 模拟器运行项目，效果如图 10.27 所示。然后点击右下角的【Picture in Picture】图标，进入画中画模式，如图 10.28 所示。

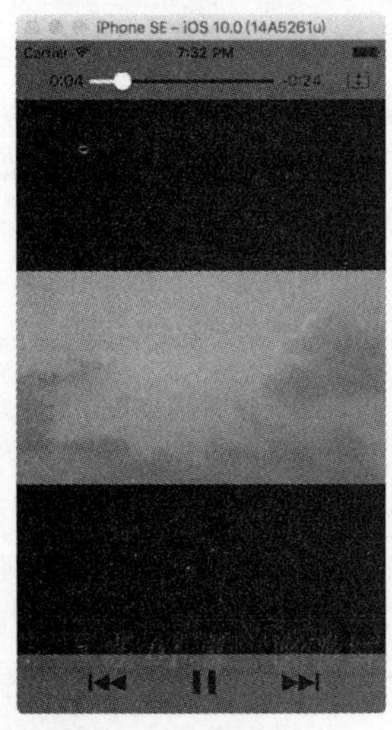

图 10.26

点击此处图标进入画中画模式

图 10.27

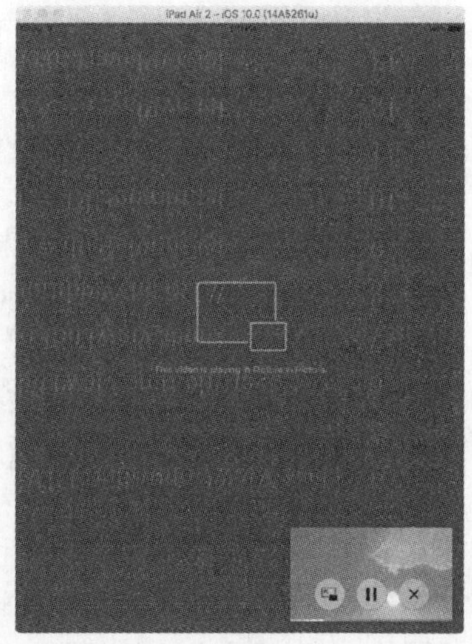

图 10.28

10.4 小 结

本章主要讲解 iOS 多媒体开发相关的内容，包含各种动画效果的实现，比如普通的 UIView 属性变更的动画，UIImageView 的帧动画，以及更复杂也更细腻的关键帧动画。

在讲解声音和视频播放的课程中，我们讨论了音效和音乐不同的播放方式，以及视频的播放和画中画效果的实现。

iOS SDK 还提供了录音功能，感兴趣的读者可以使用 AVAudioRecorder 类实现声音的录制和播放。如果需要进一步了解音频和视频更深入的解决方案，可以学习 OpenGL ES 和 Core Audio 技术在 iOS 开发中的应用，这些技术提供了动画、高级音频和 3D 等方面的功能。

第 11 章 Alamofire 网络请求框架

在我们的 iOS 开发中，很少有不用请求网络服务器的。用户的操作行为要上报给服务器，用户的重要数据也要存储在服务器。

本章主要介绍 Alamofire 网络框架的起源和 Objective-C 时代中的 AFNetworking 网络请求框架进行对比，Alamofire 提供了更简洁和稳定的 GET 和 POST 方式请求。Alamofire 拥有上传和下载等网络请求及进度展示的功能，还能进行网络状态的判断等常用的与网络相关的行为。

11.1 Alamofire 的前世今生

Alamofire 网络框架的名字来源于德克萨斯州的州花（Alamo Fire Flower），这种花很漂亮，如图 11.1 所示。如果因为印刷的关系，不能看清的话，可以访问如下的网址：http://aggie-horticulture.tamu.edu/wildseed/flowers/AlamoFire.jpg。

图 11.1

我们常常听到业界用“优雅”一词来形容一段代码写得很好，Alamofire 网络请求框架仅用优雅来形容是不够的。

提到 Alamofire 网络框架的前世，那可真是赫赫有名，每一个 iOS 开发工程师，无人不知，无人不晓。Swift 工程中几乎所有 HTTP 或 HTTPS 的网络请求，都在用它与服务器进行数据传输。不仅支持 iOS，还支持 macOS、watchOS 和 tvOS 等平台，它就是 AFNetworking。

为什么说 AFNetworking 是 Alamfire 的前世呢？因为是同一班人马在 Swift 诞生的时候，开发了 Alamofire，准确地讲，Alamofire 是站在 AFNetworking 的肩膀上改进而来的。所以你有理由相信 Alamofire 未来的体验会比 AFNetworking 更好，更受 iOS 开发者的欢迎。

截至2016年8月，Alamofire在Swift还没有成为iOS的主流开发语言的情况下，已经在GitHub上收获了 19151 个好评；然而 AFNetworking 在已有 5 年的成长光阴的情况下，才收获了 26984 个好评。Alamofire 和 AFNetworking 都是被 Alamofire Software Foundation 拥有和维护的。

AFNetworking 网络框架是一个在 iOS 开发中使用非常多的网络开源库，适用于 iOS、macOS、watchOS 和 tvOS。它构建于（Apple iOS 开发文档）NSURLSession、NSOperation 以及其他熟悉的 Foundation 技术之上，拥有良好的架构、丰富的 API 以及模块化构建方式，使得使用起来非常轻松。

几乎在 AFNetworking 诞生之后，它就所向披靡。AFNetworking 的最强劲的竞品 ASIHTTPRequest 在 2012 年 10 月宣布停止维护，这对于一个开源项目来说，无疑是相当致命的一击。从此以后，AFNetworking 几乎无敌于天下，并且井喷式地在项目中被使用。

其实 ASIHTTPReqeuest 这个网络请求框架也是非常优秀的，使用起来也非常简单，现在 ASIHTTPRequest 已经算是入行比较早的 iOS 工程师的回忆吧！也曾有传说网易要对它进行维护，但是最终并没有，就像 ASIHTTPRequest 莫名其妙宣布停止维护一样。据传是因为 iOS 的新的内存管理方式 ARC 的出现导致的，但是笔者想应该不至于，ASIHTTPRequest 的淡出或许就是我们常说的急流勇退吧。目前已经几乎没有项目还在用 ASIHTTPRequest 框架，一些架构脉络混乱的或技术债务较多的项目除外。

11.1.1 Alamofire 的手动集成

要把 Alamofire 集成到我们的项目当中有很多种方式，如 CocoaPods、Carthage 和手动方式。这里我们以完全手动导入方式演示操作。手动集成 Alamofire 的步骤如下：

下载 Alamofire 到“我的工程”根目录，按照如图 11.2～图 11.7 所示的操作。（下载 GitHub 地址为 https://github.com/Alamofire/Alamofire.git。）

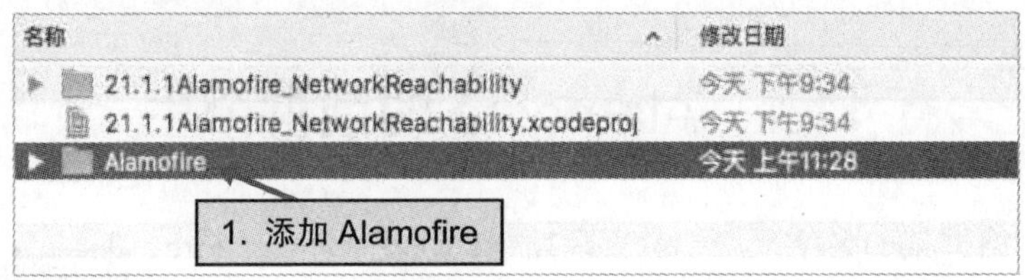

图 11.2

图 11.3

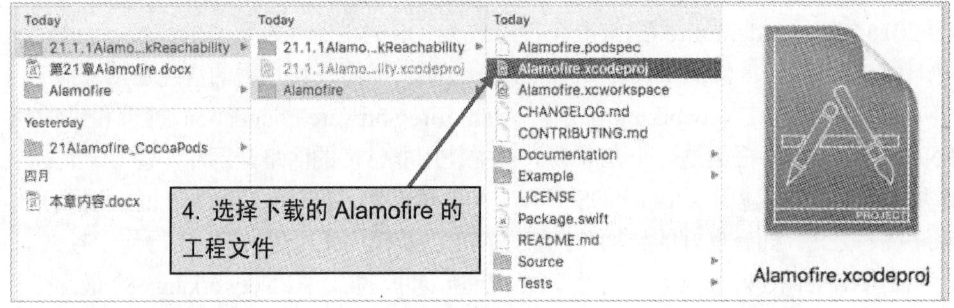

图 11.4

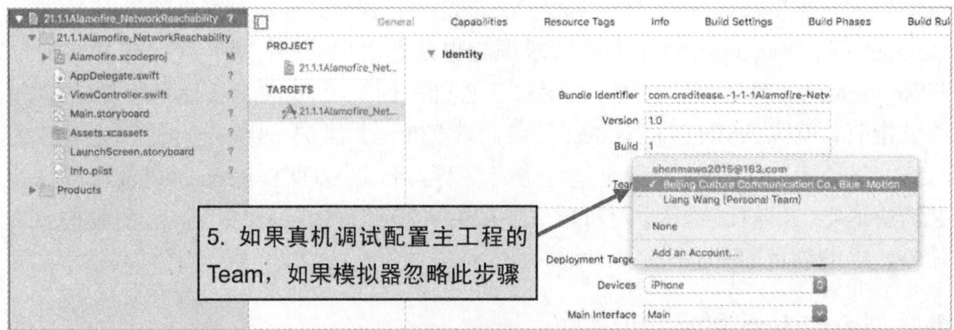

图 11.5

图 11.6

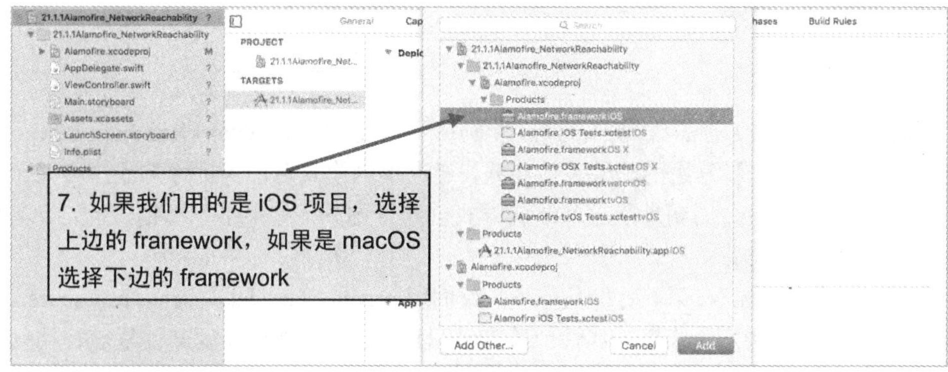

图 11.7

至此，简单的几个步骤就已经把 Alamofire 集成到了我们的工程当中。

11.1.2 Alamofire 的网络是否联通和连接方式

很多业务场景都需要根据当前有无网络来进行页面不同内容的显示。再比如说判断当前的网络连接类型，如果是 WiFi 则自动播放视频，如果不是则让用户去选择是否播放。

```
import UIKit
import Alamofire

class MyNetworkReachabilityManager {

    private static let sharedInstance = MyNetworkReachabilityManager()
    var manager = NetworkReachabilityManager(host: "www.baidu.com")

    init(){
        manager?.listener = { status in
            print("Network Status Changed: \(status)")
        }
        manager?.startListening()
```

```
14      }
15      class var   sharedManager: MyNetworkReachabilityManager {
16
17          let instance = self.sharedInstance
18          return instance
19      }
20
21      func networkReachabilityStatus() -> Alamofire.NetworkReachabilityManager.NetworkReachabilityStatus {
22          let status:Alamofire.NetworkReachabilityManager.NetworkReachabilityStatus = (manager?.networkReachabilityStatus)!
23          print("当前网络状态:\(status)")
24          return status
25      }
26  }
```

在第 7 行和第 17～21 行的代码中，通过单例模式创建了 MyNetworkReachabilityManager 的全局单例。单例模式是一种常用的软件设计模式，通过单例模式可以保证你的程序中一个类只有一个实例。这个实例的生命周期是从通过单例方式创建开始的，如果不手动销毁的话，其生命周期会跟程序的进程一起结束。

接下来继续讲解代码，在第 6 行的代码中，我们用 private static let 关键字修饰 sharedInstance 这个属性。private 访问级别所修饰的属性或者方法只能在当前的 Swift 源文件里进行访问；static 表示 sharedInstance 在类对象的作用域中，即这是一个静态的属性；Swift 中的 let 可以保证 sharedInstance 是线程安全的。我们实例化了一个 MyNetworkReachabilityManager 并且赋值给 sharedInstance。

在第 15 行的代码中，声明了一个 sharedManager 的类属性，通过这个属性获取我们在第 6 行代码中声明的 sharedInstance 属性。这就是完整的单例了。

在第 7 行的代码中，利用了 NetworkReachabilityManager 的带有 host 参数的构造方法，host 参数是一个网址的字符串，这里我们用的是 www.baidu.com。NetworkReachabilityManager 可以监听到 host 是否能访问，不论你用的是 WWAN 还是 WiFi 方式，对于手机而言 WWAN 就是指 3G、4G 等。

在第 10～12 行的代码中，使用了只有一个参数的 Block 作为网络监听的回调，这里的 Block 格式为{NetworkReachabilityStatus -> Void}，参数的类型为 NetworkReachabilityStatus，参照表 11-1 所示，参数的名称为 status。这里只是在第 12 行的代码中打印了一下 status。

在第 13 行的代码中，开始监听网络访问状态的变化。如果发生了变化，那么我们的 Block 就会执行。另外 NetworkReachabilityManager 中的 networkReachabilityStatus 属性也会有对应的结果，代码第 22 行就是利用了这个特点。

需要注意的一点是，在第 7 行代码中的 manager 是 MyNetworkReachabilityManager 实例的属性，所以只要单例存在，manager 就存在。如果 manager 不存在了，也就会在 NetworkReachabilityManager 的 deinit 中停止监听。所以如果想要持续地监听网络状态的变化，就需要长期持有 manager。

表 11-1　NetworkReachabilityStatus 列表

名称	功能说明
unknown	表示不能确定是否能访问到 host 中指定的网址
notReachable	表示不能访问到 host 中指定的网址
reachable(ConnectionType)	表示可以访问到 host 中指定的网址，wwan 表示当前的设备使用的是 WWAN 的方式；ethernetOrWiFi 表示当前的设备使用的是 WiFi 方式

```
import UIKit
import Alamofire

class ViewController: UIViewController {
        override func viewDidLoad() {
        super.viewDidLoad()
        // Do any additional setup after loading the view, typically from a nib.
    }

    @IBAction func touchupInsideCheckBtnAction(sender: UIButton) {
        var message = "当前无网络"
        let status: NetworkReachabilityManager.NetworkReachabilityStatus = MyNetworkReachabilityManager.sharedManager.networkReachabilityStatus()

        switch status {
        case .notReachable:
            message = "当前无网络"
            print("当前无网络")
            break
        case .reachable(NetworkReachabilityManager.ConnectionType.ethernetOrWiFi):
            message = "是 WIFI 网络"
            print("是 WIFI 网络")
            break
        case .reachable(NetworkReachabilityManager.ConnectionType. wwan):
            message = "是 3G 或 4G 网络"
            print("是 3G 或 4G 网络")
            break

        default:
            message = "当前无网络"
             break
        }

        let alert = UIAlertController(title: "Information", message: message, preferredStyle:
```

```
UIAlertControllerStyle.alert)
60              let OKAction = UIAlertAction(title: "OK", style: UIAlertActionStyle.default, handler: nil)
61              alert.addAction(OKAction)
62              self.presentViewController(alert, animated: true, completion: nil)
63          }
64  }
```

在第 37～63 行的代码中，我们大体是做了这样一件事，在 touchupInsideCheckBtnAction 方法中，借助 MyNetworkReachabilityManager 的类属性 sharedManager 得到 NetworkReachability-Status，在第 40～57 行的代码中，用 switch 判断当前的网络是哪种网络连接方式。在第 59～62 行的代码中，用 UIAlertController 显示当前的网络方式。

以上就是借助 Alamofire 来判断网络连接能力的代码。

11.1.3 Alamofire 的 GET 和 POST 请求

先简要地介绍一下 HTTP 协议中定义的几种常见的与服务器交互的方式，最基本的方法有 4 种，分别是 GET、POST、PUT 和 DELETE。

- GET 一般用于获取/查询资源信息。
- POST 一般用于提交/更新资源信息。
- PUT 一般用于增加资源信息。
- DELETE 一般用于删除资源信息。

假设读者是一名大学的图书管理员，那么你对服务器中图书的操作应该就是这 4 种之一。但是在实际项目中，APP 与服务器交互的接口通常只有 GET 或 POST 就足够了。

GET 请求

GET 请求的数据安全程度很低，因为它的请求数据会在网址后边明文显示。这种机制请求的数据不宜过多，但是这种机制比较快。

下面就用 Alamofire 发送一个 GET 请求：

```
@IBAction func touchupInsideGetRequestBtnAction( _ sender: AnyObject) {

Alamofire.request(https://httpbin.org/get，method: .get, parameters: ["foo": "bar"])
    .responseJSON { response in
    print("original URL request: \(response.request)")              // original URL request
    print("URL response: \(response.response)")                     // URL response
    print("server data: \(response.data)")                          // server data
    print("result of response serialization: \(response.result)")   // result of response serialization

    if let JSON = response.result.value {
        print("JSON: \(JSON)")
    }}
}
```

在第 65～77 行的代码中，大体上是做了这样一件事情，当用户点击手机屏幕上的按钮的时候，会调用 touchupInsideGetRequestBtnAction 方法，这个方法发送了一个 GET 请求并且处理了返回的结果。

在第 67 行的代码中，调用了 Alamofire 下的全局函数 request。request 函数的完整签名如下面的第 78 行代码所示，我们只用到了前三个参数，第一个参数是要请求的服务器地址；第二个参数是强调的 HTTP 中的请求机制，这里用的是.get，Method 是个枚举，其他支持的机制还有 head、post、put、patch、delete、trace、connect；第三个要请求的参数是 GET 请求的参数，也就是要附加到请求网址后边的东西（https://httpbin.org/get?foo=bar）。这里的参数类型是字典。

```
78  public func request(_ url: URLConvertible, method: Alamofire.HTTPMethod = default, parameters: Parameters? = default, encoding: ParameterEncoding = default, headers: HTTPHeaders? = default) -> Alamofire.DataRequest
```

在第 78 行的代码中，调用了 Request 中的 responseJSON 函数，并且添加了一个 Block 处理请求的 json 格式的响应结果。Block 的声明是这样的{Alamofire.DataResponse<Any>} -> Swift.Void }，DataResponse 是一个结构体，包含如下 5 个属性：

- 类型为 NSURLRequest 的 request 属性，这个 request 属性可以获取到发送到服务器的 request 请求。
- 类型为 NSHTTPURLResponse 的 response 属性，这个 response 属性可以获取服务区返回的响应。
- 类型为 NSData 的 data 属性，这个 data 属性可以获取服务区返回的二进制数据响应。
- 类型为 Result 的 result 属性，Result 是一个枚举，如果成功返回 Success，这个时候的 value 就会被序列成正确的值；如果失败返回 Failure，这个时候的 value 是 nil。
- 类型为 Timeline 的 timeline 属性，可以获取从发出请求到收到响应的整个时间。

如图 11.8 所示为示例代码的完整运行结果：

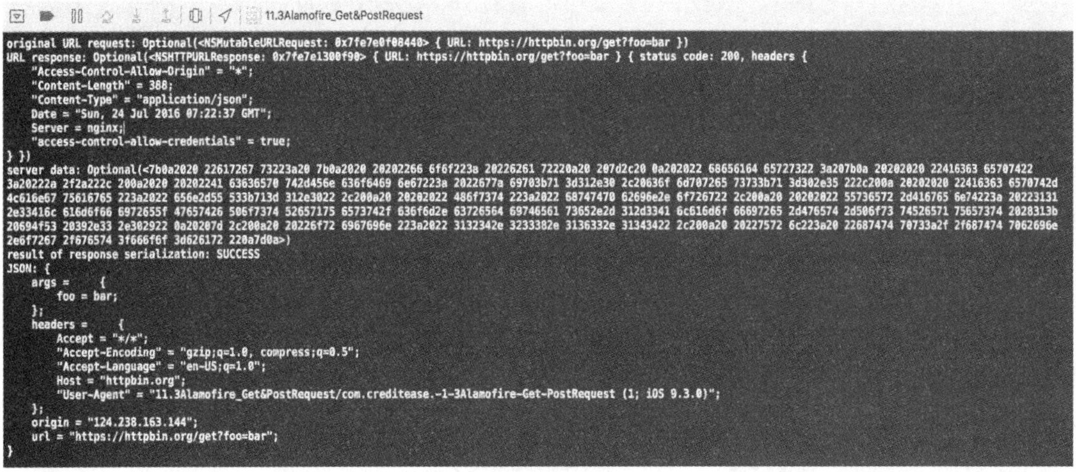

```
11.3Alamofire_Get&PostRequest
original URL request: Optional(<NSMutableURLRequest: 0x7fe7e0f08440> { URL: https://httpbin.org/get?foo=bar })
URL response: Optional(<NSHTTPURLResponse: 0x7fe7e1300f90> { URL: https://httpbin.org/get?foo=bar } { status code: 200, headers {
    "Access-Control-Allow-Origin" = "*";
    "Content-Length" = 388;
    "Content-Type" = "application/json";
    Date = "Sun, 24 Jul 2016 07:22:37 GMT";
    Server = nginx;
    "access-control-allow-credentials" = true;
} })
server data: Optional(<7b0a2020 22617267 73223a20 7b0a2020 20202266 6f6f223a 20226261 72220a20 207d2c20 0a202022 68656164 65727322 3a207b0a 20202020 22416363 65707422
3a20222a 2f2a222c 200a2020 20202241 63636570 742d456e 636f6469 6e67223a 2022677a 69703b71 3d312e30 2c20636f 6d707265 73733b71 3d302e35 222c200a 20202020 22416363 6570742d
4c616e67 75616765 223a2022 656e2d55 533b713d 312e3022 2c200a20 20202022 486f7374 223a2022 68747470 62696e2e 6f726722 2c200a20 20202022 55736572 2d416765 6e74223a 20223131
2e33416c 616d6f66 6972655f 47657426 506f7374 52657175 6573742f 636f6d2e 63726564 69746561 73652e2d 312d3341 6c616d6f 66697265 2d476574 2d506f73 74526571 75657374 2028313b
20694f53 20392e33 2e302922 0a20207d 2c200a20 20226f72 6967696e 223a2022 3132342e 3233382e 3136332e 31343422 2c200a20 20227572 6c223a20 22687474 70733a2f 2f687474 7062696e
2e6f7267 2f676574 3f666f6f 3d626172 220a7d0a>)
result of response serialization: SUCCESS
JSON: {
    args =     {
        foo = bar;
    };
    headers =     {
        Accept = "*/*";
        "Accept-Encoding" = "gzip;q=1.0, compress;q=0.5";
        "Accept-Language" = "en-US;q=1.0";
        Host = "httpbin.org";
        "User-Agent" = "11.3Alamofire_Get&PostRequest/com.creditease.-1-3Alamofire-Get-PostRequest (1; iOS 9.3.0)";
    };
    origin = "124.238.163.144";
    url = "https://httpbin.org/get?foo=bar";
}
```

图 11.8

POST 请求

根据 HTTP 规范，POST 表示可能提交或修改服务器上的资源的请求，POST 把提交的数据放置在 HTTP 包的 body 中。理论上讲，POST 是没有大小限制的，HTTP 协议规范也没有进行大小限制，起限制作用的是服务器的处理能力。

POST 机制相比 GET 更加安全一些，毕竟是放到 body 中，而不是明文传输，所以这种机制更受欢迎一些。

```
79    @IBAction func touchupInsidePostRequestBtnAction( _ sender: AnyObject) {
80            let parameters = [
81                "foo": "bar",
82                "baz": ["a", 1],
83                "qux": [
84                    "x": 1,
85                    "y": 2,
86                    "z": 3
87                ]
88            ] as [String : Any]
89            Alamofire.request(https://httpbin.org/post， method: .post, parameters: parameters)
90                .responseJSON { response in
91                    print("original URL request: \(response.request)")    // original URL request
92                    print("URL response: \(response.response)") // URL response
93                    print("server data: \(response.data)")         // server data
94                    print("result of response serialization: \(response.result)")       // result of response
serialization
95
96                    if let JSON = response.result.value {
97                        print("JSON: \(JSON)")
98                    }
99
100           }
101
102   }
```

这里的 POST 请求方式和 GET 请求方式唯一不同的地方就是在第 89 行的代码中，第二个参数我们用的是.post，从这一点上也可以看出，Alamofire 之所以可以很优雅地实现，原因还是 Swift 相比其他语言做了很多简化，进而使得 Alamofire 成为经典框架。

Alamofire 中的所有方法都被设计成了异步的，在异步的状态下的网络请求之中，不会阻碍用户其他的操作，或者给用户一个友好的、可接受的动画提示，如图 11.9 所示。更多项目实践性的东西我们放到第三篇去介绍。

11.1.4 Alamofire 的文件上传及进度显示

文件的上传在现在的手机 APP 中很常见，当然这里的文件对于手机而言，通常指的是手机相册中的照片。例如笔者曾经使用过的“宜人贷借款”APP，就因为业务要求和风险评估，需要借款者上传自己的身份证等信息，如图 11.10 所示。

图 11.9

图 11.10

试想一下，如果你的 APP 有了上传图片这样的功能，而不需要用户拿着身份证到现场去办理，这是不是很方便？如此我们足不出户就可以干很多事情，尤其是用户覆盖比较广的业务，比如现在的手机实名制。

Alamofire 支付 File、Data、Stream、MultipartFormData 4 种上传类型。

上传图片文件

```
@IBAction func touchupInsideUploadingFileBtnAction(_ sender: AnyObject) {
        let fileURL = Bundle.main.url(forResource: "tortoise", withExtension: "png")
        Alamofire.upload(fileURL!,to:"https://httpbin.org/post")
            .validate()
            .responseJSON { response in
                DispatchQueue.main.async{
                    print("上传结果：\(response.result)")
                    let message = "上传结果：\(response.result)"

                    let alert = UIAlertController(title: "Information", message: message, preferredStyle: UIAlertControllerStyle.alert)
                    let OKAction = UIAlertAction(title: "OK", style: UIAlertActionStyle.default, handler: nil)
                    alert.addAction(OKAction)
                    self.present(alert, animated: true, completion: nil)
                }
        }
}
```

在第 103～118 行的代码中，实现的主要功能是将一张名为 tortoise.png 的图片，上传到 https://httpbin.org/post 上。

首先在第 104 行的代码中，构建了一个图片为 tortoise.png 的 URL 地址。然后使用 Alamofire 命名空间调用全局函数 upload 上传这张图片，

upload 的完整签名代码如下面第 119～127 行。这个函数和 request 函数相似，fileURL 指的是本地图片的路径。

```
119 public func upload(
120         _ fileURL: URL,
121         to url: URLConvertible,
122         method: HTTPMethod = .post,
123         headers: HTTPHeaders? = nil)
124         -> UploadRequest
125 {
126         return SessionManager.default.upload(fileURL, to: url, method: method, headers: headers)
127 }
```

上传图片文件并显示进度

```
128 @IBAction func touchupInsideUploadingFileWithProgressBtnAction(_ sender: AnyObject) {
129         let fileURL = Bundle.main.url(forResource: "tortoise", withExtension: "png")
130         Alamofire.upload(fileURL!,to:"https://httpbin.org/post")
131                 .uploadProgress { progress in
132 
133                         print("完成比例:\(progress.fractionCompleted)")
134                         print("当前完成:\(progress.completedUnitCount)")
135                         print("总共大小:\(progress.totalUnitCount)")
136                 }
137                 .validate()
138                 .responseJSON { response in
139                         DispatchQueue.main.async{
140                                 print("上传结果：\(response.result)")
141                                 let message = "上传结果：\(response.result)"
142 
143                                 let alert = UIAlertController(title: "Information", message: message, preferredStyle: UIAlertControllerStyle.alert)
144                                 let OKAction = UIAlertAction(title: "OK", style: UIAlertActionStyle.default, handler: nil)
145                                 alert.addAction(OKAction)
146                                 self.present(alert, animated: true, completion: nil)
147                         }
148         }
149 }
```

对比上传图片带有进度的代码和上传图片无进度的代码，我们会发现只是在 upload 之后增

加了 uploadProgress 的函数的调用，这也是链式编程的好处，我们的功能已经模块化了，不论你需要什么，只要在链上有序增加所需的函数就好了。

下面第 150～153 行的代码是 progress 的完整的函数签名，从签名中我们可以看出，uploadProgress 需要一个 Block { (Progress) -> Void }，这个 Block 是有 Progress 类型的输入参数，Progress 中的 fractionCompleted 表示完成比例，常用于显示上传进度；Progress 中的 completedUnitCount 表示完成的大小；Progress 中的 totalUnitCount 表示总共大小。

```
150     open func uploadProgress(queue: DispatchQueue = DispatchQueue.main, closure: @escaping ProgressHandler) -> Self {
151             uploadDelegate.uploadProgressHandler = (closure, queue)
152             return self
153     }
```

我们要特别说明的是，uploadProgress 中的 Block 默认是在主线程上执行的，其他的 Block 都是在子线程上执行的，如果需要更新 UI，则需要在主线程上执行。

有关 GCD 等线程知识可参考第 15 章。

同时上传多个图片文件

```
154 @IBAction func touchupInsideUploadingFileWithMultiPartBtnAction(_ sender: AnyObject) {
155         let unicornImageURL = Bundle.main.url(forResource: "tortoise", withExtension: "png")
156             let rainbowImageURL = Bundle.main.url(forResource: "tortoise", withExtension: "png")
157             Alamofire.upload(
158                 multipartFormData: { multipartFormData in
159                     multipartFormData.append(unicornImageURL!, withName: "unicorn")
160                     multipartFormData.append(rainbowImageURL!, withName: "rainbow")
161                 } ,to: "https://httpbin.org/post",
162                 encodingCompletion: { encodingResult in
163                     switch encodingResult {
164                     case .success(let upload, _, _):
165                         upload.responseJSON { response in
166                             debugPrint(response)
167                         }
168                     case .failure(let encodingError):
169                         print(encodingError)
170                     }
171                 }
172         )
173 }
```

在第 154～173 行的代码中，实现的功能是借助 MultipartFormData，同时上传两张名为 tortoise.png 的图片文件，并在编码完成后执行回调 Block。

这里的 upload 的完整签名如下面的代码第 174～190 行所示。此处的 upload 函数和上边的 upload 函数都属于函数重载。

```
public func upload(
    method: Method,
    _ URLString: URLStringConvertible,
    headers: [String: String]? = nil,
    multipartFormData: MultipartFormData -> Void,
    encodingMemoryThreshold: UInt64 = Manager.MultipartFormDataEncodingMemoryThreshold,
    encodingCompletion: (Manager.MultipartFormDataEncodingResult -> Void)?)
{
    return Manager.sharedInstance.upload(
        method,
        URLString,
        headers: headers,
        multipartFormData: multipartFormData,
        encodingMemoryThreshold: encodingMemoryThreshold,
        encodingCompletion: encodingCompletion
    )
}
```

11.1.5 Alamofire 的文件下载及进度显示

文件的下载也是一个很常见的功能，我们常常需要借助该功能来改善用户体验。例如阅读类的 APP 的离线阅读功能，当用户点击离线阅读时，就会在有网络的情况下把大量的文件下载到本地，等到无网络的时候，仍然可以进行阅读。视频类的 App 更是如此。

```
@IBAction func touchupInsideDownloadingBtnAction(_ sender: AnyObject)
{
    let destination = DownloadRequest.suggestedDownloadDestination(for:.documentDirectory)

    Alamofire.download( "https://httpbin.org/image/png",to: destination)
        .downloadProgress { progress in
            print("完成比例:\(progress.fractionCompleted)")
            print("当前完成:\(progress.completedUnitCount)")
            print("总共大小:\(progress.totalUnitCount)")
        }
        .responseData {    response in
            if let data = response.result.value {
                let image = UIImage(data: data)
            }

            let message = "下载图片结果：\(response.result)"
            let alert = UIAlertController(title: "Information", message: message, preferredStyle: UIAlertControllerStyle.alert)
            let OKAction = UIAlertAction(title: "OK", style: UIAlertActionStyle.default,
```

```
handler: nil)
209                         alert.addAction(OKAction)
210                         self.present(alert, animated: true, completion: nil)
211             }
212
213         }
```

在第 191～213 行的代码中，整个功能就是把 https://httpbin.org/image/png 服务器上的图片下载到手机的沙盒中的 Documents 中。

第 206 行的代码用于构建一个下载目的地，这里用的是 DocumentDirectory，对于手机而言，一般都下载到这里。downloadProgress 和 uploadProgress 一样，Block 默认在主线程上执行，运行结果如图 11.11 所示，在 Documents 中可以找到下载后的图片。

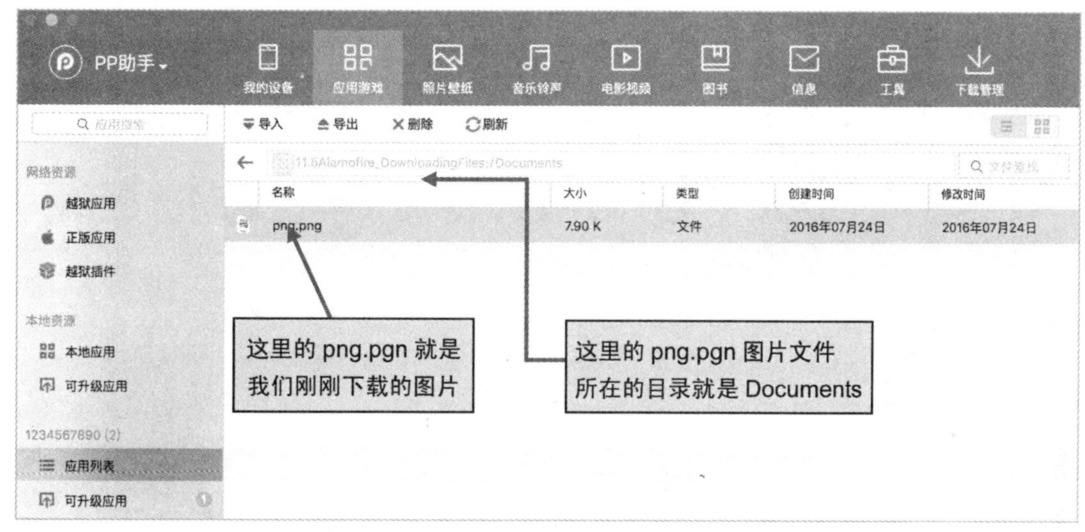

图 11.11

11.2 小　结

在本章中，我们重点介绍了 Alamofire 的网络联通能力、GET 请求、POST 请求、文件的上传、文件的批量上传、文件上传的进度展示、文件的下载和进度展示等功能。

这些功能都是零散但重要的功能，虽然已经罗列了很多的使用场景，但是依旧有像请求超时、JSON 解析、加载动画、图片的展示等没有涉及。本章仅是针对 Alamofire 的众多使用场景来介绍，在第三篇中，我们将针对从零开始的一个项目把这个场景贯穿起来，并加以细化，使我们的 App 变得有声有色。

第 12 章 UIWebView 与 HTML 5 技术

本章主要介绍如何使用 UIWebView 和 HTML 标签、CSS 样式表，以及 JavaScript 语言等 HTML 5 相关的技术。

内容主要包括如何使用 UIWebView 加载远程网页或本地 HTML 内容，以及如何实现 JavaScript 和 Swift 语言的相互调用。在本章的末尾将综合使用这些技术，创建一个可以编写图文并茂日志的笔记本 App。

12.1 UIWebView 的使用

HTML 5 自 2014 年 10 月底定稿后，在这几年里出尽了风头，腾讯、百度等互联网巨头也逐渐开始加快了在这方面布局的步伐。YouTube 也已经将 HTML 5 视频播放器作为其平台所有视频的默认播放器来使用，以替换原来的 Flash 插件，谷歌广告更彻底放弃了 Flash，全面采用 HTML 5 广告。

App Store 中越来越多的应用使用到了 HTML 5 的技术，比如微信、微博移动端。相比原生应用，使用 HTML 5 具有以下两个非常引人注目的优点：

- 一次编写，随处运行。使用 HTML 5 建立的页面，可以直接运行在 iOS、Andriod、Windows、Mac 等各类操作系统中，节省了大量的开发资源和时间。
- 应用更新便捷。当应用程序的功能进行更新升级后，便无须在各应用平台重复提交应用，无须经历漫长的审核历程，只需将修改后的程序部署在服务器中即可。

其实众多厂商采用 HTML 5 最主要的原因，还是应用开发的成本问题。相比原生应用，能够随处运行的 HTML 5，单在移植方面就为厂家节省了大量开支。无须高价聘请专业技术人员，或者培养现有的人员去重新学习，现有的大量 Web 技术人员就可以直接使用。

但是 HTML 5 也有美中不足之处，相比原生应用，使用 HTML 5 建立的应用程序在流畅性、访问设备硬件的便利性、用户体验等方面相对较差。当年 Facebook CEO 扎克伯格也曾发言：押注 HTML 5 是 Facebook 最大的失误。

原生应用最大的优势就是可以访问设备中的所有功能，其运行的速度更快、性能更高，而且可以启用离线处理和存储的功能。

因此在 iOS 项目开发中，普遍采用混合开发模式。即同时使用原生技术和 HTML 5 技术，我们使用原生技术创建不会经常变化、具有固定布局的页面和功能，使用 HTML 5 技术建立需要实时变化的页面或功能。

比如在开发一套营销管理系统时，大部分页面和功能都使用原生技术开发，而报表页面则嵌入 UIWebView，在 UIWebView 中加载 HTML 5 页面，使用户可以实时看到数据的变化；或者在开发一款移动游戏时，使用原生技术完成游戏的主体建设，使用 UIWebView+HTML 5 来完成游戏公告、社群通知等页面。

12.1.1 使用 UIWebView 加载网页

iOS 系统通过 UIWebView 给开发者提供了强大的 Web 技术支持。仅通过 UIWebView 工具，就可以完成一款高质量的商业程序，而这只需要熟悉一些基本的 Web 技术，如 HTML 标签、CSS 样式表 JavaScript 语言。

你将在 12.2 节中学到使用 UIWebView 和这三项技术相结合来创建一个图文记事本软件，这里我们先了解简单的 UIWebView 功能，以及如何使用 UIWebView 加载网络中的一个页面。

在这个示例中，我们将创建一个和屏幕相同尺寸的 UIWebView 对象，它将加载一个网络网页。当开始加载网页时，模拟器顶部的状态栏会显示一个旋转的风火轮动画。当网页加载完成时，关闭状态栏的风火轮动画。

```
1  class ViewController: UIViewController, UIWebViewDelegate {
2  
3      override func viewDidLoad() {
4          super.viewDidLoad()
5          // Do any additional setup after loading the view, typically from a nib.
6  
7          let bounds = UIScreen.main.bounds
8          let frame = CGRect(x: 0, y: 0, width: bounds.width, height: bounds.height)
9          let webView = UIWebView(frame: frame)
10         webView.delegate = self
11         webView.backgroundColor = UIColor.clear
12 
13         let url = URL(string: "https://www.apple.com/")
14         let urlRequest = NSURLRequest(url: url!)
15         webView.loadRequest(urlRequest as URLRequest)
16 
17         self.view.addSubview(webView)
18     }
19 
20     func webViewDidStartLoad(_ webView: UIWebView) {
21         UIApplication.shared.isNetworkActivityIndicatorVisible = true
22     }
23 
24     func webViewDidFinishLoad(_ webView: UIWebView) {
25         UIApplication.shared.isNetworkActivityIndicatorVisible = false
26     }
27 }
```

在第 1 行代码中，给当前的视图控制器类添加了一个名为 UIWebViewDelegate 的协议，用来检测 UIWebView 加载网页的状态。

然后在 viewDidLoad 方法中创建了一个 UIWebView 对象，首先在第 6 行的代码中，获得当前屏幕的 bounds 边界信息。然后在第 7 行的代码中，创建了一个和屏幕尺寸相同的区域常量 frame，这样就可以在第 8 行的代码中创建一个和屏幕尺寸相同的 UIWebView 对象。

接着在第 9 行代码中，设置 webView 对象的代理为当前的视图控制器类，由该视图控制器类提供方法，以实现对 webView 对象的检测。

在第 12 行代码中，创建了一个 URL 网址对象，注意网址需要采用 https 协议，从 2017 年开始，Apple 将只支持更加安全的 HTTPS 协议的网络请求。

接着在第 13 行代码中，将 URL 网址对象转换为一个 NSURLRequest 请求，然后在第 14 行代码中，由 webView 对象加载这个网页请求，这样就完成了 webView 对象的创建和加载网页的所有操作。

最后在第 16 行代码中，将 webView 对象添加到当前视图控制器的根视图。

在第 19～21 行的代码中，实现了 UIWebViewDelegate 协议中的 webViewDidStartLoad 方法，该方法将在 webView 开始加载网页时调用。当 webView 开始加载网页时，通过 UIApplication 对象，在顶部的状态栏将显示用于描述网络状态的旋转风火轮的图标。

在第 23～25 行的代码中，实现了 UIWebViewDelegate 协议中的 webViewDidFinishLoad 方法，该方法将在 webView 完成网页的加载动作时调用。当 webView 完成网页的加载时，将通过 UIApplication 对象，隐藏屏幕顶部状态栏中的风火轮图标。

至此就完成了所有的代码操作，点击 Xcode 界面左上角的【编译并运行】按钮 ▶ ，打开模拟器预览项目，项目运行后将开始加载指定的网页，如图 12.1 所示，在状态栏中将显示风火轮图标，提示用户耐心等待页面的加载。当网页加载完成后，如图 12.2 所示，顶部状态栏中的风火轮图标已经消失。

图 12.1

图 12.2

12.1.2 使用 UIWebView 加载 HTML 字符串和 GIF 动画

使用 UIWebView 可以加载远程的网页，也可以加载本地的网页，甚至 HTML 字符串。你将在 12.1.3 节中学会如何加载存储在项目中的网页，而这里将演示如何加载 HTML 字符串和如何使用 UIWebView 播放 GIF 动画。

```
class ViewController: UIViewController {

    var webView:UIWebView!
    override func viewDidLoad() {
        super.viewDidLoad()

        let bounds = UIScreen.main.bounds
        let frame = CGRect(x: 0, y: 40, width: bounds.width, height: bounds.height-40)
```

```
9           webView = UIWebView(frame: frame)
10          webView.backgroundColor = UIColor.clear
11          self.view.addSubview(webView)
12
13          let loadHTML = UIButton(frame: CGRect(x: 40, y: 400, width: 240, height: 44))
14          loadHTML.setTitle("加载 HTML 网页", for: UIControlState.init(rawValue: 0))
15          loadHTML.backgroundColor = UIColor.brown
16          loadHTML.addTarget(self, action: #selector(ViewController.loadHTML), for: .touchUpInside)
17
18          let loadGIF = UIButton(frame: CGRect(x: 40, y: 470, width: 240, height: 44))
19          loadGIF.setTitle("加载 GIF 动画", for: UIControlState.init(rawValue: 0))
20          loadGIF.backgroundColor = UIColor.brown
21          loadGIF.addTarget(self, action: #selector(ViewController.loadGIF), for: .touchUpInside)
22
23          self.view.addSubview(loadHTML)
24          self.view.addSubview(loadGIF)
25      }
26
27      func loadHTML()
28      {
29          let team = "<div style='color:#ff0000;font-size:20px;'>团队名称：酷课堂</div>"
30          let tel = "<div>电话：15011122222</div>"
31          let url = "<div><b>网址：http://www.coolketang.com</b></div>"
32          let html = team + tel + url
33          webView.dataDetectorTypes = [UIDataDetectorTypes.link, UIDataDetectorTypes.phoneNumber]
34          webView.loadHTMLString(html, baseURL: nil)
35      }
36
37      func loadGIF()
38      {
39          let resourceURL = Bundle.main.resourceURL
40          webView.loadHTMLString("<img src='WildWorld.gif'>", baseURL: resourceURL)
41      }
42  }
```

首先在第 3 行代码中，给当前的视图控制器类添加一个名为 webView、类型为 UIWebView 的属性，该属性将在后面的方法中被调用。

接着在第 7～11 行代码中，首先获得屏幕的尺寸，然后根据屏幕的尺寸设置 webView 对象的尺寸，并将其在 y 轴上的位置设置为 40，最后将 webView 对象添加到当前视图控制器的根视图中。

在第 13～16 行代码中创建了一个 UIButton 按钮对象，其位置在{40, 400}，宽度为 240，高度为 44。然后设置按钮在默认状态下的标题内容和背景颜色。在第 16 行的代码中，给按钮绑定点击事件，当用户点击此按钮时，将调用 loadHTML 方法。

在第 18～21 行代码中创建了另一个 UIButton 按钮对象，其位置在{40, 470}，宽度为 240，调试为 44。然后设置按钮在默认状态下的标题内容和背景颜色。在第 21 行的代码中，给按钮绑定点击事件，当用户点击此按钮时，将调用 loadGIF 方法。

接着在第 27～35 行代码中创建了一个名为 loadHTML 的方法，用来响应第一个按钮的点击事件。在第 29 行的代码中，创建了一个 div 标签，div 标签是 HTML 语言中的容器，网页中内容丰富的文字、图像、动画等内容基本上都是放在 div 标签中被渲染的。接着设置了 div 标签的内容颜色为红色，字体大小为 20px。

在第 30 行代码中创建了第二个 div 标签，它拥有包含电话号码的内容。UIWebView 可以针对一些特殊内容，自动生成交互链接，用户点击此处的电话号码时，将自动跳转至拨号界面。

在第 31 行代码中创建了第三个 div 标签，它主要包含一个网址。并使用 b 标签，对网址进行加粗显示。UIWebView 同样可以将网址转换为可点击的链接，当用户点击此网址时，将跳转到指定的网页。

在第 32 行代码中将三个 div 标签拼接成一个字符串，供 webView 对象加载使用。

接着在第 33 行的代码中，设置了 webView 对象的 dataDetectorTypes 属性，该属性被用来设置 webView 可以将网页中的哪些元素设置为可交互的对象。UIWebView 对象支持将电话号码、网址、地址、日历事件等内容转换为可交互对象。

然后在第 34 行代码中通过调用 loadHTMLString 方法，将拼接好的 HTML 字符串加载到 webView 对象中。

接着在第 37～41 行代码中创建了一个名为 loadGIF 的方法，用来响应第二个按钮的点击事件，当用户点击该按钮时，将加载并播放一个 GIF 动画。首先在第 39 行的代码中，获得应用程序的根目录，因为 GIF 动画被保存在根目录的位置上，接着调用 loadHTMLString 方法，加载位于 HTML 字符串中的名为 WildWorld.gif 的 GIF 动画，并设置 baseURL 参数的值为 resourceURL，表示从项目的根目录中定位该 gif 文件。

至此就完成了所有的代码操作，点击 Xcode 界面左上角的【编译并运行】按钮 ▶ ，打开模拟器预览项目，如图 12.3 所示。

当点击【加载 HTML 网页】按钮时，将在 webView 中显示我们自定义的 HTML 字符串，如图 12.4 所示。在该页面中，你会发现电话号码和网址都变为蓝色文字，并且拥有下划线，这表示它们都是可点击的交互对象。

当在真实设备中进行测试，然后点击电话号码时，将询问你是否拨打该号码，在收到确定的回应后，将跳转到拨号界面。点击网址链接后，将立即跳转到指定的网页。

继续点击【加载 GIF 动画】按钮，webView 对象将加载项目中的一个 GIF 文件，并播放该 GIF 动画。webView 原有的内容将被替换，如图 12.5 所示。

图 12.3

图 12.4

图 12.5

12.1.3 使用 UIWebView 加载本地网页

本小节将演示如何使用 UIWebView 加载项目中的网页，并介绍如何访问网页的网址、标题及网页中的控件等元素，最后介绍如何使用 UIWebView 对象，调用网页中创建好的 JavaScript 方法。

创建一个 HTML 文件

首先创建一个 html 页面，该网页包含一个用于用户注册的表单。表单包含用户名、密码等两个文本框，允许用户输入自己的个人信息，然后点击表单底部的提交按钮，完成用户的注册操作，并向服务器提交表单。当表单被提交时，将执行名为 submitForm 的 JavaScript 方法。为了便于读者理解和学习，在此进行一些简化，当提交表单时仅显示一个提示窗口。

接着将该 html 页面导入项目中，如图 12.6 所示。

图 12.6

编辑 ViewController.swift 文件

接着在左侧的项目导航区打开【ViewController.swift】文件，开始编写代码，实现创建 UIWebView 对象，并加载该网页的功能。

```
class ViewController: UIViewController {

    var webView:UIWebView!
    override func viewDidLoad() {
```

```
        super.viewDidLoad()

        let bounds = UIScreen.main.bounds
        let frame = CGRect(x: 0, y: 40, width: bounds.width, height: bounds.height)
        webView = UIWebView(frame: frame)
        webView.backgroundColor = UIColor.clear
        self.view.addSubview(webView)

        let path = Bundle.main.path(forResource: "Register", ofType: "html")
        let url = URL(string: path!)
        webView.loadRequest(NSURLRequest(url: url!) as URLRequest)

        let getInfo = UIButton(frame: CGRect(x: 40, y: 400, width: 240, height: 44))
        getInfo.setTitle("获得页面信息", for: UIControlState.init(rawValue: 0))
        getInfo.backgroundColor = UIColor.brown
        getInfo.addTarget(self, action: #selector(ViewController.getInfo), for: .touchUpInside)

        let submitForm = UIButton(frame: CGRect(x: 40, y: 470, width: 240, height: 44))
        submitForm.setTitle("设置并提交表单", for: UIControlState.init(rawValue: 0))
        submitForm.backgroundColor = UIColor.brown
        submitForm.addTarget(self, action: #selector(ViewController.submitForm), for: .touchUpInside)

        self.view.addSubview(getInfo)
        self.view.addSubview(submitForm)
    }

    func getInfo()
    {
        let url = webView.stringByEvaluatingJavaScript(from: "document.location.href")
        let title = webView.stringByEvaluatingJavaScript(from: "document.title")
        let info = url! + "\n" + title!
        print(info)
    }

    func submitForm()
    {
        let firstJs = "document.getElementById('userName').value = 'Jerry'"
        let secondJs = "submitForm()"
        webView.stringByEvaluatingJavaScript(from: firstJs)
        webView.stringByEvaluatingJavaScript(from: secondJs)
    }
}
```

前面的代码和上一个示例相同，首先在当前的视图控制器类中，创建一个名为 webView 的 UIWebView 类型的属性。然后在 viewDidLoad 方法中，对该属性进行初始化操作。

接着在第 13 行代码中，从应用程序束中获得 Register.html 文件所在路径，并在第 14 行的代码中，将路径转换为 URL 对象，这样就可以在第 15 行的代码中，通过 webView 对象的 loadRequest 方法，加载指定路径的 html 页面了。

在第 17～29 行的代码中依次创建了两个按钮对象，并为它们进行初始化和绑定动作的处理，这些操作和上一个示例相同，在此不再详细解释。

然后在第 31～37 行代码创建了一个名为 getInfo 的方法，用来响应第一个按钮的点击事件。当用户点击第一个按钮时，将获得并在日志区输出 webView 对象的网址和网页的标题信息。

首先在第 33 行代码中通过 stringByEvaluatingJavaScript 方法，使 webView 对象可以调用网页中的 JavaScript 方法。UIWebView 工具之所以在 iOS 项目开发中如此重要，就是因为它拥有 stringByEvaluatingJavaScript 方法，从而使 UIWebVIew 和 HTML 页面的沟通变得简单起来。stringByEvaluatingJavaScript 方法中的 from 参数，表示需要执行的 JavaScript 语句。这里通过 document.location.href 获得当前网页的网址。然后在第 34 行代码中，通过 document.title 语句获得当前网页的标题文字。在第 35 行的代码中将两项内容拼接后，使用第 36 行的代码将信息输出在 Xcode 界面底部的日志区。

在第 39～45 行代码中创建了一个名为 submitForm 的方法。首先在第 41 行代码中创建一条 JavaScript 语句，其含义是通过 document 对象的 getElementById 方法，获得网页中 id 值为 userName 的文本框，并将该文本框的值设置为 Jerry。

在第 42 行代码中的 JavaScript 语句表示网页中的名为 submitForm 的 JavaScript 方法。接着在第 43～44 行的代码中，同样使用 webView 对象的 stringByEvaluatingJavaScript 方法，执行两条 JavaScript 语句。

至此就完成了所有的代码操作，点击 Xcode 界面左上角的【编译并运行】按钮▶，打开模拟器预览项目，如图 12.7 所示。

在图 12.7 的页面中，点击 webView 中的文本输入框，可以调用 iOS 系统原生输入面板，可以像使用原生应用程序一样，在 HTML 页面中的输入框内输入文字内容，如图 12.8 所示。

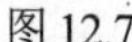

图 12.7

图 12.8

接着在图 12.6 所示的页面中，点击【获得页面信息】按钮，获得 webView 对象中网页的网址和标题信息，并在日志区进行打印输出，输出结果如图 12.9 所示。

图 12.9

继续在图 12.7 所示的页面中，点击【设置并提交表单】按钮，设置用户名输入框的值，并提交该表单，结果如图 12.10 所示。

图 12.10

12.1.4 使用 JavaScript 回调原生程序

我们使用 UIWebView 对象，通过 stringByEvaluatingJavaScript 方法来调用 HTML 中的 JavaScript 语言，那么 JavaScript 是否可以回调原生程序呢？答案是可以的，我们可以通过 UIWebView 的重定向请求功能，来实现 JavaScript 的回调。

创建一个 HTML 文件

首先创建一个名为 GetDeviceInfo.html 的页面，其 HTML 源代码如下所示：

```
<html>
<head>
    <meta http-equiv="Content-Type" content="text/html; charset=UTF-8">
    <script>
        function getDeviceInfo(){
            document.location = "callios:getDeviceInfo"
        }
    </script>
</head>
```

```
10 <body>
11 <input type="button" value="获得设备类型" style="width:305px;height:50px;font-size:20px;" onClick="getDeviceInfo()" />
12 </body>
13 </html>
```

在第 5～7 行代码中创建了一个名为 getDeviceInfo 的 JavaScript 方法，在该方法中，通过设置 document 对象的 location 属性的值，使浏览器进行跳转。注意此处跳转的网址不是普通的一个网络地址，而是以冒号：进行分隔的自定义格式的字符串。在此和 webView 对象约定，如果 webView 对象发现其网页跳转的路径不是 http 协议，而是我们自定义的 callios 协议，则不进行页面的跳转，而是执行一些自定义操作，从而获得当前设备的信息。

接着在第 11 行代码中创建了一个按钮对象，并设置按钮的点击事件为 getDeviceInfo 方法，当用户点击此按钮时，执行该 JavaScript 方法。

完成 HTML 文件的创建后，将该文件导入项目中。

编辑 ViewController.swift 文件

接着在 Xcode 界面左侧的项目导航栏，找到并打开 ViewController.swift 文件，在该文件中创建一个 UIWebView 对象，并监听网页跳转的事件。

```
class ViewController: UIViewController, UIWebViewDelegate {
    var webView:UIWebView!
    override func viewDidLoad() {
        super.viewDidLoad()
        let bounds = UIScreen.main.bounds
        let frame = CGRect(x: 0, y: 40, width: bounds.width, height: bounds.height)
        webView = UIWebView(frame: frame)
        webView.delegate = self
        webView.backgroundColor = UIColor.clear
        self.view.addSubview(webView)

        let path = Bundle.main.path(forResource: "GetDeviceInfo", ofType: "html")
        let url = URL(string: path!)
        webView.loadRequest(NSURLRequest(url: url!) as URLRequest)
    }

func webView(_ webView: UIWebView, shouldStartLoadWith request: URLRequest, navigationType: UIWebViewNavigationType) -> Bool {
        let url = request.url?.absoluteString
        let components = url?.components(separatedBy: ":")
        let firstElement = components?[0]
        if (components?.count)! > 1 && firstElement! == "callios"
        {
            let model = UIDevice.current.model
```

```
24                let systemName = UIDevice.current.systemName
25                let systemVersion = UIDevice.current.systemVersion
26                let message = "设备类型:"+model+"\\n 系统类型:"+systemName+"\\n 系统版本:"+systemVersion
27                webView.stringByEvaluatingJavaScript(from: "alert('" + message + "')")
28                return false
29            }
30            return true
31        }
32    }
```

首先在第 1 行代码中给 VIewController 类添加 UIWebViewDelegate 协议，使用该协议中的方法，对网页跳转的请求进行监听。接着在第 5～10 行的代码中，使用前面小节讲到的方法，创建一个 UIWebView 对象，并设置该对象的代理为当前的视图控制器类，然后将 UIWebView 对象添加到当前视图控制器的根视图中。

接着在第 12～14 行的代码中通过 webView 对象加载被导入到项目中的 html 文件。

在第 17～31 行的代码中实现了 UIWebViewDelegate 协议中的 shouldStartLoadWith：request: 方法，该方法会监听所有 webView 对象中的网页跳转的请求。然后通过对请求的 url 路径进行检测，从而判断是否通过该请求。

首先在第 18 行代码中从名为 request 的 URLRequest 对象获得网页打算跳转到的网址。然后在第 19 行的代码中，使用冒号对网址字符串进行分隔，从而获得分隔后的数组对象。接着在第 20 行的代码中，获得数组中的第一个字符串对象，即网络协议。

然后在第 21 行代码中判断该网络协议是否为自定义的 callios 协议，该协议就像 Swift 和 JavaScript 进行通信的口令一样，双方都知道这个口令，所以当 Swift 解析出的口令和 JavaScript 写入的口令相同时，就可以进行接下来的操作了。

口令对上之后，在第 23～25 行代码中依次获得当前设备的型号、操作系统名称和操作系统的版本号。然后在第 24 行的代码中，将三个信息使用+加号拼接成一个字符串，其中\\n 表示换行符。接着在第 27 行的代码中，通过调用 webView 对象的 stringByEvaluatingJavaScript 方法，反过来再调用 JavaScript 的 alert 方法，将当前设备的信息返回网页，并在网页中使用 alert 方法弹出窗口，在网页中显示传递过来的设备信息。

最后在第 28 行代码中返回 false，表示如果口令匹配的话，webView 就不再允许网页的跳转了，因为这是一个非 http 或 https 的请求。在第 30 行的代码中返回 true，表示如果网页跳转请求的协议不是 callios 的话，webView 允许网页进行正常的跳转。

至此就完成了所有的代码操作，点击 Xcode 界面左上角的【编译并运行】按钮 ▶ ，打开模拟器预览项目，如图 12.11 所示。当你点击【获得设备信息】按钮时，webView 捕捉到该网页跳转的请求，然后获得设备的相关信息，再把设备信息返回网页，并由 JavaScript 的 alert 命令在网页中弹出一个窗口，显示当前设备的信息，如图 12.12 所示。

图 12.11

图 12.12

12.2 创建一个简单的笔记本

在前面几节的课程中，使用到 UIWebView 和 JavaScript 相结合的一些基本功能，在本节中将创建一个图文并茂的笔记本。你可以在笔记本中正常输入文字，也可以将设备中的图片插入到笔记本中，还可以在图片右上角添加一个删除图标，当用户点击删除图标时，可以删除该图片。

整个项目基于【Single View Applicaiton】模板创建，除项目自带的一些文件后，还拥有一个名为 NoteBook.html 的网页文件和几张图片，其中 bg.png 图片用作笔记本的背景图片，Coffee.png 图片作为待插入笔记本的图片。defaultErrorPic.png 图片用作图片加载失败时显示的图片，而 deleteImage.png 是悬浮在用户插入图片右上角的删除图标，当用户点击此图标时，将删除用户插入的图片。整个项目的结构如图 12.13 所示。

图 12.13

12.2.1 创建一个可编辑的 div

首先我们在 NoteBook.html 文件中，创建一个 HTML 的可编辑的 div 标签，该 div 标签充当笔记内容的容器。笔记中的所有文字和图像内容，都被放置在该 div 标签内：

```
<div class="content" contenteditable="true" id="content"></div>
```

在上面的代码中，创建了一个 div 标签，通过设置 div 标签的 contenteditable 属性为 true，将该 div 设置为可编辑的容器。当用户点击此 div 控件时，将自动弹出 iOS 原生键盘，供用户在 div 控件内输入文字内容。

接着设置了 div 标签的 id 为 content，通过 div 标签的 id 属性，你可以通过 document 的 getElementById 方法，查找到该 div 控件，从而保存该控件内的所有文字和图像内容，以及再次读取保存的内容至 div 标签中。

同时设置了 div 标签的 class 属性，通过该属性设置 div 标签的外观样式。具体的样式设置在 CSS 样式表中进行定义。

12.2.2 设置网页的 CSS 样式

完成了可编辑的 div 创建工作之后，接着设计网页各元素的外观样式，这些工作是通过 CSS 样式表完成的，样式表的具体内容如下所示：

```
1 <style>
2 * {outline: 0px solid transparent; -webkit-tap-highlight-color: rgba(0,0,0,0);-webkit-touch-callout: none; }
3 body{
4     background-image: url(bg.png);
5     margin:0 auto;
6     max-width:900px;
7     color:clear;/*#000000*/
8 }
9 .content{
10    margin:0px 0;
11    min-height:430px;
12    overflow-x:hidden;
13 }
14 div{
15    font-size:16px;
16    line-height:18px;
17    margin:5px 0;
18 }
19 img{
20    max-width:900px;
21    width:100%;
22 }
23 </style>
```

在第 2 行代码中，通过*号设置网页中所有元素的 CSS 样式，这些样式的作用是避免在 iOS 系统较低版本时，用户点击 webView 会出现的短暂闪烁现象。

在第 3～8 行代码中，依次设置了网页 body 标签（网页主体）的背景图片、外间距、最大宽度和文字颜色。

接着在第 9～13 行代码中，设置了可编辑 div 标签的外观样式，依次设置了 div 控件的外间距、最小高度，其中对 overflow-x 属性的设置可以让 webView 不显示横向滚动条。

然后在第 14～18 行代码中，设置了网页中所有 div 标签的文字大小为 16 像素，行高为 18 像素，上下外间距为 5 像素，左右外间距为 0 像素。

最后在第 19～22 行代码中，设置了插入图片的最大宽度为 900px，宽度为 100%，即与可编辑 div 控件的宽度相同。

12.2.3 添加插入笔记图片的方法

接着在【NoteBook.html】文件中，添加一个名为 insertImage 的 JavaScript 方法，用来实现往可编辑 div 标签中插入图片的功能。

该方法拥有一个名为 imagePath 的参数，通过该参数获得从 Swift 中传递进来的图片的路径。图片路径可以是项目中的某个图片，或者从相册或相机中由用户自由挑选或拍摄的图片。

```
1  function insertImage(imagePath)
2  {
3      var selection = window.getSelection ? window.getSelection() : document.selection;
4      var range = selection.createRange ? selection.createRange() : selection.getRangeAt(0);
5
6      var div = document.createElement("div");
7      div.style.position = "relative";
8      var insertingImage = "<img src='"+imagePath+"' onerror=\"this.src= 'defaultErrorPic.png'\"/>"
9      var deleteIcon = "<img src='deleteImage.png' style='width:30px;height: 30px;margin-top: 9px;position:absolute;z-index:10;right:5px' contenteditable='false' onclick='removeImage(this)'/>"
10     div.innerHTML = deleteIcon+insertingImage;
11     range.insertNode(div);
12     selection.modify("move", "right", "word")
13 }
```

在第 1 行代码中，创建了一个名为 insertImage 的 JavaScript 方法，并拥有一个参数 imagePath。

接着在第 3 行代码中，获得网页中的选区对象。你将通过该对象获得光标所在的位置，因为图片有可能不是插入到 div 标签最后的位置，而是插入由用户自定义的光标的所在设置。

然后在第 4 行代码中获得 range 对象，该对象将用来在光标处插入图片。

在第 6 行代码中使用 document 对象的 createElement 方法，创建一个新的 div 标签，它将作为图片的容器。接着在第 7 行的代码中，设置 div 标签的位置属性为 relative 相对模式，使 div 标签的位置由它的前一兄弟对象决定。

在第 8 行代码中，创建了一个 img 图像标签，用来从 Swift 传递过来的图片路径中加载图片。其中 src 属性表示图片的路径，这里使用 imagePath 参数。onerror 属性表示如果 img 标签无法正常加载 Swift 传递过来的图片路径（例如网络图片），则显示加载错误提示图片 defaultErrorPic.png。

在第 9 行代码中，创建了另一个 img 图像标签，用来显示悬浮在图片上方，并位于右上角的删除图片。其中 position:absolute 表示图像的位置属性为绝对定位，不会受其兄弟结点位置的影响。所以我们设置其 right 属性为 5px，即删除图标靠右对齐，并距离父结点 5 像素。还设置了删除图标的 contenteditable 属性为 false，这样当你点击删除图标进行图片的删除操作时，可以避免激活处于 blur 模糊状态的可编辑 div 控件。还给删除图标设置了其 onclick 属性为 removeImage 方法，即当用户点击删除图标时，执行该方法以删除该图标和下方的图片。

接着在第 10 行代码中，设置新建 div 标签的 innerHTML 属性为待插入的图片，和删除图标的拼接内容。这样就可以在新建的 div 标签中，插入一张图片和一个删除图标了。

然后在第 11 行代码中，将包含图片和删除图标的 div 控件，通过 range 对象的 insertNode 方法添加到当前光标的位置。

第 12 行代码也很重要，因为新的 div 控件被插入后，光标仍然位于原来的位置，所以通过执行 selection 对象的 modify 方法，将光标向右（right）移动（move）一个单词（word）的距离。这样就可以在插入图片之后，将光标移至图片的后方。

12.2.4 添加删除图片和获得笔记的方法

继续在【NoteBook.html】文件中添加一个名为 removeImage 的 JavaScript 方法，用来实现删除插入到笔记中的图片的功能。

```
1 function removeImage(obj,e)
2 {
3     obj.parentNode.parentNode.removeChild(obj.parentNode);
4     document.getElementById("content").blur();
5 }
```

在第 1 行的代码中，创建了一个名为 removeImage 的方法，该方法的第一个参数 obj 表示被点击的图片，也就是删除图标。第二个参数表示点击事件，可以通过该参数获得点击位置等信息。这里我们只使用第一个参数即可。

接着在第 2 行的代码中，通过第一个 parentNode 属性获得删除图片的父对象，即新建的那个 div 控件，再通过第二个 parentNode 属性获得最外围的、id 为 content 的可编辑的 div 控件。由该控件通过执行其 removeChild 方法，移除删除图标的父结点。由于删除图标的父结点既包含了删除图标，也包含了用户插入的图片。所以当删除图标的父结点被删除时，删除图标和用户插入的图片都将被删除。这些组件的层次关系如图 12.14 所示。

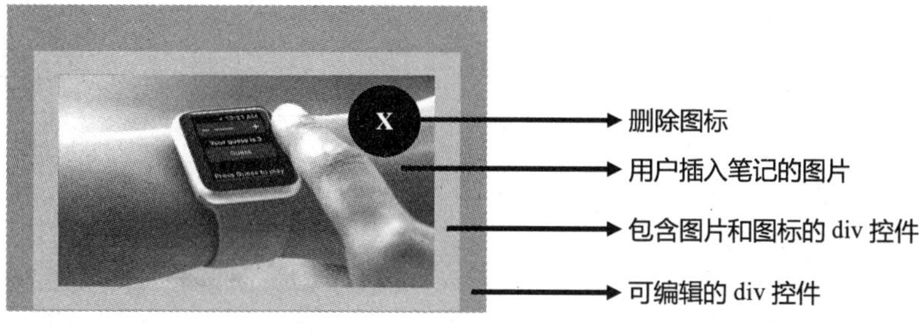

图 12.14

接着来实现第二个方法，该方法名为 getNote，用来获得日志的所有内容。

```
function getNote()
{
    return document.getElementById("content").innerHTML;
}
```

首先通过 document 对象的 getElementById 方法，获得 id 为 content 的可编辑的 div 控件，然后获得该控件的 innerHTML 属性，即该控件下的所有子标签（包含文字和图像等）。然后通过 return 方法返回获得的内容。返回的内容将被传递给 Swift。

12.2.5 实现笔记本的用户界面

现在已经完成了 HTML 5 端所有相关的操作，接着来完成 iOS 端所需要的工作。首先在左侧的项目导航区打开【ViewController.swift】文件，然后给该类添加一个名为 webView 的属性。

```
var webView:UIWebView!
```

接着在 viewDidLoad 方法中，实现 webView 属性的初始化操作：

```
1 let bounds = UIScreen.main.bounds
2 let frame = CGRect(x: 0, y: 60, width: bounds.width, height: bounds.height-60)
3 webView = UIWebView(frame: frame)
4 webView.scrollView.showsVerticalScrollIndicator = true
5 self.view.addSubview(webView)
```

大部分代码和前面示例中的相同，这里需要注意的是在第 4 行的代码中，设置了 webView 对象的 scrollView 属性的 showsVerticalScrollIndicator 的值为 true，这样就可以显示 webView 的垂直滚动条，当笔记内容较多时，需要使用垂直滚动条帮助用户浏览笔记。

接着在 webView 对象中加载项目中的 NoteBook.html 网页：

```
let path = Bundle.main.path(forResource: "NoteBook", ofType: "html")
let url = URL(string: path!)
webView.loadRequest(NSURLRequest(url: url!) as URLRequest)
```

接着添加两个按钮对象，当用户点击第一个按钮时，往笔记中插入一张图片。点击第二个按钮时，保存笔记的内容：

```
let inserImage = UIButton(frame: CGRect(x: 0, y: 20, width: 160, height: 40))
inserImage.setTitle("插入图片", for: UIControlState.init(rawValue: 0))
inserImage.backgroundColor = UIColor.purple
inserImage.addTarget(self, action: #selector(ViewController.inserImage), for: .touchUpInside)
self.view.addSubview(inserImage)

let saveNote = UIButton(frame: CGRect(x: 160, y: 20, width: 160, height: 40))
saveNote.setTitle("保存笔记", for: UIControlState.init(rawValue: 0))
saveNote.backgroundColor = UIColor.brown
```

```
10 saveNote.addTarget(self, action: #selector(ViewController.saveNote), for: .touchUpInside)
11 self.view.addSubview(saveNote)
```

在第 1～5 行的代码中，创建了一个名为 inserImage 的按钮，并依次设置了按钮的标题文字、背景颜色，同时给按钮绑定了一个点击事件。接着在第 7～11 行的代码中，使用相同的方式创建了第二个按钮。

完成按钮的创建后，接着添加了两个方法，用来响应两个按钮的点击事件：

```
1  func inserImage()
2  {
3      webView.stringByEvaluatingJavaScript(from: "insertImage('Coffee.png')")
4  }
5
6  func saveNote()
7  {
8      let note = webView.stringByEvaluatingJavaScript(from: "getNote()")
9      print(note)
10 }
```

第一个方法名为 inserImage，用来响应第一个按钮的点击事件。当用户点击该按钮时，通过执行 webView 对象的 stringByEvaluatingJavaScript 方法，从而调用 JavaScript 语言的 insertImage 方法，并传递项目根目录中的 Coffee.png 图片，供 insertImage 方法使用。

这里为了便于理解和学习，仅传递项目中已经存在的图片，在实际工作中你可能需要从网络上下载图片，或者从相册或相机中加载图片，然后再将图片的路径传递给 JavaScript 方法。

在第 6～10 行的代码中，创建了一个名为 saveNote 的方法，该方法用来存储从 JavaScript 获得的笔记内容。首先通过执行 webView 对象的 stringByEvaluatingJavaScript 方法，从而调用 JavaScript 语言的 getNote 方法，获得所有笔记内容，并使用 print 方法，在日志区打印输出笔记的内容。在实际工作中，通常需要将笔记的内容保存在本地的 SQLite 数据库中，或者存储到远程的服务器。

至此就完成了所有的代码操作，点击 Xcode 界面左上角的【编译并运行】按钮 ，打开模拟器预览项目，如图 12.15 所示。

在图 12.15 所示的页面中，由于网页中的 div 控件是可编辑的，所以点击页面空白处，将进入编辑模式，并自动弹出 iOS 系统的键盘，使用键盘在可编辑的 div 控件中，输入文字内容【Happy birthday to you!】，如图 12.16 所示。

接着点击左上角的【插入图片】按钮，将项目中的图片从 Swift 传递到 JavaScript 中，并插入到文字的后方，插入后光标将位于图片的右侧，并且图像的右上角拥有一个黑底白字的删除图标，如图 12.17 所示。

插入图片后，可以点击页面右上角的【保存笔记】按钮，获得笔记的全部内容，并在日志区输出，输出的结果如图 12.18 所示。

最后使用删除图标删除插入的图标，点击图片右上角的删除图标，将删除图片及浮动在图片上方的删除图标，由于删除图片后，执行了可编辑 div 的 blur 操作，所以自动退出编辑模式，iOS 系统的键盘也会自动消失，如图 12.19 所示。

图 12.15

图 12.16

图 12.17

UIWebView_NoteBook

```
Optional("Happy birthday to you!<div style=\"position: relative;\"><img src=\"deleteImage.png\" style=
\"width:30px;height:30px;margin-top:9px;position:absolute;z-index:10;right:5px\" contenteditable=\"false\"
onclick=\"removeImage(this)\"><img src=\"Coffee.png\" onerror=\"this.src=\'defaultErrorPic.png\'\"></div>")
```

图 12.18

图 12.19

12.3 小 结

本章课程主要为用户讲解了 UIWebView 和 HTML 5 相关的技术，通过使用 UIWebView 可以加载远程或本地的网页内容，或者播放 GIF 动画。此外还探讨了 HTML 中的 JavaScript 语言，和 iOS 系统的 Swift 语言之间的相互调用方式。

最后我们还通过整合 UIWebView 和 HTML 标签、JavaScript 脚本语言和 CSS 样式表等 HTML 5 相关技术，开发了一款包含基本功能的笔记本应用程序。在学习当中你会发现，开发一款类似印象笔记或有道云笔记的 App，在实现其核心功能方面并不是一件困难的事。

第13章　数据的持久化

一个功能丰富的应用程序，它的数据不仅存储在内存中，而是将更多的数据写入磁盘，进行持久化存储。例如存储用户的历史信息、保存游戏的进度和得分情况等。

iOS 中的数据持久化方式基本上有 4 种：plist 属性列表、对象归档、SQLite3 和 Core Data。本章主要介绍如何创建和解析 plist 文件，以及如何使用 Core Data 框架对数据进行存储、查找、编辑和删除操作。

13.1 解析 plist 文件

在 iOS 开发工作中，经常需要使用 plist 文件存储一些属性或配置信息。plist 文件的全名是 Property List，即属性列表文件，它是一种用来存储串行化后的对象的文件。由于属性列表文件的扩展名为.plist，因此通常被简称为 plist 文件。

plist 文件为属性列表文件，以类似于键值对（key-value）的形式，存储项目中的各种数据。在新建一个项目时，会自动包含一个名为【info.plist】的 plist 文件，该文件以键值对的方式保存了项目中的各项配置信息，如图 13.1 所示。该 plist 文件对项目的版本号、语言环境、设备朝向、主故事板等信息进行了配置。

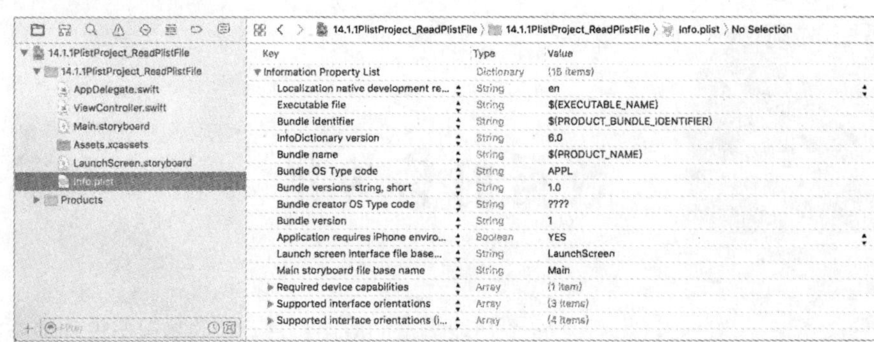

图 13.1

13.1.1 创建和解析 plist 文件

Plist 文件通常用于储存一些配置信息，也可以用于存储项目中的业务数据。我们常用的 UserDefaults 类其实也是使用 plist 文件进行存储的。

为了演示 plist 文件的创建和解析，首先创建一个基于【Single View Application】模板的空白项目，然后在项目名称的文件夹中点击鼠标右键，在弹出的右键菜单中选择【New File】命令，接着在弹出的选择模板窗口中选择【Property List】选项，创建一个 plist 文件，如图 13.2 所示。

图 13.2

文件创建成功后，将在项目文件夹中多出一个 plist 文件，在右侧的键值对设置区点击鼠标右键，弹出右键菜单，选择菜单中的【Add Row】选项，往 plist 文件中添加一行新的键值对，如图 13.3 所示。

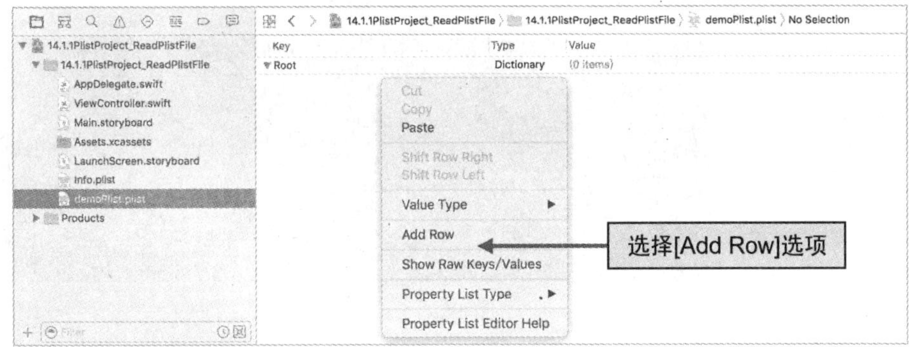

图 13.3

接着在键名输入框内输入属性的名称【Name】，在键值输入框内输入键对应的值【Peter】，并保持默认的类型为 String 字符串，然后点击键名右侧的+加号图标，再次添加一行新的键值对，如图 13.4 所示。

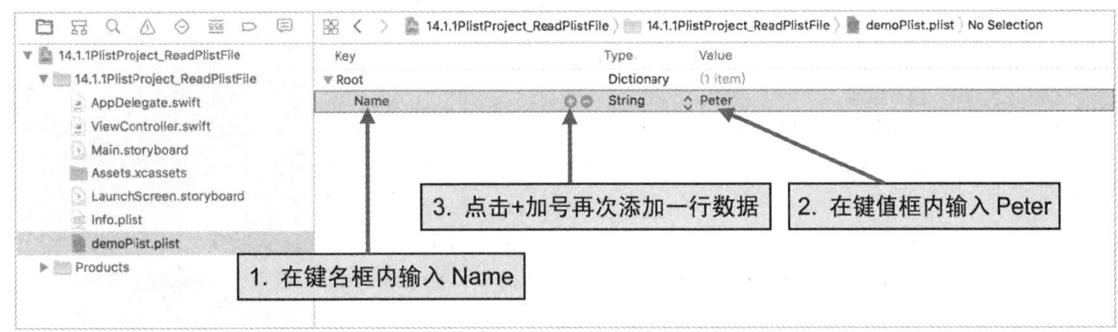

图 13.4

在新的数据行中输入【Age】作为键名，在键值输入框内输入 35 作为【Age】键的值，最后将数据类型修改为【Number】，plist 文件的最终效果如图 13.5 所示。

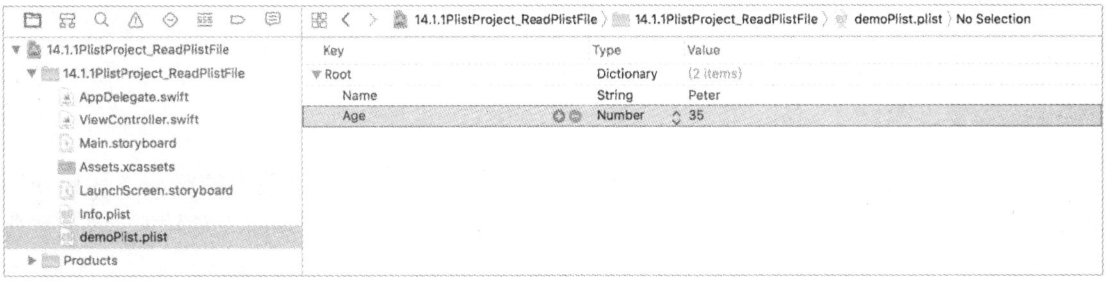

图 13.5

plist 文件支持 Array 数组和 Dictionary 字典两种集合类型，以及 Boolean 布尔类型、Data 二进制数据类型、Date 日期类型、Number 数字类型和 String 字符串类型，你可以根据实际情况为键选择适当的数据类型。

plist 文件是以 XML 文件的格式进行存储的，在 demoPlist.plist 文件名称上点击鼠标右键，然后依次选择【Open As > Source Code】选项，查看该 plist 文件的源代码，如图 13.6 所示。

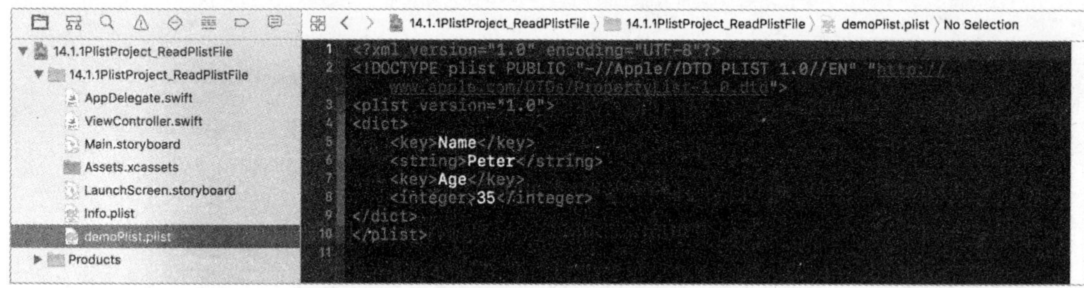

图 13.6

编写代码解析 plist 文件

接着在左侧的项目导航区打开并编辑【ViewController.swift】文件，并输入以下代码，以读取 plist 文件，同时在日志区输出 plist 文件中的内容。

```
1  import UIKit
2  class ViewController: UIViewController {
3
4      override func viewDidLoad() {
5          super.viewDidLoad()
6          // Do any additional setup after loading the view, typically from a nib.
7
8          let plistPath = Bundle.main.path(forResource: "demoPlist", ofType: "plist")
9          let data:NSMutableDictionary = NSMutableDictionary.init(contentsOfFile: plistPath!)!
10         let message = data.description
11         let name = data["Name"]
12         let age = data["Age"]
13
14         print(message)
15         print(name)
16         print(age)
17     }
18 }
```

首先在第 8 行代码中，获得 demoPlist.plist 文件在项目沙箱目录中的路径，然后使用 NSMutableDictionary 的 init(contentsOfFile:)方法，加载 plist 文件，并将 plist 文件转换为可变字典类型的对象。

接着在第 10～12 行的代码中，获得字典对象的描述信息，并根据 plist 文件中的键名，获得键名对应的键值。

最后在第 14～16 行的代码中，通过 print 语句在日志区输出 plist 文件的相关内容。

完成 plist 文件的创建，以及解析 plist 文件的相关代码之后，接着点击 Xcode 界面左上角的【编译并运行】按钮▶，打开模拟器运行项目。项目运行后，将弹出一个模拟器，并在日志区输出 plist 文件的内容，如图 13.7 所示。

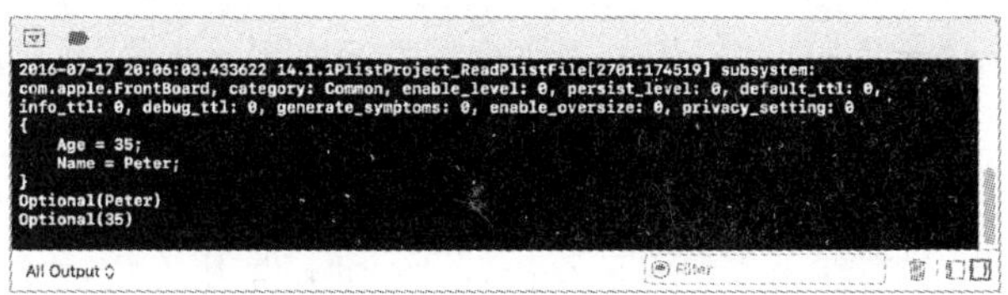

图 13.7

13.1.2 将信息写入 plist 文件

在 iOS 开发工作中，我们经常会根据业务需求随时保存一些数据信息。在上一个示例中，我们在项目中手动创建了一个 plist 文件，并对 plist 文件进行读取和解析操作，这一节我们将使用代码，将用户的信息写入到已经存在的 plist 文件中。

在左侧的项目导航区打开并编辑【ViewController.swift】文件，并输入以下代码，以创建一个 NSMutableDictionary 可变字典对象，并使用可变字典对象的 write 方法，将字典对象中的内容写入到指定的 plist 文件中。

```
1  import UIKit
2  class ViewController: UIViewController {
3
4      override func viewDidLoad() {
5          super.viewDidLoad()
6          // Do any additional setup after loading the view, typically from a nib.
7
8          let dic:NSMutableDictionary = NSMutableDictionary()
9          dic.setObject("Bruce", forKey: "Name" as NSCopying)
10         dic.setObject(22, forKey: "Age" as NSCopying)
11
12         let plistPath = Bundle.main.path(forResource: "demoPlist", ofType: "plist")
13         dic.write(toFile: plistPath!, atomically: true)
14
15         let data:NSMutableDictionary = NSMutableDictionary.init(contentsOfFile: plistPath!)!
16         let message = data.description
17
18         print(plistPath)
19         print(message)
20     }
21 }
```

在第 8 行代码中，创建了一个 NSMutableDictionary 可变字典对象。接着在第 9～10 行的代码中，以键值对的形式创建两个对象，并添加到可变字典对象中。

接着在第 12 行代码中，获得 demoPlist.plist 文件在项目沙箱目录中的路径，然后通过调用可变字典对象的 write 方法，将可见字典对象写入到 plist 文件中。

然后在第 15 行代码中，使用 14.1.1 示例项目中的方式，将 plist 文件加载到内存中，并转换为可变字典对象，从而查看写入后的 plist 文件的内容。

最后在第 18～19 行的代码中，将 plist 文件的内容输出到日志区，同时将 plist 文件在项目中的位置进行打印输出。

完成相关的代码之后，接着点击 Xcode 界面左上角的【编译并运行】按钮 ▶ ，打开模拟器运行项目。项目运行后，将弹出一个模拟器，并在日志区输出 plist 文件的内容，以及 plist 文件在项目沙箱中的路径，如图 13.8 所示。

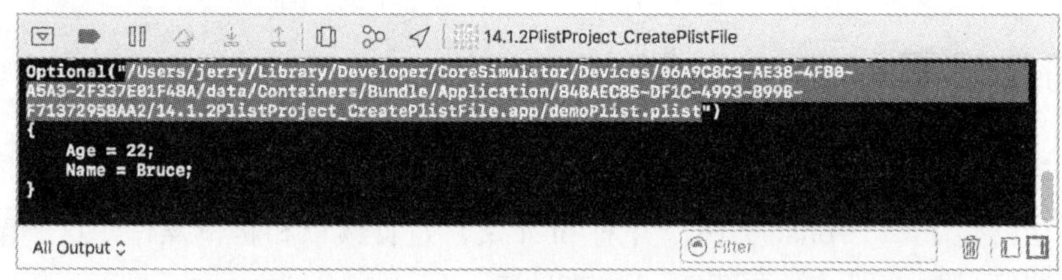

图 13.8

接着定位并打开该 plist 文件，在日志区选择并复制 plist，然后打开 Finder，并使用【Command + Shift + G】快捷键打开【前往文件夹】窗口，将复制的 plsit 文件路径粘贴到【前往文件夹】输入框内，然后点击【前往】按钮，进入 plist 文件所在的文件夹，如图 13.9 所示。

图 13.9

在 plist 文件所在的文件夹中，双击打开 plist 文件，如图 13.10 所示。

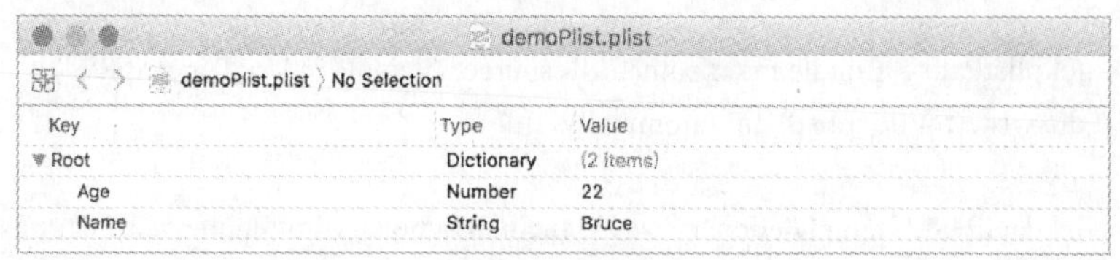

图 13.10

13.2 使用 CoreData 进行数据的持久化

iPhone OS 在 2009 年 6 月份推出 3.0 版本的 SDK 时，其中一个特性就引入了来自 Mac SDK 中的 Core Data 框架。这是一种 ORM（Object Relationships Mapping）对象关系映射的解决方案，既能够将对象转化成数据，保存在 SQLite 数据库文件中，也能够将保存在数据库中的数据还原成对象。在此数据操作期间，我们不需要编写任何 SQL 语句，这个有点类似于著名的 Hibernate 持久化框架。

Core Data 是一个 Cocoa 框架，用于存储和管理应用程序中 MVC 设计模式中的模型层数据。

对象的持久化表示 Core Data 框架可以将模型对象保存到持久化文件中，并在需要的时候将它们取出。Core Data 应用程序的持久化是存储在 SQLite 数据库中的。使用 Core Data 框架在对数据进行持久化工作时，可以为开发者节省 50%～70%的代码量。

在 Core Data 框架中各种对象之间的关系如图 13.11 所示。

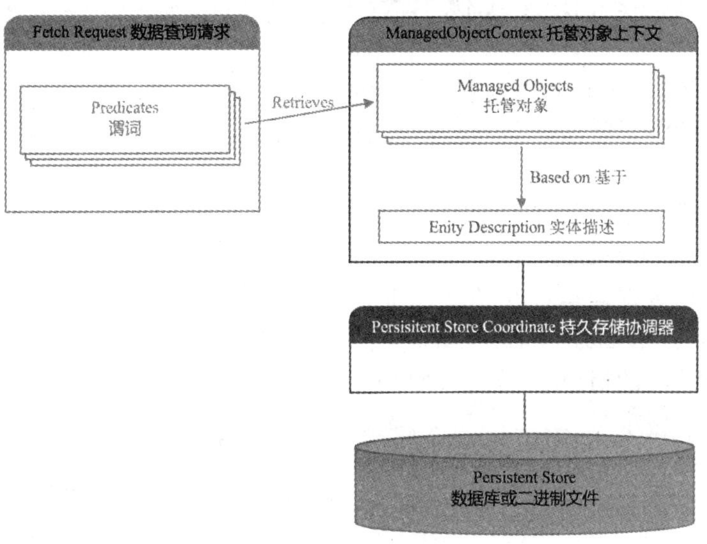

图 13.11

在 Core Data 框架中包含了 Fetch Request 数据查询请求、ManagedObjectContext 托管对象上下文、Persistent Store Coordinate 持久化存储协调器和 Persistent Store 持久化存储等概念。接下来对这些基本概念进行一下讲解。

- Fetch Request 数据查询请求：使用托管对象上下文来检索数据时，会创建一个获取请求 fetch request。最简单的获取请求必须指定一个实体的名称，也可以包含一个谓词对象，通过谓词设置查询对象必须符合的查询条件。发送获取请求给托管对象上下文，它将从与持久化存储相关联的数据源中返回匹配请求的对象。
- ManagedObjectContext 托管对象上下文：当从持久化存储中获取托管对象时，这些对象的临时副本会在上下文中形成一个对象图，即对象以及对象之间的联系，然后便可以任意修改这些对象了。可以在应用程序中使用多个上下文。对于持久化存储中的每一个对象，只有唯一的一个托管对象和给定的上下文相关联。Core Data 的大多数交互都是通过托管对象上下文来实现的。
- Managed Objects 托管对象：Core Data 框架中的托管对象是一种含有应用程序数据的对象类型，提供对数据的访问并实现逻辑来处理数据。所有托管对象都必须通过 ManagedObjectContext 托管对象上下文进行注册。当准备好保存对托管对象所做的修改时，托管对象上下文负责确保那些对象处于正确的状态。
- Persistent Store Coordinate 持久化存储协调器：在托管对象上下文和持久化对象存储之间的对象是 persistent store coordinator 持久化存储协调器。应用程序通过持久化存储协调器的实例访问持久化对象存储。持久化存储协调器为一个或多个托管对象上下文提供一个访问接口，使其下层的多个持久化存储可以表现为一个聚合存储。

- Persistent Store 持久化存储：一个特定的持久化对象存储是与单个文件或其他外部数据存储相关联的，负责存储中的数据和托管对象上下文中的对象之间的映射。Core Data 支持 4 种类型的持久化数据存储方式：SQLiteStore、XMLStore、BinaryStore、InMemoryStore。

13.2.1　创建 Core Data 实体并插入数据

在项目中使用 Core Data 技术，需要引入 Core Data 框架，或者在创建新项目时选中【Core Data】选项，如图 13.12 所示。

项目创建成功后，在项目文件夹中将自动生成一个拥有.xcdatamodelId 扩展名的文件，该文件可以使用图形化的方式编辑数据模型，在该文件中包含了 Entities、Properties、Attributes、Relationships 4 个概念，和关系型数据库有很大的相似性，如图 13.13 所示。

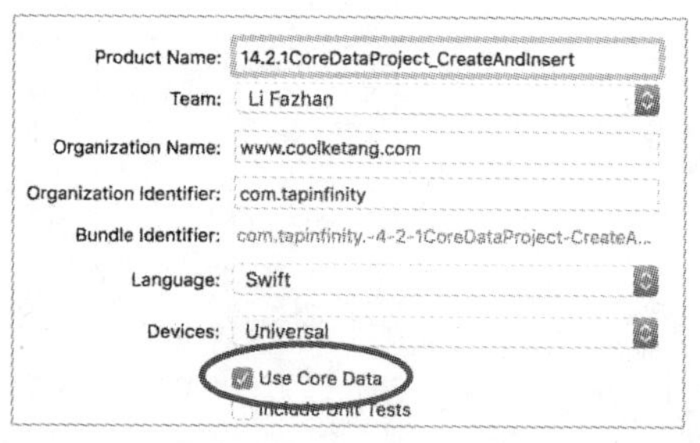

图 13.12

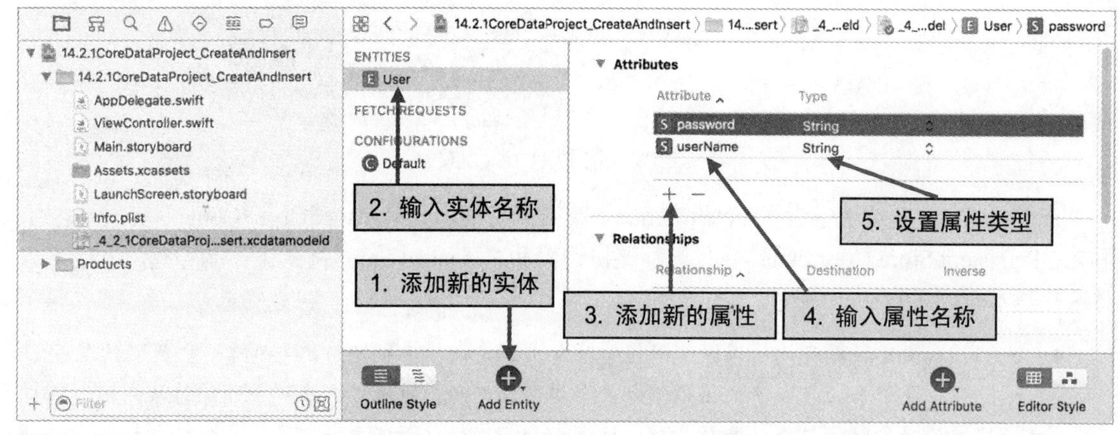

图 13.13

首先点击底部的【Add Entity】按钮，添加一个新的实体，接着将实体的名称修改为 User。然后在【Attributes】设置区，点击+加号图标为 User 实体添加一个新的属性 userName，并设置 Type 类型为 String。最后使用相同的方式，为 User 实体添加第二个属性 password。

完成 Entity 模型的创建之后，接着来创建一个托管对象类 NSManagedObject。在项目名称文件夹上点击鼠标右键，然后选择菜单中的【New File...】命令。在弹出的文件模板选择窗口中，依次选择【Core Data > NSManagedObject subclass】选项，创建一个 NSManagedObject 的子类，如图 13.14 所示。

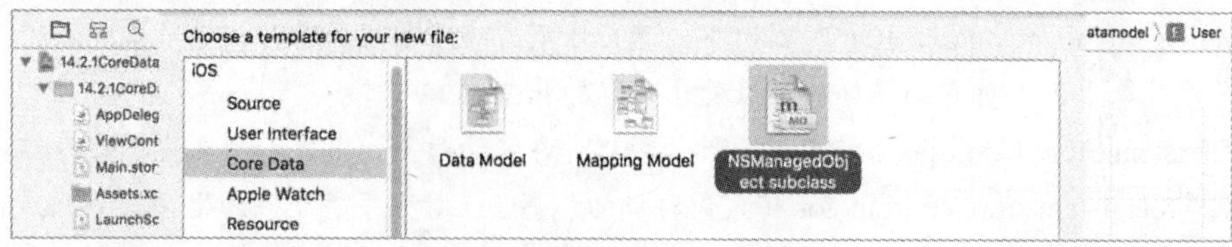

图 13.14

然后点击【Next】按钮，并在接下来的选择待管理的实体页面中选中【User】实体，从而创建一个名为 User 的 NSManagedObject 子类和名为 User+CoreDataProperties.siwft 的扩展文件，并在 User.swift 代码中添加一行代码@objc(User)，因为在 Swift 类型文件中，需要在暴露给 OC 使用的类、属性和方法声明的前面，加上@objc 修饰符，如图 13.15 所示。

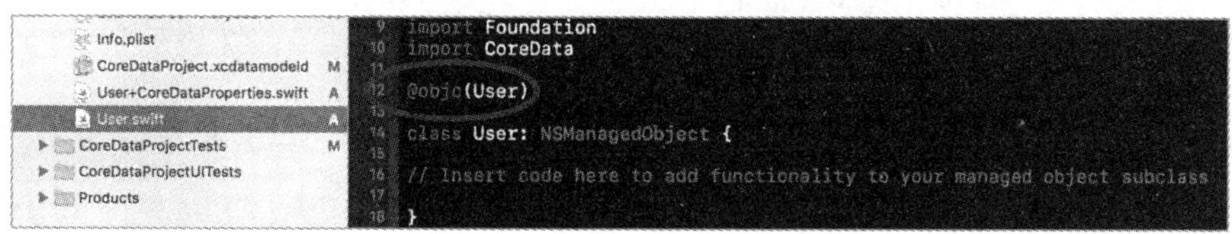

图 13.15

接着在左侧的项目导航区打开并编辑【ViewController.swift】文件，并输入以下代码：

```
1  import UIKit
2  import CoreData
3  
4  class ViewController: UIViewController {
5      override func viewDidLoad() {
6          super.viewDidLoad()
7          // Do any additional setup after loading the view, typically from a nib.
8  
9          let appDelegate:AppDelegate = UIApplication.shared().delegate as! AppDelegate
10         let managedObjectContext = appDelegate.managedObjectContext
11 
12         let newUser = NSEntityDescription.insertNewObject(forEntityName: "User", into: managedObjectContext) as! User
13 
14         newUser.userName = "John"
15         newUser.password = "123456"
16 
17         do{
18             try managedObjectContext.save()
19             print("成功保存数据。")
20         }catch
21         {
22             print("保存数据失败。")
23         }
24     }
25 }
```

首先在第 2 行代码中，往类文件中引入 CoreData 框架。

然后在第 9 行代码中，从 UIApplication 中获得当前项目中的 AppDelegate 对象，从而在第 10 行的代码中，获得 AppDelegate 对象的 managedObjectContext 托管对象的上下文。

在第 12 行代码中，通过 NSEntityDescription 的 insertNewObject 方法，在托管对象上下文中插入一条 User 实体对象。

接着在第 14～15 行的代码中，依次设置 User 实体的 userName 属性和 password 属性。

在第 17～23 行的代码中，添加一条 do-catch 语句，用于执行数据的存储操作。通过调用 managedObjectContext 托管对象上下文的 save 方法，对 newUser 对象进行保存操作，同时在日志区输入相关的提示信息。

完成相关的代码之后，接着点击 Xcode 界面左上角的【编译并运行】按钮▶，打开模拟器运行项目。项目运行后，将弹出一个模拟器，并在日志区输出相关日志，如图 13.16 所示。

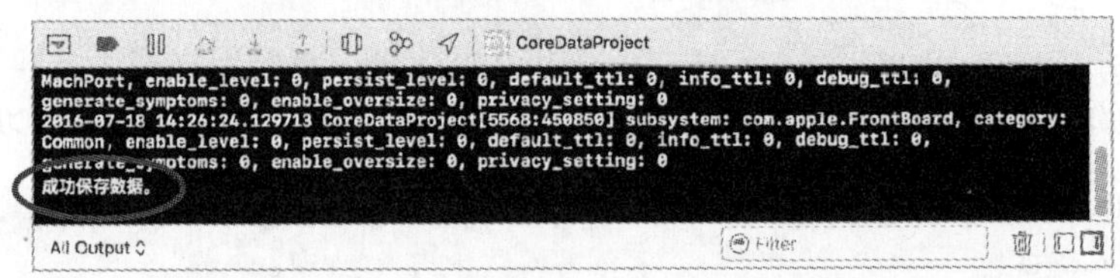

图 13.16

13.2.2 检索 Core Data 中的数据

在上一节中，我们使用 Core Data 框架并通过托管对象上下文，对一条数据进行了持久化操作，在这一节中我们将使用 NSPredicate 谓词查询持久化后的数据。

使用托管对象上下文来检索数据时，会创建一个 fetch request 获取请求，该请求是 NSFetchRequest 类的实例。fetch request 获取请求也可能包含一个谓词对象，通过谓词来指定检索对象必须符合的查询条件。

这里使用和上一节相同的方式，创建一个包含 Core Data 框架的空白项目，并创建一个名为 User 的实体，接着在右侧的项目导航区打开并编辑【ViewController.swift】文件。

```
import UIKit
import CoreData

class ViewController: UIViewController {

    override func viewDidLoad() {
        super.viewDidLoad()
        // Do any additional setup after loading the view, typically from a nib.

        let appDelegate:AppDelegate = UIApplication.shared.delegate as! AppDelegate
        let managedObjectContext = appDelegate.managedObjectContext

        let entity:NSEntityDescription? = NSEntityDescription.entity(forEntityName: "User",
                                                                     in: managedObjectContext)
        let request = NSFetchRequest<User>(entityName: "User")
        request.fetchOffset = 0
        request.fetchLimit = 10
```

```
18        request.entity = entity
19
20        let predicate = NSPredicate(format: "userName= 'John' ", "")
21        request.predicate = predicate
22
23        do{
24            let results:[AnyObject]? = try managedObjectContext.fetch(request)
25
26            for user:User in results as! [User]{
27                print("userName=\(user.userName!)")
28                print("password=\(user.password!)")
29            }
30        }
31        catch{
32            print("获取数据失败。")
33        }
34    }
35 }
```

首先在第 2 行代码中，往类文件中引入 CoreData 框架。

然后在第 10 行代码中，从 UIApplication 中获得当前项目中的 AppDelegate 对象，从而在第 11 行的代码中，获得 AppDelegate 对象的 managedObjectContext 托管对象的上下文。

接着在第 13 行代码中，通过 NSEntityDescription 的 entity 方法获得托管对象上下文中的 User 实体。

然后在第 15 行代码中，创建一个 User 类型的 NSFetchRequest 查询请求对象，并设置 request 对象的 fetchOffset 属性的值为 0。fetchOffset 属性用于设置数据查询的偏移位置。例如返回结果有 A、B、C、D 四个结果，当设置 fetchOffset 为 1 时，仅返回 B、C、D 三个结果。接着在第 17 行的代码中，设置 request 对象的 fetchLimit 值为 10，即获取从偏移值为 0 的位置起的 10 条数据。如果总的数据量少于 10 条，则返回全部的数据。

在第 18 行代码中设置 request 对象的 entity 为 User 类型的实体，即查询持久化存储中类型为 User 的符合查询条件的实体。

接着在第 20 行代码中，创建一个 Predicate 断言，以查询 userName 为 Jerry 的 User 类型的实体。如果不设置断言，则会查询所有类型为 User 的实体。

最后在第 23～33 行的代码中，通过一个 do-catch 语句，调用 managedObjectContext 托管对象上下文的 fetch 方法，根据指定的断言查询符号条件的 User 类型的实体，并将查询结果存储在一个名为 results 的 AnyObject 类型的数组中。接着通过一个 for-in 循环，在日志区打印输出查询的结果。

完成相关的代码之后，接着点击 Xcode 界面左上角的【编译并运行】按钮 ▶ ，打开模拟器运行项目。项目运行后，将弹出一个模拟器，并在日志区输出相关日志，如图 13.17 所示。从输出日志可以看出，已经从持久化存储中获得了指定条件的内容。

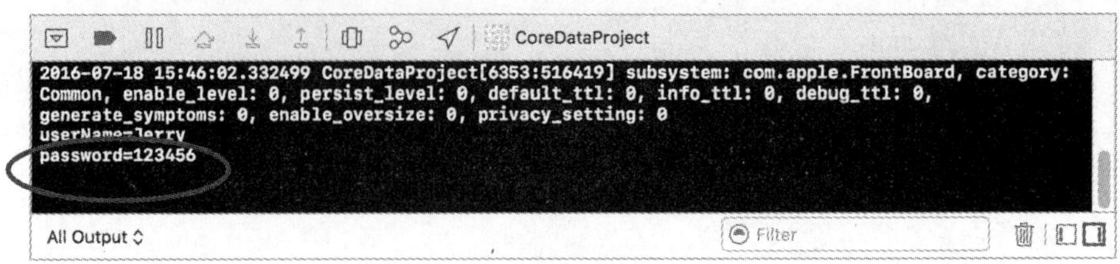

图 13.17

13.2.3 修改和删除 Core Data 数据

CoreData 提供了一整套的存储管理操作，包括查询、插入、删除、更新、回滚、会话管理、锁管理等一系列数据库操作。这些操作都是通过托管对象上下文实现的，托管对象上下文允许在上下文中加入或删除对象，以及跟踪其中的对象的变化，并因此可以提供撤销和重做的支持。当准备好保存对托管对象所做的修改时，托管对象上下文负责确保那些对象处于正确的状态。

修改 Core Data 中的数据

如果要保存所做的更改，上下文首先会验证对象是否是有效的。如果对象有效，则所做的更改会被写到持久化存储中。

```
import UIKit
import CoreData

class ViewController: UIViewController {
    override func viewDidLoad() {
        super.viewDidLoad()
        // Do any additional setup after loading the view, typically from a nib.
        let appDelegate:AppDelegate = UIApplication.shared.delegate as! AppDelegate
        let managedObjectContext = appDelegate.managedObjectContext

        let entity:NSEntityDescription? = NSEntityDescription.entity(forEntityName: "User",
                                                in: managedObjectContext)
        let request = NSFetchRequest<User>(entityName: "User")
        request.fetchOffset = 0
        request.fetchLimit = 10
        request.entity = entity

        let predicate = NSPredicate(format: "userName= 'Jerry' ", "")
        request.predicate = predicate

        do{
            let results:[AnyObject]? = try managedObjectContext.fetch(request)
            for user:User in results as! [User]{
                user.userName = "Peter"
```

```
25                  }
26                  try managedObjectContext.save()
27
28                  request.predicate = nil
29                  let newResults:[AnyObject]? = try managedObjectContext.fetch(request)
30
31                  for user:User in newResults as! [User]{
32                      print("userName:\(user.userName)")
33                      print("password:\(user.password)")
34                  }
35              }
36              catch{
37                  print("获取数据失败。")
38              }
39          }
40  }
```

在上面的代码中，前 22 行代码和上个示例相同，主要功能是查询所有 userName 为 Jerry 的 User 实体对象，这里不再重复讲解。

在第 23～25 行的代码中，通过一个 for-in 循环遍历查询到的 results 数组，并将数组中的 User 对象的 userName 修改为 Peter。

userName 值被修改后的 User 对象仍然处于内存中，尚未被持久化，通过调用 managedObjectContext 托管对象上下文的 save()方法，将修改后的 User 实体保存到存储化文件中。

接着来检索一下修改后的数据，首先在第 28 行的代码中，重置 request 对象的 predicate 断言属性，以查找所有的 user 实体。接着在第 29 行的代码中，通过调用 managedObjectContext 托管对象上下文的 fetch()方法，查询所有的 User 实体。

最后在第 31～34 行的代码中，通过一个 for-in 循环在控制台输出修改后的数据。

完成相关的代码之后，接着点击 Xcode 界面左上角的【编译并运行】按钮 ▶ ，打开模拟器运行项目。项目运行后，将弹出一个模拟器，并在日志区输出相关的日志，如图 13.18 所示。从输出日志可以看出，userName 为 Jerry 的数据已经被全部修改为 Peter。

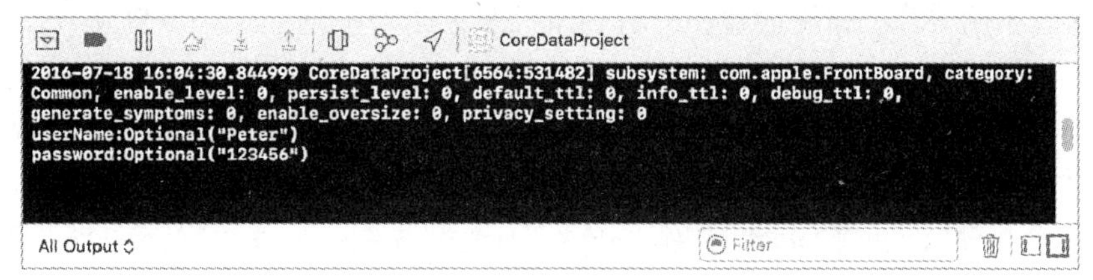

图 13.18

删除 Core Data 中的数据

要删除 Core Data 中的数据，只需调用 managedObjectContext 托管对象上下文的 delete(object:)方法即可。首先将第 19 行代码进行一下修改，设置 request 对象的 predicate 断言为 nil，以查询上下文中所有的 User 实体数据：

```
19      request.predicate = nil
```

然后对第 23～25 行的代码修改，通过在循环语句中执行 managedObjectContext 托管对象上下文的 delete(object:)方法，将数组中的 User 实体对象删除：

```
23      for user:User in results as! [User]{
24          managedObjectContext.delete(user)
25      }
```

和修改数据一样，执行删除操作之后的 user 对象仍然处于内存之中。接着通过在第 26 行代码调用 managedObjectContext 托管对象上下文的 save()方法，将删除 User 实体后的上下文同步到存储化文件中。

最后在第 31～34 行的代码中，通过一个 for-in 循环，在控制台输出在删除 userName 为 Jerry 的所有实体之后的持久化文件中的数据。

完成相关的代码之后，接着点击 Xcode 界面左上角的【编译并运行】按钮 ▶ ，打开模拟器运行项目。项目运行后，将弹出一个模拟器，并在日志区输出相关的日志，如图 13.19 所示。日志区没有输出任何内容，所以 userName 为 Jerry 的数据已经被全部删除。

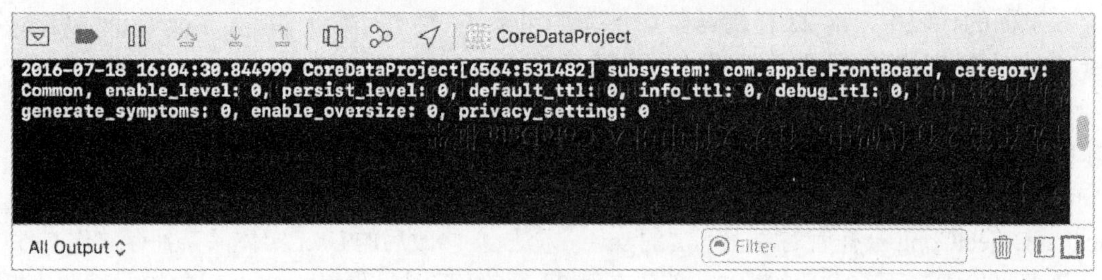

图 13.19

13.3 小　结

本章主要讲解了在 iOS 开发中常用的两种持久化存储方式：plist 属性列表文件和 Core Data 框架。我们通过实例讲解了如何创建和解析 plist 文件，以及如何在代码中创建 plist 文件。

Core Data 框架不仅广泛应用于 mac OS 的应用程序，也同样被众多的 iOS 应用程序所采用。本章讲解了如何使用 Core Data 框架对数据进行存储、更新、删除和关键词查找等操作。与 Core Data 的所有互动都是通过托管对象上下文完成的，这个上下文会通过插入、获取和删除等方法，自动创建并填充 NSManagedObject 对象，并且在托管对象上下文保存操作之前，持久化文件并不会被修改。

需要注意的是，基于对性能的考虑，Core Data 在默认情况下并没有内置撤销操作。如果希望托管对象上下文支持撤销和重做功能，需要创建一个 UndoManager 类型的对象，并将它指定给需要添加撤销和重做功能的托管对象上下文。

第14章 多线程技术

多线程是 iOS 开发者面试时常常会遇到的问题，且开发者对多线程概念的掌握和理解水平也会被一些“老鸟”用来衡量一个新人的编程实力的重要参考指标。不论是实际工作需要还是为了应付面试，掌握多线程技术都是程序员职业生涯中一个必须经历的环节。

本章主要介绍如何使用 iOS 开发中的三项主流多线程技术：Thread、Operation 和 Grand Central Dispatch 多线程技术。这三种技术各有特点，读者可以根据自己项目的情况选择使用其中的一种技术。

14.1 多线程的概念

Multithreading 多线程是指从软件或者硬件上，实现多个线程并发执行的技术。具有多线程能力的硬件，因为有硬件的支持，所以能够在同一时间内执行多于一个的线程，进而提升应用程序的整体处理性能。

多线程能够同步完成多项任务，不是为了提高运行效率，而是为了提高资源使用效率，从而提高应用程序的效率。

在 iOS 移动开发工作中，一个基本的概念就是同时对多个任务加以控制。进程启动之后，一个最主要的线程被称为主线程，主线程会创建和管理应用程序中所有的 UI 元素。

一般来说，与用户交互相关的中断性操作都会派发到主线程上进行处理。由于线程的创建是需要成本的，每个线程不仅仅在创建的过程中需要耗费时间，同时它也会占用一定内核的内存空间和应用程序的内存空间。

许多应用场景都要求程序能够临时停下手头上的工作，改为处理其他一些问题，再返回主进程。比如一个新闻类的应用程序，在新闻列表页需要加载新闻列表中的多个缩略图，如果缩略图和新闻标题的加载都在主线程完成的话，就会引起加载缓慢、反应迟钝的现象，从而影响应用程序的用户体验。

这时可以将从服务器下载缩略图的任务，由一个单独的线程来完成，当该线程的下载任务完成后，再返回主线程显示下载的缩略图，从而尽可能减少对应用程序主线程的影响。

14.1.1 任务、进程和线程

任务、进程和线程是三个不同的概念，而这三者之间具有一定的相似性，具体区别如下所示。

- 任务 Task：是指由应用程序完成的一个活动。一个任务既可以是一个进程，也可以是一个线程。任务是一系列为达到某一共同目的的操作的集合。
- 进程 Process：进程是具有一定独立功能的应用程序，是系统进行资源分配和调度的一个独立单位。你可以把一个进程看成一个独立的程序，在内存中有其完备的数据空间和代码空间。一个进程所拥有的数据和变量只属于它自己。
- 线程 Thread：线程是某一进程中一个单独运行的程序。线程是进程的一个实体，是 CPU 调度和分派的基本单位，它是比进程更小的能独立运行的基本单位。线程自己基本上不拥有系统资源，只拥有一点在运行中必不可少的资源，但是它可与同属一个进程的其他线程共享进程所拥有的全部资源。也就是说，线程存在于进程之中。一个进程由一个或多个线程构成，各线程共享相同的代码和全局数据，但各有其自己的堆栈。由于所有线程在同一个进程中共享同样的代码和全局数据，所以它们之间的关系比进程更紧密，线程之间的相互作用也相对更容易些。

14.1.2 线程的 Stack space

系统中的每一个进程都有自己独立的虚拟内存空间，而同一个进程中的多个线程则可共用进程的内存空间。每创建一个新的线程，都需要一些内存（如每个线程有自己的 Stack 空间）和消耗一定的 CPU 时间。另外当多个线程对同一个资源出现争夺的时候，需要注意线程的安全问题。

在 mac OS 中，主线程的栈空间大小为 8 MB，而在 iOS 中主线程的栈空间大小为 1 MB，并且是不可修改的。应用程序子线程的默认栈空间大小为 512 KB，栈空间不是立即被创建分配的，它会在线程的使用过程中逐渐增加。

子线程允许分配的最小栈空间是 16KB，并且必须为 4KB 的整数倍。开发者可以通过 NSThread 线程对象的 stackSize 属性来修改一个子线程的栈空间。在如下的代码中将线程的栈空间设置为 1024K：

```
let thread = Thread.init(target: self, selector: #selector(ViewController.threadAction), object: nil)
thread.stackSize = 1024 * 1024
```

14.1.3 线程的优先级

线程的优先级属性 threadPriority 是一个 0.0～1.0 之间的浮点数，1.0 表示最高的优先级，这和 iOS 操作系统的优先级是一致的，线程默认的优先级是 0.5。在执行顺序方面，优先级较高的线程先执行的可能性高于优先级较低的线程。

但是优先级较高的线程并不是 100%的比优先级较低的线程先执行，只是优先级高的线程得到 CPU 调度的机率更高。

14.1.4 线程的生命周期

在线程自创建至消亡的整个生命周期中包含多个状态，各状态的具体说明如下：

- 创建状态　对线程对象进行初始化。
- 就绪状态　通过调用线程对象的 start 方法，将线程对象添加到可调试线程池，等待 CPU 的调度。
- 运行状态　通过 CPU 的调度使线程处于执行状态，在线程执行结束之前，线程的状态可能会在就绪状态和运行状态之间来回切换，并且两个状态之间的切换由 CPU 自行决定，而无法由开发者修改。
- 阻塞状态　通过调用 Thread 的两个类方法 Thread.sleep(until:)和 Thread.sleep(forTimeInterval:)，可以使线程休眠至指定的时间点，或在指定的时间范围内处于休眠的阻塞状态；或者通过 Lock 类和 Condition 类的实例对象的 lock 方法，以及@synchronized()语句给线程加锁。
- 消亡状态　当线程执行完毕后将自动处于正常消亡状态，调用 Thread 的类方法 exit 也可以终止线程的运行。

14.1.5 线程和 Run loop

Run loop 就像它的名字一样，是线程中的一个对收到的事件进行处理的循环。每条线程都有唯一的 RunLoop 对象与之对应，主线程的 RunLoop 是自动创建并启动的；子线程的 RunLoop 需要手动创建，并且调用 run 方法启动；currentRunLoop 是延迟加载的，只创建一次。

```
RunLoop.current().run()
```

Run loop 是通过代码的 while 循环来驱动的。在循环中可以使用 RunLoop 对象来处理事件代码，事件处理代码主要进行接收事件并调用相关函数。

如图 14.1 所示，Run loop 可以从两个不同的事件源中接收消息。

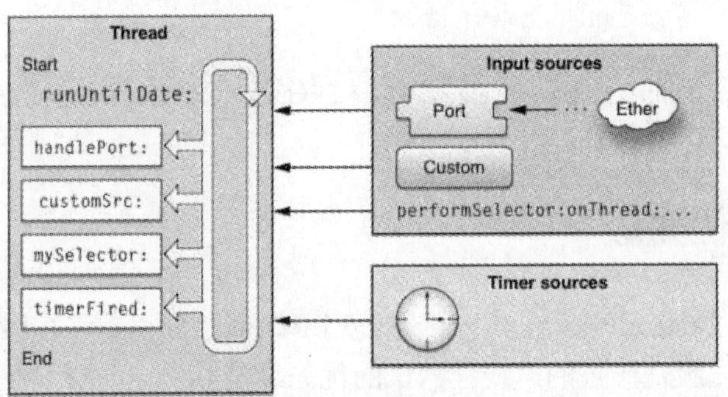

图 14.1（摘自 apple.com）

（1）Input sources 投递异步消息，使用 port 或是自定义的 input source 来和其他线程进行通信，或者使用对象的 perform 系列函数：

```
self.perform(#selector(ViewController.threadAction), with: nil, afterDelay: 2)
```

（2）Timer sources 在计划的时间或重复的时间间隔内传递同步消息：

```
Timer.scheduledTimer(timeInterval: 1, target: self, selector: #selector (ViewController.timerAction(_:)), userInfo:
"infomation", repeats: true)
```

14.2 使用 Thread

在 iOS 应用程序开发的技术体系中，共有三种主要的多线程技术，分别是 Thread、Operation 和 Grand Central Dispatch。

Thread 是这三种多线程技术里面相对轻量级的，但也是使用起来最需要开发者负责的，开发者需要自己管理线程的生命周期，以及线程之间的同步操作。

使用 Thread 创建的线程，将共享同一应用程序的部分内存空间，它们拥有对数据相同的访问权限。所以需要协调多个线程对同一数据的访问，通常的做法是在访问之前加锁，但是加锁会导致一定的性能开销。

Thread 的创建分为显式和隐式两种类型，其中显式方式有以下两种创建方法：

- Thread.detachNewThreadSelector(selector: toTarget: with:) 该方法的第一个参数 selector 表示线程执行的方法，第二个参数 target 表示 selector 消息发送的对象，第三个参数表示传递给 target 的唯一参数。
- Thread.init(target: selector: object:) 该方法的第一个参数 target 表示 selector 消息发送的对象，第二个参数 selector 表示线程执行的方法，第三个参数 object 表示传递给 target 的唯一参数。

Thread 线程隐式创建的方法如下：

object.performSelector(inBackground: with:) 该方法的第一个参数表示线程执行的位于 object 中的方法，第二个参数表示传递给 object 的唯一参数。

14.2.1 创建 Thread 下载图片

这里将提供一个示例使用 Thread 技术下载 apple.com 网站上的图片，并使用一个 UIImageView 展示下载的图片。由于从网络上下载图片和从项目中加载图片相比，速度会慢很多，所以很有必要将图片的下载工作分离到一个独立的线程中，待图片下载完成后，再返回主线程进行 UIImageView 图像视图的更新。

首先创建一个基于【Single View Application】模板的空白项目，然后在左侧的项目导航区打开并编辑【ViewController.swift】文件，在该文件中为 ViewController 类添加一个 UIImageView 属性，用来显示从网络中下载的图片。同时添加一个 UILabel 标签属性，用来显示图片加载的状态：

```
var imageView = UIImageView()
var label = UILabel()
```

接着对 viewDidLoad 方法进行修改，对 imageView 属性和 label 属性进行初始化，并创建一个新的线程来执行网络图片的下载工作。

```
override func viewDidLoad() {
    super.viewDidLoad()
    // Do any additional setup after loading the view, typically from a nib.
    imageView = UIImageView(frame: CGRect(x: 0, y: 260, width: 320, height: 300))
    self.view.addSubview(imageView)

    label = UILabel(frame: CGRect(x: 0, y: 0, width: 320, height: 568))
    label.backgroundColor = UIColor.white
    label.textAlignment = .center
    label.text = "Loading..."
    label.font = UIFont.systemFont(ofSize: 42)
    self.view.addSubview(label)

    let imageUrl =
"http://images.apple.com/v/iphone/home/s/home/images/trade_in_iphone_large_2x.jpg"
```

```
17        let thread = Thread(target: self, selector: #selector(ViewController.downloadImage), object: imageUrl)
18        thread.start()
19    }
```

首先在第 5～6 行的代码中，对 imageView 属性进行初始化，并添加到根视图中。

在第 9～14 行的代码中，对 label 属性进行初始化，并依次设置它的背景颜色、水平对齐方式、文字内容、字体大小等属性，并同样添加到根视图中。

然后在第 16 行的代码中，创建一个字符串用来存储 apple.com 网站中的一张图片，接着使用 Thread 类的 init 方法，创建一个新的线程，该线程将执行 ViewController 类的 downloadImage 方法，并传递 imageUrl 字符串至该方法中。

最后调用 thread 线程的 start 方法，使新建的线程处于就绪状态，等待 CPU 的调度。

接着创建一个名为 downloadImage 的方法，作为线程调用的方法。

```
20    func downloadImage(path : String){
21        let url = URL(string: path)
22        var data : Data!
23        do{
24            try data = Data(contentsOf: url!)
25            let image = UIImage(data: data)
26            self.perform(#selector(ViewController.showImage), on: Thread.main, with: image, waitUntilDone: true)
27        }catch{
28            print("下载图片失败。")
29        }
30    }
```

downloadImage 方法包含一个参数 path，用来接收线程传来的参数。并在第 21 行的代码中将图片的字符串路径转换为 URL 对象。接着创建一个 Data 对象，用来加载远程的图片。

然后在第 23～29 行的代码中，通过创建一个 do-catch 语句，加载网络远程的图片。首先通过 Data 的初始化方法加载远程的图片并存入 data 对象，接着在第 25 行的代码中，将 data 数据转换为 UIImage 对象。现在可以更新页面中的图像视图了，由于界面中的更新需要在主线程上进行，所以通过调用对象的 perform 方法，并设置 on 参数的值为 Thread.main()，返回主线程调用 ViewController 实例的 showImage 方法，同时将 image 作为参数进行传递。

接着创建一个名为 showImage 的方法，来响应子线程的回调事件，主要用来在主线程中完成图像视图的更新操作，并将 label 标签从根视图中隐藏。

```
31    func showImage(image : UIImage){
32        self.imageView.image = image
33        self.label.isHidden = true
34    }
```

现在已经完成了所有的编码工作，接着点击 Xcode 界面左上角的【编译并运行】按钮 ▶ ，打开模拟器运行项目。项目运行后，将弹出一个模拟器，并在模拟器中显示一个 Label 标签，显示加载网络图片的等待状态，如图 14.2 所示。接着等网络图片下载完成后，该 Label 标签将隐藏，并显示一张来自 Apple 官网的图片，如图 14.3 所示。

图 14.2

图 14.3

14.2.2 给 Thread 加锁使线程同步

iOS 平台下常用的锁是 Lock 对象，对线程的加锁操作可以通过调用 lock 方法来实现，解锁操作通过调用 unlock 方法来实现。当一个 Lock 对象成功调用 lock 方法后，在其调用 unlock 方法之前，任何线程都不能再对此 Lock 对象加锁，以达到互斥访问的目的。

除了 Lock，iOS 还提供了 RecursiveLock、ConditionLock 等类型的锁。RecursiveLock 与 Lock 最大的区别就是 Recursive 是可重入的，也就是说一个线程可以对一个 Recursive 对象多次调用 lock，只要解锁时调用相同次数的 unlock 方法便可；而 ConditionLock 则是一种带有条件的锁，可以根据条件对线程进行加锁。

在这个示例中我们将创建一套简易的图书销售管理系统，系统中共有 3 名图书销售员，通过对售书的行为进行加锁，使售书的过程处于同步运行的状态，从而避免多个图书销售员同时出售同一本书的情况。

首先创建一个基于【Single View Application】模板的空白项目，然后在左侧的项目导航区打开并编辑【ViewController.swift】文件，并给 ViewController 类添加以下三个属性：

```
var booksCount = 100
var soldBooksCount = 0
var lock : NSLock!
```

其中 booksCount 属性表示现有图书的数量，soldBooksCount 属性表示已售图书的数量，当 soldBooksCount 增加 1 时，booksCount 就会减少 1。lock 属性是 Lock 类型的锁对象，负责进行加锁和解锁的操作。

接着对 viewDidLoad 方法进行如下修改：

```
override func viewDidLoad() {
    super.viewDidLoad()
    // Do any additional setup after loading the view, typically from a nib.
```

```
7
8        lock = NSLock()
9
10       let salesmanA = Thread(target: self, selector: #selector(ViewController.sellBook), object: nil)
11       salesmanA.name = "销售员甲"
12       salesmanA.start()
13
14       let salesmanB = Thread(target: self, selector: #selector(ViewController.sellBook), object: nil)
15       salesmanB.name = "销售员乙"
16       salesmanB.start()
17
18       let salesmanC = Thread(target: self, selector: #selector(ViewController.sellBook), object: nil)
19       salesmanC.name = "销售员丙"
20       salesmanC.start()
21   }
```

首先在第 8 行的代码中，对 lock 属性进行初始化操作。

接着在第 10～12 行的代码中，创建一个 Thread 线程对象，该线程将会调用 ViewController 类的 sellBook 方法，同时设置线程对象的 name 属性为"销售员甲"，然后通过调用 thread 线程的 start 方法，使新建的线程处于就绪状态，等待 CPU 的调度。

使用相同的方式，在第 14～20 行的代码中，创建另外两个执行 ViewController 类的 sellBook 方法的线程，name 属性分别为"销售员乙"和"销售员丙"，并通过调用线程的 start 方法，使新建的两个线程也处于就绪状态，等待 CPU 的调度。

实现线程的同步方法

接着创建一个名为 sellBook 的方法，作为被线程调用的方法。

```
22   func sellBook()
23   {
24       while true
25       {
26           lock.lock()
27           if booksCount > 0
28           {
29               Thread.sleep(forTimeInterval: 0.01)
30
31               soldBooksCount += 1
32               booksCount -= 1
33               let threadName = Thread.current.name
34
35               print("当前销售员为：\(threadName)，此时已售书：\(soldBooksCount)本，还剩余：\(booksCount)本。")
36           }
```

```
37            else
38            {
39                Thread.exit()
40            }
41            lock.unlock()
42        }
43    }
```

在该方法中，通过一个 while(true)的无限循环来执行售书的工作。首先在第 26 行的代码中，通过调用 Lock 对象的 lock 方法，使线程处于互斥的同步状态，保证此时只有一个线程在执行 lock 方法和 unlock 方法之间的代码。

接着在第 27 行代码中，判断当库存中的 booksCount 图书数量大于 0 时执行售书的操作，否则将在第 39 行代码中通过调用 Thread 的类方法 exit 来退出线程。

在第 29 行代码中，通过调用 Thread 的类方法 sleep(forTimeInterval:)，使线程延迟 0.01 秒。接着在第 31～32 行的代码中，将售出的书的数量 soldBooksCount 加 1，并将库存中的书的数量 booksCount 减 1。

然后通过 Thread 的类方法 current 获得正在执行该方法的线程，然后通过 name 属性获得线程的名称。从而在第 35 行代码中，通过调用 print 方法，将线程名称和库存中的书的数量，以及已售出的书的数量，在日志区打印输出。

最后在售书的动作完成之后，通过调用 Lock 对象的 unlock 方法进行解锁操作，允许别的线程访问该方法体。

现在已经完成了实现线程同步的所有编码工作，点击 Xcode 界面左上角的【编译并运行】按钮 ▶ ，打开模拟器运行项目。项目运行后，将弹出一个空白的模拟器，并在日志区输出日志信息，如图 14.4 所示。

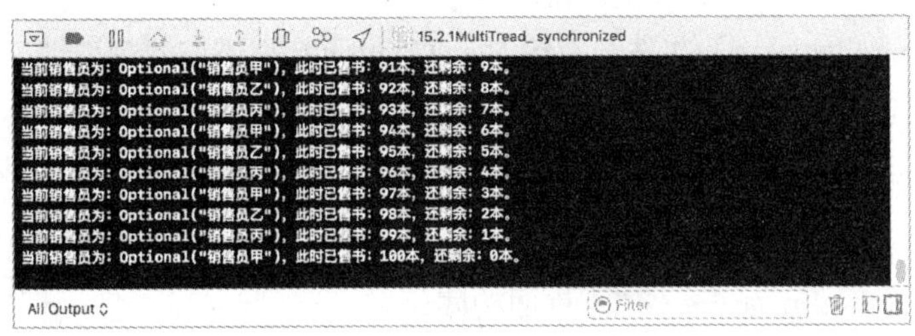

图 14.4

假如不执行加锁操作

从输出的日志可以看出，由于加锁的作用使 sellBook 方法能够同步执行，从而保证能够进行正确的售书工作。

如果把第 26 行的 Lock 方法和第 41 行的 unlock 方法注释起来，然后再次点击 Xcode 界面左上角的【编译并运行】按钮 ▶ ，打开模拟器运行项目。项目运行后，将在日志区输出新的日志信息，如图 14.5 所示。

由于没有执行加锁操作，导致 sellBook 方法可以同时被多个线程调用，使售书工作产生了混乱，甚至出现了库存量为负值的现象。

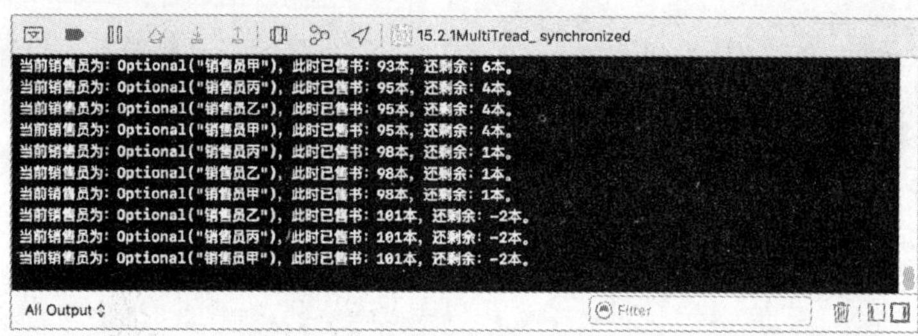

图 14.5

14.3 Operation 技术的使用

很多时候我们使用多线程需要控制线程的并发数，毕竟线程也是消耗系统资源的，当程序中同时运行的线程过多时，系统必然会变慢。所以很多时候我们会控制同时运行线程的数目。

Operation 可以封装我们的操作，然后将创建好的 Operation 对象放到 OperationQueue 队列中，OperationQueue 队列便开始启动新的线程去执行队列中的操作。

和 Thread 相比 Operation 的优点是不需要关心线程管理、数据同步的事情，可以把精力放在自己需要执行的操作上。

Cocoa operation 相关的类有 Operation，OperationQueue。Operation 是个抽象类，可以使用它的子类 BlockOperation 创建 Operation 子类的对象，并把对象添加到 OperationQueue 队列里执行。

在接下来的示例项目中，我们将使用 BlockOperation 创建两个线程，并通过设置队列的 maxConcurrentOperationCount 属性为 1，使得在同一个时间点内只执行一个线程，且当前一个线程结束后才执行第二个线程。

首先创建一个基于【Single View Application】模板的空白项目，然后在左侧的项目导航区打开并编辑【ViewController.swift】文件，并给 ViewController 类添加两个属性。

```
var topImageView = UIImageView()
var footImageView = UIImageView()
```

这两个 UIImageView 类型的属性将用来显示从网络上下载的两张图片，其中 topImageView 位于界面的顶部，而 footImageView 位于界面的底部。

接着来修改 viewDidLoad 方法，在该方法中对两个图像视图进行初始化，并创建两个 BlockOperation 对象，用来执行两张网络图片的下载工作。

```
override func viewDidLoad() {
    super.viewDidLoad()
    // Do any additional setup after loading the view, typically from a nib.
    topImageView = UIImageView(frame: CGRect(x: 0, y: 0, width: 320, height: 280))
    self.view.addSubview(topImageView)

    footImageView = UIImageView(frame: CGRect(x: 0, y: 280, width: 320, height: 290))
    self.view.addSubview(footImageView)
```

```
11
12          let downloadA = getOperation(name: "下载线程 A", imageUrl: "http://images.apple.com/v/watch/k/images/overview/watch_03_large.jpg", isTopOne: true)
13
14          let downloadB = getOperation(name: "下载线程 B", imageUrl: "http://images.apple.com/v/watch/k/images/overview/watch_05_large.jpg", isTopOne: false)
15
16          let queue = OperationQueue()
17          queue.maxConcurrentOperationCount = 1
18          queue.addOperation(downloadA)
19          queue.addOperation(downloadB)
20
21          for operation in queue.operations{
22              print("Operation 名称:"+operation.name!)
23          }
24  }
```

首先在第 6～10 行的代码中，对两个图像视图进行初始化，并设置它们的显示面积，一个在界面的顶部，另一个在界面的底部。

接着在第 12 行代码中，调用 getOperation 方法，创建一个 BlockOperation 对象，并设置 BlockOperation 对象的名称为"下载线程 A"，同时指定待下载图片的网络路径和一个布尔类型的值，表示使用哪个图像视图来显示下载后的图片。然后在第 14 行的代码中，使用相同的方式创建第二个 BlockOperation 对象。

完成 BlockOperation 对象的创建后，在第 16～19 行的代码中创建一个 OperationQueue 队列对象，并设置 maxConcurrentOperationCount 的值为 1，即设置并发操作数为 1，从而使队列中的线程按照顺序依次执行。该参数的默认值为-1，即不对并发操作数进行限制。接着在第 18～19 行的代码中，将两个 BlockOperation 对象添加到队列中。

队列拥有一个 operations 的数组属性，包含了队列中的所有 Operation 对象。在第 21～23 行的代码中，通过一个 for-in 循环，在日志区输出数组中的 Operation 对象的名称。

实现创建 BlockOperation 对象的方法

接着创建一个名为 getOperation 的方法，用来创建并返回 BlockOperation 对象。该方法包含三个参数，第一个参数 name 表示 BlockOperation 对象的名称，第二个参数 imageUrl 表示待下载图片的网络路径，第三个参数 isTopOne 表示使用哪个图像视图显示下载后的图片。

```
25  func getOperation(name : String, imageUrl : String, isTopOne : Bool) -> BlockOperation{
26      let download = BlockOperation(block: {_ in
27          let url = URL(string: imageUrl)
28          var data : Data!
29          do{
30              Thread.sleep(forTimeInterval: 1.0)
31              try data = Data(contentsOf: url!)
32              let image = UIImage(data: data)
```

```
33                 if isTopOne{
34                     self.perform(#selector(ViewController.showTopImage), on: Thread.main, with: image, waitUntilDone: true)
35                 }
36                 else{
37                     self.perform(#selector(ViewController.showFootImage), on: Thread.main, with: image, waitUntilDone: true)
38                 }
39             }catch{
40                 print("下载图片失败。")
41             }
42         })
43         download.name = name
44         return download
45     }
```

首先在第 26 行代码中，创建一个 BlockOperation 对象，并在一个 block 中完成下载网络图片的操作。在第 27 行代码中，将图片的字符串路径转换为 URL 对象。接着创建一个 Data 对象，用来加载远程的图片。

然后在第 29～41 行的代码中，通过创建一个 do-catch 语句，加载网络远程的图片。首先通过调用 Thread 的 sleep 方法，使线程阻塞 1 秒钟，以方便观察两个线程的执行顺序。然后通过 Data 的 contentOf 方法加载远程的图片并存入 data 对象，接着在第 32 行的代码中，将 data 数据转换为 UIImage 对象。

现在可以更新页面中的图像视图了，首先根据 isTopOne 参数来判断使用哪个图像视图来显示下载的图片。由于界面上的更新需要在主线程上进行，所以通过调用对应的 perform 方法，并设置 on 参数的值为 Thread.main()，返回主线程并调用 ViewController 实例的 showTopImage 和 showFootImage 方法，同时将 image 作为参数进行传递。

更新界面中的图像视图

接下来介绍实现更新界面中图像视图的两个方法：

```
46     func showTopImage(image : UIImage){
47         self.topImageView.image = image
48     }
49
50     func showFootImage(image : UIImage){
51         self.footImageView.image = image
52     }
```

其中 showTopImage 方法用来更新位于界面顶部的图像视图，而 showFootImage 方法则用来更新界面底部的图像视图。

现在已经完成了所有的编码工作，点击 Xcode 界面左上角的【编译并运行】按钮 ▶ ，打开模拟器运行项目。项目运行后，将弹出一个空白的模拟器，并在日志区输出两个 BlockOperation

对象名称的日志信息，接着从上下至下依次显示两张从网络上下载的图片，如图 14.6 和图 14.7 所示。

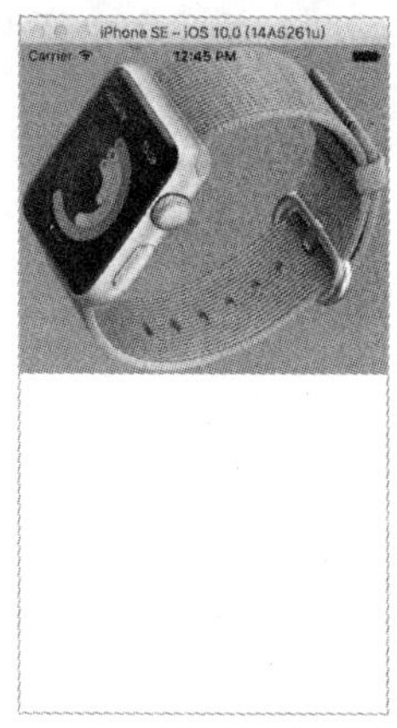

图 14.6

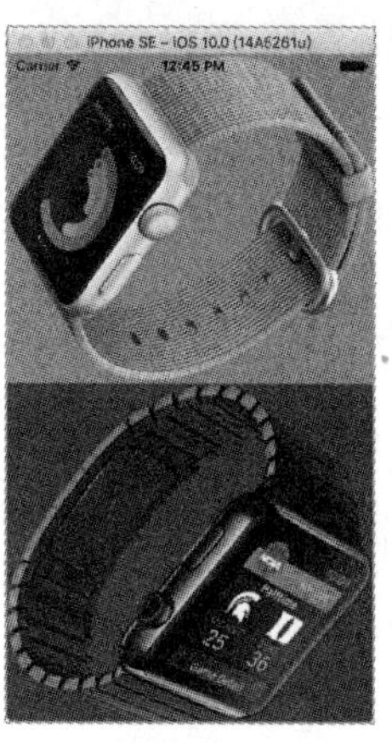

图 14.7

14.4 Grand Central Dispatch 的使用

Grand Central Dispatch(GCD)是由 Apple 公司在 iOS 4.0 时推出的一个多核编程的解决方案。GCD 技术可以被用来替换 Thread、BlockOperation 等多线程技术。

Grand Central Dispatch 是一套底层的 API，提供了一种新的方法来进行并发程序的编写。从基本功能上讲，GCD 有点像 OperationQueue，它们都允许应用程序将任务细分为多个单一的任务，并提交至工作队列来并发或者串行地执行。但是 GCD 比 OpertionQueue 更高效一些，并且它不是 Cocoa 框架的一部分。

GCD 的 API 很大程度上是和 block 配合使用的。当然 GCD 也是可以脱离 block 来单独使用的，由于 GCD 是 C level 的函数，这意味着它也提供了 C 语言的函数指针作为参数，方便了 C 程序员的使用。但是当配合 block 使用时，GCD 将变得更加简单和易用。

GCD 是为多核的并行运算提出的解决方案，所以会自动利用更多的 CPU 内核（比如双核、四核），并且会自动管理线程的生命周期：创建线程、调度任务和销毁线程。

相对于 Thread 和 BlockOperation，Grand Central Dispatch 技术的优势是使用方便、简单。由于 GCD 基于工作单元而非像 Thread 那样基于运算，所以 GCD 可以控制诸如等待任务结束、监视文件描述符、周期执行代码以及工作挂起等任务。基于 block 的特点可以让它能极为简单地在不同代码作用域之间传递上下文。

Grand Central Dispatch 被实现得如此轻量和优雅，使得它在很多地方比专门创建消耗资源的线程更实用和快捷。

GCD 的 Dispatch Queues

Grand Central Dispatch 的基本概念就是 dispatch queue 调度队列。dispatch queue 是一个对象，它可以接受任务，并将任务以先到先执行的顺序来执行。

dispatch queue 调度队列可以是并发的，也可以是串行的。并发任务会像 OperationQueue 那样基于系统负载来并发进行，串行队列同一时间只会执行单一任务。

并发、串行、同步和异步是比较容易混淆的 4 个多线程技术术语。并发和串行表示任务的执行方式，而同步和异步表示要不要为任务开启新的线程。

- 并发：多个任务同时执行。
- 串行：一个任务执行完成后，再执行下一个任务。
- 同步：在当前线程中执行任务，不会开启新线程。
- 异步：在新的线程中执行任务。

GCD 的 dispatch queue 调度队列共有以下三种类型：

- The main queue　串行队列，和应用程序的主线程功能相同，所以提交至 main queue 的任务（通常是一些界面元素的更新）会在应用程序的主线程中执行。可以通过调用 DispatchQueue.main 来获得 main 队列。
- Global queues　全局队列是并发队列，并且具有高、中、低、后台 4 个优先级。全局队列的默认优先级是中。通过调用 DispatchQueue.global()来获得全局队列。
- 用户线程队列　通过调用 DispatchQueue.init()来获得用户线程队列，并且可以创建串行或并行的队列。

14.4.1 使用 GCD 查询 IP 地址信息

在前面我们讲到了 GCD 三种类型的 dispatch queue 调度队列，这里将创建一个示例，在示例中将使用 global queue 全局队列查询指定 IP 地址的详细信息，然后通过 main queue 队列在界面中的 UILabel 标签上显示查询到的结果。

首先创建一个基于【Single View Application】模板的空白项目，然后在左侧的项目导航区打开并编辑【ViewController.swift】文件，同时给 ViewController 类添加一个 UILable 类型的属性，用来显示从 API 返回的 IP 地址信息。

```
var label = UILabel()
```

接着来修改 viewDidLoad 方法，在该方法中对两个图像视图进行初始化，并创建两个 BlockOperation 对象，用来执行两张网络图片的下载工作。

```
override func viewDidLoad() {
    super.viewDidLoad()
    // Do any additional setup after loading the view, typically from a nib.

    label.frame = CGRect(x: 0, y: 0, width: 320, height: 568)
    label.text = "Loading..."
    label.font = UIFont(name: "Arial", size: 24)
    label.backgroundColor = UIColor.orange
    label.numberOfLines = 0
    label.lineBreakMode = NSLineBreakMode.byWordWrapping
```

```
12          self.view.addSubview(label)
13
14          let apiURL = URL(string: "http://ip.taobao.com/service/getIpInfo.php?ip=27.156.152.57")
15
16          let globalQueue = DispatchQueue.global()
17          globalQueue.async{
18              let result = try? Data(contentsOf: apiURL!)
19              let message = String(data: result!, encoding: String.Encoding.utf8)
20              DispatchQueue.main.async
21              {
22                  self.label.text = message
23              }
24          }
25      }
```

首先在第 6～12 行的代码中，对 label 属性进行初始化，并依次设置它的文字内容、字体大小、背景颜色、行数、换行类型等属性。

接着在第 14 行代码中，创建一个用来存储查询 IP 地址的 API 的 URL。

然后在第 16 行代码中，通过 DispatchQueue 的类方法 global(attributes:)创建一个全局队列，接着在第 17 行的代码中，通过调用 globalQueue 对象的 async 方法，在一个 block 中执行 API 的查询任务。

首先在第 18 行代码中，通过 Data 对象的初始化方法读取 API 返回的数据，接着在第 19 行的代码中，将 Data 类型的数据转换为 String 字符串，并设置编码格式为 UTF-8。

最后在第 20 行代码中通过 DispatchQueue 的 main 属性获得主线程队列，并调用 async 方法，在一个 block 中更新界面中的 label 标签控件显示的内容。

这样就完成了所有的编码工作，与前面的示例相比较，使用 GCD 使代码更加简洁。接着点击 Xcode 界面左上角的【编译并运行】按钮 ▶ ，打开模拟器运行项目。项目运行后，将弹出一个包含 UILabel 控件的模拟器，如图 14.8 所示。当等待一定的时间后，该标签控件显示出 API 返回的信息，如图 14.9 所示。

图 14.8

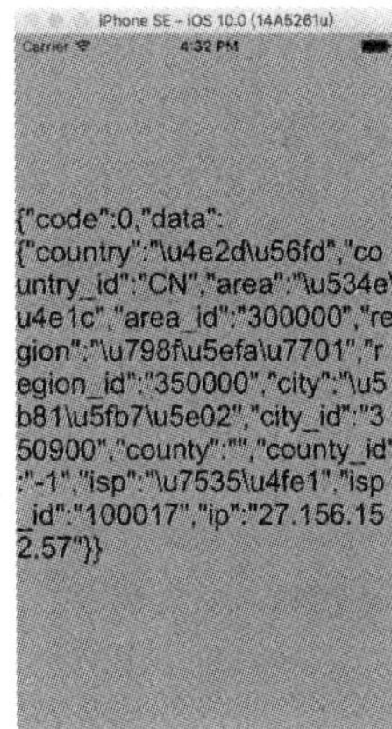

图 14.9

14.4.2 DispatchGroup 调度组的使用

在工作中经常会遇到这样一种情况，需要在完成几件事情之后再继续另一件事情。比如在一个电子商务系统的用户详情页面，我们在界面中加载用户的详细信息时，首先会显示一个 loading 动画，然后再去完成以下三个事件：

- 从远程服务器加载用户头像。
- 根据用户 id 获得年度所有的交易额纪录。
- 根据用户 id 获得所有被用户收藏的商品名称。

当完成这三个事件后，再调用另一个方法来隐藏 loading 动画。对于这样的工作就需要借助 DispatchGroup 来实现。

一个 dispatch group 可以用来将多个 block 拼成一组，以监测这些 block 全部完成或者等待全部完成时发出的消息。

这里通过一个示例来讲解 DispatchGroup 的使用，首先创建一个基于【Single View Application】模板的空白项目，然后在左侧的项目导航区打开并编辑【ViewController.swift】文件，并对 ViewController 类的 viewDidLoad 方法进行以下修改。

```
1  override func viewDidLoad() {
2      super.viewDidLoad()
3      // Do any additional setup after loading the view, typically from a nib.
4      print("开始任务，并显示 Loading 动画。")
5
6      let group = DispatchGroup()
7      let globalQueue = DispatchQueue.global()
8
9      globalQueue.async(group: group, execute:  {_ in
10         print("从远程服务器加载用户头像。")
11     })
12
13     globalQueue.async(group: group, execute:  {_ in
14         print("根据用户 id 获得年度所有的交易额纪录。")
15     })
16
17     globalQueue.async(group: group, execute:  {_ in
18         print("根据用户 id 获得所有被用户收藏的商品名称。")
19     })
20
21     group.notify(queue: globalQueue, execute: {_ in
22         print("完成所有任务，隐藏 Loading 动画。")
23     })
24 }
```

首先在第 4 行代码中，通过 print 语句输出一条日志信息，表示任务的开始，以及 loading 动画的播放。

接着在第 6 行代码中，创建一个 DispatchGroup 对象，并通过 DispatchQueue 的 global 类方法创建一个全局队列 globalQueue。

然后在第 9～11 行的代码中，通过全局队列的 async 方法，在 group 组中执行一个 block，该 block 用来从远程服务器加载用户的头像。

使用相同的方式，在第 13～19 行的代码中，在相同的 group 组中执行另外两个 block，分别用来完成另外两项任务。

最后在第 21 行代码中，通过 group 对象的 notify 方法，监听三个任务完成的状态，当三个任务全部完成后，在一个 block 中执行接下来的业务逻辑。

至此就完成了实现 DispatchGroup 功能的所有编码工作，接着点击 Xcode 界面左上角的【编译并运行】按钮 ▶ ，打开模拟器运行项目。项目运行后，将在日志区输出任务完成的提示信息，如图 14.10 所示。

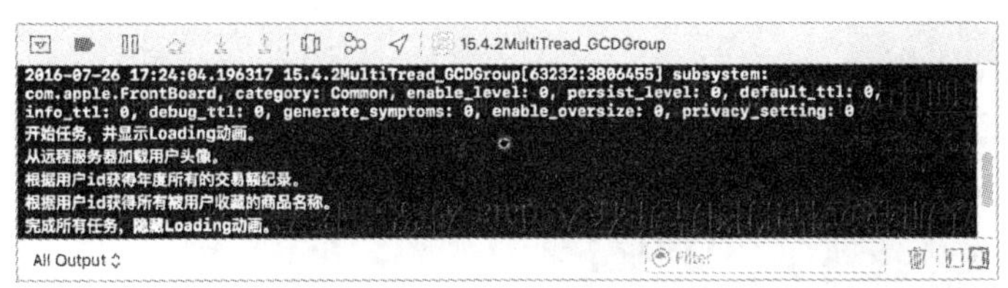

图 14.10

从日志中可以看出，当三个任务完成后，才会输出“完成所有任务，隐藏 Loading 动画”提示信息。这样就实现了当一组任务完成之后，才会执行下一个或下一组任务。

14.5 小 结

本章主要为读者讲解了 iOS 的三种常用的多线程技术：Thread、Operation 和 Grand Central Dispatch，这三种技术各有自身的特点。

在 Thread 技术中，每个 thread 对象对应一个线程，优点是量级较轻，使用简单，缺点是需要开发者自行管理线程的生命周期、线程同步、加锁解锁、睡眠以及唤醒等操作。

Operation 技术则不需要关心线程的管理和线程同步的事情，可以把精力放在自己需要执行的业务逻辑上，缺点是只能实现它或者使用它定义好的子类。

Grand Central Dispatch 是基于 C 语言的一种高效、强大的多核编辑解决方案，其在后端管理着一个线程池，它不仅仅决定代码块将在哪个线程被执行，还可以根据可用的系统资源对这些线程进行管理。

在这三种技术中，Thread 技术是基于 thread 线程来实现多线程的，Operation 技术是基于队列 queue 来实现多线程的，而 Grand Central Dispatch 技术是基于 Task 任务来实现多线程的。

开发者在对多线程技术进行选择时，如果追求简便、安全，可以选择基于队列的 Operation 技术。如果需要处理大量并发数据，同时又追求应用程序的性能和效率，可以选择 Grand Central Dispatch 技术。

第 15 章 MapKit 地图

本章主要介绍如何使用 MapKit 框架来进行地图应用程序的开发。

开发地图程序往往具有一定的挑战性，本章详细讲解如何设置 MapKit 的显示区域、地图的显示类型、如何跟踪和定位设备，以及如何在地图上添加注解信息。

最后讲解 MapKit 的 camera 相机属性，通过设置该属性，从而创建一个拥有 3D 外观的地图。

15.1 Map Kit 的概念

Map Kit 是 Apple 公司提供的一款可以将地图直接置入到应用程序窗口或视图中的框架，该框架同时提供了对地图注解、添加覆盖层，甚至将地理坐标反转为实际地名的功能。在 iOS 5.1 及之前的版本中，Map Kit 框架使用的是谷歌移动地图服务，在之后的版本中使用的是 Apple 自己的地图服务。对于中国的客户来说，Map Kit 使用的是来自高德地图的数据。

iOS 开发者可以通过 Core Location 框架得到设备的地理位置信息，然后使用 Map Kit 框架在地图上显示所在的实际地理位置。Map Kit 的大部分功能是由 MKMapView 完成的，MKMapView 主要可以完成下述功能：

- 显示指定地理位置的地图，如显示上海市的地图。
- 设置地图的显示方式。标准式的行政地图（会显示城市，街道等）、标准的卫星地图、卫星地图和混合地图（在卫星图上显示街道等名称）。
- 在地图上对指定坐标位置做标记。
- 支持地图的放大和缩小。在百度地图等第三方地图服务的 SDK 中，都会提供一个类似 zoomLevel 比例尺的属性。而 Apple 官方的 API 可将这个属性设置得更加灵活，通过 region 可以设置地图的中心位置和比例尺寸。

15.1.1 MKMapView 的显示区域

MKMapView 对象拥有一个 region 属性用来设置地图的显示区域，它的类型是一个结构体 MKCoordinateRegion。

```
public struct MKCoordinateRegion {
    public var center: CLLocationCoordinate2D
    public var span: MKCoordinateSpan
    public init()
    public init(center: CLLocationCoordinate2D, span: MKCoordinateSpan)
}
```

在 MKCoordinateRegion 结构体中，center 属性是 CLLocationCoordinate2D 类型的，CLLocationCoordinate2D 也是一个结构体。其中 latitude 纬度和 longitude 经度两个属性都是 CLLocationDegrees，即 Double 类型的。

```
public struct CLLocationCoordinate2D {
    public var latitude: CLLocationDegrees
    public var longitude: CLLocationDegrees
    public init()
    public init(latitude: CLLocationDegrees, longitude: CLLocationDegrees)
}
```

MKCoordinateRegion 的另一个属性 span 定义了以 center 属性为中心点，显示在 MapView 中的地图的缩放程度。

通过更改 MKMapView 对象的 region 的两个属性，即可实现地图的平移和缩放操作，例如以下代码可以将地图 mapVIew 向下移动屏幕高度一半的距离，如图 15.1 和图 15.2 所示。

```
let coordinate = mapVIew.convert(CGPoint(x: mapVIew.frame.size.width/2, y:0), toCoordinateFrom: mapVIew)
map.setCenter(coordinate, animated: true)
```

对地图执行缩放操作也很简单，只需修改 region 的 span 属性即可。下面的代码可以将地图的显示区域放大两倍，如图 15.3 所示。

```
mapVIew.region.span.latitudeDelta *= 1.5
mapVIew.region.span.longitudeDelta *= 1.5
```

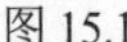

图 15.1

图 15.2

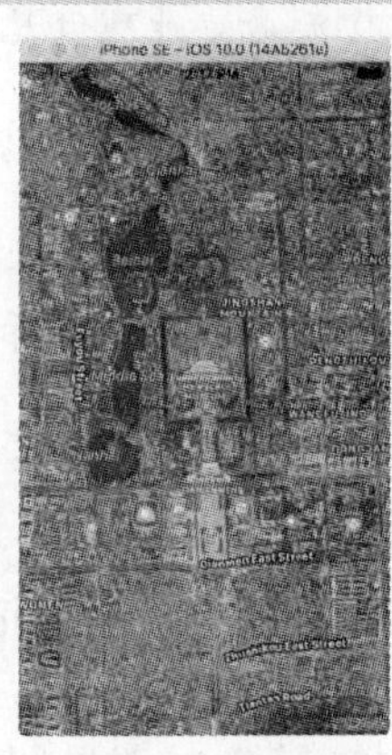

图 15.3

15.1.2 MKMapView 的跟踪和定位

使用 MKMapView 可以利用标准定位服务跟踪一个用户的位置。Core Location 框架和地图开发包都提供了这个地理位置跟踪的服务，通过地理位置跟踪服务，可以自动跟踪用户设备地理位置的变化，并在 MKMapView 地图视图中实时更新 region 属性，以显示用户最新的地理位置。

要在 MKMapView 地图中显示用户的当前位置，只需要设置 showsUserLocation 属性的值为 true 即可。MKMapView 会通过 Core Location 来确定设备的地理位置，并使用一个蓝色的圆点作为标记。该标记就是我们常说的 Annotation 注解，它的类型是 MKUserLocation。

在设置 showsUserLocation 属性的值为 true 时，通过设置 userTrackingMode 属性可以将用户当前的位置显示在地图的中央位置。userTrackingMode 属性是 MKUserTrackingMode 类型的枚举值，拥有三个枚举常量：

- none　MKMapView 地图不跟踪用户位置的变化。
- follow　MKMapView 地图跟随用户位置的移动而移动。
- followWithHeading　MKMapView 地图将跟随用户位置的移动而移动，并且当用户移动的方向发生变化时，MKMapView 地图也将跟着旋转。

15.1.3 MKMapView 的交互选项和装饰物

MKMapView 具有多种用户的交互方式，通常用户可以在地图上进行移动、旋转、缩放等操作，这些操作行为都是可以通过一些开关来开启和关闭的，如表 15-1 所示。

表 15-1 MKMapView 的交互选项

交互名称	交互说明
isScrollEnabled	默认值为 true，表示允许用户滚动地图，当该值为 false 时，只能使用代码进行地图的滚动
isRotateEnabled	表示是否允许地图旋转操作。当该值为 true 时，地图上将出现一个相机，其航向角被用来围绕地图的中点旋转地图的平面；当该值为 false 时，相机航向角消失，地图将使正上方始终朝向正北方
isZoomEnabled	表示是否允许用户通过捏合操作对地图进行放大和缩小操作。该参数的默认值为 true
isPitchEnabled	当该值为 true 时，将使用相机的俯仰角来倾斜地图的平面

此外在 MKMapView 地图上还可以显示一些附加选项，如指南针、比例尺、交通信息等选项，如表 15-2 所求。

表 15-2 MKMapView 的显示选项

交互名称	交互说明
showsCompass	表示是否在地图上显示指南针
showsScale	表示是否在地图上显示比例尺
showsTraffic	表示是否在地图上显示交通信息。mapType 需要设置为 MKMapTypeStandard 或 MKMapTypeHybrid 才能显示交通信息
showsBuildings	表示是否在地图上显示突出的建筑物。当该值为 true 时，并且相机的俯仰角度大于 0，地图将使建筑物产生凸出的 3D 效果
showsPointsOfInterest	表示是否显示兴趣点。当该值设置为 true 时，将在地图上显示一些图标和文字标签，用来标示酒店、学校或其他相关信息。mapType 需要设置为 MKMapType-Standard 或 MKMapTypeHybrid 才会显示兴趣点
showsUserLocation	表示地图是否应该显示用户的地理位置

15.1.4 创建一个 MKMapView 地图

在前面三个小节中讲解了 MKMapView 的一些特性，这里通过一个示例讲解 MKMapView 具体的使用方法。

首先创建一个基于【Single View Application】模板的空白项目，然后在左侧的项目导航区打开并编辑【ViewController.swift】文件。

```
import UIKit
import MapKit

```

```
4 class ViewController: UIViewController {
5
6     override func viewDidLoad() {
7         super.viewDidLoad()
8         // Do any additional setup after loading the view, typically from a nib.
9
10        let mapView = MKMapView(frame: self.view.bounds)
11        mapView.mapType = MKMapType.standard
12        mapView.showsScale = true
13        mapView.showsTraffic = true
14        mapView.showsPointsOfInterest = true
15
16        let coordinate2D = CLLocationCoordinate2D(latitude: 39.915352, longitude: 116.397105)
17        let zoomLevel = 0.02
18        let region = MKCoordinateRegionMake(coordinate2D, MKCoordinateSpanMake(zoomLevel,
zoomLevel))
19        mapView.setRegion(region, animated: true)
20
21        self.view.addSubview(mapView)
22    }
23 }
```

要使用 MKMapView，首先在该类文件中引入 Map Kit 框架，然后在 viewDidLoad 方法中添加地图。

在第 10 行代码中，通过 MKMapView 的初始化方法，创建了一个和当前视图控制器的根视图大小相同的 mapView 地图对象。然后在第 11～14 行的代码中，依次设置地图的类型为标准类型、在地图上显示缩放比例尺、交通信息和兴趣点等选项。

设置完地图的相关属性后，接着来设置在地图上应该显示哪块具体的地理区域。首先在第 16 行的代码中，创建一个 CLLocationCoordinate2D 类型的结构体，用来设置地图上显示区域的经纬度信息。然后在第 18 行的代码中，创建一个 MKCoordinateRegionMake 类型的结构体，用来设置地图显示区域的具体坐标和适当的缩放比例。最后在第 19 行的代码中，通过 mapView 对象的 setRegion 方法指定地图的显示区域。

这样就完成了 MKMapView 对象的创建和属性的设置，最后通过第 21 行的代码，将 mapView 对象添加到当前视图控制器的根视图中即可。

现在已经完成了所有的编码工作，点击 Xcode 界面左上角的【编译并运行】按钮 ▶ ，打开模拟器运行项目。项目运行后，将弹出一个包含地图的模拟器，地图上根据指定的坐标和缩放比例，显示的是北京故宫的地图信息，如图 15.4 所示。

由于模拟器默认的语言环境为英文，所以地图上的文字以英文显示。接着来修改下模拟器的语言环境。依次点击【Settings > General > Language & Region > iPhone Language】选项，进入系统的语言设置列表页面，在该页面的语言列表中选择【简体中文】选项，然后点击右上角的【Done】按钮，并在弹出的确认窗口中，点击【Change to Simplified Chinese】选项，以更改系统的语言环境。将模拟器的语言环境修改为简体中文之后，再次返回原来的应用程序界面，你会发现地图中的文字已经自动变为中文了，如图 15.5 所示。

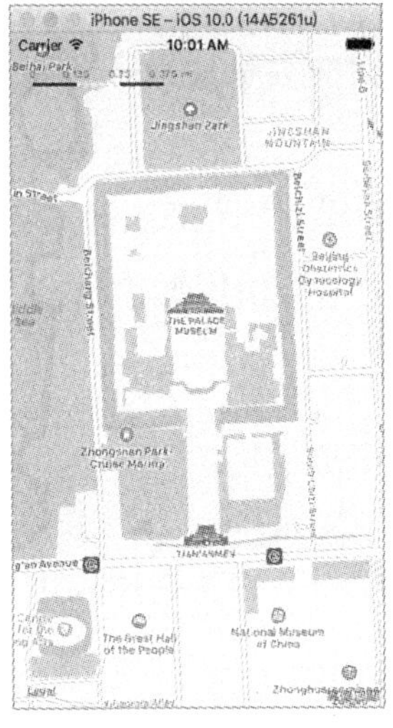

图 15.4

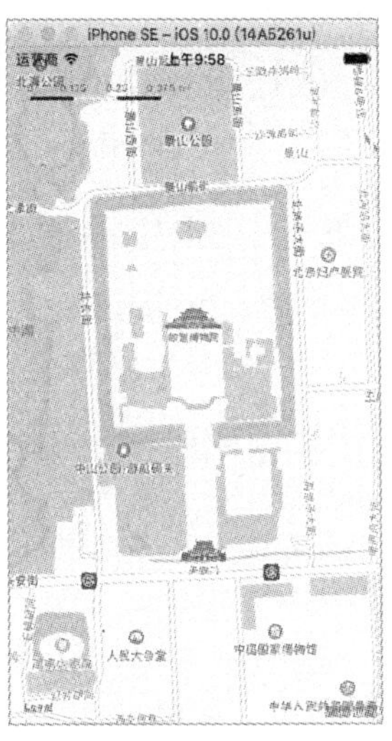

图 15.5

通过在代码中将 mapView 对象的 showsScale 属性设置为 true，在地图的左上角显示了一个比例尺；将 showsTraffic 属性设置为 true，可以在地图上显示一些交通信息；将 showsPointsOfInterest 属性设置为 true，可以在地图上显示诸如景山公园、国家大剧院等一些景点信息。

15.1.5 MKMapView 代理的使用

MKMapView 作为一个功能齐全的接口，支持显示地区数据、响应用户操作，并且使用方法非常简单，只需要直接嵌入到视图中就可以了。还可以给它设置 delegate，通过遵循 MKMapViewDelegate 协议，可以监听地图数据和界面上的变化。

监听地图区域的变化

```
func mapView(_ mapView: MKMapView, regionWillChangeAnimated animated: Bool)
func mapView(_ mapView: MKMapView, regionDidChangeAnimated animated: Bool)
```

当地图显示区域发生变化时，将调用这两个方法。当手指拖动地图时，这两个方法将被频繁调用，所以最好在此方法内执行一些开销较小的操作。

监听数据的变化

```
func mapViewWillStartLoadingMap(_ mapView: MKMapView)
func mapViewDidFinishLoadingMap(_ mapView: MKMapView)
func mapViewDidFailLoadingMap(_ mapView: MKMapView, withError error: NSError)
func mapViewWillStartRenderingMap(_ mapView: MKMapView)
func mapViewDidFinishRenderingMap(_ mapView: MKMapView, fullyRendered: Bool)
```

MKMapView 在显示地图之前会首先加载地图中的数据，当所需的数据全部加载完成后，才会开始地图的渲染和显示。

MKMapView 在加载地图时，会首先显示通过 region 属性设置的地图区域，通常使用一些网格表示显示区域的范围。然后根据 region 中的 center 中心点坐标值，以及缩放比例加载相应的数据，再进行地图的加载和渲染，它们的执行顺序可以通过一个示例项目加以了解。

该项目是在 16.1.5 小节中的示例项目的基础上进行修改的。首先引入 MapKit 框架，然后使 ViewController 类遵循 MKMapViewDelegate 协议。

```
1  class ViewController: UIViewController, MKMapViewDelegate
```

接着修改 ViewController 类的 viewDidLoad 方法，通过第 7 行的代码，给 mapView 对象添加代理，并设置代理为当前的视图控制器对象。

```
2  override func viewDidLoad() {
3      super.viewDidLoad()
4      // Do any additional setup after loading the view, typically from a nib.
5
6      let mapView = MKMapView(frame: self.view.bounds)
7      mapView.delegate = self
8      mapView.mapType = MKMapType.standard
9
10     let coordinate2D = CLLocationCoordinate2D(latitude: 39.915352, longitude: 116.397105)
11     let region = MKCoordinateRegionMake(coordinate2D, MKCoordinateSpanMake(0.02, 0.02))
12     mapView.setRegion(region, animated: true)
13
14     self.view.addSubview(mapView)
15 }
```

然后在 viewDidLoad 方法的下方增加以下来自 MKMapViewDelegate 协议的代理方法。

```
16 func mapView(_ mapView: MKMapView, regionWillChangeAnimated animated: Bool) {
17     print("当前方法为：regionWillChange")
18 }
19
20 func mapView(_ mapView: MKMapView, regionDidChangeAnimated animated: Bool) {
21     print("当前方法为：regionDidChange")
22 }
23
24 func mapViewWillStartLoadingMap(_ mapView: MKMapView) {
25     print("当前方法为：mapViewWillStartLoadingMap")
26 }
27
28 func mapViewWillStartRenderingMap(_ mapView: MKMapView) {
29     print("当前方法为：mapViewWillStartRenderingMap")
30 }
31
32 func mapViewDidFinishLoadingMap(_ mapView: MKMapView) {
```

```
        print("当前方法为：mapViewDidFinishLoadingMap")
}

func mapViewDidFinishRenderingMap(_ mapView: MKMapView, fullyRendered: Bool) {
        print("当前方法为：mapViewDidFinishRenderingMap")
}
```

在这些代理方法中，mapViewWillStartLoadingMap 方法将在开始向服务器请求地图数据时被调用，mapViewDidFinishLoadingMap 代理方法将在从服务器返回请求的地图数据时被调用，mapViewWillStartRenderingMap 方法将在开始渲染地图时被调用，而 mapViewDidFinishRendering-Map 方法将在结束地图的渲染时被调用，当 fullyRendered 参数为 ture 时，所有网格中的碎片地图都已成功绘制到 mapView 中。

现在已经完成了所有编码工作，点击 Xcode 界面左上角的【编译并运行】按钮 ▶ ，打开模拟器运行项目。项目运行后，将弹出一个包含地图的模拟器，并在日志区输出代理方法按照顺序执行的日志信息，如图 15.6 所示。

```
16.1.4MapKit_Delegate
2016-07-28 11:23:57.128017 16.1.4MapKit_Delegate[70342:4352256] subsystem: com.apple.UIKit,
category: GestureEnvironment, enable_level: 0, persist_level: 0, default_ttl: 0, info_ttl: 0,
debug_ttl: 0, generate_symptoms: 0, enable_oversize: 0, privacy_setting: 0
当前方法为: regionWillChange
当前方法为: regionDidChange
当前方法为: mapViewWillStartRenderingMap
当前方法为: mapViewWillStartLoadingMap
当前方法为: mapViewDidFinishLoadingMap
当前方法为: mapViewDidFinishRenderingMap
All Output ◇                                   Filter
```

图 15.6

15.1.6 自定义 annotationView 和 calloutView

MKMapView 提供了注解视图 annotationView 也就是大头针，用来标记地图上指定的位置，注解视图是由类 MKAnnotationView 实现的。可以在地图上添加多个注解视图，但是就像 UITableView 中的 UITableViewCell 一样，不必为每个注解视图创建一个 MKAnnotationView 对象，可通过 MKMapView 的 dequeueReusableAnnotationViewWithIdentifier:方法进行复用，当不存在对应的 annotationView 时，再创建一个新的 MKAnnotationView 对象。

而标注视图 calloutView 则是点击注解视图后弹出的视图。默认情况下，标注视图拥有 4 个部分：标题、副标题、右辅助视图和左辅助视图，这些标注组件在大部分的应用场景中是足够的。如果开发者需要更多的组件，则可以使用 detailCalloutAccessoryView 属性自定义标注视图。这个属性允许开发者给标注添加任何视图。detailCalloutAccessoryView 属性是一个 UIView 类型的视图对象，支持自动布局、从左到右的文本展示，以及其他 UIView 能做的任何操作。

这里我们将创建一个项目，在地图上显示一个注解视图，并自定义注解视图的图像。当用户点击注解视图时，将弹出标注视图，标注视图的 leftCalloutAccessoryView 是一个按钮控件，当用户点击该按钮控件时，将弹出一个窗口，显示注解视图的详细信息。

首先创建一个基于【Single View Application】模板的空白项目，然后在左侧的项目导航区打开并编辑【ViewController.swift】文件，首先往 ViewController 类中引入了 Map Kit 框架，并给 ViewController 类添加 MKMapViewDelegate 协议，我们将使用该协议中的相关方法对 annotationView 和 calloutView 进行自定义。接着添加一个属性 selectedAnnotion，该属性是 MKAnnotation 类型，用来存储用户点击的 annotationView 对象的 annotation 信息。

```
1   var selectedAnnotion : MKAnnotation!
```

接着修改 viewDidLoad 方法，在该方法中进行地图的创建和注解视图的添加。

```
2   override func viewDidLoad() {
3       super.viewDidLoad()
4       // Do any additional setup after loading the view, typically from a nib.
5       let mapView = MKMapView(frame: self.view.bounds)
6       mapView.delegate = self
7       mapView.mapType = MKMapType.standard
8
9       let coordinate2D = CLLocationCoordinate2D(latitude: 39.915352, longitude: 116.397105)
10      let region = MKCoordinateRegionMake(coordinate2D, MKCoordinateSpanMake(0.02, 0.02))
11      mapView.setRegion(region, animated: true)
12
13      let objectAnnotation = MKPointAnnotation()
14      objectAnnotation.coordinate = coordinate2D
15      objectAnnotation.title = "故宫"
16      objectAnnotation.subtitle = "世界五大宫之首"
17      mapView.addAnnotation(objectAnnotation)
18
19      self.view.addSubview(mapView)
20  }
```

首先在第 5～7 行的代码中，创建一个和屏幕尺寸相同的 MKMapView 地图对象，并设置地图对象的代理为当前的视图控制器对象，同时设置地图的显示模式为标准地图模式。

接着在第 9～11 行的代码中，设置地图的显示区域及显示区域的缩放比例。

完成地图的设置工作后，在第 13 行的代码中，创建一个 MKPointAnnotation 注解对象，并在第 14 行代码中，设置注解对象的位置和地图中心点的坐标位置相同。然后依次设置注解对象的 title 标题和 subtitle 子标题属性，最后把注解视图添加到 mapView 视图中。

注解视图的自定义

接着实现 MKMapViewDelegate 协议中的代理方法 mapView(mapView: annotation)-> MKAnnotationView。该代理方法用来对注解视图进行一些自定义设置，我们将更换注解视图大头针的外观，并且给点击注解视图弹出后的标注视图，添加一个信息类型的按钮控件。

```
21  func mapView(_ mapView: MKMapView, viewFor annotation: MKAnnotation) -> MKAnnotationView? {
22
```

```
23         let identifier = "annotationView"
24         var annotationView = mapView.dequeueReusableAnnotationView(withIdentifier: identifier)
25         if annotationView == nil {
26             annotationView = MKAnnotationView(annotation: annotation, reuseIdentifier: identifier)
27         }
28
29         let button = UIButton(type: UIButtonType.infoDark)
30         button.addTarget(self, action: #selector(ViewController.showInfo), for: .touchUpInside)
31         annotationView?.leftCalloutAccessoryView = button
32         annotationView?.image = UIImage(named: "Annotation")
33
34         self.selectedAnnotion = annotation;
35         annotationView?.canShowCallout = true
36         return annotationView
37     }
```

在第 23 行代码中创建一个字符串常量，然后使用 mapView 对象的 dequeueReusable-AnnotationView(withIdentifier:)方法，获得可以复用的 annotationView，如果没有找到可以复用的 annotationView，则在第 26 行的代码中，初始化一个新的 annotationView 对象，并设置 annotationView 对象的 annotation 属性和 reuseIdentifier 属性。

接着在第 29 行代码中，创建一个类型为 infoDark 的按钮，并给按钮绑定一个点击事件。然后在第 31 行代码中，将这个按钮设置为 annotationView 左边的 leftCalloutAccessoryView 视图。在第 32 行代码中，读取项目中的一张图片作为大头针新的外观。

在第 34 行代码中，设置当前视图控制器对象的 selectedAnnotion 属性的值为 annotationView 对象的 annotation，这样当用户点击 leftCalloutAccessoryView 中的按钮时，就可以获得当前的 annotation 信息。

在第 35 行代码中，通过设置 annotationView 的 canShowCallout 属性的值为 true，当用户点击 annotationView 注解视图时，可以弹出 calloutView 标注视图。最后在方法的末尾返回自定义的 annotationView。

接着创建一个名为 showInfo 的方法，以响应 leftCalloutAccessoryView 中的按钮的点击事件：

```
38     func showInfo(sender : UIButton){
39         let message = "故宫又名紫禁城，是中国乃至世界上保存最完整、规模最大的木质结构古建筑群。"
40         let alertView = UIAlertController(title: self.selectedAnnotion.title!, message: message,
preferredStyle: UIAlertControllerStyle.alert)
41         let OKAction = UIAlertAction(title: "确认", style: .default, handler: nil)
42         alertView.addAction(OKAction)
43         self.present(alertView, animated: true, completion: nil)
44     }
```

当用户点击该按钮时，将弹出一个 UIAlertController 窗口，并采用当前视图控制器的 selectedAnnotion 属性的 title 值作为弹出窗口的 title。

监听注解视图的添加和点击事件

接着添加一个 MKMapViewDelegate 协议中的方法，用来监听注解视图的添加事件。当注解视图被添加到 MKMapView 地图上时，将调用该方法，并在日志区输出所有被添加到地图上的注解视图的标题信息。

```
func mapView(_ mapView: MKMapView, didAdd views: [MKAnnotationView]) {
    for view in views{
        print("已添加注解视图至地图中，注解视图的标题是："+((view.annotation?.title)!)!)
    }
}
```

继续添加一个 MKMapViewDelegate 协议中的方法，用来监听注解视图的选择事件，当用户点击选择某个注解视图时，将调用该方法，同时在日志区输出被选择的注解视图的坐标信息，以及标题和子标题信息。

```
func mapView(_ mapView: MKMapView, didSelect view: MKAnnotationView) {
    print(view.annotation?.coordinate)
    print(view.annotation?.title)
    print(view.annotation?.subtitle)
}
```

现在已经完成了所有的编码工作，点击 Xcode 界面左上角的【编译并运行】按钮 ▶ ，打开模拟器运行项目。项目运行后，将弹出一个包含地图的模拟器，并在地图的中间位置显示了一个自定义的注解视图，如图 15.7 所示。

当点击该注解视图时，将弹出一个标注视图，标注视图左侧是一个 info 按钮，右侧是上下结构的标题及子标题信息，如图 15.8 所示。

当点击左侧的 info 按钮时，将弹出一个窗口，显示更多的信息内容，如图 15.9 所示。

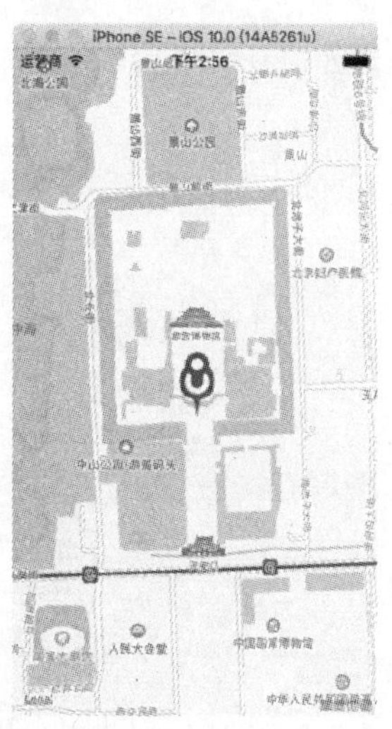

图 15.7

图 15.8

图 15.9

15.1.7 Camera 相机的使用

MKMapView 类是用来设置地图外观的一个虚拟的相机。使用相机可以在地图上创建一个虚拟的观察点，用于地图网格和内容的渲染。通过将 MKMapView 地图的 camera 属性，设置为 MKMapCamera 类的一个实例，可以进行三维地图的显示。

在使用 MKMapCamera 相机的过程中，需要指定相机在地图上的坐标、相机的观察方向、相机和地图之间的角度，以及相机在地图上方的高度。MKMapCamera 类通过表 15-3 中的属性进行三维地图的设置。

表 15-3　MKMapCamera 的属性

属性名称	属性说明
centerCoordinate	地图中心位置的经纬度坐标
heading	相机面对的方向，Double 类型。当值为 0 时，表示地图的顶部是正北方
pitch	相机相对于地面的倾斜角度。0 度表示垂直往下看的角度，将产生标准的二维地图
Altitude	相机距离地面的高度，单位为米

这里我们将创建一个项目，以显示一幅三维地图。首先创建一个基于【Single View Application】模板的空白项目，然后在左侧的项目导航区打开并编辑【ViewController.swift】文件，首先往 ViewController 类中引入了 Map Kit 框架，接着对 viewDidLoad 方法进行修改。

```
1  override func viewDidLoad() {
2      super.viewDidLoad()
3      // Do any additional setup after loading the view, typically from a nib.
4
5      let mapView = MKMapView(frame: self.view.bounds)
6      mapView.mapType = MKMapType.standard
7
8      let center = CLLocationCoordinate2DMake(39.915352, 116.397105)
9      let fromEye = CLLocationCoordinate2DMake(39.915352+0.1, 116.397105+0.1)
10     let altitude : CLLocationDistance = 100
11     let camera = MKMapCamera(lookingAtCenter: center, fromEyeCoordinate: fromEye, eyeAltitude:
altitude)
12     mapView.camera = camera
13
14     self.view.addSubview(mapView)
15 }
```

首先在第 5～6 行的代码中，创建一个和屏幕尺寸相同的地图，并设置地图的类型为标准类型。

接着在第 8 行代码中创建一个 CLLocationCoordinate2D 坐标，表示相机对焦的地理位置。并在第 9 行代码中创建另一个 CLLocationCoordinate2D 坐标，表示相机所在的位置。然后在第 10 行代码中，设置相机的高度为 100 米。

通过这些参数，在第 11 行代码中创建一个 MKMapCamera 相机对象，并在第 12 行代码中，将相机对象赋予 mapView 地图视图的 camera 属性，从而完成三维地图的设置。

现在已经完成了所有的编码工作，点击 Xcode 界面左上角的【编译并运行】按钮 ▶ ，打开模拟器运行项目。项目运行后，将弹出一个包含地图的模拟器，地图的显示模式为三维模式，如图 15.10 所示。

图 15.10

15.2 小 结

App Store 中关于地理定位和地图服务的应用程序有很多，例如 Uber、滴滴打车、百度外卖等，这些应用程序结合 Core Location 定位框架和 Map Kit 框架，创造了非常优秀的用户体验，为解决各个领域的实际问题提供了完美的解决方案。

通过本章的内容，也希望读者在学习 Map Kit 技术的同时，能够从中找到新的灵感，创建基于地理定位服务的优秀 App。

第 16 章 iOS 的图文混排技术

在很多新闻类或有信息展示的应用程序中，都会出现图文混排的界面，乍一看去很像一个多媒体的网页，其实这样的效果并不是由 UIWebView 通过加载网页实现的。

本章讲解在 iOS 应用程序中轻松实现图文混排效果的两种技术：Core Text 和 Text Kit。通过这两种技术，不仅可以实现和 UIWebViev 同样的图文混排效果，而且还会消耗更少的内存资源，性能也比 UIWebViev 强很多。

Core Text 是一套完善的文字排版开发组件，它提供了很多的工具来对文本进行操作，例如 CTFont、CTLine、CTFrame 等。利用这些工具可以对每一行、每一段落的文字字体进行操作。

而 Text Kit 是建立在 Core Text 框架基础之上的，并且和 UILabel、UITextView 等常用控件紧密结合，从而能够更加快速地实现图文混排效果。

16.1 Core Text 的使用

在 iOS 应用项目开发中，开发者可以使用 UIKit 中的 UILabel 或 UITextView 控件进行文字内容的展示。使用这种方式可以在屏幕上快速开发和显示文本内容，缺点是无法对指定范围的文字进行样式的自定义。

第二种方式是使用底层的 Quartz 2D 技术，通过 C 语言中的 API 函数来绘制自定义的文本。使用这种方式，完全可以使你实现心目中的文字显示和排版样式。缺点是工作量比较大，需要亲自计算文字中每个字符的位置，并把它们显示在屏幕上。

第三种方式是使用 UIWebView 控件和 HTML 技术相结合，同样可以方便、快速地进行复杂的图文排版工作。缺点是占用内存比较多、性能较 Core Text 也差很多。

自 iOS 3.2 之后，Apple 向开发者推出了 Core Text 框架，以弥补移动平台在排版方面的弱势。使用 Core Text 框架，开发者可以对文字进行样式的自定义和版面上的设计，你可以自由、方便地调整全部或部分文字的颜色、尺寸、位置布局等属性，可以更加便捷地创建杂志、日记类的应用。

16.1.1 文字排版方面的一些基本概念

在使用 Core Text 框架之前，你需要对文字排版方面的一些基本概念有所了解。

字符和字形（Characters and Glyphs）

字符是一种抽象的概念，它是使用语言进行书写时的最小单位，例如英文字母、阿拉伯数字或者单个的中文象形文字，它们都有独自的发音和含义。通过字符的相互结合，可以组成更加复杂的单词或句子。对于一些数字符号来说，它们也是单独的字符，并且承担着数字运算的含义。

文字是用来沟通的，所以字符需要通过字形来展示自己，只不过一个字符可以根据不同的场景，使用不同的字形进行展示。如图 16.1 所示，同一个“果”字，可能拥有不同的尺寸和不同的外观，可以是粗体也可以是斜体。

需要注意的是字符和字形并不是绝对的一一对应的关系，有时一个字符可能通过两个字形来表示。例如法文字符“é”，是通过字形“e”和一个声标字形“´”相结合组成的。

而有些情况一个字形有可能同时展示多个字符，例如在英文书写中经常出现的连字情况，在书写文字时基于美观方面的考虑，有时会使两个字符的距离尽可能地靠近，从而产生字符之间的连字现象，如图 16.2 所示。

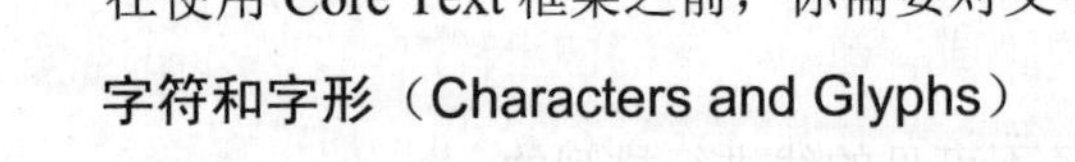

果 果 果 果 果 果

图 16.1　果字的不同字形

图 16.2

在图 16.2 中，是在相同的字体 Candara 下，左侧是三个字符 ffh 在未连字和标准连字下的状态，右侧是两个字符 fi 在未连字和标准连字下的状态，处于连字情况下的若干个字形，被结合为一个字符。

字型与字体（Typefaces and Fonts）

字型是一组在视觉上具有相似性的字体形状。例如由 Stanley Morrison 在 1931 年为伦敦时报设计的 Times 字型，在该字型下的英文字母都具有相似的视觉特性。在书写具有相同字型的文字时，可以增强文字的可读性。对于我们开发者来说，可以简单地将 Typefaces 理解为 Font family 字体组。

字体 Fonts 是一组具有相同风格字型 Typefaces 的字形 Glyphs，是文字的外衣（外在形式特征）。字体均由人工设计，即由字体设计师设计而成。

例如在图 16.3 中，分别是文字“Xcode 8 & Swift3”在 Lucida 字体组（字型）中 4 种字体的不同表示。4 种字体按照从上往下和从左至右的顺序，依次是 Lucida Black letter、Lucida Bright、LucidaHandwriting 和 Lucida Calligraphy。

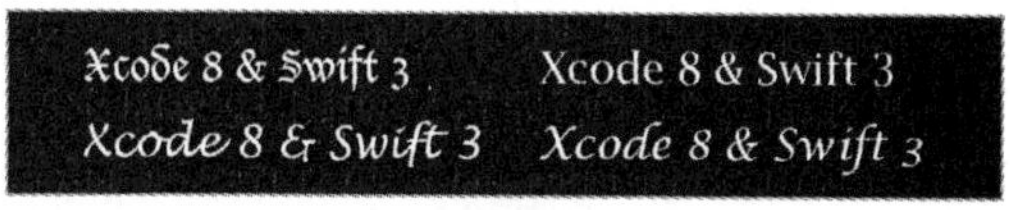

Xcode 8 & Swift 3 Xcode 8 & Swift 3
Xcode 8 & Swift 3 Xcode 8 & Swift 3

图 16.3

文字的布局（Text Layout）

文字的布局就是将众多字形 Glyphs 通过一定的规则排列在显示设备上。文字分布的区域被称为文本区，字形按照固定的方向在文本区中进行排列。例如英文字母的字形，按照顺序从左至右逐个排列成一个单词，再由通过空格隔开的单词排列成一个短语。当单词或短语超过文本区域的右端点时，将跳转到下一行的左端点继续开始排列。

在 Core Text 框架中，字形的排列是基于一条不可见的线进行排列的，这条抽象的线被称为基线 Baseline。基线可以是水平方向上的，也可以是垂直方向上的。大多数的字形的底部都被放置在该基线上，也就是说字形是以底部对齐的方式进行排列的。

但是有些字形会超出基线，如小写字母 j，如图 16.4 所示。

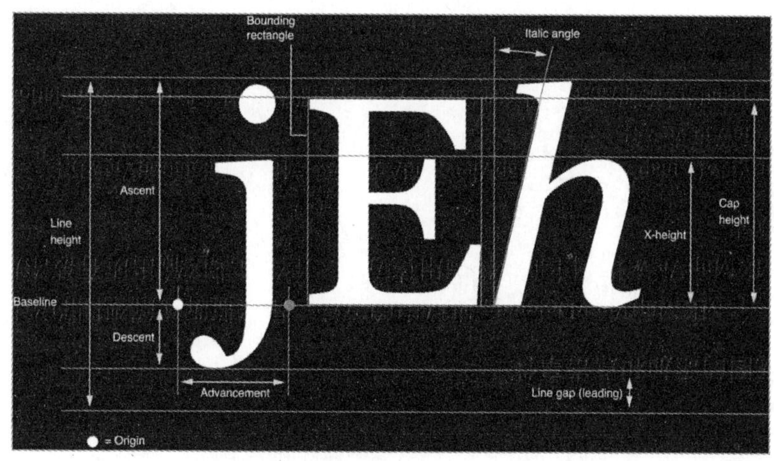

图 16.4 （修改自 developer.apple.com）

在图 16.4 中，存在着多个有关字形排列的名词，它们的含义如表 16-1 所示。

表 16-1　字体布局概念列表

名称	功能说明
Origin	表示位于基线上的、一个字形在排列时基于的原点
Baseline	表示字形在排列时，字形底部紧靠着的一条直线
Line height	表示一行字形的最大高度，等于 Ascent 和 Descent（取其绝对值）及 Line gap（leading）三者之和
Ascent	表示上行高度，是基线与字形最高点之间的距离
Descent	表示下行调试，是基线与字形最低点之间的距离
Line gap(leading)	表示行距，是上方一行的最低点与下方一行的最高点的距离
Advancement	表示前后两个字形的原点之间的距离
Bounding rectangle	能够容纳字形的最小矩形框
Italic angle	斜体字形在垂直方向上沿顺时针的倾斜角度
X-height	基线至非突出的小写字母（如 a、x、e 等）最高点的距离
Cap height	基线至大写字母最高点的距离

如果你对这些名词的理解比较困难的话，可以打开 Xcode 软件，然后编写一小段代码来输出一个字体的字形属性信息：

```
let font = UIFont.systemFont(ofSize: 24)
print("font.ascender: \(font.ascender)")
print("font.descender: \(font.descender)")
print("font.capHeight: \(font.capHeight)")
print("font.xHeight: \(font.xHeight)")
print("font.lineHeight: \(font.lineHeight)")
print("font.leading: \(font.leading)")
```

然后点击 Xcode 界面左上角的【编译并运行】按钮 ▶ ，打开模拟器运行项目，项目运行后，在控制台输出以下内容：

```
font.ascender: 22.8515625
font.descender: -5.7890625
font.capHeight: 17.05078125
font.xHeight: 12.69140625
font.lineHeight: 28.640625
font.leading: 0.0
```

16.1.2　列出设备中的所有字体

当使用 Core Text 框架创建富文本，或者设计杂志页面时，经常需要使用各种各样的字体，那么 iOS 提供了多少字体供开发者使用呢？可以通过 UIFont 类的 familyNames 属性，获得系统中的字体组及组中的所有字体。

```
import UIKit

```

```
3 class ViewController: UIViewController {
4
5     override func viewDidLoad() {
6         super.viewDidLoad()
7         // Do any additional setup after loading the view, typically from a nib.
8
9         for familyName in UIFont.familyNames
10        {
11            print("\n[\(familyName)]")
12            for font in UIFont.fontNames(forFamilyName: familyName)
13            {
14                print("\t\(font)")
15            }
16        }
17    }
18 }
```

在第 9 行代码中，首先通过 UIFont 的 familyNames 属性，获得 iOS 系统中的所有字体组，然后通过一个 for-in 循环，对字体组进行遍历操作。

接着在第 11 行代码中，打印字体组的名称。

然后在第 12 行代码中，通过 UIFont 的 fontNames 方法，通过字体组的名称，获得字体组中的所有字体，并再次使用 for-in 循环对字体组中的字体进行遍历操作。

然后点击 Xcode 界面左上角的【编译并运行】按钮 ，打开模拟器运行项目。项目运行后，在控制台输出了 iOS 系统提供的所有字体组及组中的字体，如图 16.5 所示。

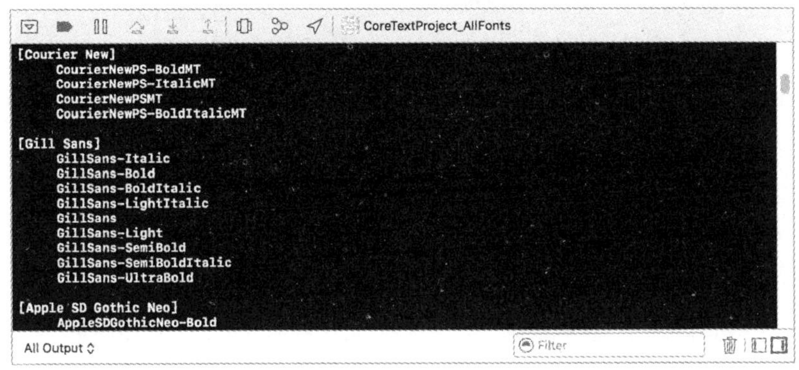

图 16.5

16.1.3 富文本的创建

在 iOS 中通过 NSMutableAttributedString 或 NSAttributedString 类来实现富文本的创建。使用 NSMutableAttributedString 类，可以给一个文本同时添加多种样式，支持的样式包含前景色、背景色、粗体、斜体、下划线、文字大小等，并通过 NSRange 类指定对文本中的哪些部位进行样式的设置，如图 16.6 所示。

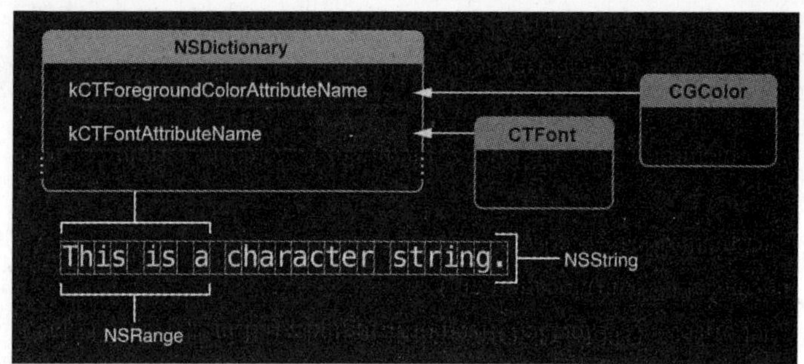

图 16.6

在本示例中你将通过使用 NSMutable- AttributedString 类，创建一个富文本的字符串，并使用 NSRange 类，对字符串的各个部位分别设置不同的字体、字体大小、描边、斜体、下划线等样式，具体的代码如下所示。

```
import UIKit
import CoreText

class ViewController: UIViewController {

    override func viewDidLoad() {
        super.viewDidLoad()
        // Do any additional setup after loading the view, typically from a nib.

        let label = UILabel(frame: CGRect(x: 10, y: 60, width: 300, height: 40))
        let string = NSMutableAttributedString(string: "Interactive tutorials for Xcode")

        let font = CTFontCreateWithName("CourierNewPS-BoldMT" as CFString?, 22, nil)
        string.addAttribute(kCTFontAttributeName as String, value: font, range: NSRange(location: 0, length: 11))

        var number = 3
        let cfNumber = CFNumberCreate(kCFAllocatorDefault, CFNumberType.sInt8Type, &number)
        string.addAttribute(kCTStrokeWidthAttributeName as String, value: cfNumber!, range: NSMakeRange(12, 9))

        let italicFont = UIFont.italicSystemFont(ofSize: 14)
        let fontValue = CTFontCreateWithName(italicFont.fontName as CFString?, 14, nil)
        string.addAttribute(kCTFontAttributeName as String, value: fontValue, range: NSRange(location: 22, length: 3))

        string.addAttribute(kCTUnderlineStyleAttributeName as String, value: NSNumber(value: 1), range: NSRange(location: 26, length: 5))

```

```
26              label.attributedText = string
27              self.view.addSubview(label)
28          }
29  }
```

首先在第 2 行代码中引入需要使用的 CoreText 框架。

然后在 viewDidLoad 方法中的第 10 行的代码中，创建一个 UILabel 标签控件，它将被用来显示富文本。

接着在第 11 行代码中，创建了一个 NSMutableAttributedString 的可变属性字符串对象，它的内容为字符串 Interactive tutorials for Xcode。你可以对该字符串的不同部位，设置不同的自定义样式。

首先给字符串中的 Interactive 单词设置样式。在第 13 行的代码中，创建了一个新的 CTFont 字体对象，字体名称为 CourierNewPS-BoldMT，字体大小为 22，并且设置仿射变换值为 nil。

然后通过 NSMutableAttributedString 对象的 addAttribute 方法，在第 14 行的代码中给该字符串设置自定义的字体，并通过 range 参数指定进行自定义样式的索引范围为 0～10，即将字符串的第一个单词 Interactive 进行样式的设置。

接着在第 16～18 行代码中，对字符串中的 tutorials 单词设置样式。首先在第 17 行的代码中，创建一个 CFNumber 数字，然后在第 18 行的代码中，通过 NSMutableAttributedString 对象的 addAttribute 方法，给字符串中索引位置在 12、长度为 9 的内容设置样式。设置的样式为 kCTStrokeWidthAttributeName，即将文本的描边宽度进行自定义。

继续在第 20～22 行代码中，给字符串中的单词 for 添加斜体的自定义样式。首先在第 20 行的代码中，通过 UIFont 的 italicSystemFont 方法，创建一个斜体字体，并设置字体的大小为 14，接着通过 CTFontCreateWithName 函数，将 UIFont 字体转换为 CTFont 类型的字体对象。然后通过 NSMutableAttributedString 对象的 addAttribute 方法，给字符串中索引位置在 22、长度为 3 的内容设置样式。设置的样式为 kCTFontAttributeName，即对字体属性名称进行自定义。

最后在第 24 行代码中，通过 NSMutableAttributedString 对象的 addAttribute 方法，给字符串中索引位置在 26、长度为 5 的内容设置下划线的样式。

完成字符串的自定义样式设置后，将 NSMutableAttributedString 字符串对象赋予标签对象的 attributedText 属性。UILabel 类自 iOS 6 起增加了 attributedText 属性，通过该属性使 UILabel 对象能够显示丰富多彩的富文本。CoreText 通过该属性在 UILabel 中进行富文本的绘制。

CoreText 在绘制 NSAttributedString 时，首先通过 AttributedString 创建一个 CTFramesetter 对象，然后通过 CGPath 生成对应的 CTFrame，并使用 CTFrameDraw 进行富文本的渲染。一个 CTFrame 由若干行的 CTLine 组成，所以也可以从 CTFrame 中取得子对象 CTLine，进行更细节的调整后，使用 CTLineDraw 进行绘制。CTLine 还可以包含若干个 CTRun 对象，CTRun 是字形绘制的最小单位，如图 16.7 所示。

由于 Core Text 对这些细节进行了封装，所以只需要指定标签对象的 attributedText 属性，即可实现富文本的设置，并在屏幕上渲染输出最后的结果。接着点击 Xcode 界面左上角的【编译并运行】按钮 ▶ ，打开模拟器运行项目。项目运行后的结果如图 16.8 所示。

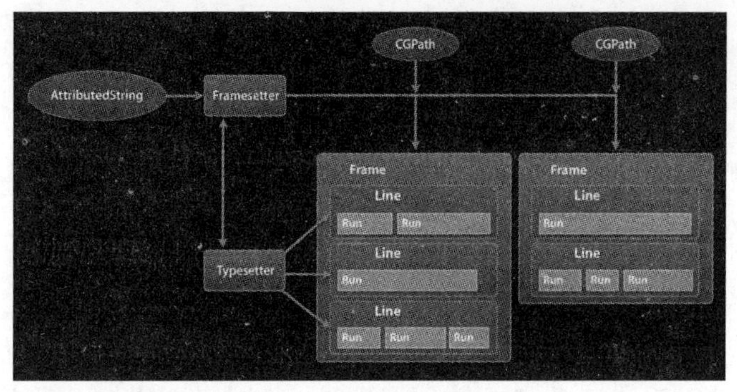

图 16.7

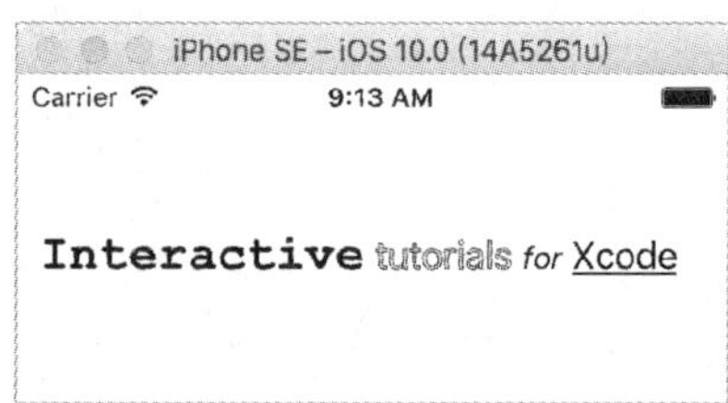

图 16.8

16.1.4 图文混排的实现

如果只是想实现富文本，只需要使用 NSMutableAttributedString 类，即可通过配置完成丰富多彩的富文本。如果需要往文本中插入图片，这就需要通过 Core Text 和 Core Graphics 相结合的方式来完成这项工作。

这是因为 Core Text 框架并不支持图片的绘制，需要借助 Core Graphics 框架来进行图片的绘制。原理非常简单，就是在富文本中插入一个占位符，表示此处需要插入一张图片。然后再由 Core Graphics 框架，在占位符所在位置绘制指定的图片。

在实现图文混排的功能之前，首先往项目中添加一个继承自 UIView 父类的子类 CTImageView.swift。使用该类的 draw 方法，并在该方法中使用 Core Text 框架渲染富文本，同时使用 Core Graphics 框架在富文本中插入图片。

CTImageView.swift 文件创建后的项目框架如图 16.9 所示。

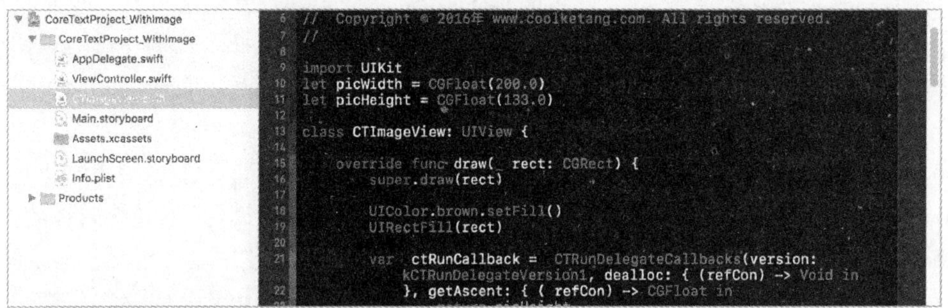

图 16.9

首先在该类类名的上方添加两个 CGFloat 类型的全局变量，表示在富文本中插入的图片的尺寸，在本例中我们将插入一个宽和高分别是 200 和 133 的图片：

```
let picWidth = CGFloat(200.0)
let picHeight = CGFloat(133.0)
```

接着重写该类的 draw 方法，首先在该方法中，设置背景的颜色为褐色：

```
UIColor.brown.setFill()
UIRectFill(rect)
```

接着使用 CTRunDelegateCallbacks 方法，设置占位符的尺寸信息。该方法依次设置了占位符的 ascent、descent 和 width，即基线至占位符顶部、基线至占位符底部和占位符宽度三个尺寸的数据。如果对这三个名词不太了解，可查看图 16.4 和表 16-1 中的名词解释。

```
5  var  ctRunCallback =  CTRunDelegateCallbacks(version: kCTRunDelegateVersion1, dealloc: { (refCon) -> Void in
6        }, getAscent: { ( refCon) -> CGFloat in
7            return picHeight
8        }, getDescent: { (refCon) -> CGFloat in
9            return 0
10       }) { (refCon) -> CGFloat in
11           return picWidth
12 }
```

接着来创建一个占位符，该占位符其实也是一个 NSMutableAttributedString 类型的字符串：

```
13 var picture = "coffee "
14 let ctRunDelegate  = CTRunDelegateCreate(&ctRunCallback, &picture)
15 let placeHolder = NSMutableAttributedString(string: " ")
16 placeHolder.addAttribute(kCTRunDelegateAttributeName as String, value: ctRunDelegate!, range: NSMakeRange(0, 1))
17 placeHolder.addAttribute("pictureName", value: picture, range: NSMakeRange(0, 1))
```

在第 13 行代码中，设置待插入图片在项目文件夹中的名称。然后在第 14 行的代码中，通过 CTRunDelegateCreate 方法，创建一个 CTRunDelegate 对象，作为占位符的代理属性。接着在第 15 行代码中，创建一个 NSMutableAttributedString 类型的字符串，作为待插入图片的占位符，它的内容就是一个简单的空格。然后在第 16 行代码中，设置占位符的 kCTRunDelegate-AttributeName 属性的值为 ctRunDelegate。这样当绘制图片时，可以从此属性中获得待绘制图片的位置和尺寸信息。最后在第 17 行代码中，给占位符添加一个名为 pictureName 的自定义属性，并设置属性的值为图片的名称，这样当绘制图片时，可以从此属性中获得待绘制图片的名称。

接着创建富文本字符串，并将图片占位符插入富文本的指定位置上：

```
18 let article = "咖啡（coffee）是采用经过烘焙的咖啡豆所制作出来\n\n 的饮料，通常为热饮，但也有作为冷饮的冰咖啡。咖啡是人类社会流行范围最为广泛的饮料之一,也是重要经济作物。在繁忙的工作生活之余，我们可以去尝试做自己的咖啡。"
19 let attributedStr = NSMutableAttributedString(string: article)
20 attributedStr.insert(placeHolder, at: 27)
21 attributedStr.addAttribute(kCTUnderlineStyleAttributeName as String, value: NSNumber(value: 1), range: NSRange(location: 0, length: attributedStr.length))
```

首先在第 18 行的代码中，创建一个字符串常量，表示富文本的内容，图片将被插入到字符串的两个\n 标志（表示换行）之间的位置。

在第 19 行的代码中，通过字符串常量创建一个 NSMutableAttributedString 对象。

接着在第 20 行的代码中，将占位符插入到字符串的两个换行符之间的位置。然后在第 21 行的代码中，给富文本添加下划线样式。

现在可以将富文本渲染输出了，这里我们使用 CTFrameDraw 函数将富文本写入到图形上下文中：

```
22 let framesetter = CTFramesetterCreateWithAttributedString(attributedStr)
23 let path = UIBezierPath(rect: rect)
24 let ctFrame = CTFramesetterCreateFrame(framesetter, CFRangeMake(0, attributedStr.length), path.cgPath, nil)
25
26 let crtContext = UIGraphicsGetCurrentContext()
27 crtContext!.textMatrix = CGAffineTransform.identity
28 crtContext? .scaleBy(x: 1.0, y: -1.0)
29 crtContext?.translateBy(x: 0, y: self.bounds.size.height * -1)
30 CTFrameDraw(ctFrame, crtContext!)
```

当你需要使用 CTFrameDraw 函数绘制字形时，首先需要通过富文本对象获得 CTFramesetter，即 CTFrame 的工厂类，然后再通过此类获得 CTFrame 对象，具体的流程可以参考图 16.7。在获得 framesetter 对象后，通过第 23 行的代码，设置以当前视图的显示区域作为绘制的区域。接着通过 CTFramesetterCreateFrame 方法，获得用于绘制的 CTFrame 对象。

在绘制之前需要指定绘制的图形上下文，在第 26 行的代码中，获得当前的图形上下文，然后在第 27～29 行的代码中，对图形上下文进行上下翻转和平移操作，这是因为 Core Graphics 框架的坐标系统的原点位于左下角，而用于在屏幕上显示内容的 UIKit 框架的坐标系统的原点位于左上角。最后在第 30 行代码中，使用 CTFrameDraw 函数将 ctFrame 对象绘制在指定的图形上下文中。

此时虽然我们还没有在富文本中插入图片，但是富文本已经拥有了标志符，所以在渲染时会自动保留指定的区域，等待图片的渲染。

在执行图片的插入操作之前，我们先来预览一下未插入图片时的效果。在 Xcode 界面左侧的项目导航区，打开并编辑【ViewController.swift】文件，在该文件的 viewDidLoad 方法中，添加以下三行代码：

```
1 let imageView = CTImageView()
2 imageView.frame = CGRect(x: 20, y: 80, width: 280, height: 280)
3 self.view.addSubview(imageView)
```

首先在第 1 行代码中，初始化自定义的 CTImageView 视图对象，然后在第 2 行代码中，设置视图对象的显示区域，再将视图对象添加到当前视图控制器的根视图中。

完成【ViewController.swift】文件的代码编辑后，点击 Xcode 界面左上角的【编译并运行】按钮▶，打开模拟器运行项目。模拟器上的预览效果如图 16.10 所示。

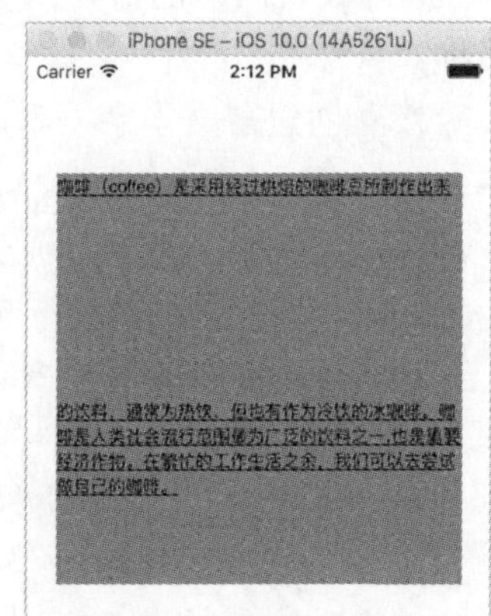

图 16.10

从模拟器中可以得知，Core Text 已经给我们预留了用来显示图片的区域。接着我们就使用 Core Graphics 在指定位置上绘制图片，首先我们需要从 CTFrame 对象中获得 CTLine 序列：

```
31  let ctLines = CTFrameGetLines(ctFrame) as NSArray
32  var originsOfLines = [CGPoint]()
33  for _ in 0..<ctLines.count{
34      originsOfLines.append(CGPoint.zero)
35  }
36  let range: CFRange = CFRangeMake(0, 0)
37  CTFrameGetLineOrigins(ctFrame, range, &originsOfLines)
```

首先在第 31 行的代码中，通过 CTFrameGetLines 函数，从 CRTFrame 对象中获得所有的 CRTLine 对象，并存入一个数组中。

接着在第 32 行的代码中，创建一个 CGPoint 类型的数组，用来存储每一行文字原点的位置。然后通过一个 for-in 循环对数组进行初始化，并通过 CTFrameGetLineOrigins 函数，获得 crtFrame 中每一行的原点，同时将原点坐标存储在 originsOfLines 数组中。从图 16.10 可以看出，crtFrame 共有 6 行文字，所以 originsOfLines 数组将拥有 6 个元素，分别代表 6 行文字各自的原点。

现在可以进行图片的绘制工作了，由于占位符处于 CTRun 对象中，所以我们首先通过一个 for-in 循环对 crtLines 数组即 6 行文字进行遍历。接着再通过第二个 for-in 循环，对 CTLine 对象中的 CTRuns 数组进行遍历（可以理解为对每一行中的每个字符进行遍历），然后找出拥有自定义属性 pictureName 的 CTRun 对象。

```
38  for i in 0..<ctLines.count
39  {
40      let ctLineOrigin = originsOfLines[i]
41      let ctRuns = CTLineGetGlyphRuns(ctLines[i] as! CTLine) as NSArray
42
43      for ctRun in ctRuns
44      {
45          let ctAttributes = CTRunGetAttributes(ctRun as! CTRun) as NSDictionary
46          let pictureName = ctAttributes.object(forKey: "pictureName")
47          if pictureName != nil
48          {
49              let offset = CTLineGetOffsetForStringIndex(ctLines[i] as! CTLine, CTRunGetStringRange(ctRun as! CTRun).location, nil)
50              let picturePosX = ctLineOrigin.x + offset
51
52              let pictureFrame = CGRect(x: picturePosX, y: ctLineOrigin.y, width: picWidth, height: picHeight)
53              let image = UIImage(named: pictureName as! String)
54              crtContext?.draw((image?.cgImage)!, in: pictureFrame)
55          }
56      }
57  }
```

首先在第 38 行的代码中，通过一个 for-in 循环对 crtLines 数组进行遍历，然后在第 40 行的代码中，获得当前行的原点，并在第 41 行的代码中，获得当前行中的所有 CTRun 对象的数组。

接着在第 43 行的代码中，再通过一个 for-in 循环对所有的 CTRun 对象进行遍历操作。首先在第 45 行的代码中，获得遍历到的 CTRun 对象的属性字典。然后在第 46 行的代码中，获得字典中的 pictureName 属性。接着在第 47 行的代码中，通过判断 pictureName 是否为空，来检测当前的 CTRun 对象，是否是我们插入的那个占位符。

当检测到 CTRun 对象是图片占位符时，首先在第 49 行的代码中，通过 CTLineGetOffsetForStringIndex 函数获得遍历到的 CTRun 对象在一行中的水平偏移的距离。然后通过第 50 行代码，获得待绘制的图片在一行中水平方向上的位置。

接着在第 52 行的代码中，通过当前行的原点、CTRun 的水平偏移和图片的尺寸信息，创建一个图片被绘制的目标区域。

在第 53 行代码中，根据从 CTRun 对象中获得的 pictureName 属性，从项目文件夹中读取指定名称的图片。最后在第 54 行的代码中，获得 crtContext 上下文的 draw 方法，将图片绘制在指定的区域。

至此我们就完成了自定义图文混排视图的所有代码操作，接着点击 Xcode 界面左上角的【编译并运行】按钮 ▶ ，再次打开模拟器运行项目，模拟器上的预览效果如图 16.11 所示。

从模拟器中可以看出，图片已经被正确绘制在占位符的位置。

图 16.11

16.2 Text Kit 的使用

尽管开发者可以使用 Core Text 框架进行图文混排的工作，但是由于 Core Text 操作烦琐、开发效率低下，所以并没有深受开发者的喜爱，甚至有不少开发者使用 UIWebView 来完成图文排版的工作。

为了给开发者提供更高效的文字排版工具，在 iOS 7.0 中 Apple 向开发者推出了 Text Kit 类库，该类库是建立在 Core Text 基础之上的，并且和 UILabel、UITextView 等控件紧密结合，在使用这些控件时，可以直接使用 Textkit 相关的功能。

Text Kit 与其他类的关系如图 16.12 所示，从示意图中可以得知 Text Kit 和 Web Kit 一样，都是建立在 Core Graphics 和 Core Text 框架之上。使用 Web Kit 类库的控件是 UIWebView，使用到 Text Kit 类库的控件包括 UILabel、UITextField 和 UITextView。

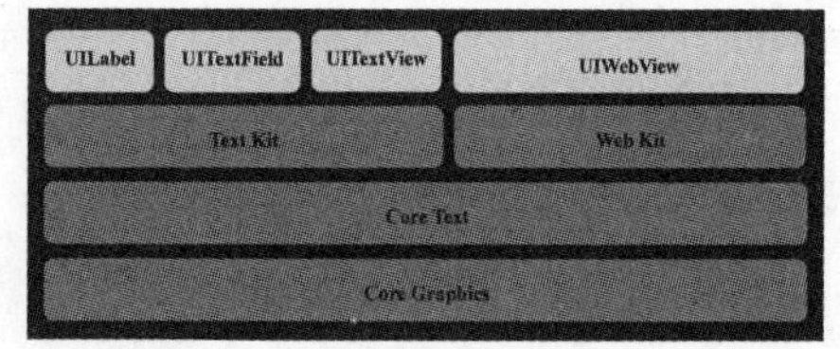

图 16.12

16.2.1 使用 Text Kit 对文字进行分栏

通过基于 Text Kit 构建的 UITextView 控件，给开发者提供了很大的灵活性，来快速进行富文本视图的创建和设计。在本节中我们将通过 Text Kit 类库中的 UITextView 控件，创建类似于杂志中常见的分栏效果。

在实现该功能之前，我们首先要了解一下 Text Kit 中的三个主要类的作用。

NSTextStorage 类

UITextView 拥有一个 NSTextStorage 类型的属性 textStorage。NSTextStorage 类继承自 Core Text 中的 NSAttributedString 类，我们在第 12.1.3 节课中曾经使用 NSAttributedString 类进行富文本的创建，它用来存储 UITextView 控件中的文本信息和属性。

NSTextContainer 类

每一个 UITextView 都拥有一个 NSTextContainer 属性，该属性表示文本视图的显示区域。在默认情况下该区域是一个垂直方向上的、无限大的矩形区域。UITextView 中的所有文字内容都被填充在该区域。NSTextContainer 类有一个重要的属性 exclusionPaths，通过该属性设置文字在排列时需要跳过的区域，从而实现图文紧密排列的效果。

NSLayoutManager 类

NSLayoutManager 类是一个管理类，通过该类可以将多个 NSTextContainer 视图区域进行连接，从而使 NSTextStorage 中的数据能够在多个视图区域中分开显示，以达到对文章进行分栏显示的效果。

在这个示例中我们将创建三个 UITextView 文字视图对象，用来分栏显示一篇较长的文章。其中前两个 UITextView 对象具有相同的背景颜色，并且以左右分栏的方式进行显示，第三个 UITextView 对象，显示在前两个 UITextView 的下方，作为独立的一栏进行显示。

首先创建第一个 UITextView 对象，在以下代码中，设置 UITextView 位于{20,40}，宽度为 135，高度为 200，接着设置视图的背景颜色为褐色。需要注意的是需要将视图对象的 isScrollEnabled 属性的值设置为 false，否则文字不会自动进入第二个 NSTextContainer 区域。

```
let firstTextView = UITextView(frame: CGRect(x: 20, y: 40, width: 135, height: 200))
firstTextView.backgroundColor = UIColor.brown
firstTextView.isScrollEnabled = false;
self.view.addSubview(firstTextView)
```

接着给第一个文本视图设置数据源，这里我们选择从项目中读取一个文本文件中的文字，作为文本视图显示的内容。

```
let textStorage = firstTextView.textStorage
let path = Bundle.main.url(forResource: "word", withExtension: "txt")
do {
    let string = try String(contentsOf: path!)
    textStorage.replaceCharacters(in: NSRange(location: 0,length: 0), with: string)
}
catch{
    print("读取文件错误！")
}
```

首先在第 5 行的代码中，获得第一个文本视图的 textStorage 属性。然后在第 6 行的代码中，读取项目中指定名称和后缀名的文本文件。接着在第 7～13 行的代码中，通过一个 do-catch 语句，读取指定名称的文件，并在第 9 行的代码中，将读取的文字赋予 textStorage 属性。

接着再来创建第二个文本视图。

```
14 let secondRect = CGRect(x: 165, y: 40, width: 135, height: 200)
15 let secondTextContainer = NSTextContainer()
16 let secondTextView = UITextView(frame: secondRect, textContainer: secondTextContainer)
17 secondTextView.backgroundColor = UIColor.brown
18 secondTextView.isScrollEnabled = false;
19 self.view.addSubview(secondTextView)
```

在第 14 行的代码中，创建一个和第一个文本视图尺寸相同但是位于第一个文本视图右侧的显示区域。接着在第 15 行的代码中，创建一个 NSTextContainer 文字容器，并使用该容器在第 16 行的代码中，初始化第二个文本视图，然后使用相同的方式，设置第二个文本视图的背景颜色，并使文本视图不可被滑动。

接着使用相同的方式，创建最后一个文本视图。

```
20 let thirdRect = CGRect(x: 20, y: 250, width: 280, height: 300)
21 let thirdTextContainer = NSTextContainer()
22 let thirdTextView = UITextView(frame: thirdRect, textContainer: thirdTextContainer)
23 thirdTextView.backgroundColor = UIColor.purple
24 thirdTextView.isScrollEnabled = false;
25 self.view.addSubview(thirdTextView)
```

在第 20 行的代码中，创建一个位于前两个文本视图下方的显示区域。然后在第 21 行代码中，创建一个 NSTextContainer 文字容器，并在第 22 行的代码中，使用该容器初始化第三个文本视图。接着使用相同的方式，设置第三个文本视图的背景颜色，并使文本视图不可被滑动。

然后创建一个 NSLayoutManager 对象，将这三个文本视图的 NSTextContainer 文字容器都添加到 NSLayoutManager 对象中，最后在第 30 行的代码中，将 NSLayoutManager 对象添加到第一个文本视图的 textStorage 属性中，使三个文本视图的文字容器都可以显示第一个文本视图 textStorage 属性中的文字内容。

```
26 let layoutManager = NSLayoutManager()
27 layoutManager.addTextContainer(firstTextView.textContainer)
28 layoutManager.addTextContainer(secondTextContainer)
29 layoutManager.addTextContainer(thirdTextContainer)
30 textStorage.addLayoutManager(layoutManager)
```

至此就完成了所有的代码，现在点击 Xcode 界面左上角的【编译并运行】按钮 ▶ ，打开模拟器运行项目，模拟器上的预览效果如图 16.13 所示。

文字内容首先显示在左上角的文本视图中，当文字填满整个文本视图的 NSTextContainer 容器后，自动进入右上角的文本视图，将第二个文本视图区域填满之后，文字再次进入并填充第三个位于底部的文本视图。

图 16.13

16.2.2 使用 Text Kit 制作图文混排效果

Text Kit 类库对 Core Text 框架进行了封装，所以当你使用 Text Kit 进行图文混排时，你会发现工作变得更加方便和高效了。在本节中我们将使用 Text Kit 进行图文混排，并且使文字能够紧贴图片的边缘进行排列。

首先创建一个 UITextView 文本视图对象，并且给文本视图设置合适的背景颜色，同时从项目中的文本文件中读取文字，作为文本视图显示的内容。这些操作步骤和上一节中的内容完全相同，因此不再讲解。

```
let textView = UITextView(frame: CGRect(x: 20, y: 40, width: 280, height: 500))
textView.backgroundColor = UIColor.brown
self.view.addSubview(textView)

let textStorage = textView.textStorage
let path = Bundle.main.url(forResource: "word", withExtension: "txt")
do {
    let string = try String(contentsOf: path!)
    textStorage.replaceCharacters(in: NSRange(location: 0,length: 0), with: string)
}
catch{
    print("读取文件错误！")
}
```

接着创建一个 UIImageView 图像视图，并将图像视图放置在文本视图之上。

```
let image = UIImage(named: "Tea")
let imageView = UIImageView(image: image)
let rect = CGRect(x: 80, y: 80, width: 150, height: 150)
```

```
17 imageView.frame = rect
18
19 imageView.layer.cornerRadius = 75
20 imageView.layer.masksToBounds = true
21 imageView.layer.borderWidth = 10
22 self.view.addSubview(imageView)
```

在第 14～17 行的代码中，首先从项目中加载一张名为 Tea.png 的图片，并创建一个 UIImageView 视图对象来展示该图片。然后设置图像视图的坐标为{80,80}，使图像视图位于文本视图的显示区域，从而达到图文混排的效果。

接着为了演示文字沿图像边缘进行紧密排列的效果，我们将图像视图修改为圆角效果。在第 19 行的代码中，设置图像视图层的圆角半径为 75，即图像视图尺寸的一半大小。然后将图像视图层的 masksToBounds 属性设置为 true，从而实现对图像视图层中的内容进行裁切的效果。接着设置图像视图层的边缘宽度为 10，由于层的边缘颜色默认为黑色，所以这里给图像视图添加一个宽度为 10 的描边效果。最后在第 22 行的代码中，将图像视图添加到根视图中。

接下来实现文字沿图像边缘排列的效果。

```
23 var frame = textView.convert(imageView.bounds, from: imageView)
24 frame.origin.x -= textView.textContainerInset.left;
25 frame.origin.y -= textView.textContainerInset.top;
26
27 let path2 = UIBezierPath(ovalIn: frame)
28 textView.textContainer.exclusionPaths = [path2]
```

由于我们需要按照图像的边缘对文本视图中的文字进行排列，所以需要知道图像视图在文本视图中的位置和显示区域，因此在第 23 行的代码中，通过 textView 对象的 convert 方法，将图像视图的 bounds 属性转换为使用文本视图中的坐标系统。

由于文本视图中的 NSTextContainer 文本容器在默认情况下，并不是位于文本视图的原点位置，所以需要在第 24～25 行的代码中，减去这个偏移的距离。

在第 27 行的代码中，使用 UIBezierPath 类将 frame 对象转换为一个基于矢量的路径。UIBezierPath 类是 Core Graphics 框架对 CGPathRef 路径的一个封装。UIBezierPath 类包括 init(rect: CGRect)和 init(ovalIn rect: CGRect)方法，用来创建矩形或椭圆的路径。我们在此使用 init(ovalIn rect: CGRect)方法，获得一个椭圆的路径。最后在第 28 行的代码中，将椭圆路径赋予 exclusionPaths 属性，完成对文本视图的文本容器的排除操作，即在文本容器中排除椭圆路径所形成的区域，使文本容器中的文字仅在被排除的路径区域之处进行排列，从而实现文字沿图像边缘排列的效果。

至此就完成了所有的代码，现在点击 Xcode 界面左上角的【编译并运行】按钮 ▶ ，打开模拟器运行项目，模拟器上的预览效果如图 16.14 所示。

模拟器打开后，我们可以看到，由于给图像视图设置了圆角半径，并且半径的大小为宽度的一半，所以这里创建了一个正圆形的图像视图，并且图像视图拥有一个宽度为 10 的黑色边框，而图像视图周围的文字沿着图像的边缘进行紧密、完美地排列。

图 16.14

16.3　小　结

本章讲解了在开发 iOS 应用程序时，如何实现图文混排效果。首先使用底层的 Core Text 框架，创建了一个图文并排的效果。在制作图文并排效果的工作中，我们发现使用 Core Text 框架实现图文混排是非常细腻和灵活的，但是缺点也很明显，代码量比较多，而且需要熟悉很多的文字排版的概念和专业术语。

接着讲解了更便捷的 Text Kit 框架，并使用该框架快速实现了分栏和圆角图片的图文混排效果。从这两个示例可以看出，Text Kit 框架不愧是一款快速而又现代化的文字排版和渲染引擎。

Apple 引入 Text Kit 的目的并非要取代已有的 Core Text，Core Text 的主要作用也是用于文字的排版和渲染，它是一种先进而又处于底层的技术，如果需要将文本内容直接渲染到图形上下文（Graphics context），从性能方面考虑的话，最佳方案就是使用 Core Text。

如果直接利用 Apple 提供的一些控件，例如 UITextView、UILabel 和 UITextField 等对文字进行图文混排，无疑就要借助于 Text Kit 提供的 API 了。

第17章 iOS的图像和视频处理技术

iOS 提供了强大的图像和视频处理技术，使得在 iOS 中可以很容易地开发出绚丽的界面效果，一方面得益于成功的系统设计，另一方面得益于它强大的开发框架。

本章我们将围绕 iOS 中的图像处理框架 Core Image 进行讲解，学习如何使用该框架修改图像的色彩、给图像添加神奇的滤镜、进行人脸检测，以及如何给视频添加实时滤镜。

最后使用 UIBlurEffect 技术实现毛玻璃效果，并使用 CGBlendMode 技术进行图像颜色的混合。

17.1 Core Image 概述

Core Image 是自 iOS 5 起加入的一个图像处理框架，其提供了强大高效的图像处理功能，用来对基于像素的图像进行操作与分析。Core Image 拥有很多强大的内置滤镜 CIFilter，其中在 iOS 5 中提供了 48 种滤镜，而在 iOS 6 之后滤镜的数量增加至 93 种。这些 Filter 提供了各种各样的效果，并且还可以通过滤镜链，将各种效果的滤镜叠加起来，形成强大的自定义滤镜效果。

Core Image 是如此的强大，使用 Core Image 可以轻松地完成下面的工作：

- 使用内置的滤镜对图片进行快速的艺术处理和加工。
- 对人脸等特征进行检测。
- 通过图像的直方图等信息进行画像色彩的自动增强。
- 同时使用多个滤镜以产生更加复杂多变的自定义效果。
- 创建运行在 GPU 上的自定义滤镜提高图像处理的速度。

在 iOS 系统中，使用 Core Image 框架对图片进行处理的流程如图 17.1 所示。

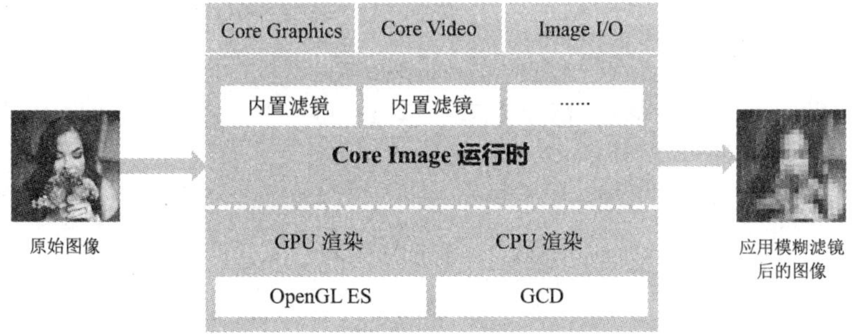

图 17.1 iOS 系统中的 Core Image 框架工作图

从图 17.1 中的 Core Image 工作图中我们可以看出，Core Image 可以操作来自 Core Graphics、Core Video 和 Image I/O 框架的 Image Data 图片数据，使用 Core Image 中的众多内置滤镜对图片进行处理，然后在 GPU 或 CPU 中进行处理结果的渲染。

使用 Core Image 框架对图片进行处理，无须掌握处于底层的 OpenGL ES 图形 API，也不需要操作 GCD 多线程。使用这些技术的具体细节，已经被 Core Image 封装为简单的 API。只需要通过使用 Core Image 框架的三个类，就可以完成所有的图像处理工作。

- CIFilter 进行图像处理的滤镜，每种滤镜都有不同的设置参数。每个滤镜对象至少拥有一个输入参数，并且产生一个输出图像。
- CIImage Core Image 框架中的图像类型，可以使用 CIImage 从项目中读取一张图片作为输入图片，或者作为 CIFilter 对象的输入图片。
- CIContext Core Image 通过 CIContext 绘制由 CIFilter 处理后的结果，CIContext 对象可能基于 GPU，也可能基于 CPU。

17.1.1 使用 Core Image 的三个类制作单色调效果

本节将使用 Core Image 框架实现图片的单色效果，并更改单色图片的色调。通过该实例，你可以很清楚地了解 Core Image 的 CIContext、CIImage 和 CIFilter 三个类，在 Core Image 中的作用和具体的使用方法。

```
1  import UIKit
2  import CoreImage
3
4  class ViewController: UIViewController {
5
6      override func viewDidLoad() {
7          super.viewDidLoad()
8
9          let option = Dictionary(dictionaryLiteral: (kCIContextUseSoftwareRenderer, true))
10         let context = CIContext(options: option)
11         let image = UIImage(named: "Pic1")
12         let imageView = UIImageView(image: image)
13
14         let filter = CIFilter(name: "CIColorMonochrome")
15         let ciImage = CIImage(image: image!)
16         let color = CIColor(red: 0.8, green: 0.6, blue: 0.4)
17         filter?.setValue(color, forKey: kCIInputColorKey)
18         filter?.setValue(1.0, forKey: kCIInputIntensityKey)
19         filter?.setValue(ciImage, forKey: kCIInputImageKey)
20
21         let resltImage = filter?.outputImage
22         let outImage = context.createCGImage((filter?.outputImage)!, from: (resltImage?.extent)!)
23         imageView.image = UIImage(cgImage: outImage!)
24         self.view.addSubview(imageView)
25     }
26 }
```

当你在项目中使用 Core Image 技术时，首先需要引入该框架。我们在第 2 行的代码中，往类文件中引用 Core Image 框架。

接着在第 9 行代码中，创建了一个 Dictionary 字典对象，作为 UIContext 对象创建的参数。

然后在第 10 行代码中，创建了一个 CIContext 的实例，CIContext 在示例中将被用来渲染 CIImage，并将 CIImage 结果转换为 CGImageRef 类型。在创建 CIContext 的实例时，使用字典对象作为其创建 Core Image 上下文的参数。由于 kCIContextUseSoftwareRenderer 的值为 true，所以 Core Image 将使用 CPU 进行结果的渲染。CIContext 可以在 CPU 或 GPU 两种设备上进行结果的渲染。这两种渲染方式各有特点：

- 使用 CPU 渲染时，速度比 GPU 较慢，但是可以通过 iOS 的 GCD 技术在后台进行渲染，从而提升用户的体验。

- 当使用 GPU 进行渲染时，由于是使用 Openg GL ES 技术，所以可以获得比 CPU 更快的渲染速度，但是无法在后台进行操作。默认情况下是使用 CPU 进行渲染的，可以通过 kCIContextUseSoftwareRenderer 参数修改渲染方式。

接着在第 11～12 行的代码中，创建了一个 UIImage 图像对象，并通过 UIImage 对象创建了一个 UIImageView 图像视图对象。UIImageView 对象将用来显示添加 CIFilter 滤镜之后的图像，而 UIImage 对象在后面的代码中，也将被用来创建 CIImage 对象。

在第 14 行的代码中，创建了一个 CIFilter 对象，提供了各种各样的滤镜供开发者使用。通过 name 参数指定 CIFilter 的类型，这里创建了一个名为单色调的滤镜。CIFilter 的参数则是通过键-值对实现的，通过 CIFilter 生成新的包含滤镜的 CIImage 图像，此时生成的 CIImage 图像还没有进行最终的渲染，而只是包含图像的原始数据和添加在图像上的滤镜链。

在第 15 行的代码中，通过 UIImage 对象生成一个 CIImage 对象。CIImage 在 Core Image 框架中是作为输入图片或输出图片的角色存在的，它不仅包含了图像的原始数据，还包含作用在其上的滤镜链，直到被上下文渲染。

在使用 Core Image 框架时，需要使用 CIColor 类创建一个颜色对象，而不能使用 UIKit 中的 UIColor 类。所以在第 16 行的代码中，创建了一个基于 Quartz 2D 的 kCGColorSpaceGenericRGB 颜色空间的 RGB 颜色，参数的取值范围在 0～1 之间。

接着在第 17～19 行的代码中，通过键值对设置了滤镜的各个参数。首先设置了滤镜的 kCIInputColorKey 参数，将单色调滤镜的输入颜色值设置为 CIColor 对象。接着通过 kCIInputIntensityKey 参数设置单色调滤镜的作用强度。最后通过 kCIInputImageKey 参数设置需要添加单色调滤镜的图像。

在第 21 行代码中，获得 CIFilter 滤镜的输出结果，结果为 CIImage 类型。然后在第 22 行的代码中，通过 context 对象将 CIImage 类型的图像转换为 CGImage 类型。其中 UIImage 对象的 extend 属性表示该对象在上下文中的区域。

最后将 CGImage 对象转换为 UIImage 对象，并更新 UIImageView 图像视图的显示内容，同时将图像视图添加到当前视图控制器的根视图中。

这样就完成了本示例的所有代码，接着点击 Xcode 界面左上角的【编译并运行】按钮 ▶ ，打开模拟器预览项目。模拟器打开后，应用单色调滤镜后的图像效果如图 17.2 所示。

图 17.2

17.1.2　使用 Core Image 给图片添加马赛克

由于 CIImage 对象可以直接转换为 UIImage 类型的对象，所以我们在使用 Core Image 框架时，可以不使用 CIContext 将 CIImage 转换为 CGImage 类型的对象，再将 CGImage 转换为 UIImage 类型。在下面的示例中，我们将使用 Core Image 给图片添加像素化滤镜，以实现马赛克的效果，并将输出的结果直接转换为 UIImage 对象供 UIImageView 使用。

```
import UIKit
import CoreImage
```

```
3
4 class ViewController: UIViewController {
5
6     override func viewDidLoad() {
7         super.viewDidLoad()
8         // Do any additional setup after loading the view, typically from a nib.
9         let image = UIImage(named: "Pic1")
10        let imageView = UIImageView(image: image)
11        self.view.addSubview(imageView)
12
13        let ciImage = CIImage(image: image!)
14        let filter = CIFilter(name: "CIPixellate")
15        filter?.setDefaults()
16        filter?.setValue(ciImage, forKey: kCIInputImageKey)
17        let outImage = filter?.outputImage
18        imageView.image = UIImage(ciImage:outImage!)
19    }
20 }
```

首先在第 2 行代码中，往项目中引入需要用到的 CoreImage 图像处理框架。

然后在第 9～11 行的代码中，从项目文件夹中读取一张图片，并创建一个 UIImageView 图像视图对象，同时将图像视图对象添加到当前视图控制器的根视图中。

接着在第 13 行代码中，通过 UIImage 对象创建一个 CIImage 对象作为需要应用滤镜的源图像。在第 14 行代码中，通过 name 参数创建一个像素化滤镜。在第 15 行的代码中，通过 setDefaults 方法，使用像素化滤镜默认的设置参数。在第 16 行代码中，通过键值对设置滤镜的 kCIInputImageKey 参数，将名为 ciimage 的 CIImage 对象作为滤镜的输入图像。

最后在第 17 行代码中，获得滤镜的 CIImage 类型的输出图像。在第 18 行的代码中，通过 UIImage 的初始化方法将 CIIMage 图像转换为 UIImage 对象，并赋予 UIImageView 图像视图的 image 属性，从而使用 UIImageView 图像视图显示添加滤镜后的图像效果。

这样就完成了本示例的所有代码，接着点击 Xcode 界面左上角的【编译并运行】按钮 ▶ ，打开模拟器预览项目。模拟器打开后，应用像素化滤镜后的图像效果如图 17.3 所示。

图 17.3

17.1.3 使用 Core Image 处理视频画面

在前面两小节中，我们使用 Core Image 框架对静态的图片进行了艺术化处理，在这一节中我们将使用 Core Image 框架，给相机设备添加一款复古风格的滤镜，使通过相机镜头能够看到具有复古风格的画面。

同时添加一个 UIImageView 视图和一个 UIButton 按钮控件，当用户点击该按钮时，可以获取当前相机的截图，并通过图像视图显示截图的最终效果。

现在开始编写代码实现这些功能，首先引入需要使用到的两个框架 Core Image 框架和 AVFoundation 框架。使用 AVFoundation 框架中的协议对视频的采样进行处理，在将采样缓存的数据转换为 CIImage 对象之后，使用 Core Image 框架添加滤镜效果。

```
import CoreImage
import AVFoundation
```

接着给当前的视图控制器类添加协议 AVCaptureVideoDataOutputSampleBufferDelegate，使用该协议获得相机设备中实时输出的数据流。

```
class ViewController: UIViewController, AVCaptureVideoDataOutputSampleBufferDelegate
```

接着给当前的视图控制器类添加 6 个属性。

```
var filter: CIFilter!
var ciImage: CIImage!
var videoLayer: CALayer!
var imageView : UIImageView!
var avCaptureSession: AVCaptureSession!
var context: CIContext = {
    return CIContext(eaglContext: EAGLContext(api: EAGLRenderingAPI.openGLES2)!, options: nil)
}()
```

这 6 个属性的用途是：

- filter 属性　作为 Core Image 中的滤镜，它将在 viewDidLoad 方法中进行初始化，并被用于 AVCaptureVideoDataOutputSampleBufferDelegate 协议中的方法，从而对视频流实时添加滤镜效果。
- ciImage 属性　用来存储在 AVCaptureVideoDataOutputSampleBufferDelegate 协议方法中获得的图像，当用户点击截图按钮时，获得当前视频流的截图。
- videoLayer 属性　用来展示应用滤镜后的视频流截图。
- imageView 属性　当用户点击截图按钮时，展示视频流的截图。
- avCaptureSession 属性　使用该属性获得相机设备的数据流。
- context 属性　将应用滤镜后的 CIImage 图像转换为 CGImage 格式的图像，并提交给 videoLayer 展示使用。

接着在当前视图控制器类的 viewDidLoad 方法中，首先进行 filter 属性的初始化，这里使用名为 CIPhotoEffectTransfer 的滤镜，该滤镜可以使用图像产生复古的、暖色调的艺术风格。接着调用 buildUI 方法，对程序的界面进行初始化操作。然后调用 buildSession 方法，对 avCaptureSession 属性进行初始化操作。

```
override func viewDidLoad() {
    super.viewDidLoad()
    filter = CIFilter(name: "CIPhotoEffectTransfer")
    buildUI()
```

```
16        buildSession()
17    }
```

接着来实现在 viewDidLoad 中调用的两个方法，首先来实现 buildUI 方法：

```
18    func buildUI()
19    {
20        videoLayer = CALayer()
21        videoLayer.anchorPoint = CGPoint.zero
22        videoLayer.bounds = view.bounds
23        self.view.layer.insertSublayer(videoLayer, at: 0)
24
25        imageView = UIImageView(frame: view.bounds)
26        self.view.addSubview(imageView)
27
28        let button = UIButton(frame: CGRect(x: 0, y: 420, width: 320, height: 60))
29        button.setTitle("截取图片", for: UIControlState.init(rawValue: 0))
30        button.backgroundColor = UIColor.black
31        button.addTarget(self, action: #selector(ViewController.captureScreen), for: .touchUpInside)
32        self.view.addSubview(button)
33    }
```

在第 20～23 行的代码中，对 videoLayer 属性进行了初始化操作，设置层的锚点位于原点，层的尺寸与屏幕尺寸相同。然后将层添加到当前视图控制器根视图的层中。

接着在第 25～26 行的代码中，创建了一个 UIImageView 图像视图对象，该图像视图将用来展示从视频流中获得的应用滤镜后的截图，它的尺寸也与屏幕尺寸相同。

在第 28～32 行的代码中，创建了一个 UIButton 按钮对象，并设置了该按钮的外观样式。当点击该按钮时，将执行 captureScreen 方法，获得视频流中应用滤镜后的截图，并将截图赋予刚刚创建的 UIImageView 图像视图对象。

然后再来实现在 viewDidLoad 中调用的第二个方法：

```
34    func buildSession() {
35        avCaptureSession = AVCaptureSession()
36        avCaptureSession.beginConfiguration()
37        avCaptureSession.sessionPreset = AVCaptureSessionPresetHigh
38
39        let captureDevice = AVCaptureDevice.defaultDevice(withMediaType: AVMediaTypeVideo)
40        let deviceInput = try! AVCaptureDeviceInput(device: captureDevice)
41        if avCaptureSession.canAddInput(deviceInput)
42        {
43            avCaptureSession.addInput(deviceInput)
44        }
45
46        let dataOutput = AVCaptureVideoDataOutput()
```

```
47          dataOutput.videoSettings = [kCVPixelBufferPixelFormatTypeKey as AnyHashable : Int(kCVPixelFormatType_32BGRA)]
48          dataOutput.alwaysDiscardsLateVideoFrames = true
49          if avCaptureSession.canAddOutput(dataOutput)
50          {
51              avCaptureSession.addOutput(dataOutput)
52          }
53
54          let queue = DispatchQueue(label: "VideoQueue", attributes: . concurrent)
55          dataOutput.setSampleBufferDelegate(self, queue: queue)
56
57          avCaptureSession.commitConfiguration()
58          avCaptureSession.startRunning()
59      }
```

首先在第 35 行的代码中，对 avCaptureSession 属性进行初始化操作，然后在第 36 行的代码中，通过调用 avCaptureSession 的 beginConfiguration 方法，表示开始对 avCaptureSession 属性进行各种参数的配置操作，当完成配置的工作后，通过调用 commitConfiguration 方法，来结束对 avCaptureSession 属性的配置。

在第 37 行代码中，通过设置 sessionPreset 属性的值为 AVCaptureSessionPresetHigh，从而获得质量较高的视频流和音频流。

在第 39～44 行的代码中，获得当前的相机设备，当相机设备处于可用状态时，设置 avCaptureSession 的输入设备为相机设备。

在第 46～52 行的代码中，首先获得基于 AVCaptureOutput 的名为 dataOutput 的子类 AVCaptureVideoDataOutput 对象，该对象用于从视频流中获取未经压缩的帧。视频帧的格式为 32 位的 RGBA 格式。通过设置 alwaysDiscardsLateVideoFrames 属性的值为 true，将自动丢弃由于延迟等因素而造成迟到的视频帧。

在第 54 行代码中，创建一个串行的任务队列，并在第 55 行的代码中，设置 dataOutput 对象的采样缓存代理为当前的视图控制器对象，并使用串行的任务队列。

接着来实现 AVCaptureVideoDataOutputSampleBufferDelegate 协议中的代理方法，以实时检测视频流，并对视频流实时添加滤镜。

```
60  func captureOutput(_ captureOutput: AVCaptureOutput!,didOutputSampleBuffer sampleBuffer: CMSampleBuffer!,from connection: AVCaptureConnection!) {
61          autoreleasepool {
62              let imgBuffer = CMSampleBufferGetImageBuffer(sampleBuffer)!
63              var ciImage = CIImage(cvPixelBuffer: imgBuffer)
64
65              self.filter.setValue(ciImage, forKey: kCIInputImageKey)
66              ciImage = self.filter.outputImage!
67
68              let orientation = UIDevice.current().orientation
69              if orientation == UIDeviceOrientation.portraitUpsideDown {
```

```
70                ciImage = ciImage.applying(CGAffineTransform(rotationAngle: CGFloat(M_PI / 2.0)))
71            }
72            else if orientation == UIDeviceOrientation.portrait {
73                ciImage = ciImage.applying(CGAffineTransform(rotationAngle: CGFloat(M_PI / -2.0)))
74            }
75            else if (orientation == UIDeviceOrientation.landscapeRight) {
76                ciImage = ciImage.applying(CGAffineTransform(rotationAngle: CGFloat(M_PI)))
77            }
78
79            self.ciImage = ciImage
80            let cgImage = self.context.createCGImage(ciImage, from: ciImage.extent)
81
82            DispatchQueue.main.sync(execute: {
83                self.videoLayer.contents = cgImage
84            })
85        }
86    }
```

首先在第62行代码中，将格式为CMSampleBuffer 的流数据sampleBuffer通过CMSampleBufferGetImageBuffer 方法转换为 CVImageBuffer 对象。然后在第 63 行的代码中，将CVImageBuffer对象转换为CIImage对象。

将数据流转换为CIImage对象后，就可以应用Core Image框架中的众多滤镜了。首先在第65行的代码中，设置滤镜的输入图像为流数据转换后的CIImage对象，然后在第66行的代码中，获得应用滤镜后的CIImage对象。

接着在第68～77行的代码中，对视频流中应用滤镜后的截图进行旋转操作，这里只需对portrait、portraitUpsideDown和landscapeRight三个方向进行调整即可。

然后在第79行的代码中，将调整方向后的CIImage图像赋予ciImage属性，供按钮对象的点击事件使用。在第80行的代码中，将调整方向后的CIImage图像转换为CGImage图像，供videoLayer层展示使用。在第82～84行的代码中，返回主线程，在主线程中更新界面上的内容，将videoLayer的contents属性设置为cgImage对象。

最后实现用来响应按钮点击事件的方法：

```
87  func captureScreen(_ sender: UIButton)
88  {
89      avCaptureSession.stopRunning()
90      videoLayer.removeFromSuperlayer()
91      sender.isHidden = true
92
93      imageView.image = UIImage(ciImage: self.ciImage)
94  }
```

当用户点击截图按钮时，首先在第 89 行代码中，中止视频流的传递。然后在第 90 行的代码中，将用来显示视频流的videoLayer层从父层中移除，同时隐藏截图按钮。接着在第93行的代码中，将应用滤镜后的截图赋予当前视图控制器根视图中的图像视图。

至此，我们已经完成了所有的编码工作。由于在示例中使用到了相机设备，所以需要将设备连接至 Mac 电脑，然后点击 Xcode 界面左上角的 Set the active scheme 选项 DemoProject 〉 iPhone SE，接着在弹出的设备列表中，选择真实的测试设备。接着点击左上角的【编译并运行】按钮 ▶ ，在真实设备中运行该项目。

项目编译并运行后的效果如图 17.4 所示，将相机镜头对准需要拍摄的对象，在移动的过程中，所有画面都是经过滤镜渲染的。然后点击下方的黑底白字的【截取图片】按钮，获得当前的视频流中的应用滤镜后的截图，如图 17.5 所示。

图 17.4

图 17.5

17.1.4 输出 Core Image 的所有滤镜

在前面三个示例中，我们使用到了 Core Image 提供的三种不同的滤镜，那么你一定想知道 Core Image 到底提供了多少滤镜，并且每种滤镜都有哪些参数需要配置。本节将在日志区打印输出 Core Image 框架中的所有内置滤镜，及每个滤镜的所有参数。

```
class ViewController: UIViewController {

    override func viewDidLoad() {
        super.viewDidLoad()
        // Do any additional setup after loading the view, typically from a nib.

        let buildInFilters = CIFilter.filterNames(inCategory: kCICategoryBuiltIn)
        for filter in buildInFilters
        {
            let filter = CIFilter(name: filter as String)
            let attributes = filter?.attributes
            print("[\(filter)]\n")
            print(attributes)
            print("\n ------------------------- \n")
        }
```

```
16        }
17    }
```

在第 7 行代码中，通过 CIFilter 类的 filterNames 方法，获得滤镜的名称列表，并通过 inCategory 参数，指定滤镜查找的类别。其中 kCICategoryBuiltIn 表示内置滤镜，除此之外，还有锐化、模糊、视频、渐变、色彩效果等众多滤镜类别。当你需要使用模糊滤镜时，可以在此参数中传入 kCICategoryBlur 以查找所有的模糊滤镜。

接着在第 8～15 行的代码中，通过一个 for-in 循环，对滤镜数组进行遍历。首先在第 10 行的代码中，通过滤镜的名称获得遍历到的滤镜，并在第 11 行的代码中，获得该滤镜的所有属性。接着在第 12～14 行的代码中，在日志区依次打印输出滤镜的名称、滤镜的属性信息等内容。

这样就完成了对所有滤镜的查询操作，接着点击 Xcode 界面左上角的【编译并运行】按钮▶，打开模拟器预览项目。项目编译并运行后，在日志区输出相关的内容，如图 17.6 所示。

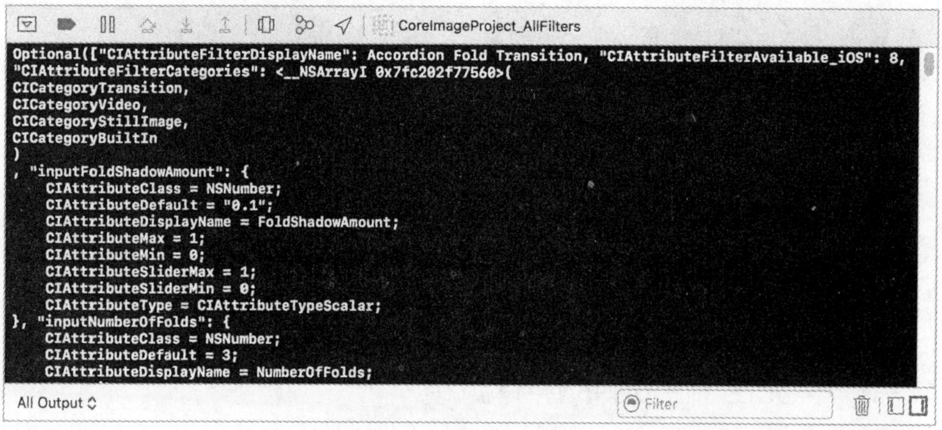

```
CoreImageProject_AllFilters
Optional(["CIAttributeFilterDisplayName": Accordion Fold Transition, "CIAttributeFilterAvailable_iOS": 8,
"CIAttributeFilterCategories": <__NSArrayI 0x7fc202f77560>(
CICategoryTransition,
CICategoryVideo,
CICategoryStillImage,
CICategoryBuiltIn
)
, "inputFoldShadowAmount": {
    CIAttributeClass = NSNumber;
    CIAttributeDefault = "0.1";
    CIAttributeDisplayName = FoldShadowAmount;
    CIAttributeMax = 1;
    CIAttributeMin = 0;
    CIAttributeSliderMax = 1;
    CIAttributeSliderMin = 0;
    CIAttributeType = CIAttributeTypeScalar;
}, "inputNumberOfFolds": {
    CIAttributeClass = NSNumber;
    CIAttributeDefault = 3;
    CIAttributeDisplayName = NumberOfFolds;
All Output
Filter
```

图 17.6

17.1.5 使用 CIDetector 和 CIFeature 进行人脸检测

Core Image 框架除了提供众多的 CIFilter 进行图像处理外，还提供了 CIDetector 工具对图像中的人物进行面部检测。

CIDetector 对象使用图像处理技术在视频或静止图像中进行特征的搜索和检测，比如面部、矩形区域或条形码等。CIFeature 对象表示检测到的特征，通过对 CIFeature 对象进行分析，从而对检测到的特征进行特殊的处理。

在本节中我们将使用 CIDetector 和 CIFeature 两个类，检测图像中人的面部信息，并在检测到的面部周围区域，绘制一个白色边框的矩形。

```
import UIKit
class ViewController: UIViewController {
    override func viewDidLoad() {
        super.viewDidLoad()
        // Do any additional setup after loading the view, typically from a nib.
        self.view.backgroundColor = UIColor.black

```

```
8          let image = UIImage(named: "Picture")
9          let imageView = UIImageView(image: image)
10         imageView.center = CGPoint(x: 160, y: 260)
11         self.view.addSubview(imageView)
12
13         let ciImage = CIImage(image: image!)
14         let ciContext: CIContext = { return CIContext(options: nil) }()
15         let ciDetector = CIDetector(ofType: CIDetectorTypeFace, context: ciContext, options: 
[CIDetectorAccuracy: CIDetectorAccuracyHigh])
16
17         let ciImageSize = ciImage!.extent.size
18         var transform = CGAffineTransform.identity
19         transform = transform.scaledBy(x: 1, y: -1)
20         transform = transform.translatedBy(x: 0, y: -ciImageSize.height)
21
22         let features: [CIFeature]! = ciDetector!.features(in: ciImage!)
23         for feature in features
24         {
25             let frame = feature.bounds.applying(transform)
26             let faceView = UIView(frame: frame)
27             faceView.layer.borderWidth = 2
28             faceView.layer.borderColor = UIColor.white.cgColor
29
30             imageView.addSubview(faceView)
31         }
32     }
33 }
```

在第 6 行代码中，设置当前视图控制器根视图的背景颜色为黑色，使面部检测的效果更加醒目。接着在第 8～11 行的代码中，从项目文件夹中加载一张图片，并创建一个 UIImageView 图像视图展示该图片，同时设置图像视图中心点的位置为{160, 260}。

在第 13～14 行的代码中，依次创建了一个 CIImage 图像，并初始化 CIContext 上下文。

在第 15 行代码中，创建了一个 CIDetector 对象，并设置 CIDetector 对象在 ciContext 上下文中进行工作，同时设置检测类型为面部检测。CIDetector 对象除了可以对面部进行检测外，还包括其他三种检测类型：CIDetectorTypeRectangle、CIDetectorTypeQRCode 和 CIDetectorTypeText，分别对矩形、二维码和文本进行特征检测。

然后在第 17 行代码中，获得当前图像的尺寸信息。由于 CoreImage 框架坐标系统的原点位于屏幕左下角，而 UIView 坐标系统的原点位于屏幕左上角，所以在第 18～20 行的代码中，创建一个 CGAffineTransform 变换对象，对识别到的面部区域，进行上下翻转并平移的操作，使面部检测区域能够正常显示。

在第 22 行代码中，创建一个数组，用来存储检测到的所有面部信息。接着在第 23～31 行的代码中，添加一个循环语句，对面部信息数组进行遍历操作。首先在第 25 行代码中，对面部检测区域进行翻转和平移操作，然后在第 26～28 行的代码中，创建一个和面部检测区域相同的 UIView 视图对象，并设置视图对象的边框宽度为 2，边框颜色为白色。最后在第 30 行代码中，将表示检测区域的视图对象添加到图像视图中。

至此就完成了本示例的所有代码，接着点击 Xcode 界面左上角的【编译并运行】按钮 ▶ ，打开模拟器预览项目。模拟器打开后，对图像进行面部检测的效果如图 17.7 所示。

图 17.7

17.2 UIBlurEffect 和 CGBlendMode

自 iOS 7.0 系统起，Apple 为用户带来了炫酷、时尚的毛玻璃效果，尤其是在控制中心和通知中心，你都能看到它的身影，如图 17.8 所示。

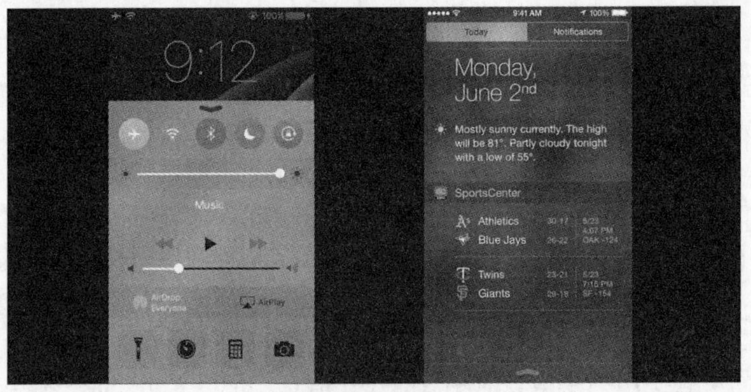

图 17.8

17.2.1 使用 UIBlurEffect 实现毛玻璃效果

由开发者自行实现毛玻璃效果的算法是比较困难的，所幸自 iOS 8.0 起，Apple 向开发者开放了毛玻璃效果的 API，你会发现使用 UIBlurEffect 类实现毛玻璃效果是非常便捷和高效的。

```
1   import UIKit
2   class ViewController: UIViewController {
3
4       override func viewDidLoad() {
5           super.viewDidLoad()
6           // Do any additional setup after loading the view, typically from a nib.
7
8           let image = UIImage(named: "Picture")
9           let imageView = UIImageView(image: image)
10          self.view.addSubview(imageView)
11
12          let blur = UIBlurEffect(style: .light)
13          let blurView = UIVisualEffectView(effect: blur)
14          blurView.frame = CGRect(x: 40, y: 40, width: 200, height: 200)
15          blurView.layer.cornerRadius = 30
16          blurView.layer.masksToBounds = true
17          imageView.addSubview(blurView)
18      }
19  }
```

首先在 8～10 行的代码中，从项目文件夹下读取一张图片素材，并创建一个 UIImageView 图像视图来展示该图片，同时将图像视图添加到当前视图控制器的根视图中。

在第 12 行代码中，创建了一个 UIBlurEffect 对象，并通过 style 参数设置模糊视图的色调与位于底层相同区域的图像视图的色调相似。UIBlurEffect 对象的样式除了 light，还有 ExtraLight、Dark 和 iOS 10 新推出的 regular、prominent 样式。

接着通过 UIBlurEffect 对象，在第 13 行的代码中创建一个 UIVisualEffectView 视图。通过 UIVisualEffectView 类不需要编写太多的代码，即可快速实现复杂的效果。

在第 14 行代码中，设置产生毛玻璃效果的区域。由于 UIVisualEffectView 是 UIView 视图的子类，所以你可以在第 15 行的代码中，设置该视图的半径为 30，并且在第 16 行的代码中，对层里的内容进行裁切。

最后在第 17 行代码中，将毛玻璃效果的视图添加到图像视图中。

现在已经完成了本示例的所有代码，点击 Xcode 界面左上角的【编译并运行】按钮 ▶ ，打开模拟器预览项目。最终的毛玻璃效果如图 17.9 所示。

图 17.9

17.2.2　使用 CGBlendMode 实现颜色混合效果

UIImage 对象的 draw 方法，可以根据指定的混合模式和某种颜色进行混合，从而不通过 Photoshop 等图像处理软件，也可以快速实现更改图像颜色的功能。

创建一个 UIImage 类的扩展

要使用 UIImage 对象的 draw 方法，首先创建一个针对 UIImage 类的扩展。在项目名称文件夹上点击鼠标右键，弹出右键菜单，然后选择菜单中的【New File...】命令，创建一个 Swift 文件。这里创建一个名为 ExtensionUIImage.swift 的文件，并在该文件中编写以下代码：

```
1  import UIKit
2  
3  extension UIImage
4  {
5      func blendColor(_ color: UIColor) -> UIImage
6      {
7          let rect = CGRect(x: 0.0, y: 0.0, width: size.width, height: size.height)
8  
9          UIGraphicsBeginImageContextWithOptions(size, false, scale)
10         color.setFill()
11         UIRectFill(rect)
12         let blendMode = CGBlendMode.destinationIn
13         draw(in: rect, blendMode: blendMode, alpha: 1.0)
14 
15         let blendedImage = UIGraphicsGetImageFromCurrentImageContext()
16         UIGraphicsEndImageContext()
17 
18         return blendedImage!
19     }
20 }
```

在第 3 行代码中，通过 extension 关键词创建一个针对 UIImage 类的扩展。然后在第 5 行的代码中，给扩展添加一个名为 blendColor 的方法。该方法拥有一个 UIColor 颜色类型的参数，使用该颜色对图像按照指定的模式进行混合，并输出一个 UIImage 的结果。

首先在第 7 行代码中，创建一个和当前 UIImage 对象相同尺寸的区域。

然后在第 9 行代码中，创建一个和当前 UIImage 对象相同尺寸的图形上下文。接着在第 10 行的代码中，使用参数中的颜色作为图形上下文的填充色，并在第 11 行的代码中，使用填充色在图形上下文中进行填充。

接着在第 12 行代码中，创建一个 CGBlendMode 类型的常量，表示混合的方式为 destinationIn，即使用目标色作为混合后的颜色。CGBlendMode 的混合方式有很多种，和 destinationIn 相对应的是 sourceIn，表示以原始图片的颜色为混合后的颜色。

设置好混合模式后，在第 13 行代码中，将当前的 UIImage 对象以指定的混合方式和混合后图像的透明度，在指定的区域 rect 里进行绘制。

在图形上下文中绘制完图像的混合效果后，在第 15 行代码中，从图形上下文中获得当前的混合后的图像，并在第 16 行的代码中，关闭图形上下文。

最后在第 18 行的代码中，返回混合后的 UIImage 图像。

完成图像混合效果

接着在 Xcode 界面左侧的项目导航区，打开并编辑【ViewController.swift】文件，使用 UIImage 类的扩展功能，实现图像的混合效果。你将在此文件中，依次创建 4 个 UIImageView 视图对象，其中第一个图像视图对象用来显示原始图片，而其他三个视图对象将用来显示原始图片与蓝色、红色和绿色进行混合后的效果。

```
1  import UIKit
2  class ViewController: UIViewController {
3
4      override func viewDidLoad() {
5          super.viewDidLoad()
6          // Do any additional setup after loading the view, typically from a nib.
7
8          let originalImage = UIImageView(frame: CGRect(x: 128, y: 80, width: 64, height: 64))
9          originalImage.image = UIImage(named: "star")
10         self.view.addSubview(originalImage)
11
12         let brownOne = UIImageView(frame: CGRect(x: 128, y: 180, width: 64, height: 64))
13         brownOne.image = UIImage(named: "star")?.blendColor(UIColor.blue)
14         self.view.addSubview(brownOne)
15
16         let redOne = UIImageView(frame: CGRect(x: 128, y: 280, width: 64, height: 64))
17         redOne.image = UIImage(named: "star")?.blendColor(UIColor.red)
18         self.view.addSubview(redOne)
19
20         let greenOne = UIImageView(frame: CGRect(x: 128, y: 380, width: 64, height: 64))
21         greenOne.image = UIImage(named: "star")?.blendColor(UIColor.green)
22         self.view.addSubview(greenOne)
23     }
24 }
```

代码的编写非常简单，首先在第 8 行的代码中，从项目资源文件夹中读取一张图片，并创建一个 UIImageView 视图对象，显示该原始图片。

接着在第 12～14 行的代码中，创建第二个 UIImageView 视图对象，并通过 UIImage 实例的 blendColor 扩展方法，实现原始图像与蓝色混合后的效果。

然后使用相同的方式，在第 16～18 行的代码中，创建第三个 UIImageView 视图对象，显示原始图像与红色混合后的效果。在第 20～22 行的代码中，创建第 4 个 UIImageView 视图对象，显示原始图像与绿色混合后的效果。

完成了本示例的所有代码之后，接着点击 Xcode 界面左上角的【编译并运行】按钮 ▶ ，打开模拟器预览项目，最终效果如图 17.10 所示。

在打开的模拟器中，最上面的紫色的五角星是原始图像的效果，而下面的三个五角星，依次是原始图像与蓝色、红色和绿色三种颜色进行混合后的效果。

图 17.10

17.3 小 结

用过 Photoshop 的朋友都知道，使用 Photoshop 的神奇滤镜可以制作很多魔幻般的特效。在 iOS 5.0 之前，这些滤镜的算法基本都要靠程序员编程实现，滤镜的算法也相当复杂。在 iOS 5.0 之后，Apple 提供了 Core Image 框架来帮助开发者进行滤镜特效的制作。

Core Image 使开发者很容易就能制作或修改图片的各种像素效果，比如色彩、曝光度、饱和度、变形等。由于在图像处理过程中可以直接使用 GPU 硬件设备，所以图像处理的效率非常高。本章针对 Core Image 框架的滤镜进行了深入的讲解，为你讲解如何使用 Core Image 框架，并实现了两种常用的静态图像处理效果，还使用 Core Image 的滤镜，给相机的拍摄画面实时添加了滤镜效果。

此外还使用 Core Image 框架的 CIDetector 和 CIFeature 技术，对静态图像进行了人脸检测，事实上我们完全可以将人脸检测技术应用在动态的视频当中。

最后我们还讲解了新增的 UIBlurEffect 和 CGBlendMode 技术，通过这两个技术可以很轻松地实现 Core Image 之外的图像特效：毛玻璃效果和颜色混合效果。

通过本章的学习，相信聪明的你一定能够发挥自身的创意细胞，创建类似于美图秀秀、美颜相机之类的优秀图像处理程序。

第18章 iOS 常用设备的使用

和普通手机相比，智能手机通常拥有更多的物理设备，正是这些设备的支持，使普普通通的手机变得如此智能。

本章讲解如何使用相册、相机、定位设备以及陀螺仪等 iOS 常用的设备。

18.1 Photos 和 Camera 的使用

无论是iPhone、iPad还是iPod touch，这些iOS设备都拥有名为Photos的相册功能和Camera相机设备。用户使用 Photos 程序来管理手机中精彩的照片和生动的视频，使用 Camera 程序留住生活中的每一个难忘的瞬间，如图 18.1 所示。

图 18.1

除了可以从电脑同步照片、查看使用内建摄像头拍摄的照片和录制的视频、将照片用作墙纸，或者给联系人指定照片以便在呼叫时识别，还可以使用电子邮件和彩信发送照片和视频，并将照片和视频上传到网站。

iOS 开发者可以在应用程序中访问 Photos 和 Camera 这些系统内置的功能。你可以在应用程序中，允许用户从 Photos 中选择设备中已经存在的图片、视频等多媒体资源，或者调用设备中的 Camera 相机进行图片或视频的拍摄。

由于所有的 iOS 应用程序都是基于沙箱机制的，所以应用程序无法访问沙箱之外的资源。此时对 Photos 和 Camera 的访问变得尤为重要。开发者可以通过 image picker，在应用程序中访问 Photos 和 Camera，来获取系统中的多媒体资源。

18.1.1 读取 Photos 中的图片

Photos 中的图片的读取，是通过一个名为 UIImagePickerController 的模态视图控制器进行的。开发者可以创建一个 UIImagePickerController 类的实例，并设置图片的来源为相册还是相机，然后由UIImagePickerController实例给用户提供一个和系统内置的Photos程序相同的界面，在此界面用户可以从设备中已经存在的媒体库中自由选择图片或视频。

通过给 UIImagePickerController 实例设置代理，当用户选择某张图片时，可以通过代理方法 didFinishPickingMediaWithInfo（该代理方法在 Swift 3.0 中有些变化）获得用户选择的图片、图片位置、媒体类型等信息。而用户点击 UIImagePickerController 界面中的 Cancel 按钮时，将通过调用另一个代理方法 imagePickerControllerDidCancel 来取消图片的选择，并关闭

UIImagePickerController 界面。无论用户是选择了某张图片，还是点击了 Cancel 按钮，都会返回原来的应用程序。

接着通过一个实际的项目，来演示一下如何从 Photos 中加载图片，并通过一个 UIImageView 来显示选择的图片。首先创建一个基于【Singe View Application】模板的空白项目，然后在左侧的项目导航栏打开并编辑【ViewController.swift】文件。我们在使用 UIImagePickerController 控制器时需要使用到相关的代理方法，所以需要使当前的视图控制器类 ViewController 遵循两个 UIImagePickerController 的协议 UIImagePickerControllerDelegate 和 UINavigationControllerDelegate。

```
1   class ViewController: UIViewController, UIImagePickerControllerDelegate, UINavigationControllerDelegate {
```

接着在第 2～3 行的代码中，给当前的视图控制器添加了两个属性。第一个属性 imageView 为 UIImageView 图像视图类型，用于显示从 Photos 中选择的图片。第二个属性 imagePickerController 是 UIImagePickerController 类型的实例。

```
2   var imageView: UIImageView!
3   var imagePickerController: UIImagePickerController!
```

创建程序的界面

在 viewDidLoad 方法中，首先在第 8～9 行的代码中，创建一个指定显示区域的 UIImageView 图像视图对象，并将该视图对象添加到当前视图控制器的根视图中。该图像视图对象将用来显示用户从 Photos 中选择的图片。

接着在第 11～15 行的代码中，创建一个 UIButton 按钮控件，并设置按钮对象的标题和背景颜色，同时给按钮绑定一个点击事件，当用户点击该控件时，将调用当前视图控制器实例的 pickImage 方法，以模态的方式打开 UIImagePickerController 图像拾取视图控制器，从而由该视图控制器接管用户的图片拾取操作。

```
4   override func viewDidLoad() {
5       super.viewDidLoad()
6       // Do any additional setup after loading the view, typically from a nib.
7
8       self.imageView = UIImageView(frame: CGRect(x: 20, y: 120, width: 280, height: 200))
9       self.view.addSubview(imageView)
10
11      let button = UIButton(frame: CGRect(x: 20, y: 60, width: 280, height: 40))
12      button.setTitle("选择一张图片", for: UIControlState())
13      button.addTarget(self, action: #selector(ViewController.pickImage), for: UIControlEvents.touchUpInside)
14      button.backgroundColor = UIColor.darkGray
15      self.view.addSubview(button)
16  }
```

然后创建一个名为 pickImage 的方法，用来响应按钮对象的点击事件。

```
17 func pickImage(){
18     self.imagePickerController = UIImagePickerController()
19     self.imagePickerController.delegate = self
20     self.imagePickerController.allowsEditing = true
21     self.imagePickerController.sourceType = UIImagePickerControllerSourceType.photoLibrary
22
23     self.imagePickerController.navigationBar.barTintColor = UIColor.orange
24     self.imagePickerController.navigationBar.titleTextAttributes = [NSForegroundColorAttributeName:
UIColor.white]
25     self.imagePickerController.navigationBar.tintColor = UIColor.white
26
27     self.present(self.imagePickerController, animated: true, completion: nil)
28 }
```

首先在第 18 行代码中，初始化当前视图控制器类的 imagePickerController 属性，接着在第 19 行代码中，将 imagePickerController 对象的 delegate 代理设置为当前的视图控制器实例。由该视图控制器实现协议中的相关方法，以监听用户在 imagePickerController 界面中的拾取操作。

接着设置 imagePickerController 对象的 allowsEditing 属性的值为 true。当 allowsEditing 属性被设置为 true 时，将允许用户对选择的图片或影片进行编辑，图片或影片被编辑之后，当返回原来的应用程序时，代理对象将获得素材编辑前后相关的信息，这些信息被存储在一个字典对象中。

通过在第 21 行代码中设置 imagePickerController 对象的 sourceType 属性，可以设置 image pciker 的用户界面。UIImagePickerControllerSourceType 枚举类型包含三个常量，如表 18-1 所示，其中 photoLibrary 为 sourceType 属性的默认值。

表 18-1 UIImagePickerControllerSourceType 的枚举类型

枚举常量	说明
photoLibrary	指定设备的相册作为 image picker controller 的来源
camera	指定设备的相机作为 image picker controller 的来源，另外可以通过 cameraDevice 属性来指定前、后相机作为来源
savedPhotosAlbum	指定设备的相机胶专辑作为 image picker controller 的来源

第 23～25 行的代码，用来设置 imagePickerController 对象顶部的导航栏的背景颜色为橙色、字体颜色为白色。

最后在第 27 行代码中，以模态的方式打开 image picker controller。

实现代理方法

至此就完成了界面层次的所有代码，接着来实现协议中的代理方法，首先实现用来接收用户完成图片的选择后的回调方法：

```
29 func imagePickerController(_ picker: UIImagePickerController, didFinishPickingMediaWithInfo info:
[String : AnyObject]) {
30     print(info["UIImagePickerControllerMediaType"])
31     print(info["UIImagePickerControllerCropRect"])
```

```
32        print(info["UIImagePickerControllerReferenceURL"])
33        self.imageView.image = info["UIImagePickerControllerEditedImage"] as? UIImage
34        self.dismiss(animated: true, completion: nil)
35  }
```

该代理方法拥有一个【String : Anyobject】类型的字典参数 info，info 参数共包含 8 个键值对，如表 18-2 所示。

表 18-2 didFinishPickingMediaWithInfo 参数的键值对

Key 名	说明
UIImagePickerControllerMediaType	用户选择的媒体类型，如 kUTTypeImage or kUTTypeMovie
UIImagePickerControllerOriginalImage	用户选择的未经裁剪的原始图片素材
UIImagePickerControllerEditedImage	用户选择的经过编辑之后的图片素材
UIImagePickerControllerCropRect	用户对原始图片进行裁剪的区域
UIImagePickerControllerMediaURL	用户选择的影片素材在文件系统中的位置
UIImagePickerControllerReferenceURL	用户选择的原始图片在文件系统中的位置。即使用户对图片或影片进行了编辑，仍然会返回原始素材的位置
UIImagePickerControllerMediaMetadata	新拍摄的图片的 meta 信息。只有当 source type 为相机时才会返回该信息
UIImagePickerControllerLivePhoto	用户选择的或拍摄的 live photo。仅支持 iOS 9.1 及之后的版本

在第 30～32 行的代码中，通过 print 语句在日志区依次输出用户选择素材的类型、用户编辑图片时进行裁剪的图片区域、用户选择素材所在文件系统中的路径等信息。然后在第 33 行的代码中，通过 UIImagePickerControllerEditedImage 键获得用户编辑后的图片，并将该图片设置为 imageView 对象的 image 属性，使图像视图显示用户编辑后的图片。最后在第 34 行的代码中，通过调用当前视图控制器对象的 dismiss 方法，关闭 image picker controller 模态页面。

接着继续实现第二个代理方法，该代理方法用来处理当用户点击 Cancel 按钮时的回调事件。当用户在 image picker controller 中点击 Cancel 按钮时，将通过调用当前视图控制器对象的 dismiss 方法，关闭 image picker controller 模态页面。

```
36  func imagePickerControllerDidCancel(_ picker: UIImagePickerController) {
37        self.dismiss(animated: true, completion: nil)
38  }
```

现在已经完成了所有的编码工作，接着将 iOS 真实设备连接到电脑，我们将在真机中进行项目的运行和测试。然后点击 Xcode 界面左上角的【编译并运行】按钮▶，在真机中运行本项目。项目运行后，将弹出一个模拟器，如图 18.2 所示。在模拟器中包含一个按钮，当点击该按钮时，将弹出一个提示窗口，向用户申请访问设备中的 Photos 的权限，如图 18.3 所示。点击提示窗口中的【好】按钮，允许应用程序访问设备的 Photos。

接着在 image picker controller 中展示了设备的 Photos 界面，在 Photos 中选择一个资料组，查看组中的所有素材，如图 18.4 所示。

图 18.2

图 18.3

图 18.4

接着在如图 18.5 所示的页面中点击选择一张图片，由于我们在第 20 行的代码中将 imagePickerController 对象的 allowsEditing 属性设置为 true，所以将进入图片编辑页面，如图 18.6 所示。在该页面中对图片进行缩放操作，然后点击【Choose】按钮，将缩放后的图片传入应用程序中，如图 18.7 所示。

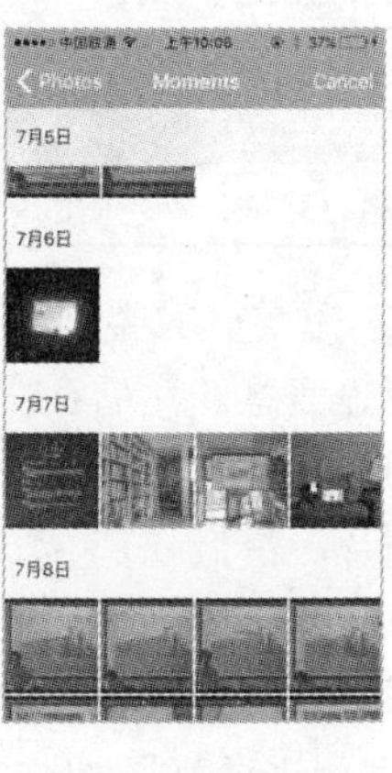

图 18.5

图 18.6

图 18.7

18.1.2 调用相机拍摄照片

在 18.1.1 节中我们从 Photos 中读取了一张图片，并显示在一个图像视图中。这一节我们将使用 Camera 设备拍摄一张照片，并将该照片显示在图像视图中。

要将图片来源修改为 Camera，只需要修改 pickImage 方法即可。

```
func pickImage()
{
    if(UIImagePickerController.isSourceTypeAvailable(UIImagePickerControllerSourceType.camera))
    {
        self.imagePickerController = UIImagePickerController()
        self.imagePickerController.sourceType = UIImagePickerControllerSourceType.camera
        self.imagePickerController.cameraDevice = UIImagePickerControllerCameraDevice.rear
        self.imagePickerController.showsCameraControls = true
```

```
25              self.imagePickerController.delegate = self
26              self.imagePickerController.allowsEditing = true
27              self.imagePickerController.navigationBar.barTintColor = UIColor.orange
28              self.imagePickerController.navigationBar.titleTextAttributes =
[NSForegroundColorAttributeName: UIColor.white]
29              self.imagePickerController.navigationBar.tintColor = UIColor.white
30              self.present(self.imagePickerController, animated: true, completion: nil)
31          }
32  }
```

首先在第 19 行代码中，通过 UIImagePickerController 类的 isSourceTypeAvailable 方法，判断应用程序当前的运行环境是否支持相机设备。

然后在第 22 行代码中设置 image picker controller 的来源为相机类型，并在第 23 行的代码中，设置相机镜头为后镜头。UIImagePickerControllerCameraDevice 枚举类型包含两个常量：rear 和 front，分别表示设备的后镜头和前镜头。这里需要注意的是第 22 行和第 23 行的代码前后顺序不能颠倒，否则会出错。

接着在第 24 行代码中，设置在拍照界面中显示相机控制面板。之后的代码与上一个示例相同，这里不再讲解。

现在已经完成了所有的编码工作，接着将 iOS 真实设备连接电脑，我们将在真机中进行项目的运行和测试。然后点击 Xcode 界面左上角的【编译并运行】按钮 ▶ ，在真机中运行本项目。项目运行后，将弹出一个模拟器，如图 18.8 所示。

在模拟器中包含一个按钮，当点击该按钮时，将弹出一个提示窗口，向用户申请访问 Camera 设备的权限，如图 18.9 所示。点击提示窗口中的【好】按钮，允许应用程序访问 Camera 设备。

然后将镜头对准需要拍摄的物体，并点击底部的拍摄按钮，对物体进行拍摄，如图 18.10 所示，如果需要取消拍摄动作，点击左下角的 Cancel 按钮即可。

由于我们在第 26 行代码中，设置 imagePickerController 对象的 allowsEditing 属性值为 true，所以拍摄完成后将自动进入照片编辑页面，如图 18.11 所示。

在修改页面对图片进行一些缩放操作之后，点击右下角的【Use Photo】按钮，将缩放后的图片传递给 delegate，并将该图片显示在图像视图中，如图 18.12 所示。如果对拍摄的结果不满意，在如图 18.11 所示的页面中，点击左下角的 Retake 按钮进行重复拍摄即可。

图 18.8

图 18.9

图 18.10

图 18.11

图 18.12

完成以上操作后，将在日志区输出相关的内容，如图 18.13 所示。

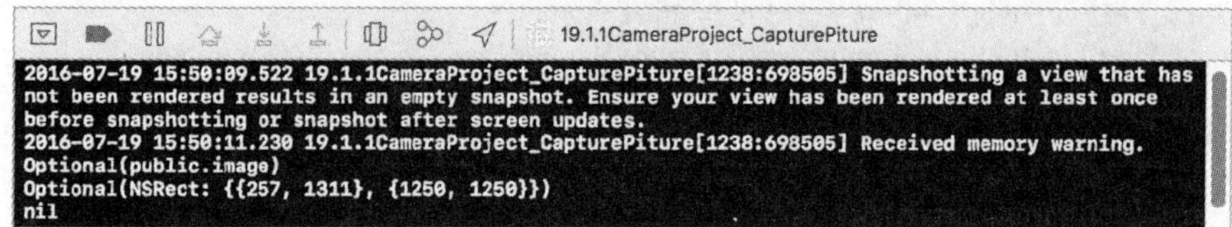

```
19.1.1CameraProject_CapturePiture
2016-07-19 15:50:09.522 19.1.1CameraProject_CapturePiture[1238:698505] Snapshotting a view that has
not been rendered results in an empty snapshot. Ensure your view has been rendered at least once
before snapshotting or snapshot after screen updates.
2016-07-19 15:50:11.230 19.1.1CameraProject_CapturePiture[1238:698505] Received memory warning.
Optional(public.image)
Optional(NSRect: {{257, 1311}, {1250, 1250}})
nil
```

图 18.13

18.2 定位设备的使用

iOS 设备最大的特点就是它的移动性，在移动互联网时代，移动 app 能解决用户的很多生活琐事，比如去陌生地方时的实时导航服务，以及查找周边的酒店、银行、电影院等。

所以在最早期的 iPhone 中，就提供了对手机基站定位的支持，之后通过 iOS 软件升级引入了 WIFI 定位。而从 iPhone 3G 开始，iPhone 手机就通过内置 GPS 处理芯片，支持 GPS 卫星定位。从 iPhone 4 开始，GPS 换用了精确度更高、耗电更少、灵敏度更高的芯片。而从 iPhone 4s 和 New iPad 3G 版开始，Apple 甚至增加了支持俄罗斯 GLONASS 卫星定位系统的支持。

iOS 设备支持三种定位方式：手机基站定位、WIFI 定位和 GPS 定位，这三种定位方式各有优缺点。

- 手机基站定位：特点是定位速度在三种定位方式中是最快的，并且耗电最小，只是误差范围比较大，通常在几百上千米左右。该定位方式的原理是每个手机基站都有一个标识符，iOS 设备可以搜集周围所有收到信号的基站和它们的标识符，通过联网发送到苹果云端服务器，再由服务器根据这些基站的位置信息查询并计算出当前位置，然后返回给手机。
- WIFI 定位：特点是定位速度、耗电和精度三个指标都介绍手机基站定位和 GPS 定位之间，精度大概在几十米左右。其原理是 iOS 设备通过无线网卡周围所有的 WIFI 热点，获得它们的 MAC 地址，然后到苹果云端服务器查询这个热点是否已经登记，登记的话它的位置是多少，最后通过计算得到当前位置并返回给用户。WIFI 定位的支持范围没有基站定位广，但是 Apple 的云端服务器一直在不断增加新的 WIFI 热点信息。
- GPS 定位：特点是耗电最多，定位速度也最慢，但是优点是定位的精度最高。其原理就是利用卫星不断地广播信号，地面的 GPS 接收设备收到信号后，通过分析多个卫星信号，就可以计算出地球坐标。GPS 可以保证全球 98%的地方都可以同时收到至少 4 个卫星的信号，从而可以准确确定你的经纬度以及海拔位置，其定位精度可达 10 米以内的范围。

iOS 系统的 SDK 提供了 CLLocationManager、CLLocationManagerDelegate 来处理设备的定位信息，包括获取设备的方向以及进行方向检测等。其中 CLLocationManager 是整个 CoreLocation 框架的核心，定位、方向的检测、区域的检测等都是通过该 API 完成的。

CLLocationManager 定位管理器会将从定位设备中获得的位置信息封装为一个 CLLocation 对象，并将该对象发送给自己的代理对象。CLLocation 对象包含一组可以标识设备经纬度的坐标信息，以及定位的精度信息，还有其他信息，如表 18-3 所示。

表 18-3　CLLocation 的属性列表

属性名称	属性说明
coordinate	定位设备返回的坐标信息，包含经纬度内容
altitude	表示设备的海拔高度，单位是米
course	表示设备的路线、航向，0 为北，90 为东，180 为南，270 为西
horizontalAccuracy	定位时在水平方向上的精准度
verticalAccuracy	定位时在垂直方向上的精准度
timestamp	设备定位时的时间戳
speed	设备在定位时的移动速度，单位是米/秒

CLLocationManagerDelegate 是一个定位协议，实现该协议的对象可作为 CLLocationManager 的 delegate 对象，负责处理 CLLocationManager 的定位、方向检测、区域检测等相关事件的监听。

18.2.1　使用定位设备获取设备地理位置

下面来创建一个项目用来获得当前设备的地理位置，首先创建一个基于【Single View Application】模板的空白项目，然后在右侧的项目导航区打开并编辑【ViewController.swift】文件。要使用地理定位服务，首先需要在类文件中引入 CoreLocation 框架。

```
import CoreLocation
```

接着使 ViewController 类遵守 CLLocationManagerDelegate 协议，从而实现对地理定位设备状态的监听：

```
class ViewController: UIViewController, CLLocationManagerDelegate
```

然后给 VIewController 类添加一个 CLLocationManager 类型的属性，用来实现定位设备的监听和处理相关的业务逻辑。接着添加一个 UILabel 属性，用来显示定位设备发送的坐标信息。

```
var locationManager:CLLocationManager!
var label:UILabel!
```

完成以上代码后，接着修改 viewDidLoad 方法，在该方法中实现 locationManager 对象的初始化，并获取用户对地理定位设备使用的权限。

```
override func viewDidLoad() {
    super.viewDidLoad()
    // Do any additional setup after loading the view, typically from a nib.

    locationManager = CLLocationManager()
    locationManager.delegate = self
    locationManager.desiredAccuracy = kCLLocationAccuracyBest
    locationManager.distanceFilter = 1000.0

```

```
14        label = UILabel(frame: CGRect(x: 20, y: 80, width: 280, height: 100))
15        label.numberOfLines = 2
16        label.backgroundColor = UIColor.brown
17        self.view.addSubview(label)
18
19        if CLLocationManager.authorizationStatus() == .notDetermined {
20            locationManager.requestAlwaysAuthorization()
21        }
22    }
```

首先在第 9 行代码中，对 locationManager 对象进行初始化，然后设置 locationManager 的 delegate 为当前的视图控制器实例，由它实现 CLLocationManagerDelegate 协议中的方法。

接着在第 11 行代码中，设置 locationManager 进行地理定位时的精准度为 kCLLocation-AccuracyBest。定位管理器 CLLocationManager 共提供了 6 种精准度供用户选择，如表 18-4 所示。

表 18-4　CLLocationManager 定位精准度列表

精准度	精准度说明
kCLLocationAccuracyBestForNavigation	最高的精准度，一般用于导航时使用
kCLLocationAccuracyBest	具有最佳的精准度
kCLLocationAccuracyNearestTenMeters	精准度在 10 米以内，常用于一些签到应用
kCLLocationAccuracyHundredMeters	精准度在 100 米以内，常用于查询周边的酒店、机场等类型的应用
kCLLocationAccuracyKilometer	精准度在 1000 米以内
kCLLocationAccuracyThreeKilometers	精准度在 3000 米以内

desiredAccuracy 的属性也可直接指定一个浮点数，作为定位服务允许的误差值。精准度越高，通常也更加耗电，最好根据业务情况选择合适的定位精准度。

在第 12 行代码中，设置 distanceFilter 的值为 1000.0，表示只有当设备在移动的位置超过该数值（以米为单位）时，才会生成一次位置改变的信号。

然后在第 14～17 行的代码中，对 label 属性进行初始化，并设置 label 控件的 numberOfLines 属性的值为 2，使 label 控件可以显示两行数据。

接着在第 19～21 行的代码中，用来向用户申请获得对地理定位设备使用的权限。

同时需要添加一个协议方法，用来响应用户对申请权限的请求做出的响应。

```
23    func locationManager(_ manager: CLLocationManager, didChangeAuthorization status: CLAuthorizationStatus) {
24        switch status {
25            case .denied:
26                print("用户拒绝您对地理设备使用的请求。")
27                break;
28            default:
29                manager.startUpdatingLocation()
```

```
30                  break;
31          }
32  }
```

当用户拒绝对定位设备的使用权限时，在日志区输出相应的提示信息。当用户对定位设备的使用进行授权时，调用 manager 对象的 startUpdatingLocation 方法，开始定位服务。由于应用程序指定当前的视图控制器实例作为 CLLocationManager 的 delegate，因此该视图控制器需要实现 CLLocationManagerDelegate 协议中的 didUpdateLocations 方法，该方法用来监听定位设备发来的坐标信息，并在标签上显示获得的坐标信息。

```
33  func locationManager(_ manager: CLLocationManager, didUpdateLocations locations: [CLLocation]) {
34          locationManager.stopUpdatingLocation()
35  
36          let location:CLLocation = locations[0]
37          let latitude = location.coordinate.latitude
38          let longitude = location.coordinate.longitude
39  
40          label.text = "经度：\(longitude)\n 纬度：\(latitude)"
41  }
```

首先在第 34 行代码中，通过调用 locationManager 对象的 stopUpdatingLocation 方法，停止定位设备的监听行为，以节省电力资源。

然后在第 36 行代码中，获得 CLLocation 类型的数组中的第一个元素。接着从 CLLocation 对象的 coordinate 属性中获得经度和纬度数据，并在第 40 行的代码中，使 label 控件显示经纬度信息，其中\n 符号表示换行。

现在已经完成了所有的编码工作，接着对项目的 info.plist 配置文件进行一些设置，使应用程序在启动时向用户弹出定位服务权限的申请，如图 18.14 所示，在 info.plist 文件中添加一行属性 Location Always Usage Description，并给属性设置一个 String 类型的值。

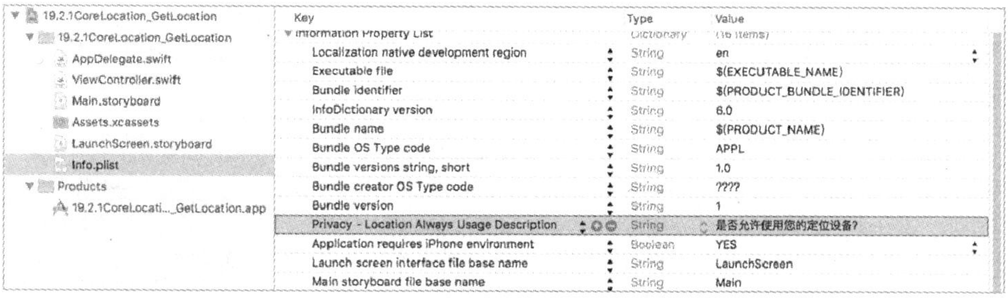

图 18.14

接着将 iOS 真实设备连接电脑，我们将在真机中进行项目的运行和测试。点击 Xcode 界面左上角的【编译并运行】按钮 ▶ ，在真机中运行本项目。项目运行后，系统将弹出一个对话窗口，以向用户申请对定位设备的使用权限，如图 18.15 所示。点击弹出窗口的【允许】按钮，允许应用程序使用系统的定位服务。

定位服务的申请成功后，接着返回原来的应用程序界面，此时在应用程序界面中的 Label 标签上，显示了从定位设备传递过来的地理坐标信息，如图 18.16 所示。

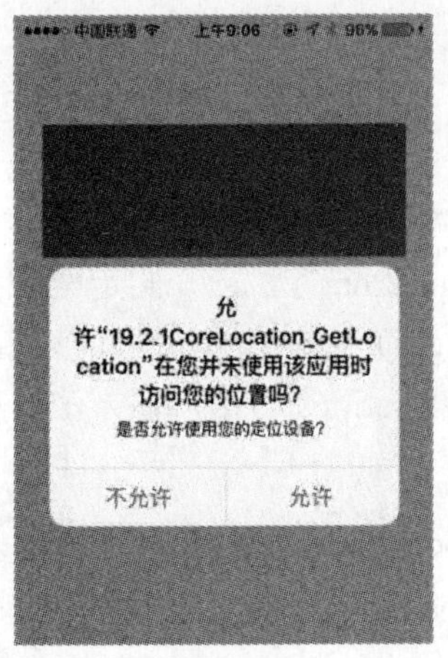

图 18.15

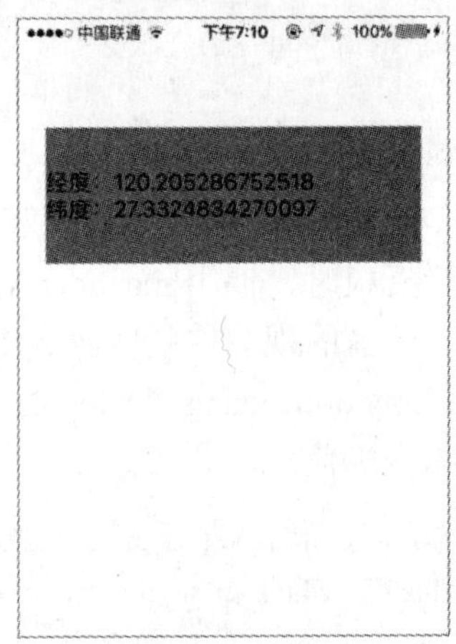

图 18.16

18.2.2 将地理坐标转换为实际地名

这一节来使用 CLGeocoder 将一个经纬度信息转换为实际的地名。CLGeocoder 作为地理编码器，名称中的 Geo 是地理的英文单词 Geography 的缩写。

使用 CLGeocoder 可以进行地理编码和反地理编码的工作。

- 地理编码：根据指定的地名，获得经纬度、地址的全称等具体的位置信息。
- 反地理编码：根据给定的经纬度，获得具体的位置信息。

CLGeocoder 是 iOS 5 中新加的一个类，其实跟之前的 MKReverseGeocoder 很相似，不过 CLGeocoder 是以一种 block 的形式来反向地理编码的。

要使用 CLGeocoder 进行地理位置的反编码操作，同样需要往项目中引入 Core Location 框架，然后通过 CLGeocoder 对象的 reverseGeocodeLocation 方法进行实际的反编码操作。该反编码操作会在一个 block 中进行，并且返回 CLPlacemark 类型的结果。

CLPlacemark 的字面意思是地标，它封装了详细的地理位置信息，地标数据包含的信息如国家、州、城市、街道地址等，其属性如图 18-5 所示。

表 18-5　CLPlacemark 类的属性

属性名称	精准度说明
location	位置对象，包含经纬度信息，该对象被用来初始化 CLLocation
region	相关的地理区域坐标
addressDictionary	包含 Address Book 键和值的信息字典
name	地标名称
locality	地标中的城市名称，如库柏蒂诺（Cupertino）
country	地标中的国家名称，如美国（United States）
postalCode	地标中的邮政编码，如字符串 95014
region	地标中的地理区域

（续表）

属性名称	精准度说明
timeZone	地标中的时区，类型为 NSTimeZone
ocean	地标中的海洋，此属性包含海洋的名称
thoroughfare	地标中的相关街道地址，包含街道名称

```
1   import UIKit
2   import CoreLocation
3
4   class ViewController: UIViewController {
5
6       override func viewDidLoad() {
7           super.viewDidLoad()
8           // Do any additional setup after loading the view, typically from a nib.
9           let geocoder = CLGeocoder()
10
11          let location = CLLocation(latitude: 39.9, longitude: 116.3)
12          geocoder.reverseGeocodeLocation(location){ (placeMarks:[CLPlacemark]?, error:Error?)
->Void in
13              if (placeMarks?.count)! > 0
14              {
15                  let placeMark = placeMarks?.first
16                  print(placeMark?.name)
17              }
18          }
19      }
20  }
```

在类文件中引入 CoreLocation 框架之后，在 viewDidLoad 方法中，初始化一个 CLGeocoder 对象。然后在第 11 行代码中，创建一个 CLLocation 地理位置对象，并指定其经纬度信息。

接着在第 12 行代码中，通过调用 geocoder 对象的 reverseGeocodeLocation 方法，对经纬度信息进行反编码，并在一个 block 中对 CLPlacemark 类型的数组进行解析操作。

当返回的 placeMarks 数组中的数量不为 0 时，通过 first 属性获得 placeMarks 数组中的第一个元素，并将该元素的 name 属性在日志区打印输出。

现在已经完成了所有的编码工作，点击 Xcode 界面左上角的【编译并运行】按钮 ▶ ，打开模拟器运行项目。项目运行后，将弹出一个空白的模拟器，并在日志区输出经纬度信息经过反编码后的地理位置 Building No. 21-7 Cuiwei Road，如图 18.17 所示。

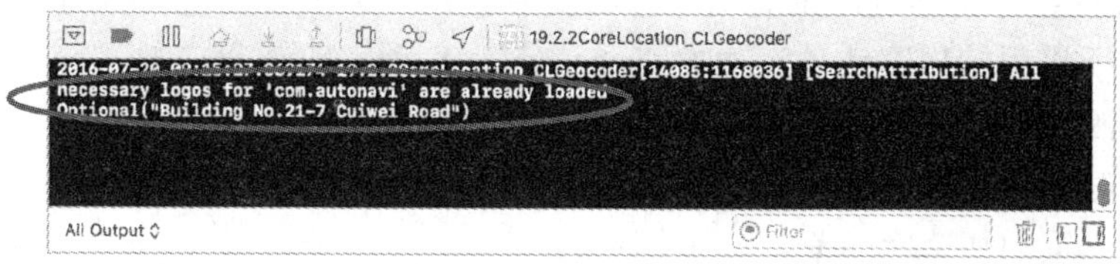

图 18.17

18.3 陀螺仪和加速计设备的使用

18.3.1 陀螺仪的原理和应用

陀螺仪的原理就是，一个旋转物体的旋转轴所指的方向，在不受外力影响时是不会改变的。根据这个原理，制造出来陀螺仪，用它来保持方向。

陀螺仪在工作时需要受到一个力，使它快速旋转起来，一般能达到每分钟几十万转，且可以工作很长时间。然后用多种方法读取轴所指示的方向，并自动将数据信号传递给控制系统。

陀螺仪的结构如图 18.18 所示。

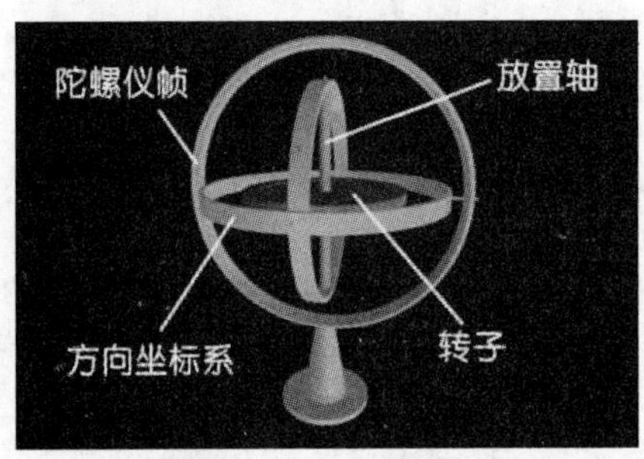

图 18.18　陀螺仪结构图

在 iOS 设备中，陀螺仪的主要用途如下：

- 手机导航：通过配合 GPS 设备，手机的导航能力达到前所未有的水准。iPhone 手机在安装相应的软件后，其导航能力不亚于目前很多船舶、飞机上用的导航仪。
- 相机防抖：和 iPhone 和 iPad 上的摄像头配合使用，增强拍摄时的防抖性。在按下快门时，记录手的抖动动作，将手的抖动反馈给图像处理器，可以抓拍到更加清晰稳定的图片。这使得设备的拍照、录制视频的质量得到很大的提升。
- 输入：陀螺仪相当于一个立体的鼠标，所以经常被用在赛车、战机类的游戏中，可通过摇晃设备来控制赛车和战机的方向。
- 其他：比如微信的摇一摇功能，通过摇晃手机可以匹配到同一时段触发该功能的微信用户，从而增加用户间的互动和微信应用程序的黏度。

18.3.2 加速计的原理和应用

iPhone 通过内置方向感应器来对动作做出反应。方向感应器的实现靠的是 iPhone 的内置加速计。iPhone 所采用的加速计是三轴加速计，分为 X 轴、Y 轴和 Z 轴。这三个轴所构成的立体空间足以侦测到你在 iPhone 上的各种动作。

在实际应用时通常是以这三个轴或其中的任意两个轴所构成的角度来计算 iPhone 倾斜的角度，从而计算出重力加速度的值。

陀螺仪和加速计看起来很接近，不过两者之间是有区别的。加速计只能侦测物体的移动行为，并不具备精确侦测物体角度改变的能力，陀螺仪可以侦测物体水平改变的状态，但无法计算物体移动的激烈程度，如图 18.19 所示。

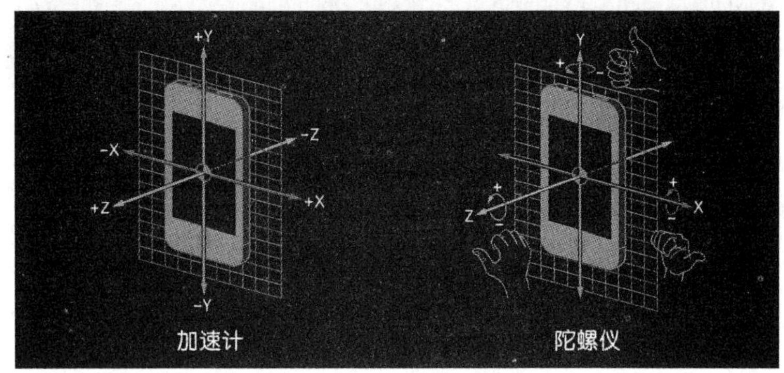

图 18.19

18.3.3 检测 iOS 设备的晃动

在 iOS 开发中，陀螺仪和加速计的使用是通过 CoreMotion 框架实现的。CoreMotion 是一个专门处理 Motion 的框架，其中包含了加速计和陀螺仪两个部分，在 iOS 4 之前，加速计由 UIAccelerometer 类来负责采集数据，而现在一般用 CoreMotion 来处理加速度过程。

这里创建一个示例项目，用来检测 iOS 设备在晃动时各方向的加速度值。首先创建一个基于【Single View Application】模板的空白项目，然后在左侧的项目导航区打开并编辑【VIewController.swift】文件。要在类文件中使用这些设备，首先要引入 CoreMotion 框架：

```
import CoreMotion
```

接着给类添加两个属性，一个是 CMMotionManager 类型的对象，用来实现设备的监听；另一个 UILabel 属性，用来显示设备传递过来的数据：

```
var motionManager:CMMotionManager!
var label:UILabel!
```

然后对 ViewController 类的 viewDidLoad 方法进行修改：

```
override func viewDidLoad() {
    super.viewDidLoad()
    // Do any additional setup after loading the view, typically from a nib.

    label = UILabel(frame: CGRect(x: 40, y: 80, width: 240, height: 90))
    label.text = "Waiting"
    label.backgroundColor = UIColor.orange
    label.numberOfLines = 3;
    self.view.addSubview(label)

    motionManager = CMMotionManager()
    motionManager.accelerometerUpdateInterval = 0.1
```

```
16
17        if motionManager.isAccelerometerAvailable{
18        motionManager.startAccelerometerUpdates(to: OperationQueue.main, withHandler:
{ (accelerometerData:CMAccelerometerData?, error:Error?) -> Void in
19
20                if error != nil{
21                    self.motionManager.stopAccelerometerUpdates()
22                }
23                else{
24                    var message = ""
25                    message += "X:\(accelerometerData!.acceleration.x)\n"
26                    message += "Y:\(accelerometerData!.acceleration.y)\n"
27                    message += "Z:\(accelerometerData!.acceleration.z)"
28
29                    self.label.text = message
30                }
31            })
32        }
33        else{
34            print("您的设置不支持加速计")
35        }
36    }
```

在第 8～12 行的代码中，创建一个指定显示区域的 UILabel 标签对象，并设置标签对象的文字内容、背景颜色等属性。同时设置标签对象的 numberOfLines 属性为 3，使标签对象可以显示三行的内容，这三行将分别显示 x、y、z 三个轴向的加速度。

接着在第 14～15 行的代码中，初始化一个 CMMotionManager 对象，并设置 motionManager 对象的 accelerometerUpdateInterval 属性的值为 0.1，表示每秒钟更新 10 次加速计的状态。

然后在第 17 行的代码中，通过 motionManager 对象的 isAccelerometerAvailable 属性判断加速计是否处于可用的状态，如果加速计设备可以使用，则调用 motionManager 对象的 startAccelerometerUpdates 方法，开始对加速计设备进行采样。

当有结果从设备返回时，首先判断是否发生错误，如果发生错误则在第 21 行的代码中，通过调用 motionManager 对象的 stopAccelerometerUpdates 方法，结束对加速计的采样操作；如果没有发生错误，则 accelerometerData 对象中获得加速计返回的三个轴向的加速度值。accelerometerData 对象拥有一个 CMAcceleration 结构体的属性 acceleration，该结构体拥有 x、y、z 三个轴向的 Double 类型的加速度值。

获得各轴向的加速度值之后，在第 29 行的代码中，使用标签对象显示这些信息。

接着将 iOS 真实设备连接电脑，我们将在真机中进行项目的运行和测试。点击 Xcode 界面左上角的【编译并运行】按钮 ▶ ，在真机中运行本项目。项目运行后，将弹出一个包含标签控件的模拟器，同时显示了加速计的实时传递的三个轴向的加速度数值，如图 18.20 所示为 iPhone 处于竖立状态时的结果，如图 18.21 所示为 iPhone 处于平躺时的结果：

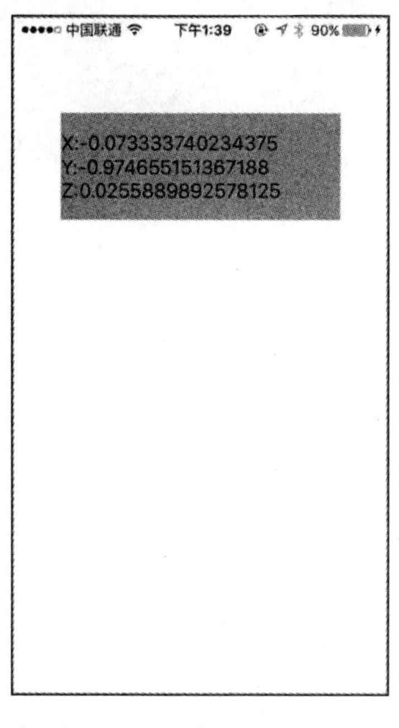

图 18.20

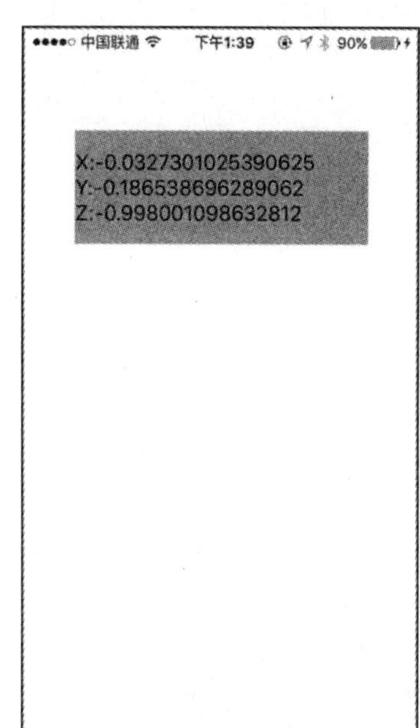

图 18.21

18.4 小 结

本章首先讲解了如何从相册中读取图片，如何访问相机设备，以及如何调用相机设备拍摄照片，这些都是在开发中会经常使用到的技能。

接着讲解了定位设备的使用，通过 Core Location 框架实现设备的定位，以及使用 CLGeocoder 技术将一个经纬度信息转换为实际的地名。

最后通过对陀螺仪和加速计设备的讲解，使读者接触到 Core Motion 框架，并学会如何使用 Core Motion 运动管理器 CMMotionManager 直接获取传感器返回的数据，以判断设备的朝向、倾斜、旋转和运动。通过收集来的这些信息，读者完全可以尝试开发一款简单的赛车游戏，通过摇摆设备来控制赛车的方向。

第19章 Storyboard 故事板的使用

Apple 公开表示推荐开发者使用 Storyboard 技术进行应用程序界面的开发，而不是传统的使用代码来设计界面。

虽然 Storyboard 在早期具有加载缓慢、占用资源较多等问题，但是随着近两年技术的升级换代和硬件的提升，这些问题已经被克服。就像当初 ARC 技术刚推出时被开发者诟病、吐槽一样，现在 ARC 已经是默认的项目创建配置选项了。

Storyboard 技术之所以被 Apple 推荐给开发者使用，是因为它具有大量的优点：项目的结构清晰、一目了然；通过拖曳控件，快速搭建程序界面；通过 Auto Layout 快速适配各分辨率等。

本章将通过大量的示例，详细讲解 Storyboard 这项强大的快速开发技术。

19.1　Storyboard 概述

在 iOS 开发的技术中，Storyboard 故事板是一项令人兴奋的功能。在 iOS 5 发布时，Apple 在给 iOS 开发者提供超过 1500 个新的 API 的同时，还推出了 Storyboard 故事板功能。使用 Storyboard 故事板，可以在开发 app 界面时，极大地节省开发时间，提高开发的工作效率。当你的应用有许多不同页面的时候，通过使用 Storyboard 可以大大减少页面之间跳转的代码。

之前我们会为每个视图控制器创建一个单独的 nib 文件，来建立该视图控制器的界面元素，现在我们只需要使用一个 Storyboard，就可以包含应用中的所有视图控制器，以及建立各个视图控制器之间的关系。如图 19.1 所示，在这个 Storyboard 中，建立了 7 个视图控制器，并设置了它们彼此之间的跳转关系，使得系统的业务流程变得更加清晰、明了。

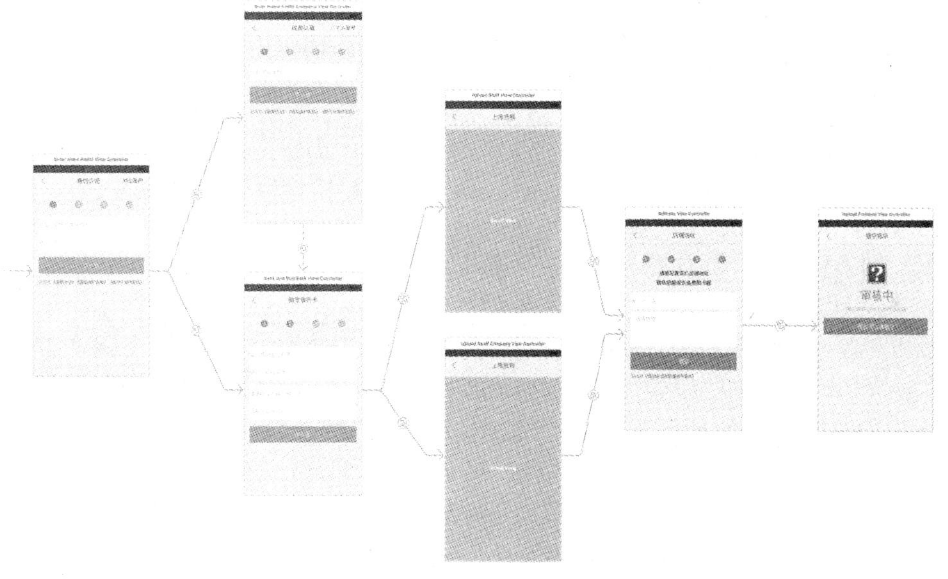

图 19.1

19.1.1　Storyboard 的优缺点

在 iOS 移动项目开发中，使用 Storyboard 故事板有很多的优点：

- 通过简单地拖曳，往视图控制器添加各种界面控件，可以降低学习的难度，提高开发工作的效率和趣味，使开发工作更加人性化。
- 可以更好地查看和理解项目中所有页面的外观，以及页面之间的连接跳转关系。因为所有的界面设计都是在一个文件中，所以更方便项目的管理，新同事也能够快速地融入项目中。
- Storyboard 快速实现了视图之间的跳转关系，你可以通过在一个视图控制器上点击鼠标右键，或通过 Ctrl+拖曳的方式，拖动到另一个视图控制器，以创建两个视图控制器之间的链接关系，从而节省大量的代码。

- 通过重写 prepareForSegue 方法，将视图控制器的所有跳转逻辑都汇聚一处，方便进行统一的界面跳转和参数传递。
- Storyboard 通过 Cell ProtoType 原型，以及 Static 静态 Cell 的特性，让表格控制器实现起来更容易。
- 通过将常见的功能比如注册、分享模块独立成一个 Storyboard，可以实现功能的模块化和重复利用。
- 通过 Storyboard 可以通过拖曳建立约束关系，从而快速实现各分辨率的适配。

Apple 全力推荐 iOS 开发者，将 Storyboard 故事板技术作为 iOS 开发的首要选择。但是由于 Storyboard 技术仍然处于发展阶段，所以我们在享受 Storyboard 带来便利的同时，也需要注意以下几点：

- Storyboard 的版本管理相对不太方便，因为它实际上是多个 xib 文件的集合，所以更容易在多人编辑时产生冲突。对此你可以将 Storyboard 按照功能模块或开发人员进行分离，每个开发人员负责编辑和提交各自的 Storyboard。
- 当 Storyboard 包含越来越多的视图控制器时，打开 Storyboard 将越来越慢。不过这个问题随着 Xcode 软件的升级已经被逐步优化。

虽然 Storyboard 拥有一些缺点，但是瑕不掩瑜，在此仍然推荐在项目开发中使用故事板 Storyboard 功能。Apple 也始终很重视 Storyboard 技术，相信它将变得更加完美。

19.1.2 故事板的组织形式

很多开发者都想知道 Storyboard 的背后是什么，以及是由什么构成的，答案可能会使你惊讶：Storyboard 事实上是由 XML 可扩展标记语言构成的文本文件。在移动开发领域，有很多类似的使用 XML 来进入界面元素属性配置的技术。例如 Andriod 的 Material Design 的 Layout 布局，也是使用 XML 对界面元素进行颜色、尺寸、位置等属性的设置。

XML 常被用于服务器和客户端的通信，在 Storyboard 中，XML 被用来设置界面元素的外观、连接等属性。你可以在 Storyboard 文件中点击鼠标右键，然后选择以源代码的方式打开文件，查看 Storyboard 文件的源代码，如图 19.2 所示。

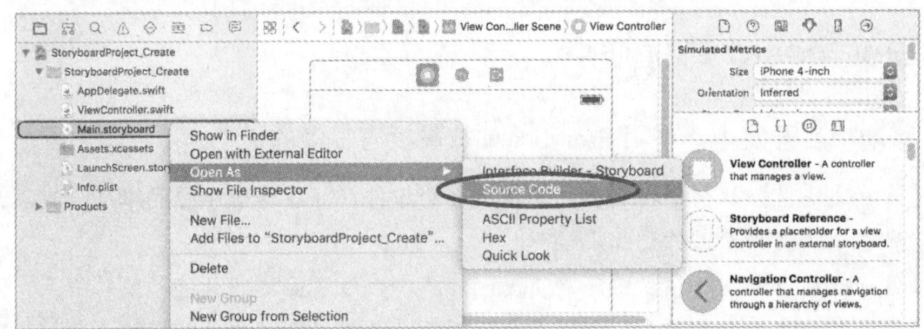

图 19.2

打开后的源代码如图 19.3 所示，分别使用了 rect 标签和 color 标签，对视图控制器的 frame 属性和 backgroundColor 属性进行了设置。

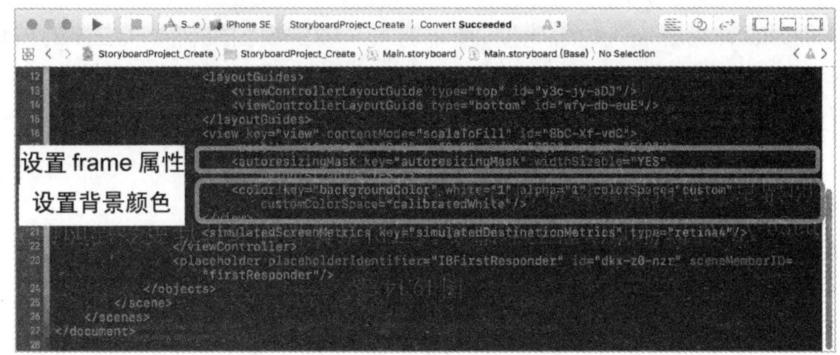

图 19.3

19.1.3 创建一个 Storyboard

使用【Single View Application】模板创建的项目，将自带两个 Storyboard 文件，一个是 Main.storyboard，用于呈现应用程序的主界面。另一个是 LaunchScreen.storyboard 文件，用于设计和布局应用程序的启动界面。

如果需要添加更多的 Storyboard 文件，可以在项目文件夹上点击鼠标右键，弹出右键菜单，然后选择【New File】选项，如图 19.4 所示。

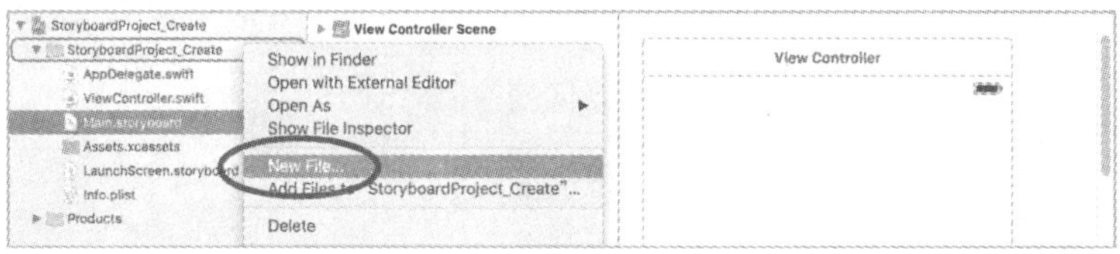

图 19.4

接着在弹出的模板选择窗口中，依次点击【User Interface > Storyboard】，如图 19.5 所示。

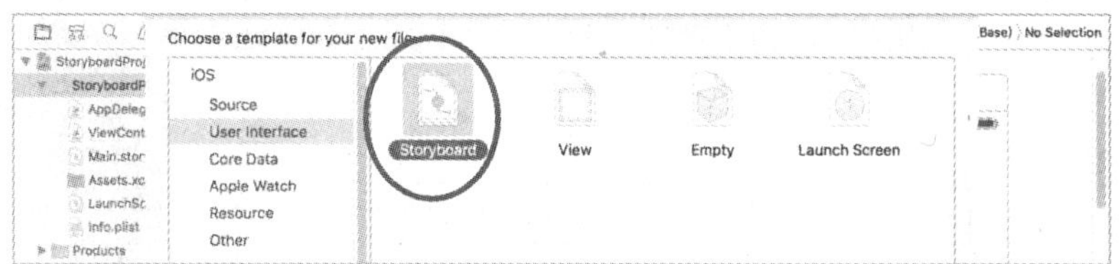

图 19.5

Storyboard 创建后，将在左侧的项目导航区出现一个名为 AnotherStoryboard 的 Storyboard 文件，该 Storyboard 没有包含任何的视图控制器，如图 19.6 所示。

图 19.6

由于新建的 Storyboard 文件内容为空，所以将一个新的视图控制器从右侧的控件库中拖动到中间的故事板区域，如图 19.7 所示。

图 19.7

在 Storyboard 中添加视图控制器后，视图控制器的默认尺寸为 Inferred，即由系统来决定其大小。为了方便显示，我们可以将其尺寸设置为 iPhone 4-inch，如图 19.8 所示，在底部的【View As】设置面板，选择【iPhone SE】选项作为故事板中视图控制器的尺寸。

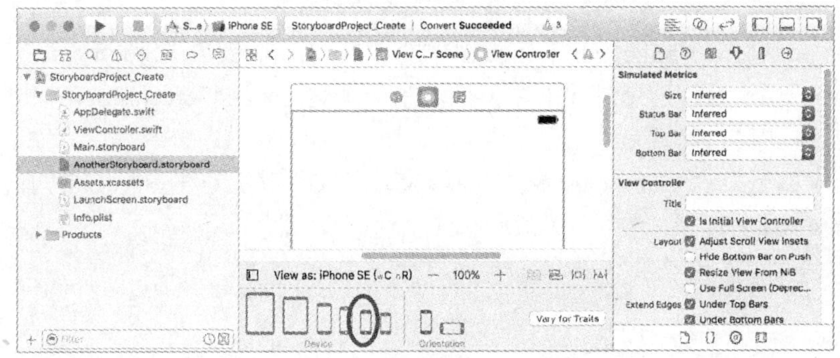

图 19.8

接着再为视图控制器的根视图设置背景颜色，首先在控制器的视图区域点击，以选择根视图。然后点击【Show the Attributes inspector】按钮，打开属性观察器面板。在属性观察器面板中，点击背景颜色下拉箭头，打开颜色设置面板。在颜色面板中，选择绿色作为当前视图控制器根视图的背景颜色，如图 19.9 所示。

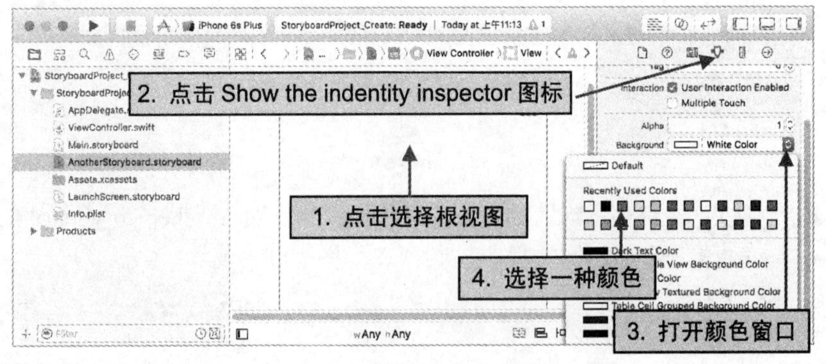

图 19.9

19.1.4 更改故事板的初始视图控制器

在设置完视图控制器之后，需要将该视图控制器作为故事板的初始视图控制器。首先选择当前的视图控制器，然后在右侧的属性观察器面板中，勾选【是否初始视图控制器】复选框，将该视图控制器设置为 AnotherStoryboard 的初始视图控制器，当程序加载该 Storyboard 时，将自动加载当前的视图控制器，如图 19.10 所示。

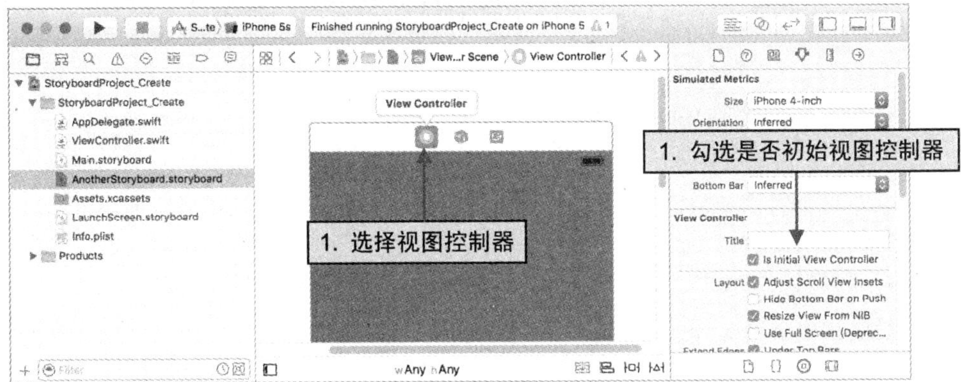

图 19.10

对于一个基于【Single View Application】模板创建的项目来说，项目默认加载的 Storyboard 是 Main.storyboard。通过项目通用信息配置页面，你可以更改项目的 Main Interface，如图 19.11 所示。

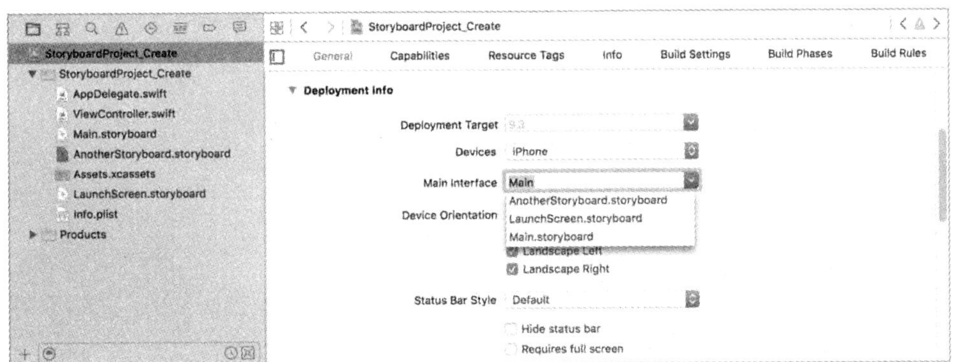

图 19.11

在【Deployment Info】设置区域的【Main Interface】输入框内，默认为 Main.storyboard，点击输入框右侧的下拉箭头，显示项目中的 Storyboard 列表。

在弹出的 Storyboard 列表中，选择【AnotherStoryboard.storyboard】选项，更改项目的 Main Interface。然后点击 Xcode 界面左上角的【编译并运行】按钮 ▶ ，打开模拟器预览项目。项目运行后，将弹出一个绿色背影的模拟器，如图 19.12 所示。

图 19.12

19.2 在 Storyboard 中使用标准控件

使用 Storyboard，我们可以通过拖曳的方式，轻松、快捷地往界面中添加控件，就像在玩积木游戏一样。

本节将讲解如何往 Storyboard 的视图控制器中，添加 UIImageView、UIButton 和 UILable 对象。当用户点击按钮时，将替换 UIImageView 对象中的图片，同时使用 UILable 对象显示图片的名称。

首先创建一个基于【Single View Applicaiton】模板的项目，然后在左侧的项目导航区，打开 Main.storyboard 文件，如图 19.13 所示。

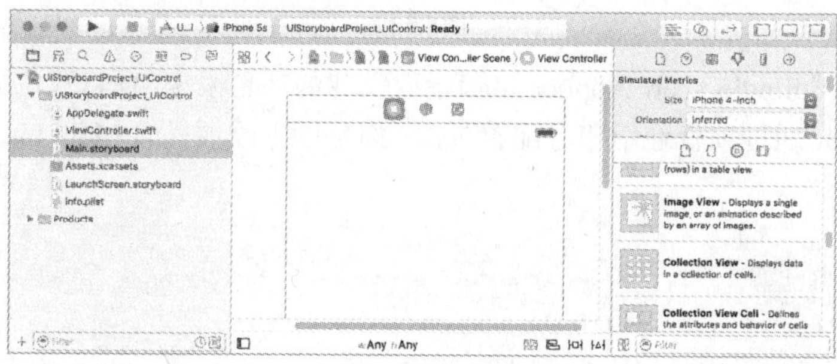

图 19.13

19.2.1 添加三个控件

接着在右侧的控件库中，将 Image View 控件拖动到当前的视图控制器中，如图 19.14 所示。

图 19.14

如果对 Image View 控件的位置不太满意，可以直接拖动该控件至合适的位置。通过控件周围定界框上的锚点，可以调整控件的尺寸，如图 19.15 所示。

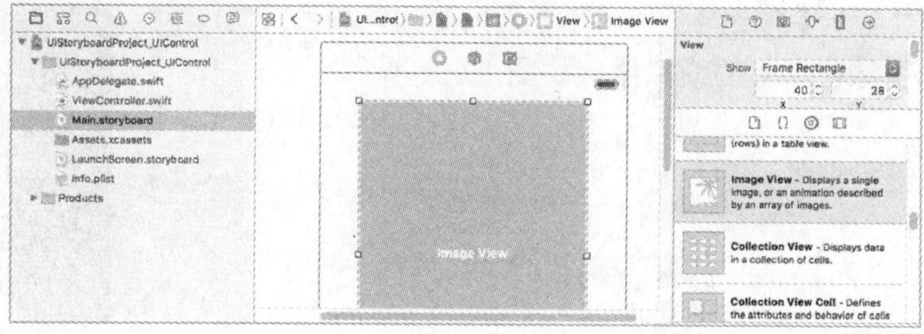

图 19.15

接着使用相同的方式，在控件库中依次将 Label 和 Button 控件，拖动到当前的视图控制器中，并放置在 Image View 控件的下方，最终的效果如图 19.16 所示。

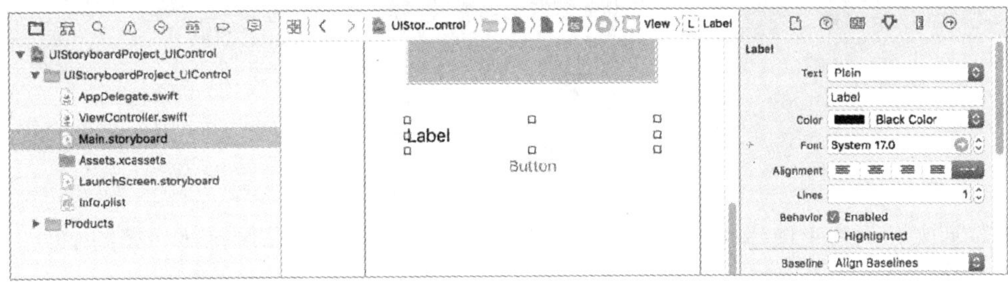

图 19.16

现在对 Label 控件的外观进行一下调整，在属性观察器面板中，依次对 Label 控件的标题、字体颜色、字体大小、居中方式和背景颜色进行修改，如图 19.17 所示。

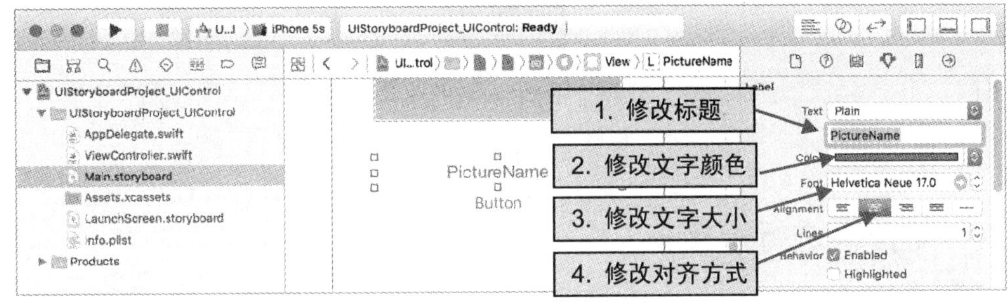

图 19.17

然后点击右侧的滚动条查看下方的属性，并设置 Label 控件的背景颜色。完成 Label 控件的外观修改后，使用相同的方式，修改 Button 控件的外观属性，最终的效果如图 19.18 所示。

图 19.18

接着选择 Image View 控件，给该控件设置默认显示的图片，如图 19.19 所示。

图 19.19

在故事板的空白处双击鼠标，可以在 50%和 100%的显示比例中进行切换，也可以在故事板中点击鼠标右键，弹出显示比例列表，如图 19.20 所示。

图 19.20

在显示比例列表中选择【缩放到 50%】，缩小 Storyboard 的显示比例，如图 19.21 所示。

图 19.21

19.2.2 对控件进行连接

现在已经完成了界面的设计，接下来需要将 Storyboard 中的 Image View 控件和 Label 控件与视图控制器类文件中的属性进行连接，还需要将 Storyboard 中的 Button 控件与视图控制器类文件中的方法进行连接。

这样当用户点击按钮时，将对 Image View 和 Label 控件进行修改。在连接控件之前，首先选择一个待连接的控件，这里选择 Image View 对象。

选择待连接的 Image View 控件后，点击顶部的【Show the Assistant editor】图标，在 Storyboard 的右侧显示辅助编辑器，辅助编辑器打开了 Storyboard 中视图控制器对应的类文件，如图 19.22 所示。

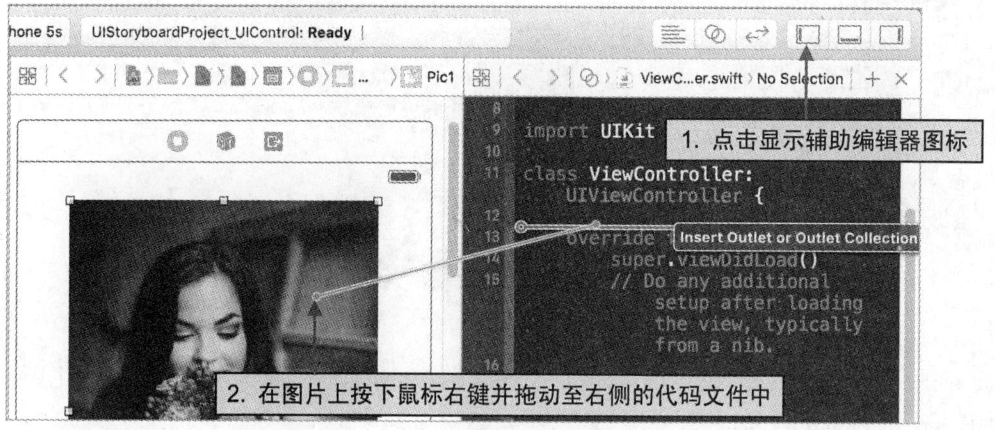

图 19.22

然后在 Image View 控件上按下鼠标右键，并拖动鼠标至右侧的代码文件中，或者在按下 Control 键的同时，在 Image View 控件上按下鼠标左键，并拖动至右侧的代码文件中，然后松开鼠标，此时会自动打开连接设置窗口，如图 19.23 所示。

图 19.23

在弹出的连接设置窗口中的【Name】输入框内，输入 imageView，作为 Image View 控件在类文件中对应的属性名称。然后点击连接按钮，完成连接的操作。连接完成后，将在 ViewController.swift 文件中，增加一个名为 imageView 的属性，该属性的类型为 UIImageView。左侧的@IBOutlet 标记，说明该属性是来自 Storyboard 控件的连接属性：

```
@IBOutlet var imageView: UIImageView!
```

使用相同的方式，将 Label 标签控件，也和视图控制器的类文件中的属性进行连接。最后将 Button 按钮控件也和类文件进行连接，只是在弹出的连接设置窗口中，操作有些不同，如图 19.24 所示。首先点击【Connection】下拉箭头，弹出连接类型列表，然后选择列表中的【Action】选项，设置连接的类型为 Action 动作类型。接着在【Name】输入框内，输入动作的名称。

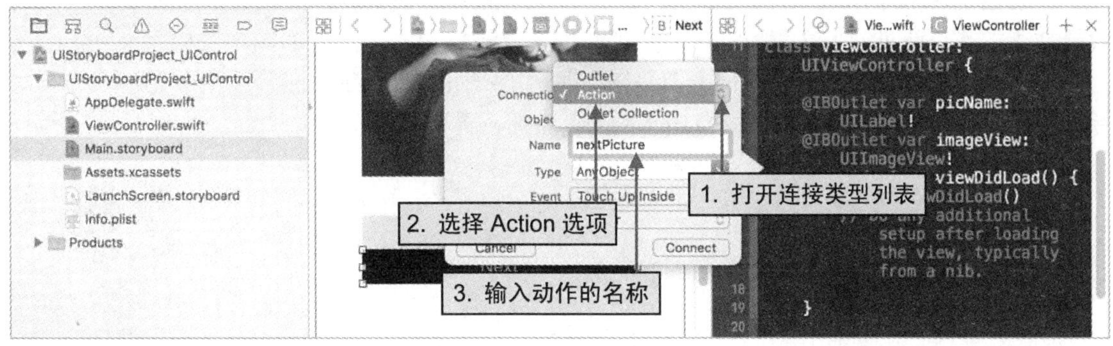

图 19.24

完成连接设置之后，保持其他选项的默认设置，然后点击【Connect】按钮，结束连接的配置，并在代码文件中创建一个名为 nextPicture 的方法，方法名称左侧的@IBAction 标记，表示该方法是来自 Storyboard 的连接方法。

```
@IBAction func nextPicture(_ sender: AnyObject) {
}
```

接着为 ViewController 类文件添加一个名为 currentImageNum 的整型变量，用来标识当前正在显示的图片的序号，并设置该属性的默认值为 1。接着对 nextPicture 方法进行修改，完成该方法的点击事件，最终的代码如下所示。

```
1  import UIKit
2
3  class ViewController: UIViewController {
4      var currentImageNum = 1
5      @IBOutlet var picName: UILabel!
6      @IBOutlet var imageView: UIImageView!
7      @IBAction func nextPicture(sender: AnyObject) {
8          currentImageNum += 1
9          let pciture = "Pic\(currentImageNum)"
10         imageView.image = UIImage(named: pciture)
11         picName.text = pciture
12     }
13     override func viewDidLoad() {
14         super.viewDidLoad()
15         // Do any additional setup after loading the view, typically from a nib.
16     }
17 }
```

在第 8～11 行的代码中，实现了按钮的点击事件，当用户点击按钮时，currentImageNum 变量值递增 1，然后根据 currentImageNum 变量的值，获得下一张图片的名称，并将该图片加载到内存后，赋予 imageView 对象的 image 属性，从而更改 Image View 视图的图像内容。接着修改 picName 标签对象的 text 属性，更改标签对象的显示内容为新图片的名称。

现在已经完成了所有的编码操作，从代码中可以看出，使用 Storyboard 大大减少了代码的数量。点击【编译并运行】按钮 ▶ ，打开模拟器预览项目，结果如图 19.25 所示。

在打开的模拟器中，点击【Next】按钮，显示下一张图片，并在标签视图中显示下一张图片的名称，如图 19.26 所示。继续点击【Next】按钮，再次显示下一张图片，如图 19.27 所示。

图 19.25

图 19.26

图 19.27

19.3　在 Storyboard 中使用表格控件

在 iOS 项目中，表格是经常要使用到的一种控件。表格视图是 iOS 应用中一个基础的 UI 元素，从某种意义上讲，大多数应用都会利用表格视图去显示一系列的数据。

19.3.1　在故事板中添加 Table View

在这一节中将演示如何在 Storyboard 中添加表格控件，并快速设置表格控件的外观属性、数据源和代理对象。首先创建一个基于【Single View Application】模板的项目，然后在左侧的项目导航区打开 Main.storyboard 文件，如图 19.28 所示。

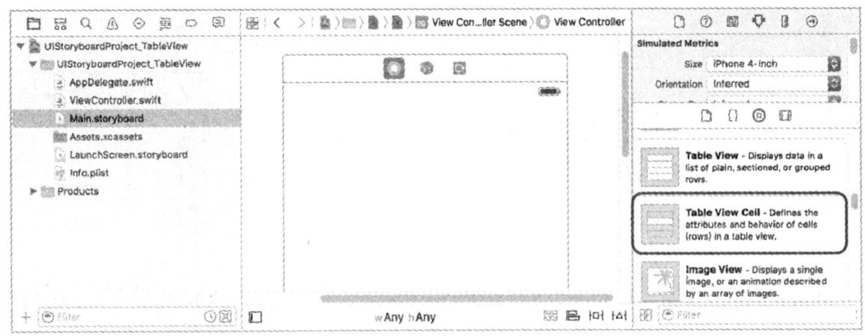

图 19.28

接着在右侧的控件库中，将 Table View 控件拖动到 Storyboard 中，并将 Table View 控件的宽度和高度设置为与视图控制器的根视图相同，如图 19.29 所示。

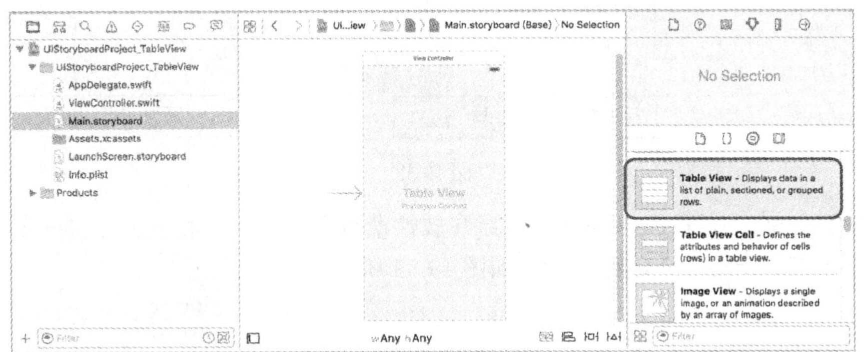

图 19.29

19.3.2　添加 Table View Cell

在往 Storyboard 中添加 Table View 之后，还需要往 Table View 中插入 Table View Cell 控件，只需在控件栏中的 Table View Cell 控件上按下鼠标左键，并拖动到 Table View 中，然后释放鼠标，Table View Cell 将被自动添加到 Table View 中，如图 19.30 所示。

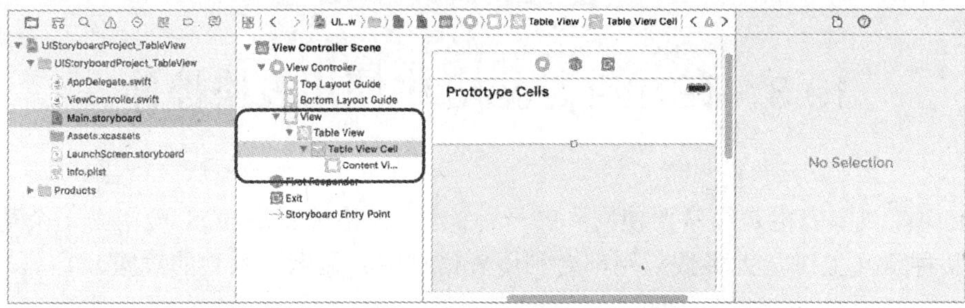

图 19.30

然后在文档框架区选择 Table View 控件，以修改 Table View Cell 的高度，如图 19.31 所示。选择 Table View 控件，在右侧的【Row Height】输入框内输入 60。

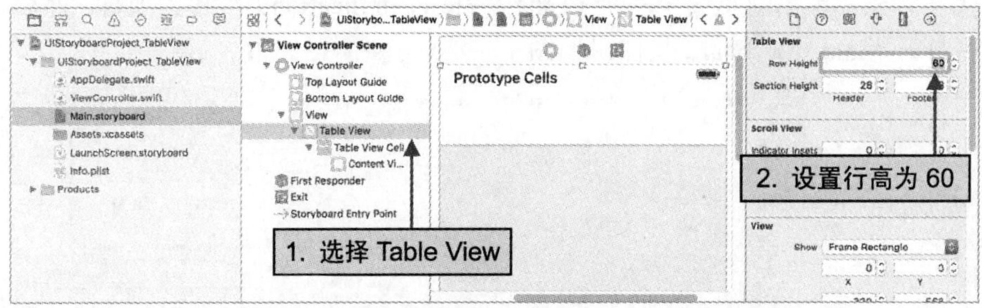

图 19.31

接着往 Table View Cell 中拖动一个 Label 控件和一个 Image View 控件，并修改它们的尺寸和位置，如图 19.32 所示。

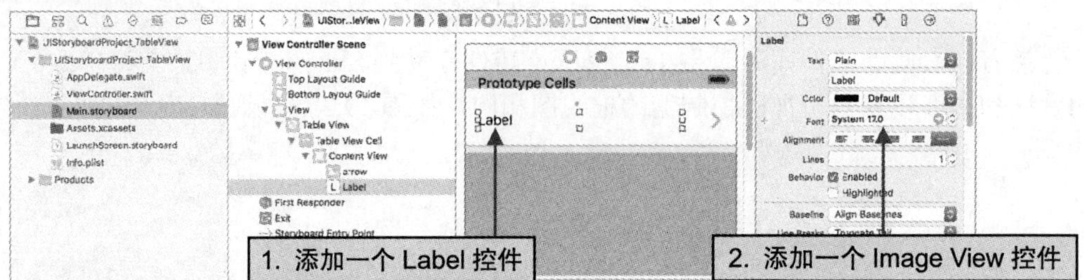

图 19.32

再次选择 Table View Cell 控件，然后在属性检查器面板中，将它的【Identifier】设置为 reusedCell，作为单元格的重用标识符，如图 19.33 所示。

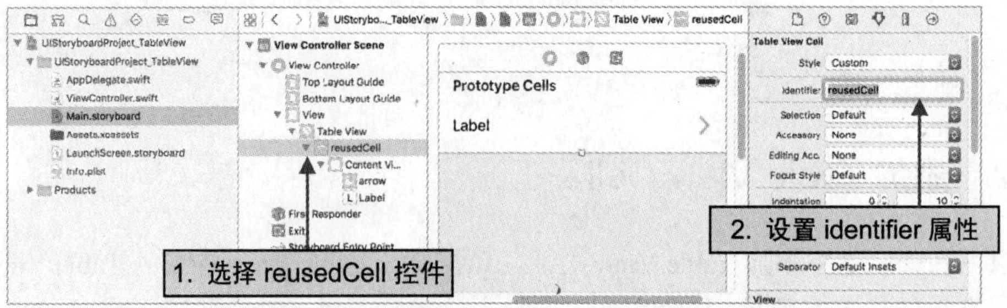

图 19.33

接着选择 Label 控件，然后设置它的 tag 值为 1，这样就可以通过该控件的 tag 值，在代码中获得该控件，以设置该控件的内容，如图 19.34 所示。

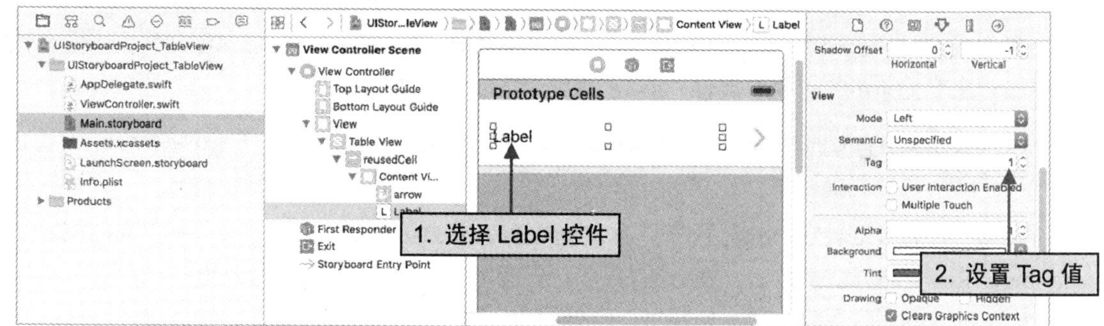

图 19.34

19.3.3 设置 Table View 的数据源

首先选择文档框架区的 Table View 控件，然后在 Table View 上按下鼠标右键，并拖动至 View Controller 视图控制器的图标位置，以建立 Table View 控件和视图控制器的连接关系，如图 19.35 所示。

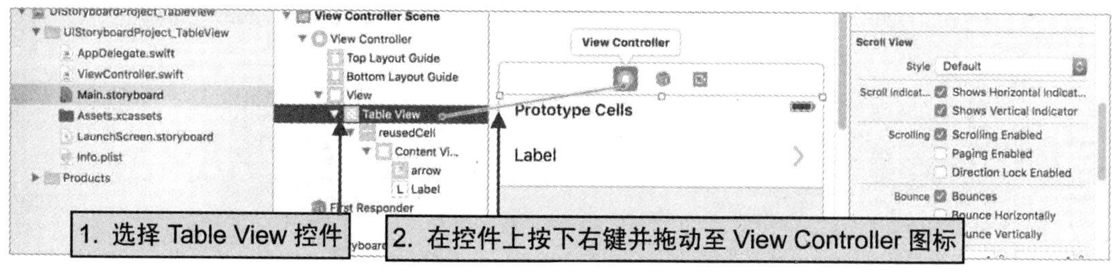

图 19.35

当松开鼠标时，将弹出连接类型列表，如图 19.36 所示。

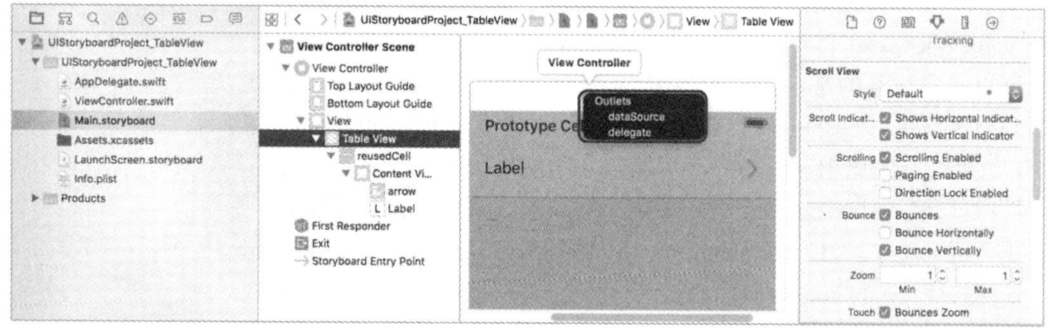

图 19.36

在图 19.36 的连接类型列表中，选择 dataSource 选项。这样就将 Table View 控件的 datasource，设置为当前的视图控制器对象。

19.3.4 修改 ViewController.swift 文件

在完成 Storyboard 所有的相关操作后，打开并编辑 ViewController.swift 文件，首先在该类中添加一个名为 fruits 的数组属性，作为 Table View 的数据源：

```
1  var fruits = ["Apple", "Banana", "Chinese Date", "Downy Picch", "Filbert", "Gingko", "Hawthorn", "Kumquat"]
```

接着给 UIViewController 类添加 UITableViewDataSource 协议，并实现协议中的 numberOfRowsInSection 方法，在该方法中，设置 Table View 的行数为数组的长度：

```
2  func tableView(_ tableView: UITableView, numberOfRowsInSection section: Int) -> Int {
3      return fruits.count
4  }
```

继续实现协议中的 cellForRowAtIndexPath 方法，该方法用来从 Storyboard 中加载配置好的 Table View Cell 对象：

```
5  func tableView(_ tableView: UITableView, cellForRowAt indexPath: IndexPath) -> UITableViewCell {
6      let identifier = "reusedCell"
7      let cell = tableView.dequeueReusableCell(withIdentifier: identifier, for: indexPath)
8
9      let label = cell.viewWithTag(1) as! UILabel
10     label.text = fruits[(indexPath as NSIndexPath).row]
11
12     return cell
13 }
```

在第 6 行的代码中，首先定义了一个名为 identifier 的字符串常量，该常量的值与你在 Storyboard 中给 Table View Cell 设置的 Identifier 相同。

接着在第 7 行代码中，通过 dequeueReusableCellWithIdentifier 方法，获得故事板中的自定义的 Table View Cell。

这里需要注意的是，当我们使用手写代码的方式获得 cell 时，通常需要判断 dequeueReusableCellWithIdentifier:forIndexPath 返回的 cell 是否为空，如果为空则调用 alloc 和 initWithStyle 方法，初始化一个新的 cell。

而在使用了 Storyboard 的 Dynamic Prototypes 之后，这里就不用判断 cell 是否为空了，因为 dequeueReusableCellWithIdentifier: forIndexPath 不会返回等于 nil 的 cell 给你。

在第 9 行的代码中，通过 viewWithTag 方法，获得 cell 中的 Tag 值为 1 的 Label 控件，然后根据当前 Cell 的序号，从数组中获得相应的内容，并指定给 Label 控件的 text 属性。

代码已经编写完毕，点击 Xcode 界面左上角的【编译并运行】按钮 ▶ ，打开模拟器运行项目，结果如图 19.37 所示。

图 19.37

19.4 在 Storyboard 中使用集合控件

集合控件 UICollectionView 和 UITableView 比较类似，都可以轻松地展示大量数据。它们的不同之处在于 UITableView 可以用来显示一列多行的数据，而 UICollectionView 可以显示多列多行的数据。

我们曾经在 10.2 节中使用手写代码的方式创建了一个 UICollectionView，这一节将使用 Storyboard 技术快速实现 UICollectionView 视图。

19.4.1 添加 Collection View

首先创建一个基于【Single View Application】模板的项目，然后在左侧的项目导航区打开 Main.storyboard 文件，如图 19.38 所示。

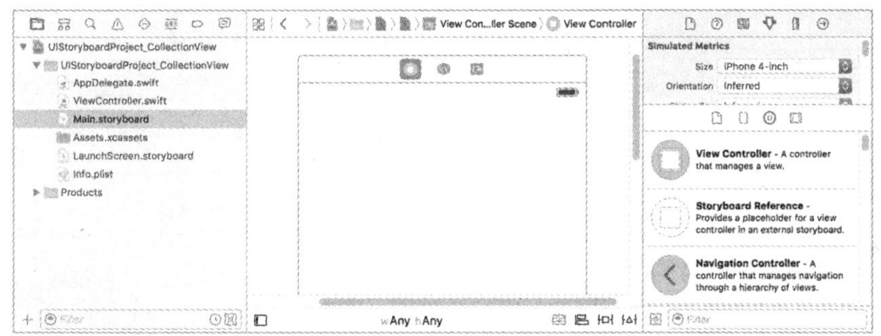

图 19.38

接着在右侧的控件库中，将 Collection View 控件拖动到 Storyboard 中，并将 Collection View 控件的宽度和高度设置为与视图控制器的根视图相同，如图 19.39 所示。

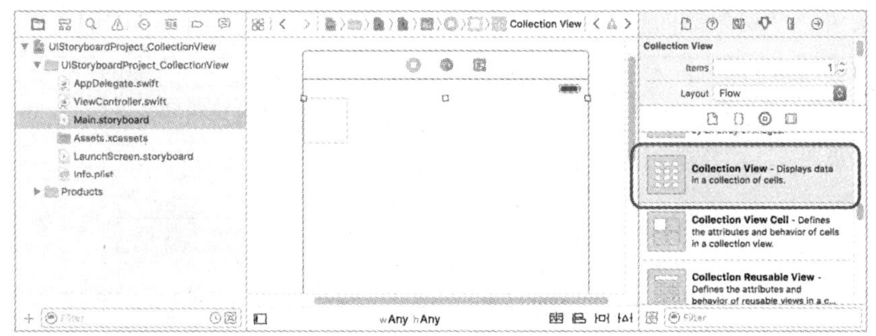

图 19.39

19.4.2 设置 Collection View Cell

在往 Storyboard 中添加 Collection View 之后，你会发现该 Collection View 已经包含了 Collection View Cell 控件。接着来修改一下 Collection View Cell 的尺寸，首先选择 Collection

View 控件，然后点击【Show the Size inspector】，进入尺寸检查器面板，将 Collection View Cell 的宽度设置为 155，高度设置为 170，如图 19.40 所示。

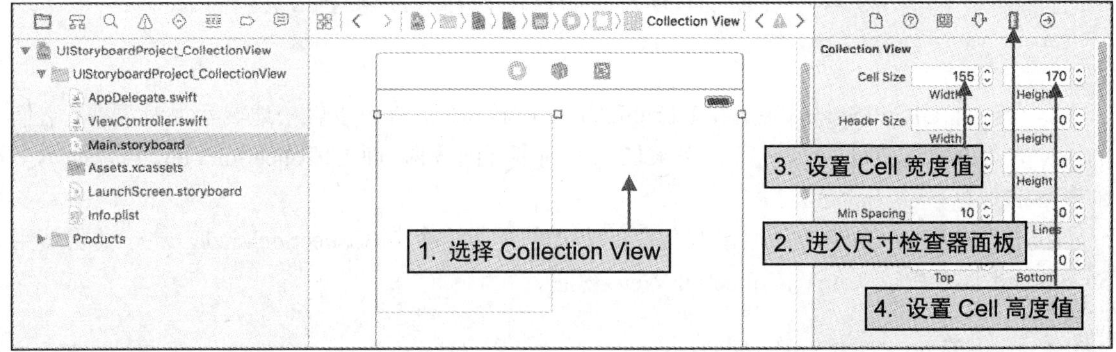

图 19.40

接着往 Collection View Cell 中拖入一个 Image View 控件，并修改它的尺寸和位置，将 Image View 的尺寸和 Collection View Cell 保持一致，如图 19.41 所示。

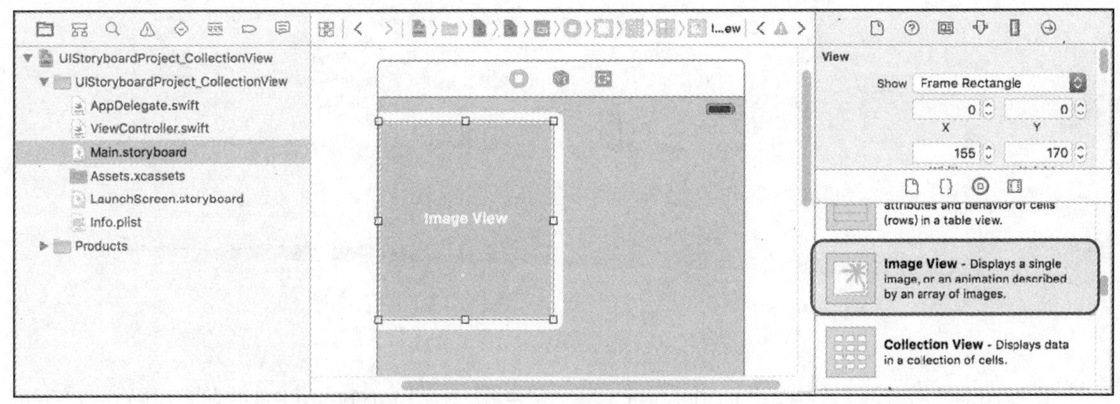

图 19.41

然后切换至属性观察器面板，将 Image View 的 Tag 值设置为 1，如图 19.42 所示。

图 19.42

给 Image View 设置 Tag 值后，就可以在代码中获得该 Image View 控件，并对其进行设置操作。和 Table View Cell 一样，也需要给 Collection View Cell 对象指定 Indentifier 值。如图 19.43 所示，首先点击【Show/Hide Document Outline】按钮，显示文档框架区，然后在文档框架区选择 Collection View Cell，接着在属性观察器面板中的【Identifier】输入框内，输入 Collection View Cell 控件的重用标识。

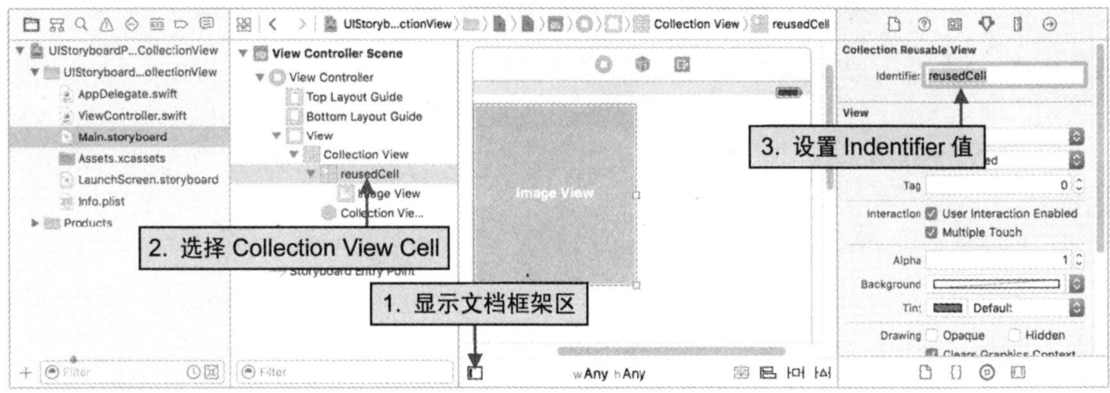

图 19.43

19.4.3 设置 Collection View 的数据源和代理

首先选择文档框架区的 Collection View 控件，然后在 Collection View 上按下鼠标右键，并拖动至 View Controller 视图控制器的图标位置，以建立 Collection View 控件和视图控制器的连接关系，如图 19.44 所示。

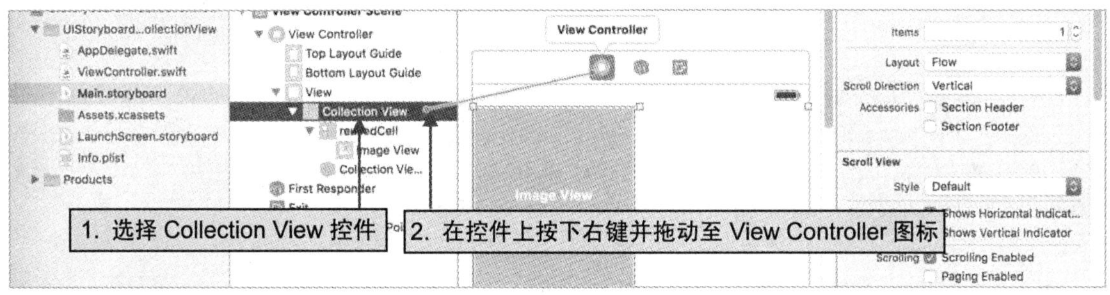

图 19.44

当松开鼠标时，将弹出连接类型列表，如图 19.45 所示。

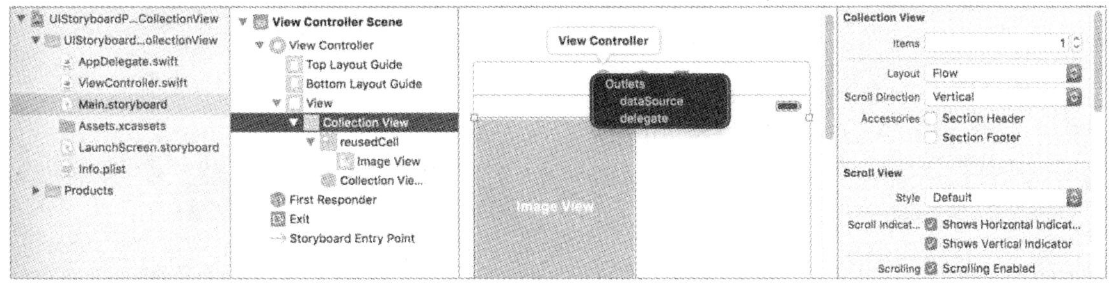

图 19.45

在图 19.45 的连接类型列表中，选择 dataSource 选项。这样就将 Collection View 控件的 datasource 数据源，设置为当前的视图控制器实例。使用相同的方式，将 Collection View 控件的 Delegate 也设置为当前的视图控制器实例。

19.4.4 修改 ViewController.swift 文件

在完成 Storyboard 所有的相关操作后，打开并编辑 ViewController.swift 文件，首先在该类中添加一个名为 fruits 的数组属性，作为 Table View 的数据源：

```
1 var images = ["Pic1", "Pic2", "Pic3", "Pic4", "Pic5", "Pic6", "Pic7", "Pic8", "Pic9"]
```

接着给 UIViewController 类添加 UICollectionViewDelegate、UICollectionViewDataSource 协议。添加完协议后，首先实现 UICollectionViewDataSource 协议中的 numberOfRowsInSection 方法，在该方法中设置 Collection View 的 Cell 的数量为数组的长度：

```
2 func collectionView(_ collectionView: UICollectionView, numberOfItemsInSection section: Int) -> Int {
3     return images.count
4 }
```

继续实现 UICollectionViewDataSource 协议中的 cellForRowAtIndexPath 方法，该方法用来从 Storyboard 中加载配置好的 Collection View Cell 对象：

```
5 func collectionView(_ collectionView: UICollectionView, cellForItemAt indexPath: IndexPath) -> UICollectionViewCell {
6
7     let cellIdentifier = "reusedCell"
8     let cell = collectionView.dequeueReusableCell(withReuseIdentifier: cellIdentifier, for: indexPath)
9
10    let imageView = cell.viewWithTag(1) as! UIImageView
11    imageView.layer.opacity = 0.5
12    let imageName = images[(indexPath as NSIndexPath).row]
13    imageView.image = UIImage(named: imageName )
14
15    return cell
16 }
```

在第 7 行代码中，首先定义了一个名为 identifier 的字符串常量，该常量的值与在 Storyboard 中给 Collection View Cell 设置的 Identifier 相同。

接着在第 8 行代码中，通过 dequeueReusableCellWithReuseIdentifier 方法，获得故事板中的自定义的 Collection View Cell。

在第 5 行代码中，通过 viewWithTag 方法获得 cell 中的 Tag 值为 1 的 Image View 控件，并设置该控件为半透明状态。接着根据当前 Cell 的序号，从数组中获得对应的图片名称，再从资源文件夹中加载指定的图片，最后将加载的图片赋予 imageView 对象。

接着实现 UICollectionViewDelegate 协议中的 didSelectItemAtIndexPath 方法，当用户使用手指点击选择某个 cell 的时候，将调用该方法：

```
17 func collectionView(_ collectionView: UICollectionView, didSelectItemAt indexPath: IndexPath) {
18     let cell = collectionView.cellForItem(at: indexPath)
```

```
19        let view = cell?.viewWithTag(1)
20        view?.layer.opacity = 1.0
21    }
```

在第 18 行代码中，通过 cellForItemAtIndexPath 方法，获得用户点击的 Cell，然后通过 viewWithTag 方法，获得该 Cell 中的 Image View 控件，最后在第 20 行代码中，将 Image View 控件的不透明度属性设置为完全不透明。

现在已经完成了所有的编码工作，点击 Xcode 界面左上角的【编译并运行】按钮 ▶ ，打开模拟器运行项目。项目运行后的效果如图 19.46 所示。

当模拟器打开后，使用手指向上滑动集合视图至集合视图的底部，如图 19.47 所示。然后在某个 Cell 中点击，该 Cell 中的图像视图的不透明度属性，将恢复为完全不透明状态，如图 19.48 所示。

图 19.46

图 19.47

图 19.48

19.5 Storyboard 常见的层次结构

在 iOS 应用程序中，我们经常会将 UITabBarController 和 UINavigationController 相结合来进行项目的搭建，本节将演示如何在 Storyboard 中，使用 UITabBarController 和 UINavigation-Controller 快速搭建移动项目的框架。

首先创建一个基于【Singe View Application】模板的项目，然后在左侧的项目导航区打开 Main.storyboard 文件，如图 19.49 所示。

接着在右侧的控件库中，将 Tab Bar Controller 控件拖动至 Storyboard 中。Tab Bar Controller 控件在默认下拥有两个子视图控制器。

将两个子视图控制器删除后，接着在 Tab Bar Controller 控件上按下鼠标右键，并拖动至 Storyboard 中的初始视图控制器。当释放鼠标时，将弹出连接类型列表，如图 19.50 所示。

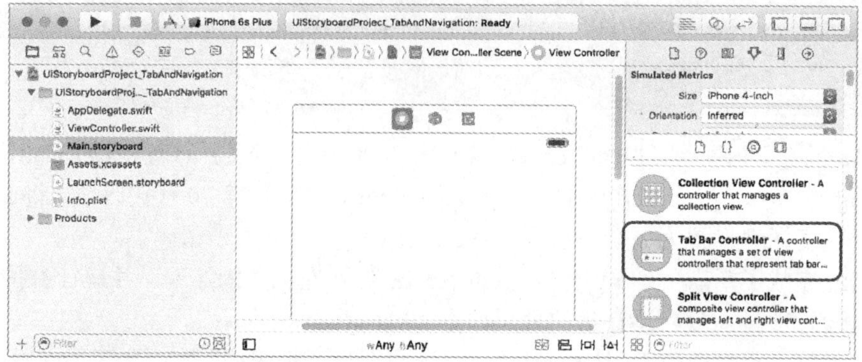

图 19.49

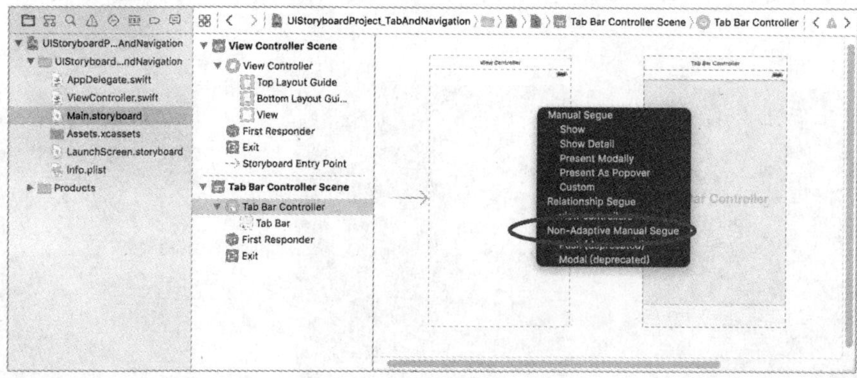

图 19.50

在弹出的连接类型列表中，选择【View Controllers】选项，将视图控制器作为子控制器连接至 Tab Bar Controller 控件。

接着从控制库中将 Navigation Controller 控件拖动到 Storyboard，使用同样的方式建立 Tab Bar Controller 控件和 Navigation Controller 控件之间的连接，将 Navigation Controller 控件作为 Tab Bar Controller 控件的子控制器，如图 19.51 所示。

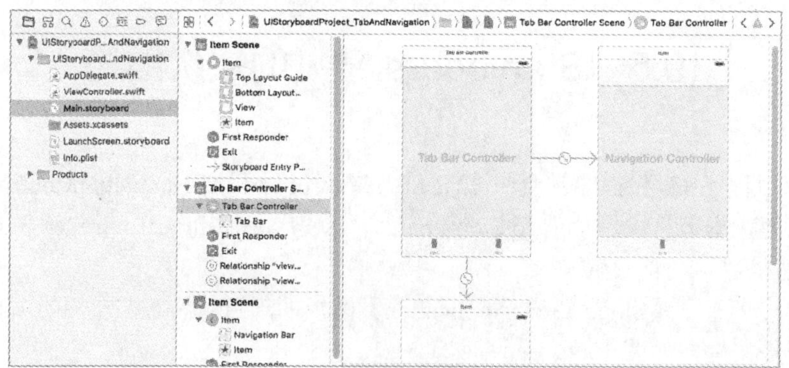

图 19.51

当前的 Tab Bar Controller 控件拥有两个子视图控制器，一个是 Storyboard 的初始视图控制器，另一个是刚添加进来的 Navigation Controller 控件。接着我们将为 Navigation Controller 控件也添加两个子视图控制器。

将一个 ViewController 控件从控件库中拖动到 Storyboard，放置在 Navigation Controller 控件的右侧，并将 Navigation Controller 控件与其建立从属的连接关系，最终的结果如图 19.52 所示，在弹出的连接类型列表中，选择【root view controller】选项，将新添加的视图控制器，作为 Navigation Controller 控件的根视图控制器。

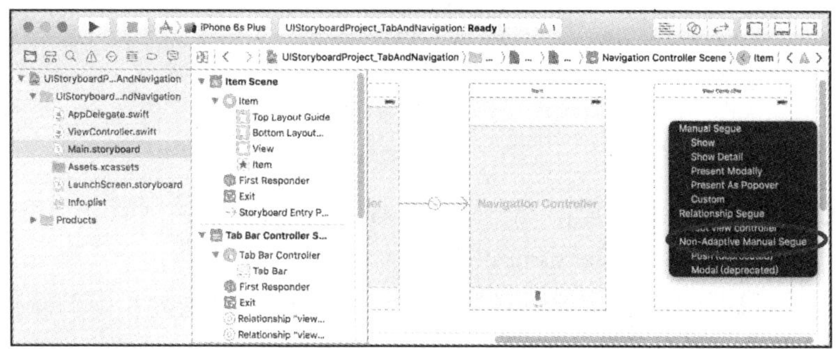

图 19.52

接着继续选择新添加的 ViewController 控件，然后按下键盘上的【Command+D】快捷键，复制一个新的 ViewController 控件，然后将复制的 ViewController 控件向右移动，移至被复制的 ViewController 控件的右侧，如图 19.53 所示。

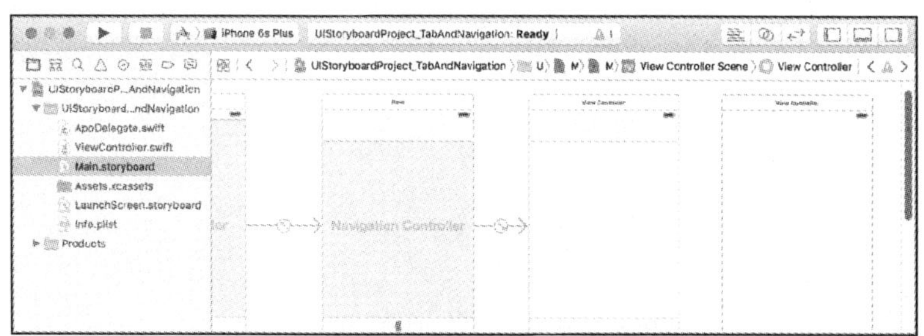

图 19.53

将一个 Button 控件从控件组中拖动到 Navigation Controller 控件的根视图控制器，并设置 Button 控件在视图控制器中的位置、大小、标题和背景颜色等外观属性。然后在 Button 控件上按下鼠标右键，并拖动到右侧刚刚复制的视图控制器。在弹出的连接类型列表中，选择【Push】选项，当用户点击按钮时，将在导航控制器中跳转到该视图控制器，如图 19.54 所示。

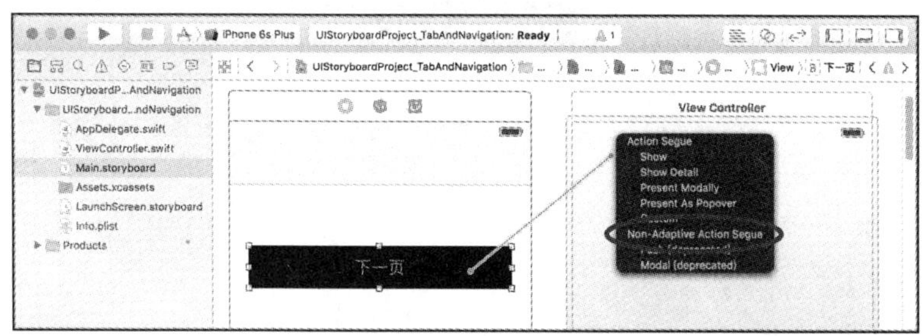

图 19.54

最后还需要更改当前 Storyboard 的初始视图控制器，由于我们需要把 Tab Bar Controller 控件作为 Storyboard 的初始视图控制器，所以先选择 Tab Bar Controller 控件，然后在属性检查器面板中，勾选【Is Initial View Controller】复选框，如图 19.55 所示。

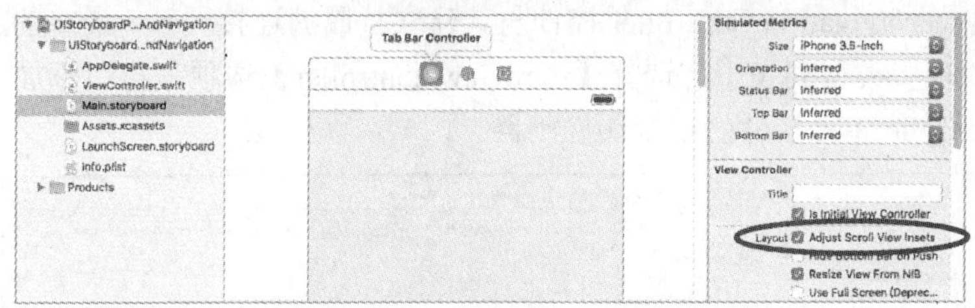

图 19.55

Tab Bar Controller 控件被设置为 Storyboard 的初始视图控制器之后，当程序加载此 Storyboard 时，将自动加载 Tab Bar Controller 中的内容。

至此便完成了在 Storyboard 中的所有操作，在 Storyboard 空白处点击鼠标右键，然后选择【Zoom to 50%】选项，将 Storyboard 视图缩小至 50%，观察项目的整个页面连接和跳转流程，如图 19.56 所示。

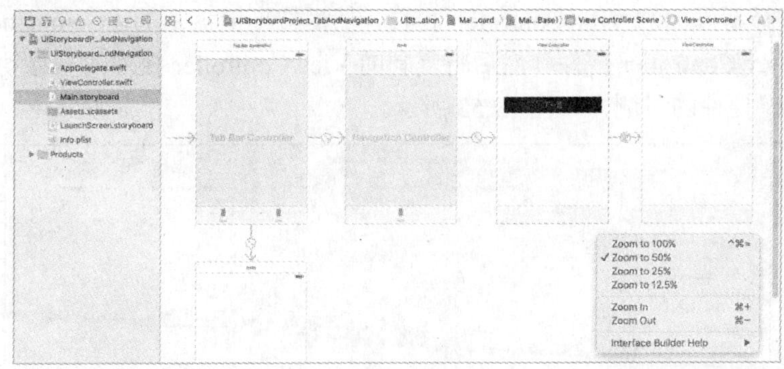

图 19.56

接着点击【编译并运行】命令，打开模拟器预览项目，如图 19.57 所示。

当模拟器打开后，点击底部右侧的标签进入标签控制器的第二个页面，如图 19.58 所示，然后点击该页面中的【下一页】按钮，进入导航控制器的第二个页面，如图 19.59 所示。

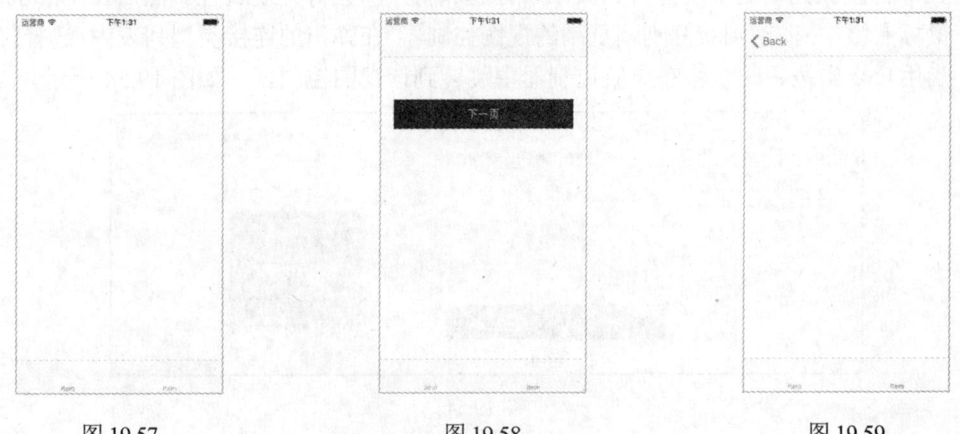

图 19.57　　图 19.58　　图 19.59

使用 Storyboard 技术，可以在没有编写一行代码的情况下，完成项目框架的搭建。

19.6　Storyboard 之间的页面跳转和参数传递

通过上面的几个例子可以看出，在一个 Storyboard 中设置页面之间的跳转是非常简单的。这里将演示如何在多个 Storyboard 之间进行页面的跳转，并且在页面跳转的同时，传递参数至新的页面。

19.6.1　单个 Storyboard 中页面间的参数传递

首先讲解在单个 Storyboard 文件中，进行页面跳转时的参数传递。这里继续使用上一节中的项目，首先选择【下一页】按钮与另一个页面的连接 Segue，然后在右侧属性观察器面板中的【Identifier】输入框内输入 SegueToPage2 作为 Segue 的标识符，如图 19.60 所示。

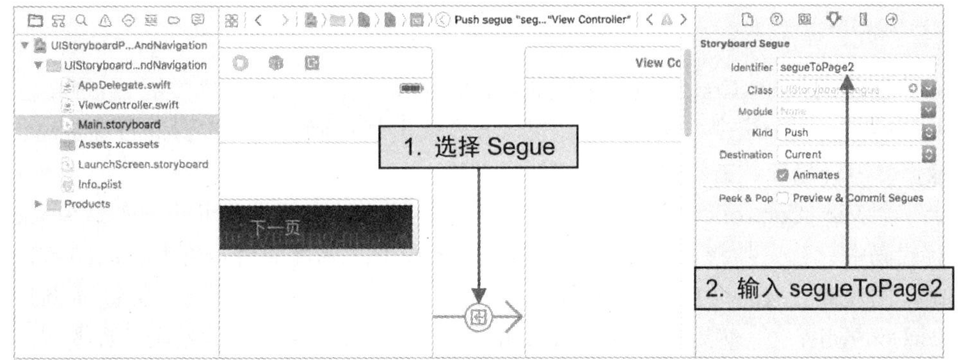

图 19.60

接着创建两个 ViewController 类文件，作为 Storyboard 中导航控制器下的两个视图控制器对应的类文件。首先在项目名称文件夹上点击鼠标右键，弹出右键菜单，选择菜单中的【New File】选项，创建两个基于 UIViewController 的子类，名称分别为 Page1ViewController 和 Page2ViewController，如图 19.61 所示。

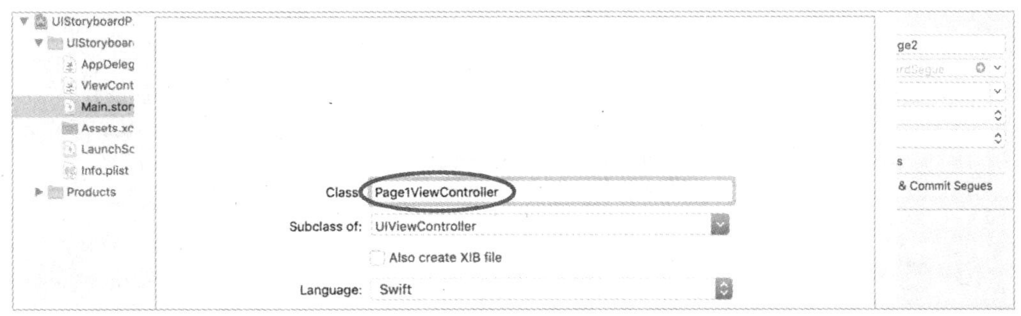

图 19.61

完成类文件的创建后，打开并编辑 Page2ViewController.swift 文件。如图 19.62 所示，给 Page2ViewController 类添加一个名为 name 的字符串属性，用来在页面间进行数据的传递。

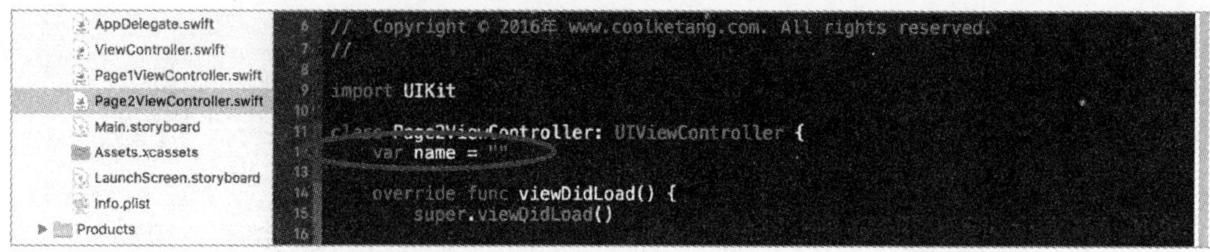

图 19.62

接着打开并编辑 Page1ViewController.swift 文件，在该类文件中重写 prepareForSegue 方法：

```
1  func prepareForSegue(segue: UIStoryboardSegue, sender: AnyObject?)
2  {
3      if(segue.identifier == "segueToPage2")
4      {
5          let vc = segue.destinationas! Page2ViewController;
6          vc.name = "Jerry";
7      }
8  }
```

当你从当前的 ViewController 视图控制器中触发一个 segue 的时候，系统会自动调用 prepareForSegue:sender:这个方法。如果你想从一个页面切换到另一个页面时传递数据，或者执行其他操作时，可以在此方法中进行处理。

由于一个 ViewController 可能包含对多个页面的跳转，也就是有可能有多个 Segue，所以在第 3 行代码中，首先判断正在触发的 segue 的 identifier 属性的值是否为 segueToPage2，如果是的话，则获得 segue 的 destinationViewController 属性，并使用 as 关键词将其转换为 Page2ViewController 类，然后设置该类的 name 属性的值为 Jerry，从而完成了数据在多个页面之间的传递。

现在来将 Storyboard 中的视图控制器控件与视图控制器类文件进行绑定。首先选择 Storyboard 中导航控制器的根视图控制器，然后在 Identity inspector 面板中，设置其 class 为 Page1ViewController，如图 19.63 所示。

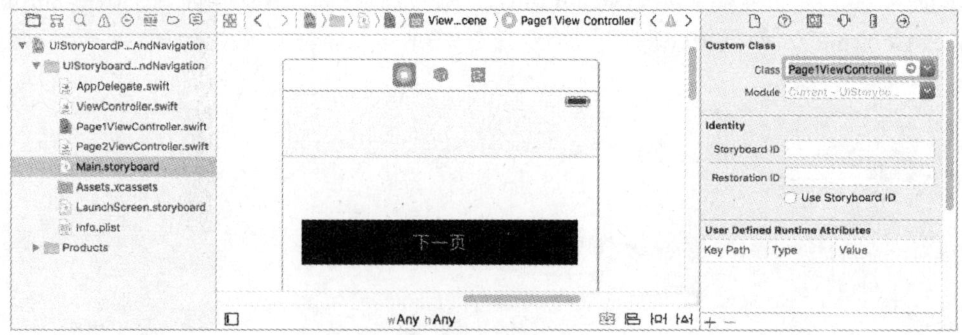

图 19.63

使用相同的方式，将和【下一页】进行连接的页面的类文件设置为 Page2ViewController，然后在该页面中，从控件库中添加一个 Label 控件，并对 Label 控件的外观进行一些自定义设置，如图 19.64 所示。

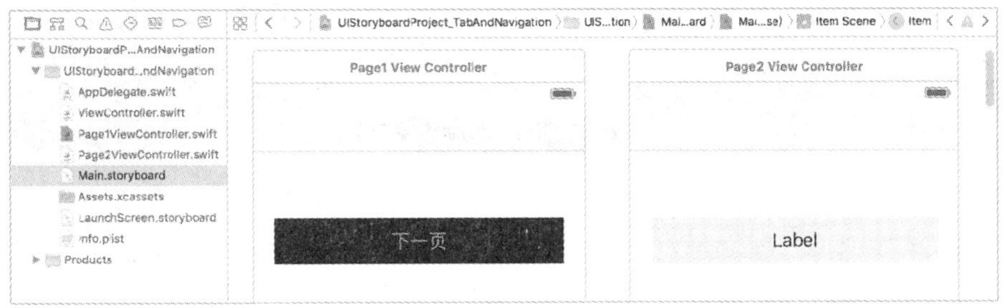

图 19.64

接着将 Label 控件与 Page2ViewController 类文件中的属性进行连接，点击工具栏右侧的显示辅助编辑器按钮，同时显示 Storyboard 中的视图控制器控件和对应的视图控制器类文件，然后在 Label 控件上按下鼠标右键，并拖动至右侧的代码中。在弹出的连接设置窗口中的【Name】输入框内输入 nameLabel，作为 Label 控件在类文件中的属性名称，如图 19.65 所示。

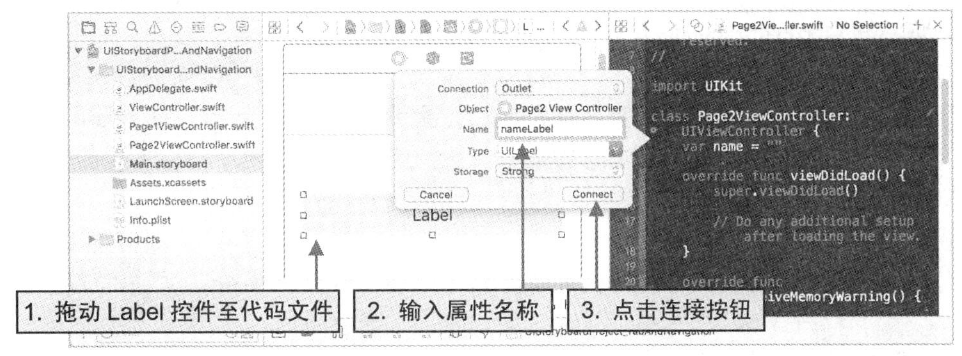

图 19.65

点击连接按钮，完成 Label 控件的连接属性设置，在 Page2ViewController 文件中，新增了一个名为 labelName 的属性。接着在 viewDidload 方法中，设置 labelName 的值。当该视图控制器被加载后，将 labelName 标签的 text 属性的值设置为用于接收外部参数的变量 name。

```
class Page2ViewController: UIViewController {
    var name = ""
    @IBOutlet var labelName: UILabel!

    override func viewDidLoad() {
        super.viewDidLoad()
        self.labelName.text = name
    }
}
```

完成代码的编写后，点击【编译并运行】命令，打开模拟器预览项目，如图 19.66 所示。

当模拟器打开后，点击底部右侧的标签进入标签控制器的第二个页面，如图 19.67 所示，然后点击该页面中的【下一页】按钮，进入导航控制器的第二个页面，同时传递参数【Jerry】至 Page2ViewController 类。Page2ViewController 类的 name 属性接收到参数后，将数据显示在 Label 标签中，如图 19.68 所示。

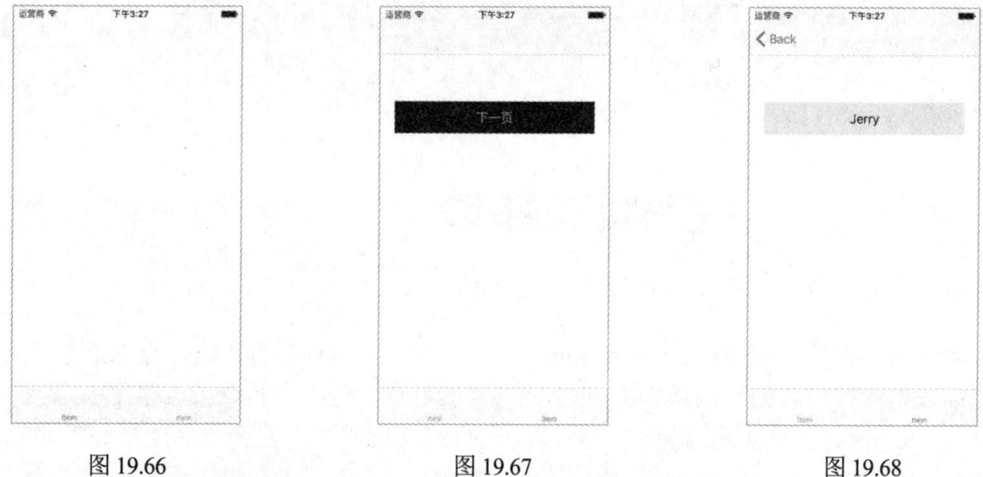

图 19.66　　　　图 19.67　　　　图 19.68

19.6.2　多个 Storyboard 中的页面跳转及参数传递

在实现多个 Storyboard 的页面跳转之前，首先往项目中添加一个新的 Storyboard 文件。在项目名称文件夹上点击鼠标右键，弹出右键菜单，选择菜单中的【New File...】命令，弹出模板选择窗口。

在弹出的模板选择窗口中，依次选择【User Interface > Storyboard】选项，然后点击【Next】按钮，创建一个 Storyboard 文件，并命名为 AnotherStoryboard.storyboard，如图 19.69 所示。

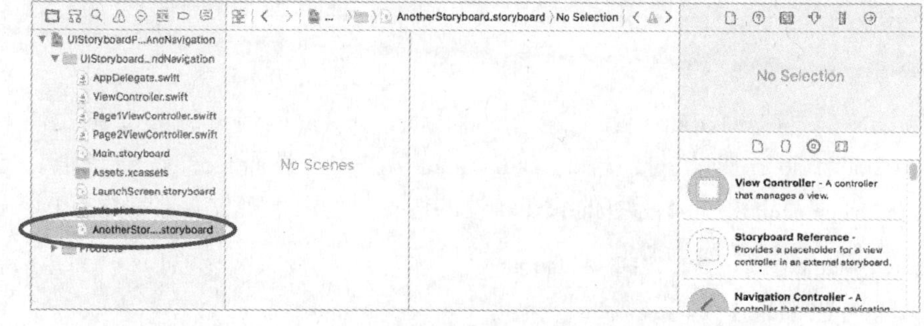

图 19.69

接着往新建的 Storyboard 中添加一个视图控制器，并设置视图控制器根视图的背景颜色为绿色，然后将该视图控制器设置为 Storyboard 的根视图控制器，如图 19.70 所示。

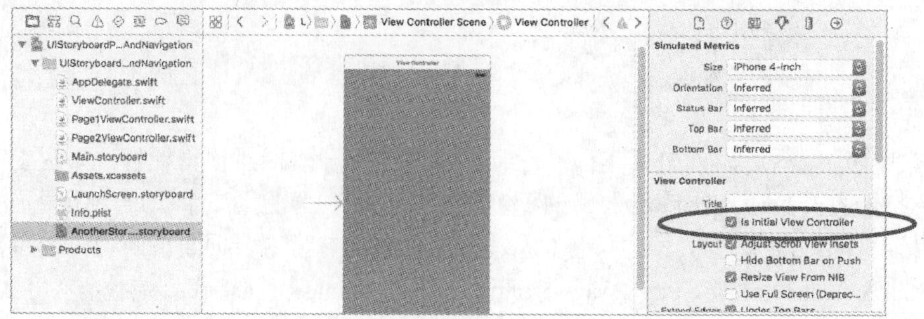

图 19.70

继续往该 Storyboard 中添加一个视图控制器，并设置根视图的背景颜色为蓝色，同时往根视图中添加一个 Label 控件，用来显示接收到的参数。

另外，由于该视图控制器并不是当前 Storyboard 的初始视图控制器，所以要想从其他页面跳转到该页面，需要通过该页面的 Storyboard ID 来获取，然后再进行页面的跳转。

点击【Show the identity inspector】图标，进入身份检查器面板，设置该视图控制器在 Storyboard 中的 ID，如图 19.71 所示。

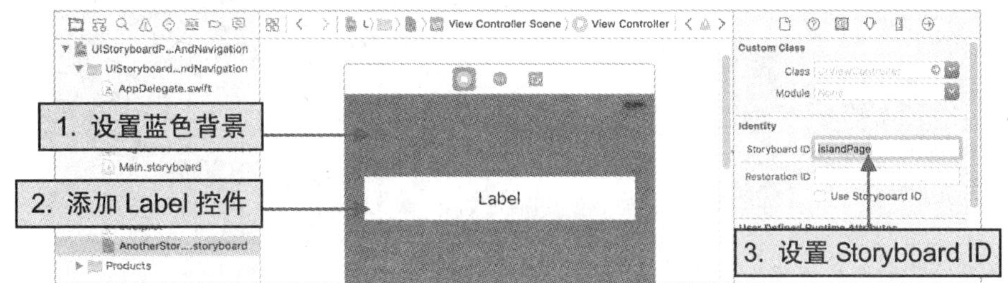

图 19.71

接着为第二个视图控制器创建一个 UIViewController 类文件，在项目名称文件夹上点击鼠标右键，弹出右键菜单，选择菜单中的【New File...】命令，弹出模板选择窗口。在弹出的模板选择窗口中，依次选择【Source > Cocoa Touch Class】选项，然后点击【Next】按钮，创建一个基于 UIViewController 的视图控制器类，并命名为 IslandPageViewController，如图 19.72 所示。

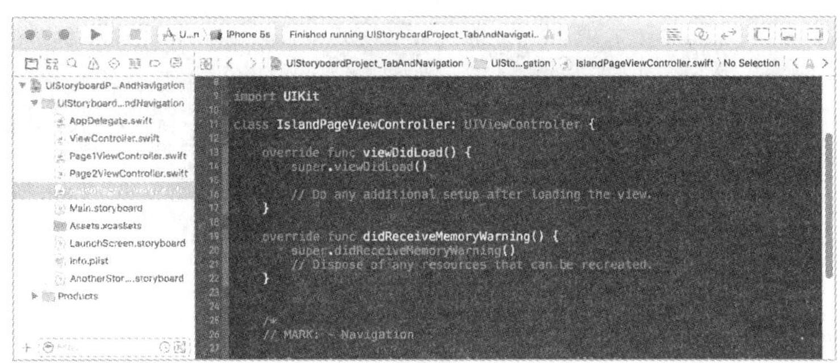

图 19.72

然后选择 AnotherStoryboard 中的第二个视图控制器控件，并将该视图控制器与 IslandPageViewController 类文件进行绑定，如图 19.73 所示。

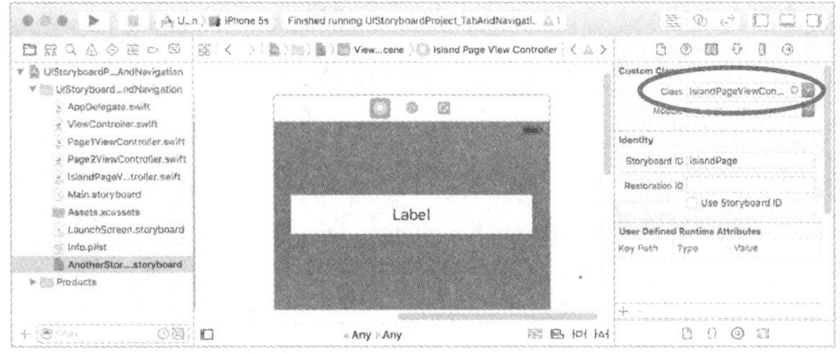

图 19.73

接着将视图控制器的 Label 控件，与 IslandPageViewController 类文件中的属性进行绑定。点击【Show the Assistant editor】图标，以同时显示 Storyboard 和代码窗口，然后在 Label 控件上按下鼠标右键，并向右侧的代码窗口拖动，释放鼠标时，弹出连接属性设置窗口，在设置窗口中的【Name】输入框内，输入 Label 控件连接的属性的名称，如图 19.74 所示。

图 19.74

设置好连接属性后，点击【Connect】按钮，在 IslandPageViewController 类文件中添加一个名为 labelMessage 的属性。同时为 IslandPageViewController 类文件添加一个名为 message 的字符串变量，用来接收外部传来的数据，并在 viewDidLoad 方法中，将 message 的值赋予 labelMessage 标签的 text 属性，以显示外部传进的数据内容，如图 19.75 所示。

图 19.75

添加两个跳转按钮

接着在左侧的项目导航区，打开 Main.storyboard 文件，并在导航控制器的根视图控制器中添加两个按钮，并为两个按钮进行外观的设置。当用户点击两个按钮时，页面将跳转到 AnotherStoryboard 中的两个视图控制器中，如图 19.76 所示。

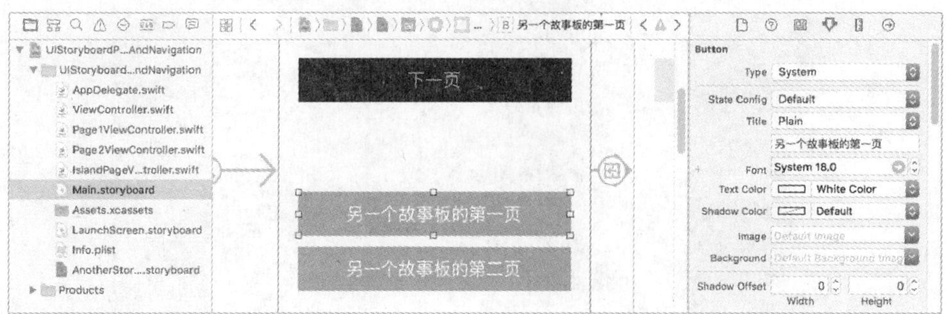

图 19.76

然后将两个按钮与所在视图控制器的类文件中的方法进行绑定，在按钮上按下鼠标右键，并向右侧的代码区拖动，当释放鼠标时，将弹出属性连接设置窗口。

在弹出的属性连接设置窗口中，首先通过 【Connection】下拉箭头，选择连接的类型为 Action，接着在【Name】输入框内，输入 gotoAnotherStoryboardPage1 作为按钮在类文件中绑定的方法的名称，最后点击【Connect】按钮，完成连接属性的设置，如图 19.77 所示。

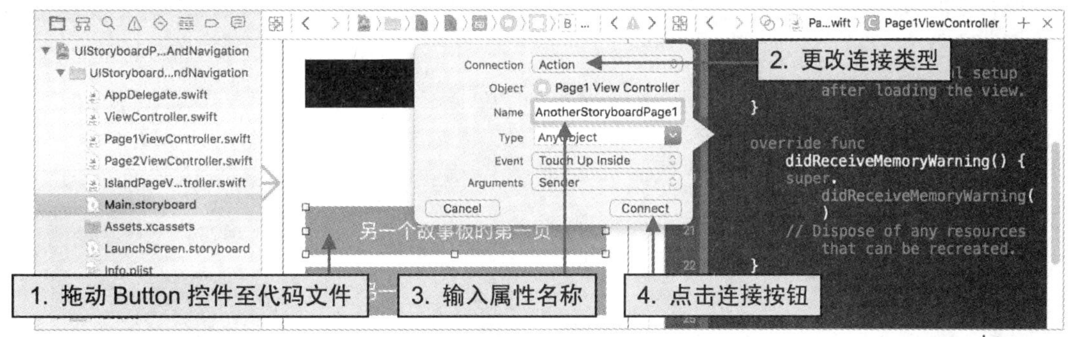

图 19.77

当完成属性的设置后，将在视图控制器 Page1ViewController 类文件中，添加一个名为 gotoAnotherStoryboardPage1 的方法。使用相同的方式，将第二个按钮也和 Page1ViewController 类文件的方法进行连接。

接着来实现这两个响应按钮事件的方法，首先修改第一个按钮的事件方法：

```
1  @IBAction func gotoAnotherStoryboardPage1(_ sender: AnyObject) {
2      let storyBoard = UIStoryboard(name: "AnotherStoryboard", bundle: nil)
3      let vc = storyBoard.instantiateInitialViewController()
4      self.navigationController?.pushViewController(vc!, animated: true)
5  }
```

在第 2 行代码中，从项目资源束中获得名为 AnotherStoryboard 的 Storyboard 文件，然后在第 3 行代码中，通过调用 storyBoard 对象的 instantiateInitialViewController 方法，获得该 Storyboard 的初始视图控制器。最后在第 4 行代码中，将该视图控制器 Push 到导航控制器的堆栈中，从而实现 Storyboard 之间的页面跳转。

接着实现第二个按钮的事件方法：

```
6  @IBAction func gotoAnotherStoryboardPage2(sender: AnyObject) {
7      let storyBoard = UIStoryboard(name: "AnotherStoryboard", bundle: nil)
8      let vc = storyBoard.instantiateViewControllerWithIdentifier("islandPage") as!
IslandPageViewController
9      vc.message = "Greetings!"
10     self.navigationController?.pushViewController(vc, animated: true)
11 }
```

在第 7 行代码中，从项目资源束中获得名为 AnotherStoryboard 的 Storyboard 文件，然后在第 8 行代码中，通过调用 storyBoard 对象的 instantiateViewControllerWithIdentifier 方法，获得 Storyboard ID 为 islandPage 的视图控制器，并将该视图控制器的类型转换为

IslandPageViewController，从而设置该视图控制器的属性 message 的值，实现参数在页面跳转过程中的传递。

完成代码的编写后，点击【编译并运行】命令，打开模拟器预览项目。

当模拟器打开后，点击底部右侧的标签，进入标签控制器的第二个页面，如图 19.78 所示，然后点击该页面中的【另一个故事的第一页】按钮，进入名为 AnotherStoryboard 故事板的初始视图控制器，如图 19.79 所示。接着在该页面中点击左上角的【< Back】按钮，返回如图 19.78 所示的页面。

接着在该页面中，点击【另一个故事板的第二页】按钮，将进入 AnotherStoryboard 故事板的第二个视图控制器页面，在该页面中，显示了传入的【Greetings!】参数，如图 19.80 所示。

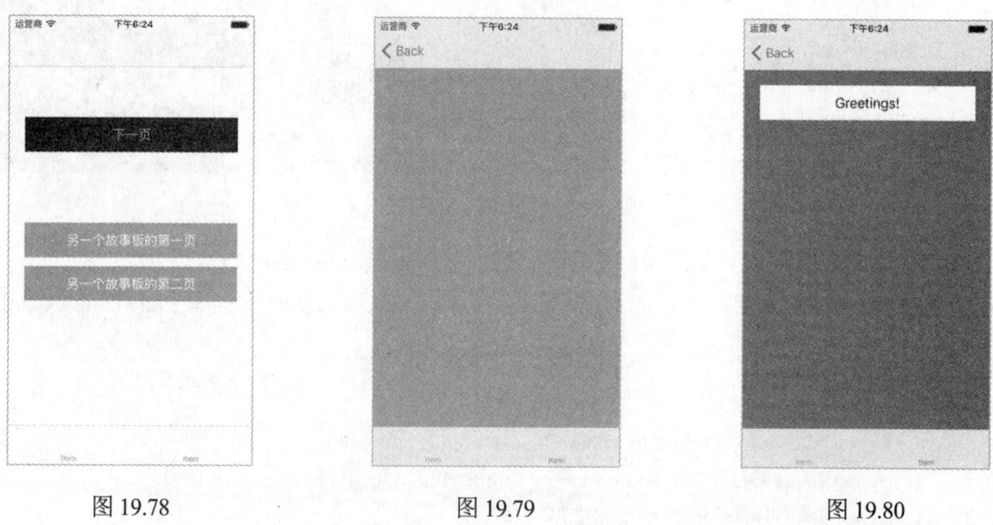

图 19.78　　图 19.79　　图 19.80

19.7　使用约束功能适配多分辨率

在使用 Storyboard 进行界面设计时，有个叫作 Constrain 约束的功能非常好用，可以很方便、快速地对页面进行多分辨率的适配。

自 iPhone 6 和 iPhone 6 Plus 起，iPhone 的屏幕分辨率增加为 4 种，iPad 也有了 iPad、iPad Retina、iPad Pro 三种不同的分辨率，而且不排除这些设备之后的分辨率会变得更多。为了使你的 app 能够在各种尺寸的屏幕上都能完美运行，就需要学会灵活使用约束功能。

在代码中使用约束功能是极为不便和麻烦的，往往需要书写大量的代码来完成一个控件的约束。而在 Storyboard 中为控件添加约束就极为简单，仅需鼠标的几个拖曳操作，就能为一个控件快速、完美地添加约束。

19.7.1　打开并运行示例项目

在使用约束功能之前，首先打开本节课程的示例项目，如图 19.81 所示。

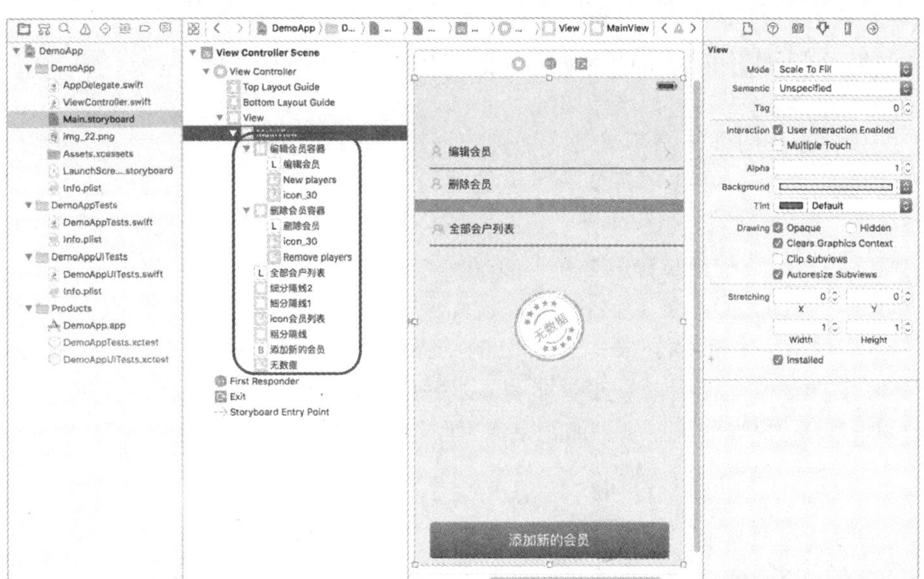

图 19.81

如图 19.81 所示，该视图控制器包含众多的控件，这些控件都被放置在一个名为【MainView】的 UIView 视图中，该视图的尺寸和当前视图控制器的根视图的尺寸相同。与编辑会员功能相关的图标、标签和右向小箭头被放置在名为【编辑会员容器】的 UIView 视图中，与删除会员功能相关的图标、标签和右向小箭头被放置在名为【删除会员容器】的 UIView 视图中。其他元素都属于 MainView 视图的直接子元素。

现在把项目运行起来，观察该页面在各个模拟器的显示效果。点击【编译并运行】按钮 ▶ ，依次在 iPhone 4s、iPhone 5s、iPhone 6、iPhone 6 Plus 4 个模拟器中运行该项目，效果如图 19.82~图 19.85 所示。

如图 19.82 所示，在 iPhone 4s 的模拟器中，底部的【添加新的会员】按钮已经无法正常显示。如图 19.83 所示，在 iPhone 5s 的模拟器中，因为页面基于 4-inch 的视图控制器创建，所以能够正常显示。如图 19.84 和图 19.85 所示，该页面在大于 4-inch 的屏幕上只占据了屏幕的部分空间。接着我们使用约束功能，对该页面进行各分辨率屏幕的快速适配。

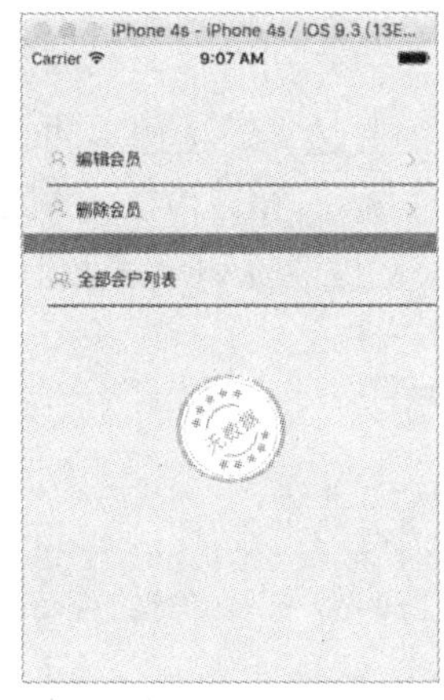

图 19.82（iPhone 4s）

图 19.83（iPhone 5s）

图 19.84（iPhone 6）

图 19.85（iPhone 6 Plus）

19.7.2 给父视图 MainView 添加约束

给一个控件添加约束，无非就是为了确定该控件在屏幕中的位置和尺寸。所以当你打算给一个控件添加约束时，首先要确认一下该控件的父视图是否在屏幕中，是否已经具有了确定的位置和尺寸。当你要给该页面中所有元素添加约束时，首先要给位于顶级的父视图添加约束关系，也就是说，约束的添加顺序是由父视图至子视图的顺序进行的。

由于当前页面的元素都位于 MainView 视图中，所以首先给 MainView 视图添加约束关系。在文档框架区（Document Outline）选择 MainView 视图，然后在该视图上按下鼠标右键（或按下 Control 键的同时，使用鼠标左键拖动），并拖动到 MainView 视图的父视图，即当前视图控制器的根视图（根视图不需要添加约束，因为系统默认它是自适应所有屏幕的），如图 19.86 所示。

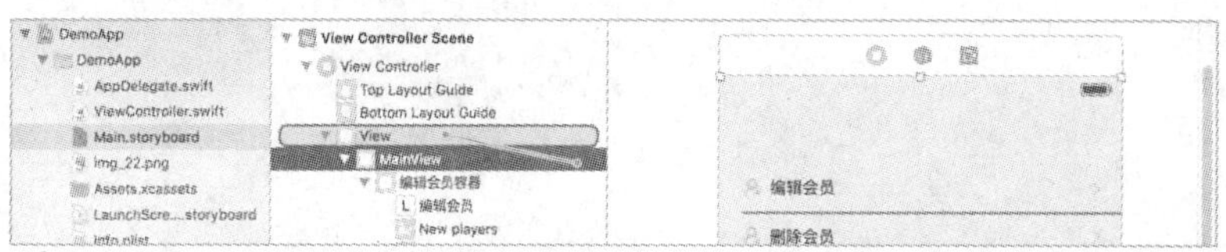

图 19.86

此时当松开鼠标时，将自动弹出约束关系列表，在约束关系列表中，选择【Leading Space to Container Margin】选项，添加 MainView 和根视图之间的第一个约束关系，即无论在哪种分辨率的屏幕上，MainView 的左边界始终与根视图的左边界保持固定的距离，如图 19.87 所示。

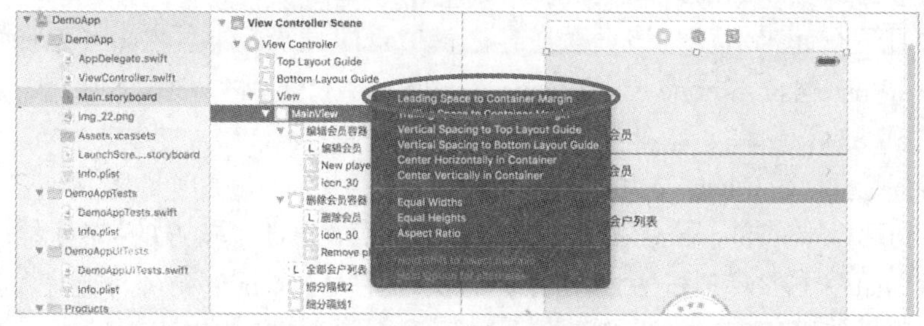

图 19.87

现在已经添加了 MainView 左边界和根视图左边界的约束关系，系统已经知道了在各种分辨率的屏幕中 MainView 左边界的位置，但是仍然无法确定 MainView 的右边界、顶边界和底边界的约束系统。所以此时在 MainView 的四周会出现红色的警示框，提示你 MainView 的约束关系尚未完整，还需要继续添加约束关系，直至系统可以确定 MainView 的位置和尺寸为止，如图 19.88 所示。

除了在文档框架区通过在控件名称上右键拖动创建约束关系，还可以直接在视图控制器中的控件上按下鼠标右键，并拖动至其父视图上以创建约束关系。

当松开鼠标时，将再次弹出约束关系列表，在约束关系列表中，由于已经添加了【Leading Space to Container Margin】约束关系，所以此项的左侧显示了一个白色圆点，表示 MainView 和根视图已经添加该约束关系。接着选择约束关系列表中的【Trailing Space to Container Margin】选项，添加 MainView 和根视图之间的约束关系，即无论在哪种分辨率的屏幕上，

MainView 的右边界始终与根视图的右边界保持固定的距离，如图 19.89 所示。

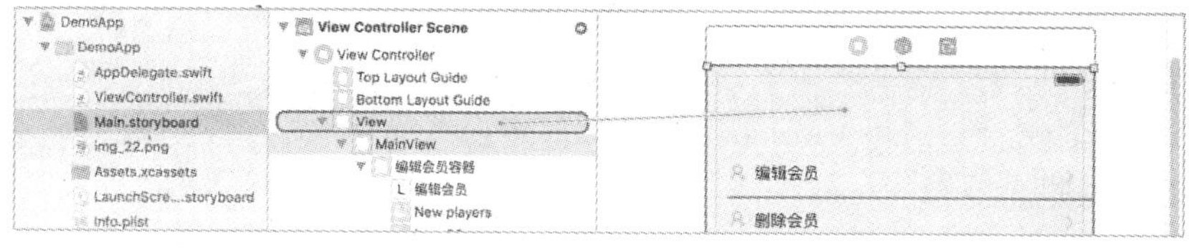

图 19.88

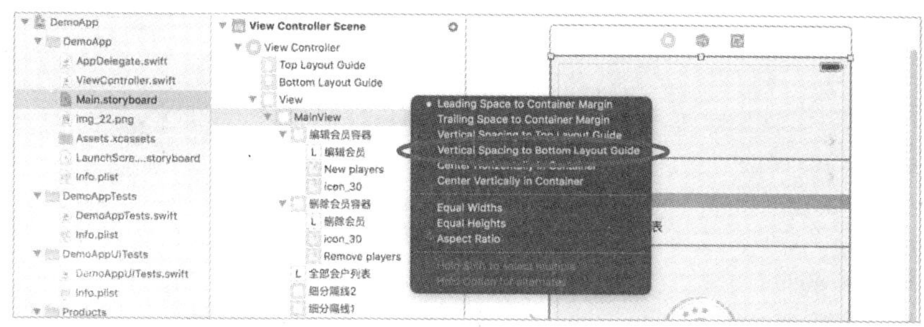

图 19.89

使用相同的方式，继续添加 MainView 和根视图之间的约束关系【Vertical Spacing to Top Layout Guide】和【Vertical Spacing to Bottom Layout Guide】，设置 MainView 和根视图在顶边界和顶边界的约束关系。

当确定 MainView 4 个方向的边界和根视图 4 个边界的约束关系后，系统就明白了 MainView 在各种分辨率的屏幕上所在的位置和应该具有的尺寸信息。此时 MainView 四周的红色警告框已经变为了黄色的，表示约束关系已经正确设置，但是仍然存在一点小问题。点击右上角的黄色小箭头，可以查看系统给出的修改建议，如图 19.90 所示。

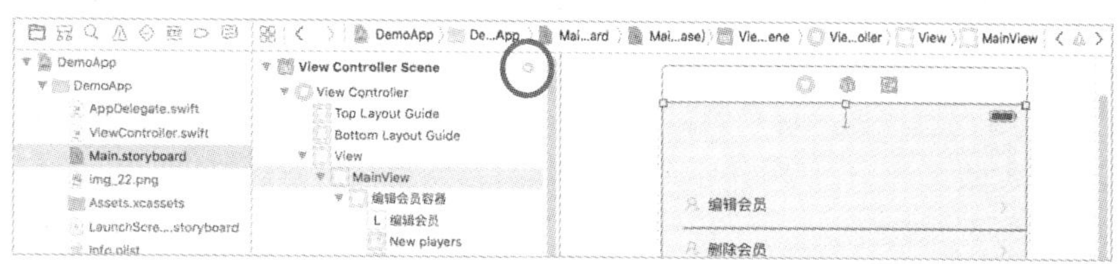

图 19.90

在约束建议设置区域，系统提示 MainView 被错误放置。此时点击右侧的黄色三角形，弹出系统给出的修改建议列表，然后勾选列表中的【Reset to suggested constrainst】选项，由系统自行修改该问题，如图 19.91 所示。

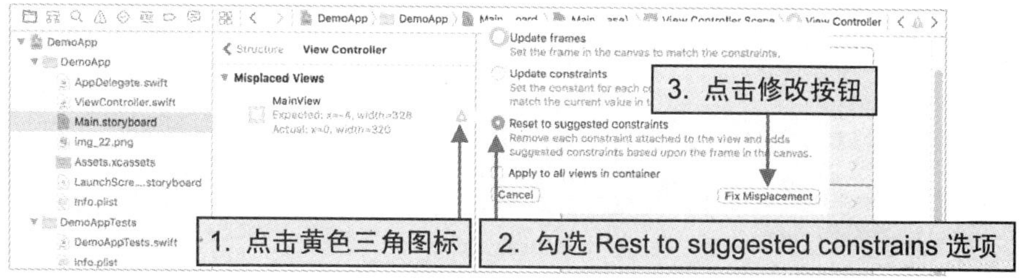

图 19.91

至此就完成了对 MainView 的约束，点击【编译并运行】按钮 ▶ ，再次在不同分辨率的模拟器上观察添加约束后的 MainView 效果。如图 19.92 所示是在 iPhone 6 模拟器中的效果，MainView（浅绿色的背景视图）已经能够撑满整个屏幕了。

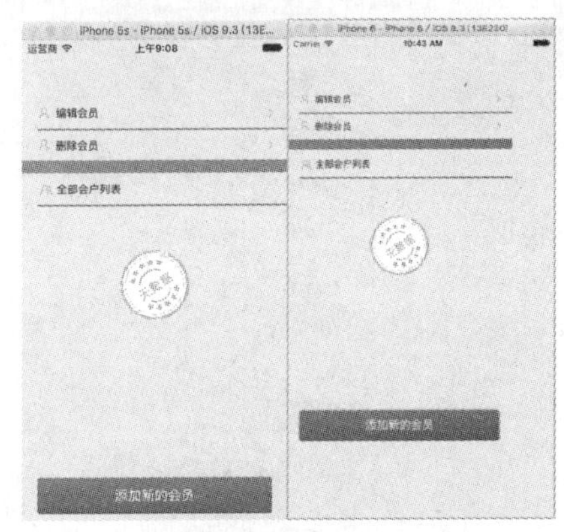

图 19.92

19.7.3 给三个分隔线添加约束

接着给三条分隔线添加约束关系，首先选择中间较粗的分隔线。在给该分隔线添加约束关系之后，我们希望无论在何种分辨率的屏幕上，都能够达到以下效果。

- 分隔线的左、右两个边界，紧贴屏幕的左、右两个边界，即分隔线的宽度跟随屏幕的宽度变化而相应地变化。
- 分隔线的顶边界，始终与屏幕的顶边界保持相同的距离；
- 分隔线的高度始终不变。

根据以上三个要求，我们开始对分隔线进行约束的添加。由于分隔线的父视图 MainView 已经建立了正确的约束关系，所以只需建立分隔线与 MainView 的约束关系即可。

首先在分隔线按下鼠标右键，并拖动其父视图 MainView 上，如图 19.93 所示。

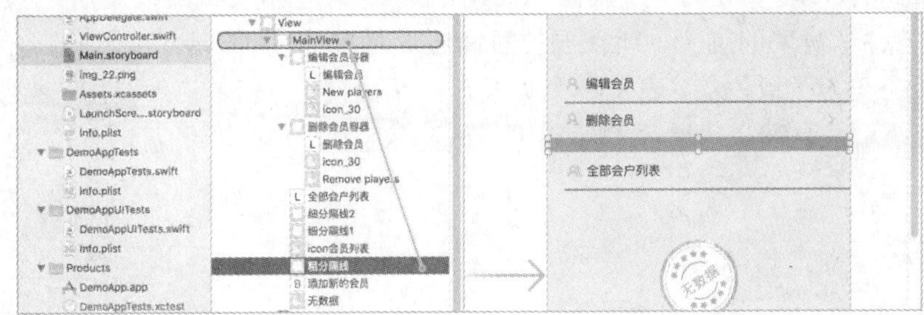

图 19.93

然后在弹出的约束关系列表中，依次选择 Leading Space to Container Margin、Trailing Space to Container Margin、Top Space to Container 选项，将粗分隔线与 MainView 的建立约束关系，不管分辨率如何，粗分隔的左、右、顶三个方向的边界始终与 MainView 三个方向的边界保持固定的距离，如图 19.94 所示。

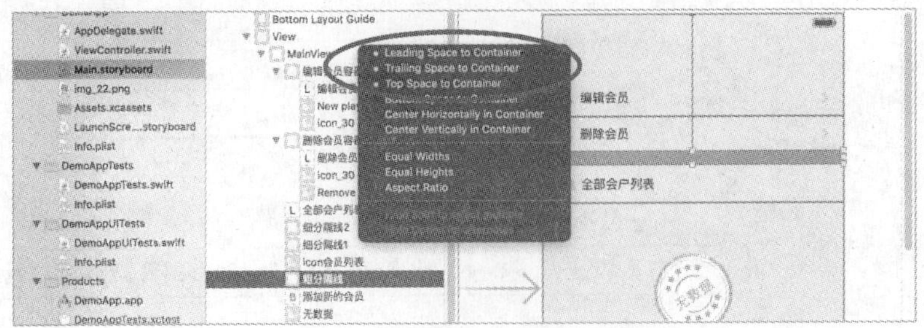

图 19.94

从图 19.94 可以看出，粗分隔线的周围仍有红色警告框，因为系统还无法确定粗分隔线的高度信息，为了使粗分隔线的高度保持恒定，可以建立自身的约束。在粗分隔线上按下鼠标右键，然后在位于自身的其他位置上松开鼠标，弹出约束关系列表，如图 19.95 所示。

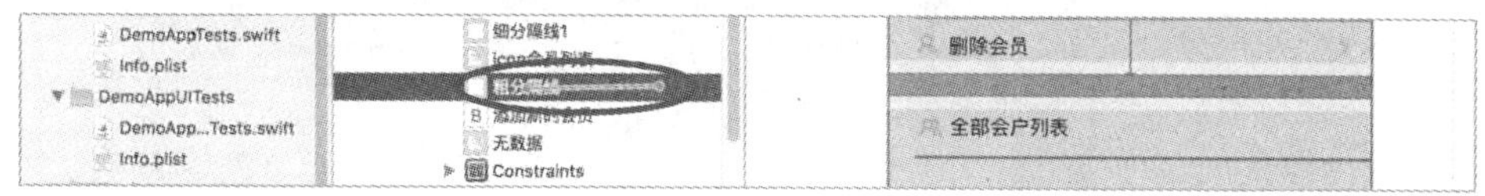

图 19.95

在弹出的约束列表中，选择【Height】选项，建立自身高度的约束，从而保持粗分隔线控件的高度在各分辨率下始终保持不变，如图 19.96 所示。

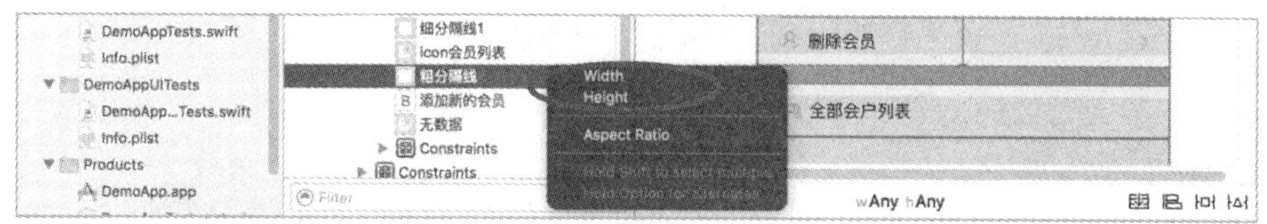

图 19.96

这样就完成了粗分隔线的约束配置，其周围的红色警告框也将自动消失。接着使用相同的方式，对另外两个较细的分隔线进行相同的配置，然后点击【编译并运行】按钮 ▶ ，在各分辨率的模拟器中观察分隔线的约束效果。如图 19.97 所示为在 iPhone 6 模拟器中的效果，三条分隔线都能够正确显示在屏幕上了。

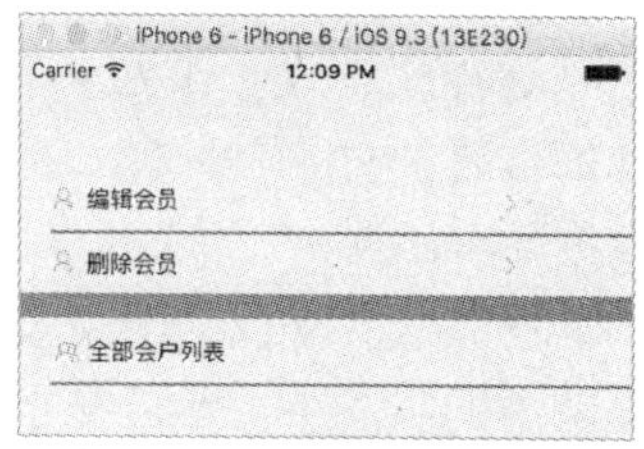

图 19.97

19.7.4　给两个小箭头添加约束

接着给编辑会员和删除会员右侧的两个右向小箭头添加约束关系，首先选择编辑会员右侧的小箭头。在给该小箭头添加约束关系之后，我们希望无论在何种分辨率的屏幕上，都能够达到以下效果：

- 小箭头距离屏幕顶部的距离保持不变。
- 小箭头距离屏幕右边界的距离保持不变。
- 小箭头的宽度和高度保持不变。

根据以上三个要求，我们开始对小箭头进行约束的添加。还记得约束的添加顺序吗？在给小箭头添加约束之前，首先给小箭头所在的父视图，名为【编辑会员容器】的 UIView 视图添加约束。依次给该父视图的左、右和顶边界，添加至 MainView 相同方向边界的约束，从而使【编辑会员容器】视图的左、右和顶边界，与 MainView 对应的三个方向的边界保持固定的间距，如图 19.98 所示。

接着建立【编辑会员容器】视图自身高度上的约束，在【编辑会员容器】视图的名称上按下鼠标右键，并在自身进行拖动，松开鼠标后，弹出自身约束关系的列表。然后在弹出的自身约束关系的列表中，选择【Height】选项，如图 19.99 所示。

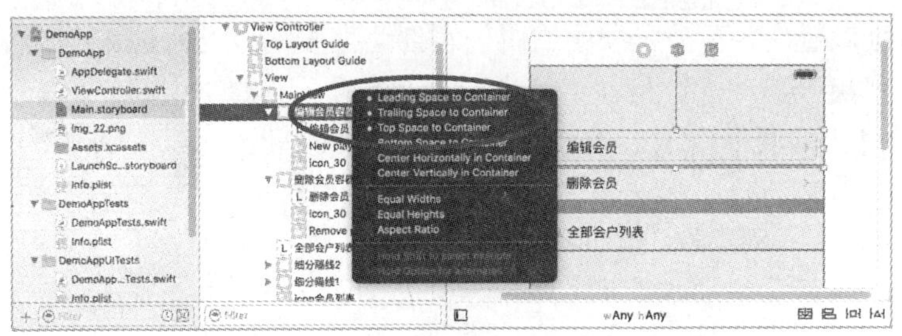

图 19.98

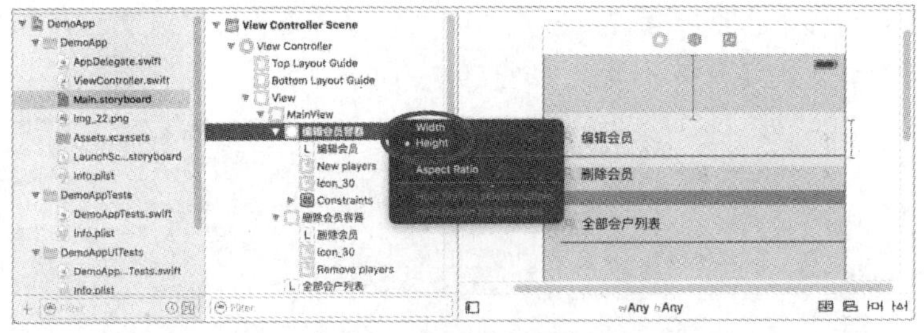

图 19.99

这样就完成了作为小箭头父视图的【编辑会员容器】视图的约束设置，无论处于何种尺寸的屏幕，它的左、右、顶界面都与 MainView 相同方向的边界保持固定的距离，同时自身的高度始终不变。

在完成父视图的约束设置后，接着来添加小箭头的约束关系。首先选择【编辑会员容器】视图中的小箭头，然后在小箭头上按下鼠标右键，并拖动到其父视图【编辑会员容器】，之后松开鼠标，在弹出的约束关系列表中，选择第二、三项约束关系，如图 19.100 所示。

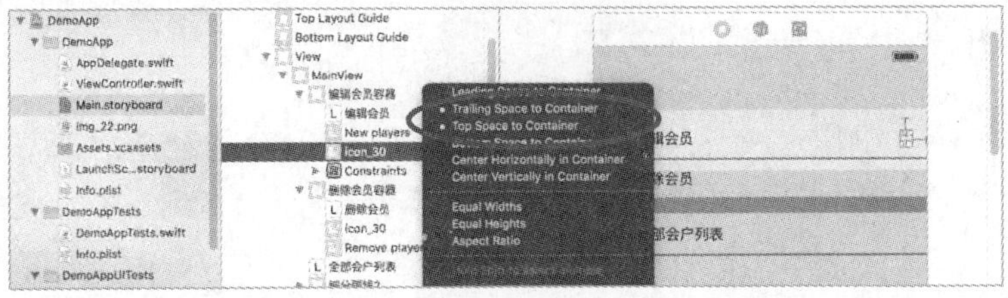

图 19.100

这样就完成了小箭头与父视图在顶、右两个方向的边界距离上的约束。接着来固定小箭头的宽度和高度，只需建立其自身的约束关系即可。在小箭头在按下鼠标右键，并在其自身上拖动，当松开鼠标时，弹出约束关系列表，然后选择列表中的【Width】和【Height】选项，如图 19.101 所示。

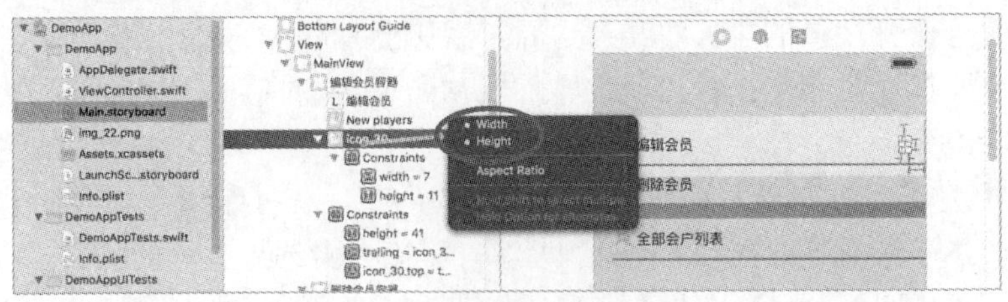

图 19.101

现在已经完成了小箭头约束关系的设置，无论是处于何种尺寸的屏幕，其顶、右边界始终与父视图相同方向的边界保持相同的距离，并且自身的宽度和高度始终保持不变。

使用相同的方式，依次给【删除会员容器】视图和该视图内的小箭头添加同样的约束关系，然后点击【编译并运行】按钮，再次打开模拟器，观察小箭头的约束效果。

如图 19.102 所示为在 iPhone 6 模拟器中的效果，两个小箭头都能够正确显示在屏幕上了。

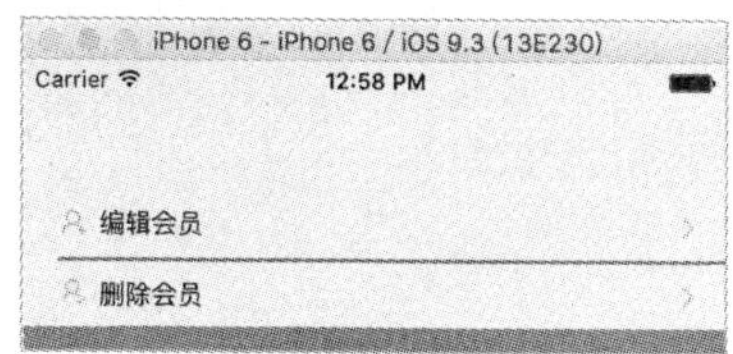

图 19.102

19.7.5 给添加新会员按钮添加约束

接着给页面底部的【添加新的会员】按钮添加约束关系。在给该按钮添加约束关系之后，我们希望无论在何种分辨率的屏幕上，都能够达到以下效果。

- 按钮距离屏幕底部的距离保持不变。
- 按钮左、右边界距离屏幕的左、右边界的距离保持不变。
- 按钮的高度保持不变。

根据以上三个要求，我们开始对按钮进行约束的添加。首先选择该按钮控件，然后在按钮按下鼠标右键，并拖动至按钮的父视图 MainView 上，从而建立按钮和 MainView 的约束关系，如图 19.103 所示。

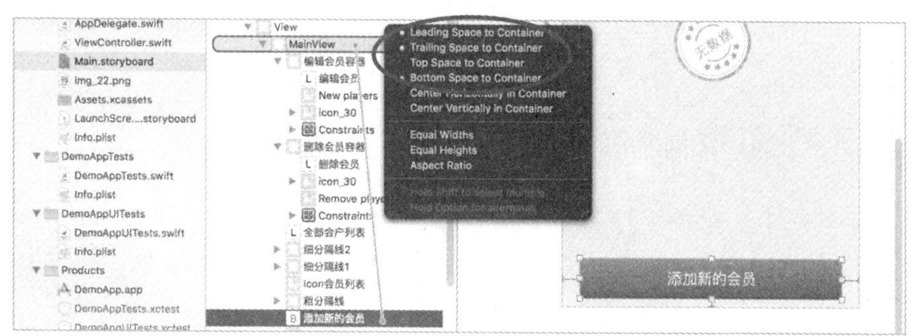

图 19.103

然后在弹出的约束列表中，依次建立按钮与 MainView 在左、右、底三个方向上与边界之间的距离约束，使按钮无论处于何种尺寸的屏幕，按钮的左、右和底边，都和 MainView 的左、右和底边保持相同的距离，此时按钮的宽度会自动增加或缩小。

接着使用相同的方式，建立按钮自身的高度的约束，使其高度无论处于何种尺寸的屏幕都能够保持不变。

完成按钮的约束配置后，点击【编译并运行】按钮，再次打开模拟器，观察按钮的约束效果。

如图 19.104 所示，底部的按钮已经能够约束规则正确显示了，只是它离屏幕底边的距离太近了，需要往上移动一段距离。

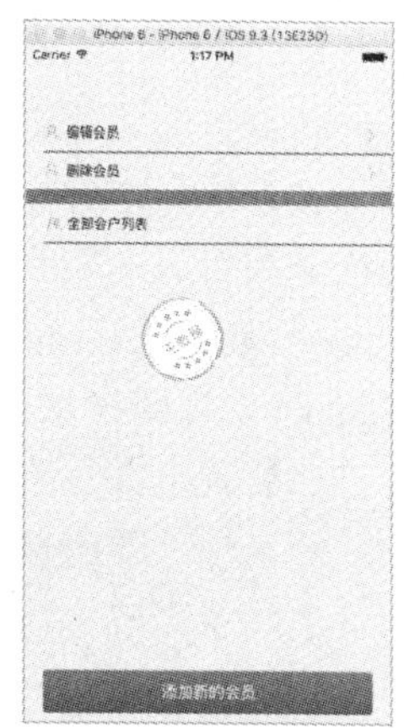

图 19.104

由于已经给按钮添加了约束关系，所以当移动一个已经添加约束的控件时，系统会在控件的周围出现黄色警告虚线，如图 19.105 所示。

图 19.105

正确的做法是，首先进入尺寸检查器面板，然后在【Constraints】设置区，点击需要进行修改的约束右侧的【Edit】按钮，打开编辑窗口。然后在编辑窗口中，将原来的数值 8 修改为 26，如图 19.106 所示。

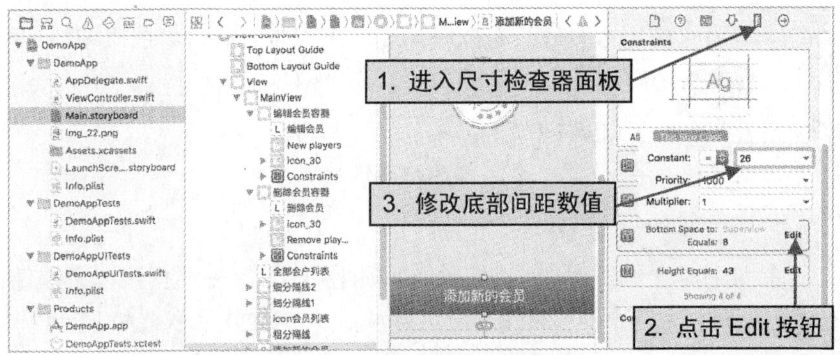

图 19.106

这样就将按钮以正确的方式向上方移动了 18 点的距离。

19.7.6 给无数据图标添加约束

最后给位于页面中间位置，在无会员时显示的无数据提示图标，进行约束的设置。在给该图标添加约束关系之后，我们希望无论在何种分辨率的屏幕上，都能够达到以下效果。

- 图标始终位于屏幕水平方向的中间位置。
- 图标顶边距离屏幕的顶边的距离保持不变。
- 图标的宽度和高度保持不变。

根据以上三个要求，我们开始对图标进行约束的添加。首先选择该图标控件，然后在图标上按下鼠标右键，并拖动到图标的父视图 MainView 视图上，以建立两者之间的约束关系。当松开鼠标时，将弹出约束关系列表，依次选择列表中的 Top Space to Container 和 Center Horizontally in Container 选项，建立图标与 MainView 在顶边界上的约束，并使图标始终位于 MainView 视图在水平方向上中间的位置，如图 19.107 所示。

接着建立图标自身在宽度和高度上的约束，在图标名称上按下鼠标并在自身上拖动，然后松开鼠标，弹出自身的约束关系列表，如图 19.108 所示。

至此就完成了该页面所有控件的约束设置，点击【编译并运行】按钮 ▶ ，再次打开模拟器，依次在 iPhone 4s、iPhone 5s、iPhone6、iPhone6 Plus 4 个模拟器中运行该项目，观察页面在各个模拟器中的适配效果，如图 19.109～图 19.112 所示。

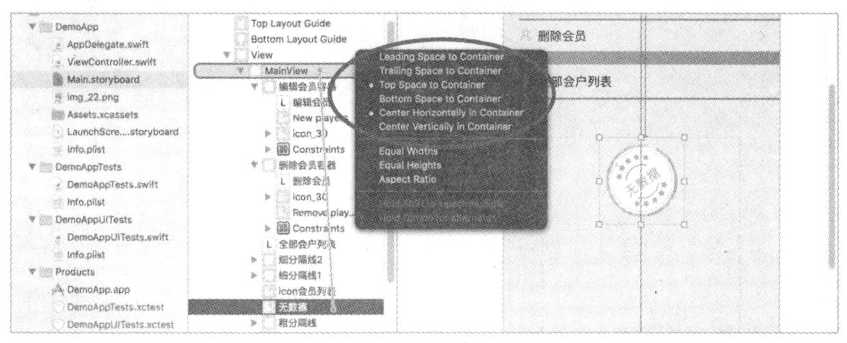

图 19.107

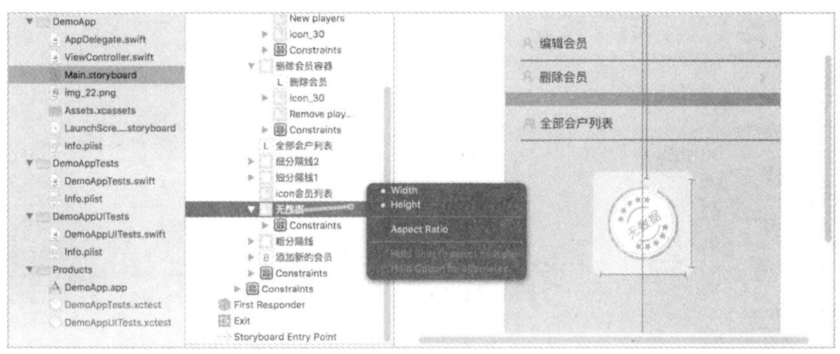

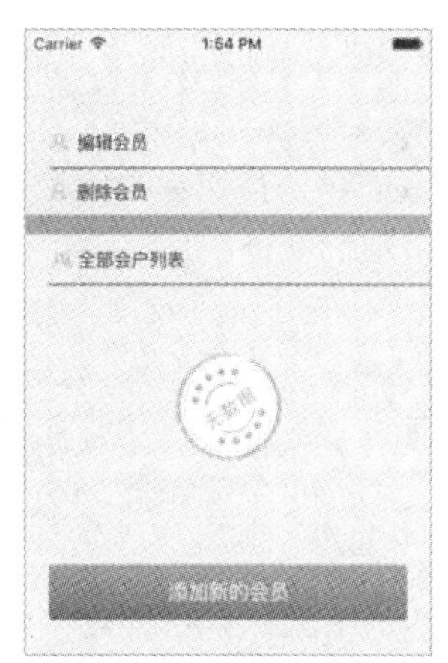

图 19.109（iPhone 4s）

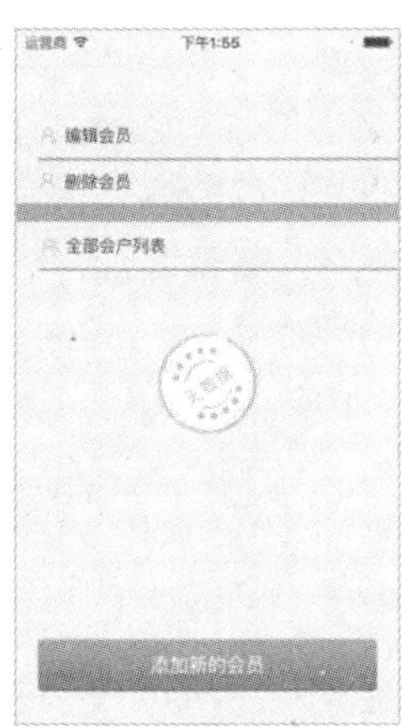

图 19.110（iPhone 5s）

图 19.111（iPhone 6）

图 19.112（iPhone 6 Plus）

19.8 小 结

本章通过 7 个小节中的示例，详细地讲解了 Storyboard 技术在 iOS 项目中的使用。Storyboard 最大的好处就是把界面和代码分离，这是 Apple 一直推荐使用的界面开发方式。

笔者在进行原生的 iOS 项目开发时，基本上都是使用 Storyboard 来进行界面的开发和适配，所以在此也希望读者通过学习本章的内容，为 Storyboard 技术的推广做出点滴贡献。

第20章 界面测试和自动化测试

我们都知道，任何 iOS 应用程序要想在 Apple 的 App Store 上架，都需要通过 Apple 的审核员的审核。如果你的应用程序没有经过良好的测试，被 Apple 审核员发现有闪退、崩溃或者其他严重质量问题，就会被他们毫不犹豫地拒绝。

或许应用程序中的 bug 在 Apple 审核时没有发现，于是幸运地通过了审核并成功上架 App Store，但是如果它在用户的 iOS 设备上频繁发生闪退、崩溃等现象，用户就会在评论区发布大量的一星评论，这会对 App 的运营和推广产生巨大的损害。

因此本章讲解 iOS 的单元测试、UI 测试和自动化测试等方面的内容，希望通过本章的学习，能够使你的应用程序的质量得到最大的保障。

20.1 单元测试概述

单元测试可以帮助你开发健壮、安全的应用程序。在单元测试中，使用测试用例对各个功能点或方法进行测试，能够最大程度地减少代码中的 Bug 数量。通过为每个 bug 创建一个单元测试，可以确保 bug 不再出现。所以通过单元测试，可以极大地减少应用程序在开发环境之外的情况下出现异常的机会。

测试可以分为黑盒测试和白盒测试，单元测试可以算是一种白盒测试的类型。应用程序的开发者对现有的模块编写相应的测试代码进行测试，其中包含测试用例的设计。由程序的开发者自己来编写测试代码并进行白盒测试，之后再交给测试团队进行应用程序的黑盒测试，这种方式更有助于提升测试流程的完整性，从而保证应用程序的质量。

在 Xcode 8.0 中，单元测试是通过 XCTest 框架，针对程序的最小单元进行正确性检验的测试工作。程序单元是应用程序的最小可测试部件，最小可测试部件通常是包括基类、抽象类或者子类中的方法。

单元测试的关键组件是测试用例，测试用例可以在最低可测试的单元对代码进行测试。一个测试用例以指定的方式检查代码单元，当测试的结果和预期不一致时，测试用例失败。

20.1.1 Xocde 的 XCTest 框架

Xcode 8.0 开发工具集成了 XCTest 框架，我们可以使用 XCTest 框架很方便地进行应用程序的单元测试。在项目中使用 XCTest 框架，需要在创建项目时，勾选【Include Unit Tests】选项，如图 20.1 所示。

图 20.1

对于一个已经处于开发中的项目，如果在创建项目时没有勾选【Include Unit Tests】选项，也可以在项目的【General】配置面板中，点击【TARGETS】区左下角的+号图标，然后在弹出的【Choose a template for your new target】容器中，选择【iOS > Test > iOS Unit Testing Bundle】选项，往项目中添加一个单元测试框架，如图 20.2 所示。

项目创建完成后，可以从工程目录中看到多了一个名为 UnitTestProject_DemoTests 的文件夹。在该文件夹下包含一个单元测试类文件 UnitTestProject_DemoTests.swift，如图 20.3 所示。

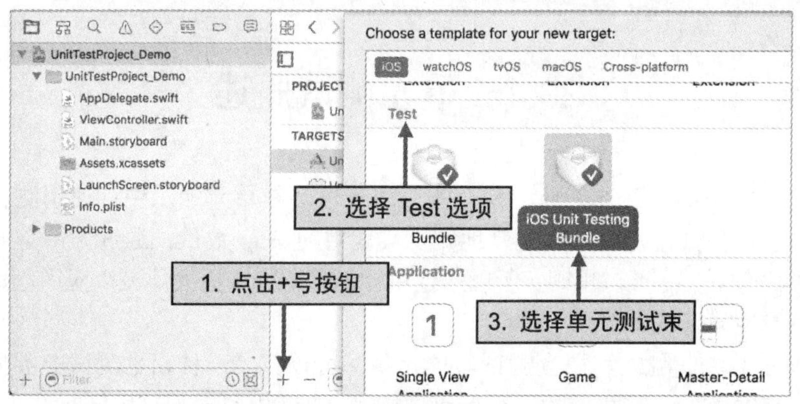

图 20.2

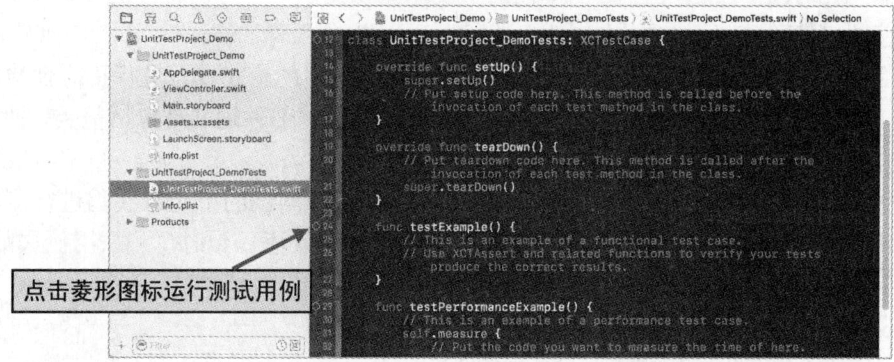

图 20.3

UnitTestProject_DemoTests 类文件包含 4 个方法，即 setUp、tearDown、testExample 和 testPerformanceExample。

其中 testExample 方法是一个测试示例，你可以在该方法中编写测试代码。

而 setUp 方法是在 testExample 方法运行前被调用的，你可以在此方法中进行一些初始化之类的预操作。

tearDown 方法在 testExample 方法运行完成后被调用。tearDown 意为拆除，可以在此方法中做一些清理操作，比如关闭网络请求的连接等。

我们分别在 setUp 和 tearDown 方法中输入一行 print 语句，表示在执行该方法时，在日志区输出当前方法的名称。

```
override func setUp() {
    super.setUp()
    print("正在调用 setUp 方法。")
}
override func tearDown() {
    super.tearDown()
    print("正在调用 tearDown 方法。")
}
```

接着在 testExample 方法中，输入需要进行测试的代码：

```
9 func testExample() {
10     // This is an example of a functional test case.
11     // Use XCTAssert and related functions to verify your tests produce the correct results.
12     let peopleID = "3502111982031500121"
13     let count = peopleID.characters.count
14     XCTAssert(count == 15 || count == 18, "错误的身份证号码");
15 }
```

在第 12 行代码中，创建一个包含身份证号码的字符串常量，然后在第 13 行代码中，获得该字符串的长度。

最后在第 14 行代码中，通过 XCTAssert 方法判断身份证号码是否为 15 位或 18 位长度，如果判断失败，则输出“错误的身份证号码”日志。XCTAssert 方法是一种断言，它的格式为 XCTAssert(expression, format...)，当 expression 的值为 true 时可以通过测试，否则会报错。

XCTest 框架提供了很多种断言供您使用，常见的几种断言说明如下：

- XCTFail(format…) 创建一个会失败的测试断言。
- XCTAssertNil(expression, format...) expression 为空时通过测试，反之不通过。
- XCTAssertNotNil(expression, format…) expression 不为空时通过测试，反之不通过。
- XCTAssert(expression, format...) expression 值为 ture 时通过测试，反之不通过。
- XCTAssertTrue(expression, format...) expression 值为 ture 时通过测试。
- XCTAssertFalse(expression, format...) expression 值为 false 时通过测试。
- XCTAssertEqualObjects(obj1, obj2, format...) obj1 和 obj2 相同时通过测试。
- XCTAssertNotEqualObjects(obj1, obj2, format...) obj1 和 obj2 不相同时通过测试。
- XCTAssertEqual(e1, e2, format...) 当属于普通数据类型、结构体、枚举等类型的 e1 或 e2 相等时通过测试，反之不通过。
- XCTAssertNotEqual(e1, e2, format...) 当属于普通数据类型、结构体、枚举等类型的 e1 或 e2 不相等时通过测试，反之不通过。
- XCTAssertEqualWithAccuracy(e1, e2, accuracy, format...) 当 e1 和 e2 的差值的绝对值在误差范围 accuracy 之内时通过测试，反之不通过。
- XCTAssertNotEqualWithAccuracy(e1, e2, accuracy, format...) 当 e1 和 e2 的差值的绝对值在误差范围 accuracy 之外时通过测试，反之不通过。

完成测试代码的编写后，点击 testExample 方法左侧的菱形图标，可以运行该测试用例。需要注意的是，测试用例的运行不能通过 Xcode 左上角的【编译并运行】按钮。测试用例运行后的结果如图 20.4 所示。

由于 peopleID 字符串的长度为 19，而不是 15 或 18，所以在如图 20.4 所示的第 31 行的代码中没有通过测试，此时 textExample 方法左侧的空心菱形图标变为红色的菱形错误标志。观察底部的日志区，可以看出程序先执行了 setUp 方法，然后调用了 textExample 测试用例，尽管测试用例运行失败，但仍然在最后调用了 tearDown 方法。

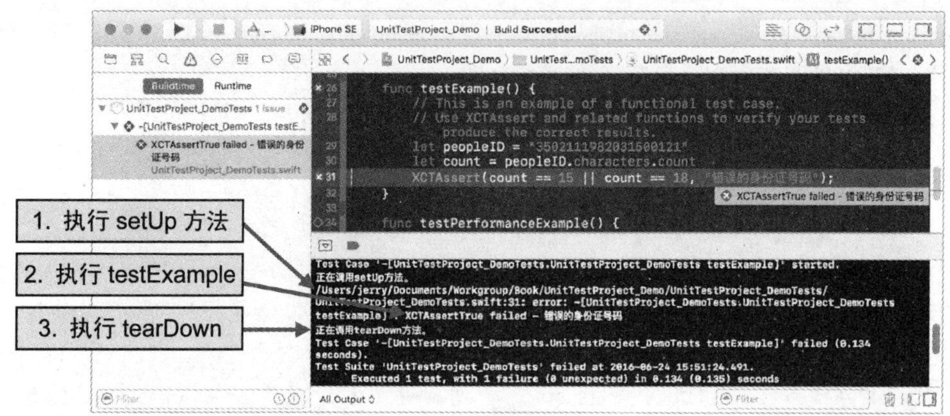

图 20.4

现在来修改一下 peopleID 字符串，将其内容减少一个数字，从而凑成 18 位数字，然后点击 textExample 方法左侧的红色菱形错误标志，再次运行该测试用例。由于修改后的字符串的长度为 18，所以在第 31 行的代码中通过了测试。在底部的日志区依次输出了 setUp 方法和 tearDown 方法，没有错误的日志信息，并且在左侧的问题面板中显示没有运行时问题，如图 20.5 所示。

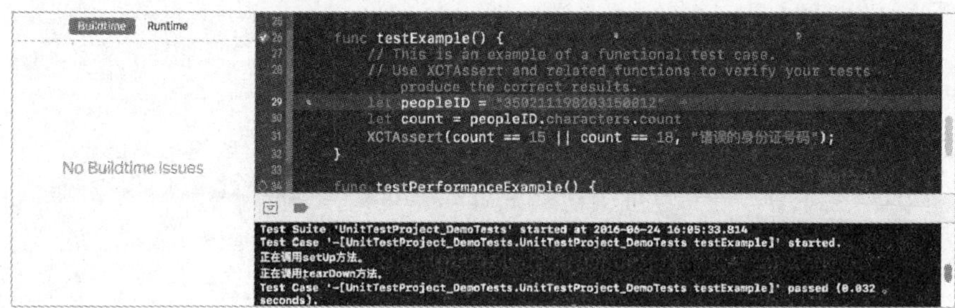

图 20.5

20.1.2 对其他类的方法进行单元测试

在本节将创建一个自定义的单元测试类，并对一个自定义类的方法进行单元测试。首先创建一个名为 EmailUtil 的 Swift 类，该类拥有一个方法，可以使用正则表达式检测邮箱字符串的格式是否正确。

创建一个自定义的类

在项目文件夹上点击鼠标右键，弹出右键菜单，然后选择菜单中的【New File...】命令，以创建一个名为 EmailUtil.swift 的文件。

为了使用正则表达式对字符串进行检测，首先要在该文件中添加一个用于正则表达式检测的结构体：

```
struct RegexHelper {
    let regex: RegularExpression?

```

```
4       init(_ pattern: String){
5           do{
6               regex = try RegularExpression(pattern: pattern, options: RegularExpression.Options.caseInsensitive)
7           }
8           catch{
9               regex = nil
10          }
11      }
12
13      func match(_ input: String) -> Bool
14      {
15          if let matches = regex?.matches(in: input,
16              options: .reportProgress,
17              range: NSMakeRange(0, input.lengthOfBytes(using: String.Encoding.utf8))){
18              return matches.count > 0
19          }else{
20              return false
21          }
22      }
23  }
```

Swift 并没有提供处理正则表达式的类，这里使用 OC 正则表达式类，进行正则表达式的检测。首先在第 4 行的代码中对结构体进行初始化，并传入一个字符串参数，作为正则表达式。

接着在第 5 行代码中添加一个异常捕捉语句，用来执行正则表达式的匹配工作。然后在第 6 行的代码中创建一个正则表达式，并且不对大小写进行区分。

在第 13 行代码中创建一个方法，用来执行正则表达式的检测工作，并且返回一个布尔结果。首先在第 15 行代码中开始对字符串进行正则表达式的检测。比较在字符串中，匹配正则表达式的位置是否大于 0，以判断字符串与正则表达式是否匹配。如果字符串不匹配正则表达式，则返回否的布尔结果。

接着在 EmailUtil.swift 文件中添加一个名为 EmailUtil 的类：

```
class EmailUtil{
    func validateEmail(email:String) -> Bool{
        let pattern = "^([a-z0-9_\\.-]+)@([\\da-z\\.-]+)\\.([a-z\\.]{2,6})$"
        let matcher = RegexHelper(pattern)

        if matcher.match(email){
            return true
        }
        return false
    }
}
```

在第 2 行的代码中添加一个名为 validateEmail 的方法，该方法拥有一个 String 类型的参数，通过正则表达式对该参数进行检测，并且在方法的末尾返回一个布尔类型的结果。

在第 3 行的代码中创建一个用于检测邮箱格式的正则表达式字符串，然后在第 4 行的代码中，创建一个用于正则检验的结构体，接着在第 6 行的代码中，使用结构体的 match 方法对字符串进行正则检验，如果属于正确的邮箱格式则返回 true，否则返回 fasle。

创建一个单元测试类文件

你可以在项目起始阶段，使用项目自带的单元测试文件进行单元测试工作。但是随着项目的逐渐深入，功能的日渐增多，使用一个单元测试文件时，文件中的测试用例方法就会变得非常拥挤。所以我们经常根据不同的功能模块创建不同的单元测试文件。

使用和创建正则表达式检测类文件相同的方式，在单元测试文件夹上点击鼠标右键，然后选择右键中的【New File...】命令，创建一个名为 EmailTester、继承自 XCTestCase 的单元测试类，如图 20.6 所示。

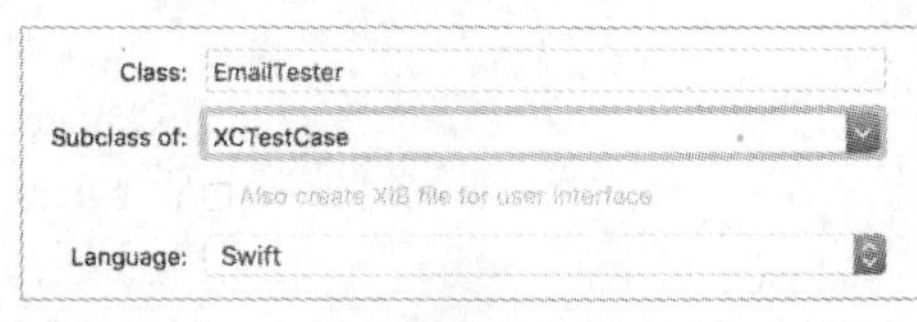

图 20.6

接着在 EmailTester.swift 文件中创建一个测试用例方法，测试方法的名称需要以 test 开关：

```
1  import XCTest
2  @testable import UnitTestProject_ValidateEmail
3
4  class EmailTester: XCTestCase {
5
6      func testEmail(){
7          let emailUtil = EmailUtil()
8          let result = emailUtil.validateEmail(email: "support@coolketang.")
9          XCTAssert (result, "邮箱格式不正确。")
10     }
11 }
```

首先在第 2 行代码中，引入名为 UnitTestProject_ValidateEmail 的 target 中的类，这样才可以在当前文件中使用位于另一个 target 中的 EmailUtil 类文件。

接着在第 6 行代码中，创建一个以 test 开头的名为 testEmail 的测试方法，并在该方法中创建一个 EmailUtil 的实例。然后在第 8 行代码中，调用 emailUtil 的 validateEmail 方法，判断 support@coolketang.是否为正确的邮箱格式。

最后在第 9 行代码中，通过 XCTAssert 断言来检测执行正则表达式校验后的结果。

接着来运行该测试，这次我们通过问题导航器来操作，点击问题导航器图标 ⊖ ，进入导航器面板。如图 20.7 所示，在导航器面板的左侧是单元测试类及测试方法列表，选择需要运行的测试方法。当鼠标移至方法名称上时，方法名称的右侧会出现播放按钮，点击播放按钮可以运行该测试方法。

图 20.7

由于我们输入的邮箱格式不对，所以测试失败，结果如图 20.8 所示。

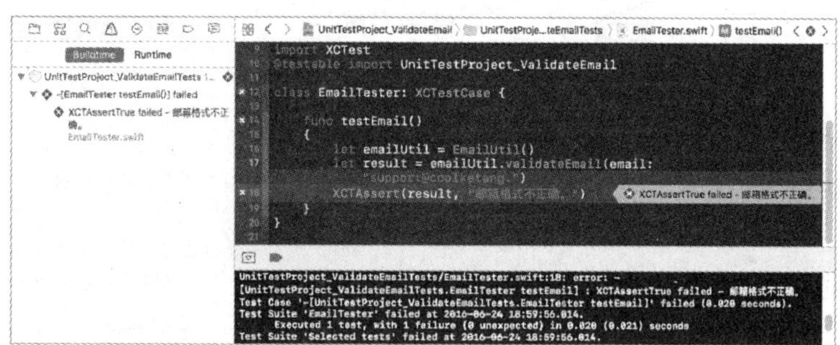

图 20.8

接着将邮箱修改为正确的格式 support@coolketang.com，然后再次运行该测试方法，单元测试将正确通过，不再产生错误。

20.1.3 使用 XCTest 框架进行性能测试

单元测试类提供了一个名为 testPerformanceExample 的方法，可以使我们对程序的执行性能进行检测。在此我们在 testPerformanceExample 方法中，对 UIImage 的两种初始化方法进行性能的检测。在 testPerformanceExample 方法中输入以下代码：

```
func testPerformanceExample() {
    // This is an example of a performance test case.
    self.measure {
        // Put the code you want to measure the time of here.
        for _ in 0 ... 600{
            let image = UIImage(named: "Picture")
            print(image?.size)
        }
    }
}
```

在 testPerformanceExample 方法中的名为 measure 的 block 中，输入一个 601 次的循环，在循环体中通过 init?(named name: String)方法从项目中读取一张图片，然后在控制台输入图片的尺寸信息。

和普通的单元测试一样，点击 testPerformanceExample 方法左侧的菱形图标，开始运行性能测试方法，性能测试方法运行后的结果如图 20.9 所示。

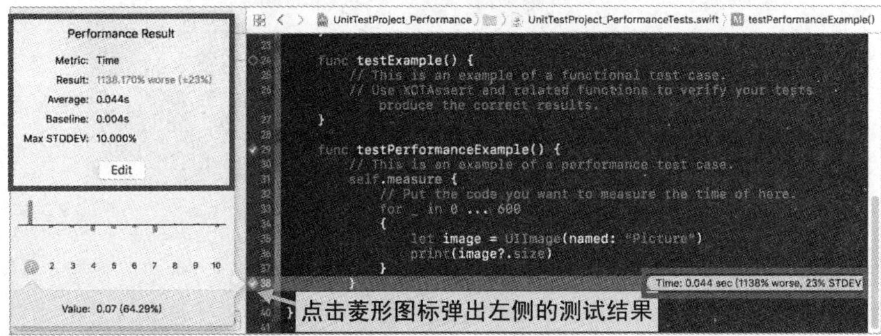

图 20.9

在性能测试完成后，在 testPerformanceExample 方法底部的右下角显示了测试的结果 Time:0.044 sec(1138% worse, 23% STDEV)，表示方法的执行花费了 0.044 秒，样本估算的标准偏差为 23%。

接着将 UIImage 的初始化方法 init?(named name: String)替换为 init?(contentsOfFile path: String)方法，然后再次点击 testPerformanceExample 方法左侧的菱形图标，重复执行该测试方法，执行的结果如图 20.10 所示。

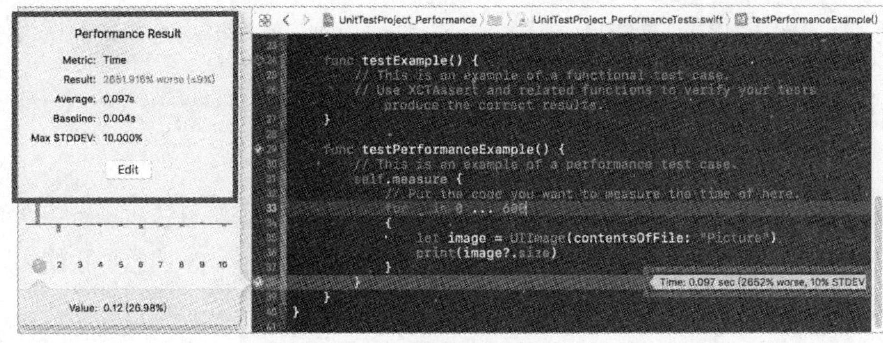

图 20.10

对比两个测试结果，使用 init?(named name: String)方法在循环体中初始化 UIImage 类，共花费了 0.044 秒，而使用 init?(contentsOfFile path: String)方法做同样的工作，共花费了 0.097 秒。

20.2　UI Testing 界面测试

单元测试比较适合进行应用程序的业务逻辑和网络请求接口方面的测试，但是对于应用程序的用户来说，应用程序的 UI 界面才是用户最直接的感受，仅仅使用单元测试框架，很难对应用程序的 UI 进行专业的测试。

Apple 为了解决这个问题，在 2015 年的 WWDC 全球开发者大会中，由 Will Turner 和 Brooke Callahan 为全球开发者演示了 Xcode 中的 UI Testing 功能。Xcode 的 UI 测试功能最大的优势是，它能够自动记录你在应用程序界面中的每一个操作步骤，并将每一步的操作自动生成对应的代码。当再次进行相同的界面测试时，只需播放记录的操作步骤即可。

20.2.1 往项目中插入 UI Testing

在项目中使用 UI Testing 功能，你需要在创建项目时，勾选【Include UI Tests】选项，如图 20.11 所示。

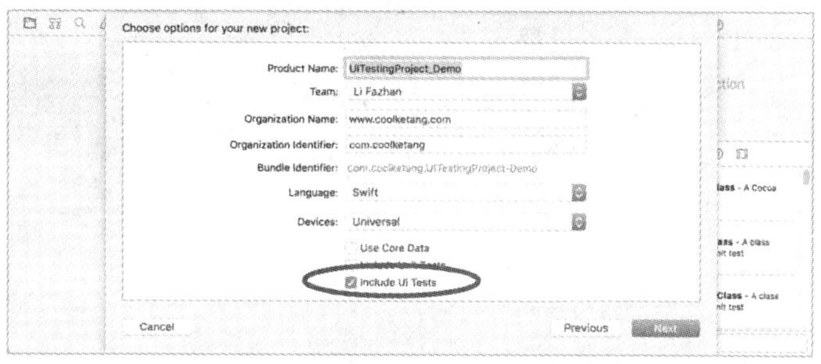

图 20.11

对于一个已经处于开发中的项目，如果在创建项目时没有勾选【Include UI Tests】选项，也可以在项目的【General】配置面板中，点击【TARGETS】区左下角的+号图标，然后在弹出的【Choose a template for your new target】容器中，依次选择【iOS > Test > iOS UI Testing Bundle】选项，往项目中添加 UI 测试功能，如图 20.12 所示。

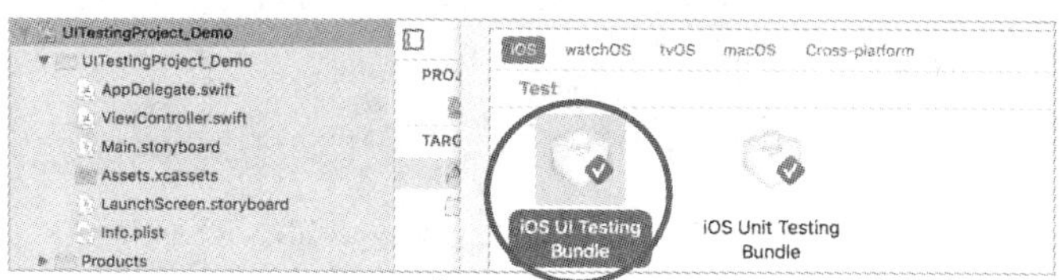

图 20.12

项目创建完成后，可以从工程目录中看到多了一个名为 UITestingProject_DemoUITests 的文件夹。在该文件夹下包含一个 UI 界面测试类文件 UITestingProject_DemoUITests.swift，如图 20.3 所示。UITestingProject_DemoUITests 类文件同样继承自 XCTestCase 类，并且同样包含三个方法，即 setUp、tearDown 和 testExample。setUp 和 tearDown 方法和单元测试一样，分别在 UI 测试之前和测试之后执行，只是 setUp 多了两条代码。

```
1  override func setUp() {
2      super.setUp()
3      // In UI tests it is usually best to stop immediately when a failure occurs.
4      continueAfterFailure = false
5      // UI tests must launch the application that they test. Doing this in setup will make sure it happens for each test method.
6      XCUIApplication().launch()
7  }
```

位于第 4 行的代码，用来设置当 UI 测试失败时立即停止 UI 测试。接着在第 6 行的代码中，启动进行 UI 测试的应用程序。

testExample 方法和单元测试一样，可以用来执行一个测试用例。和单元测试不同的是，当运行 UI 测试后，testExample 方法用来记录每一步操作，而无须开发者手写代码，如图 20.13 所示。

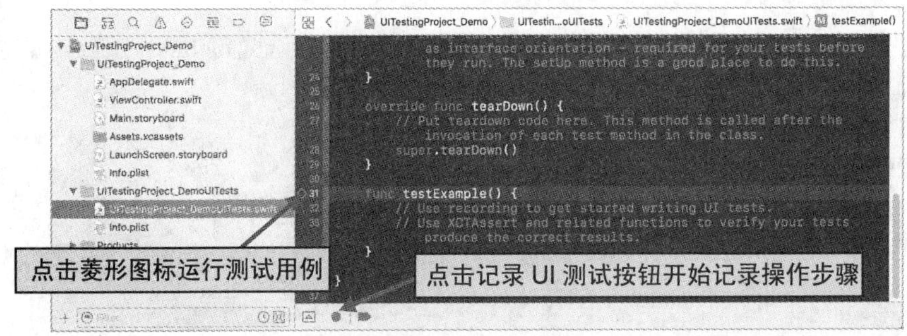

图 20.13

20.2.2 制作 UI 测试的程序

在 UI 测试执行之前，首先需要制作一个 UI 界面以及和用户互动的功能。

这里我们将在当前的视图控制器的根视图中，添加一个简单的 UIView 视图和三个 UIButton 按钮，三个按钮的功能依次是：

- 当用户点击第一个按钮时，往根视图中添加第二个 UIView 视图。
- 当用户点击第二个按钮时，切换原始视图和刚添加的视图的层次顺序。
- 当用户点击第三个按钮时，将新添加的第二个 UIView 视图从根视图中清除。

在 Xcode 界面左侧的项目导航区选择并打开【ViewController.swift】文件，并在该文件中的 viewDidLoad 方法中输入以下代码：

```
let rect = CGRect(x: 30, y: 50, width: 200, height: 200)
let view = UIView(frame: rect)
view.backgroundColor = UIColor.brown()
self.view.addSubview(view)

let btAdd = UIButton(frame: CGRect(x: 30, y: 350, width: 80, height: 30))
btAdd.backgroundColor = UIColor.gray()
btAdd.setTitle("Add", for: UIControlState())
btAdd.addTarget(self, action: #selector(ViewController.addView(_:)), for: UIControlEvents.touchUpInside)
self.view.addSubview(btAdd)

let btBack = UIButton(frame: CGRect(x: 120, y: 350, width: 80, height: 30))
btBack.backgroundColor = UIColor.gray()
btBack.setTitle("Switch", for: UIControlState())
```

```
15 btBack.addTarget(self, action: #selector(ViewController.bringViewBack(_:)), for: UIControlEvents.touchUpInside)
16 self.view.addSubview(btBack)
17
18 let btRemove = UIButton(frame: CGRect(x: 210, y: 350, width: 80, height: 30))
19 btRemove.backgroundColor = UIColor.gray()
20 .setTitle("Remove", for: UIControlState())
21 btRemove.addTarget(self, action: #selector(ViewController.removeView(_:)), for: UIControlEvents.touchUpInside)
22 self.view.addSubview(btRemove)
```

首先在第 1～4 行的代码中，创建一个简单的视图对象，并将视图对象添加到根视图中。

接着在第 6～10 行的代码中，创建第一个按钮对象，并给按钮对象绑定点击事件，当用户点击该按钮时，往根视图中添加一个新的 UIView 视图。

在第 12～16 行的代码中，创建第二个按钮对象，并给按钮对象绑定点击事件，当用户点击该按钮时，交换两个 UIView 视图的层次顺序。

最后在第 18～22 行的代码中，创建第三个按钮对象，并给按钮对象绑定点击事件，当用户点击该按钮时，删除第二个 UIView 视图。

接着添加三个方法，用来响应三个按钮的点击事件：

```
1  func addView(_ :UIButton!){
2      let rect = CGRect(x: 60, y: 90, width: 200, height: 200)
3      let view = UIView(frame: rect)
4      view.backgroundColor = UIColor.purple()
5      view.tag = 1
6      self.view.addSubview(view)
7  }
8
9  func bringViewBack(_ :UIButton!){
10     let view = self.view.viewWithTag(1)
11     self.view.sendSubview(toBack: view!)
12 }
13
14 func removeView(_ :UIButton!){
15     let view = self.view.viewWithTag(1)
16     view?.removeFromSuperview()
17 }
```

在第 1～7 行的代码中，创建了一个名为 addView 的方法，用来响应第一个按钮的点击事件，当用户点击第一个按钮时，将一个背景颜色为紫色的 UIView 视图添加到当前视图控制器的根视图，并设置该视图的 tag 值为 1。

接着在第 9～12 行的代码中，创建了一个名为 bringViewBack 的方法，用来响应第二个按钮的点击事件，当用户点击第二个按钮时，交换两个 UIView 视图的层次顺序。

最后在第 14～17 行的代码中，创建了一个名为 removeView 的方法，用来响应第三个按钮的点击事件，当用户点击第三个按钮时，通过 tag 值获得新添加的 UIView 视图，并通过该视图的 removeFromSuperview 方法，将其从根视图中移除。

20.2.3　录制 UI Testing 步骤

进行 UI 测试的程序已经编写完成，接着对 UI 测试的步骤进行录制。首先将光标置于 UITestingProject_DemoUITests.swift 文件中的 testExample 方法中，然后点击编辑器下方的红色圆点（Record UI Test）即可。

当 UI 测试执行后，会自动打开模拟器，在打开的模拟器中，依次点击【Add】、【Switch】和【Remove】按钮，将在 testExample 方法中，依次记录点击动作，如图 20.14 所示。当完成所有的点击动作后，再次点击编辑器下方的红色圆点（Record UI Test）即可结束 UI 测试。

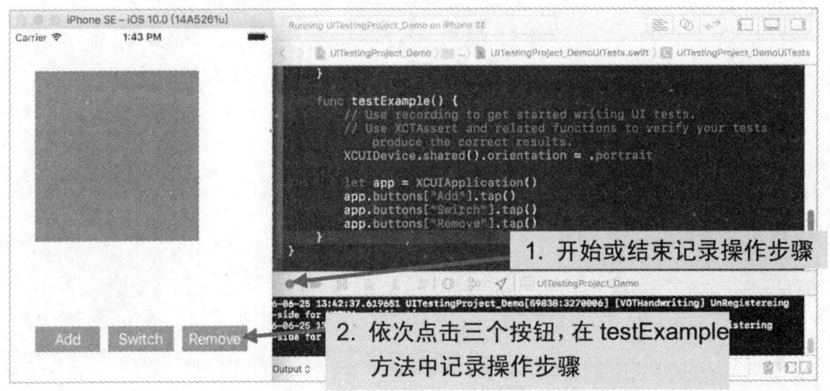

图 20.14

从图 20.14 中自动录制生成的代码可以得知，XCTest 会通过 XCUIApplication 获得当前运行的程序 app 对象，该对象的类型为 XCUIElement，在 UI Testing 中代表整个应用程序。接着通过 app 对象的 buttons 方法，获得界面上的按钮对象，其中 buttons 方法中的参数是按钮的 title 标题。然后调用按钮对象的 tap 方法，对该按钮对象执行点击的操作。

由录制自动生成的代码可以得知，当你点击界面上的某个元素时，UI 测试框架会自动生成某个元素的点击事件的代码。所以当结束 UI 测试步骤的录制时，如果发现少了一个操作步骤，可以采用相同的格式手动输入代码，以添加遗漏的操作步骤。

20.2.4　播放 UI Testing 的录制步骤

一旦 UI 测试的步骤录制完成，就可以在之后的 UI 测试中重复使用了。如果要播放一条 UI 测试方法，和单元测试一样，只需要点击 testExample 方法名称左侧的菱形图标即可。

当录制的 UI 测试步骤执行后，将自动打开模拟器，然后自动点击模拟器中的【Add】、【Switch】和【Remove】三个按钮。当录制步骤播放完成后，将自动关闭模拟器，并且 testExample 方法名称左侧的菱形图标变为绿色的对号图标。同时在 Xcode 底部的日志区，输出最终的测试日志。

从日志可以看出 UI 测试的执行步骤，以及执行的时间（7.994 秒），如图 20.15 所示。

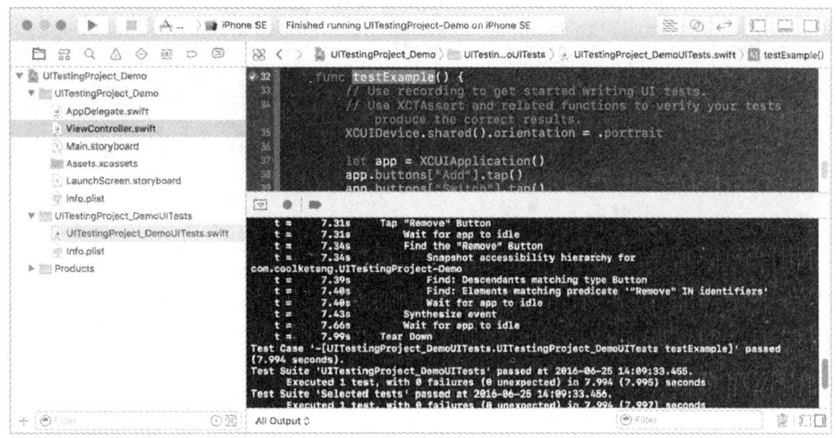

图 20.15

20.3 使用 UIAutomation 进行自动化测试

可以使用单元测试功能，进行应用程序的测试工作，以确保你的代码拥有更少的 Bug！通过为每个 Bug 创建一个单元测试，可以确保不会出现重复的 Bug。但是单元测试的编写和执行往往需要花费大量的时间和精力，而移动应用开发项目往往具有周期短的特点，所以单元测试经常因为项目赶进度而被忽略。

当需要测试一个大型的项目时，使用 Xcode 8.0 的自动化测试功能，可以在你睡眠的时候进行应用程序的测试。它可以快速地跟踪应用程序中的功能、性能方面的问题。该自动化测试框架就是 Apple 在发布 iOS 4.0 的时候，向开发者推出的一款名为 UIAutomation 的测试框架，你可以使用它在真实设备或 iOS 模拟器上执行自动化测试的工作。

UIAutomation 是使用 JavaScript Libraries 进行 iOS 应用程序的自动化测试代码的录制和编写的。这是因为 UIAutomation 和 Accessibility 有着直接的关系，你可以通过标签和值的访问方式来获得 UI 元素，同时完成 UI 元素对应的交互操作。

20.3.1 使用 UIAutomation 录制自动化测试代码

这里我们使用在 21.2 节中的示例项目，因此不需要再重新创建一个新的项目。直接点击【Product > Profile】命令，打开【Choose a profiling template for】窗口，然后在打开的容器中，选择【Automation】选项，接着点击【Choose】按钮，如图 20.16 所示。

点击【Choose】按钮之后，将会打开【Instruments】窗口。此时点击底部的红色圆点，可以打开模拟器，并在模拟器中自动运行当前的应用程序。然后在模拟器中，依次点击【Add】、【Switch】和【Remove】三个按钮。当你点击每个按钮时，UIAnimation 将在 Script 编辑区自动生成一条 Javascript 语句，如图 20.17 所示（如果 Javascript 语句看不清楚，可以按下键盘上的 Command+A 快捷键全选脚本）。

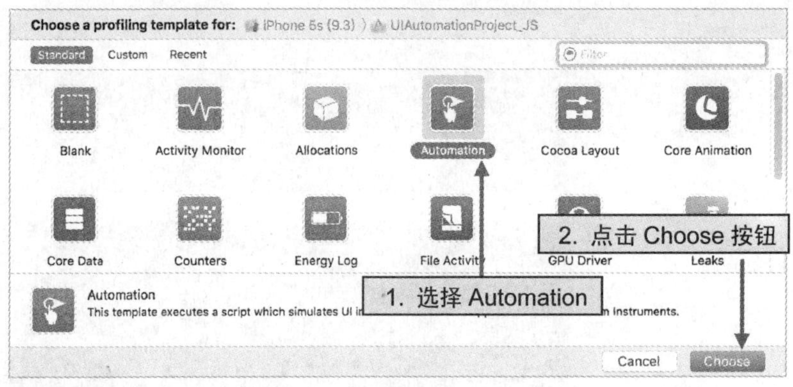

图 20.16

当完成所有的测试操作之后，点击停止按钮，结束操作步骤的录制。

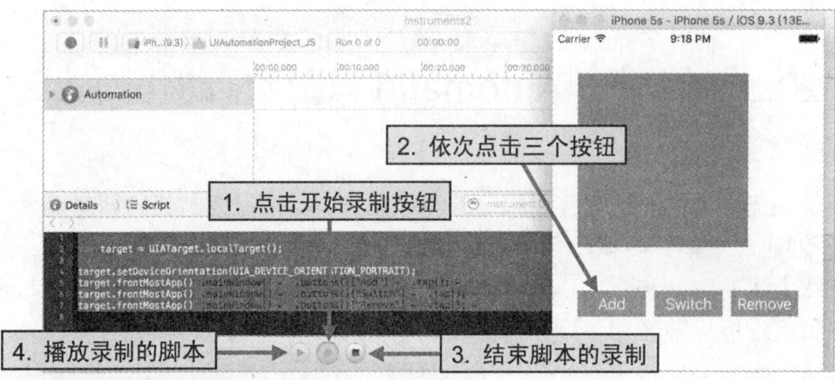

图 20.17

自动录制的脚本如下所示：

```
1  var target = UIATarget.localTarget();
2
3  target.setDeviceOrientation(UIA_DEVICE_ORIENTATION_PORTRAIT);
4  target.frontMostApp().mainWindow().buttons()["Add"].tap();
5  target.frontMostApp().mainWindow().buttons()["Switch"].tap();
6  target.frontMostApp().mainWindow().buttons()["Remove"].tap();
```

首先在第 1 行的代码中，获得当前 UIAutomation 测试的 target，然后在第 3 行的代码中，通过 target 对象的 setDeviceOrientation 方法，设置模拟器的朝向为 Portrait。

从第 4 行代码开始是录制的动作脚本，脚本的含义是通过 target 获得当前运行中的应用程序，接着获得应用程序的主窗口，然后获得主窗口中的所有按钮，通过按钮的 title 属性，获得需要操作的按钮对象，然后执行按钮的 tap 方法，即在该按钮上进行点击。了解 Javascript 脚本的语法规则后，当你需要在录制好的脚本中临时插入一条新的点击事件时，只要按照固定的语法规则编写相应的 Javascript 脚本即可。

当需要播放录制的脚本时，可以点击 Instruments 窗口底部的播放按钮，如图 20.17 中的第 4 步。当播放脚本时，模拟器将被打开并自动运行应用程序，同时依次执行录制的所有脚本语句。Instruments 窗口会自动打开【Editor Log】面板，以输出测试日志，如图 20.18 所示。

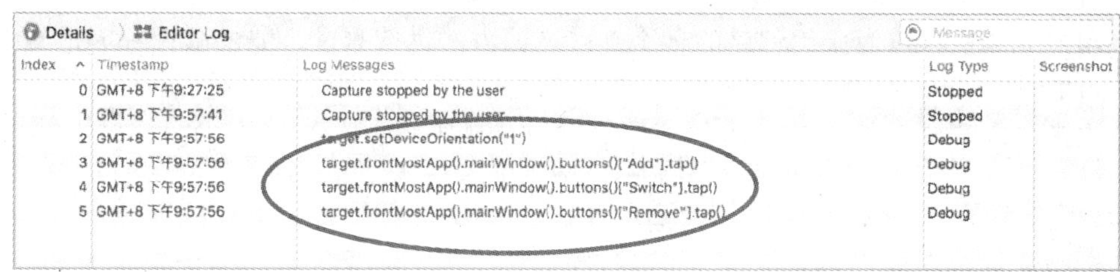

图 20.18

20.3.2 测试脚本的保存和加载

当你使用 UIAutomation 录制了大量的 Javascript 测试脚本后，需要将测试脚本保存起来，以便后期在回归测试时使用。

保存测试脚本的方法是，在 Script 区点击鼠标右键，弹出右键菜单，然后选择菜单中的 Export 命令保存脚本即可，如图 20.19 所示。

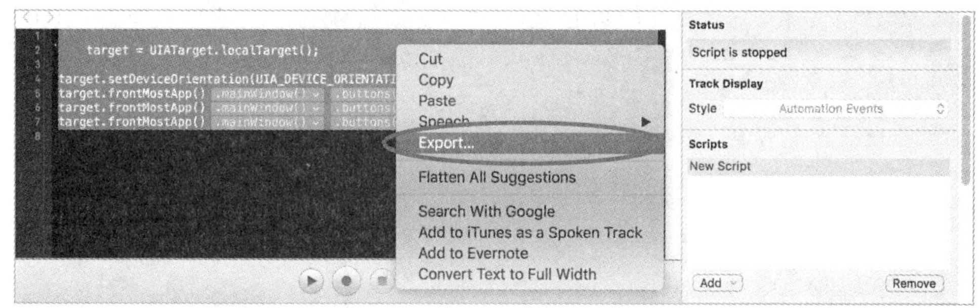

图 20.19

当回归测试需要加载保存的测试脚本时，在右侧的【Display Settings】面板的【Scripts】设置区域，点击【Add】下拉箭头弹出选项菜单，然后选择菜单中的【Import】命令，在弹出的文件夹窗口双击打开之前保存的测试脚本即可。脚本打开后，再次点击播放按钮即可播放打开的脚本文件，如图 20.20 所示。

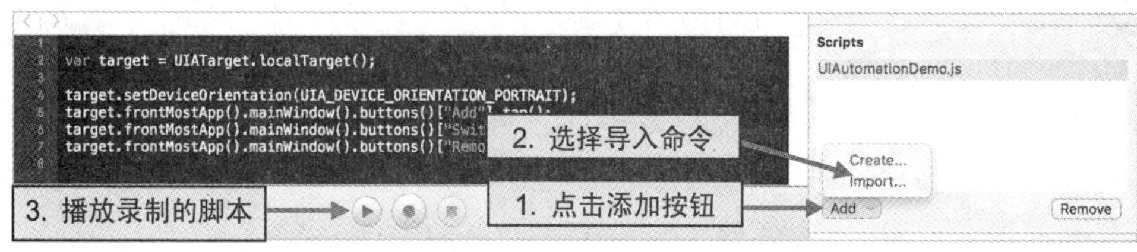

图 20.20

20.4 小　结

本章讲解了 iOS 应用程序测试的几种方式，依次是单元测试、UI 测试和自动化测试。

使用单元测试可以对应用程序的各个功能点或方法进行测试，能够最大程度地减少代码中的 Bug 数量。

使用单元测试对应用程序的 UI 进行专业的测试是比较麻烦的，不过我们可以使用 Xcode 中的 UI Testing 功能，自动记录你在应用程序界面中的每一个操作步骤，当再次进行相同的界面测试时，只需播放记录的操作步骤即可。

本章最后还讲解了自动化测试 UIAutomation 的使用，当需要测试一个大型的项目时，自动化测试可以在你休息的时候进行应用程序的测试，并且可以通过保存 Javascript 测试脚本，方便回归测试时重生使用，使测试工作更加省心、省时。

第21章 iOS应用程序内存泄露的检测

Instruments是一个灵活和强大的工具，它可以让开发者跟踪一个或多个进程，并检测收集的实时数据，使开发者更好地理解应用程序和操作系统的行为和性能。

本章将演示如何使用Instruments中的Allocations和Leaks工具，进行分析和修复应用程序中内存泄露的问题。

21.1　Allocations 工具的使用

自 Xcode 3.0 之后 Apple 向开发者提供了 Instruments 工具，该工具是 iOS 应用程序用来动态跟踪和分析代码的实用工具。Instruments 是一个灵活和强大的工具，它可以让你跟踪一个或多个进程，并检测收集的实时数据，使你更好地理解应用程序和操作系统的行为和性能。

你可以使用 Instruments 中的各种实用工具，来跟踪同一应用进程不同方面的行为，也可以使用 Instruments 工具来记录一系列用户界面上的动作并响应它们，同时也可以使用一个或多个 Instruments 工具来收集性能数据。

使用 Instruments 提供的多种工具，可以对应用程序进行以下操作：

- 追查代码中难以重现的问题。
- 对应用程序进行性能分析。
- 自动化测试应用程序中的代码。
- 对应用程序进行压力测试。
- 进行一般的系统级故障诊断。
- 对应用程序的代码如何工作有更深入的了解。

Instruments 中的 Allocations 工具，可以显示内存中的对象占用曲线，内存当前分配给了哪些对象，被分配内存的对象数量，以及由哪些函数进行对象的创建。因此你可以使用这些信息，识别应用程序中的内存分配状况，从而定位应用程序内存效率低下的地方。

Allocations instrument 工具的目的，是为开发者实时显示应用程序内存的实时分配情况。内存是 iOS 操作系统重要的资源，每个内存分配都包含了直接成本和潜在的长期成本。当被分配的内存无法被及时回收时，就会造成内存泄露。使用 Allocations 工具我们可以及时定位那些未被释放的内存块。

创建两个相互强引用的类

Swift 使用自动引用计数（ARC）技术来管理应用程序的内存分配。大多数情况下，开发者不需要考虑内存的管理问题。当实例对象不再需要的时候，ARC 会自动释放这些实例所使用的内存。但是 ARC 技术无法保证内存的绝对安全，这里将使用一个示例来演示内存的泄露，以及如何使用 Allocations 工具进行内存泄露的检测。

在使用 Allocations 工具之前，首先创建两个 Swift 类 People 和 Pet，这两个类之间互相强引用，从而形成强引用循环，进而产生内存的泄露问题。在项目文件夹上点击鼠标右键，弹出右键菜单，然后选择菜单中的【New File...】命令，创建一个名为 People.swift 的文件：

```
class People {
    var name : String
    var pet : Pet?

```

```
5        init(name:String){
6            self.name = name
7            print("People 被初始化")
8        }
9
10       deinit{
11           print("People 被销毁")
12       }
13   }
```

在第 1 行代码中，创建了一个名为 People 的类，然后在第 2～3 行的代码中，给类添加了两个属性，其中 pet 属性为另一个名为 Pet 的类，表示该人类的宠物。

接着在第 5～7 行的代码中，添加 People 类的初始化方法，并在日志区输出初始化的语句。最后在第 10～12 行的代码中，添加 People 类的析构方法，并在日志区输出析构的语句。

然后使用相同的方式，在项目中创建一个名为 Pet.swift 的文件，并在该文件中创建 Pet 类。

```
class Pet {
    var name : String
    var master : People?

    init(name:String){
        self.name = name
        print("Pet 被初始化")
    }

    deinit{
        print("Pet 被销毁")
    }
}
```

Pet 类的结构和 People 类相同，它拥有一个名为 master 的属性，表示该宠物对应的主人。由于这两个类都拥有一个类型为对方的属性，所以相互之间形成强引用。

接着在 Xcode 界面左侧的项目导航区，打开并编辑【ViewController.swift】文件，并在该文件中的 viewDidLoad 方法中，创建一个按钮，当用户点击该按钮时创建 People 和 Pet 类。

```
override func viewDidLoad() {
    super.viewDidLoad()
    // Do any additional setup after loading the view, typically from a nib.
    let button = UIButton(frame: CGRect(x: 20, y: 40, width: 280, height: 44))
    button.setTitle("PeopleAndPet", for: UIControlState.init(rawValue: 0))
    button.backgroundColor = UIColor.black
    button.addTarget(self, action: #selector(ViewController.PeopleAndPet), for: UIControlEvents.touchUpInside)
    self.view.addSubview(button)
```

```
9 }
```

在第 4～8 行的代码中，创建了一个 UIButton 对象，当点击该按钮时执行 peopleAndPet 方法，接着来创建 peopleAndPet 方法，以响应按钮的点击事件。

```
1  func peopleAndPet(){
2       var master:People?
3       var dog:Pet?
4       master = People(name: "Jerry")
5       dog = Pet(name: "Dog")
6
7       master!.pet = dog
8       dog!.master = master
9
10      master = nil
11      dog = nil
12 }
```

当用户点击按钮时，首先在第 2～3 行的代码中声明两个属性，属性的类型分别是 People 和 Pet。接着在第 4～5 行的代码中，对两个属性进行初始化操作。然后在第 7～8 行的代码中，设置 master 对象的 pet 属性为 dog，dog 对象的 master 属性为 master，形成两个对象之间的强引用关系。最后在第 10～11 行的代码中将两个对象设置为 nil，用来测试是否执行了两个对象的 deinit 析构方法，如果没有执行，则发生了内存的泄露。

使用 Allocations 工具进行内存检测

接着来使用 Allocations 工具进行应用程序内存的检测，可以通过【Product > Profile】命令，打开【Choose a profiling template for】窗口，也可以在【Build and then run the current scheme】长按鼠标，弹出动作选项列表，然后选择列表中的【Build for Profiling】命令，如图 21.1 所示。

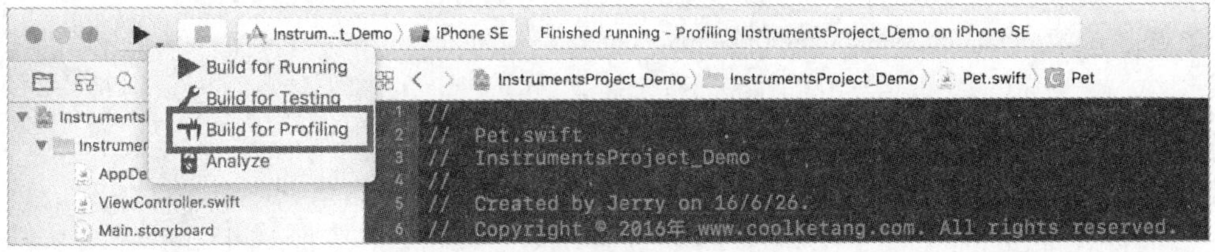

图 21.1

使用两种方式都可以打开【Choose a profiling template for】窗口，在该窗口中列出了所有的 instrument 工具，如图 21.2 所示。

选择容器中的【Allocations】选项，然后点击【Choose】按钮打开 Allocations 检测窗口。接着点击左上角的【Record】按钮，开始自动打开模拟器运行项目，同时进行内存的实时检测，检测结果如图 21.3 所示。该界面相对 Xcode 来说是一个全新的界面，在使用该功能进行内存检测之前，首先了解一下界面的每个功能区域。

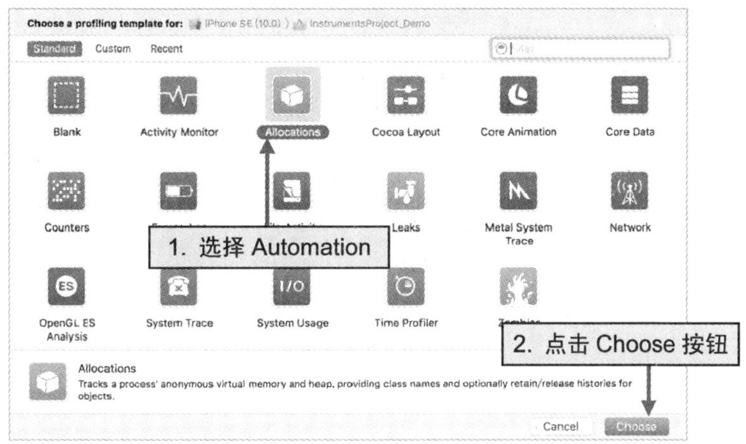

图 21.2

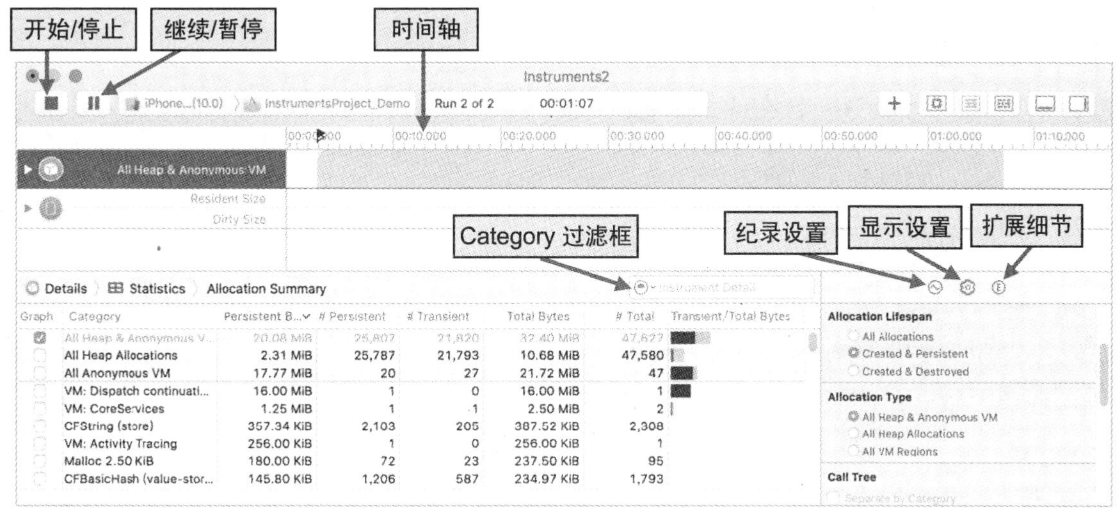

图 21.3

在图 21.3 下方的【Statistics】列表中，列出了应用中所有的内存分配，可以从列表中查看应用程序的每一个内存的分配，列表标题的含义如表 21-1 所示。

表 21-1　Statistics 列表标题含义说明

标题	说明
Graph	是否在上方的图表中显示该项内容
Category	内存被分配的项目名称或类型
Persistent Bytes	指某类型被分配的内存大小
Persistent	当前创建了多少个某类型的对象
Transient	被释放的某类型对象的数量
Total Bytes	创建当前类型的所有对象共花费了多少内存
Total	共创建了当前类型的多少个对象
Transient/Total Bytes	被释放的某类型对象的内存与总消耗内存的比值

通过右侧的滚动条查找 People 类型的对象是非常困难的，所以你可以在 Category 过滤框中输入 People 以搜索该类型的所有对象的内存分配情况，如图 21.4 所示。

图 21.4

当前并未出现和关键词相关的内容，这是因为应用程序还没有创建过 People 对象。现在返回模拟器，然后点击模拟器中的按钮，调用 peopleAndPet 方法，从而创建一个 People 对象和 Pet 对象，并在方法的末尾将两个对象设置为 nil。点击按钮后，再次返回 Allocations 窗口，此时搜索结果已经自动出现，即名为 People 的 Category，如图 21.5 所示。

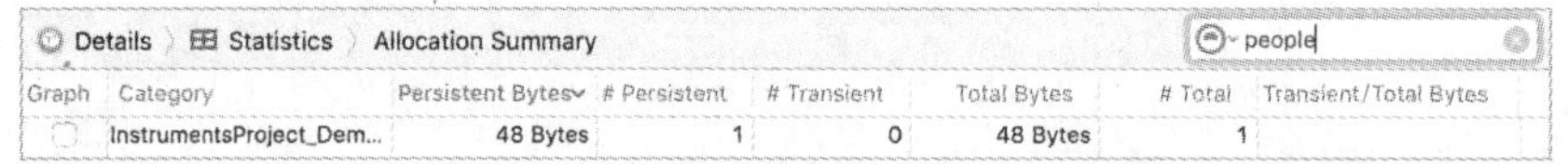

图 21.5

从图 21.5 中可以看出，虽然在方法的末尾已经将 People 对象设置为 nil，但是仍有一个 People 对象处于 Persistent 状态，这说明 People 对象占有的内存并没有被释放。

Allocations 可以显示和产生内存泄露的对象有关的代码信息，首先选择该行出现内存泄露的 Category，此时在 Category 名称的右侧会出现一个右向箭头 InstrumentsProject_Demo.People ，点击此处的右向箭头，Allocations 会显示此 Category 的详细信息，如图 21.6 所示。

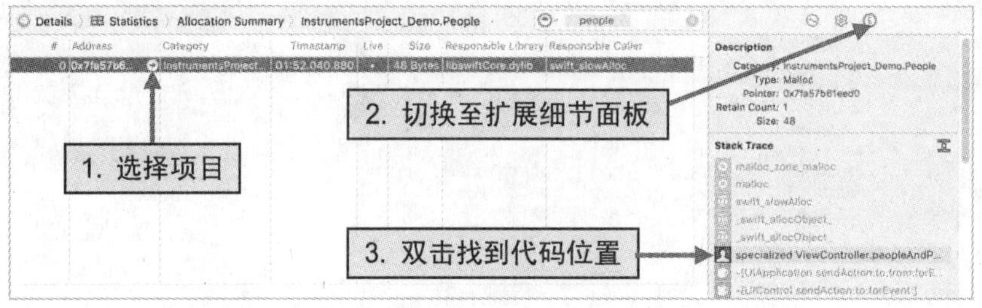

图 21.6

然后选择该项内容，同时切换至扩展细节面板，在扩展细节面板中显示了堆栈信息 Stack Trace，通过堆栈信息可以找出相关的代码，其中黑色图标对应的代码是开发者编写的代码，其他的是系统代码。在黑色的代码中双击鼠标，可以在左侧的面板中显示 Xcode 中指定的代码位置，如图 21.7 所示。

图 21.7

此处显示了出现内存泄露的方法，但是我们无法在此进行修改，需要点击右上角的【Open file in Xcode】按钮，返回 Xcode 界面并跳转到 peopleAndPet 方法。

内存的泄露是由于 People 对象和 Pet 对象相互之间的强引用造成的，所以尽管内存泄露在 peopleAndPet 方法中发生，我们仍然需要在其他位置进行修改。在 Xcode 界面左侧的项目导航区打开并编辑【People.swift】文件，然后在 pet 属性的右侧添加 weak 标志符，将 People 类对 Pet 类的引用修改为弱引用即可：

```
weak var pet : Pet?
```

然后点击 Instruments 窗口的关闭按钮，关闭当前的 Instruments 窗口。接着在 Xcode 中再次点击左上角的 按钮，重新打开 Instruments 窗口，在 Instruments 窗口中保持默认的 Allocations 选项，点击 Choose 按钮再次打开 Instruments 的 Allocations 窗口。再次点击 Record 按钮，重新运行 Allocations 程序。

这一次我们将在模拟器中点击两次按钮，从而创建两个 People 对象，并在 peopleAndPet 方法的结尾从内存中移除两个 People 对象。此时在 Category 搜索框内输入 People，将无法搜索到结果，如图 21.8 所示。

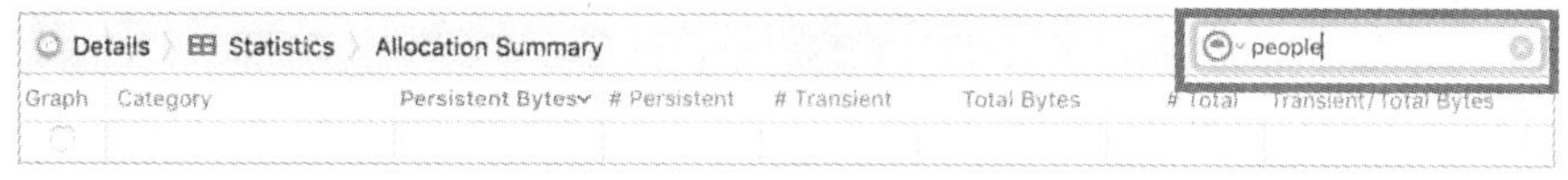

图 21.8

这是因为两个 People 对象已经被从内存中释放，而 Allocations 默认只显示已创建和处于内存中的对象。点击【Display Settings】按钮切换至显示设置面板，然后在【Allocation Lifespan】区域勾选【All Allocations】选项或【Created & Destroyed】选项，这时将显示搜索结果，如图 21.9 所示。

图 21.9

从图 21.9 中可以看出，有两个 People 对象处于 Transient 状态，也就是两个对象已经被从内存中释放。点击 Category 名称右侧的右向箭头InstrumentsProject_Demo.People，可以显示两个 People 对象在内存中的地址信息，如图 21.10 所示。

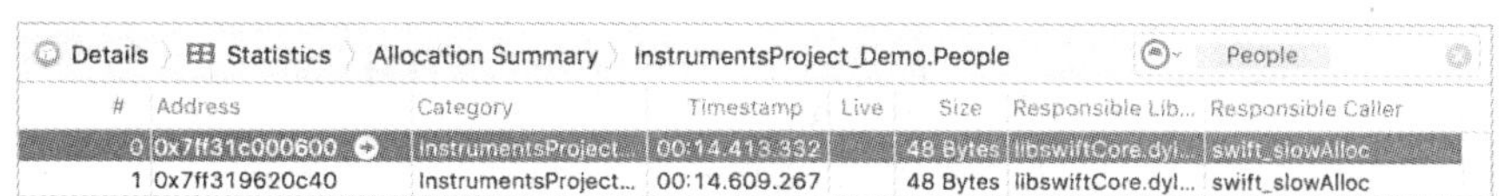

图 21.10

继续点击地址右侧的右向箭头0x7ff31c000600，可以显示位于该地址的内存空间是何时被分配，以及何时被释放的，如图 21.11 所示。

图 21.11

从图 21.11 中 Event Type 为 Malloc 的行可以看出，该地址的内存被 libswiftCore.dylib 于 00:14.413.332 时间戳上被创建，此时 RefCt 值为 1。接着在 InstrumentsProject_Demo 中通过执行 People 类的_deallocating_deinit 析构方法，使 RefCt 值从 1 变为 0，从而使系统于 00:14.414.995 时间戳自行释放该地址的内存。

如果从【Statistics】列表切换到【Allocations List】列表，你会更清楚地查看到哪些对象已经从内存中释放。点击【Statistics】然后在弹出的列表中选择【Allocations List】选项，然后点击 Category 过滤框左侧的过滤图标，并从列表中选择【Mathces Any】选项，接着在 Category 过滤框内输入 People 和 Pet（多个关键词以逗号分隔），以同时搜索 People 和 Pet 两个类型的对象。然后在右侧的【Display Settings】设置面板，勾选【All Allocations】选项，如图 21.12 所示。

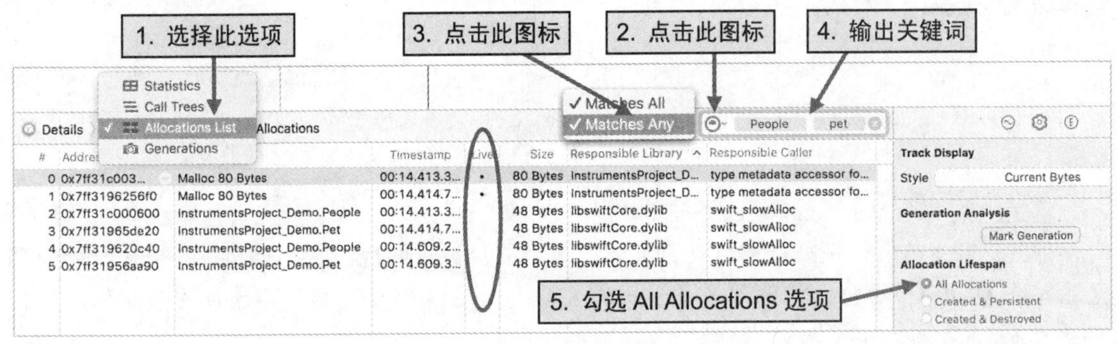

图 21.12

从【Allocations List】中可以得知共有两个 People 对象和两个 Pet 对象，并且在列表中的 Live 栏中，两个 People 对象和两个 Pet 对象都没有小黑点，说明这 4 个对象没有处于 Live 状态，也就是说已经被从内存中清除。

还记得我们在 People 和 Pet 类中的析构方法中的输出语句吗？让我们检查下这两个类的实例对象，在执行析构方法时的日志输出。首先点击【Allocations List】左侧的【Details】选项，然后在弹出的选项列表中选择【Console】选项，进入控制台，控制台的日志输出如图 21.13 所示。

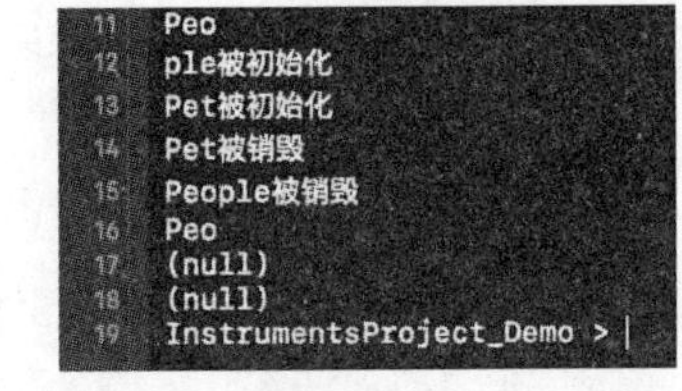

图 21.13

21.2 Leaks 工具的使用

Instruments 中的 Leaks 工具可以检查进程堆泄露的内存。开发者可以使用该工具并配合使用 Instruments 中的 Allocation 工具来获取内存地址的历史记录。通过 Leaks 工具可以查看内存泄露的对象数量，每个泄露对象的类型、内存地址和占用大小等信息。

这里我们仍然使用上个示例项目中的【People.swift】和【Pet.swift】两个文件，然后将【ViewController.swift】的 viewDidLoad 方法修改为：

```
override func viewDidLoad() {
    super.viewDidLoad()
    // Do any additional setup after loading the view, typically from a nib.
    var master:People?
    var dog:Pet?

    master = People(name: "Jerry")
    dog = Pet(name: "Dog")

    master!.pet = dog
    dog!.master = master

    master = nil
    dog = nil
}
```

即在 viewDidLoad 方法中创建 People 对象和 Pet 对象，并在方法的末尾将两个对象设置为 nil。接着依次点击【Product > Profile】命令，打开【Choose a profiling template for】窗口，然后选择窗口中的 Leaks 选项，接着点击【Choose】按钮，打开【Leaks Instruments】窗口，如图 21.14 所示。

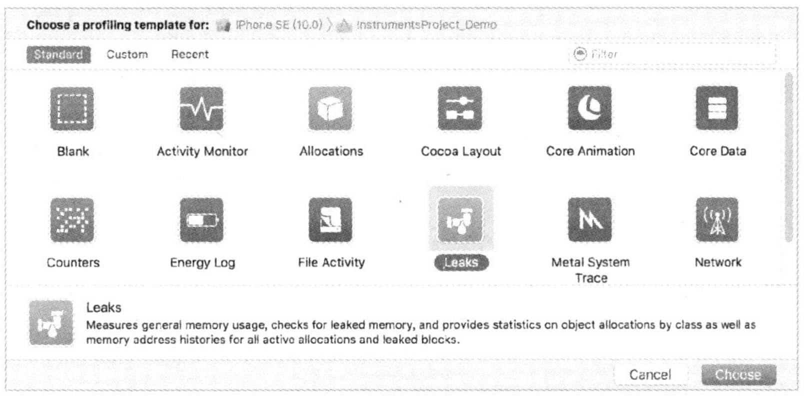

图 21.14

接着在打开的【Leaks Instruments】窗口中，点击左上角的【Record】按钮，打开模拟器运行项目并检测应用程序中的内存泄露状况。应用程序运行后，Instruments 窗口检测到内存泄露问题，并在时间图表上显示一个红色的菱形图标，如图 21.15 所示。将鼠标放置在红色菱形图标上，会显示【2 new leaks】，表示拥有两个引起内存泄露的对象。

使用鼠标点击红色菱形图标，显示引起内存泄露的对象（Leaked Object）列表，然后点击右侧的【Extended Detail】图标，显示扩展细节面板，在该面板中显示了应用程序的【Stack Trace】，其中黑色背景的图标表示由开发者编写的、产生内存泄露的方法。

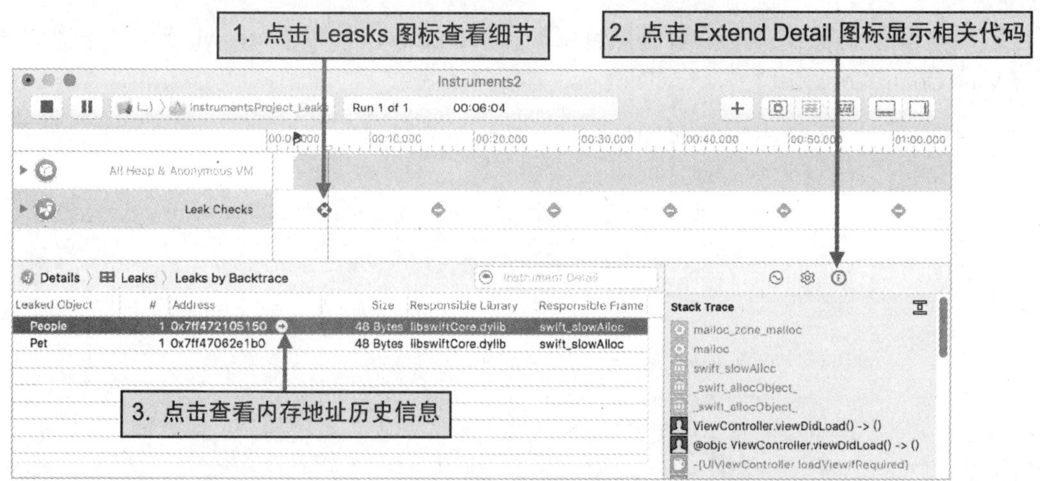

图 21.15

在图 21.15 的页面中，点击地址右侧的右向箭头 0x7ff472105150 ，显示该内存地址的历史列表，从列表中可以看出该地址的 RefCt 值为 1，内存并没有被释放，如图 21.16 所示。

图 21.16

接着点击 Leaks 表格图标显示项目列表，然后选择列表中的【Cycles & Roots】选项，此选项允许开发者查看对象的循环调用情况，如图 21.17 所示。

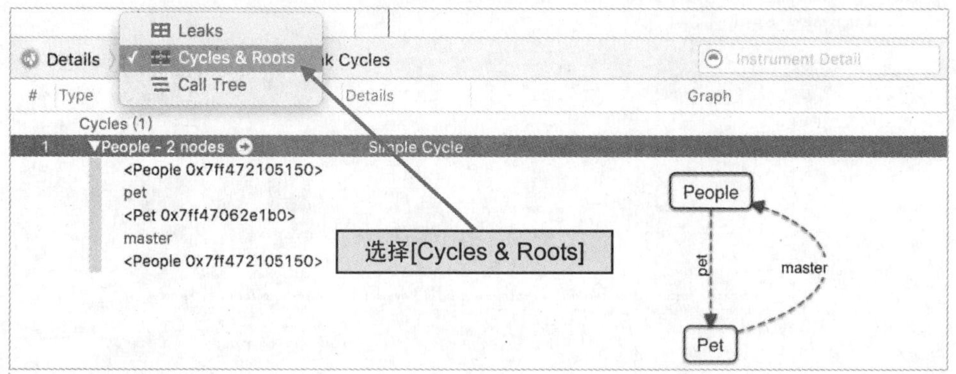

图 21.17

图 21.17 形象地展示了 People 和 Pet 两个对象之间的强引用关系，形成了你中有我，我中有你的局面。接着点击【Cycles & Roots】图标显示项目列表，然后选择列表中的【Call Tree】选项，显示 Call Tree 列表，在 Call Tree 列表中显示了应用程序从 main 方法开始的每一个执行步骤。如图 21.18 所示。

此时在右侧的【Display Settings】展示设置面板中的【Call Tree】区域，勾选【Hide System Libraries】选项，可以隐藏列表中的所有的系统方法，如图 21.19 所示。

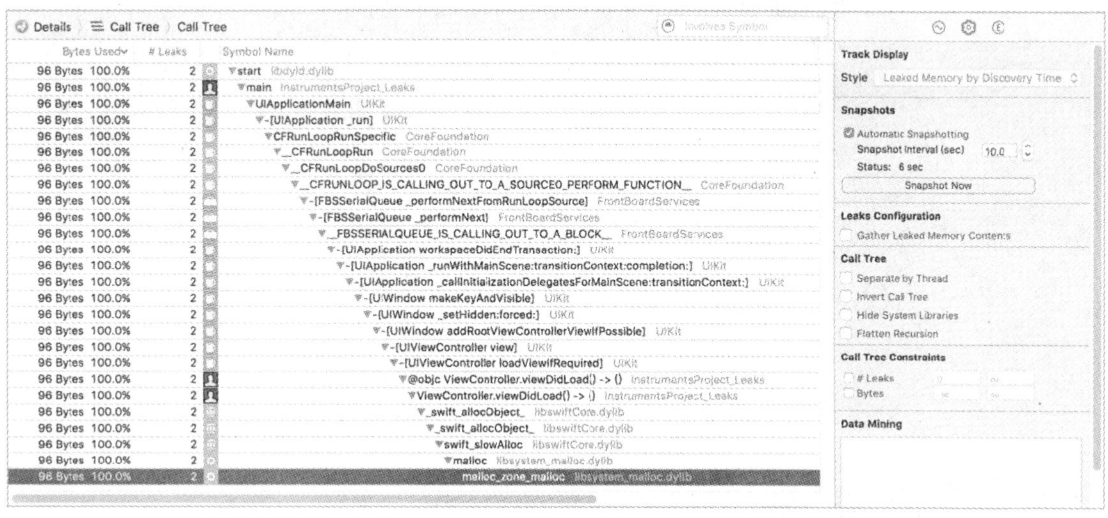

图 21.18

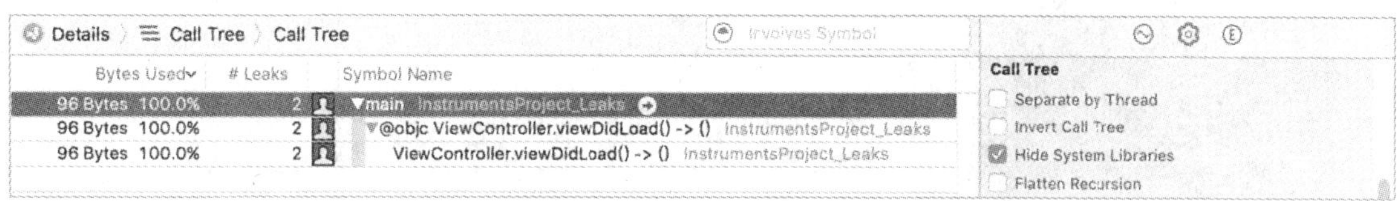

图 21.19

通过在列表中的方法名称上双击鼠标，可以跳转到代码所在的位置，如图 21.20 所示。

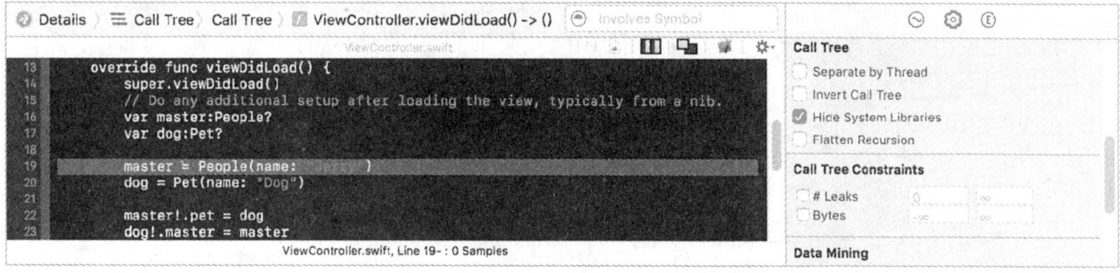

图 21.20

然后点击右上角的【Open file in Xcode】图标，返回 Xcode 界面。和上一个示例中的修复方式相同，在 Xcode 中打开 People 类，并将其 pet 属性设置为 weak 即可修复内存泄露问题。

21.3 小 结

虽然好的编码习惯可以杜绝大部分的内存泄露，但是自从 iOS 5.0 版本之后加入了 ARC 机制，当相互引用关系比较复杂时，内存泄露还是可能存在的。因此学会本章中讲解的两种内存泄露检测方式，有助于开发更加稳定和安全的应用程序。

第22章 iOS 应用程序的本地化

当你计划通过 App Store 发布应用程序时，也应当考虑国外市场的广大用户，为那些用户提供他们所在国家的语言，使他们能够更加容易地发现和下载你的应用程序，从而扩大应用程序的市场范围。

你可以将项目中的每一个文本、图标和图形、音频、视频、Storyboard 文件等进行本地化处理。本章主要介绍如何对应用程序的名称、文本信息、Storyboard，甚至图片进行本地化的操作。

22.1 应用程序的本地化

截至 2016 年 8 月，App Store 已经面向 155 个国家（超过 40 种语言）提供 App 的下载服务，如图 22.1 所示。因此当你计划通过 App Store 发布你的应用程序时，就应当考虑国外市场的广大用户，为那些用户提供他们所在国家的语言，使他们能够更加容易地发现和下载你的应用程序，从而扩大应用程序的市场范围。

图 22.1

iOS 系统拥有一个本地化框架，允许开发者将应用程序简便地翻译成多国语言的版本，甚至可以为英国、美国和澳大利亚的英文用户提供不同的方言。

当应用程序运行时，程序中的文本将使用项目默认的语言，即 base 语言。当对项目进行本地化后，Xcode 将生成其他语言版本的资源（plist 文件、图片或 storyboard）文件。然后应用程序在运行时，将根据设备的语言环境加载相关语言的资源文件。

这些本地化的资源文件，在应用程序的 Bundle 中，会根据语言的不同分离成不同的文件。在创建应用程序时，要确保你的应用程序一次性支持多种目标语言，这些支持多种语言的资源和用户界面是相互分离的。

开发者可以将项目中的每一个文本、图标和图形、音频、视频、Storyboard 文件等进行本地化处理。如果对一个图片进行本地化处理，增加对中文、英文的支持，你的项目将分别在 zh-Hans.lproj 和 en.lproj 目录中各包含一张同名的图片文件，以分别应用于两种语言的环境。当需要加载本地化的图片后，只需按图片的原始名称进行加载即可，系统将根据语言环境加载不同目录中的同名文件。

根据不同的语言或文化对资源文件进行本地化，最大的好处是可以增强不同区域用户对应用程序的好感。这种做法甚至在好莱坞电影中频繁使用，还记得《疯狂动物城》电影中电视台的主持人吗?中国的观众看到的主持人是熊猫，而澳大利亚的观众看到的则是袋鼠。对每种文化展示不同的表现内容，可以收获更多的潜在市场。

在这一章中我们将使用本地化功能对应用程序的名称、文本信息、Storyboard，甚至图片进行本地化的操作，使不同地区的用户都能够获得良好的用户体验。

22.1.1 应用程序名称的本地化

使用本地化功能，可以轻松地将应用程序翻译成多种语言，甚至可以对应用程序的名称进行本地化处理。

应用程序名称本地化是一个很重要的问题，图 22.2 是中文语言环境下的 iPhone 桌面，图 22.3 是英文语言环境下的桌面。我们会看到日历、地图、健康等几个应用名称都进行了本地化。

图 22.2

图 22.3

这里我们将创建一个示例项目，并对应用程序的名称进行本地化，当设备处于中文和英文的环境时，分别显示不同语言的程序名称。

首先创建一个基于【Single View Application】模板的空白项目，项目创建后将包含一个名为 Info.plist 的项目配置文件。

info.plist 文件中有个叫 CFBundleName 的 key 决定了应用程序的名称。如果需要对应用程序的名称进行本地化，则需要给 Info.plist 文件添加一个名为【Application has localized display name】的键，并设置该键的值为 YES，如图 22.4 所示。

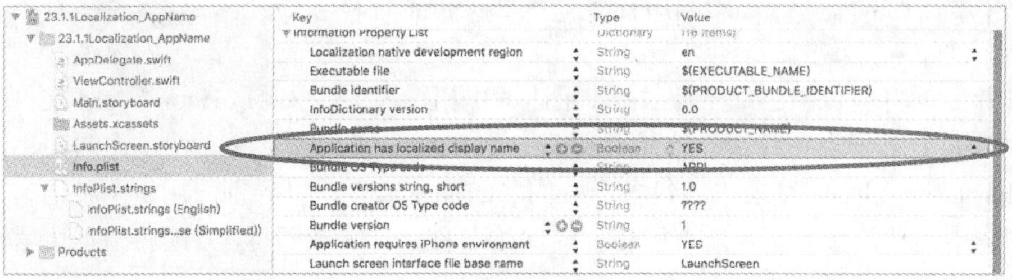

图 22.4

创建 InfoPlist.strings 文件

在 Info.plist 文件添加该键值对后，当需要对应用程序的名称进行本地化时，就会自动加载 InfoPlist.strings 对应的 CFBundleDisplayName 的内容。因此我们继续向项目中添加一个名为 InfoPlist.strings 的文件。在项目名称文件夹上点击鼠标右键，并选择右键菜单中的【New File】命令，以打开模板选择窗口，并依次选择【Resource > Strings File】选项，以创建一个字符串文件，如图 22.5 所示。

字符串文件创建后，需要对该文件进行本地化处理。首先进入【File inspector】面板，然后点击【Localization】设置区域中的【Localize...】按钮，弹出本地化设置窗口，在弹出的窗口中，点击语言下拉箭头，然后选择【English】选项，接着点击右下角的【Localize】按钮，生成 InfoPlist.strings 文件的英文本地化支持，操作步骤如图 22.6 所示。

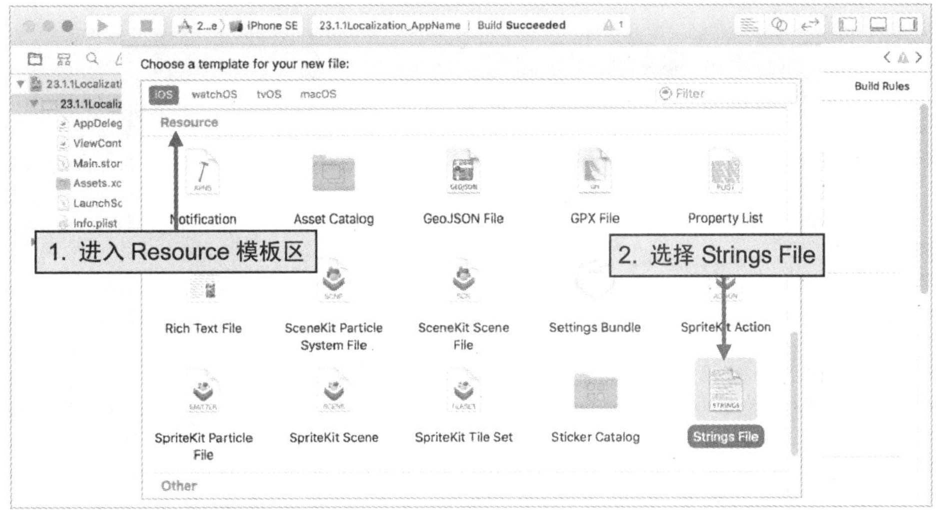

图 22.5

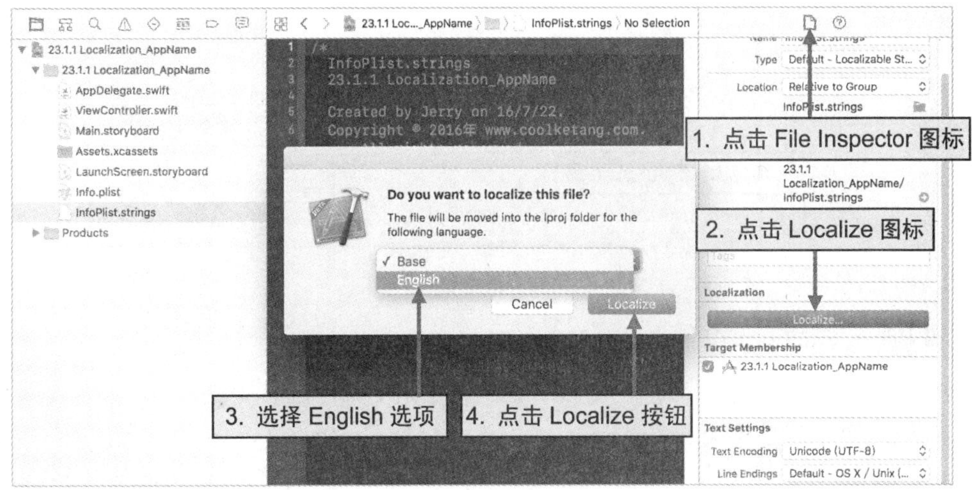

图 22.6

InfoPlist.strings 字符串文件添加英文本地化支持后的效果如图 22.7 所示。

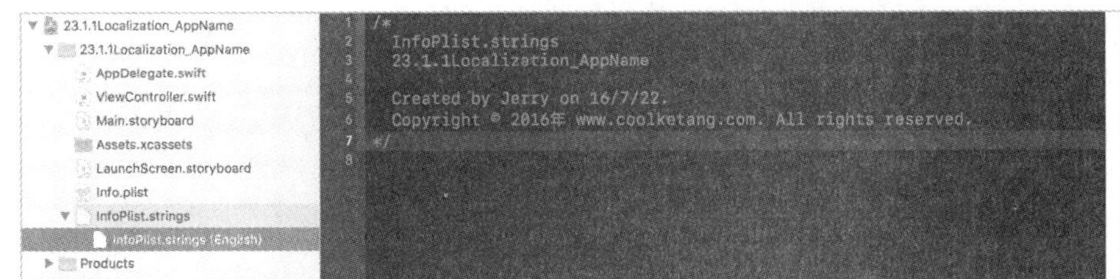

图 22.7

接着继续给 InfoPlist.strings 字符串文件添加中文本地化的支持，首先点击项目名称进入项目信息配置页面，接着在【Localizations】设置区域点击+号图标以弹出语言列表，然后在弹出的语言列表中选择【Chinese(Simplified)(zh-Hans)】选项，添加对简体中文语言的支持，如图 22.8 所示。

图 22.8

然后在弹出的为简体中文语言选择资源文件的窗口中，取消对两个故事板文件的勾选，只保留勾选【InfoPlist.strings】文件，点击【Finish】按钮，给 InfoPlist.strings 文件添加简体中文的本地化支持，如图 22.9 所示。

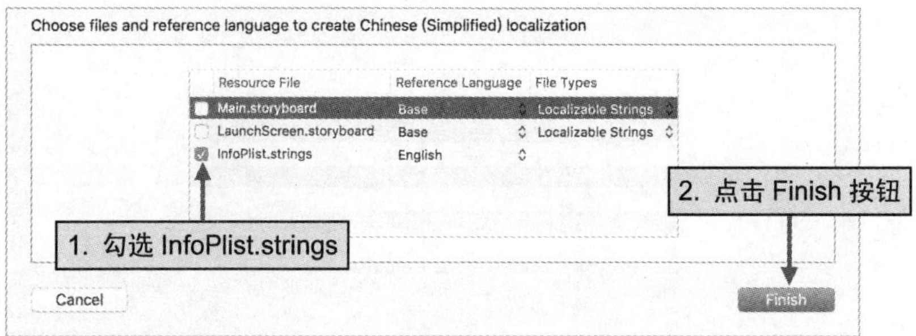

图 22.9

编辑 InfoPlist.strings 文件

InfoPlist.strings文件中添加了英文和中文的本地化支持，在该文件名称下方包含两个文件 InfoPlist.strings(English) 和 InfoPlist.strings(Chinese Simplified)，这两个文件分别对应于 InfoPlist.strings文件的英文和中文的本地化，并分别存储在项目中的en.lproj目录和zh-Hans.lproj 目录中，如图 22.10 所示。

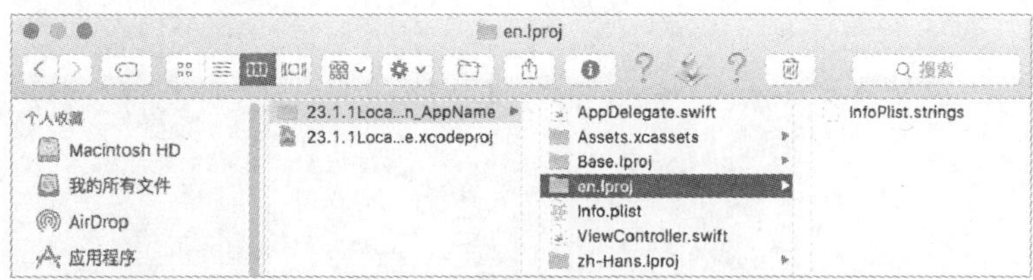

图 22.10

从文件夹中的名称可以看出，虽然两个文件在项目中的名称不同（InfoPlist.strings(English) 和 InfoPlist.strings(Chinese Simplified)），但是他们在 Bundle 中的实际名称是相同的，系统会根据设备的语言环境到所在的文件夹下加载 InfoPlist.strings 文件。

接着首先对 InfoPlist.strings(English)文件进行编辑，在该文件中设置英文环境下的应用程序的名称。参数的设置是通过键值对实现的，在等号的左边是键名 CFBundleDisplayName，等号的右侧是键 CFBundleDisplayName 的值，如图 22.11 所示。

图 22.11

使用相同的方式，在 InfoPlist.strings（Chinese Simplified）文件中进行中文应用程序名称的本地化处理，如图 22.12 所示。

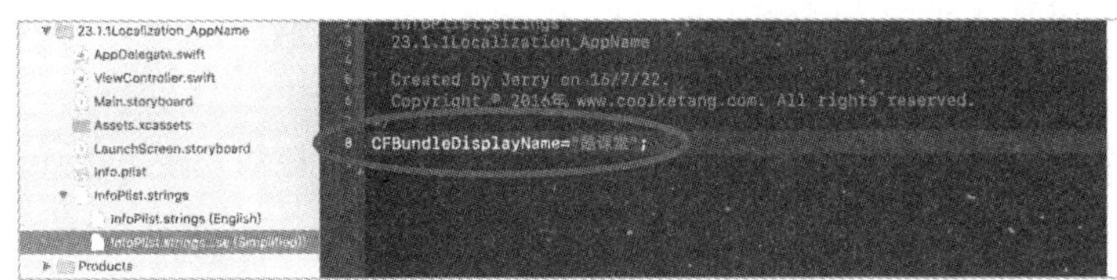

图 22.12

在不同语言环境下运行项目

现在我们已经完成了对应用名称进行本地化的所有工作，接着点击 Xcode 界面左上角的【编译并运行】按钮 ▶ ，打开模拟器运行项目。项目运行后，将弹出一个空白的模拟器。此时依次点击【Hardware > Home】命令，或使用键盘上的【Command + Shift +H】快捷键，返回模拟器的 Home 页，并查看应用程序的名称。由于系统默认的语言环境是英文，此时应用程序的名称如图 22.13 所示。

接下来更改系统的语言环境，将语言环境从英文修改为简体中文。依次点击【Settings > General > Language & Region > iPhone Language】选项，进入系统的语言设置列表页面，如图 22.14 所示，在该页面的语言列表中选择【简体中文】选项，然后点击右上角的【Done】按钮，并在弹出的确认窗口中，点击【Change to Simplified Chinese】选项，以更改系统的语言环境：

完成系统语言的更改后，再次使用【Hardware > Home】命令返回系统首页，此时查看应用程序的名称，将发现它已经自动变换为中文的应用名称，如图 22.15 所示。

图 22.13

图 22.14

图 22.15

22.1.2 应用程序文字内容的本地化

应用程序的本地化是拓展应用市场的重要砝码。iOS 提供了简便的方法，来实现应用程序中文本的本地化，其中用得最多的就是 NSLocalizedString。开发者可以通过 NSLocalizedString，对应用程序中出现的文字进行本地化。

NSLocalizedString 类的定义如下所示。

```
public func NSLocalizedString(_ key: String, tableName: String? = default, bundle: Bundle = default, value: String = default, comment: String) -> String
```

它包含 5 个参数并返回一个 String 类型的结果。其中 tableName、bundle、value 3 个参数拥有 default 的标志，表示这些参数是可选的，这些参数的说明如表 22-1 所示。

表 22-1 NSLocalizedString 的参数

参数名称	参数说明
key	必填，表示进行本地化的键名
tableName	选填，表示本地化资源文件的表名，若不填写该参数，将默认从 Localizable.strings 字符串文件中读取本地化内容
bundle	选填，表示本地化资源文件所在的束，若不填写该参数将使用 Bundle.main()
value	选填，表示当查找不到 key 所对应的 value 时，使用该值作为键的值
comment	必填，用来给准确翻译提供足够的上下文信息，通常设置为 nil

这里我们将创建一个示例项目，并对应用程序的 UILabel 标签信息进行本地化，当设备处于中文和英文的环境时，分别显示不同语言的内容。

创建本地化资源文件

首先创建一个基于【Single View Application】模板的空白项目，然后在项目名称文件夹上点击鼠标右键，并选择右键菜单中的【New File】命令，往项目中添加一个名为【Localizable.strings】的字符串文件。Localizable.strings 作为系统默认的本地化配置文件，在读取该文件中的本地化资源时不需要指定表名。接着使用相同的方式，继续创建一个名为 UserService.strings 的字符串文件。其中 UserService 作为表名，当使用 NSLocalizedString 读取 UserService.strings 中的本地化内容时，使用 UserService 作为表名。这两个字符串文件的创建方式，与在 23.1.1 示例中创建 InfoPlist.strings 文件的方式相同，这里不再演示。

两个字符串文件创建后的效果如图 22.16 所示。

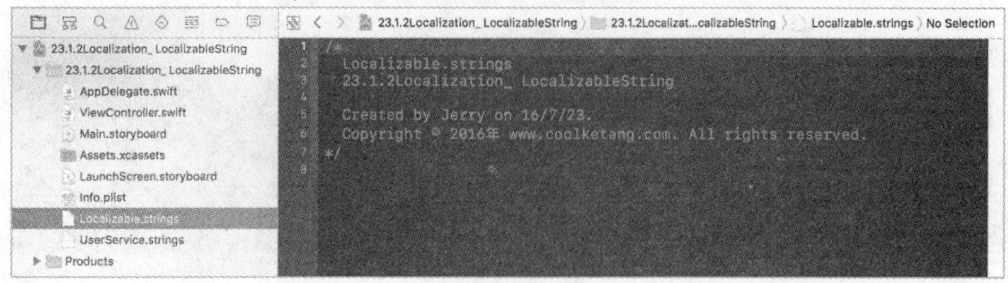

图 22.16

接着对两个字符串文件添加对英文的支持，分别在两个字符串文件的 File Inspector 面板中点击【Localize...】按钮，弹出本地化设置窗口，然后选择【English】选项，给两个字符串文件添加英文的本地化支持，如图 22.17 所示。

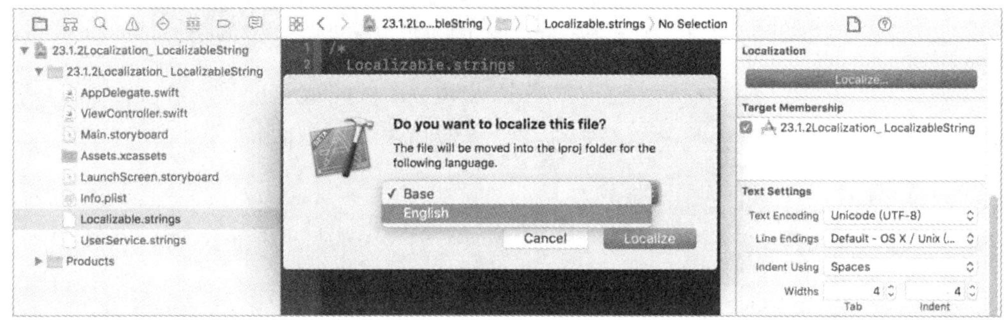

图 22.17

然后在【Info】设置面板的【Localizations】设置面板区，给两个字符串文件添加简体中文的本地化支持，如图 22.18 所示。

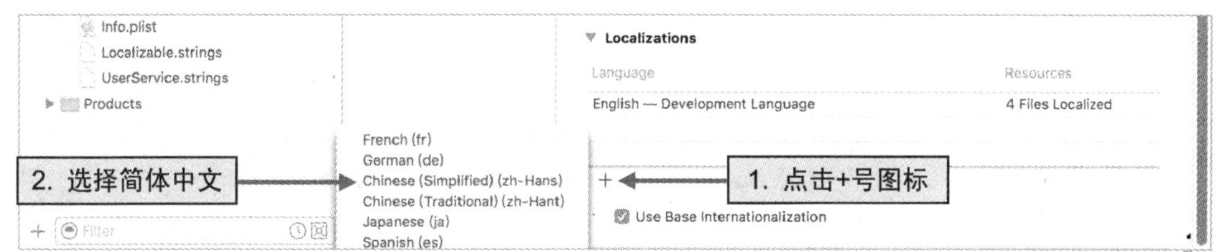

图 22.18

然后在选择本地化文件的弹出窗口中，只保留对 Localizable.strings 和 UserService.strings 两个字符串文件的勾选，点击右下角的【Finish】按钮，完成对两个字符串文件的本地化设置，如图 22.19 所示。

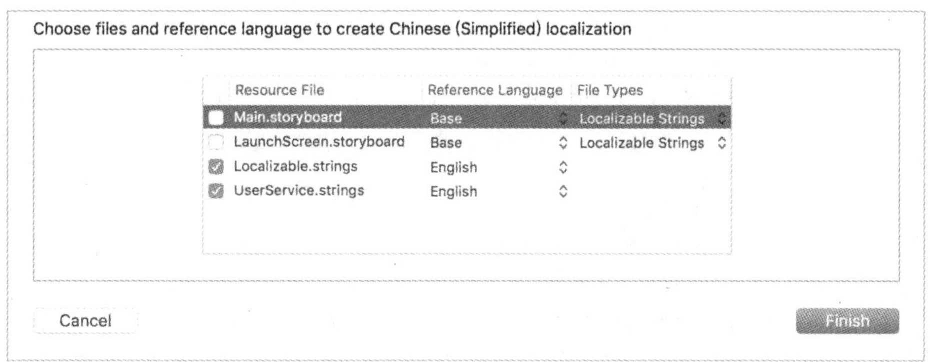

图 22.19

编辑两个 strings 文件

首先对 Localizable.strings(English)文件进行编辑，在该文件中设置英文环境下的文本内容。参数的设置同样是通过键值对实现的，在等号的左边是键名，等号的右侧是键名对应的值，如图 22.20 所示。

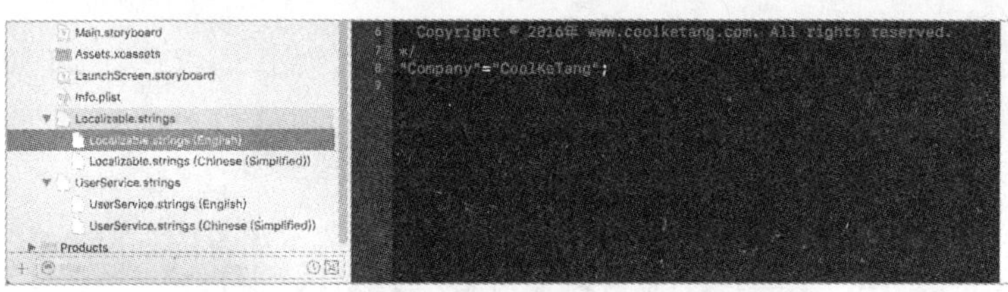

图 22.20

接着使用相同的方式，为其他三个本地化文件添加相应的键值对：

Localizable.strings(Chinese Simplified)：

```
"Company"="酷课堂";
```

UserService.strings(English)：

```
"Address"="BeiJing";
```

UserService.strings(Chinese Simplified)：

```
"Address"="北京";
```

修改 ViewController 文件

接着在项目导航区打开并编辑【ViewController.swift】文件，在该类的 viewDidLoad 方法中添加两个 Label 标签，分别读取 Localizable.strings 和 UserService.strings 两个文件中的内容：

```
import UIKit
class ViewController: UIViewController {

    override func viewDidLoad() {
        super.viewDidLoad()
        // Do any additional setup after loading the view, typically from a nib.

        let company = NSLocalizedString("Company", comment: "")
        let address = NSLocalizedString("Address", tableName: "UserService", bundle: Bundle.main(), value: "", comment: "")

        let rectCompany = CGRect(x: 0, y: 0, width: 320, height: 284)
        let labelCompany = UILabel(frame: rectCompany)
        labelCompany.text = company
        labelCompany.font = UIFont.systemFont(ofSize: 42)
        labelCompany.backgroundColor = UIColor.orange()
        self.view.addSubview(labelCompany)

        let rectAddress = CGRect(x: 0, y: 284, width: 320, height: 284)
        let labelAddress = UILabel(frame: rectAddress)
        labelAddress.text = address
        labelAddress.font = UIFont.systemFont(ofSize: 42)
```

```
22              labelAddress.backgroundColor = UIColor.purple()
23              self.view.addSubview(labelAddress)
24          }
25      }
```

在第 8 行的代码中，通过 NSLocalizedString 读取 Localizable.strings 文件中的键名为 Company 的本地化内容，由于 Localizable.strings 文件是系统默认的本地化资源文件，所以不需要指定表名。

接着在第 9 行的代码中，通过 NSLocalizedString 读取 UserService.strings 文件中的键名为 Address 的本地化内容，由于 UserService.strings 文件不是系统默认的本地化资源文件，所以需要通过 tableName 参数指定表名为 UserService。

读取本地化的内容后，接着创建两个 Label 标签，分别显示来自两个字符串文件的本地化内容。首先在第 11～16 行的代码中，创建一个指定显示区域的 Label 标签对象，该标签对象用来显示 Localizable.strings 文件中的本地化内容。并依次设置标签对象的内容、字体大小、背景颜色等属性，最后将标签对象添加到当前视图控制器的根视图中。

然后使用相同的方式在第 18～23 行的代码中，创建另一个位于不同位置的 Label 标签对象，该标签对象被用来显示 UserService.strings 文件中的本地化内容。

在不同语言环境下运行项目

现在已经完成了所有的本地化工作，点击 Xcode 界面左上角的【编译并运行】按钮 ▶ ，打开模拟器运行项目。项目运行后，将弹出一个包含两个 Label 标签的模拟器，并在两个标签对象中分别显示来自两个字符串文件的本地化内容，如图 22.21 所示。

接着通过 iOS 系统的【设置】功能，将模拟器的语言环境调整为简体中文。当再次打开应用程序时，两个标签的内容将自动替换为中文的内容，如图 22.22 所示。

图 22.21

图 22.22

22.1.3　Storyboard 的本地化

在 22.1.2 节中对两个 UILabel 显示的内容进行了本地化，这两个 Label 都是通过代码的方式添加到视图控制器中的。那么如何对 Storyboard 中的 UILabel 标签控件进行本地化呢？

其实每个添加到 Storyboard 中的控件都会拥有一个 Object-ID 属性，通过该属性即可完成对 Storyboard 中的控件进行本地化的操作。

在本节的示例项目中将在 Storyboard 中添加一个 UILabel 标签控件，并对该标签控件显示的内容进行本地化处理，首先创建一个基于【Single View Applicaton】模板的空白项目，然后在 Info 设置面板的【Localization】设置区域，给项目添加简体中文的本地化支持，如图 22.23 所示。

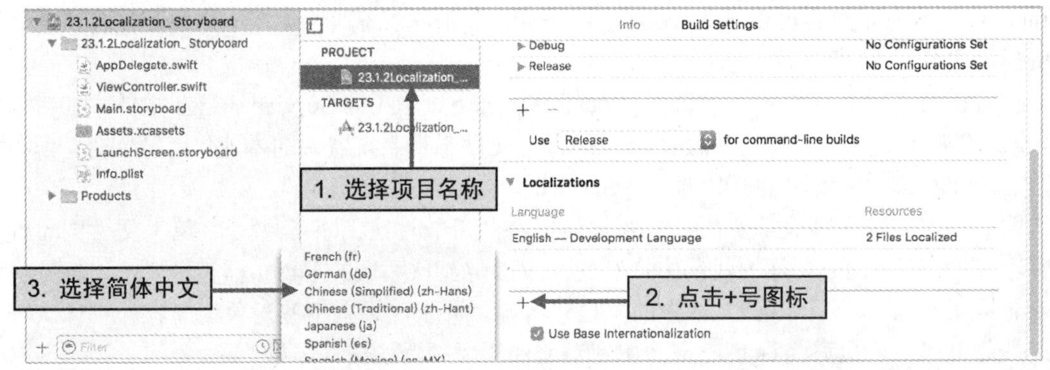

图 22.23

接着在弹出的本地化文件选择窗口中，仅保留对【Main.storyboard】故事板文件的勾选，然后点击窗口右下角的【Finish】按钮，完成对 Main.storyboard 故事板的英文和简体中文两种语言的本地化操作，如图 22.24 所示。

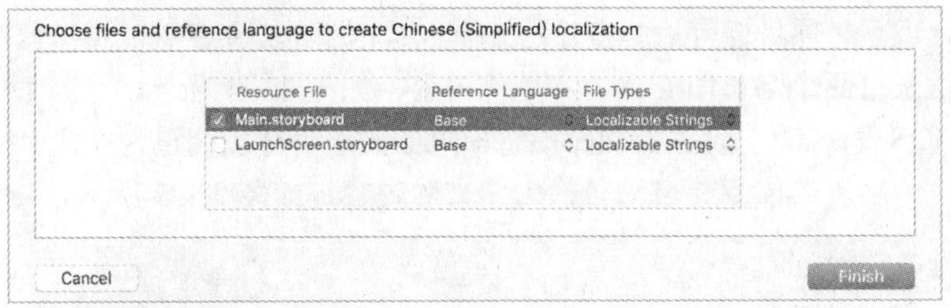

图 22.24

往 Storyboard 中添加标签控件

完成 Main.storyboard 故事板对本地化的支持后，将在该故事板名称下生成两个文件 Main.storyboard（Base）和 Main.storyboard（Chinese Simplified）。接着从控件库往故事板中拖入一个 UILabel 控件，并设置 UILabel 控件的位置、尺寸、背景颜色、字体大小、对齐方式等属性，最终的效果如图 22.25 所示。

对 Storyboard 控件进行本地化

接着点击【Show the Identity Inspector】图标，进入 Identity Inspector 设置面板，选择并复制 UILabel 标签的 Object ID 的值，如图 22.26 所示。

然后打开并编辑 Main.storyboard(Chinese Simplified)文件，在该文件中输入 Object ID 和其对应的值作为键值对（"Pzy-6X-h7v.text"="故事板";），其中等号左侧的内容是由 Object ID 和 text 组成的字符串，等号的右侧是标签在中文环境中的内容，如图 22.27 所示。

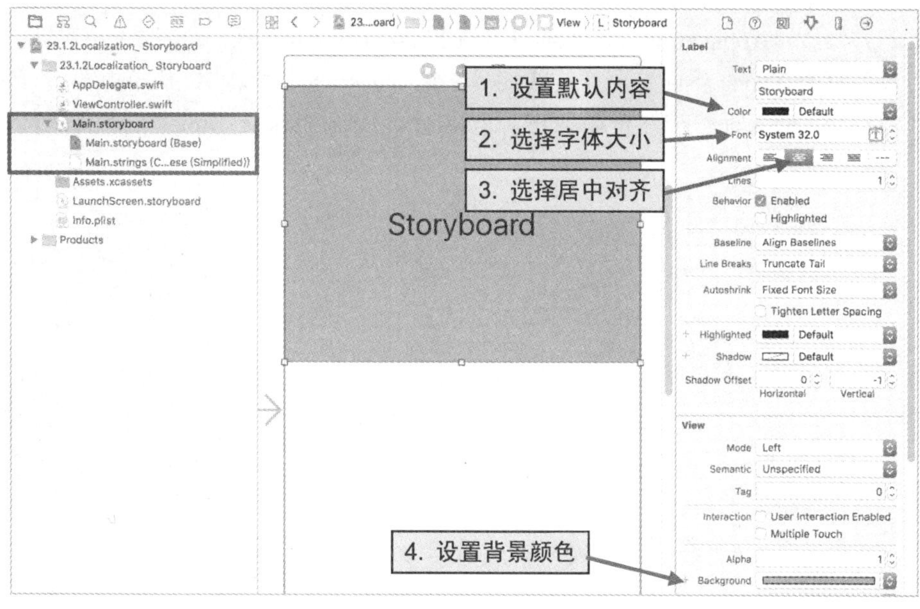

图 22.25

图 22.26

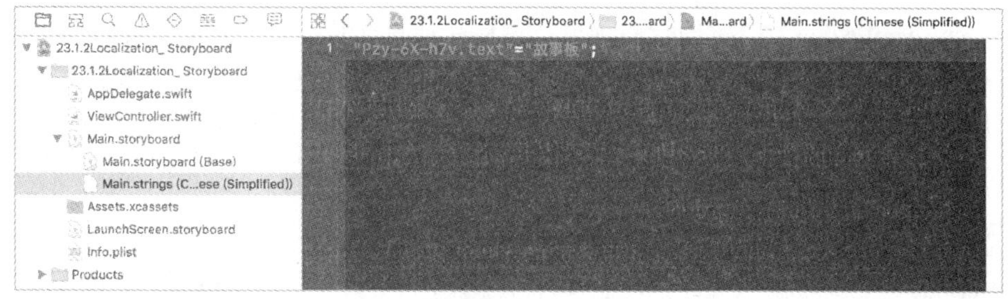

图 22.27

在不同语言环境下运行项目

至此就完成了故事板的本地化工作，点击 Xcode 界面左上角的【编译并运行】按钮 ▶ ，打开模拟器运行项目。项目运行后，将弹出一个包含 Label 标签的模拟器，并在标签对象中显示了默认的文字内容，如图 22.28 所示。

图 22.28

除了通过 Settings 来设置 iOS 系统的语言环境，也可以修改 Scheme 来更改应用程序的语言环境。依次点击【Product > Scheme > Edit Scheme】命令，打开 Scheme 设置窗口，然后进入【Option】

设置面板，并修改【Application Language】为 Chinese (Simplified)，如图 22.29 所示。

接着再次点击 Xcode 界面左上角的【编译并运行】按钮 ▶ ，打开模拟器运行项目。此时模拟器中的 UILabel 标签控件将显示在 Main.storyboard(Chinese Simplified)文件设置的中文内容，如图 22.30 所示。

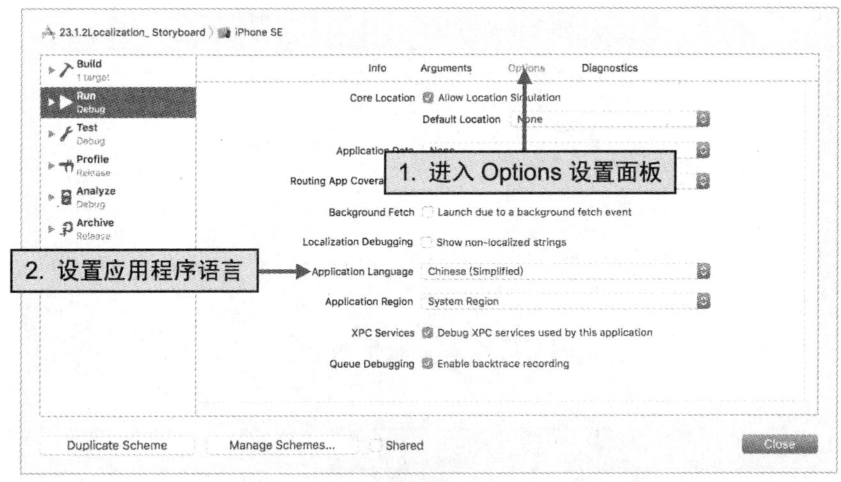

图 22.29

图 22.30

22.1.4 图片素材的本地化

对项目中的图片进行本地化的步骤和 Stroyboard 的处理方式相似，只是需要注意的是，需要进行本地化的图片不能放在 Assets.xcassets 文件夹中，否则无法对图片进行本地化操作。

在本节的示例项目中将导入一张图片，并对该图片进行本地化处理，首先创建一个基于【Single View Applicaton】模板的空白项目，然后在项目名称文件夹中点击鼠标右键，并选择右键菜单中的【Add Files to】命令，往项目中导入一张图片。也可以将图片从文件夹中直接拖动到项目中，导入后的图片是一张包含中文文字的图表，如图 22.31 所示。

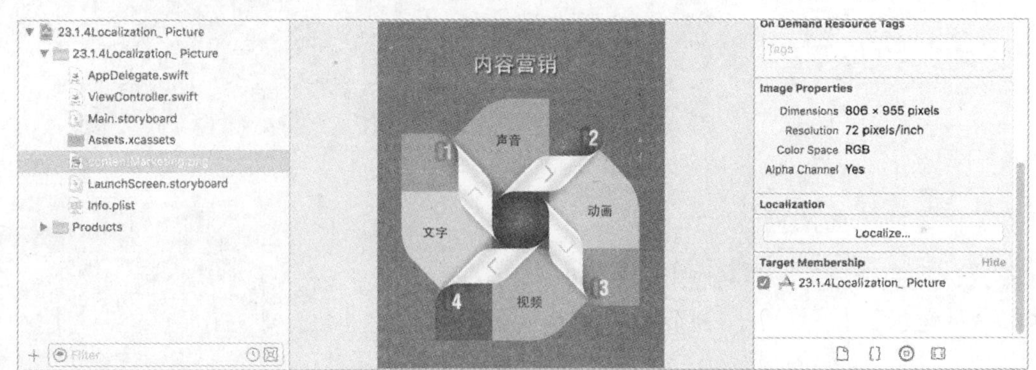

图 22.31

接着选择该图片，然后打开右侧的【File Inspector】，在 Localization 设置区域点击 Localize 按钮给图片添加本地化支持。在弹出的本地化设置窗口中选择 English 选项，给图片添加英文的本地化支持，如图 22.32 所示。

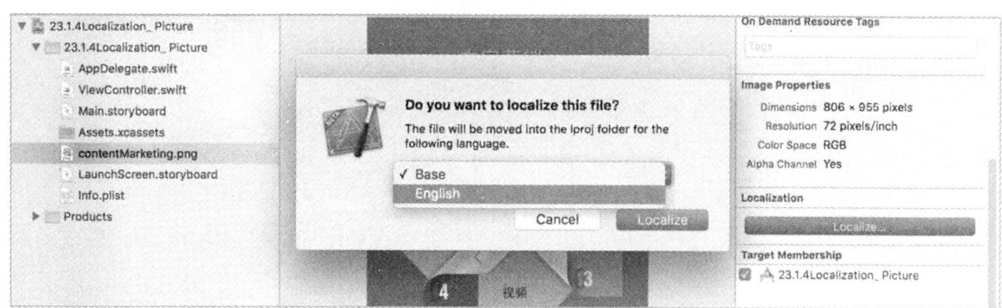

图 22.32

在项目的 Info 设置面板中，点击 Localizations 设置面板中的+号图标，然后选择简体中文选项，如图 22.33 所示。

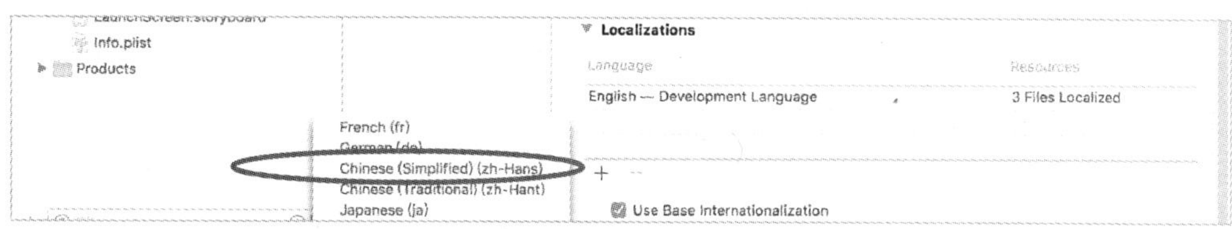

图 22.33

然后在选择本地化文件的弹出窗口中，只保留对 contentMarketing.png 图片的勾选，点击右下角的【Finish】按钮，完成对图片的本地化设置，如图 22.34 所示。

图 22.34

修改英文环境的图片

完成图片的本地化操作后，在图片的名称下方多了两个名为 contentMarketing.png（English）和 contentMarketing.png（Chinese Simplified）的文件，并且 contentMarketing.png（English）图片中的文字仍然是中文。

接下来修改 contentMarketing.png(English)图片，在该图片名称上点击鼠标右键，然后选择右键菜单中的【Show in Finder】命令，找到该文件所在文件夹的位置，如图 22.35 所示。

找到 contentMarketing.png(English)图片所在的文件夹之后，将图片替换为英文图片即可。

接着返回 Xcode，你会发现 contentMarketing.png(English)图片已经被替换为英文图片，如图 22.36 所示。这两张图片内容不同，但是它们的名称相同，都是 contentMarketing.png，只是一个在 en.lproj 文件夹，另一个在 zh-Hans.lproj 文件夹。

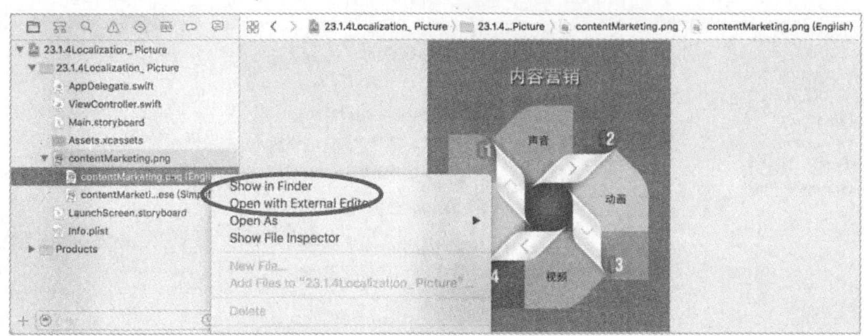

图 22.35

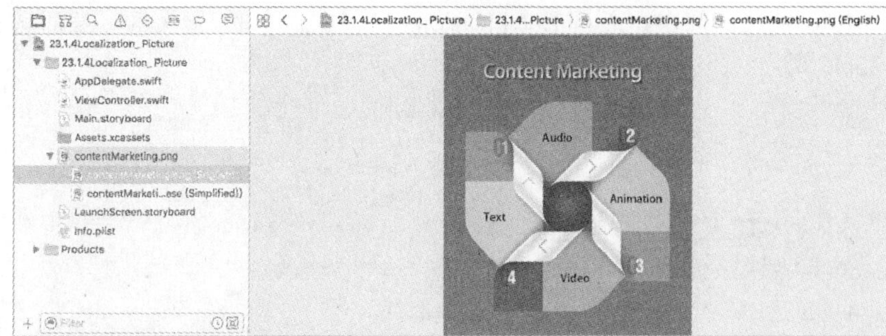

图 22.36

加载并显示本地化后的图片

接着在项目导航区打开并编辑【ViewController.swift】文件，在该类的 viewDidLoad 方法中添加一个 UIImageView 图像视图，以加载并显示本地化后的图片。

```
1  override func viewDidLoad() {
2      super.viewDidLoad()
3      // Do any additional setup after loading the view, typically from a nib.
4      let localizedImage = UIImage(named: "contentMarketing")
5      let imageView = UIImageView(image: localizedImage)
6      imageView.frame = CGRect(x: 0, y: 40, width: 320, height: 380)
7      imageView.image = localizedImage
8
9      self.view.backgroundColor = UIColor(colorLiteralRed: 0, green: 154.0/255.0, blue: 154.0/255.0, alpha: 1.0)
10     self.view.addSubview(imageView)
11 }
```

首先在第 4 行代码中，读取项目中名为 contentMarketing.png 的图片，应用程序会根据系统的语言环境，自动加载 en.lproj 目录或 zh-Hans.lproj 目录中的同名图片。

接着在第 5～7 行代码中，创建一个指定显示区域的 UIImageView 图像视图，并将该图像视图的 image 属性设置为本地化图片。

最后在第 9 行代码中，设置当前视图控制器的根视图的背景颜色，与本地化图像中的背景颜色相同，并将图像视图添加到根视图中。

在不同语言环境下运行项目

至此就完成了图片的所有本地化工作，点击 Xcode 界面左上角的【编译并运行】按钮 ▶ ，打开模拟器运行项目。项目运行后，将弹出一个包含 UIImageView 图像视图的模拟器。由于系统默认处于英文环境，所以首先显示 en.lproj 目录下的图片，如图 22.37 所示。

接着依次点击【Settings > General > Language & Region > iPhone Language】选项，进入系统的语言设置列表页面，在该页面的语言列表中选择【简体中文】选项，然后点击右上角的【Done】按钮，并在弹出的确认窗口中，点击【Change to Simplified Chinese】选项，以更改系统的语言环境为简体中文。

再次打开应用程序，你会发现图片已经替换为 zh-Hans.lproj 文件夹中的中文图片，如图 22.38 所示。

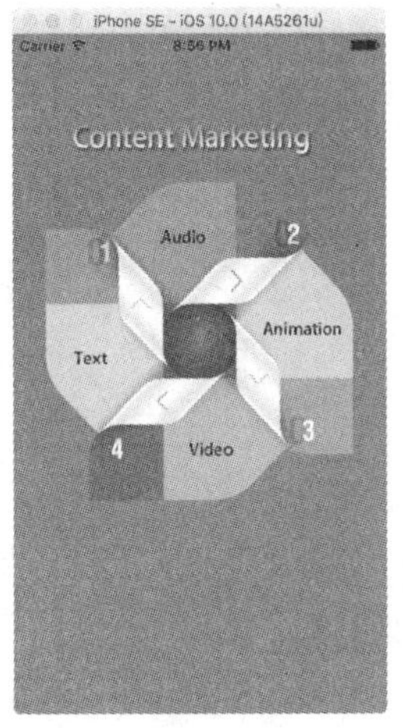

图 22.37

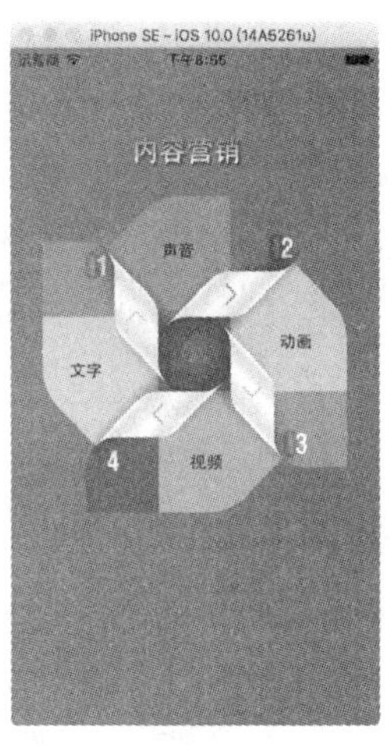

图 22.38

22.2 小　结

当你将一个伟大的创意转换为实际的产品，在享受成功的喜悦时，是不是也想让所有人都能够使用这款产品？如果你学会了本章的内容，可尝试对自己的应用程序进行本地化操作，使更多的用户能够分享你的创意。

给应用程序添加本地化支持，的确会花费一些时间和精力，但是一款好的产品至少需要简体中文和英文两个版本。

加密与安全

iOS 应用程序的安全问题越来越引起用户和开发者的重视，为了增强应用程序的安全性，同时保护开发者的权益，通过在应用程序中使用各种加密技术来保护我们的作品是很有必要的。

本章讲解三种常用的加密技术：3DES、SHA1 和 MD5，其中 3DES 和 SHA1 属于对称加密技术，而 MD5 属于非对称加密技术。

在本章的末尾还对设备的越狱情况进行了检测。

23.1 加密与安全

在大多数的 iOS 开发者看来，采用沙箱机制的 iOS 系统是很安全的，但事实上，iOS 系统及里面的应用并没有想象中那么安全。和安卓应用相似，iOS 应用也面临着被破解的威胁，存在大量内购破解、源代码破解、植入病毒或广告、二次打包等情况。

这就需要对应用程序中进进出出的数据进行加密处理，以保护用户的数据和隐私。那么可以通过加密保护哪些数据呢？

- 对设备中存储的内容进行加密：开发者经常使用 UserDefaults、plist 文件、Core Data 框架等作为数据存储的载体。在存入数据之前对数据进行一些加密操作，可以增强数据的安全性。
- 对网络传输的数据进行加密：大部分的 iOS 应用都需要联网，通过和服务器端进行通信，获得最新的信息并且将内容展现给用户。由于网络传输过程中有可能经过不安全的中间节点，所以应该对敏感数据加密，以保证用户信息的安全。
- 对账户密码进行加盐操作：加盐 Salt 在密码学中是指，通过在密码任意固定位置插入特定的字符串，让散列后的结果和使用原始密码的散列结果不相符，这个过程称之为加盐。加盐后的账户密码再经过诸如 MD5 等方式的加密，然后与服务器端采用同样加盐和加密的密码进行比较，如果两个密码相同，则密码匹配成功。这样无论在客户端还是服务器，当传输的密码被截获后，即使解密成功也无法还原出原始的密码。

23.1.1 对称加密和非对称加密

加密技术是利用一些技术手段，把重要的数据变为乱码进行数据的传送，当到达目的地后，再用相同或不同的手段进行解密和还原。

对数据加密的技术分为两类，即对称加密（私人密钥加密）和非对称加密（公开密钥加密）。对称加密以 Data Encryption Standard 数据加密标准算法即 DES 为典型代表，非对称加密通常以 Rivest Shamir Adleman 即 RSA 算法为代表。

对称加密采用对称密码编码技术，它的特点是对数据加密和解密使用相同的密钥，即加密密钥也可以用作解密密钥，这种方法在密码学中叫作对称加密算法，其具有简单快捷、密钥较短、破译困难等特点，如图 23.1 所示。

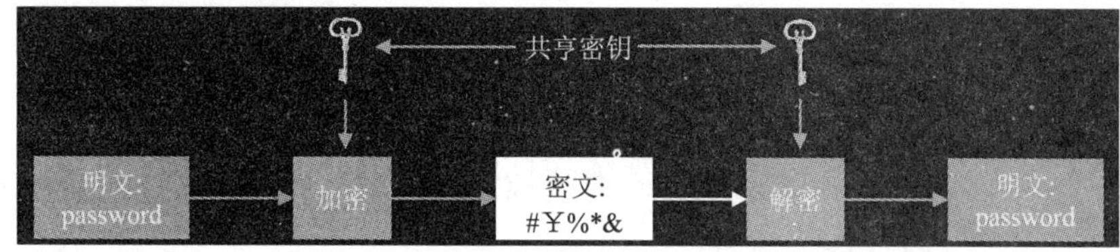

图 23.1

与对称加密算法不同，非对称加密算法需要两个密钥，一个是公有密钥（Public key），另一个是私有密钥 （Private key）。如果使用公有密钥对数据进行加密，只有用对应的私有密钥才能解密；如果用私有密钥对数据进行加密，那么只有用对应的公有密钥才能解密。因为加密和解密使用的是两个不同的密钥，所以这种算法叫作非对称加密算法，如图 23.2 所示。

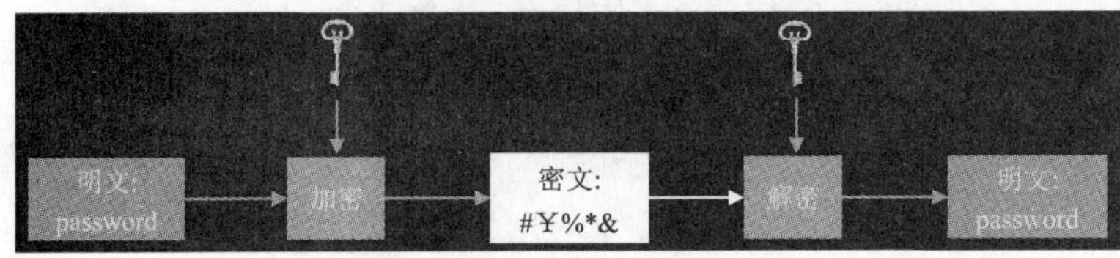

图 23.2

23.1.2 3DES 加密

DES（Data Encryption Standard）又叫数据加密标准，是 1973 年 5 月 15 日美国国家标准局（现在是美国标准技术研究所，即 NIST）在联邦记录中公开征集密码体制时出现的。DES 加密算法是一种对称加密技术，该算法的要求主要为以下 4 点：

- 提供高质量的数据保护，防止数据未经授权的泄露和未被察觉的修改。
- 具有较高的复杂性，使得破译的开销超过可能获得的利益，同时又要便于理解和掌握。
- 密码体制的安全性应该不依赖于算法的保密，其安全性仅以加密密钥的保密为基础。
- 实现经济，运行有效，并且适用于多种完全不同的应用。

而 3DES（或称为 Triple DES）是三重数据加密算法（TDEA，Triple Data Encryption Algorithm）的通称，它相当于对每个数据块应用三次 DES 加密算法。由于计算机运算能力的增强，原版 DES 密码的密钥长度变得容易被暴力破解；3DES 即是设计用来提供一种相对简单的方法，即通过增加 DES 的密钥长度来避免类似的攻击，而不是设计一种全新的块密码算法。

创建项目并建立桥接文件

接着我们来创建一个示例项目，对一个字符串进行 3DES 加密和解密。首先创建一个基于【Single View Applicaton】模板的空白项目，然后在左侧的项目名称文件夹上点击鼠标右键，并选择右键菜单中的【New File...】选项，创建一个桥接头文件，这是因为我们需要使用到 Object-C 的 CommonCrypto。

在弹出的模板选择窗口中，依次选择【Source > Header File】选项，以创建一个.h 的头文件，如图 23.3 所示。

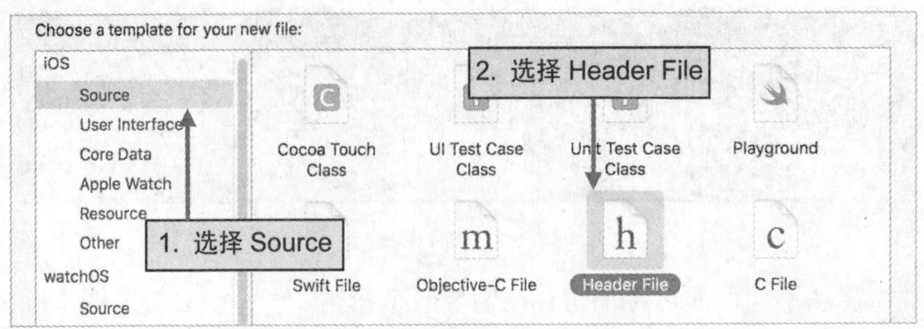

图 23.3

桥接头文件创建完成后，打开并编辑该文件，以引入相关的头文件，如图 23.4 所示。

图 23.4

接着还需要在 Build Settings 面板中设置 Objective-C Bridging Header，在进入 Build Settings 面板之后，在搜索输入框内输入 objective-c bridging 进行搜索，以定位 Objective-C Bridging Header 选项，并设置该选项的值为桥接文件所在的位置，如图 23.5 所示。

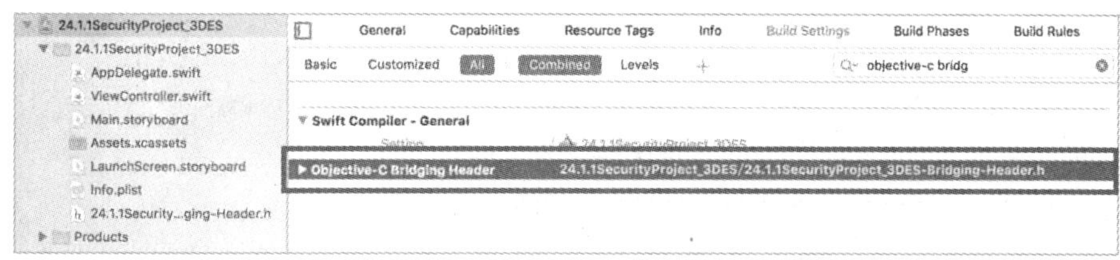

图 23.5

实现 3DES 加解密功能

完成项目的配置之后，在左侧的项目导航区打开并编辑【ViewController.swift】文件，开始 3DES 加解密功能的实现。在该文件中首先创建一个集合，用来生成随机的公用 key 值：

```
private let randomStringArray: [Character] =
"abcdefghijklmnopqrstuvwxyzABCDEFGHIJKLMNOPQRSTUVWXYZ0123456789".characters.map({$0})
```

接着给 ViewController 类添加一个名为 key 的字符串属性，作为 3DES 加密的公钥和私钥，并对其进行初始化操作：

```
var key:String = ""
```

然后添加一个名为 randomStringOfLength 的方法，用来获得指定长度的随机字符串，该字符串从 randomStringArray 集合中获得英文大小写字母和 0～9 之间的数字，然后由这些字符通过一个 for–in 循环组成指定长度的随机字符串。其中 uniform 方法可以用来产生 0～(n-1)范围内的随机数，不需要再进行取模运算。如果要生成 1～n 的随机数，可以这样写：arc4random_uniform(n)＋1。

```
func randomStringOfLength(_ length:Int) -> String {
    var string = ""
    for _ in (1...length) {
        string.append(randomStringArray[Int(arc4random_uniform(
                                    UInt32(randomStringArray.count) - 1))])
    }
    return string
}
```

然后添加一个名为 encrypt 的方法，对字符串参数 encryptData 进行加密。

```
11 func encrypt(encryptData:String){
12     key = randomStringOfLength(kCCKeySize3DES)
13     let inputData : Data = encryptData.data(using: String.Encoding.utf8)!
14
15     let keyData: Data = key.data(using: String.Encoding.utf8, allowLossyConversion: false)!
16     let keyBytes = UnsafeMutableRawPointer(mutating: (keyData as NSData).bytes)
17     let keyLength = size_t(kCCKeySize3DES)
18
19     let dataLength = Int(inputData.count)
20     let dataBytes = UnsafeRawPointer((inputData as NSData).bytes)
21     let bufferData = NSMutableData(length: Int(dataLength) + kCCBlockSize3DES)!
22     let bufferPointer = UnsafeMutableRawPointer(bufferData.mutableBytes)
23     let bufferLength = size_t(bufferData.length)
24     var bytesDecrypted = Int(0)
25
26     let cryptStatus = CCCrypt(
27         UInt32(kCCEncrypt),
28         UInt32(kCCAlgorithm3DES),
29         UInt32(kCCOptionECBMode + kCCOptionPKCS7Padding),
30         keyBytes,
31         keyLength,
32         nil,
33         dataBytes,
34         dataLength,
35         bufferPointer,
36         bufferLength,
37         &bytesDecrypted)
38
39         if Int32(cryptStatus) == Int32(kCCSuccess) {
40             bufferData.length = bytesDecrypted
41             decrypt(inputData: bufferData as Data)
42         } else {
43             print("加密过程出错: \(cryptStatus)")
44         }
45     }
```

CCCrypt 参数的配置

在该方法中的第 12～24 行的代码中，都是用来生成 CCCrypt 方法中的各种参数的值。

首先在第 12 行代码中，通过 randomStringOfLength 方法生成一个随机字符串作为 3DES 加解密的 key 值。其中 kCCKeySize3DES 是指 Triple DES 加解密的 key 的大小，其值为 24，因此这里将生成一个长度为 24 的包含英文大小写字母和数字的随机字符串。

接着在第 13 行代码中，将待加密的字符串转换为 Data 类型。

在第 15 行代码中，将作为随机字符串的 key 值同样转换为 Data 类型。

在第 16 行代码中，创建一个 UnsafeMutableRawPointer 指针。在 Swift 中，指针都使用一个特殊的类型来表示，那就是 UnsafeRawPointer。对应的，它还有一个可变体 UnsafeMutableRawPointer。在创建该指针时，向系统申请了个数为(keyData as NSData).bytes 的 UInt8 泛型类型的内存。

在第 17 行代码中，创建一个名为 keyLength 的常量，表示 key 值的长度。根据 kCCKeySize3DES 的大小可以得知，keyLenght 的值为 24。

然后在第 19 行代码中，获得待加密的 Data 类型对象的长度。在第 20 行的代码中，创建一个 UnsafePointer 指针，并从系统中分配相应的内存作为加密的 input buffer。

在第 21 行代码中，创建一个指定长度的 NSMutableData 可变的二进制数据对象，该对象将作为加密的 output buffer，用来存储加密后的数据。其长度为 input buffer 的长度和 3DES 加密的 kCCBlockSize3DES 块大小之和，kCCBlockSize3DES 块的大小为 8。

接着在第 22 行代码中，创建一个 UnsafeMutablePointer 类型的指针，并根据 output buffer 即 bufferData 的大小分配相应的内存。

然后在第 23 行代码中，获得 output buffer 的长度。最后在第 24 行的代码中，创建一个变量 bytesDecrypted，用来存储加密后的 output buffer 的最终字节数。

执行 CCCrypt 方法

完成所有的参数设置之后，在第 26～37 行的代码中，调用 CommonCryptor.h 中的 CCCrypt 方法对数据进行加密操作。

其中 CCCrypt 方法的第一个参数表示进行加密操作，还是进行解密操作，这里使用 kCCEncrypt 表示进行加密操作。

第二个参数表示进行加密的算法，在 CommonCryptor.h 中提供了 kCCAlgorithmAES128、kCCAlgorithmAES、kCCAlgorithmDES、kCCAlgorithm3DES、kCCAlgorithmCAST、kCCAlgorithmRC4、kCCAlgorithmRC2、kCCAlgorithmBlowfish 等多种类型的加密算法。

第三个参数用来设置 block ciphers（表示在使用密钥和算法对文本进行加密时的方法）的选项，该选项可以是 kCCOptionPKCS7Padding 或 kCCOptionECBMode 两者中的任一个。假如使用 PKCS7Padding，它的密钥可以是 8 个字节，也可以不是。

CCCrypt 方法的其他几个参数就是我们在第 12～24 行中配置好的参数。

判断 CCCrypt 方法执行的结果

当执行完 CCCrypt 方法后，会返回一个 cryptStatus 状态，通过 cryptStatus 判断是否加密成功。其中 kCCSuccess 表示加密成功，除此之外还有其他几种状态，如表 23-1 所示。

表 23-1 CCCrypt 结果状态列表

状态值	说明
kCCSuccess	加解密操作正常结束
kCCParamError	非法的参数值
kCCBufferTooSmall	选项设置的缓存不够大

（续表）

状态值	说明
kCCMemoryFailure	内存分配失败
kCCAlignmentError	输入大小匹配不正确
kCCDecodeError	输入数据没有正确解码或解密
kCCUnimplemented	函数没有正确执行当前的算法

当判断加密操作正确完成后，设置 output data 的 length 为 bytesDecrypted，以调整输出 buffer 的大小为最终输出加密数据的尺寸。

对密文进行解密操作

至此就完成了数据的加密操作，接着使用相同的密钥对密文进行解密操作。该功能通过调用 decrypt 方法来实现。

```
func decrypt(inputData : Data){
    let keyData: Data = key.data(using: String.Encoding.utf8, allowLossyConversion: false)!
    let keyBytes = UnsafeMutableRawPointer(mutating: (keyData as NSData).bytes)
    let keyLength = size_t(kCCKeySize3DES)
    let dataLength = Int(inputData.count)
    let dataBytes = UnsafeRawPointer((inputData as NSData).bytes)
    let bufferData = NSMutableData(length: Int(dataLength) + kCCBlockSize3DES)!
    let bufferPointer = UnsafeMutableRawPointer(bufferData.mutableBytes)
    let bufferLength = size_t(bufferData.length)
    var bytesDecrypted = Int(0)

    let cryptStatus = CCCrypt(
        UInt32(kCCDecrypt),
        UInt32(kCCAlgorithm3DES),
        UInt32(kCCOptionECBMode + kCCOptionPKCS7Padding),
        keyBytes,
        keyLength,
        nil,
        dataBytes,
        dataLength,
        bufferPointer,
        bufferLength,
        &bytesDecrypted)

        if Int32(cryptStatus) == Int32(kCCSuccess) {
            bufferData.length = bytesDecrypted
            let clearDataAsString = NSString(data: bufferData as Data, encoding: String.Encoding.utf8.rawValue)
            print("解密后的内容：\(clearDataAsString as! String)")
        } else {
```

```
75                print("解密过程出错: \(cryptStatus)")
76            }
77    }
```

解密的方法与加密的方法大体相似，不同的地方是，在第 58 行的代码中使用了 kCCDecrypt 进行解密运算。然后在 72 行代码中，将解密后的数据转换为 NSString 对象，并通过 print 语句在日志区进行打印输出。

修改 viewDidLoad 方法

最后一步是修改 ViewController 类的 viewDidLoad 方法，在该方法中调用加密方法 encrypt，对明文 coolketang.com 进行加密操作：

```
78    override func viewDidLoad() {
79        super.viewDidLoad()
80        // Do any additional setup after loading the view, typically from a nib.
81
82        encrypt(encryptData: "coolketang.com");
83    }
```

现在已经完成了所有的加解密的编码工作，点击 Xcode 界面左上角的【编译并运行】按钮 ▶ ，打开模拟器运行项目。项目运行后，将弹出一个空白的模拟器，并在日志区输出解密后的结果，如图 23.6 所示。

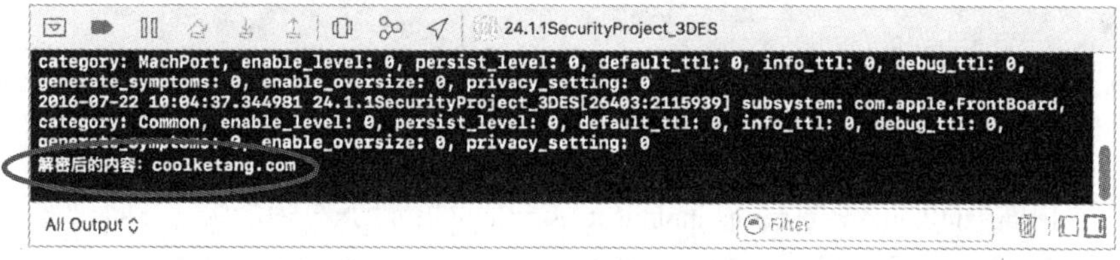

图 23.6

23.1.3 SHA1 加密

SHA1 算法全称为安全哈希算法 Secure Hash Algorithm，主要适用于数字签名标准 Digital Signature Standard DSS 里面定义的数字签名算法 Digital Signature Algorithm DSA。

对于长度小于 2^64 位的消息，SHA1 会产生一个 160 位的消息摘要。当接收到消息的时候，这个消息摘要可以用来验证数据的完整性。在传输的过程中，数据很可能会发生变化，那么这时候就会产生不同的消息摘要。

SHA1 有如下特性：不可以从消息摘要中复原信息，并且两个不同的消息不会产生同样的消息摘要。

创建项目并建立桥接文件

接着来创建一个示例项目，对一个字符串进行 SHA1 加密。首先创建一个基于【Single View Applicaton】模板的空白项目，然后在左侧的项目名称文件夹上点击鼠标右键，并选择右键菜单中的【New File...】选项，创建一个桥接头文件，这是因为我们需要使用到 Object-C 的 CommonCrypto.h。

完成桥接头文件的创建之后，再使用与上一个示例相同的方式，对桥接头文件的路径进行设置，从而完成项目的配置工作，如图 23.7 所示。

图 23.7

然后继续在左侧的项目名称文件夹上点击鼠标右键，并选择右键菜单中的【New File...】选项，从而创建一个.swift 文件，将在该文件中对 String 进行扩展。

```
extension Int {
    func hexedString() -> String {
        return NSString(format:"%02x", self) as String
    }
}

extension NSData {
    func hexedString() -> String {
        var string = String()
        let unsafePointer = bytes.assumingMemoryBound(to: UInt8.self)
        for i in UnsafeBufferPointer<UInt8>(start: unsafePointer, count: length) {
            string += Int(i).hexedString()
        }
        return string
    }
    func SHA1() -> NSData {
        let result = NSMutableData(length: Int(CC_SHA1_DIGEST_LENGTH))!
        let unsafePointer = result.mutableBytes.assumingMemoryBound(to: UInt8.self)
        CC_SHA1(bytes, CC_LONG(length), UnsafeMutablePointer<UInt8>(unsafePointer))
        return NSData(data: result as Data)
    }
}

extension String {
    func SHA1() -> String {
        let data = (self as NSString).data(using: String.Encoding.utf8.rawValue)! as NSData
```

```
27            return data.SHA1().hexedString()
28        }
29    }
```

首先在第 1～5 行的代码中，给 Int 添加一个扩展方法 hexedString，用来将整数类型转换为十六进制字符串。

接着在第 7～22 行的代码中，对 NSData 进行扩展，通过第 8～14 行的扩展方法 hexedString，将二进制数据（借助 Int 的扩展方法 hexedString）转换为十六进制的字符串。其中第 10 行的代码用于将 UnsafeRawPointer 格式的 bytes 转换为 UnsafePointer 格式。

然后在第 16～21 行的方法中，添加一个名为 SHA1 的扩展方法，对数据进行 SHA1 加密。在加密过程中，首先创建一个 CC_SHA1_DIGEST_LENGTH 长度的可变数据对象。接着通过 CC_SHA1 方法，对数据进行加密，并将加密后的数据存储在可变数据对象中。最后将结果转换为 NSData 格式并返回。

在第 24 行代码中，对 String 类进行扩展，并添加一个名为 SHA1 的扩展方法。当调用该方法时，首先将字符串转换为 NSData 对象，并采用 UTF-8 的编码方式。接着调用 NSData 的两个扩展方法，完成对字符串的加密操作，并返回十六进制的结果。

修改 viewDidLoad 方法

最后一步是修改 ViewController 类的 viewDidLoad 方法，在该方法中对字符串 coolketang.com 进行 SHA1 加密操作，并在日志区输出加密后的结果，以及密文的长度信息。

```
override func viewDidLoad() {
    super.viewDidLoad()
    // Do any additional setup after loading the view, typically from a nib.
    let str = "coolketang.com"
    print("加密结果："+str.SHA1())
    print("密文长度：\(str.SHA1().lengthOfBytes(using: String.Encoding.utf8))")
}
```

现在已经完成了所有的 SHA1 加密功能的编码工作，点击 Xcode 界面左上角的【编译并运行】按钮 ▶ ，打开模拟器运行项目。项目运行后，将弹出一个空白的模拟器，并在日志区输出加密后的结果，如图 23.8 所示。

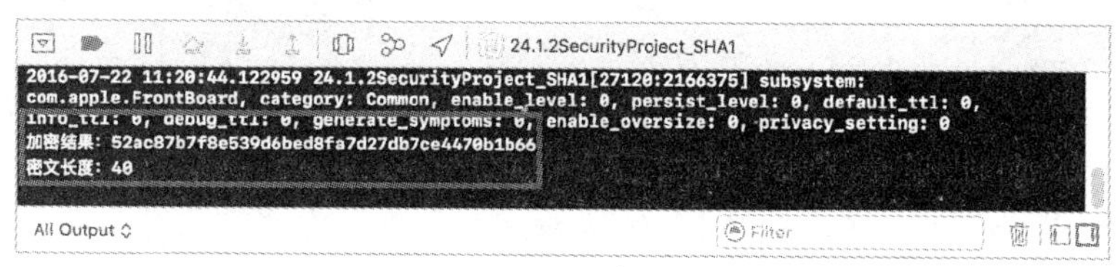

图 23.8

23.1.4 MD5 加密

MD5 的全称是 Message Digest Algorithm 5，即消息摘要算法第五版，是计算机安全领域广泛使用的一种散列函数，用以提供消息的完整性保护。在 90 年代初由 MIT Laboratory for

Computer Science 和 RSA Data Security Inc 的 Ronald L.Rivest 开发，经 MD2、MD3 和 MD4 发展而来。

MD5 可以将任意长度的字符串变换成一个 128bit 的大整数，并且它是一个不可逆的字符串变换算法，换句话说就是，即使你看到源程序和算法描述，也无法将一个 MD5 的值变换回原始的字符串。

MD5 的典型应用场景是对一段信息生成指纹，以检测信息是否被篡改。例如将一段文字写在一个文本文件中，并对这个文本文件生成一个 MD5 的值。然后在对该文件进行传播的过程中，如果其他人修改了文件中的任意内容，对修改后的文件重新计算 MD5 后，就会发现新旧两个文件的 MD5 值是不相同的。所以我们经常使用 MD5 对下载的软件进行校验，以检验软件是否被第三方植入病毒代码或广告代码。

创建项目并建立桥接文件

接着来创建一个示例项目，对一个字符串进行 MD5 加密。首先创建一个基于【Single View Applicaton】模板的空白项目，然后在左侧的项目名称文件夹上点击鼠标右键，并选择右键菜单中的【New File...】选项，创建一个桥接头文件，这是因为我们需要使用到 Object-C 的 CommonCrypto.h。

完成桥接头文件的创建之后，再使用与上一个示例相同的方式，对桥接头文件的路径进行设置，从而完成项目的配置工作，如图 23.9 所示。

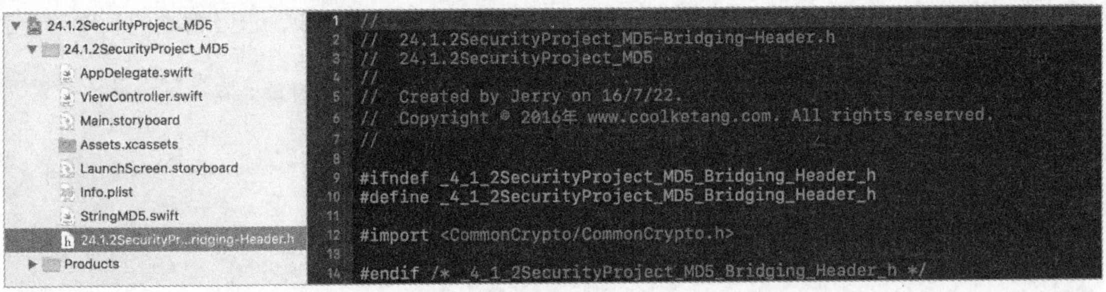

图 23.9

然后继续在左侧的项目名称文件夹上点击鼠标右键，并选择右键菜单中的【New File...】选项，从而创建一个.swift 文件，我们将在该文件中对 String 进行扩展：

```
extension Int {
    func hexedString() -> String {
        return NSString(format:"%02x", self) as String
    }
}

extension NSData {
    func hexedString() -> String {
        var string = String()
        let unsafePointer = bytes.assumingMemoryBound(to: UInt8.self)
        for i in UnsafeBufferPointer<UInt8>(start: unsafePointer, count: length){
```

```
12                  string += Int(i).hexedString()
13              }
14              return string
15          }
16          func MD5() -> NSData {
17              let result = NSMutableData(length: Int(CC_MD5_DIGEST_LENGTH))!
18              let unsafePointer = result.mutableBytes.assumingMemoryBound(to: UInt8.self)
19              CC_MD5(bytes, CC_LONG(length), UnsafeMutablePointer<UInt8>(unsafePointer))
20              return NSData(data: result as Data)
21          }
22  }
23
24  extension String {
25          func MD5() -> String {
26              let data = (self as NSString).data(using: String.Encoding.utf8.rawValue)! as NSData
27              return data.MD5().hexedString()
28          }
29  }
30
```

从代码中可以看出，MD5 加密和 SHA1 加密的步骤基本相似。不同之处是，在第 16 行的代码中，给 NSData 添加了一个名为 MD5 的扩展方式，用来实现数据的 MD5 加密。在加密过程中，首先创建一个 CC_MD5_DIGEST_LENGTH 长度的可变数据对象。接着通过 CC_MD5 方法，对数据进行加密，并将加密后的数据存储于可变数据对象。最后将结果转换为 NSData 格式并返回。

在第 24 行的代码中，对 String 类进行扩展，并添加一个名为 MD5 的扩展方法。当调用该方法时，首先将字符串转换为 NSData 对象，并采用 UTF-8 的编码方式。接着调用 NSData 的两个扩展方法，完成对字符串的加密操作，并返回十六进制的结果。

修改 viewDidLoad 方法

和使用 SHA1 算法进行加密的示例项目相同，最后一步也是修改 ViewController 类的 viewDidLoad 方法，在该方法中对字符串 coolketang.com 进行 MD5 加密操作，并在日志区输出加密后的结果，以及密文的长度信息。

```
31  override func viewDidLoad() {
32          super.viewDidLoad()
33          // Do any additional setup after loading the view, typically from a nib.
34          let str = "coolketang.com"
35          print("加密结果："+str.MD5 ())
36          print("密文长度：\(str.MD5 ().lengthOfBytes(using: String.Encoding.utf8))")
37  }
```

现在已经完成了所有的 MD5 加密功能的编码工作，点击 Xcode 界面左上角的【编译并运行】按钮 ▶ ，打开模拟器运行项目。项目运行后，将弹出一个空白的模拟器，并在日志区输出加密后的结果，如图 23.10 所示。

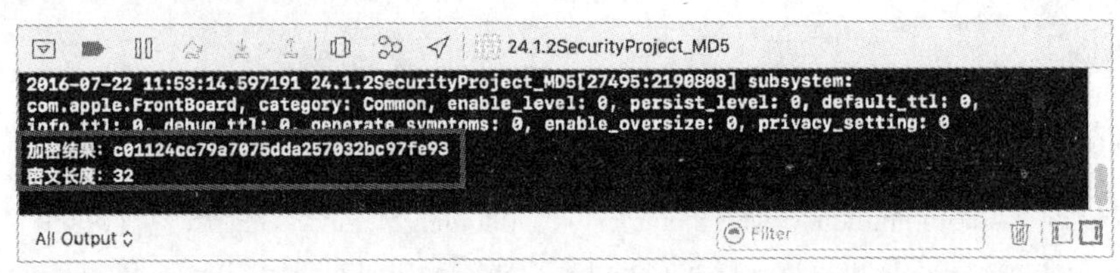

图 23.10

23.1.5 越狱情况的判断

iOS 的 In App Purchases（IAP）应用内支付是众多 iOS 应用赢利的方式，通过先让用户免费试用或试玩，然后提供 iOS 应用内支付来为愿意付费的用户提供更强大的功能，这种模式比较适合尚未习惯为软件掏钱的中国用户。

随着 iOS 系统版本的升级，国内 iOS 设备的越狱用户数量也越来越少，但是由于历史原因，越狱用户仍然占有一定的比例，尤其是在低版本的 iOS 设备上。因此开发者也需要注意 iOS 应用内支付环节中的安全问题。

iOS 越狱 Jailbreaking，是用于获取 Apple 公司移动设备操作系统 iOS 最高权限的一种技术手段，用户使用这种技术及软件可以获取到 iOS 的最高权限，甚至可以进一步解开运营商对手机网络的限制。越狱后的 iPad、iPhone 或 iPod touch 运行的依然是 iOS 操作系统，仍然可以使用 App Store 与 iTunes 及其他普通功能。

但是越狱后的 iOS 设备由于没有沙盒作为保护，黑客可以对系统进行任意的修改，所以在内购支付的过程中，Apple 返回的已付款成功的凭证有可能是伪造的。客户端在拿到 IAP 的付款凭证之后，最好将凭证上传到服务器端，与服务器端保存的凭证进行比较，以保证凭证的真实性。

对于苹果 iOS 应用内支付，iOS 应用开发者除了需要验证购买凭证外，也可以对 iOS 设备的越狱情况进行判断，从而保护自身的利益，并提醒用户在越狱环境进行支付的风险。

对越狱设备进行检测

那么如何判断 iOS 设备是否越狱呢？通常 iOS 设备的越狱是通过 Cydia 来实现的。Cydia 是一个让用户在越狱的 iOS 设备上查找和安装各类软件包，包括软件、系统修改、主题和铃声等的软件管理器，如图 23.11 所示。

图 23.11

Cydia 会直接把软件包下载下来，并安装在和 iOS 内置程序相同的/Applications 目录下。同时这也不会影响用户在 App Store 中购买和下载软件。

因此可以通过判断 iOS 设备中是否包含 Cydia 程序，来判断该设备是否处于越狱的状态，然后根据该状态做出相应的业务逻辑。

接着来创建一个示例项目，来判断设备是否处于越狱状态。首先创建一个基于【Single View Applicaton】模板的空白项目，然后在左侧的项目导航栏打开并编辑【ViewController.swift】，首先添加一个名为 isJailBroken 的方法：

```
1  func isJailBroken() -> Bool{
2      let apps = ["/Applications/Cydia.app",
3                  "/Applications/limera1n.app",
4                  "/Applications/greenpois0n.app",
5                  "/Applications/blackra1n.app",
6                  "/Applications/blacksn0w.app",
7                  "/Applications/redsn0w.app",
8                  "/Applications/Absinthe.app"]
9
10     for app in apps{
11         if(FileManager.default.fileExists(atPath: app)){
12             return true
13         }
14     }
15     return false
16 }
```

可以判断设备中是否包含一些具有越狱特征的程序，来判断设备是否已经越狱。在第 2～8 行的代码中，创建一个由程序路径组成的数组，当设备中包含这些程序时，可以判断设备已经越狱。然后在第 10～14 行的代码中，通过一个 for-in 循环，使用 FileManager 单例对象的 fileExists 方法判断应用程序是否存在。

接着对 ViewController.swift 文件中的 viewDidLoad 方法进行修改：

```
override func viewDidLoad() {
    super.viewDidLoad()
    // Do any additional setup after loading the view, typically from a nib.
    if isJailBroken(){
        print("你的设备已经越狱，请留意支付的安全性。")
    } else {
        print("你的设备没有越狱，可以正常使用内购功能。")
    }
}
```

通过 isJailBroken 方法判断设备是否越狱，然后根据越狱状态在日志区输出相应的信息。

现在已经完成了所有的编码工作，点击 Xcode 界面左上角的【编译并运行】按钮 ▶ ，打开模拟器运行项目。项目运行后，将在日志区输出相应的提示信息，如图 23.12 所示。

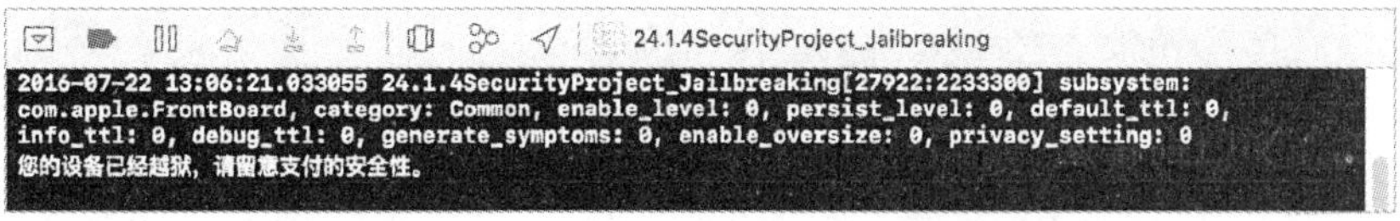

```
24.1.4SecurityProject_Jailbreaking
2016-07-22 13:06:21.033055 24.1.4SecurityProject_Jailbreaking[27922:2233300] subsystem:
com.apple.FrontBoard, category: Common, enable_level: 0, persist_level: 0, default_ttl: 0,
info_ttl: 0, debug_ttl: 0, generate_symptoms: 0, enable_oversize: 0, privacy_setting: 0
您的设备已经越狱，请留意支付的安全性。
```

图 23.12

23.2 小 结

安全和防护作为一个老生常谈的热点内容，即使在移动开发领域也并不是一个新鲜的话题。iOS 应用由于其直接运行在手机上，相比运行在服务器的后台服务更有可能被黑客攻击。

因此 iOS 系统采用了一些严格的安全机制，比如代码签名、权限隔离、可信启动链、沙盒执行环境和数据加密等。在版本控制方面，Apple 也采用了严格的机制：设备不能降级安装低版本的 iOS 操作系统。该策略使得 iOS 设备一旦升级后，就只能停留在当前或者最新版本，有效减少了已公开漏洞的影响范围。此外，Apple 严格掌控应用市场，杜绝向第三方应用开放高级数据访问权限，限制了 iOS 恶意应用的传播和能力。

然而绝对安全是不存在的，尽管 Apple 做了很多的努力，各种针对 iOS 的攻击依旧不断涌现。开发者能够做的就是通过加密技术对应用程序中的敏感内容进行保护，从而加强产品的防护能力，提高产品被破解的成本。

第24章 开源框架 CocoaPods

在之前的章节中，通过应用场景、工作原理等方式介绍了如 UIView、UIButton、UIViewController、Storyboard 等常用的控件、控制器等，这些知识对我们的日后开发工作非常重要。因为掌握了这些很细的知识点，才能让我们在项目开发中如鱼得水。

《论语》中有这样一句话："工欲善其事，必先利其器"，相信读者朋友们对这句话也是耳熟能详，足以说明工具对于一个技术工种来说是多么的重要。那么对于我们 iOS 开发这个技术工种来说，CocoaPods 就是我们 iOS 开发路上必备的干粮了。网络上有这样一句话："武功再高，也怕菜刀"，可见在实践中，菜刀是多么的重要。在我们接下来的项目开启之前，先拾起 CocoaPods 这把菜刀，看看它有什么优势。

24.1 CocoaPods、SPM 和 Carthage 简介

CocoaPods、SPM 和 Carthage 都是负责管理项目的第三方开源框架的工具。那么读者朋友可能想问，既然都是做同样工作的，哪个更好用呢？

CocoaPods 的项目源码托管在 GitHub。该项目开始于 2011 年，在这六年多的时间里，持续保持着更新。笔者在写这篇文章的时候，已经拥有了不止 1.8 万个第三方开源框架。

然而 SPM 是 Apple 在 2016 年的 WWDC 大会上与 Swift 3 同时推出的，根红苗正，前途无量，不过目前还是一个婴幼儿，等它成熟稳定时极有可能集成到 Xcode 上。

再看 Carthage 的历史，它是一个用 Swift 编写的第三方依赖开源框架管理工具，自 2014 年开始被广大开发者熟知，它所支持的第三方开源框架有 1 万多，虽然没有 CocoaPods 那么多，但是它的成长也很快，我们常用的一些开源框架，它都是支持的，如 Alamofire。

这三个框架的特点也是比较明显的，如下所示：

- SMP 现在仅仅支持 Swift 语言，不支持 iOS 和 watch OS 平台。
- Carthage 仅仅支持最低版本为 iOS 8.0 的工程。
- CocoaPods 则拥有最多的开源框架支持，并且可以支持 Swift 和 Objective-C 两种语言编写的 Cocoa 工程。

24.1.1 为什么使用 CocoaPods

虽然 CocoaPods 是最佳的处理依赖工程的工具，但如果一些第三方开源框架并没有加入 CocoaPods 中，那就不能使用 CocoaPods 来管理该框架。在这种场景下，我们一般都是采用拖动相关的文件到我们的目标工程中，或使用 git submodule 的方式来解决。

其实这种方式在很多时候显得不那么智能，还有一些烦琐的工作要做。

往项目中手动添加外部框架通常需要如下的步骤：

- 下载解压我们需要的第三方开源框架代码。
- 拖动相关的代码、framework、图片等资源到工程中。
- 添加第三方开源框架所依赖的框架，如：SystemConfiguration，CoreGraphices 等。
- 增加必要的编译参数，如-ObjC、-all_load、-fno-objc-arc、-licucore 等。
- 如果某一个第三方开源框架，还需要依赖别的第三方开源框架，那么我们就要重复前 4 个步骤了。如图 24.1 所示为来自 Google 开发者录制的视频，讲解了手动添加插件的烦琐的步骤，观看地址：http://v.youku.com/v_show/id_XMTUzNTk0MzY5Mg==.html?from=s1.8-1-1.2。

如果使用 CocoaPods 来集中地管理依赖，开发者只需编辑一下 Podfile 文件，再执行 pod install 命令就可以轻松实现外部框架的集成了。如果小伙伴们不习惯用命令行，还可以用 CocoaPods-App 来实现。种种原因表明，我们在处理第三方依赖框架的时候，还是 CocoaPods 为最佳选择。

图 24.1

24.1.2 CocoaPods 的安装及淘宝的镜像使用

在 macOS 上安装 CocoaPods 是件轻松并伴随些许痛苦的事情。轻松的主要原因之一是，CocoaPods 的开发语言是 Ruby，并且 Ruby2.0.0 环境是所有 macOS 系统默认自带的，CocoaPods 的官方文档也强调，希望开发者用 macOS 系统默认的 Ruby2.0.0 版本。如果 macOS 电脑中的 Ruby 版本很老，那么就只能先更新 Ruby 的版本了；轻松的原因之二是，安装 CocoaPods 只需一个命令就可以，可以说是相当的简单。

一旦系统的 Ruby 版本低于 2.0.0 的话，你就需要去更新 Ruby 了。令人痛苦的原因是，Ruby 的源码位于国外的服务器，有一些慢。如果不喜欢用命令行安装更新，也不想了解这么多的细节，可直接选择使用 CocoaPods-app。

CocoaPods 的安装步骤如下：

步骤 01 首先检查一下笔者设备的 Ruby 版本，执行的命令如下:

```
1  $ gem --version
2  /System/Library/Frameworks/Ruby.framework/Versions/2.0/usr/lib/ruby/ 2.0.0/universal-darwin15/
rbconfig.rb:213: warning: Insecure world writable dir /usr/local/bin in PATH, mode 040777
3  2.6.6
```

在第 1 行的代码中，输入 gem –version 后按 Enter 键，就会看到第 2 行和第 3 行的信息。第 2 行打印的是 Ruby 的磁盘位置信息。那么第 3 行需要关注的是当前的 Ruby 版本号。示例中的版本号是 2.6.6，显然已经高于 CocoaPods 对 Ruby 最低的版本要求 2.0.0。

步骤 02 如果 Ruby 的版本低于 2.0.0，那么首先需要解决的问题是换源，避开直接访问国外服务器过慢的问题，执行的命令如下:

```
4  $ gem sources --remove https://rubygems.org
5  $ gem sources -a https://ruby.taobao.org
6  $ gem sources --list
```

在第 4 行的代码中，删除了 Ruby 的默认源地址 https://rubygems.org。接着在第 5 行的代码中，添加了淘宝提供 Ruby 源的地址: https://ruby.taobao.org，注意这里是 https。早期的淘宝源的地址是：http://ruby.taobao.org，用的是 http。大家也可以访问 https://ruby.taobao.org 地址，查看淘宝官方换源的过程。

步骤 03 接下来就可以进行 Ruby 版本的升级，执行的命令如下：

```
$ sudo gem update --system
```

步骤 04 接下来我们就可以安装 CocoaPods 了，经过前面的换源操作，这一步非常简单，很快就会看到 Successfully 的字样。这里需要注意的是，如果你的 macOS 是 EL Caption，那么需要使用 sudo gem install -n /usr/local/bin cocoapods。

```
$ sudo gem install cocoapods
```

步骤 05 CocoaPods 安装完成后，我们就可以初始化 Pod 的环境了。这一步会比较漫长，因为它要从https://github.com/CocoaPods/Specs下载所有的已经被CocoaPods所收纳的第三方开源框架的 Podspecs 文件，到~/.cocoapods/目录下。

.cocoapods 文件的大小为 1GB 左右，所以我们在执行 pod setup 命令时，需要花费点时间。

如图 24.2 所示为.cocoapod 文件大小和它的目录结构。Specs 下边是有 CocoaPods 工具所支持的第三方开源框架的版本等信息，便于我们在 pod search 时查询。

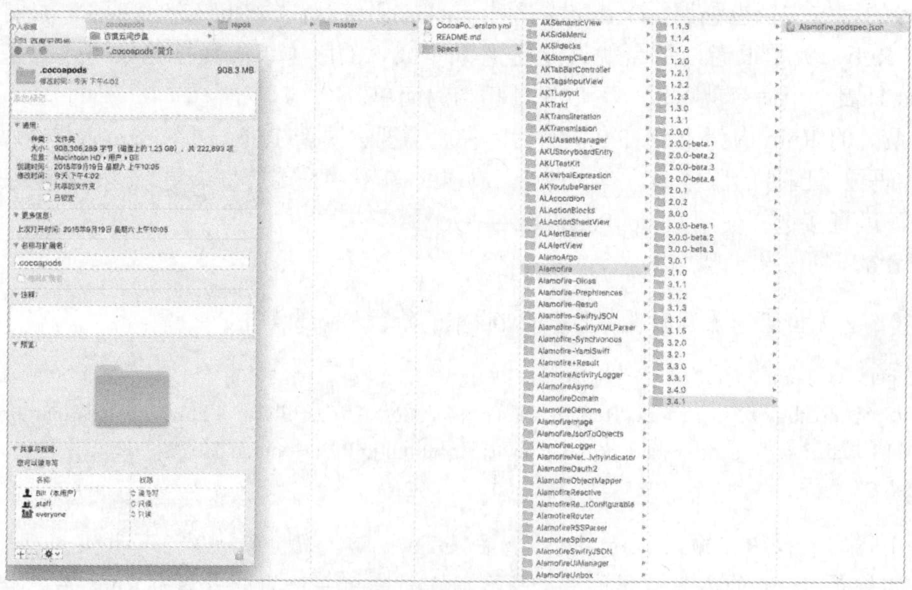

图 24.2

```
$ pod setup
```

24.1.3 Podspec 的镜像使用

所有第三方开源框架的 podspec 文件都会托管在 Github 服务器上，地址是 https://github.com/CocoaPods/Specs。被 CocoaPods 所支持的第三方开源框架会日积月累地增多变大，目前笔者设备上的 Specs 目录大小有 400M 之多。

如果总是用 Github 服务器会很浪费时间。所以为读者朋友们介绍一个 Podspec 镜像的解决方案。有一个名叫 akinliu 的英雄在 oschina（http://www.oschina.net）上做了一个 Podspecs 的镜像，借助镜像更新 specs 时速度会快很多。操作步骤如下：

```
1  $ pod repo remove master
2  $ pod repo add master https://git.oschina.net/akuandev/Specs.git
3  $ pod repo update
```

在第 1 行的代码中，删除现有的 master。在第 2 行的代码中，添加新 master 对应的 oschina 地址。在第 3 行的代码中，更新 podspecs 为上一步指定的地址。

24.1.4 CocoaPods 的实践

在我们的工程中，使用 CocoaPods 的关键是配置文件 Podfile，在这个文件中指定了我们需要的那些第三方开源框架以及它们的版本。这个文件可以手动创建，因为文件的内容和格式都比较规范化，所以一般都是从其他的项目中拷贝过来。如果我们之前没有项目的话，可以先进入到工程目录下，再使用 pod init 命令来创建 Podfile 文本文件。

这样在工程目录下就会发现一个名为 Podfile 且无后缀名的文本文件，格式如下：

```
4  platform :ios, '8.0'
5  use_frameworks!
6
7  target 'MyApp' do
8    pod 'AFNetworking', '~> 2.6'
9    pod 'ORStackView', '~> 3.0'
10   pod 'SwiftyJSON', '~> 2.3'
11 end
```

在第 4 行的代码中，指定的是工程的目标操作系统，这里指定的是 iOS，后边指定的是支持的第三方开源框架的最低版本。在第 7 行 target 后边指定的是工程中 target 的名字。

编辑好 Podfile 文件后，在工程目录下执行 pod install 命令。就是这么简单，所有手动使用第三方开源框架的工作，CocoaPods 都已经帮你做好。这个时候在工程目录下会发现一个 *.xcworkspace 文件。双击打开这个文件，这就是常用的工作区文件了，而不是之前的*.xcodeproj 文件。接下来我们就可以导入需要的第三方开源框架的头文件了。

```
import Alamofire
```

24.1.5 pod install 和 pod update 的使用

pod install

简单地说，就是当你增加或删除了某个第三方开源框架，或第一次增加 Podfile 到工程时，你需要使用 pod install 命令，去安装或删除第三方开源框架。

pod update

这个命令的作用是更新第三方开源框架到一个新的版本。

不更新 podspecs

我们在执行 pod install 和 pod update 命令时，默认是要先更新 podspecs 这些文件，前面我们介绍过这个，如果这些都要去到 github 上更新，就会花费很长的时间。

如果你的操作不需要更新 podspecs，可以加上这个参数--no-repo-update。

```
pod install --no-repo-update
pod update --no-repo-update
```

24.1.6 CocoaPods 的卸载

如果有一天，你已经掌握了 iOS 开发的大部分技能，成功出任了管理性的岗位，如 CTO 等，那么你就可以卸载这个 CocoaPods 了，这是一个比安装还要简单的操作。

读者朋友们只需要在命令行中输入 sudo gem uninstall cocoapods 即可，因为我们使用了 sudo 系统管理命令，所以在第 2 行的代码中需要输入密码，但是要注意，这里的密码是密文的，意思是在我们输入密码的时候，既看不到密码的内容，也看不到密码的长度。

输入完成后，按下 Enter 键就可以了。在第 7 行的代码中，我们选择了 3，表示删除所有的版本。在第 11 行的代码中，我们输入 yes，表示删除 pod, sandbox-pod 等文件。在第 13 行的代码中可以看到 Successfully uninstalled cocoapods-1.0.1 的字样。

至此我们就成功卸载了 CocoaPods。

```
14  $ sudo gem uninstall cocoapods
15  Password:
16  /System/Library/Frameworks/Ruby.framework/Versions/2.0/usr/lib/ruby/2.0.0/universal-darwin15/rbconfig.rb:213: warning: Insecure world writable dir /usr/local/bin in PATH, mode 040777
17  Select gem to uninstall:
18   1. cocoapods-0.38.2
19   2. cocoapods-1.0.1
20   3. All versions
21  Successfully uninstalled cocoapods-0.38.2
22  Remove executables:
23                          pod, sandbox-pod
24  in addition to the gem? [Yn]    yes
25  Removing pod
26  Removing sandbox-pod Successfully uninstalled cocoapods-1.0.1
```

24.2 CocoaPods-app 的使用

如果你不喜欢用命令行的方式管理工程中的第三方开源框架，那么使用 CocoaPods-app 是最佳的选择。它的主要功能有：

- 为新项目加入 CocoaPods。
- 对 Podfile 进行更新和安装。
- 删除工程中的 CocoaPods。
- 安装命令行。

CocoaPods-app 下载地址：https://cocoapods.org/app，如图 24.3 所示。

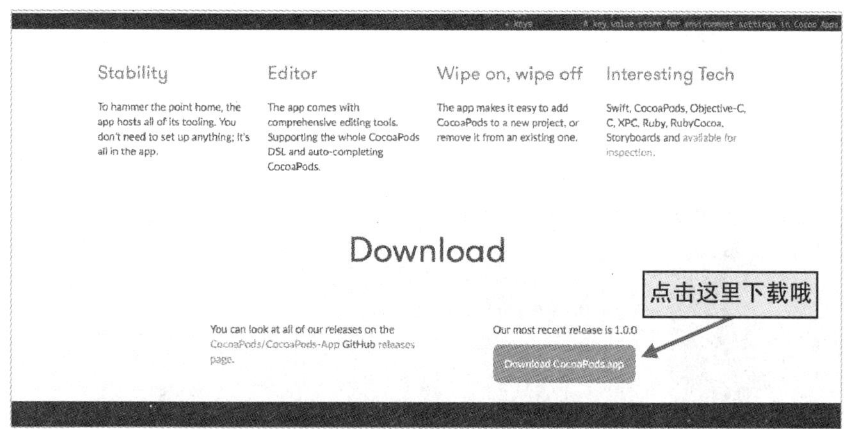

图 24.3

24.2.1 为新项目加入 CocoaPods

CocoaPods-app 为我们提供了非常简便的方式给新项目添加 CocoaPods 的功能，步骤如下（见图 24.4~图 24.6）：

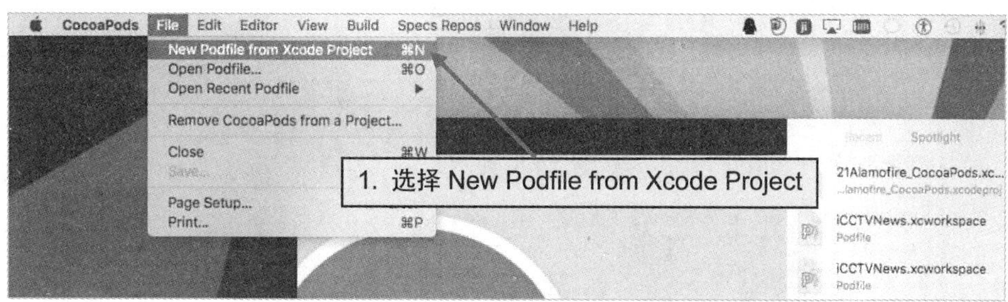

图 24.4

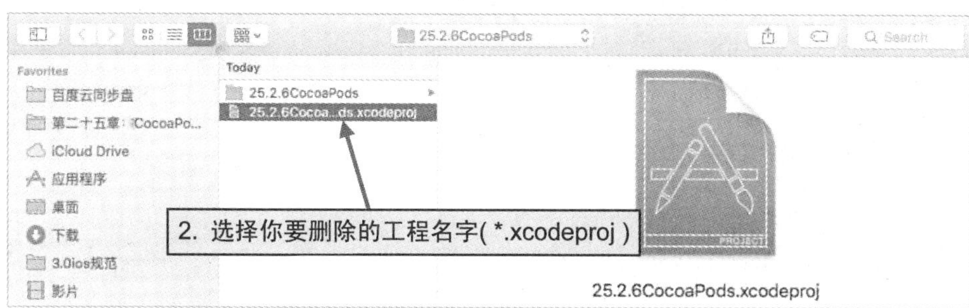

图 24.5

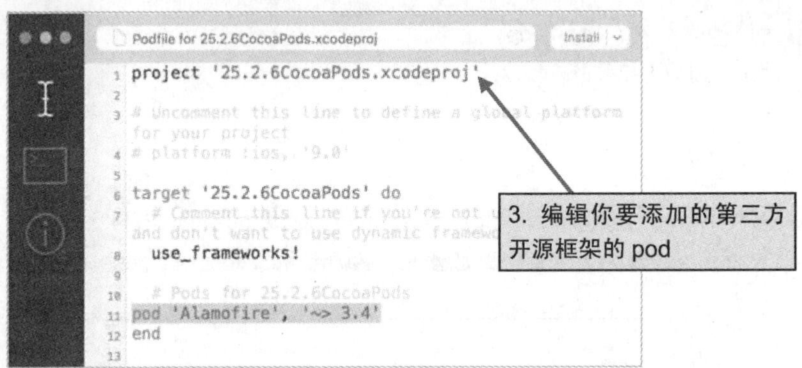

图 24.6

查看安装的进度和结果，如图 24.7 所示。

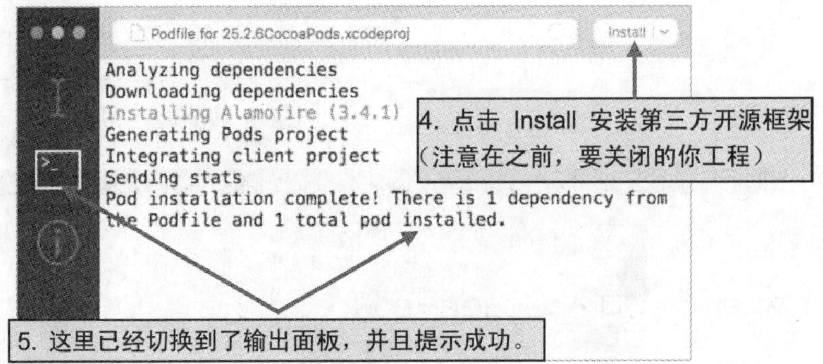

图 24.7

24.2.2 对 Podfile 的 pod install 和 pod update

若想使得 Podfile 的维护更加简单，可按如下步骤进行操作：

步骤 01 打开一个 Podfile 文件，如图 24.8 所示。

图 24.8

步骤 02 这里选择 install 或 update 命令（verbose 表示可以输出一些详细的信息），如图 24.9 所示。

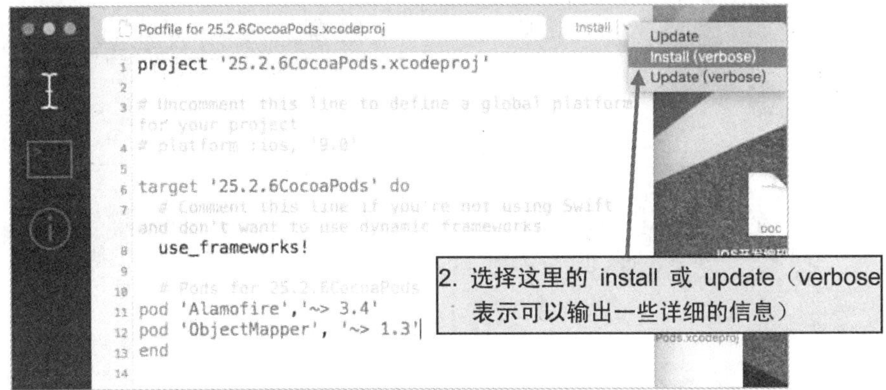

图 24.9

24.2.3 删除工程中的 CocoaPods

使用 CoccoaPods-app 安装第三方开源框架是很容易的，删除也同样容易。

步骤 01 选择 Remove CocoaPods from a Project，如图 24.10 所示。

图 24.10

步骤 02 选择要删除的工程文件（*.xcodeproj），如图 24.11 所示。

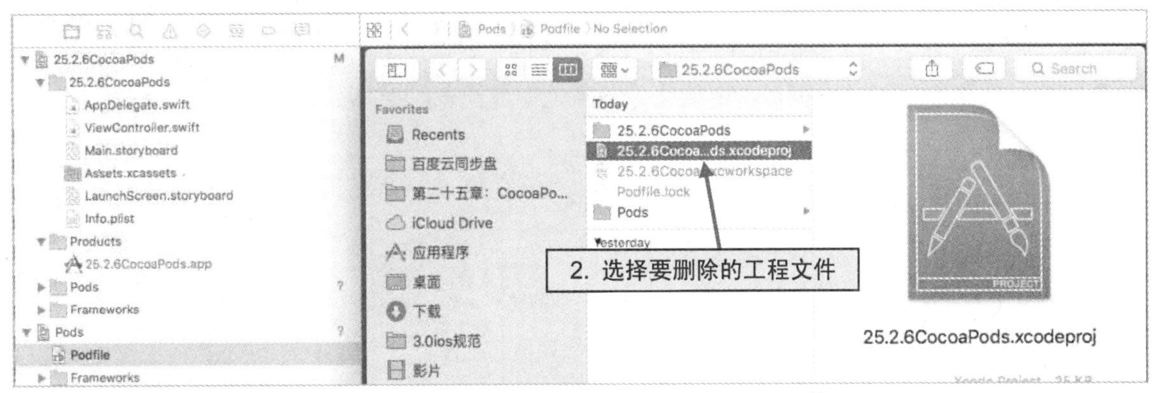

图 24.11

步骤 03 手动删除这 3 个残余文件，如图 24.12 所示。

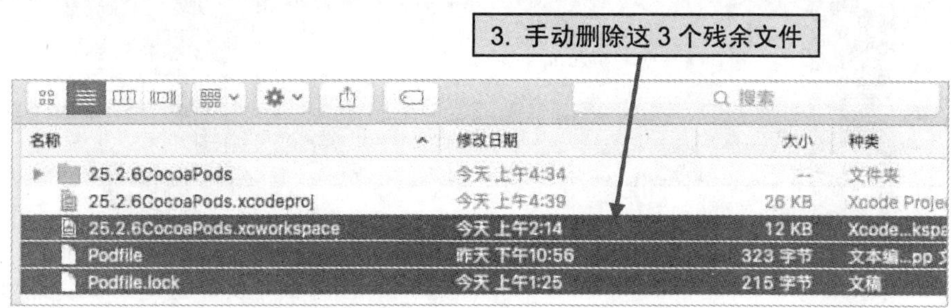

图 24.12

24.2.4 安装命令行

这个命令安装同样简化了很多，步骤如下（如图 24.13、图 24.14 所示）：

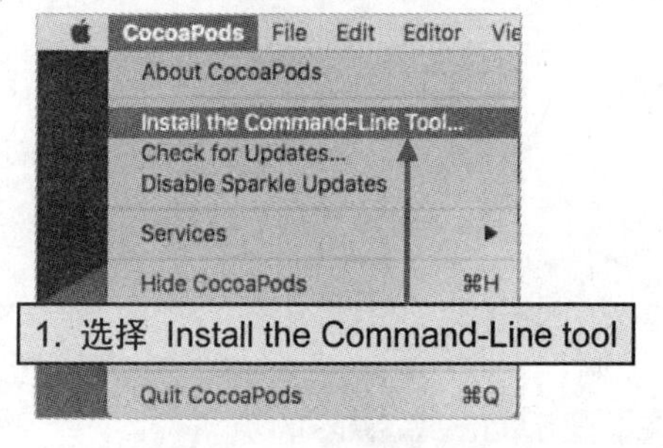

图 24.13

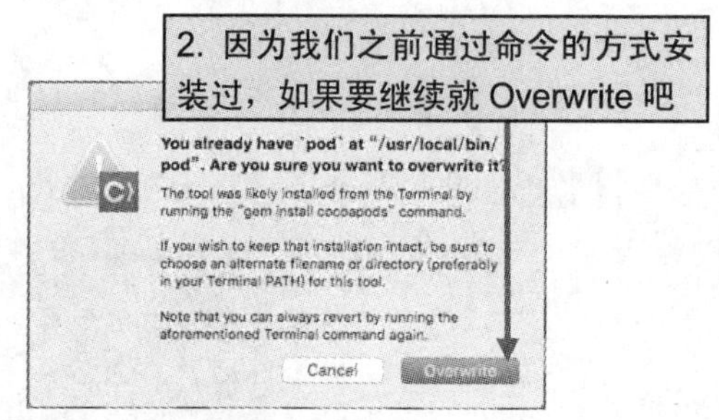

图 24.14

24.3 小　结

本章主要介绍了可以让我们事半功倍的工具，如 CocoaPods、CocoaPods-app、SPM、Carthge。其实还有很多很好用的工具没有办法在这一章中完全展示，如 Sketch、Charles。最为爱学习的你，这些易用工具一定能让你缝隙之中放光芒。

第 25 章

Git 版本控制及 GitHub 社会化编程实践

GitHub 提供了基于 Git 或 SVN 的免费的远程仓库的服务。那么什么是社会化编程呢？其实就是你有一个很好的想法，然后创建了一个项目，他人发现项目中有一些代码不完美或可以扩展功能适应更多场景，慢慢地好多人都参与了开发。

例如全球有近 100 人参与 Alamofire 的开发和维护，这种规模的团队一定会做出最棒的网络请求框架。

本章主要介绍 Git 的原理、工作流程、常用命令及使用。

25.1 Git 前奏曲

25.1.1 什么是版本控制

版本控制是一种帮开发者记录 N 个文件内容变化，以便将来查阅某个版本修订情况的系统，在 iOS 开发中通常是指工程源码和相关需求资料的版本控制。但实际工作中，你可能要对任何类型的文件进行版本控制。如果是文本文件，可以记录到每一行，每一个字母的变化；如果是二进制文件，只能记录到文件是否有变化，例如 word 文档。这是所有版本控制软件所能做到的最低标准了。

那么为什么要进行版本控制呢？没有版本控制我们一样可以做到这一点啊。首先这是一个很好的问题，因为任何一个新事物都是诞生自诸多个理由。

没有版本控制我们是怎么工作的呢？首先团队合作中代码合并是相当麻烦而枯燥的工作。例如笔者刚走出校门进入互联网企业实习时，每天都有几次把完整的技术 Demo 发送给一个同事，并且一起整合到工程中，每天花费 1 个小时的时间。软件开发是一个技术严谨的工作，代码少一行，前后放置错误都会有很多的问题。如果是多个人合作，每个人之间都有可能进行代码的合并，这种没有必要的工作是毫无意义的。其次就是在工程开发中，常常需要进行阶段性或上线之前的备份；例如领导说停下手中的工作，在你这个版本的基础上做另一个功能，之前的版本要备份，同样的例子举不胜举。最后我们磁盘上的结果可能如图 25.1 所示。难道我们要一直做这些没有技术含量的工作吗？当然不是，使用版本控制就可以解决这个问题。

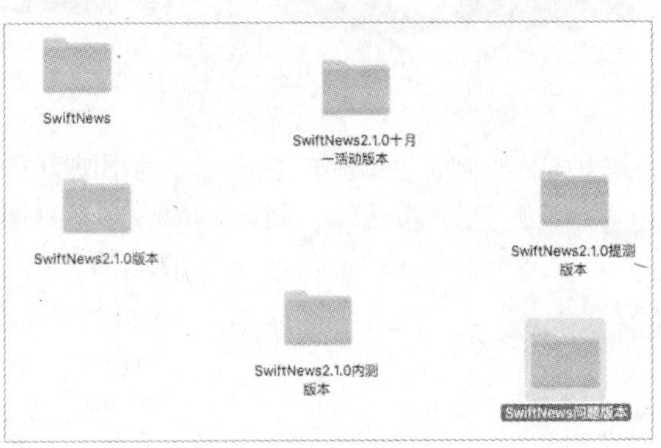

图 25.1

25.1.2 版本控制简史

早在 20 世纪 70 年代末 80 年代初，版本控制系统 VCS 的概念已经存在，比如 UNIX 平台的 RCS （Revision Control System）。RCS 是由 Walter F. Tichy 使用 C 开发的，其对文件进行集中式管理，主要目的是避免在多人合作的情况下可能出现的冲突。如果多用户同时写入同一个文件，其写入结果可能相互混合和覆盖，从而造成结果的混乱。可以将文件交给 RCS 管理，RCS 允许多个用户同时读取文件，但只允许一个用户锁定（locking）并写入文件（类似于多线程的 mutex）。这样，当一个程序员登出（check-out，见 RCS 的 co 命令）某个文件并对文件进行修改的时候，只有在这个程序完成修改，并登入（check-in，见 RCS 的 ci 命令）文件时，其他程序员才能登出文件。基本上 RCS 用户所需要的，就是 co 和 ci 两个命令。在 co 和 ci 之间，用户可以对原文件进行许多改变（change，or file delta）。一旦重新登入文件，这些改变将保存到 RCS 系统中。通过 check-in 将改变永久化的过程叫作提交（commit）。RCS 的互斥写入机制避免了多人同时修改同一个文件的可能，但代价是程序员需要长时间地等待，这会给团队合作带来不便。

并行版本系统（Concurrent Version System，CVS）由 Dick Grune 于 1986 年设计并最初实现。4 年后又融入了 RCS 模型重构，这次非常成功。CVS 引入了一个新型锁的设计，每个开发人员对版本库有写的权限。所以不同的项目开发人员的改动可以自动合并，如果某一行不一致，冲突了，CVS 就会标记出来让开发者们去手动解决。

CVS 的使用过程中问题较多，而 Subversion（SVN）则能够以原子的方式提交改动的部分，并且可以更好地处理分支，促使了新的 SVN 的诞生。SVN 问世于 2001 年，并且一发不可收拾，火爆了开源社区和商业公司。

BitKeeper 和 Mercurial 彻底放弃了其核心方案——淘汰了中心仓库的概念，取而代之以分布式，项目中的任何操作和数据都记录在每个开发人员自己的仓库中，当然这也得益于现在的电脑硬件的发展和普及。但是这个版本控制系统不符合开源和现代的社交化编程的需要，因为它是收费的。

Git 诞生于一个极富纷争大举创新的年代。众所周知，Linus 在 1991 年创建了开源的 Linux，从此，Linux 系统不断发展，目前已经成为最大的服务器系统软件。Linux 内核开源项目有着为数众多的参与者。绝大多数的 Linux 内核维护工作都集中在了提交补丁和保存归档的烦琐事务上（1991～2002 年间）。

到了 2002 年，整个项目组开始启用一个专有的分布式版本控制系统 BitKeeper 来管理和维护代码。到了 2005 年，Linux 成为不缺乏各路高手的社区，有人试图破解 BitKeeper，BitKeeper 就会检测到破解行为。于是开发 BitKeeper 的商业公司同 Linux 内核开源社区的合作关系结束，他们收回了 Linux 内核社区免费使用 BitKeeper 的权力。这就迫使 Linux 开源社区（特别是 Linux 的缔造者 Linux Torvalds）基于使用 BitKcheper 时的经验教训，开发出自己的版本系统。他们对新的系统制定了以下目标：

- 版本控制操作要有速度。
- 简单的设计。
- 对非线性开发模式的强力支持（允许成千上万个并行开发的分支）。
- 完全分布式。
- 有能力高效管理类似 Linux 内核一样的超大规模项目（速度和数据量）。

自诞生于 2005 年以来，Git 逐渐成熟完善。在高度易用的同时（主要是与 SVN 等操作习惯基本相似），仍然保留着初期设定的目标。它的速度飞快，极其适合管理大项目，有着令人难以置信的非线性分支管理系统。

Git 名字的由来

据 Linux 宣称，命名为 Git 是因为“我是个自私的混蛋，我按着自己命名我的所有项目，之前是 Linux，现在应该是 Git 了”，以此表达对开源的更加热爱，也说明了开源可以带给参与者更高的价值。也有人建议更好地解释是，全局信息追踪器（Global Information Tracker）。

25.1.3 Git 原理

如果能很好地理解 Git 的原理，会让你对 Git 的进一步操作信心满满，并彻底地爱上 Git 的颜值和气质（颜值指的是操作习惯，气质指的是强大的思想）。有很大一部分开发者刚从 SVN 和 VCS 工具转过来使用 Git 时，会感觉 Git 既熟悉又陌生。熟悉是因为在几乎不用学习的情况下，凭借着操作习惯也能满足日常基本使用。但是一旦出现了问题，就会感觉陌生。你会发现用 SVN 的思维去解决问题不灵验了，这就要从 Git 的原理中找出路了。舞枪和弄棒基本没有什么联系，如果你不知道 SVN 也没有关系，这样反而会更好地理解 Git。

大部分操作不再需要网络支持

在 Git 中的绝大多数操作都只需要访问本地文件和资源，常用的命令中只有 git pull 和 git push 是需要网络的。如果你对所有操作都有网络延时的集中式版本控制系统不满，Git 在这方面会让你感到速度之神赐给了你超凡的能量。因为你在本地磁盘上就有项目的完整历史，所以大部分操作看起来会瞬间完成。

举个例子，如果你要浏览项目的历史纪录，Git 不需要外连到服务器去获取历史，然后再显示出来——它只需直接从本地数据库中读取，所以你可以立即看到项目的历史状态。如果你想查看当前版本与一个月前的版本之间的变化，Git 会查找到一个月前的文件，并进行一次本地的差异计算，而不是由远程服务器处理或从远程服务器拉回旧版本文件再来本地处理。

这也意味着你在没有网络时也可以进行版本管理。如在飞机或火车上想做些工作，你也能愉快地提交，直到有网络连接时再上传。使用其他系统，做到这些是不可能或很费力的。比如用 Perforce，你没有连接服务器时几乎不能做任何事；用 SVN 和 CVS，你能修改文件，但不能向数据库提交修改（因为你的本地数据库离线了）。

工作区、仓库和暂存区

什么是工作区？工作区（Working Directory）就是我们磁盘上的一个工作目录，如图 25.2 所示为 SwiftNews 工程目录。

什么是仓库？就是工作区中的一个隐藏目录.git（这个隐藏文件），这个不算是工作区部分，而是 Git 的仓库，如图 25.3 所示。

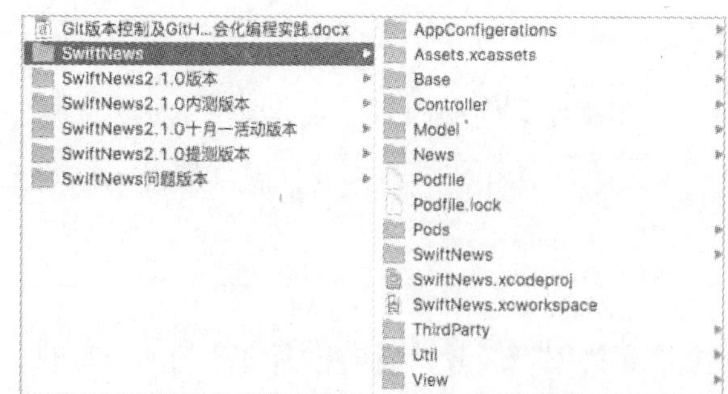

图 25.2

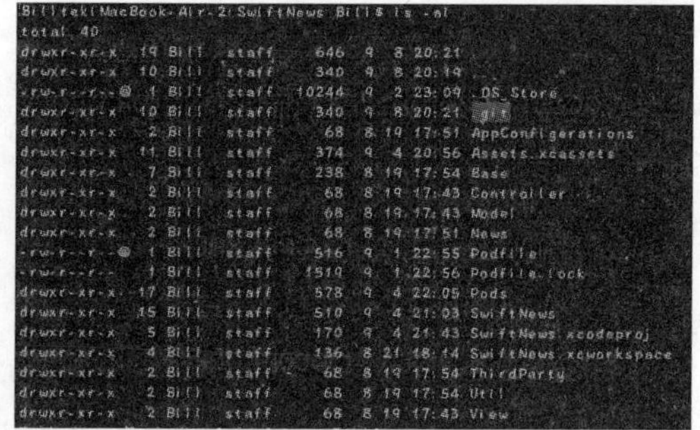

图 25.3

什么是暂存区？Git 和 SVN 等其他版本控制系统的一个重要不同之处就是有暂存区的概念。

Git 的仓库（.git 目录）里存了很多东西，其中最重要的就是称为 stage（或者叫 index）的暂存区，如图 25.4 所示。

从图中可以看到这是一个文件，而不是文件夹。怎么能像工作区和仓库那样存放文件呢？其实暂存区是一个抽象的概念，是一个逻辑的区。在这个文件里表示仓库里的哪些文件是在暂存区，仅此而已。在 Git 中的很多功能都是借助暂存区实现的，所以这个概念很重要。

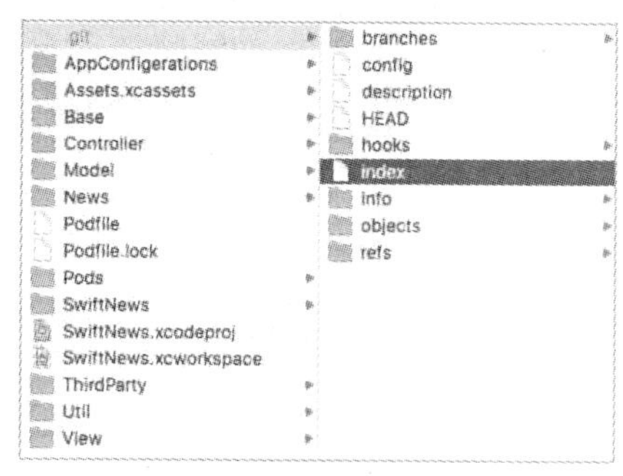

图 25.4

文件在仓库、工作区和暂存区之间的转换

如果你希望后面的学习更顺利，请记住下面这些关于 Git 的概念。 Git 有三种状态，你的文件可能处于其中之一：已提交（committed）、已修改（modified）和已暂存（staged）。 已提交表示数据已经安全保存在本地数据库中；已修改表示修改了文件，但还没保存到数据库中；已暂存表示对一个已修改文件的当前版本做了标记，使之包含在下次提交的快照中，如图 25.5 所示。

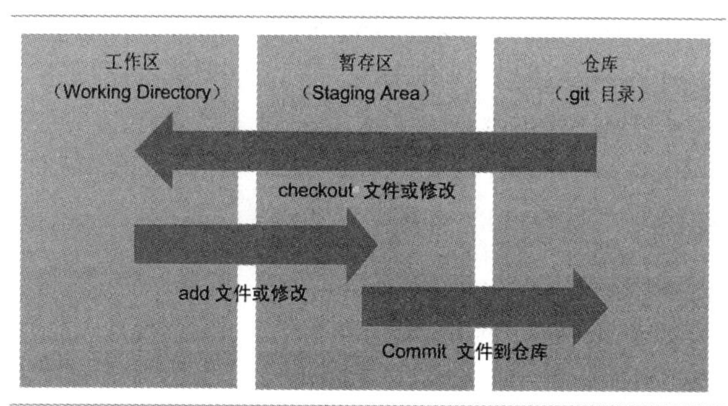

图 25.5

仓库是 Git 用来保存项目元数据和对象数据库的地方。这是 Git 中最重要的部分，从其他计算机克隆仓库时，拷贝的就是这里的数据。

工作区（或叫工作目录）是对项目的某个版本独立提取出来的内容。这些从 Git 仓库的压缩数据库中提取出来的文件，放在磁盘上供开发者使用或修改。

暂存区是一个文件，保存了下次将提交的文件列表信息，一般在 Git 仓库目录中。有时候也被称作“索引”，不过一般说法还是叫暂存区域。

Git 的基本工作流程如下：

（1）在工作目录中修改文件。

（2）暂存文件，将文件的快照放入暂存区。

（3）提交更新，找到暂存区的文件，将快照永久性存储到 Git 仓库目录。

如果 Git 工作区中保存着特定的版本文件，就属于已提交状态。如果做了修改并已放入暂存区，就属于已暂存状态。如果自上次取出后，做了修改但还没有放到暂存区，就是已修改状态。

Git 保证 Commit 的完整性

Git 中有个 commit 命令，作用是提交到仓库，后面我们会详细介绍。当我们执行了 Commit 后，会在本地的仓库中把所有修改的文件的最终版本生成一个由 40 个十六进制字符（0～9 和 a～f）组成的字符串，就是哈希值，如图 25.6 所示。

图 25.6

这个哈希值主要有以下两方面的作用：

- 如果这个仓库中的内容有改变，那么哈希就会产生变化，Git 就会知道仓库中的内容发生了变化;
- 方便 Git 在自身数据库中快速查找，就是为什么 Git 中的一些操作很快的底层原理。

Git 中几乎所有的操作都是可逆的

你执行的 Git 操作，几乎都是向 Git 数据库和仓库中增加数据，包括删除，所以 Git 的操作都是可逆的。同其他的 VCS 一样，未提交更新时有可能丢失或弄乱修改的内容，虽然 Git 非常稳定，但还是建议定期推送数据库到远程仓库，这样即便硬盘损坏了，数据仍然存在。这使得我们使用 Git 成为一个安心愉悦的过程。

25.1.4 Git 的安装、配置、别名和帮助

Git 在 Mac 上的安装

在 Mac 上安装 Git 有多种方式，最简单的方法是安装 Xcode Command Line Tools。在 Mavericks（10.9）或更高版本的系统中，在 Terminal 里尝试首次运行 git 命令即可，如果没有安装过命令行开发者工具，将会提示你安装。

如果想安装较新的版本，可以使用二进制安装程序。官方维护的 macOS Git 安装程序可以在 Git 官方网站下载，网址：http://git-scm.com/download/mac。

Git 的配置文件级别

每台计算机只需要配置一次，Git 程序升级时会保留配置信息，可以在任何时候再次通过运行命令来修改它们。

Git 自带一个 git config 的工具，来帮助设置 Git 的外观和行为的配置变量。这些变量存储在以下三个不同的位置。

- /etc/gitconfig 文件：包含系统上每一个用户及其仓库的通用配置。如果使用带有 --system 选项的 git config 时，它会从此文件读写配置变量。
- ~/.gitconfig 或~/.config/git/config 文件：只针对当前用户。可以传递--global 选项让 Git 读写此文件。
- 当前使用仓库的 Git 目录中的 config 文件（就是 .git/config）：针对该仓库。

每一个级别都会覆盖上一级别的配置，所以 .git/config 的配置变量会覆盖 /etc/gitconfig 中的配置变量，以此类推。

用户信息

当安装完 Git 后，应该做的第一件事就是设置你的用户名称与邮件地址。这样做很重要，因为每一个 Git 的提交都会使用这些信息，并且它会写入到你的每一次提交中，提交中的 name 和 email 不可更改。name 和 email 的配置命令如图 25.7 所示。

```
Bill$ git config --global user.name "Bill Wang"
Bill$ git config --global user.email "Bill@example.com"
Bill$
```

图 25.7

再次说明一下，如果使用了--global 选项，那么该命令只需要运行一次，因为之后无论你在该系统上做任何事情，Git 都会使用这些信息。当你想针对特定项目使用不同的用户名称与邮件地址时，可以在项目目录下运行没有--global 或--system 选项的命令来配置。

日志中文显示

当我们在命令行中使用 git status，git log 等输出的时候。如果操作目录是中文名称，就会产生乱码。可以通过配置支持中文的显示来正常显示中文，如图 25.8 所示。

配置命令：$ git config core.quotepath false

```
Billteki MacBook-Air-2:第二十六章：Git版本控制及GitHub社会化编程实践 Bill$ git config core.quotepath false
Billteki MacBook-Air-2:第二十六章：Git版本控制及GitHub社会化编程实践 Bill$ git status
On branch master
Your branch is up-to-date with 'origin/master'.
Changes not staged for commit:
  (use "git add <file>..." to update what will be committed)
  (use "git checkout -- <file>..." to discard changes in working directory)

        modified:   Git版本控制及GitHub社会化编程实践.docx

no changes added to commit (use "git add" and/or "git commit -a")
```

图 25.8

日志颜色的配置

这个小小的功能十分重要，默认是关闭的，也就是选用默认的颜色。这个功能可以为日志的关键部分设置不同的颜色。

$ git config --global color.ui false 表示开启，如图 25.9 所示是未开启和开启的对比。

```
Billteki MacBook-Air-2:第二十六章：Git版本控制及GitHub社会化编程实践 Bill$ git config --global color.ui false
Billteki MacBook-Air-2:第二十六章：Git版本控制及GitHub社会化编程实践 Bill$ git status
On branch master
Your branch is up-to-date with 'origin/master'.
Changes not staged for commit:
  (use "git add <file>..." to update what will be committed)
  (use "git checkout -- <file>..." to discard changes in working directory)

        modified:   Git版本控制及GitHub社会化编程实践.docx

no changes added to commit (use "git add" and/or "git commit -a")
Billteki MacBook-Air-2:第二十六章：Git版本控制及GitHub社会化编程实践 Bill$ git config --global color.ui true
Billteki MacBook-Air-2:第二十六章：Git版本控制及GitHub社会化编程实践 Bill$ git status
On branch master
Your branch is up-to-date with 'origin/master'.
Changes not staged for commit:
  (use "git add <file>..." to update what will be committed)
  (use "git checkout -- <file>..." to discard changes in working directory)

        modified:   Git版本控制及GitHub社会化编程实践.docx

no changes added to commit (use "git add" and/or "git commit -a")
```

1. 这是默认未开启的颜色，跟 Terminal 保持一致

2. 这是默认开启的颜色，红色显示了

图 25.9

检查配置信息

如果想要检查你的配置，可以使用 git config --list 命令，来列出所有 Git 当前环境能够找到的配置信息，如图 25.10 所示。

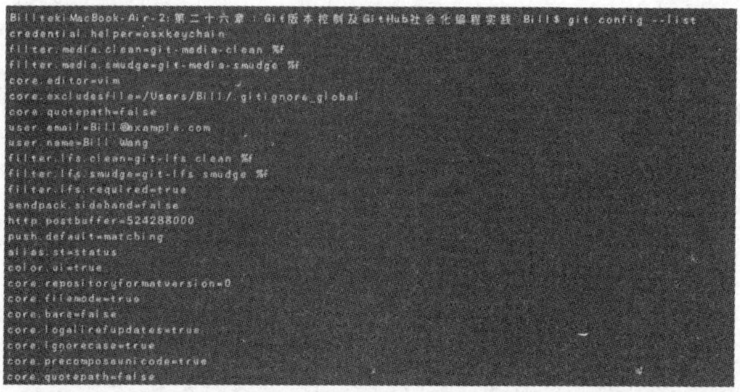

```
Billteki MacBook-Air-2:第二十六章：Git版本控制及GitHub社会化编程实践 Bill$ git config --list
credential.helper=osxkeychain
filter.media.clean=git-media-clean %f
filter.media.smudge=git-media-smudge %f
core.editor=vim
core.excludesfile=/Users/Bill/.gitignore_global
core.quotepath=false
user.email=Bill@example.com
user.name=Bill Wang
filter.lfs.clean=git-lfs clean %f
filter.lfs.smudge=git-lfs smudge %f
filter.lfs.required=true
sendpack.sideband=false
http.postbuffer=524288000
push.default=matching
alias.st=status
color.ui=true
core.repositoryformatversion=0
core.filemode=true
core.bare=false
core.logallrefupdates=true
core.ignorecase=true
core.precomposeunicode=true
core.quotepath=false
```

图 25.10

你可能会看到重复的变量名，因为 Git 会从不同级别的文件中读取同一个配置（例如：/etc/gitconfig 与~/.gitconfig）。这种情况下，Git 会使用它找到的每一个变量的最后一个配置。可以通过输入 git config <key>：来检查 Git 的某一项的最终配置，如图 25.11 所示。

```
Billteki MacBook-Air-2:第二十六章：Git版本控制及GitHub社会化编程实践 Bill$ git config user.name
Bill Wang
```

图 25.11

25.2　Git 基础曲

25.2.1　创建本地仓库和关联远程仓库

创建本地仓库

如果你打算使用 Git 来对现有的项目进行管理，只需要进入该项目目录并输入如下命令：

```
$ git init
```

该命令将创建一个名为 .git 的子目录（隐藏目录，可以用 ls –al 查看，.git 的目录结构如图 25.4），这个子目录含有初始化的 Git 仓库中所有的必需文件，这些文件是 Git 仓库的骨干。但是，此时我们仅仅是做了一个初始化的操作，项目里的文件还没有被跟踪。

添加到暂存区，提交到本地仓库

这里是在 SwiftNews 目录下执行的 git init 命令，所以该工程下的所有文件都可以执行版本操作了。可以通过 git add 命令来指定文件或将所有的文件添加到暂存区，然后执行 git commit 提交到本地仓库。

```
$ git add .
$ git commit -m 'initial project version'
```

在第 4 行的代码中的“.”表示添加当前目录及其子目录的所有修改到暂存区。这种写法在实际开发中非常实用，尤其有很多文件要提交的时候，不必 git add a.docx b.docx ... 这样逐一地列出来。另一个常用的方式是，递归添加符合格式的文件，如 git add *.docx，如果不带有“\”则仅是当前目录。

GitHub 的 SSH 公钥配置

GitHub 是全球最大的开源社区网站，提供了 Git 参考托管服务，在国内的使用率也很高。要想成为高富帅的 iOS 开发者，首先一定要拥有一个账号，注册地址为 https://github.com。由于我们本地的 Git 仓库和 GitHub 仓库之间的传输是通过 SSH 加密的，所以需要进行一些设置，步骤如下：

步骤 01 创建 SSH Key。在用户主目录下，看看有没有.ssh 目录（.ssh 是个隐藏目录）。如果有，再看看这个目录下有没有 id_rsa 和 id_rsa.pub 这两个文件，如果已经有了，可直接跳到下一步。在 Terminal 创建 SSH Key:

```
6 $ ssh-keygen -t rsa -C "XXXXXXX@qq.com"
```

你需要把邮件地址换成自己的邮件地址，然后直接按 Enter 键，使用默认值即可，由于这个 Key 并不是用于机密目的，所以不用设置密码。

如果一切顺利的话，可以在用户主目录里找到~/.ssh 目录，里面有 id_rsa 和 id_rsa.pub 两个文件。这两个就是 SSH Key 的秘钥对，id_rsa 是私钥，不能泄露出去，id_rsa.pub 是公钥，可以放心地告诉任何人。

步骤 02 登录 GitHub，打开[Settings > SSH and GPG Keys]页面，如图 25.12 所示，填上任意 Title，然后在 Key 文本框里粘贴 id_rsa.pub 文件的内容。

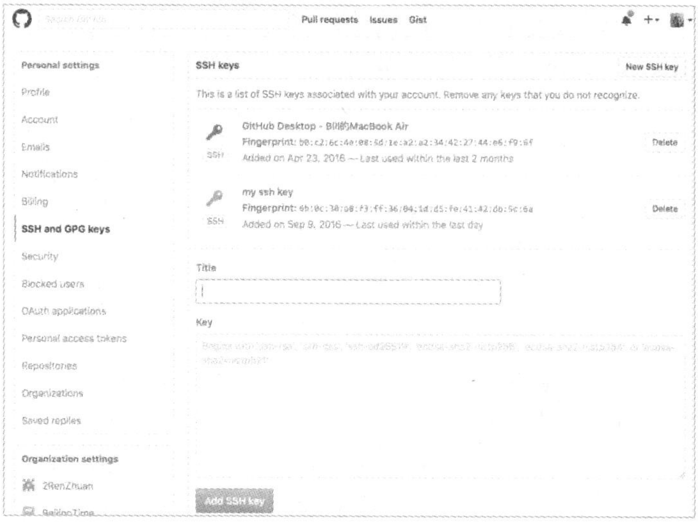

图 25.12

id_rsa.pub 的内容可以通过如下命令查看:

```
7 $ cat ~/.ssh/id_rsa.pub
```

最后点击下方的[Add SSH Key]按钮，完成设置操作。

为什么 GitHub 需要 SSH Key 呢？因为 GitHub 需要识别推送的提交是否为你本人推送的，而不是别人冒充的。Git 支持 SSH 协议，所以 GitHub 只要知道了你的公钥，就可以确认是否为本人的推送。

当然 GitHub 允许添加多个 Key。假定你有若干台电脑，有时在公司提交版本，有时在家里提交。只要把每台电脑的 Key 都添加到 GitHub，就可以在每台电脑上往 GitHub 推送了。

最后提示一下，在 GitHub 上免费托管的 Git 仓库，任何人都可以看到，所以不要把敏感信息放进去。

关联远程仓库

上一步的 GitHub 配置是基础。截至目前，你已经在本地创建了一个 Git 仓库，接着需要把本地的仓库与 GitHub 上的仓库关联。如果这两个仓库进行了远程同步，GitHub 上的仓库就可以作为本地备份，又可以让其他人通过该仓库来协作，真是一举多得。

步骤 01 登录 GitHub（https://github.com），在右上角找到[New repository]按钮，如图 25.13，创建一个新的远程仓库。

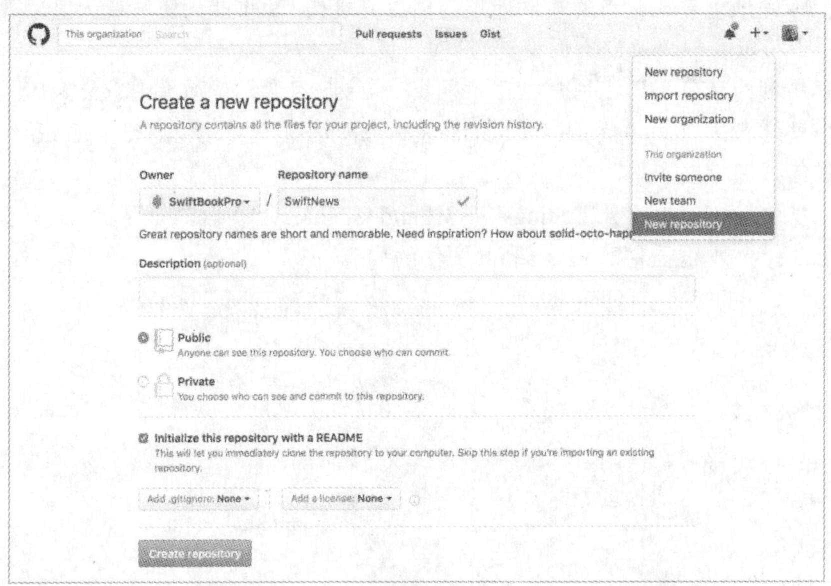

图 25.13

步骤 02 在 Repository name 填入 SwiftNews。其他保持默认设置，点击[Create repository]按钮，就成功地创建了一个新的 Git 仓库。

步骤 03 目前在 GitHub 上的这个 SwiftNews 仓库还是空的。GitHub 告诉我们，可以从这个仓库克隆出新的仓库，也可以把一个已有的本地仓库与之关联，把本地仓库的内容推送到 GitHub 仓库。在工作区 SwiftNews 中执行第 8 行的命令，注意地址要正确，地址可以从图 25.14 中的文本框中复制。第 9 行的代码是查看结果的配置结果，如图 25.15 所示。

```
8   $ git remote add origin git://github.com/SwiftBookPro/SwiftNews.git
9   $ git config --list
```

图 25.14

```
BilltekiMacBook-Air-2:SwiftNews Bill$ git config --list
credential.helper=osxkeychain
user.name=Bill
filter.media.clean=git-media-clean %f
filter.media.smudge=git-media-smudge %f
core.editor=vim
core.excludesfile=/Users/Bill/.gitignore_global
core.quotepath=false
user.email=Bill@example.com
user.name=Bill Wang
filter.lfs.clean=git-lfs clean %f
filter.lfs.smudge=git-lfs smudge %f
filter.lfs.required=true
sendpack.sideband=false
http.postbuffer=524288000
push.default=matching
alias.st=status
color.ui=true
core.repositoryformatversion=0
core.filemode=true
core.bare=false
core.logallrefupdates=true
core.ignorecase=true
core.precomposeunicode=true
remote.origin.url=https://github.com/SwiftBookPro/SwiftNews.git
remote.origin.fetch=+refs/heads/*:refs/remotes/origin/*
```

图 25.15

步骤 04 把本地库的所有内容推送到远程库上。

```
$ git push -u origin master
Counting objects: 19, done.
Delta compression using up to 4 threads.
Compressing objects: 100% (19/19), done.
Writing objects: 100% (19/19), 13.73 KiB, done.
Total 23 (delta 6), reused 0 (delta 0)
To git@github.com:michaelliao/learngit.git
 * [new branch]          master -> master
Branch master set up to track remote branch master from origin.
```

由于远程库是空的，我们第一次推送 master 分支时，加上了-u 参数。Git 不但会把本地的 master 分支内容推送到远程新的 master 分支，还会把本地的 master 分支和远程的 master 分支关联起来，在以后的推送或者拉取时就可以使用简化的命令：git push origin master。

25.2.2 文件在工作区、暂存区和 Git 本地仓库中的操作

文件的状态变化周期

我们已经把本地仓库和远程仓库关联了起来。在本地的工作区中的每一个文件都不外乎两种状态：已跟踪和未跟踪。已跟踪的文件是指那些被纳入版本控制的文件，在上一次提交中被提交了，在工作一段时间后，它们的状态可能处于未修改、已修改或已放入暂存区。

工作区中除已跟踪文件以外的所有其他文件都属于未跟踪文件，它们既不存在于上次提交的记录中，也没有放入暂存区。初次克隆某个仓库的时候，工作区中的所有文件都属于已跟踪文件，并处于未修改状态。

编辑过某些文件之后，由于自上次提交后你对它们做了修改，Git 将它们标记为已修改文件。我们逐步将这些修改过的文件放入暂存区，然后提交所有暂存区的修改，这就是工程中文件的变化周期，如此简单。

检查当前工作区文件状态

要查看哪些文件处于什么状态，可以使用 git status 命令。 如果在克隆仓库后立即使用此命令，会看到类似这样的输出，如图 25.16 所示。

在 master 的分支上，你的分支和服务器上的 master 分支一样新，工作区也是干净的。现在修改一下 test 文件，再次执行 git status 命令，如图 25.17 所示。

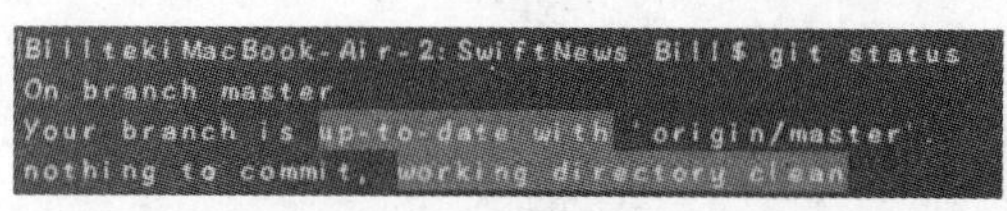

图 25.16

```
BillltekiMacBook-Air-2:SwiftNews Bill$ git status
On branch master
Your branch is up-to-date with 'origin/master'.
Changes not staged for commit:
  (use "git add <file>..." to update what will be committed)
  (use "git checkout -- <file>..." to discard changes in working directory)

        modified:   test

no changes added to commit (use "git add" and/or "git commit -a")
```

图 25.17

可以看到，test 文件的状态是 modified（修改了的）。

暂存已修改文件

图 25.17 中 Changes not staged for commit 这行下面，说明已跟踪文件的内容发生了变化，并用红色标记了正处在修改的状态，但还没有放到暂存区。要暂存这次更新，需要运行 git add 命令。

这是个多功能命令：可以用它开始跟踪新文件，或者把已跟踪的文件放到暂存区，还能用于合并时把有冲突的文件标记为已解决状态（这一点也很重要）等。 将这个命令理解为“添加内容到下一次提交中”比“将一个文件添加到项目中”要更加合适。现在让我们运行 git add 命令将“test”放到暂存区，然后再看看 git status 的输出：Changes to be commited 表示可以被提交的，说明已经在暂存区了，如图 25.18 所示。

现在的暂存区已经准备妥当，可以提交了。在此之前，请一定要确认还有什么修改过或新建的文件还没有 git add 过，否则提交的时候不会记录这些还没暂存起来的变化。这些修改过的文件只保留在工作区，所以每次准备提交前，要先用 git status 查看一下，是不是都已暂存起来了，然后再运行提交命令 git commit，如图 25.19 所示，-m 表示添加的注释内容。

```
BillltekiMacBook-Air-2:SwiftNews Bill$ git status
On branch master
Your branch is up-to-date with 'origin/master'.
Changes to be committed:
  (use "git reset HEAD <file>..." to unstage)

        modified:   test
```

图 25.18

```
BillltekiMacBook-Air-2:SwiftNews Bill$ git commit -m "new test fix"
[master a9cc82c] new test fix
 1 file changed, 1 insertion(+), 1 deletion(-)
```

图 25.19

25.2.3 查看提交历史

在提交了若干更新，或者克隆了某个项目之后，你也许想回顾一下提交的历史纪录。完成这个任务最简单而又有效的工具是 git log 命令。

执行该命令后会看到如图 25.20 所示的输出。

默认不使用任何参数的话，git log 会按提交时间列出所有的更新，最近的更新排在最上面。正如你所看到的，这个命令会列出每个提交的 SHA-1 校验、作者的名字、电子邮件地址、提交时间以及提交说明。git log 有许多选项可以帮助你搜寻所要找的提交，一些最常用的选项如表 25-1 所示，使用格式如下：

```
$ git log –stat
$ git log -p -2
```

图 25.20

表 25-1 git log 常用选项

名称	功能说明
-p	表示按补丁格式显示每个提交之间的差异
-数字	表示显示最近几次提交
--stat	表示显示每次更新的文件修改统计信息
--shortstat	表示只显示 --stat 中最后的行数修改添加移除统计
--name-only	表示仅在提交信息后显示已修改的文件清单
--name-status	表示显示新增、修改、删除的文件清单
--abbrev-commit	表示仅显示 SHA-1 的前几个字符，而非所有的 40 个字符
--relative-date	表示使用较短的相对时间显示（比如，“2 weeks ago”）
--graph	表示显示 ASCII 图形表示的分支合并历史
--pretty	表示使用其他格式显示历史提交信息。可用的选项包括 oneline，short，full，fuller 和 format（后跟指定格式）
X-height	基线至非突出的小写字母（如 a,x,e 等）最高点的距离
Cap height	基线至大写字母最高点的距离

25.2.4 撤销操作

修正上次的提交

有时候我们提交完了才发现漏掉了几个文件没有添加，或者提交信息写错了。此时可以运行带有 --amend 选项的提交命令，尝试合并到上一次提交：

```
$ git commit -m '提交'
$ git add forgotten_file
$ git commit –amend –m “添加新文件”
```

最终你只会有一个提交，第二次提交将会被合并到第一次提交的结果中。

撤销工作区中的文件修改

撤销工作区的修改，意味着这个文件没有进入暂存区的状态。执行 git checkout filename 命令进行撤销，如图 25.21 所示。注意撤销是不可逆的，因为这是执行了一个文件的覆盖。

撤销暂存区中的文件的修改

这里的操作是把暂存区的修改撤销到工作区中，git reset HEAD <file>... 来取消暂存。还可以按照上边的步骤继续从工作区中撤销，如图 25.22 所示。

```
Billteki MacBook-Air-2:SwiftNews Bill$ git status
On branch master
Your branch and 'origin/master' have diverged,
and have 2 and 1 different commit each, respectively.
  (use "git pull" to merge the remote branch into yours)
Changes not staged for commit:
  (use "git add <file>..." to update what will be committed)
  (use "git checkout -- <file>..." to discard changes in working directory)

        modified:   test

no changes added to commit (use "git add" and/or "git commit -a")
Billteki MacBook-Air-2:SwiftNews Bill$ git checkout test
Billteki MacBook-Air-2:SwiftNews Bill$ git status
On branch master
Your branch and 'origin/master' have diverged,
and have 2 and 1 different commit each, respectively.
  (use "git pull" to merge the remote branch into yours)
nothing to commit, working directory clean
```

图 25.21

```
Billteki MacBook-Air-2:SwiftNews Bill$ git status
On branch master
Your branch and 'origin/master' have diverged,
and have 2 and 1 different commit each, respectively.
  (use "git pull" to merge the remote branch into yours)
Changes to be committed:
  (use "git reset HEAD <file>..." to unstage)

        modified:   test

Billteki MacBook-Air-2:SwiftNews Bill$ git reset HEAD test
Unstaged changes after reset:
M       test
```

图 25.22

25.2.5 标签

标签通常被用来标识工程在它的历史长河中的里程碑等阶段性的标志，当我们需要时可以通过标签取到对应的工程版本。如图 25.23 所示，是 Alamofire 在 GitHub 上的标签列表。

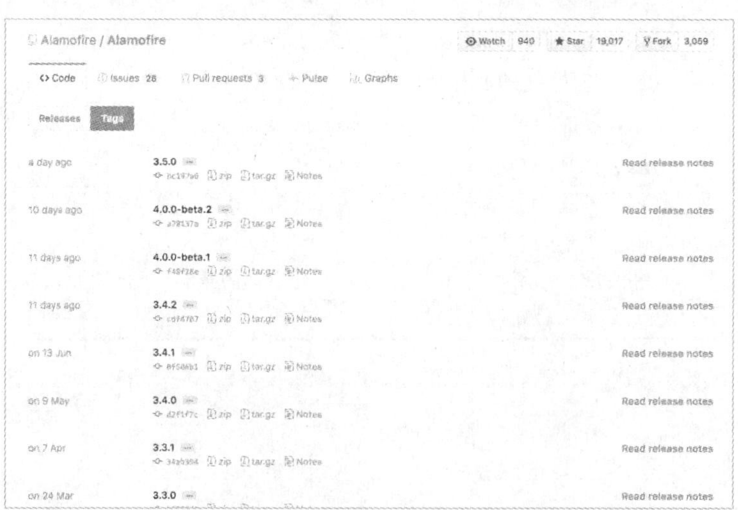

图 25.23

查看标签列表

运行 git tag，列出本地仓库中所有的标签，如图 25.24 所示。

运行 git tag –l ‘v*’，列出模糊查找的标签，*代表任意个字符，如图 25.25 所示。

```
Billteki MacBook-Air-2:SwiftNews Bill$ git tag
0.1第一版本
v1.0
v1.0线上活动版本
v1.1
v1.2
v2.0测试
```

图 25.24

```
Billteki MacBook-Air-2:SwiftNews Bill$ git tag -l 'v*'
v1.0
v1.0线上活动版本
v1.1
v1.2
v2.0测试
```

图 25.25

查看标签详细内容

运行 git show 命令可以看到标签信息与对应的提交信息，如图 25.26 所示。

```
Billteki MacBook-Air-2:SwiftNews Bill$ git show v1.0线上活动版本
tag v1.0线上活动版本
Tagger: Bill Wang <Bill@example.com>
Date:   Fri Sep 9 20:13:31 2016 +0800

v1.0线上活动版本

commit fd5809bb960080f61d5296af9ab73ff1ef9fabe2
Author: Bill Wang <Bill@example.com>
Date:   Fri Sep 9 18:04:11 2016 +0800

    test git repo

diff --git a/test b/test
index 7520741..88f1023 100644
--- a/test
+++ b/test
@@ -5,7 +5,8 @@

 2:success

-3:
+3:git repo
+
 project 'SwiftNews.xcodeproj'

 # Uncomment this line to define a global platform for your project
```

图 25.26

标签种类

Git 使用两种主要类型的标签：轻量标签（lightweight）与附注标签（annotated）。

一个轻量标签很像一个不会改变的分支，它只是一次提交的引用，也就是说这个标签包含的信息只比一个提交信息多个标签名。

附注标签是存储在 Git 数据库中的一个完整信息，其中包含打标签者的名字、电子邮件地址、日期时间，还有一个标签信息，并且可以使用 GNU Privacy Guard（GPG）签名与验证。

通常建议创建附注标签，这样你可以拥有以上所有信息；但是如果你只是想用一个临时的标签，或者因为某些原因不想要保存那些信息，轻量标签也是可用的。

创建注释标签

运行 git tag 命令时指定 -a 选项，-a 指定版本的名字，-m 指定注释信息，如图 25.27 所示。

```
Billteki MacBook-Air-2:SwiftNews Bill$ git tag -a v1.2 -m "SwiftNews第1.2版本"
Billteki MacBook-Air-2:SwiftNews Bill$ git tag
v1.0
v1.1
v1.2
```

图 25.27

创建轻量标签

运行 git tag 命令时指定版本的名字，如图 25.28 所示。

```
Billteki MacBook-Air-2:SwiftNews Bill$ git tag v2.0测试
Billteki MacBook-Air-2:SwiftNews Bill$ git tag
v1.0
v1.1
v1.2
v2.0测试
```

图 25.28

追加历史标签

运行 git tag 命令时指定-a 选项。-a 指定版本的名字，再指定一个提交的版本号（一个很长的哈希），-m 指定注释信息，如图 25.29 所示。

```
Billteki MacBook-Air-2:SwiftNews Bill$ git tag -a v1.0线上活动版本 fd5809bb960080f61d5296af9ab73ff1ef9fabe2 -m "v1.0线上活动版本"
Billteki MacBook-Air-2:SwiftNews Bill$ git tag
v1.0
v1.0线上活动版本
v1.1
v1.2
v2.0测试
```

图 25.29

共享标签

所谓的共享标签就是让你的标签可以推送到服务器上去，让同事们也可以看到。因为默认情况下，git push 命令并不会传送标签到远程仓库服务器上，这样默认就是打本地标签了。

在创建完标签后你必须显式地推送标签到服务器上。运行 git push --tags 命令，如图 26.30 所示。

```
Billteki MacBook-Air-2:SwiftNews Bill$ git push --tags
Counting objects: 4, done.
Delta compression using up to 4 threads.
Compressing objects: 100% (4/4), done.
Writing objects: 100% (4/4), 443 bytes | 0 bytes/s, done.
Total 4 (delta 2), reused 0 (delta 0)
remote: Resolving deltas: 100% (2/2), done.
To git@github.com:SwiftBookPro/SwiftNews.git
 * [new tag]         v1.0 -> v1.0
 * [new tag]         v1.0线上活动版本 -> v1.0线上活动版本
 * [new tag]         v1.1 -> v1.1
 * [new tag]         v1.2 -> v1.2
 * [new tag]         v2.0测试 -> v2.0测试
```

图 25.30

导出指定标签工程

首先思考一个问题，我们在什么情况下需要导出一个标签对应的版本呢？一般情况下是要查看之前的代码或修改之前的代码。那么导出的历史版本放在当前的工作区中，再继续修改或提交，是否会导致标签时间点和当前时间点的这一段时间的不同部分丢失呢？这是一定的。

Git 是如何解决该问题的呢？在 Git 中你并不能真的检出一个标签，因为它们并不能像分支一样在多个提交点上来回移动。如果你想要工作区与仓库中特定的标签版本完全一样，可以使用 git checkout -b 【newbranchname】【tagname】在特定的标签上创建一个新分支：-b 后边的第一个参数是新分支的名字、tagname 是选择的 tag 名字，如图 25.31 所示。

```
Billteki MacBook-Air-2:SwiftNews Bill$ git checkout -b SwiftNews0.1 0.1第一版本
Switched to a new branch 'SwiftNews0.1'
```

图 25.31

25.3 小　结

本章主要介绍了 iOS 开发中有关 Git 的常用命令，Git 是所有开发人员必备的一个基本技能。这不属于工作内容，但是这个可以加速和保障你的工作，理解和熟练掌握尤为重要。

在实际开发中常使用一些图形化客户端，例如 Tower，SourceTree，还有 Xcode 也集成了 Git 和 SVN。图形化的工具让开发者的操作更加简单，可视化更强一些。如果搭配使用 Git 命令行和 Git 图形化客户端会更好一些，因为图形的客户端功能不如 Git 命令行丰富，所以如果遇到一些少见的问题，就只能是命令行了。

当然客户端的功能和稳定性也在逐渐地增强。Git 命令行让开发者深深地理解到它背后的哲学思想，命令加上图形化客户端会让开发者游刃有余。

Git 很简单，因为不需要花太多的时间就基本可以搞定；Git 的思想很丰富，因为它足足可以写一本书来诠释其全部思想和操作，这里仅精讲了常用的操作、Git 的分支、Git 的分布、Git 的钩子、Git 底层，读者如有更多需要可以继续学习。Git 的地址 https://git-scm.com。Git 在线学习地址：https://try.github.io。Git 的源码地址：https://github.com/git/git。

GitHub 是全球最大的开源社区和代码仓库，是涵盖各种编程语言的。从中不仅仅可以找到实用的开源项目，如果你发现了开源项目中的 bug、可优化点或有很好的创意，还可以尝试创建新的仓库，为开源做出更大的贡献。

第26章 项目案例的架构搭建

当我们见到一座仰慕已久的摩天高楼，比如中央电视台总部大楼（俗称大裤衩），它的高度好像不是一口气能数完的，笔者有幸在里边工作过，可以坦诚地告诉小伙伴，它有52层，由荷兰人雷姆·库哈斯和德国人奥雷·舍人带领大都会建筑事务所（OMA）设计，花掉了200亿人民币。

中央电视台总部大楼建筑外形前卫，被美国《时代》杂志评选为2007年世界十大建筑奇迹之一。开工之前要做实地测量，各种材料的评估，外形和内部结构的设计和工程验收等。这跟我们的iOS开发流程很相似，比如都有需求，有模型，有视觉设计要求，有实施，有质量监控，有成果交付等。

本章主要介绍一些笔者在App开发中的前期思考，包括多人协同合作、技术造型、分层思想等内容。

26.1　多人协作的工作流程

俗话说：“一个好汉三个帮，一个篱笆三个桩”，一个人的能力是很单薄的，但是如果大家一起齐心协力就能把事情做得更好，所以团结一心的协作是非常重要的。在互联网浪潮下的公司，没有哪个产品完全是由一两个人完成的，即便是一款看起来很简单的 App。

据说微信 iOS App 就由 30 个人开发维护。按照微信的用户体量来说，30 多人并不算很多，毕竟微信有近 6 亿的用户群体。如果一个团队中的每个人都贡献了自己的正能量，那么整个团队一定是阔步向前的。

当我们使用一款有着卓越的功能和稳定用户体验的 App 的时候，其背后一定有一群充满正能量的工作者在为之孜孜不倦地付出。以笔者过往的公司来看，其中涉及的角色有产品经理、项目经理、交互设计师、视觉设计师、App 接口开发工程师、App 开发工程师、测试工程师，可能有的还要加上 Scrum Master 等。

有的时候感觉 App 开发好像是糖葫芦上的竹签，因为 iOS 客户端开发工程师需要把一个个不同环节的同事的工作成果串起来，才得以将整个团队的工作成果展现给用户。做 App 开发首先应该拥有基本的沟通和表达能力，其次是追求精湛的技术。可想而知，App 开发是一个多么重要的岗位。

iOS 工作中密切相关的一些岗位职责

iOS 开发在 App 开发中有着举足轻重的分量。毕竟 iPhone、iPad、Apple Watch、iPod Touch 等产品都是大众喜欢的产品。App 开发还包括 Android 开发和 WinPhone 开发。

也有的公司把 App 开发叫作前端开发，这种情况不多。因为前端一般指的是使用 HTML 5 等技术来实现 Web 页面或 Mobile Web（Web APP）页面。绝大多数公司还是更加倾向于把 App 开发叫作客户端开发。个人也感觉这样比较合理，因为 App 毕竟是用户拿在手里的，最贴近用户的。所以作为一名 App 开发工程师，应该把众多不同环节同事的想法、信念、卓越的功能和稳定的用户体验融为一个 App。保证质量地交付到用户手里为首要任务，这就是 App 开发工程师的价值。

- 产品经理（Product Manager）：是移动互联网企业中专门负责产品研发和管理的职位。产品经理负责调研用户需求、确定开发何种产品、选择何种技术（这里的技术是很泛泛的）和商业模式等，并推动相应产品的研发，还要根据产品的生命周期，协调研发、营销、运营并确定和组织实施相应的产品策略，以及进行一系列其他相关的产品管理活动。
- 交互设计师：交互指的是产品与使用者之间的互动过程，而交互设计师则是秉承以用户为中心的设计理念，以用户体验度为原则，对交互过程进行研究并开展设计的工作人员。
- App 接口开发工程师：主要是给 App 提供数据支撑，App 的所有的数据流转都是通过接口完成的。数据对于一个产品来说是最重要的，因此在传输过程当中要进行加密，拿过来的数据也要做好多道的存储或加工流程。

- 项目经理（Project Manager）：从职业角度，是指企业建立以项目经理责任制为核心，对项目实行质量、安全、进度、成本管理的责任保证体系，和全面提高项目管理水平设立的重要管理岗位。在移动互联网时代，作为一名 iOS 开发者，项目经理可能是你直接或间接的领导。

笔者认为一个完整的 App 开发流程图如图 26.1 所示。

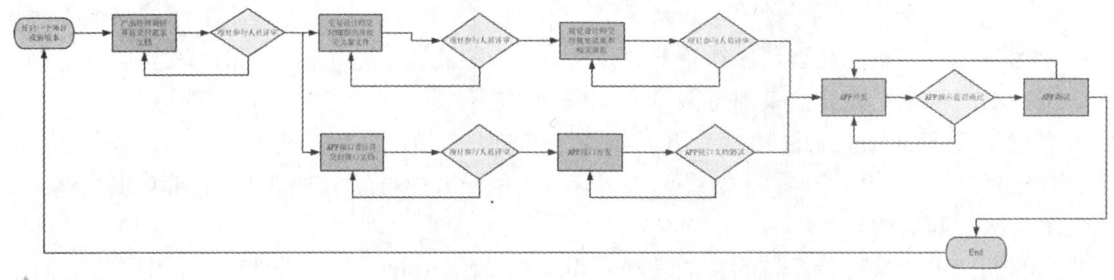

图 26.1

26.2 技术选型

什么是技术选型，顾名思义就是当明确了需求之后，采取合适的技术来实现需求。对于 App 的需求，需要拆解到可以用某一个技术能够完美实现的地步。一定要对这种技术的优缺点及发展趋势有清晰的了解。

具体来说，在技术选型上，要考虑所采用技术的稳定性、扩展性、跨平台的性能等。在软件选型的时候，不仅要考虑软件的功能，也要考虑其所采用的技术。

举一个 iOS 项目的例子：

编程语言的选择，首选应该是 Swift

- Swift 是安全的;
- Swift 代码简洁，生产效率很高;
- Swift 取代 Objective-C 是必然的趋势，所以选择 Swift（虽然目前多数历史项目还是 Objective-C，但是 Swift 3 显然可以作为新工程的编程语言了）。

依赖关系的管理，选择 CocoaPods

- CocoaPods 安装方便;
- 支持 1.8 万个第三方开源框架，未来还会更多;
- 兼容 Swift 和 Objective-C;
- Swift Package Manager 还年幼。

消息推送，我们选择的是 JPush

- JPush 比较主流;
- 提供了 Android 和 iOS 多平台的解决方案。

网络请求，我们选择的是 Alamofire

- Swift 版本的网络基础库和 AFNetworking 是同一个作者；
- JSON 和 Model 的转化库，我们选择的是 ObjectMapper;
- 埋点统计，我们选择的是 Umeng（友盟）。

26.3　MVC 及工程结构

世上本无路，走的人多了就全是套路，这使我们知道哪条路是近的，哪条路是远的。这里先介绍一下什么是好的软件架构，软件架构具有明确的分工，各个模块的功能职责平衡分配，通常良好的软件架构都具备良好的可测试性、易用性且维护成本低。

为什么需要模块分工？良好的模块分工可以大大简化我们对业务和代码的理解难度。虽然通过大量的开发工作，可以训练大脑去分析越来越复杂的逻辑，但是人总有极限，而且简单的代码逻辑更容易理解，不容易出错。所以要遵循单一职责原则，将复杂的业务逻辑分解。

为什么需要良好的可测试性？对于深知单元测试好处的开发者来说，这并不是一个问题。单元测试可以大大地减少程序运行时才能发现的问题，这通常可以省去【用户反馈 > Bug 修复 > 新版本发布 > 用户安装新版本】这个耗时的过程。所以程序的可测试性对于程序的稳定性是异常重要的。

为什么需要良好的易用性？毋庸置疑，容易理解就容易被大家共同遵守。

MVC 设计模式

MVC 从它诞生之日起就是经典，就像我们的编程 C 语言一样，在全球编程使用率 TIOBE（http://www.tiobe.com/tiobe-index/）中可以看到 C 语言从来就没有排在前 3 名之外。

MVC 全名是 Model View Controller，是模型（model）—视图（view）—控制器（controller）的缩写，是一种软件设计典范。大部分人愿意把它称为 MVC 设计模式，其实在设计模式中并没有 MVC。我们称它为分层思想或设计典范更加准确一些，用一种业务逻辑、数据、界面显示分离的方法组织代码，将业务逻辑聚集到一个类或文件夹里面。在改进和个性化定制界面及用户交互的同时，不需要重新编写业务逻辑，这就是代码的复用。

MVC 从程序的本质上来说，就是把程序中的每一个类都归属到 MVC 的其中一部分。第一部分是 Model，第二部分是 View，第三部分是 Controller。

Model 层是什么？为什么把它放到第一位呢，因为这个口袋所能容纳的东西非常多，比如数据模型、网络请求、字符串处理等业务逻辑处理。

View 层是什么？在 iOS 应用程序开发中，所有的控件、窗口等都继承自 UIView，对应 MVC 中的 V。UIView 及其子类主要负责 UI 的实现，而 UIView 所产生的事件都可以采用委托的方式，交给 UIViewController 实现。V 层可以是我们自定义的继承自 UIView 的视图空间，是用 Storyboard 或者 xib 来实现的。

Controller 层是什么？它是在应用程序的一个或多个视图对象和一个或多个模型对象之间的控制器对象，控制器对象充当媒介，控制器对象因此是同步管理程序。通过它，视图对象可了解模型对象的更改，反之亦然。控制器对象还可以为应用程序执行设置和协调任务，并管理其他对象的生命周期。

MVC 的分工

MVC 的分工如图 26.2 所示。

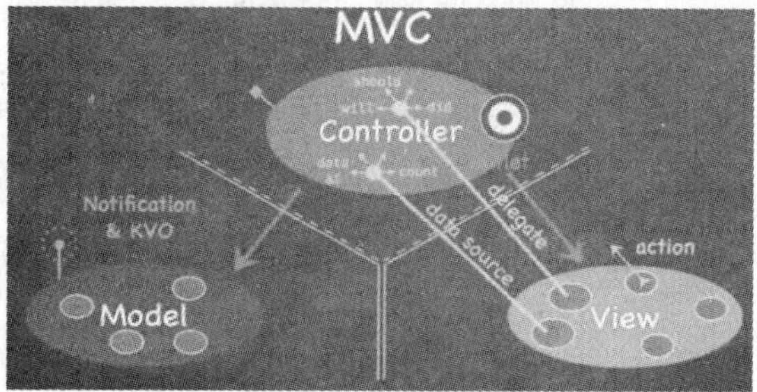

图 26.2

- Model 和 View 永远不能相互通信，只能通过 C 来传递，在 iOS 开发中，我们认为 ViewController 是 Model 和 View 的媒介。
- Controller（这里的 Controller 是个比较抽象的概念，它可以是 VieController，Datacontroller）可以直接与 Model 对话，即可以读写或调用 Model，Model 通过方法调用、Notification 和 KVO 机制与 Controller 间接通信。
- Controller（这里指的是 ViewController）可以直接与 View 对话，通过 outlet 直接操作 View。outlet 直接对应到 View 中的控件,View 通过 action 向 Controller 报告事件的发生(如用户 Touch 我了)。Controller 是 View 的直接数据源（数据很可能是 Controller 从 Model 中取得并经过加工的）。Controller 是 View 的代理（delegate），以同步 View 与 Controller。

这里介绍了一个简单版的 MVC 的实现，只是模拟了登录的功能。工程的结构如图 26.3 所示，其中的 Model 层下的 LoginModel 用来处理登录业务逻辑。View 层是用 Main.storyboard 和 LoginView 类实现的界面展示，如图 26.4 所示。

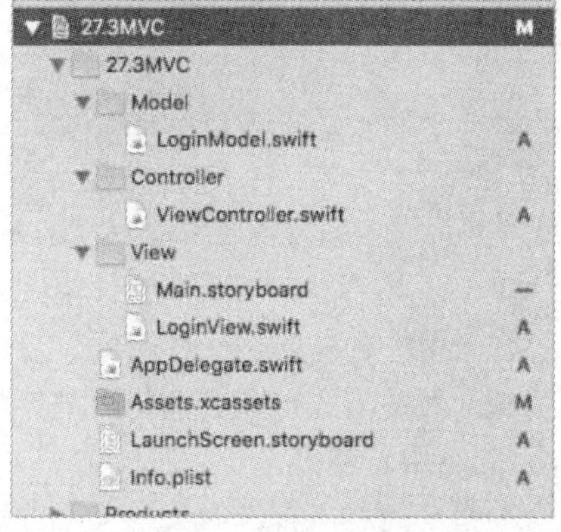

图 26.3

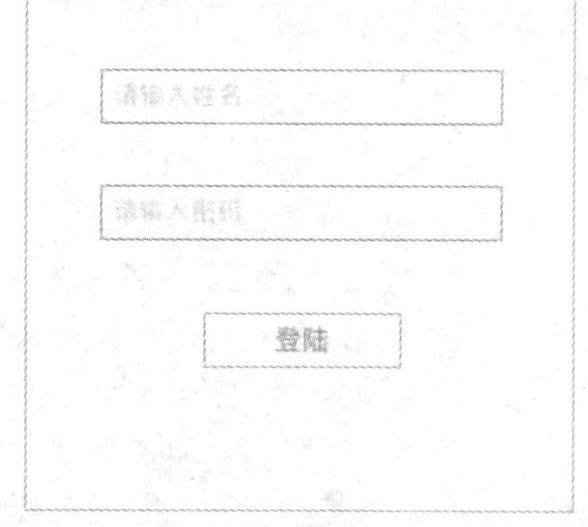

图 26.4

这里的 Main.storyboard 和 LoginView 的实现思路是将 Main.storyboard 中的用户名 UITextField、密码 UITextField 控件和登录按钮 UIButton 关联到 LoginView 中的 IBOutlet 属性中。

当用户点击登录按钮后，会调用 delegate，进而调用 ViewController 中的 login 方法。ViewController 中的 login 方法调用了业务层的方法，这里的业务层方法在实际当中可能是特别复杂的，有可能要操作数据库或网络之类的。我们这里只说明 MVC，完整的调用会在后续章节中讲到。

26.4 UITabbarController、UINavigationController 和 Assets.xcassets 的搭建

26.4.1 UITabbarController 和 UINavigationController

从这个名字上可以看得出来，UITabbarController、UINavigationController 与 UIViewController 都是 MVC 中的 C 层。它们是一个容器 Controller，就项目开发而言，如果需要实现精美的 tabbar，大概有以下几种方式：

- 使用 Storyboard 拖曳出来。
- 写 UITabbarController 的子类，进而丰富系统默认的功能。
- 需要第三方开源框架。

这里使用的是分分钟就可以搞定的程序界面结构的方式，使用 Storyboard 拖曳即可，简单到让你爱不释手，下面让我们来看看具体的操作。

步骤 01 添加 UINavigationController，如图 26.5 所示。

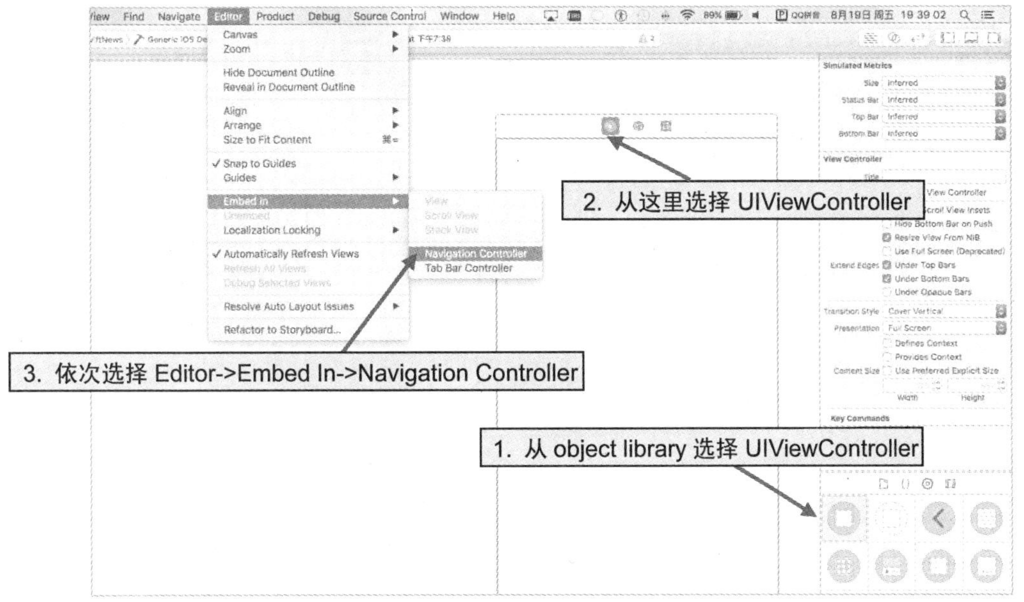

图 26.5

步骤 02 添加 UITabbarController，如图 26.6 所示。

步骤 03 将其他的 UINavigationController 关联到 UITabbarController 中，如图 26.7 所示。

步骤 04 在弹出的快捷菜单中，选择 ViewController 选项，如图 26.8 所示。

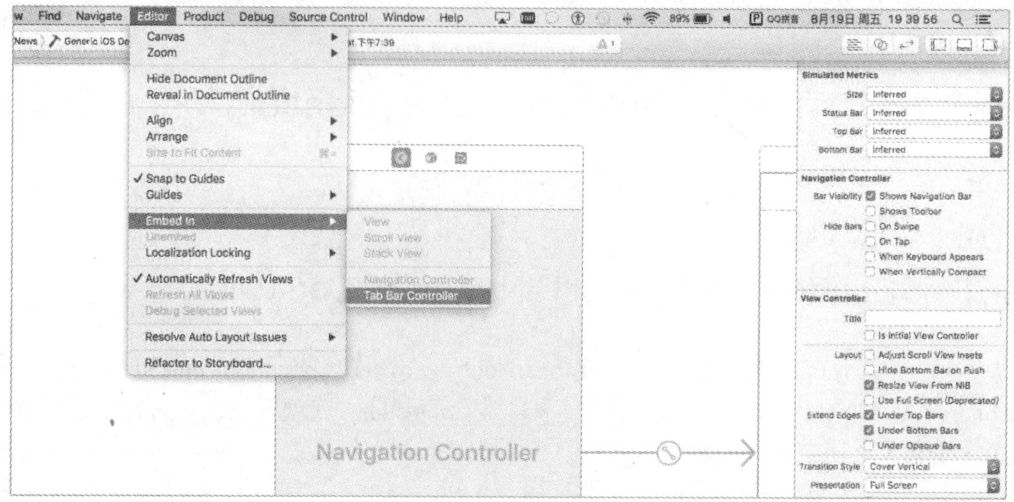

图 26.6

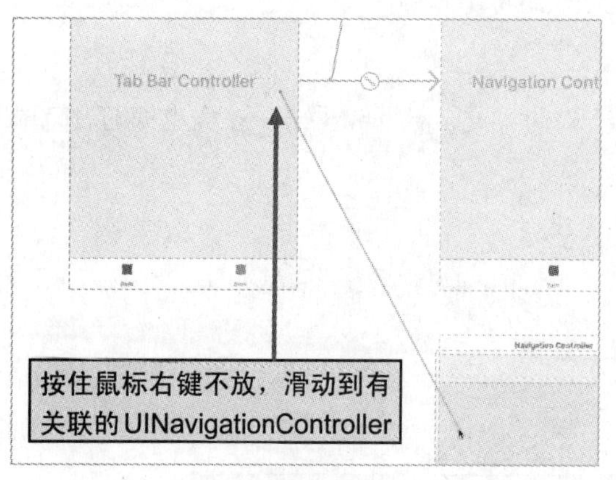

图 26.7

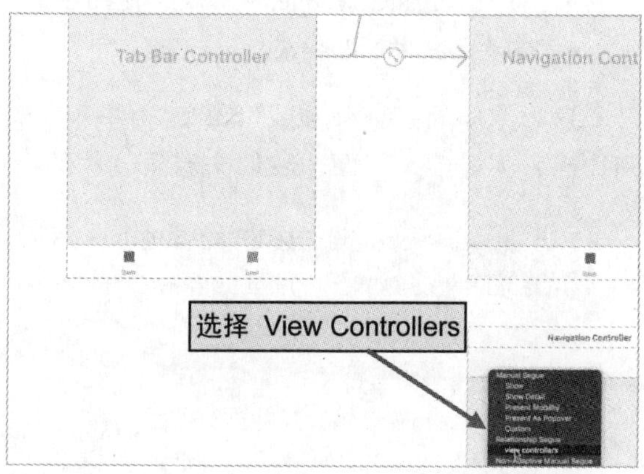

图 26.8

步骤 05 选择底部 tab bar 中的图标，然后进入属性检查器面板，修改图标的文字和图片等信息，如图 26.9 所示。

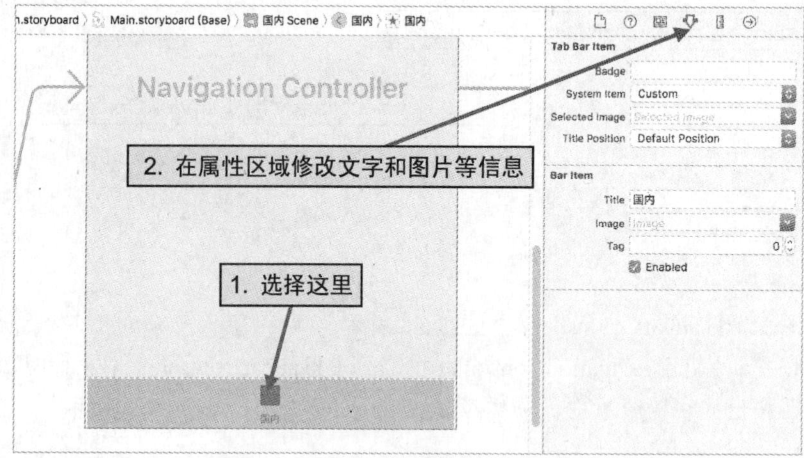

图 26.9

步骤 06 设置程序的起始 ViewController 为 UITabbarController，如图 26.10 所示。

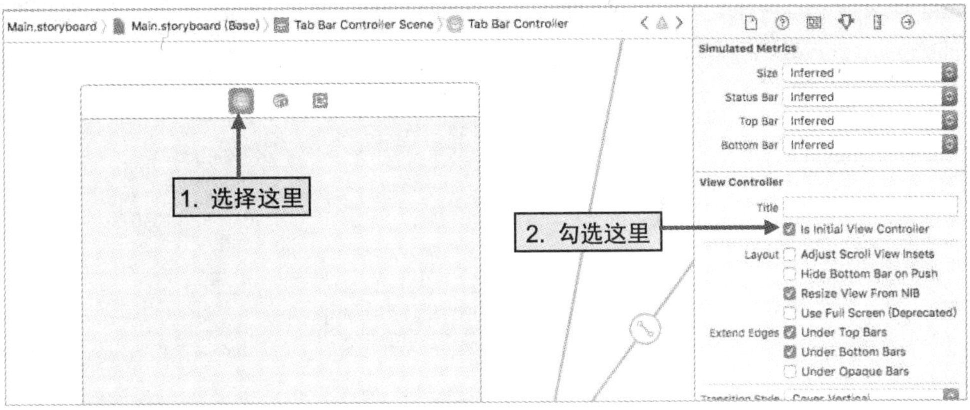

图 26.10

26.4.2 Assets.xcassets 管理

该文件夹可以统一存放和管理所有图片，包括控件上的图片、UIImageView 上的图片、启动图片和 icon 等。在 iOS 设备上，按手机的分辨率这些图片可分为@1x、@2x 和@3x，即一倍图、二倍图和三倍图。

iPhone 设备的尺寸规格如表 26-1 所示。

表 26-1 iPhone 尺寸规格

设备 iPhone	宽 Width	高 Height	对角线 Diagonal	逻辑分辨率（point）	Scale Factor	设备分辨率（pixel）	PPI
3GS	2.4 inches (62.1 mm)	4.5 inches (115.5 mm)	3.5-inch	320×480	@1x	320×480	163
4(s)	2.31 inches (58.6 mm)	4.5 inches (115.2 mm)	3.5-inch	320×480	@2x	640×960	326
5c	2.33 inches (59.2 mm)	4.90 inches (124.4 mm)	4-inch	320×568	@2x	640×1136	326
5(s)	2.31 inches (58.6 mm)	4.87 inches (123.8 mm)	4-inch	320×568	@2x	640×1136	326
6	2.64 inches (67.0 mm)	5.44 inches (138.1 mm)	4.7-inch	375×667	@2x	750×1334	326
6 plus	3.06 inches (77.8 mm)	6.22 inches (158.1 mm)	5.5-inch	414×736	@3x	(1242×2208->) 1080×1920	401

如果视觉设计师提供的图片的名称是以@1x、 @2x 和@3x 结尾的，当我们推曳图标到该文件夹之后，这些图标会自动整合到一个 Image Set 中，这一点是非常智能的。图片也可以不按着标准方式命名，直接拖曳到 image Set 对应的位置也是可以的。

当然从 iPhone 尺寸规格中可以看到，@1x 图片只有在 iPhone3Gs 中用到，这款手机已经很少有人使用，所以我们实际上只需要@2x 和@3x 的图片。

操作步骤如图 26.11 所示。如图 26.12 所示是得到的结果，Image Set 区域的左上角的“China”是这个 Image Set 的名字，可以独立地修改这里的 Image Set 名字，我们的程序当中用到的也是 Image Set 名字，这一点很赞。

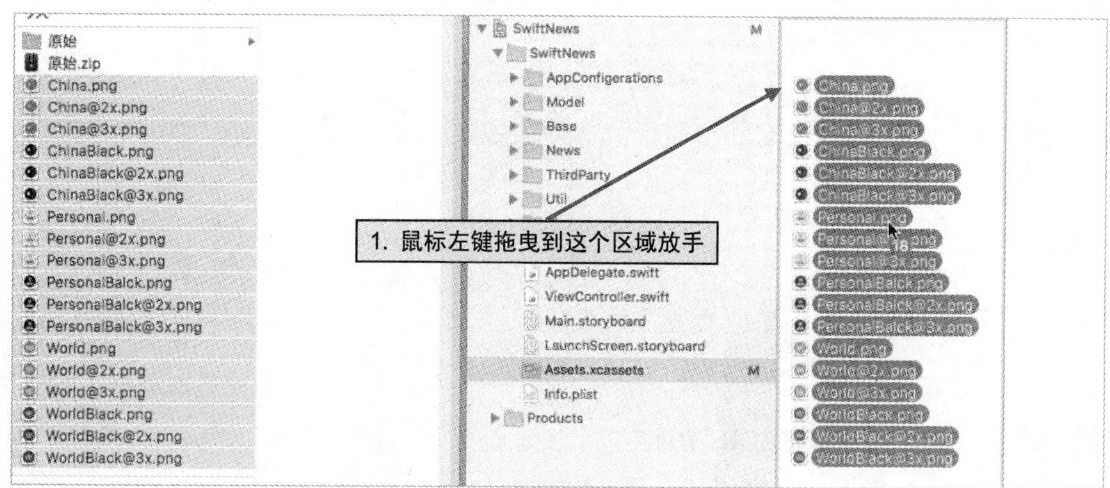

图 26.11

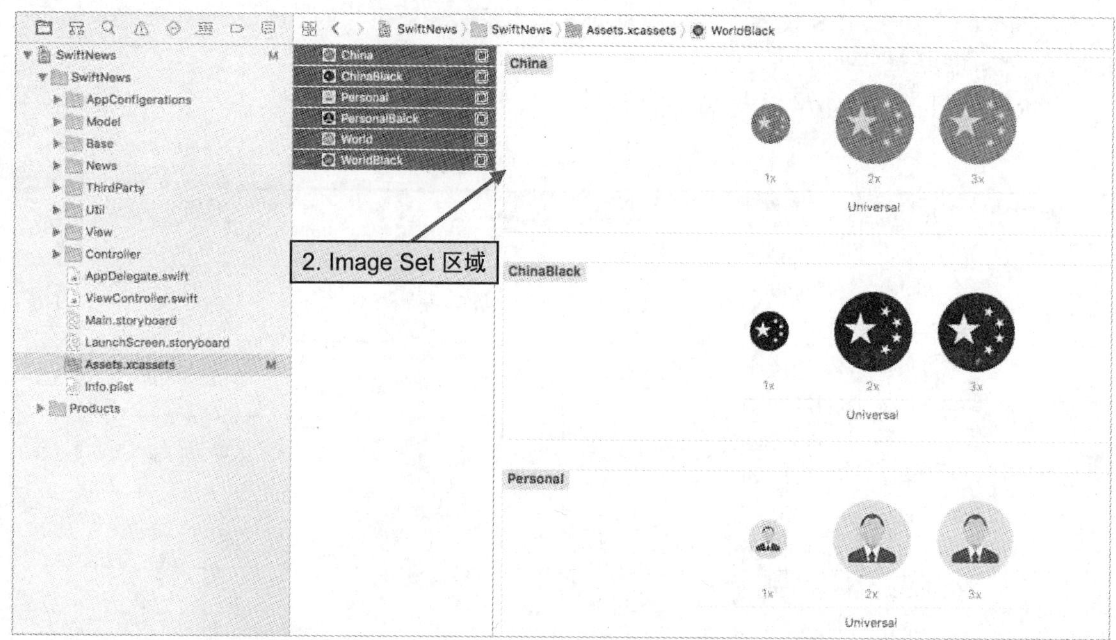

图 26.12

用文件夹管理项目的图片，步骤如图 26.13 和 26.14 所示。

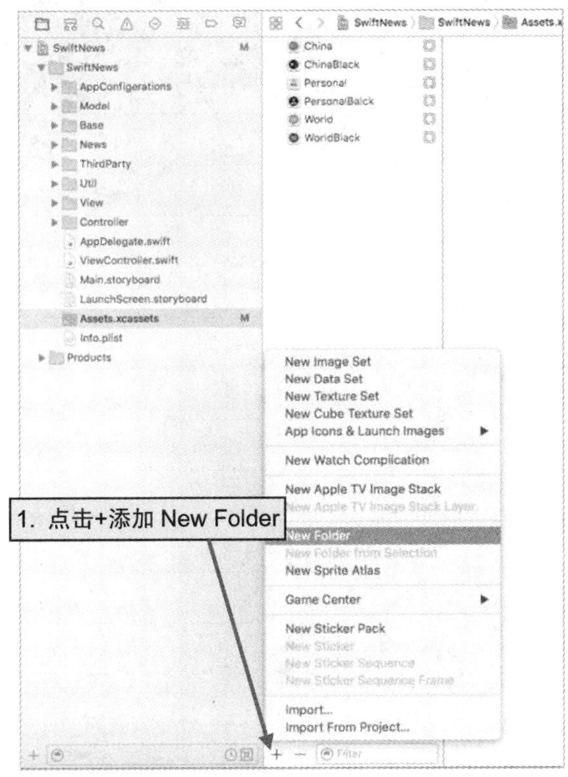

图 26.13

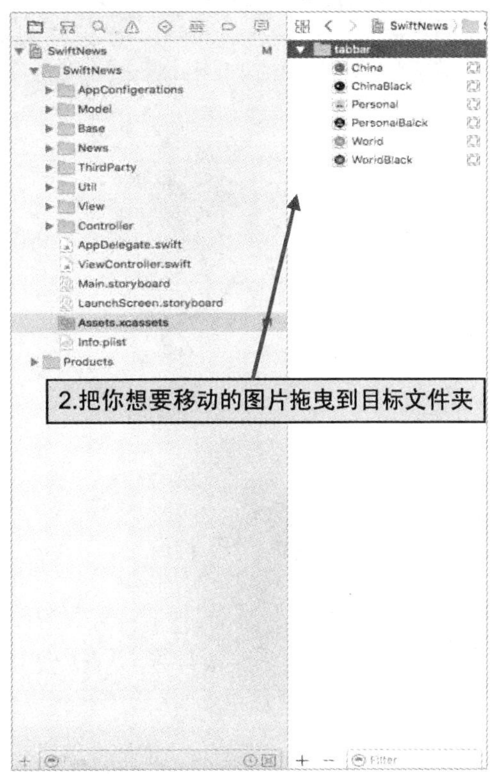

图 26.14

26.5 小　结

这一章主要介绍了在笔者从业多年的企业开发中，基于问题和技术场景的思考以及常见问题的解决办法。包括如何多人协作、做技术选型及驾驭 MVC 分层思想等。其实还有很多种分层思想，例如 MVP、VIPER。据笔者调查，在 iOS 领域中并没有太多的项目在实践这些分层思想。作为 iOS 开发者，我们应该积极地拥抱新的东西，多去实践、理想地去使用。思想性的东西并没有太多的对与错，不论哪一种分层思想，只要团队中每个开发者都能熟知，愿意遵守，就能够进行明确的分工，并提高项目的可测性和强壮性。

最后还对使用 UITabbarController、UINavigationController、Assets.xcassets 来搭建项目的界面结构做了介绍，在实际开发中，这些东西的应用非常广，接下来的一章中，我们将基于本章的内容开始拉练项目。

第27章 Model层相关框架

MVC中的M层是整个工程中代码最多的一部分，它涉及各种各样的业务逻辑、数据转化、缓存、网络请求、IO操作和各种各样的SQLite操作，这些都属于Model层的范围。

有一些框架已经在其他的章节中介绍过了，这里集中向读者介绍Swift开发中常用到的Model层第三方开源框架。

27.1　XML、Plist、JSON 数据格式

数据格式（data format）是数据保存在文件或记录中的编排格式，可为数值、字符或二进制数等形式，由数据类型及数据长度来描述。

XML 是一种可扩展标记语言，在电子计算机中，标记指计算机所能理解的信息符号，通过此种标记，计算机之间可以处理包含各种信息的文章等。它可以用来标记数据、定义数据类型，是一种允许用户对自己的标记语言进行定义的源语言。它非常适合万维网传输，可提供统一的方法来描述和交换独立于应用程序或供应商的结构化数据，是 Internet 环境中跨平台的、依赖于内容的技术，也是当今处理分布式结构信息的有效工具。

早在 1998 年，W3C 就发布了 XML 1.0 的规范，使用它来简化 Internet 的文档信息传输。简单地说，XML 类似于存储在电脑上的 Excel，其根据行和列来保存数据。XML 这种数据格式在移动开发中正在被 JSON 所代替。

Plist 是 iOS 开发中常用的一种数据格式，Apple 也非常鼓励使用这种格式存储数据。它的本质仍是 XML 数据格式，如图 27.1 所示就是 SwiftNews 工程的 Info.plist（信息文件），图 27.2 相当于 Xcode 以可视化的方式打开 Plist 文件。当以 source code 的方式打开文件后，我们会发现它是一个 XML 结构的文档。

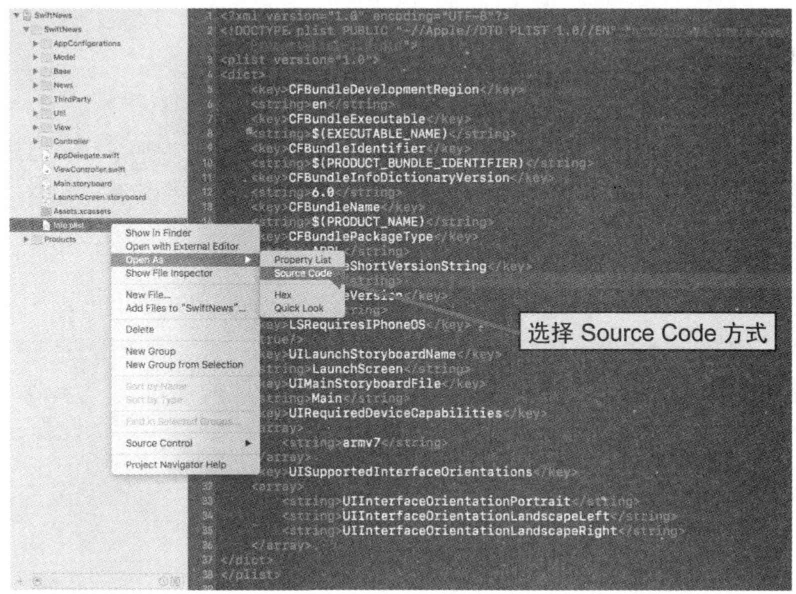

图 27.1

JSON（JavaScript Object Notation）是一种基于文本的数据交换格式，无论你的应用是用哪种开发语言编写的（Java/EE、Ruby、PHP、C#、.Net 等），都可以使用 JSON 来通过网络进行数据传输和处理。几乎所有的编程语言都有很好的库或第三方工具来提供基于 JSON 的 API 支持，因此你可以非常方便地使用任何自己喜欢的编程语言来处理 JSON 数据。

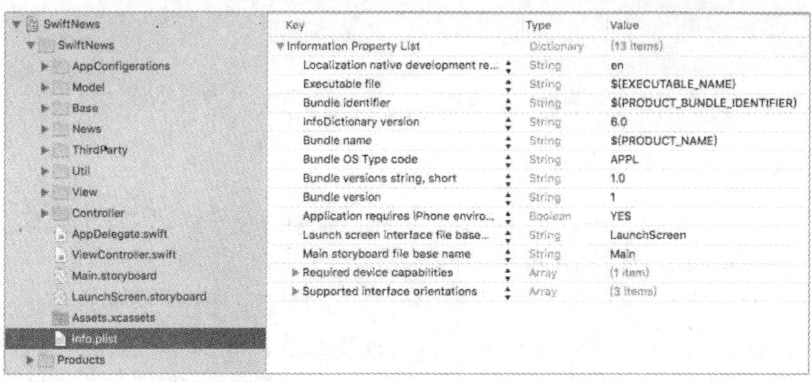

图 27.2

另一方面，随着像 REST、MongoDB 这样的 NoSQL 技术或标准的广泛使用，JSON 也正成为一种被推荐的数据交互格式。我们在开发中经常会遇到确定的 JSON 格式，可以使用 http://www.bejson.com 来验证。JSON 的官方文档：http://json.org/json-zh.html。

和 XML 相比，JSON 的优势是它的可读性非常好，而且它没有像 XML 那样包含很多冗余的元素标签，所以使用 JSON 进行网络传输以及解析处理的速度更快，效率也更高。笔者工程中的数据存储和传输采用的也是 JSON 格式。

27.2 开启 ATS

iOS 9 中新增了 App Transport Security（简称 ATS）特性，所有用到的 HTTP 请求，都转向 TLS1.2 协议进行传输。这也意味着所有的 HTTP 协议，都强制使用了 HTTPS 协议进行网络传输。如果我们在 iOS 9 之后的版本中直接进行 HTTP 请求，会收到如下错误提示：

App Transport Security has blocked a cleartext HTTP (http://) resource load since it is insecure. Temporary exceptions can be configured via your app's Info.plist file.

也就是说，iOS 在默认情况下，不允许直接使用 HTTP。如果要使用 HTTP 请求，解决办法是在 info.plist 中增加如下键值对。注意这只是一个过渡性的解决办法，最终还是要用 HTTPS 为上策。

```
<key>NSAppTransportSecurity</key>
<dict>
<key>NSAllowsArbitraryLoads</key>
<true/>
</dict>
```

如果习惯了用 Property List 的方式添加，添加的结果如图 27.3 所示。

App Transport Security Settin...	Dictionary	(1 item)
Allow Arbitrary Loads	Boolean	YES

图 27.3

27.3 AlamofireObjectMapper

AlamofireObjectMapper 是 Alamofire 的扩展，它的作用是可以自动地将 JSON 数据映射到 Swift 对象中，转换的原理是利用 ObjectMapper。AlamofireObjectMapper 也是一个比较主流的，用于处理 Alamofire 的网络请求结果和 Model 之间的转化方案。

27.3.1 AlamofireObjectMapper 的安装

在第 25 章中，已经介绍了利用 CocoaPods 来安装第三方开源框架的方法，在 iOS 的实际项目开发中，我们还常常用 CocoaPods 来管理第三方开源框架。

下面是需要放到 Podfile 中的 pod 语句。在第 25 章中也介绍过，CocoaPods 还可以帮助解决深度工程依赖的问题。AlamofireObjectMapper 依赖 Alamofire 和 ObjectMapper 两个第三方开源框架，所以下面的语句会帮我们自动导入 AlamofireObjectMapper 所依赖的框架，共计导入三个框架：AlamofireObjectMapper、Alamofire 和 ObjectMapper。

```
pod 'AlamofireObjectMapper', '~> 3.0'
```

27.3.2 AlamofireObjectMapper 的使用

假定一个 URL 地址返回的是如下所示的 JSON 格式的数据，这里我们使用的是聚合数据提供的数据源。

```
{
    "reason": "成功的返回",
    "result": {
        "stat": "1",
        "data": [
            {
                "title": "巫山云雨枉断肠：女摄影师 Erika Lust 记录的爱",/*标题*/
                "date": "2016-06-13 10:31",/*时间*/
                "author_name": "POCO 摄影",/*作者*/
                "thumbnail_pic_s": "http://09.imgmini.eastday.com/mobile/
20160613/20160613103108_7b015493398e7fd13dda3a5c
e315b1c8_1_mwpm_03200403.jpeg",/*图片 1*/
                "thumbnail_pic_s02": "http://09.imgmini.eastday.com/
mobile/20160613/20160613103108_7b015493398e7fd13dda3a5ce315
b1c8_1_mwpl_05500201.jpeg",/*图片 2*/
                "thumbnail_pic_s03": "http://09.imgmini.eastday.com/
mobile/20160613/20160613103108_7b015493398e7fd13dda3a5ce315
b1c8_1_mwpl_05500201.jpeg",/*图片 3*/
                "url": "http://mini.eastday.com/mobile/ 160613103108379.html?qid=juheshuju",/*新
```

```
闻链接*/
23                  "uniquekey": "160613103108379",/*唯一标识*/
24                  "type": "头条",/*类型一*/
25                  "realtype": "娱乐"/*类型二*/
26              },
27  ...]}}
```

我们使用下面的代码就可以获取网络数据，并且转换成对应的数据模型。对 Alamofire 部分有疑问的读者，可以参看第 11 章，那里详细地介绍了 Alamofire 的使用用法。

```
28  let URL = "https://v.juhe.cn/toutiao/ index?type=top&key=e5ed6b5b55675ab54f8d86d098289761"
29  Alamofire.request(.GET, URL).responseObject { (response: Response<ResNewsListModelBean, NSError>) in
30                  let baseModelBean = response.result.value
31
32                  print(baseModelBean?.reason)
33          if let result = baseModelBean?.result {
34                  for item in result.data! {
35                      print("title:"+item.title!)
36                      print("author:"+item.author_name!)
37                  }
38          }
39  }
```

在第 29 行代码中，利用泛型指定返回的数据模型为 ResNewsListModelBean。AlamofireObjectMapper 帮我们做了自动的转换，所以在第 30 行代码中，获得的 baseModelBean 就是 ResNewsListModelBean 对象。

利用泛型指定是自动转换到 Model 的条件之一，另一个条件是我们的数据模型需要遵守 Mappable 和实现 Mappable 中的 func mapping(map: Map)方法，代码如下：

```
40  import Foundation
41  import ObjectMapper
42  import AlamofireObjectMapper
43
44  class ResBaseModelBean: Mappable {
45      var reason: String?
46
47      required init?(_ map: Map){
48
49      }
50
51      func mapping(map: Map) {
52          reason <- map["reason"]
53      }
54  }
```

```
55 class ResNewsListModelBean:ResBaseModelBean {
56     var result: ResResultBaseModelBean?
57      required init?(_ map: Map){
58          super.init(map)
59      }
60
61      override func mapping(map: Map) {
62          result <- map["result"]
63      }
64 }
65 class ResResultBaseModelBean: Mappable {
66      var stat: String?
67      var data: [ResResultDataBaseModelBean]?
68
69      required init?(_ map: Map){
70
71      }
72
73      func mapping(map: Map) {
74          stat <- map["stat"]
75           data <- map["data"]
76      }
77 }
```

第 52 行代码的含义是把 JSON 中的 reason 映射到 reason 变量中。需要注意的是，有时服务器返回来的 JSON 中的 key，可能是 Swift 语言中的关键字，此时我们可以利用 map 再次做一些变化，以兼容 Swift 的语法。

在第 55 和 64 行的代码中，可以看出如果有数据模型嵌套，那么被嵌套的数据模型也遵守 Mappable 协议和实现 func mapping(map: Map)方法。

更丰富的功能可参照：https://github.com/tristanhimmelman/AlamofireObjectMapper。

27.4 ObjectMapper

ObjectMapper 是一个可以很容易实现数据模型（类或结构体）与 JSON 之间转换的第三方开源框架。

27.4.1 ObjectMapper 的安装

使用 CocoaPods 的安装代码如下：

```
78 pod 'ObjectMapper', '~> 1.3'
```

27.4.2 ObjectMapper 中 Model 与 JSON 的转换

在 27.3 节中我们介绍了，可以利用 ObjectMapper 实现 Model 与 JSON 之间的转换。这种转换需要达成两个条件：一是遵守 Mappable 协议；二是实现 func mapping(map: Map) 方法和构造方法。

转换 JSON 到数据模型的代码如下：

```
79 let user = Mapper<User>().map(JSONString)
```

在第 79 行代码中，映射类是 Mapper，其中 User 是我们的目标数据模型，map 的参数为 JSON 字符串。这样我们就轻松地将 JSON 数据转换为 Use 对象。

转换数据模型到 JSON 的代码如下：

```
80 let JSONString = Mapper().toJSONString(user, prettyPrint: true)
```

在第 80 行代码中，映射类 Mapper 把 user 转换成了 JSON 字符串。

更丰富的功能可参照：https://github.com/Hearst-DD/ObjectMapper。

27.5 Moya

之前我们在写 Objective-C 代码的时候，一般会用 AfNetworking 作为网络请求的框架。常常会创建一些 APIAsynManager 来封装接口，或进行网络请求的地址、请求的参数、响应结果的解析和转换。

这样做的好处是可以把网络请求进一步地离散，在调用的时候用简简单单的一两行代码就可以完成一个网络请求，同时也增强了复用性。

对于 Swift 项目而言，我们可能选择使用 Alamofire 来封装 NSURLSesstion，所以开发者只需要关注 Alamofire 就可以了。Alamofire 借助于 Swift 的优势，比 AFNetworking 的实现要优雅得多。但是依旧需要封装网络接口，进行网络请求的地址、请求参数和响应结果的解析与转换等。这些是不可避免的，所以我们还是需要与 APIAsynManager 作用相近的东西。但 APIAsynManager 的设计稍有不慎，就可能导致程序出现如图 27.4 左图中描述的那样混乱，而 Moya 的出现解决了这个问题。

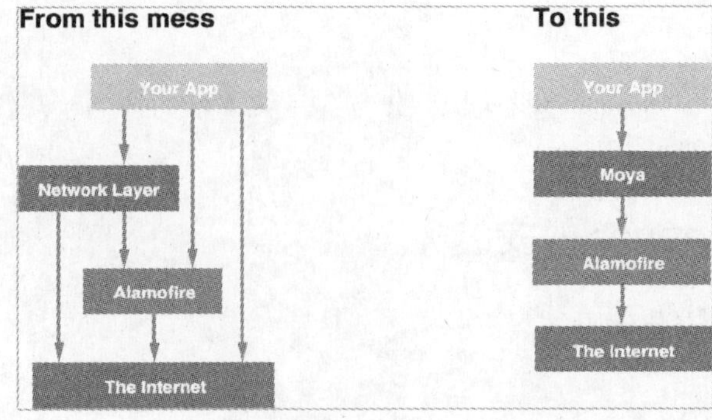

图 27.4

Moya 是一个第三方开源框架，可实现与 APIAsynManager 同样的作用，Moya 的特性是：

- 编译时检查正确的 API 访问。
- 定义不同的枚举值，每个枚举值都有不同的用途，更加明晰（利用了枚举方法这个 Swift 语言的特性）。
- 提高测试的地位，从而使单元测试更加容易。

27.5.1 Moya 的安装

使用 CocoaPods 的安装代码如下：

```
pod 'Moya'
```

27.5.2 Moya 的使用

这里采用聚合数据提供新闻内容，所以新建一个 JuHeAPI.swift 文件，作为请求接口相关代码的统一封装，工程结构如图 27.5 所示。

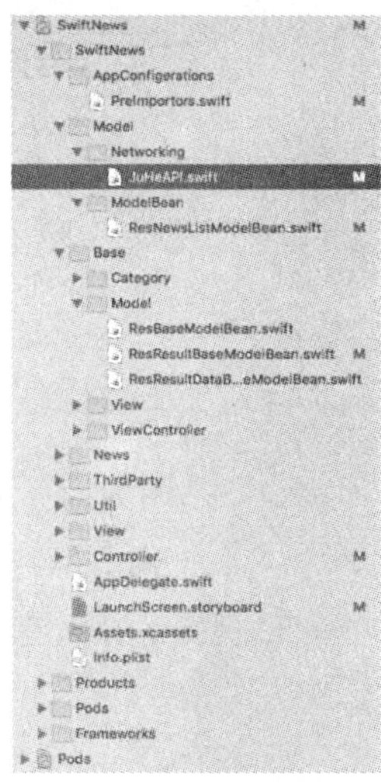

图 27.5

JuHeAPI.swift 的内容如下，这是所有的 Moya 在 Alamofire 方面的封装。下面让我们一睹 Moya 的精彩吧。

```
import Foundation
import Moya

// MARK: - Provider setup
let JuHeProvider = MoyaProvider<JuHe>()


/**

  MARK: 创建 JuHe 请求
 - GetNewsListByType   根据类型获取新闻列表
 */
public enum JuHe {
    case GetNewsListByType(String) //根据类型获取新闻列表
}


extension JuHe : TargetType {
    // 聚合 API 地址
    public var baseURL: NSURL { return NSURL(string: "https://v.juhe.cn/")! }

    /// 拼接请求字符串
    public var path: String {
```

```
105             switch self {
106             case .GetNewsListByType:
107                 return ("toutiao/index")
108             }
109         }
110         /// 请求方法
111         public var method: Moya.Method {
112             return .POST
113         }
114
115         /// 配置参数
116         public var parameters: [String: AnyObject]? {
117             switch self {
118             case .GetNewsListByType(let type):
119                     return ["type": type, "key": "e5ed6b5b55675ab54f8d86d098289761"]
120
121             }
122         }
123
124         /// 数据
125         public var sampleData: NSData {
126             switch self {
127             case .GetNewsListByType:
128                     return "Half measures are as bad as nothing at
all.".dataUsingEncoding(NSUTF8StringEncoding)!
129             }
130         }
131
132         public var multipartBody: [MultipartFormData]? {
133             return nil
134         }
135
136     }
137     public protocol TargetType {
138         public var baseURL: NSURL { get }
139         public var path: String { get }
140         public var method: Moya.Method { get }
141         public var parameters: [String : AnyObject]? { get }
142         public var sampleData: NSData { get }
143         public var multipartBody: [Moya.MultipartFormData]? { get }
144     }
```

在第 83 行代码中，导入了 Moya 的命名空间，这个一定要记住。接着在第 86 行代码中创建了 MoyaProvider 对象，并且指定了泛型为 JuHe。这个泛型是什么呢？接着往下看可以发现，其实它是个枚举。在第 94 行代码中，我们定义了这个枚举，并且只有一个 case GetNewsListByType。

在第 99 行代码中，定义了一个 JuHe 扩展，并且遵守了 TargetType 协议。第 137～144 行的代码就是这个协议的完整代码，这相当于一个网络请求的配置。我们在 JuHe 的扩展中实现了 6 个方法，并且可以根据枚举的值来判断最终的返回结果。

在第 101 行代码中，返回的是服务器的地址。在第 104 行代码中，返回的是 path。path 是接口的相对地址，这个 path 会追加到 baseURL，组成完整的接口请求地址，每个接口又承载着不同的功能如登录、注册等。

在第 111 行代码中，method 是返回的请求方式，如.POST。

在第 115 行代码中，parameters 返回的是请求的参数，是一个键值为字符串和对象的方式。在这个示例中，用到了 GetNewsListByType 的关联值，传进来的 type 作为新闻类型。Key 这里是从聚合数据中申请的，对于一个 App 是固定的，是 App 在聚合数据中的唯一标识符。

在第 125 行代码中，返回一个字符串。在项目开发时，这里可以返回 JSON 字符串的二进制数据。例如："{\"id\": 100, \"first_name\": \"\(firstName)\", \"last_name\": \"\(lastName)\"}".UTF8EncodedData。

在第 132 行代码中的 MultipartFormData 数组一般用于上传文件，例如第 145 行的代码：

```
145 [MultipartFormData(provider: .Data(data), name: "file", fileName: "gif.gif", mimeType: "image/gif")]
```

请求的代码

```
    func fetchNewsListData() {

        JuHeProvider.request(JuHe.GetNewsListByType("top")) {(result) -> () in
            print("result: \(result)")

            switch result {
            case let .Success(response):
                do {

                    let baseModelBean = Mapper<ResNewsListModelBean<ResResultDataBaseModelBean>>().map(try response.mapJSON())
                    print("baseModelBean: \(baseModelBean?.reason)")

                    if let result = baseModelBean?.result {
                        for item in result.data! {
                            print("title:"+item.title!)
                            print("author:"+item.author_name!)
                        }
                    }

                } catch {

```

```
167                }
168
169            case let .Failure(error):
170                guard let error = error as? CustomStringConvertible else {
171                    break
172                }
173            }
174        }
175    }
```

在第 148 行代码中，使用的是 JuHeProvider 的请求，第一个参数是使用 GetNewsListByType 的关联值。

在第 155 行代码中，用到了 ObjectMapper 的 JSON 转 Model 的功能。利用泛型的嵌套，指定的是 ResNewsListModelBean<ResResultDataBaseModelBean>。

27.6 小　结

本章主要介绍了 iOS 开发中主流 Model 层的第三方开源框架和网络请求的使用，这些第三方开源框架的配合会让我们的程序更加健壮、优雅。同时也建议读者们多多阅读源码，多思考为什么，一定会有惊人的收获。

还有更多的第三方开源框架这里没有涉及，比如 SwiftyJSON（JSON 操作）、HanekeSwift（缓存）、SwiftyUserDefaults、CryptoSwift 等。这里主要介绍了 AlamofireObjectMapper、ObjectMapper 和 Moya 等模型层第三方开源框架的使用。

下一章我们将介绍 View 层常用的第三方框架的使用。

第 28 章 与众平台联姻

在 App 软件开发中，借助第三方开源框架和平台提供的框架能大大简化开发者的工作量和技术难度。通常情况下，平台提供的框架会带给我们更多的“更”字：更稳定、更兼容、用户体验更完善、功能更丰富和更完整、服务更健全、技术难度更简化以及复杂性更低等。平台提供的框架可能是收费的，当然这个和平台的运营模式有关。国内的平台都采用免费模式，而国外的往往采用收费模式。

本章让我们一起来看看在 iOS 开发中有哪些常用的平台是开发人员一定要了解的。

28.1 ShareSDK 联合登录

首先说明一下，截至笔者编写本书时，ShareSDK 还没有支持 Swift，当然支持是早晚的事情。这里我们用的是 Objective-C 版本的 ShareSDK，并通过桥接的方式由 Swift 调用。

28.1.1 获取 AppKey

如何在 ShareSDK 的官网注册应用并获得 Appkey，请看链接里面的操作步骤：http://bbs.mob.com/forum.php?mod=viewthread&tid=8212&extra=page%3D1

28.1.2 下载 SDK

获取 ShareSDK 的地址为：http://www.mob.com/#/downloadDetail/ShareSDK/ios，如图 28.1 所示，解压缩包之后的文件夹结构如图 28.2 所示。

接着拖曳解压后的 ShareSDK 文件夹到工程中的 ThirdParty 目录，如图 28.3 所示。

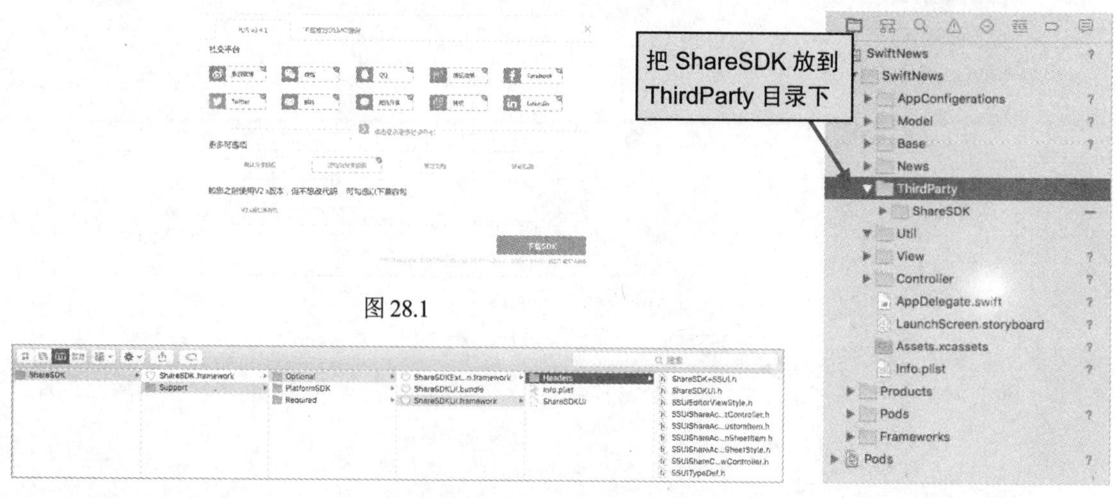

图 28.1

图 28.2

图 28.3

提示 请务必在上述步骤中选择 Create groups for any added folders 单选按钮。如果选择 Create folder references for any added folders，会有一个蓝色的文件夹引用将被添加到项目中，并且无法找到它的资源。

28.1.3 快速集成

添加 ShareSDK 所需要的依赖库，添加步骤如图 28.4 所示。

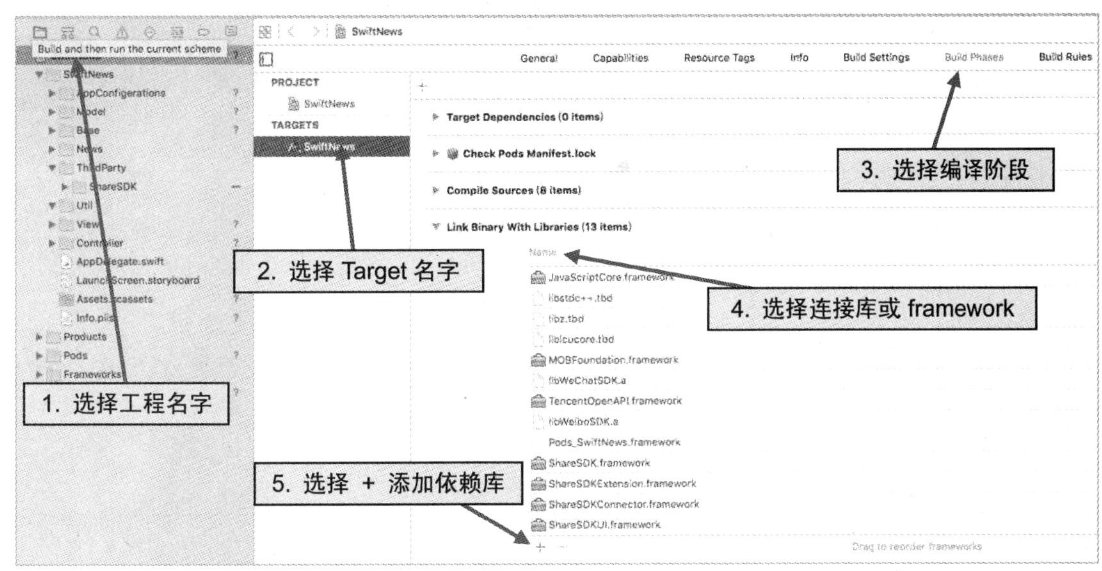

图 28.4

- 必须添加的依赖库如下（Xcode 6 之前 *.tbd 库后缀名更改为*.dylib）:

  libicucore.tbd
  libz.tbd
  libstdc++.tbd
  JavaScriptCore.framework

- 以下依赖库根据社交平台添加:

  新浪微博 SDK 依赖库

  ImageIO.framework
  libsqlite3.tbd QQ

  好友和 QQ 空间 SDK 依赖库

  libsqlite3.tbd

  微信 SDK 依赖库

  libsqlite3.tbd

  短信和邮件需要依赖库

  MessageUI.framework

28.1.4 新建 Header File 并建立桥接

新建头文件 Header File，步骤如图 28.5 所示。

配置桥接文件，如图 28.6 所示。

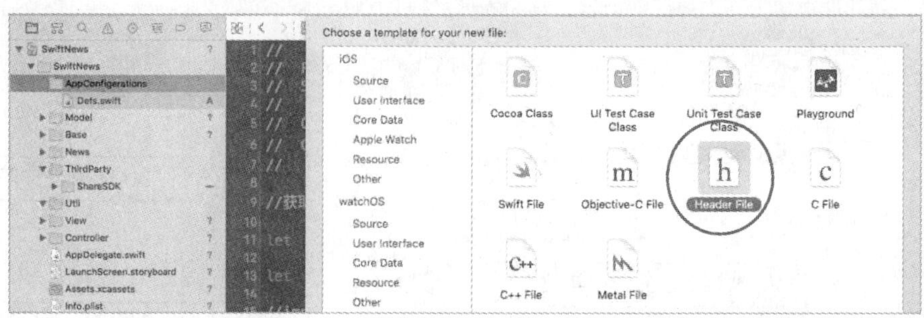

图 28.5

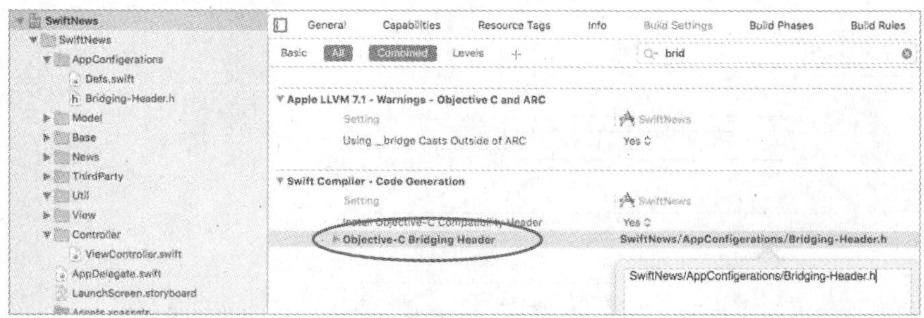

图 28.6

28.1.5　打开桥接文件（Bridging-Header.h）

这里只实现 QQ 和微信的分享和登录功能，所以只导入如下类：

```
#import <ShareSDK/ShareSDK.h>
#import <ShareSDKUI/ShareSDK+SSUI.h>
#import <ShareSDKConnector/ShareSDKConnector.h>

//腾讯 SDK 头文件
#import <TencentOpenAPI/TencentOAuth.h>
#import <TencentOpenAPI/QQApiInterface.h>

//微信 SDK 头文件
#import "WXApi.h"
```

下面是在 AppDelegate 中的注册 ShareSDK，把 ShareSDK 注册相关的代码全部封装到 private func registerShareSDK() -> Void 这个方法中。然后在 didFinishLaunchingWithOptions 中统一调用，一般的第三方平台都会要求在 didFinishLaunchingWithOptions 中进行注册和初始化。这一步处理也是很快的，因为即便是处理网络请求，也是异步的，没有什么界面性的东西。

```
        // MARK: 注册 Share SDK
    private func registerShareSDK() -> Void {
        /**
         *  设置 ShareSDK 的 appKey，如果尚未在 ShareSDK 官网注册过 App，请移步到
http://mob.com/login 登录后台进行应用注册，
```

```
         * 将生成的 AppKey 传入到此方法中。
         * 方法中的第二个参数用于指定要使用哪些社交平台，以数组形式传入。第三个参数为需要连接社交平台 SDK 时触发，
         * 在此事件中写入连接代码。第四个参数则为配置本地社交平台时触发，根据返回的平台类型来配置平台信息。
         * 如果你使用的时服务端托管平台信息时，第二、四项参数可以传入 nil，第三项参数则根据服务端托管平台来决定要连接的社交 SDK。
         */

        ShareSDK.registerApp(APP_KEY_ShareSDK,

            activePlatforms: [
                SSDKPlatformType.TypeQQ.rawValue,
                SSDKPlatformType.TypeWechat.rawValue],
                onImport: {(platform : SSDKPlatformType) -> Void in

                switch platform{

                    case SSDKPlatformType.TypeWechat:
                        ShareSDKConnector.connectWeChat(WXApi.classForCoder())

                    case SSDKPlatformType.TypeQQ:
                        ShareSDKConnector.connectQQ(QQApiInterface.classForCoder(), tencentOAuthClass: TencentOAuth.classForCoder())
                    default:
                        break
                }
            },
            onConfiguration: {(platform : SSDKPlatformType,appInfo : NSMutableDictionary!) -> Void in
                switch platform {

                    case SSDKPlatformType.TypeWechat:
                        //设置微信应用信息
                        appInfo.SSDKSetupWeChatByAppId(APP_ID_WEICHAT, appSecret: APP_SECRET_WEICHAT)
                        break

                    case SSDKPlatformType.TypeQQ:
                        //设置腾讯微博应用信息，其中 authType 设置为只用 Web 形式授权
                        appInfo.SSDKSetupQQByAppId(APP_ID_QQ, appKey: APP_KEY_QQ, authType:    APP_AuthType_QQ)

                        break
```

```
52                      default:
53                          break
54                  }
55              })
56          }
57
58          // MARK: UIApplicationDelegate 方法
59          func application(application: UIApplication, didFinishLaunchingWithOptions launchOptions: [NSObject: AnyObject]?) -> Bool {
60              // Override point for customization after application launch.
61
62              self.registerShareSDK()
63              return true
64          }
```

在第 24～25 行的代码中，分别激活了 QQ 和微信两个平台。在注册的代码中用到的 ShareSDK 中所有的 app id 和 app key 都放到了 Defs.swift 中，统一放置的好处是可以集中管理，日后维护和修改比较方便，如图 28.7 所示。QQ 密钥申请地址为：http://open.qq.com。

```
//MARK: keys
// Share SDK的 app key
let  APP_KEY_ShareSDK = "1684d45d78c70"
// 设置QQ的 ID, key和AuthType
let  APP_ID_QQ = "1105649514"
let  APP_KEY_QQ = "LHAgpEAYg1kWKeRh"
let  APP_AuthType_QQ = "SSDKAuthTypeSSO"
// 设置微信的 ID, 密钥
let  APP_ID_WEICHAT = "wx4868b35061f87885"
let  APP_SECRET_WEICHAT = "[illegible]"
```

图 28.7

28.1.6 添加 URL Types

QQ 如果要返回客户端登录的话，需要配置 URL Scheme：首先进入 info 设置面板中的 URL Types 设置区域，在 URL Types 中添加腾讯 AppID，其格式为：tencent+appID（你在 QQ 中申请的 AppID），如：tencent100371282，操作步骤如图 28.8 所示。

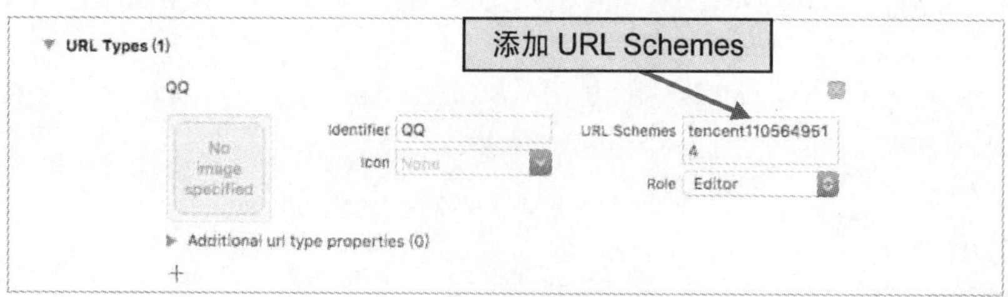

图 28.8

28.1.7 查看 open.qq.com 应用的审核进度

如果是在审核中，可以添加几个测试 QQ 账号，下面是审核通过的界面，如图 28.9 所示。

图 28.9

至此 QQ 登录的功能就具备了，完整的官方说明可查看 http://sharesdk.mob.com/#/downloadDetail/ShareSDK/ios，SwiftNews 登录的前后效果如图 28.10 和 28.11 所示。

图 28.10

图 28.11

当用户点击图 28.10 中的登录后，执行下面的代码，如果之前没有登录，则跳转到 QQ 应用程序，如图 28.11 所示，如果登录了可以直接获取到用户的 QQ 信息。

```
@IBAction func touchupInsideBarBtnAction(sender: AnyObject) {
    SVProgressHUD.show()
    if currentUser == nil {

        ShareSDK.getUserInfo(SSDKPlatformType.TypeQQ) { (state:SSDKResponseState, user:SSDKUser!, error:NSError!) in
            SVProgressHUD.dismiss()
            if (state == SSDKResponseState.Success)
            {
                currentUser = user
                self.loadData()
            }
            else
            {
                currentUser = nil
                NSLog("error:\(error)");
```

```
                    SVProgressHUD.showErrorWithStatus("QQ 登录失败: \(error)")
                }
                self.changeLoginState()
            }
        }else{
            ShareSDK.cancelAuthorize(SSDKPlatformType.TypeQQ)
            currentUser = nil
            SVProgressHUD.dismiss()
            self.loadData()
            self.changeLoginState()
        }
    }
```

28.2 ShareSDK 分享

ShareSDK 的最重要功能就是分享，它支持的分享平台比图 28.1 所显示的还要多。如果需要支持更多，可以在图 28.1 中勾选。我们这里实现的是分享到 QQ 好友、QQ 空间、微信好友、微信朋友圈和微信收藏。

分享功能是基于登录的步骤再增加几步，但实际开发中可以独立存在。

28.2.1 增加 QQ 平台分享支持

要获取支持 QQ 分享所需的相关配置及代码，首先登录 QQ 互联（http://connect.qq.com/）注册成为开发者，并登记应用从而取得 AppId。

打开图 28.2 所示的位置，在 URL Types 中添加 QQ 的 AppID，其格式为：QQ ＋ AppID 的 16 进制（如果 AppID 转换的 16 进制数不够 8 位，则在前面补 0，如转换的是 5FB8B52，则最终填入为：QQ05FB8B52。注意：转换后的字母要大写）。

转换 16 进制的方法：echo 'ibase=10;obase=16;1105649514'|bc，其中 801312852 为 QQ 的 AppID，如图 28.12 所示。

```
Last login: Sun Sep  4 21:27:33 on ttys007
Billteki MacBook-Air-2:~ Bill$ echo 'ibase=10;obase=16;1105649514'|bc
41E6DF6A
Billteki MacBook-Air-2:~ Bill$
```

图 28.12

28.2.2 增加微信平台分享支持

要获得支持微信分享所需的相关配置及代码，首先在微信开放平台（http://open.weixin.qq.com/）中注册应用，并取得应用的 AppID，然后在 URL Types 中添加微信的 AppID，如图 28.13 所示。

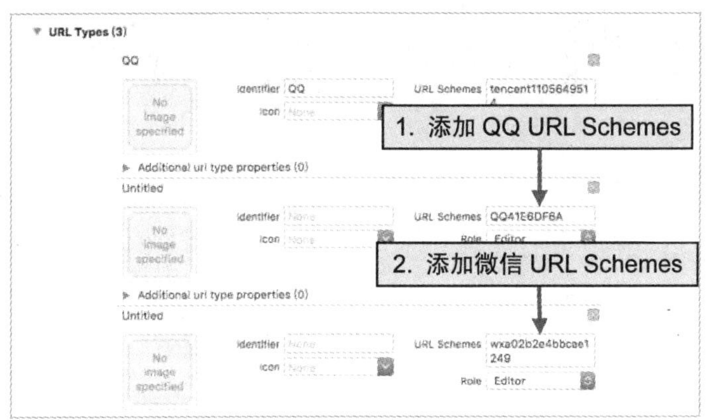

图 28.13

28.2.3 QQ 和微信平台分享的代码实现

接下来实现点击【分享】按钮弹出分享列表，用户选择分享渠道之一进行信息的分享，如图 28.14 和 28.15 所示。

```
        // 1.创建分享参数
                let shareParames = NSMutableDictionary()

                shareParames.SSDKSetupShareParamsByText(self.modelBean.title,
                                            images : UIImage(named: "swiftColor"),
                                            url : NSURL(string:self.modelBean.url!),
                                            title : self.modelBean.title,
                                            type : SSDKContentType.WebPage)

                ShareSDK.showShareActionSheet(nil, items: nil, shareParams: shareParames)
{ (state:SSDKResponseState, type:SSDKPlatformType, userData:[NSObject : AnyObject]!,
contentEntity:SSDKContentEntity!, error:NSError!, end:Bool) in

                    switch state{

                    case SSDKResponseState.Success:
                        NSLog("分享成功")
                        SVProgressHUD.showSuccessWithStatus("分享成功!")
                    case SSDKResponseState.Fail:
                         SVProgressHUD.showErrorWithStatus("分享失败,错误描述:\(error)")
                        NSLog("分享失败,错误描述:\(error)")

                    case SSDKResponseState.Cancel:
                        SVProgressHUD.showErrorWithStatus("分享取消")
                        NSLog("分享取消")

```

```
                    default:
                        break
                }
            }

```

图 28.14

图 28.15

也可以参照 ShareSDK 的 Objective-C 的说明文档：http://wiki.mob.com/ios 简洁版快速集成/#h1-2。

28.3 聚合数据和 LeanCloud

28.3.1 聚合数据

聚合数据是一家数据接口的银行，从这里可以获取你想要的所有数据，并且大部分的接口都是免费的，如图 28.16 所示。如果做 App 开发没有接口支持的话，可以尝试一下这个路线。

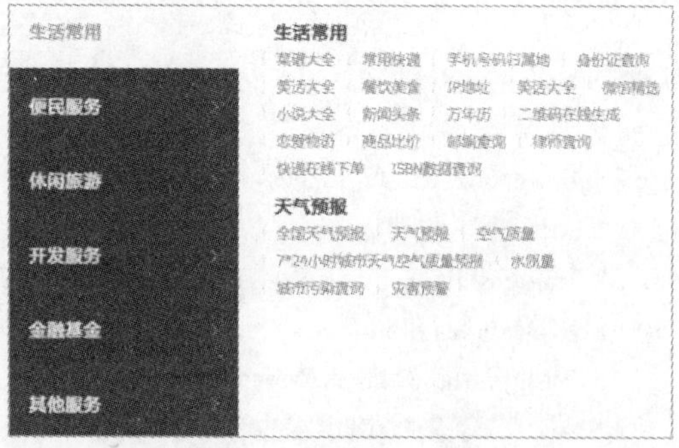

图 28.16

尤其是现在大部分的 App 依然采用 Objective-C 开发，对 Swift 垂涎已久的，可以通过这个方式来试试。笔者个人感觉这家数据银行虽然还并不完美，但是免费的、便利的和足够的。聚合数据支持 HTTP、HTTPS、GET、POST、JSON、XML 等。聚合的网址是：https://www.juhe.cn。

这里实现的是一个新闻客户端，使用的是新闻头条的数据接口，服务也比较完整，这就是平台的优势，如图 28.17 所示。

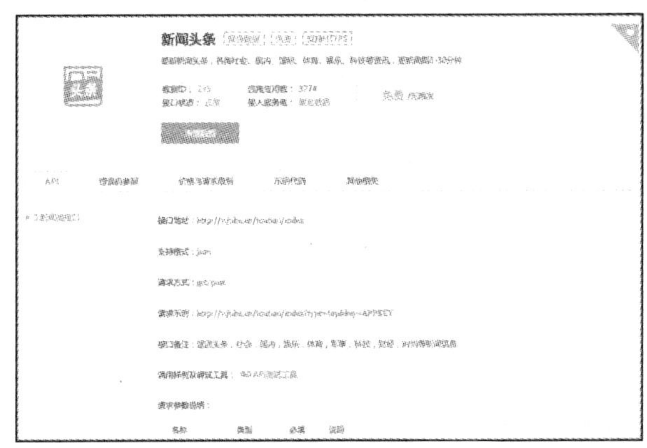

图 28.17

聚合数据的使用说明将在 28.4 节的 Moya 中做详细的介绍。

28.3.2 LeanCloud

如果 App 需要存储数据，可以使用 LeanCloud。LeanCloud 的主要功能是让 App 开发者在可以不关注服务器的情况下，进行完整的 App 开发，支持的平台及语言有 iOS、OS X、Swift、Android、JavaScript、.NET、Unity3D、Python、PHP、Java、Rest API，这是个人开发者的最佳实践之一。

安装支持 CocoaPods，使用类似于 CoreData 中的 ORM 映射的概念。

使用 LeanStorage，实现代码部分如下：

```
// className 参数对应控制台中的 Class Name
let todo = LCObject(className: "Todo")
todo.set("title", object:"工作")
todo.set("content", object: "每周工程师会议，周一下午 2 点")
todo.save { result in
// 读取 result.isSuccess 可以判断是否操作成功
```

这是一个简单的保存一条数据到服务器数据库中的例子。LeanCloud 的 Swift 安装和使用指南可参考：https://leancloud.cn/docs/sdk_setup-swift.html。

28.4 TalkingData 统计

TalkingData SDK 适用于 iOS 6.0 及以上的系统，官方的说法为：“最易用的移动 App 数据统计分析产品，帮助移动开发者收集、处理、分析第一方数据。透析全面运营指标，掌握用户行为，改善产品设计”。

作为一名 iOS 开发工程师，笔者也是这样认为的。当然友盟也有同样功能的平台服务，但对于工程师而言，TalkingData 有着更便利的地方，即不需要手动录入事件。不过对于市场运营人员而言，友盟的界面更好看。

TalkingData 所支持的平台如图 28.18 所示。

图 28.18

导入 TalkingData SDK

TalkingData SDK 的下载地址为：http://doc.talkingdata.com/posts/58。下载后将 libTalkingData.a 和 TalkingData.h 拖曳到工程的 ThirdParty 目录中，并且选择 copy items if needed 选项，如图 28.19 和图 28.20 所示。

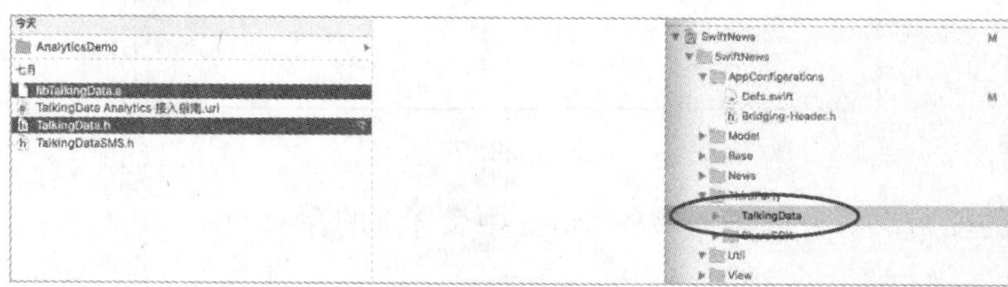

图 28.19

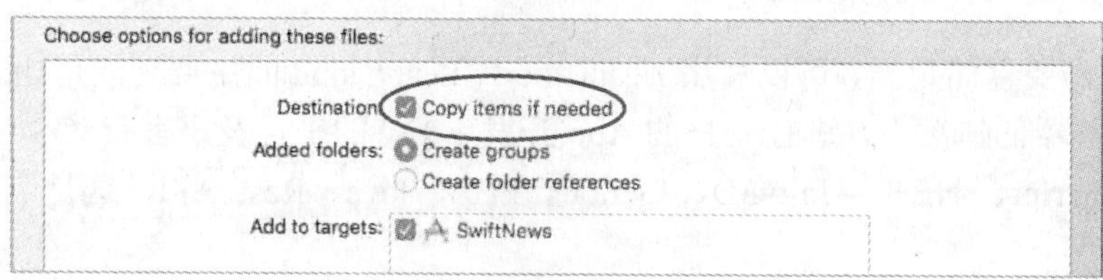

图 28.20

添加依赖框架

操作步骤如图 28.21 所示。

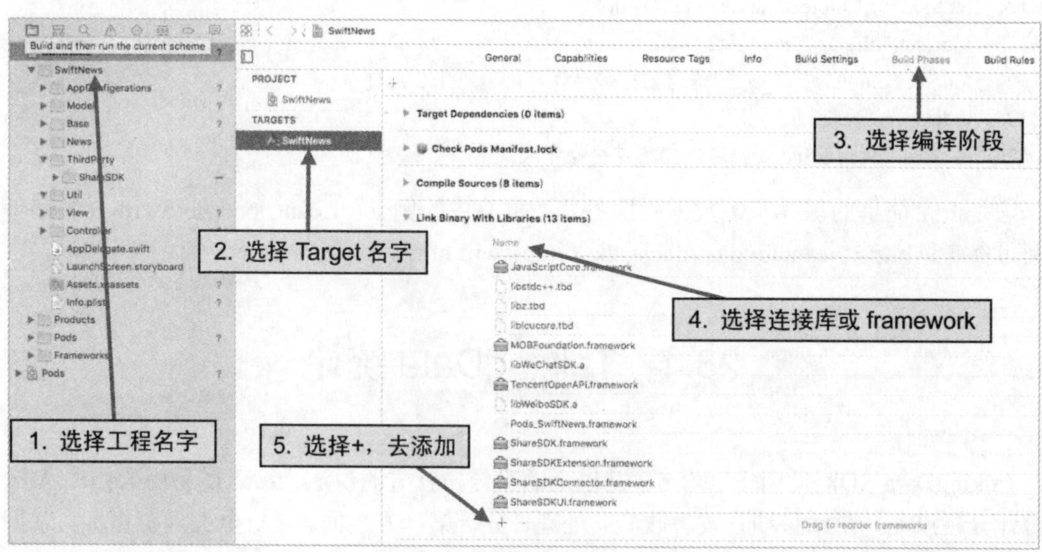

图 28.21

- AdSupport.framework 获取 advertisingIdentifier
- CoreTelephony.framework 获取运营商标识
- CoreMotion.framework 支持摇一摇功能
- Security.framework 辅助存储设备标识
- SystemConfiguration.framework 检测网络状况
- libz.tbd 进行数据压缩

添加编译参数

在 Linking 下的 Other Linker Flags 中添加-ObjC 参数，该参数是使用灵动分析 SDK 的必要条件，如图 28.22 所示。

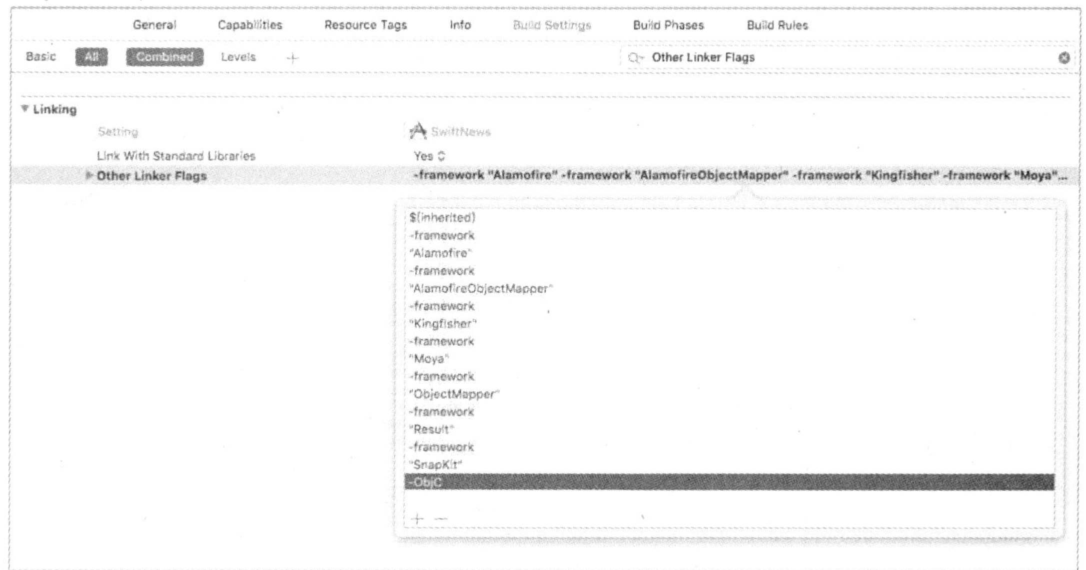

图 28.22

桥联集成代码

在 Bridging-Header.h 文件中导入头文件 TalkingData.h，并在方法 didFinishLaunchingWithOptions:中初始化调用 registerTalkingData 注册 SDK。

工程中的统计代码

在 viewWillAppear 或 viewDidAppear 方法里调用 trackPageBegin 方法：

```
[TalkingData trackPageBegin:@"page_name"];
```

在 viewWillDisappear 或者 viewDidDisappear 方法里调用 trackPageEnd 方法：

```
[TalkingData trackPageEnd:@"page_name"];
```

（注：trackPageBegin 和 trackPageEnd 必须成对调用。TalkingData 网址：https://www.talkingdata.com/?languagetype=zh_cn）

28.5 小 结

本章主要介绍了 iOS 开发中主流的第三方平台：微信联合登录、QQ 联合登录、ShareSDK 分享、聚合数据、LeanCloud、TalkingData 数据统计（这个工作在开发过程中，也叫埋点），其他常用的联合登录还有 Twiter、FaceBook 等。

分享这块基本都在用 ShareSDK。数据来源和存储也不仅有聚合数据和 LeanCloud，还有七牛云等。与 TalkingData 类似的还有友盟和 AppsFlyer，AppsFlyer 在国外项目中比较常用。虽然有很多类似的平台，但它们的作用和使用方法都是相似的。也希望读者在日后的开发中，拥抱更多的 open 平台，展现更卓越的功能和稳定的用户体验。

第29章 开发 SwiftNews 新闻客户端 App

在本章之前介绍了 iOS 开发的必备知识，为使知识变得更加体系化，同时提高读者的实战技能，本章我们将实战开发一个项目—— 一个可触的、可看的、有意思、有态度的新闻客户端。

29.1 SwiftNews App 概述

SwiftNews 是我们为了贯穿本书的技术点，并结合 iOS 项目开发中遇到的情况，精心设计的 iOS App 实例，它具备的功能如下：

- 通过 UITabBarController 整合所有的界面结构，StoryBoard 结构如图 29.1 所示。

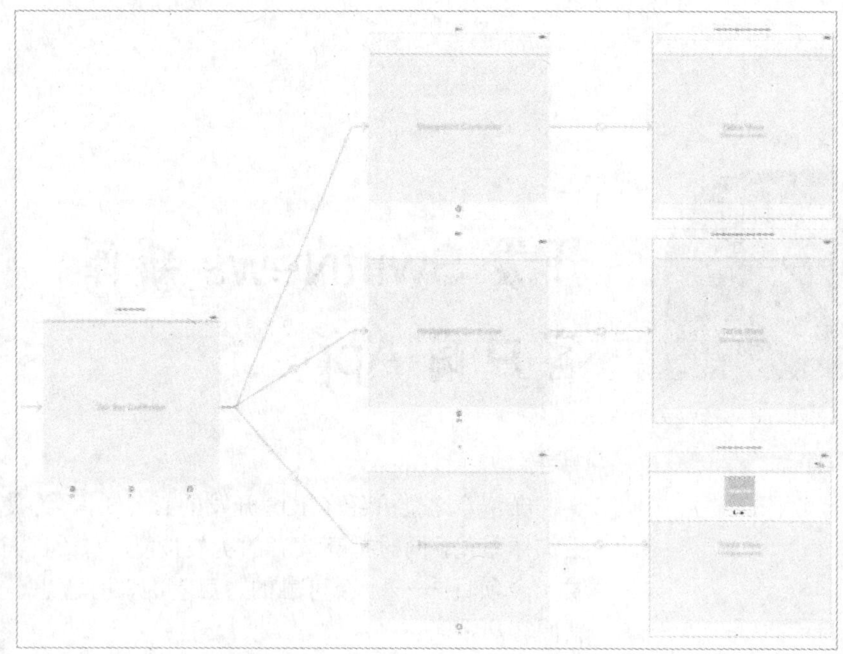

图 29.1

- 总共有三个 tab，分别是国内新闻、国际新闻和我三个模块。
- 新闻详情可以通过 ShareSDK 分享和通过 LeanCloud 存储数据。
- 在我的页面通过 QQ 联合登录，然后显示 QQ 头像、姓名以及收藏的新闻。

29.1.1 修改 App Name

App 名字和 ICON 可以使用户清晰地辨识出哪个是自己的 App。如果 App 拥有一个有意义、有特点的名字和 ICON，就会更加有吸引力，更容易被用户记住。

在 iOS 开发中，修改 App 的名字有两种方法：第一种就是在 info.plist 中修改 Bundle Name 的名字，如图 29.2 所示。在这里修改有一个好处，即不需要针对编译模式（如图 29.3 所示），这里的编译模式就是 Configurations 选项，如 debug、release 再做具体的分解，各种编译模式都用同一个名字。

第二种是可以针对不同的编译模式指定 App 的名字，但是要确保 Bundle name 是 $(PRODUCT_NAME)，如图 29.3 所示。

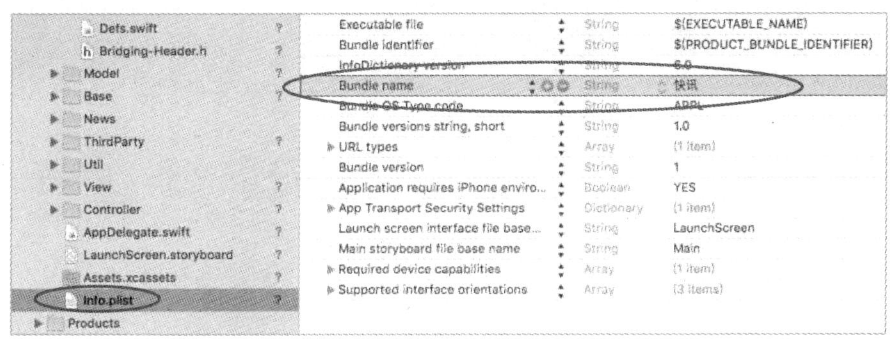

图 29.2

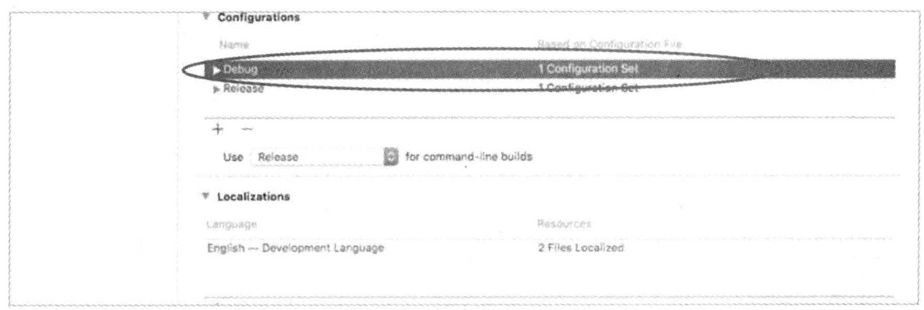

图 29.3

在 Build Settings 设置区，修改 Product name 的 debug 值和 release 值，如图 29.4 所示。

至此，App 名字的两种方式就介绍完毕。如图 29.5 所示为我们在真机上的运行效果，当然我们只修改了 debug 模式的 App 名字，Release 模式下依然是 target 的名字。

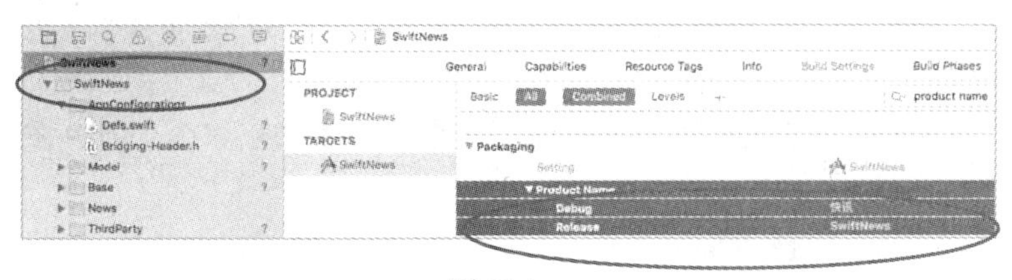

图 29.4

图 29.5

29.1.2 修改 App ICON

App ICON 就是在手机桌面、搜索栏或设置等地方代表我们的 App 的图像。首先来看看如何设置 App ICON 图标，设置应用程序的 ICON 图标主要有两种方法：

- 直接把尺寸大小合适的图片命名为 icon.png，然后放到工程目录中，这是比较早期的办法。自从工程中有了 Assets.xcassets 之后，就不再采用这个办法了。
- 利用 Assets.xcassets 拖曳相应尺寸的图片到 AppIcon 目录中，如图 29.6 所示。

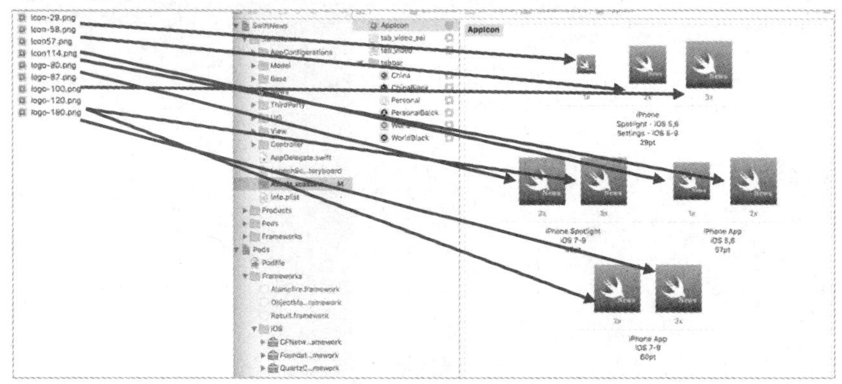

图 29.6

运行后就可以看到可爱的 SwiftNews 的 ICON 了，如图 29.7～图 29.9 所示。

图 29.7　　图 29.8　　图 29.9

29.1.3 欢迎页面

欢迎页面用于在体验 App 新版本时，强制让用户通过滑动页面的方式了解 App 的新功能，一般只强制一次。欢迎页面的退出方式是当用户滑动到最后页面的时候自动跳转到主界面，也可以通过倒计时或点击某一页面等方式进入主界面。

这里使用欢迎页面象征性地介绍 Swift 3 的三大特性：快、安全、易表达，如图 29.10~图 29.12 所示。

图 29.10　　图 29.11　　图 29.12

欢迎页面展示的业务规则：仅仅在用户更新了手机 App 后，第一次启动页面时显示，所以这里需要用到 NSUserDefaults。是否显示欢迎页面依据的是当前的版本与保存在 NSUserDefaults 中的版本号进行比较。如果当前的版本号比较高，那么就显示欢迎页面。

```
1    private static let SwiftNewsBundleShortVersionString = "SwiftNewsBundleShortVersionString"
2    // MARK: - 判断版本号
3    internal static func hasNewFeature() -> Bool
4    {
5        // 根据版本号来确定是否进入新特性界面
6        let currentVersion = NSBundle.mainBundle().infoDictionary!["CFBundleShortVersionString"] as! String
7        let oldVersion = NSUserDefaults.standardUserDefaults().objectForKey(SwiftNewsBundleShortVersionString) ?? ""
8
9        // 如果当前的版本号和本地保存的版本比较是降序, 则需要显示新特性
10       if (currentVersion.compare(oldVersion as! String)) == .OrderedDescending{
11           // 保存当前的版本
12           NSUserDefaults.standardUserDefaults().setObject(currentVersion, forKey: SwiftNewsBundleShortVersionString)
13           return true
14       }
15       return false
16   }
```

在第 3 行代码中，声明了 hasNewFeature 方法，并且利用返回的 Bool 值判断是否需要显示欢迎页面。在第 6 行代码中，获取到程序的当前版本号。然后在第 7 行代码中，获取到 NSUserDefaults 中保存的版本号。

在第 10～14 行的代码中，先将当前的版本号与 NSUserDefaults 中的版本号进行比较。如果当前的版本号高于 NSUserDefaults 中的版本，那么就返回 true，并且保存当前版本到 NSUserDefaults 中。

在 didFinishLaunchingWithOptions 方法中，判断是否需要显示欢迎页面，如果 hasNewFeature 方法返回的 Bool 值为真，则显示欢迎页面，代码如下所示：

```
if CommonUtil.hasNewFeature() {
    window = UIWindow(frame: UIScreen.mainScreen().bounds)
    window?.rootViewController = NewFeatureViewController()
    window?.makeKeyAndVisible()
}
```

29.1.4　启动页面

启动页面

启动页面就是在程序正在启动的过程中所展示的静态图片、Xib 或 Storyboard。在这个过

程中，系统会做一些资源分配处理。

iOS App 启动图的处理方案是随着 iOS 系统的版本不同而变化的。早期在 iPhone 5s 之前，只要添加几张名字为 Default.png 和 Default@2x.png 的图片就可以了，后来则使用 iOS 9 和 Xcode7 中的 Launch Image。

目前创建启动页面最新的方式是使用 LaunchScreen.storyboard 文件，这就给了开发者更大的空间来实现启动图，因为可以在 LaunchScreen 中布局各种 UIView 视图。

Launch Screen 的设置步骤如下：

步骤 01 在工程中指定 LaunchScreen.storyobard 文件，如图 29.13 所示。

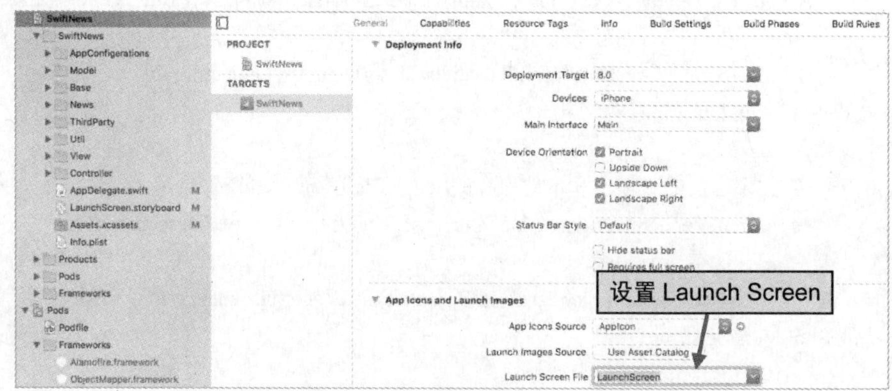

图 29.13

步骤 02 布局 LaunchScreen，如图 29.14 所示。

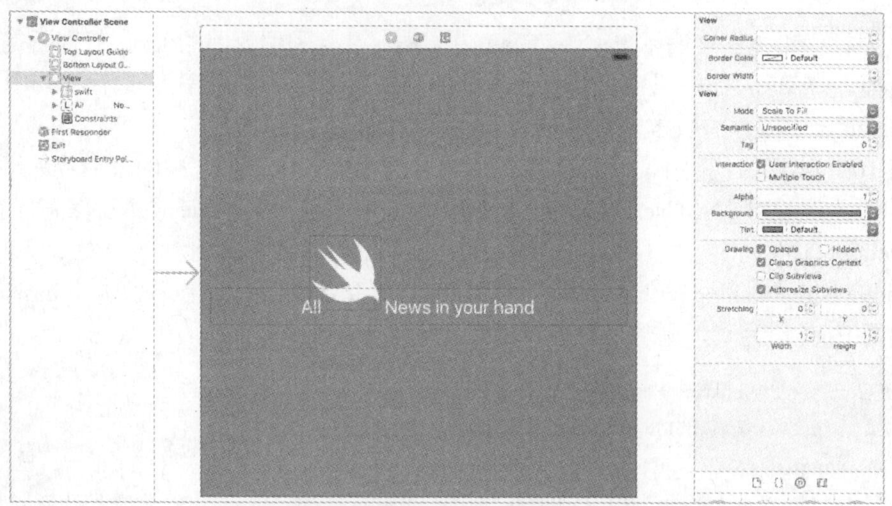

图 29.14

LaunchScreen 是一个 Storyboard，虽然可以使用 UIView 视图+ autolayout + Size class，但是这个控制器跟别的控制器还是有很大的不同。下面来看看它的限制性条件：

- App 还没装载完毕，一些视图的层级结构还不存在，所以系统不能调用 App 中任何自定义的视图控制器去启动代码。

- 仅仅能使用标准的 UIKit 类，可以使用 UIView 或者 UIViewController，而自定义的子类则不可以。如果尝试着去设置子类，将会得到一个“配置无效”的错误提示。
- 启动文件仅仅能够使用基础的 UIKit 视图，像 UIImageView 和 UILabel，而不能使用 UIWebView，这里是不能使用网络的。
- 在编辑 storyboard 时，可以指定多个视图控制器，但是有一些限制。例如，可以在 navigation 或者 tab bar controller 中嵌入几个视图控制器，但是一些更复杂的类，如 UISplitViewController 并不起作用（至少现在如此）。
- 不能为 iPhone 和 iPad 指定不同的启动文件。基于 auto layout 和 size classes 的局限性，如果这些设备有着显著不同的界面，就会出现问题。

自定义

iOS App 和 Android App 的不同点在于，Android App 没有前面默认的启动过程，我们可以把自定义的这个阶段叫作第二阶段。在第二阶段通常可以做一些广告展示、宣传等，这个阶段是完全根据业务需求产生的。这个阶段跟普通的 VC 的处理是一样的，所以不再赘述。

29.1.5 Debug 模式下的 print

在开发过程中，print 可以跟踪数据情况，如实地反映程序是如何工作的，对调试程序非常有帮助。缺点是打印功能消耗的 iOS 系统资源比较大，而且在线上发布的情况下，是没有必要打印日志的，因为打印了也无法看到。

之前我们在开发 Objective-C 的时候，通常会写如下代码，以保证不在 release 模式下打印。__OPTIMIZE__表示是否为 release 模式。

```
#ifndef __OPTIMIZE__
#define NSLog(...) NSLog(__VA_ARGS__)
#else
#define NSLog(...) {}
#endif
```

我们知道，Swift 中没有了宏定义，所以#define、__OPTIMIZE__这些都没有办法使用了。那么我们如何在 Swift 中做到仅仅在 debug 模式下去打印呢？一般的实现代码如下：

```
// 首先要明确一点: swift 里面是没有宏定义的概念
// 自定义内容输入格式: 文件名[行号]函数名: 输入内容
// 需要在 Build settings 的 other swift flag 的 Debug 中添加 DEBUG
func NSLog<T>(message: T, fileName: String = #file, lineNum: Int = #line, funcName: String = #function)
{
    #if DEBUG
        print("\((fileName as NSString).lastPathComponent)[\(lineNum)] \(funcName): \(message)")
    #endif
}
```

在上面的代码片段中，NSLog 的默认参数需要用到一些编译符号，参照表 29-1 所示。在第 32 行代码中，DEBUG 并不是类似于__OPTIMIZE__的宏定义。

表 29-1 编译符号

名称	功能说明
#file	String 类型，表示包含这个符号的文件的路径
#line	Int 类型，表示符号出现处的行号
#function	Int 类型，表示符号出现处的列
#column	String 类型，表示包含这个符号的方法名字

如果我们想自定义一些调试期间使用的编译配置选项，则可以使用-D 标识来告诉编译器，具体操作是在【Build Setting > Swift Compiler-Custom Flags > Other Swift Flags > Debug】中添加所需要的配置选项。

如果想添加常用的 DEGUB 选项，可以在此加上-D、DEBUG，这样就可以在代码中执行一些 debug 与 release 时不同的操作，添加步骤如图 29.15 所示。

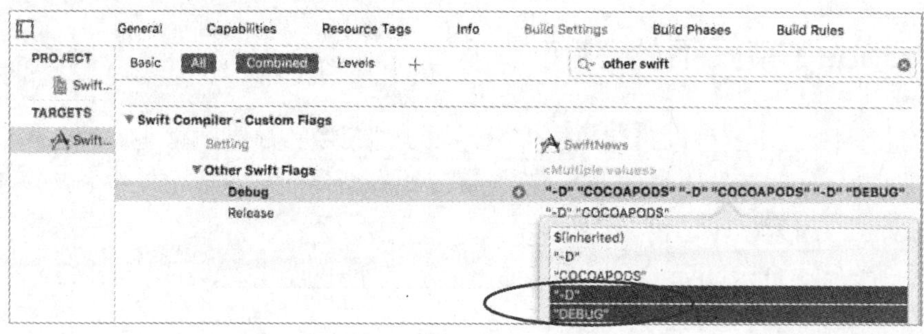

图 29.15

LLVM 编译器在遇到这个空方法时，会直接将这个方法整个去掉，完全不去调用它，从而实现编译的零成本。

29.1.6 桥联 SVProgressHUD

当发送一个网络请求或者进行其他比较耗时的操作时，我们希望在这个耗时操作的执行期间，给用户一个友好的界面或动画，也就是通常说的不去阻碍用户的界面操作，而是告知用户我们的 App 正在做这件事。

SVProgressHUD 可以帮我们解决这些问题。在 Objective-C 开发中可以使用 SVProgressHUD，在 Swift 开发中也可以使用，因为有桥联。SVProgressHUD 的 Github 地址：https://github.com/SVProgressHUD/SVProgressHUD。

步骤 01 在 podfile 中添加如下代码：

```
36 pod 'SVProgressHUD'
```

步骤 02 在 Bridging-Header.h 文件中添加如下代码：

```
37 #import "SVProgressHUD.h"
```

步骤 03 在 Build settings -> User Header Search Paths 增加${SRCROOT}，并且是 recursive，如图 29.16 所示。

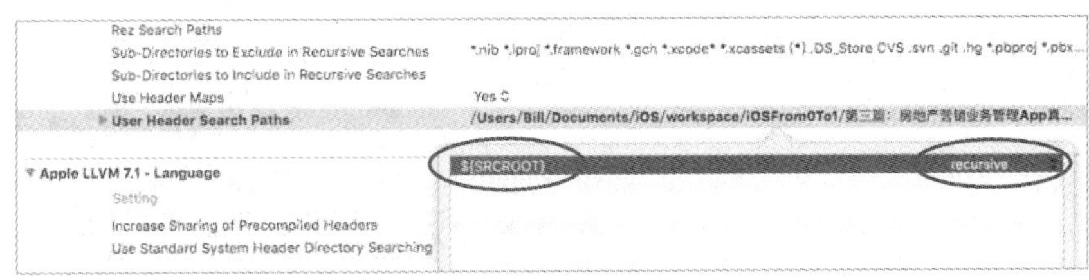

图 29.16

至此就可以在程序中使用 SVProgressHUD 了。在 didFinishLaunchingWithOptions 方法中对 SVProgressHUD 进行设置：

```
SVProgressHUD.setDefaultStyle(SVProgressHUDStyle.Dark)
SVProgressHUD.setDefaultMaskType(SVProgressHUDMaskType.Clear)
```

在需要显示动画的地方，可以调用 SVProgressHUD.show()方法，当希望动画不显示的时候调用 SVProgress.dismiss()。

```
    /**
      新闻接口请求数据
     */
    func fetchNewsListData() {
        SVProgressHUD.show()
        JuHeProvider.request(JuHe.GetNewsListByType("shehui")) {(result) -> () in
            print("result: \(result)")
            SVProgressHUD .dismiss()

```

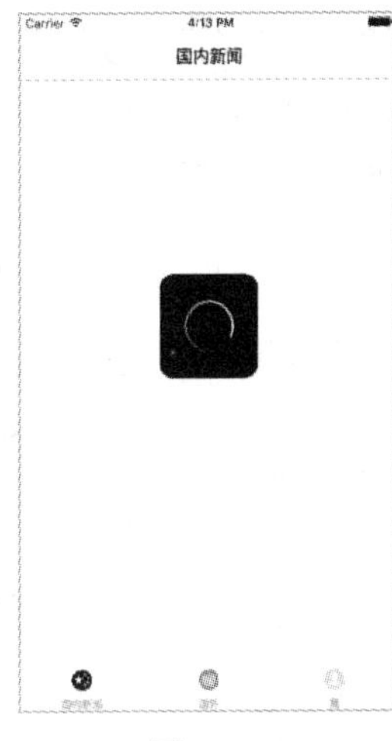

图 29.17

运行效果如图 29.17 所示。

29.1.7 自定义 Cell

iOS 系统给 UITableViewCell 提供了多种多样的 style，这些 style 也能胜任大部分场景。如果对这些不太了解，可以参看第 8 章，其中有详细的介绍。

在实际的 iOS 开发中，产品经理、交互设计师、视觉设计师甚至是 Boss 都有可能要求你实现各种各样的效果，作为有梦想、负责任的 iOS 开发工程师，不能因为使用的是 iOS 系统提供的 UITableViewCellStyle，无法满足他们的这些个性化需要。所以不如从开始就使用自定义的 Cell，这样灵活度更高。

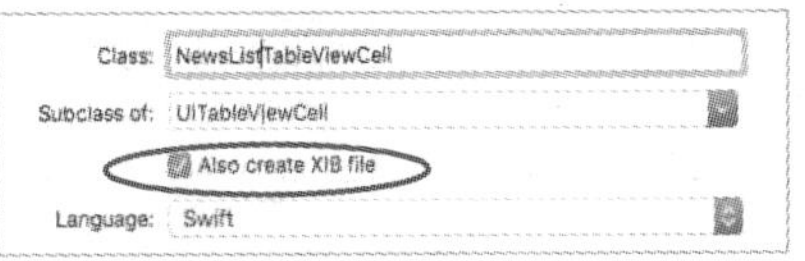

图 29.18

步骤 01 新建 NewsListTableViewCell 继承 UITableViewCell，并且勾选 Also create XIB file，如图 29.18 所示。笔者个人感觉，如果把 cell 拖曳到 Storyboard，会导致无法在多个 UITableView 之间复用（这个自定义的

cell 要在国内、国际和我的页面三个模块下复用），建议使用单独 cell 的 xib 来做到 cell 的复用。

步骤 02 拖曳控件到 xib 中，我们要显示的 cell 的结构及 cell 中的各子控件和 NewsListTableViewCell 的对应关系，如图 29.19 所示。

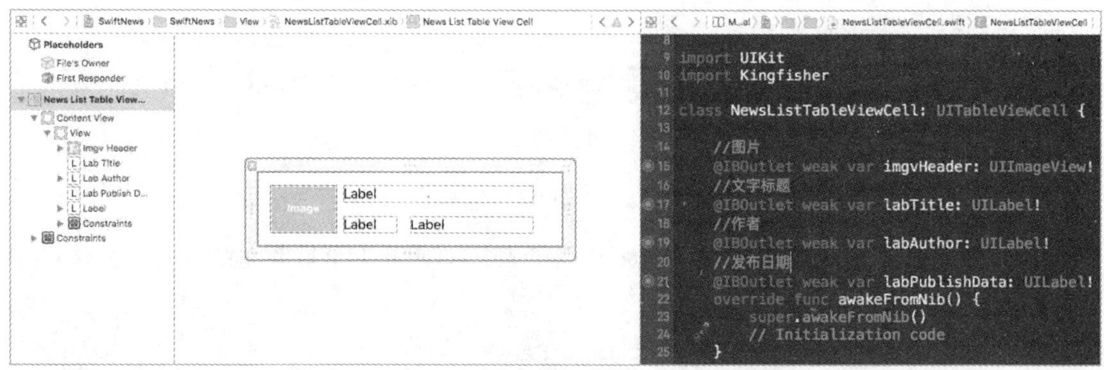

图 29.19

步骤 03 在 NewsListTableViewCell 中增加 updateViews 方法，用于更新 cell。需要注意的是，这里使用了 KingFisher 来处理图片的显示和缓存问题。KingFisher 的 Github 地址: https://github.com/onevcat/Kingfisher。

```
func updateViews(modelBean:ResResultDataBaseModelBean) -> Void {
        self.labTitle.text = modelBean.title
        self.imgvHeader.kf_showIndicatorWhenLoading = true
        self.imgvHeader.kf_setImageWithURL(NSURL(string:modelBean. thumbnail_pic_s! ), placeholderImage: UIImage(named: "tab_video"));
        self.labAuthor.text = modelBean.author_name
        self.labPublishData.text = modelBean.date
}
```

29.1.8 国内和国际新闻模块

这两个模块是业务模块，用于在一个列表里展示国内新闻和国际新闻，点击进入可以看详细的新闻和大图展示图片，具体代码如下所示：

```
import UIKit
import ObjectMapper

class InternationalNewsViewController: UIViewController {

        @IBOutlet weak var tabvLayout: UITableView!
        private var arrDatasource: NSArray!

        override func viewDidLoad() {
                super.viewDidLoad()
                // Do any additional setup after loading the view.
```

```
            self.title = "国际新闻"
            self.tabvLayout .registerNibClassName(NewsListTableViewCell)

            fetchNewsListData()
        }

        override func didReceiveMemoryWarning() {
            super.didReceiveMemoryWarning()
            // Dispose of any resources that can be recreated.
        }
        // MARK: tableview datasource
        internal func tableView(tableView: UITableView, numberOfRowsInSection section: Int) -> Int{
            return self.arrDatasource?.count ?? 0;
        }

        internal func tableView(tableView: UITableView, heightForRowAtIndexPath indexPath: NSIndexPath) -> CGFloat{
            return 90
        }

        internal func tableView(tableView: UITableView, cellForRowAtIndexPath indexPath: NSIndexPath) -> UITableViewCell{


            let cell = self.tabvLayout.dequeueReusableCellWithIdentifier(String(NewsListTableViewCell), forIndexPath: indexPath) as? NewsListTableViewCell
            let modelBean = self.arrDatasource .objectAtIndex(indexPath.row) as! ResResultDataBaseModelBean
            cell! .updateViews(modelBean )
            return cell!
        }

        internal func tableView(tableView: UITableView, didSelectRowAtIndexPath indexPath: NSIndexPath){
            let vc = NewsDetailsViewController .instantiateViewController("NewsDetails") as? NewsDetailsViewController
            let modelBean = self.arrDatasource .objectAtIndex(indexPath.row) as! ResResultDataBaseModelBean
            vc?.modelBean = modelBean
            vc?.hidesBottomBarWhenPushed = true
            self.navigationController!.pushViewController(vc!, animated: true)
        }

```

```
    /**
     新闻接口请求数据
     */
    func fetchNewsListData() {
        SVProgressHUD.show()
        JuHeProvider.request(JuHe.GetNewsListByType("guoji")) {(result) -> () in
            NSLog("result: \(result)")
            SVProgressHUD.dismiss()
            switch result {
            case let .Success(response):
                do {

                    let baseModelBean =
Mapper<ResNewsListModelBean<ResResultDataBaseModelBean>>().map(try response.mapJSON())
                    NSLog("baseModelBean: \(baseModelBean?.reason)")

                    if let result = baseModelBean?.result {
                        self.arrDatasource = result.data
                        self.tabvLayout.reloadData()
                        for item in result.data! {
                            NSLog("title:"+item.title!)
                            NSLog("author:"+item.author_name!)
                        }
                    }

                } catch {

                }

            case let .Failure(error):
                guard let error = error as? CustomStringConvertible else {
                    break
                }
                SVProgressHUD.showErrorWithStatus("服务异常稍后再试!\(error)")
            }
        }
    }
}
```

实现的效果如图 29.20 所示，可以通过点击 TabbarController 标签控制器上的 tab，实现不同类型新闻的切换。

图 29.20

29.1.9　图片加圆角和助手类

圆角是 App 开发中经常需要解决的问题，一般都要求显示的图片加圆角，这里写了一个 UIView 的扩展，UIView 及其子类。该实现可以在代码中配置，也可以在 xib 或者 Storyboard 中进行配置，代码如下：

```
142
    @IBDesignable
    extension UIView {

        /**
         *  圆角半径
         */
        @IBInspectable var cornerRadius: CGFloat {
            get{
                return layer.cornerRadius
            }
            set (newCornerRadius){
                layer.cornerRadius = newCornerRadius
                layer.masksToBounds = true
            }
        }
        /**
         *  边界线颜色
         */
```

```
        @IBInspectable var borderColor: UIColor {
            get {
                return UIColor.init(CGColor: layer.borderColor! )
            }
            set (newBorderColor){
                layer.borderColor = newBorderColor.CGColor
            }
        }
        /**
         *  边界线宽度
         */
        @IBInspectable var borderWidth: CGFloat {
            get {
                return layer.borderWidth
            }
            set (newBorderWidth){
                layer.borderWidth = newBorderWidth
            }
        }
    }
```

在 Storyboard 中配置的方式如图 29.21 所示，在属性窗口中圈住的部分就是我们的扩展增加的属性。

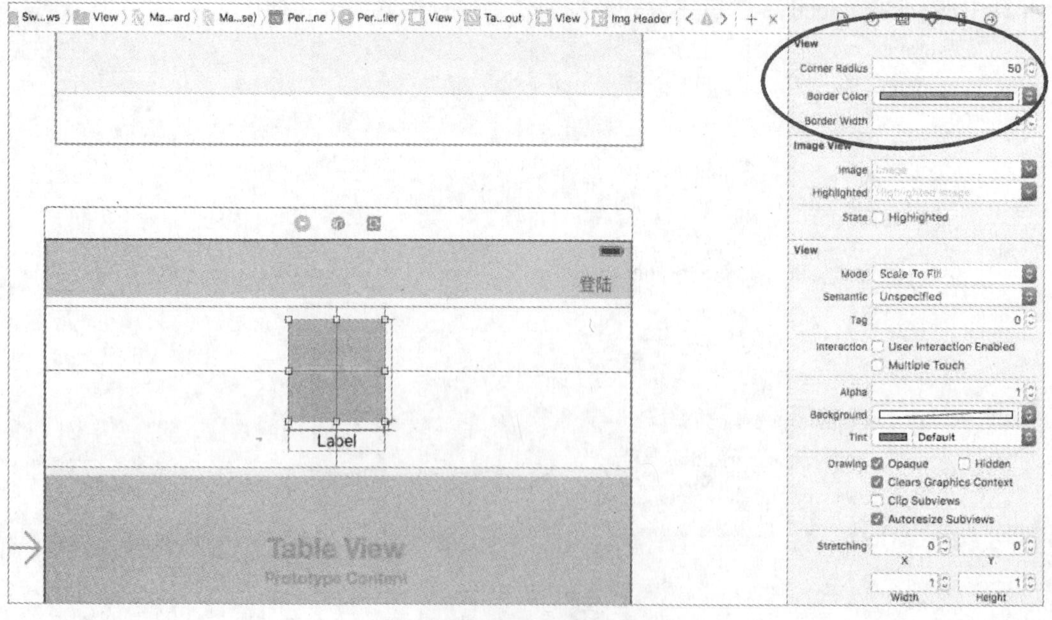

图 29.21

在 SwiftNews 项目中的“我”的这个模块，如果用户使用 QQ 登录，会获取到姓名和头像，并在此对 QQ 头像做圆角和边界线的处理，如图 29.22 所示。

图 29.22

29.2 小　结

本章通过 SwiftNews 项目实例，描述了一个比较完整的 iOS 开发的全过程，使用了 QQ 联合登录、ShareSDK 分享、TalkingData、聚合数据、LeanCloud 数据存储、LGPlusButtonsView、SVProgressHUD、KingFisher、Alamofire、ObjectMapper、Moya、Cocoapods 等平台或开源框架。

其中涉及的 Objective-C 第三方开源框架，是通过桥联的方式使用的，相似的技术，比如微信联合登录，可以举一反三。如果读者能一步一步扎扎实实地学习，从独自搭建一个项目开始做起，完成一个企业级别的 App，那么我们有理由认为 Swift 之星又多了一位。

应用程序的打包和发布

辛辛苦苦把自己的创意转化为现实，终于走到了万里长征的最后一步，这时你需要将产品上传至 App Store，让全球用户分享你的创意。

本章主要介绍 App Store 的现状、商业模式的变化，以及如何在 iTunes Connect 中创建一款新的 App，并将应用程序进行打包和上传。

此外，还分享了如何通过 xcodebuild 工具进行 App 的自动化打包。

30.1 iOS 应用商店概述

iOS 应用商店是 Apple 公司提供给移动应用个人开发者，或者大型公司发售自己开发出的在 iPhone、iPad、iPod Touch 甚至 mac OS 上的应用程序的地方，允许用户从 iTunes Store 浏览和下载为 iPhone SDK 开发的应用程序。用户可以免费使用或购买应用程序，将应用程序直接下载到 iPhone 或 iPad 等 iOS 移动设备上，如图 30.1 所示。

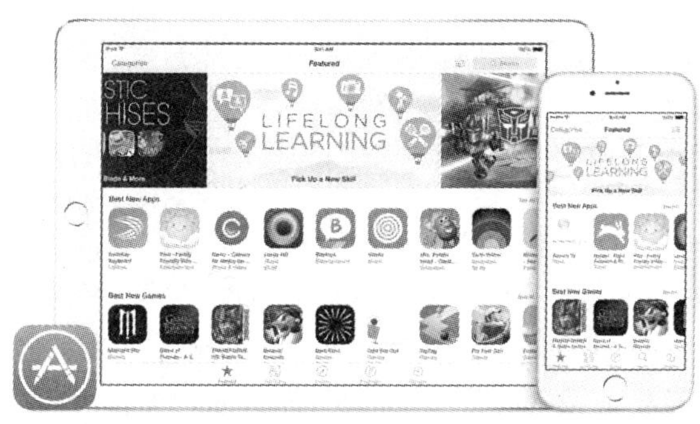

图 30.1

Apple 在 2008 年 3 月 6 日，向开发者推出了面向 iPhone 手机的应用开发包，以便第三方应用开发者进行面向 iPhone 及 iPod Touch 的应用程序的开发。继 SDK 推出之后，在同年的 7 月 11 日，苹果 App Store 正式上线。7 月 14 日，App Store 中可供下载的应用已达 800 个，下载量达到 1 千万次。

- App Store 已经问世 8 年，目前应用已经超过了 200 万。
- App Store 中应用的累计下载次数已超过 1300 亿。
- 截至 2016 年 1 月，Apple 向开发者累计支付了 400 亿美元。
- 2016 年元旦当天的总收入创下 App Store 历史最高纪录，达到 1.44 亿美元。这个数字也打破了 2015 年圣诞当天的单日收入记录。

用户购买应用所支付的费用，由 Apple 与应用开发商进行三七分成。分成制度的推出让全世界的软件开发者开始受益，他们意识到研发一款优秀的 App 将为自己带来巨大的收益。Apple 的这种策略调动了全球开发者的积极性，反过来也给 Apple 的终端用户提供了大量优秀的应用程序，从而实现了 Apple、用户和开发者三方共赢。

30.1.1 App Store 的重大更新

随着 App Store 中的应用程序越来越多，开发者发布的应用程序越来越难被发现，另一方面，App Store 中的刷榜行为也越来越严重，引起了 Apple 的注意。针对 App Store 出现的这些问题，Apple 公司全球市场营销高级副总裁菲尔 • 席勒于 2015 年底接手管理 App Store，并在 2016 年 6 月份，宣布对 App Store 进行以下三个方面的重大更新。

商业模式

首先 App Store 加入了全新的订阅模式，这意味着对于作为年费应用的 App，用户需要每年支付一定金额的订阅费来购买应用。这种全新的出售应用的模式，将使得推出订阅应用的开发者每年都可以获得一定的营收。并且当用户订阅第二年的服务时，Apple 对订阅应用收取的分成费用也将减少。

如果用户按年订购，开发者第一年获得受益的 70%，如果第二年继续购买订阅服务，开发者就可以获得 85%的收益，也就是说Apple向开发者支付更多的利润，以激励开发者提供内容更好、开发质量更高的应用程序。新的模式将适用于所有现有应用和订阅用户，而不仅仅是新的应用。

Apple 给开发者提供了 200 多个订阅价格点选择，当然开发者也可以自己确定新的价格点，让订阅空间更大。如果开发者选择增加订阅价格，用户会收到通知，而且用户需要对增加的价格授权。菲尔·席勒表示在用户授权之前，不会因为订阅价格的增加而增加收费。

搜索广告

应用发现是这么多年来开发者和用户吐槽最多的地方，是一个吃力不讨好的差事。Apple 最近对于应用发现也做出了一些创新，首先在精品推荐版块过滤已经安装在用户设备上的应用，使用户看到的都是新的、尚未安装的应用。另外 Apple 重新添加了类别标签，以便用户通过应用类别浏览和搜索应用。

App Store 最大的变化莫过于对开发者的应用提供了广告支持。与其让厂家求助于刷榜公司来提升产品的曝光度，不如由 Apple 自身创建一个公平的宣传平台。当用户使用一个关键词进行搜索时，在搜索结果页面上将会有且只有一个广告，Apple 还会明确标出它是广告，广告的内容和应用在 App Store 上的内容一模一样。并且 Apple 只接受 App Store 中开发者的广告，也就是说不会出现非 App Store 应用的广告。

开发者可以通过一个拍卖系统竞得广告的席位，在拍卖系统中没有最低起拍价的限制，也不会被某个厂商独家包揽，即使个人开发者也可以参与竞拍，Apple 也会严加管理，以确保竞拍系统的公平性。基于保护用户隐私的考虑，开发者虽然能够收到广告相关的报表，但报表中不会包含任何的用户数据。

应用审核

在 2016 年 6 月份之前，几乎所有的 iOS 开发者都对 Apple 的应用审核机制深恶痛绝。虽然所有人都知道审核是保证产品质量必不可少的环节，但是长达 7 天甚至更久的审核周期成了很多开发者的梦魇。尤其是在等待七天之后，才发现审核被拒绝，这时开发者需要再次上传一个新的版本并重新提交审核，那就又是另一个七天的漫长等待了。

2016 年 6 月之后，开发者发现应用审核的周期越来越短了，甚至有的开发者声称一天之内就通过审核。Apple 的应用审核小组的确就审核机制进行了优化，使审核速度大幅提升。Apple 公司平均每周能完成 100 000 次应用审核，并且通过全新的审核程序，加速了整个审核过程，同时保证 Apple 和用户预期的审核质量。Apple 表示不会跳过应用审核这一步，因为它对应用程序的质量和 App 市场的规范化起着非常重要的作用。

30.1.2 在 iTunes Connect 创建一个 App

iTunes Connect 是基于 Web 的一组工具集合，用来帮助开发者提交和管理在 App Store 中出售的应用程序。在 iTunes Connect 中可以检查合约状态、管理 iTunes Connect 和 In-App Puchase 程序内购买测试用户，获得销售数据和财务报告，查找程序崩溃的日志记录，设置应用程序的兑换码，添加和管理程序的元数据，进行二进制文件的管理以及查看用户在 App Store 中应用程序的评价信息。要使用上述功能，首先要进入 iTunes Connect 平台的登录页面 https://itunesconnect.apple.com/，然后使用 Apple Developer 账户，登录 iTunes Connect，登录后的界面如图 30.2 所示。

图 30.2

iTunes Connect 管理平台包含 8 个主要的项目，它们的功能描述如表 30-1 所示。

表 30-1 ITunes Connect 主要功能说明

内容	功能说明
我的 App	该功能是 iTunes Connect 的核心功能，主要用于应用程序的管理，其中涉及新应用程序的发布、版本的升级等
App 分析	展示应用程序的下载量、用户活跃度、用户地区分布、设备类型、程序版本类型、Crash 等信息
销售和趋势	在该栏目中，用户可以查看自己的应用程序在每天、每周及自定义日期范围的销售报告
付款和财务报告	用户可以在该页面中看到每月的财务报告，其中包含本月下载的次数、日期等信息
iAD	Apple 自己的广告分发平台，由于一直没有起色，目前该业务已经被 Apple 关闭
用户和职能	用于创建和管理 iTunes Connect 账户和 TestFlight 以及沙箱技术测试员账号，其中沙箱技术测试员账号可以进行内购功能的测试
协议、税务和银行业务	在此设置你在 App Store 中的营收账户，当你的营收超过 150 美金时，Apple 会将收益存入你在此设置的储蓄卡账号
资源和帮助	Apple 提供了影片类的教学素材，可以使开发者更快地掌握 iTunes Connect 的所有技能

创建一个 App

在 iTunes Connect 管理平台点击【我的 App】图标，进入应用管理界面，接着点击应用管理界面左上角的 + 图标，显示功能列表。在功能列表中可以选择创建 iOS 和 Mac 平台的应用程序，也可以创建一个应用程序套餐。这里选择【新建 App】选项，弹出新建 App 设置窗口，创建一个运行在 iOS 平台的应用程序，如图 30.3 所示。

在弹出的设置窗口中，首先需要选择应用程序的发布平台。平台选项下方的其他几个项目也是必须填写的，它们的具体功能如表 30-2 所示。

图 30.3

表 30-2 新建 App 窗口输入项目说明

项目	功能说明
名称	应用程序的名称不能超过 255 字节。在此不能使用和已有应用程序名称相同，或者只是差一些空格或符号的名称，尤其需要确保程序名称不要侵犯第三方的商标权和其他权利，否则应用程序有可能被从 App Store 移除。一旦提交应用程序后，名称只能在提交二进制文件对版本进行更新时，或者在程序状态为审核未通过时才可以修改
主要语言	待上传的元数据的语言。此处如果选择了简体中文，iTunes Connect 会认为你将以简体中文上传元数据，从而使你的应用程序可以被显示在支持简体中文的 App Store 中
套装 ID	可以理解为应用程序的唯一 ID，Apple 通过这个唯一 ID 来管理应用程序。创建新的应用程序时，最好为它重新创建一个 ID
SKU	由 UTF-8 编码的文字和数字组成的唯一的程序标识，是用来在 iTunes Connect 系统中唯一标识应用程序的字符和数字序列。SKU 号码一经确定，在任何情况下都无法修改

设置 App 信息

在 App 设置窗口中填写每个项目，然后点击【创建】按钮，创建一个新的应用程序。此时会进入 App 信息设置页面，如图 30.4 所示。

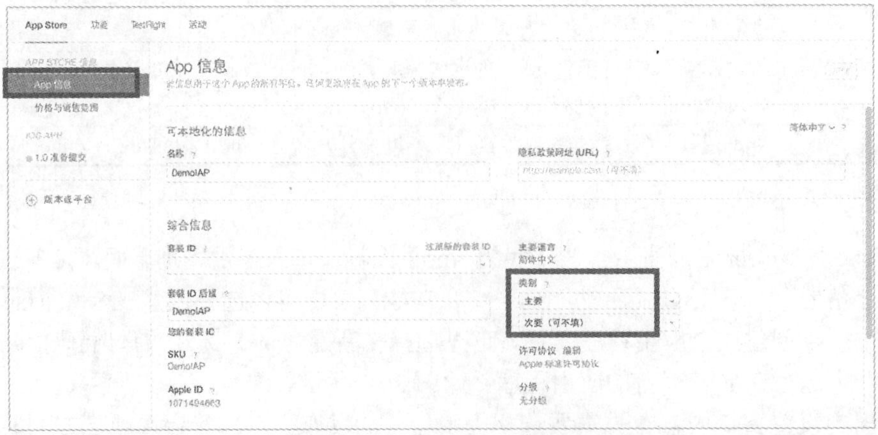

图 30.4

在 App 信息设置页面中，需要设置应用程序的主要类别和次要类别。在主要类别中选择最适合你的应用程序的类型，你的应用程序也将出现在 App Store 中的该类别分区。次要类别并不要求必须选择，但是最好提供一个作为首要类别不可用时的备份。第二个类别也提供了一些关键词以帮助用户找到你的应用程序。

对于游戏类的应用程序，子类别是用来详细地对游戏进行分类的。只有在你选择主要类别之后，才能选择游戏的子类别。游戏的子类别包含动作、冒险、竞技、策略等 19 个选项。

设置 App 价格和销售范围

点击图 30.4 页面左侧的【价格与销售范围】选项，设置应用程序的销售市场和销售价格，如图 30.5 所示。

图 30.5

在价格时间表设置区，可以设置应用程序在指定的日期范围内的价格，默认的日期范围是从发布成功的时间起，并且无结束日期的限制。开发者经常在此设置收费应用程序的限价促销活动。

在下方的销售范围设置区域，点击【编辑】按钮，可以弹出全球市场设置窗口，在该设置窗口中，可以设置应用程序在哪些国家和地区进行销售。在默认情况下，应用程序是面向全球所有国家和地区销售的。还有一点需要注意，由于创建的应用程序是无法删除的，所以可以在此处通过取消对所有国家和地区的勾选，从而使应用程序进入下架状态。

设置 App 的详细信息

点击左侧的【1.0 准备提交】选项，进入应用程序详细信息设置页面，在此页面中完成对 App 详细信息的设置，如图 30.6 所示。该页面是最重要的 App 设置页面，在此页面中设置的 App 图标、截图、关键词、详细描述等信息，对用户发现你的应用程序起着重要的作用，App 详细页面主要项目说明如表 30-3 所示。

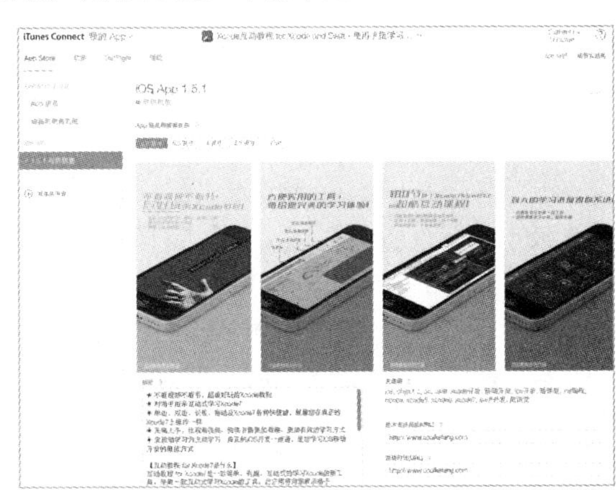

图 30.6

表 30-3　App 详细页面主要项目说明

内容	功能说明
截图	应用程序在 App Store 中的截图，需要为 4.7 英寸、5.5 英寸、4 英寸、3.5 英寸、iPad 和 iPad Pro 等设备设置相应分辨率的 1～5 张截图，其中 iPad Pro 不是必需设置的
关键词	描述应用程序的一个或多个关键词。用来帮助客户在 App Store 中搜索到精确的结果。可以通过填写和应用程序相关的词汇，增加应用程序的曝光度。关键词可以是单词或者短语，可使用逗号进行分隔，并且限制在 100 个字符以内
描述	用于对应用程序进行详细描述的文字。文字不超过 4000 个字符，为了更好地在产品页面上显示，推荐描述字数应该小于 580，这样用户不用点击 More 就可以查看完整的程序描述。描述文字和截图一样，是帮助用户做出购买决定的最重要的因素
版权	拥有应用程序所有权的个人或者公司。此处不推荐使用网址，正确的版权声明格式为：2016 酷课堂
Email 地址	如果在应用程序审核时出现问题，Apple 可以通过该邮箱联系到你。该邮箱地址对普通用户是不可见的
测试账号	如果你的应用程序需要登录才可以使用全部或部分功能，需要在此提供测试账号，供 Apple 审核人员使用

在该页面中填写必需的项目后，点击页面右上角的【存储】按钮，完成应用程序最终的配置操作。

30.1.3　打包 App 为 IPA 文件

你已经在 iTunes Connect 中创建了一个全新的应用程序，在提交应用至 iTunes Connect 之前，需要将应用程序进行打包。返回 Xcode 界面，对应用程序进行打包前的设置操作。首先在 Identity 设置区域，依次设置应用程序在设备上显示的名称、唯一标识符（需要和 iTunes Connect 创建的应用程序的唯一标识符保持一致）、版本号和编译号，如图 30.7 所示。

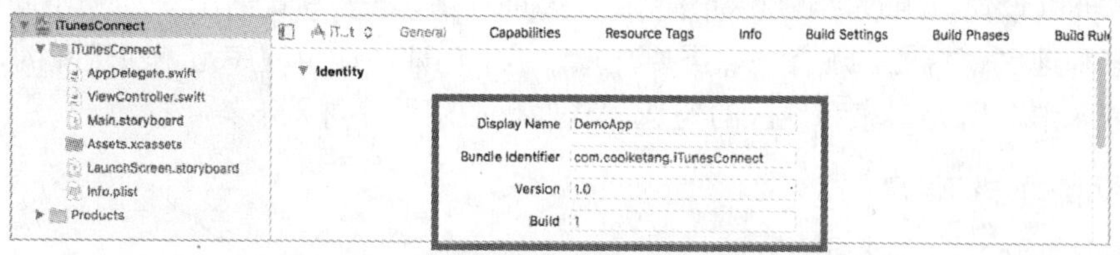

图 30.7

接着在 Development Info 区域设置应用程序的运行环境，依次设置应用程序支持的最小 iOS 版本号、设备类型、设备朝向等信息，如图 30.8 所示。

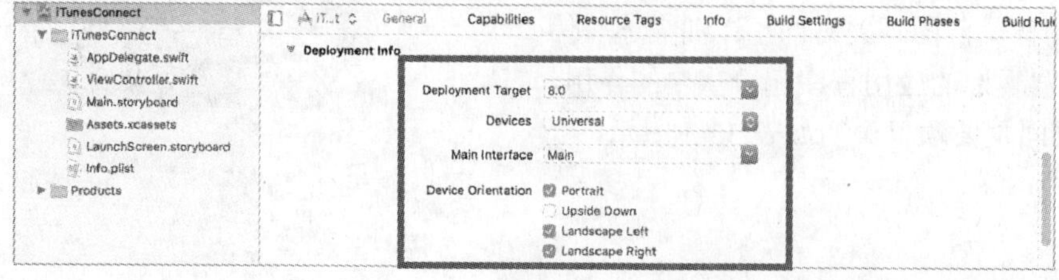

图 30.8

最后点击【Build Settings】标签，进入编译设置面板，然后在【Signing】设置区设置应用程序的 Code Signing 信息，并设置用于发布的 Provisioning Profile 配置文件（该文件的创建可参考本书第 1 章的相关内容），如图 30.9 所示。

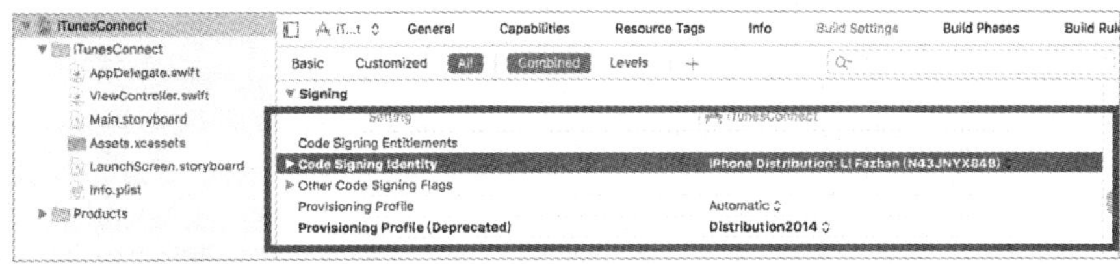

图 30.9

完成应用程序的配置之后，点击【Set the active scheme】并设置 active scheme 为【Generic iOS Device】选项，如图 30.10 所示。

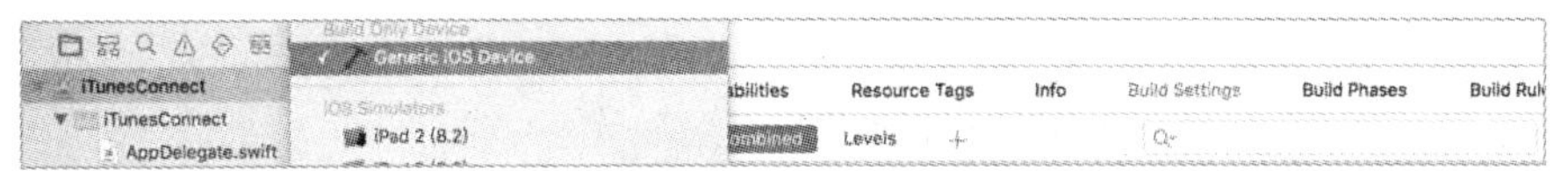

图 30.10

接着依次点击【Product > Archive】命令，开始对应用程序进行编译操作，编译成功后将自动打开 Archives 窗口，该窗口列出了所有历史的 Archive 文件，点击窗口右侧的 Export... 按钮，弹出【Select a method for export】窗口，如图 30.11 所示。在弹出窗口中选择【Save for iOS App Store Deployment】选项，然后点击【Next】按钮进入下一步设置页面。

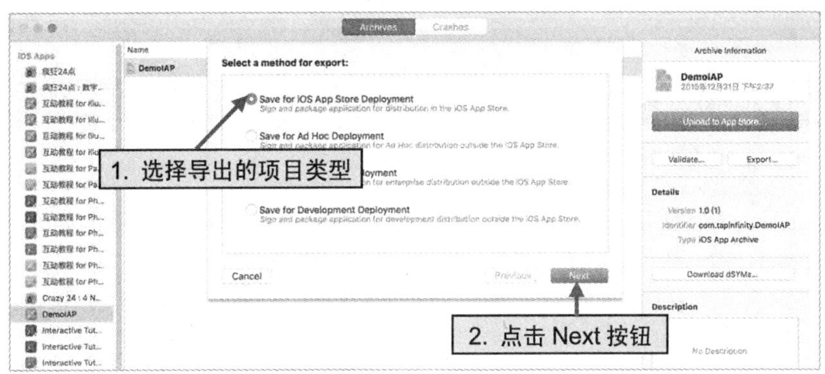

图 30.11

在接下来的设置页面中，选择压缩包输出的文件夹，即可完成应用程序的打包。输出的文件是 zip 压缩的 IPA 文件。

30.1.4 自动化打包 App

Xcode 拥有一个名为 xcodebuild 的可在终端执行的命令，可以让开发者对配置好的 iOS 项目进行自动化打包。开发者使用 xcodebuild 命令将项目编译成.app 文件，然后再使用 xcrun 命令将.app 文件进行签名并打包成.ipa 文件。

GitHub 中的一款名为 xcode_shell 的工具（https://github.com/ webfrogs/xcode_shell），对

xcodebuild 和 xcrun 命令进行了封装，不仅可以将 iOS 项目打包成.ipa 文件，还能将生成的.ipa 文件上传到指定的服务器，在操作完成后，向指定的邮箱发送通知邮件。

从 GitHub 下载 xcode_shell 工具并将其解压，解压后的文件夹如图 30.12 所示。

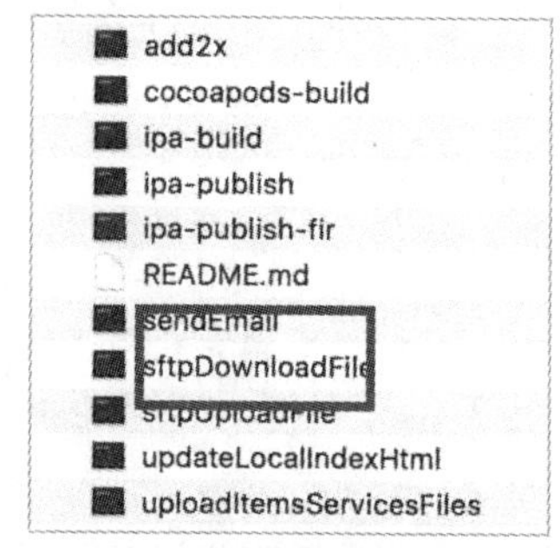

图 30.12

在使用 xcode_shell 工具之前，首先打开 Mac 电脑中的终端工具。需要首先使用 ipa-build 文件对项目进行编译，ipa-build 命令的格式如下所示：

```
ipa-build <project directory> [-c <project configuration>] [-o <ipa output directory>] [-t <target name>] [-n]
```

ipa-build 命令允许设置的参数如下所示：

```
-c NAME     the configuration of project used to compile.Default is Release
-o PATH     output path for ipa file(must be a directory)
-t NAME     the target which should be compiled
-w          build xcode workspace
-s NAME     the schemal to be used for compiling
-n          clean the project before compling
```

在终端窗口中，将 ipa-build 文件从所在的文件夹中，拖动到终端命令行的位置，接着将需要进行打包的项目所在的文件夹也拖到终端，这样就可以使用 ipa-build 命令对项目所在文件夹进行编译操作，如图 30.13 所示。

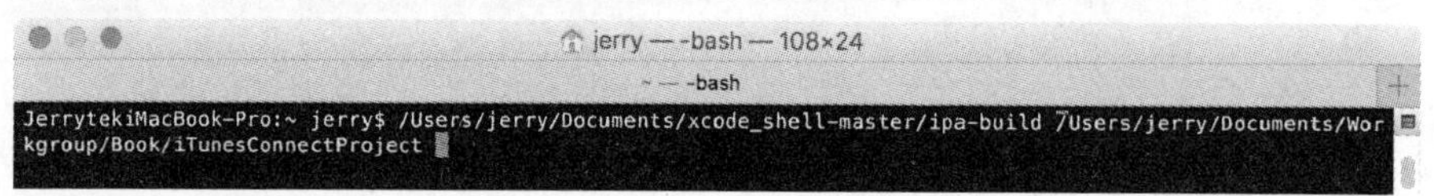

图 30.13

按下 Enter 键开始对项目进行编译，编译完成后，将在项目原文件夹下生成一个名为 build 的文件夹，并将编译后的.ipa 文件放置在该文件夹，如图 30.14 所示。

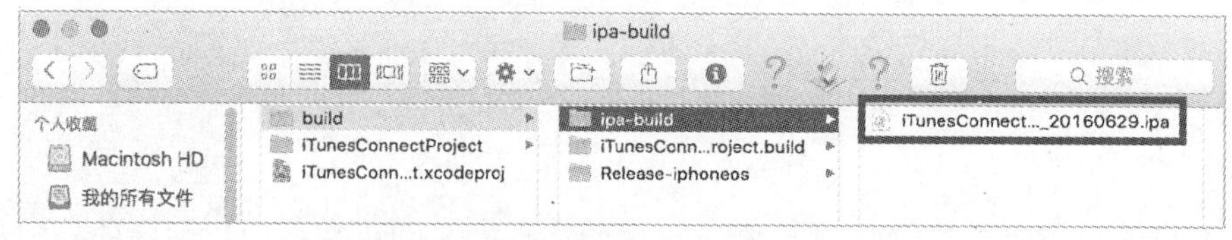

图 30.14

完成项目的编译后，使用 ipa-publish 命令对编译后的文件进行打包。在使用 ipa-publish 命令之前，需要对它进行一些编辑操作，使用文本编辑工具打开 ipa-publish 文件，并对 ipa-publish 文件中的部分属性进行修改。

```
#sftp 参数设置
sftp_server=115.28.158.22
sftp_username=coolketang.com
sftp_password=123456
```

```
32 sftp_workpath="/usr/share/appDemo"
33
34 #发布应用的 url 地址
35 pulish_url="http://115.28.158.22"
36
37 #以下是邮箱的相关设置
38 #收件人
39 email_reciver=appService@coolketang.com
40 #发送者邮箱
41 email_sender= appService @coolketang.com
42 #邮箱用户名
43 email_username=fzhlee
44 #邮箱密码
45 email_password=123456
46 #smtp 服务器地址
47 email_smtphost=smtp. coolketang.com
```

在第28～32行的代码中设置ftp的相关信息，在第35行代码中，设置.ipa发布后的网络地址，在第37～47行的代码中，设置邮箱的信息。当.ipa文件发布成功后，给指定的邮箱发送通知邮件。接着设置ipa打包后的文件名称：

```
48 cp ./ipa-build/*.ipa ./$target_name/demoProduct.ipa
49 #cp ../Icon@2x.png ./$target_name/${target_name}_logo.png
50 cd $target_name
51
52 #ipa 下载 url
53 #ipa_download_url=${pulish_url}/${target_name}/${target_name}.ipa
54 ipa_download_url=${pulish_url}/${target_name}/demoProduct.ipa
55 #itms-services 协议串
56 #ios_install_url="itms-services://?action=download-manifest&url=${pulish_url}/${target_name}/${target_name}.plist"
57 ios_install_url="itms-services://?action=download-manifest&url=${pulish_url}/${target_name}/demoProduct.plist"
```

依次在第159、165和第168行代码中，设置导出的.ipa文件的名称，以及使用itms-services协议串的plist文件的名称。

完成设置操作后，和使用ipa-build命令一样，依次将ipa-publish文件和项目的文件夹拖曳到终端命令行，如图30.15所示。

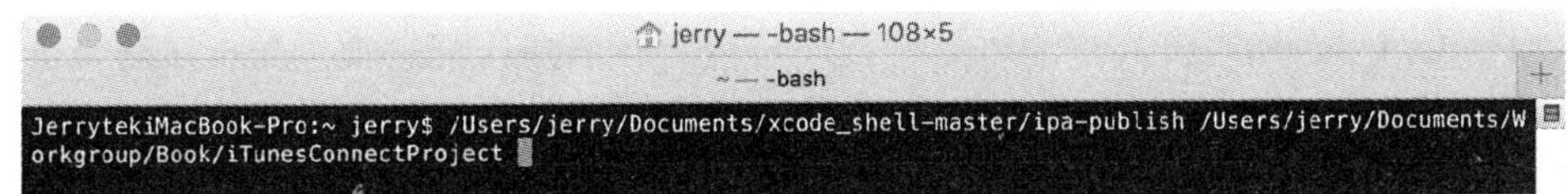

图30.15

按下Enter键开始ipa-publish命令的执行，ipa-publish命令执行后将在项目文件夹中创建一个和项目同名的子文件夹，包含了.ipa 文件以及用于内部分发的 plist 文件，如图 30.16 所示，并且往指定的邮箱发送一份通知邮件。

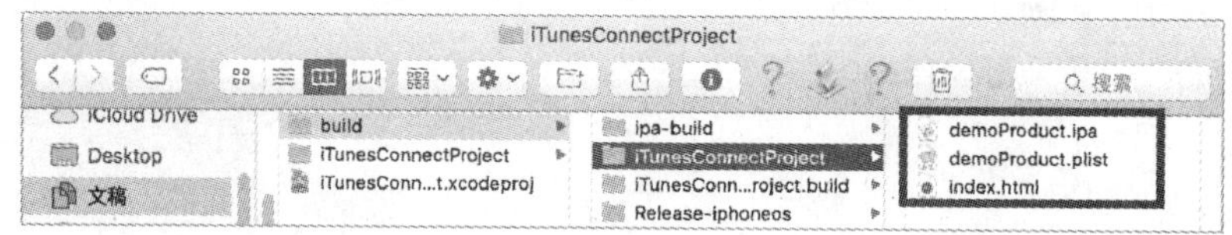

图 30.16

30.1.5 上传 App 至 App Store

开发者可以通过两种方式将应用程序上传至 App Store，第一种方式是在如图 30.11 所示界面的右侧，点击【Upload to App Store】按钮，Xcode 将自动对应用程序的配置信息进行验证，验证成功后将应用程序上传至 App Store。这种方式比较方便，但是由于无法查看上传的进度，所以比较适合体积较小的应用程序。

第二种方式是将项目打包为.ipa 文件后，使用 Application Loader 工具将其上传至 App Store。在 Application Loader 的登录窗口中，输入开发者账号和密码，然后点击登录按钮。登录后的界面如图 30.17 所示。

图 30.17

保持默认的【交付您的应用程序】选项，点击右下角的【选取】按钮，选择并打开在 30.1.3 节中打包的.ipa 文件，打开.ipa 文件后会显示应用程序的属性信息，确认无误后点击【下一步】按钮即可向 App Store 上传.ipa 文件。

30.1.6 配置构建版本并提交审核

将.ipa 文件上传至 App Store 之后，.ipa 文件将处于【正在处理中】状态，此时无法将.ipa 文件指定给 iTunes Connect 中创建的应用程序。通常在一个小时之后，.ipa 文件即可完成处理。此时返回 iTunes Connect，并再次进入应用程序待提交版本的详细设置页面，然后点击【请在提交 App 前先选择一个构建版本】，选择处理完的.ipa 文件，如图 30.18 所示。

然后点击右上角的【存储】按钮，保存当前的修改后的页面，接着点击【提交以供审核】按钮，进入提交前的确认页面，如图 30.19 所示。

图 30.18

图 30.19

首先在【出口合规信息】选项中，根据应用程序是否使用了加密或整合加密功能做出相应的选择。接着在【内容版权】选项中，如果你的应用程序使用了第三方版权的内容，需要选择【是】。比如你在赛车游戏中使用了宝马某型号的跑车，就需要取得该公司的授权。

在【广告标识符】选项中，如果在应用程序中投放了如 Admob、iAD 等广告服务商提供的广告，则需要选择【是】。

完成三个选项的设置后，点击右上角的【提交】按钮，将应用程序提交给 Apple 的审核人员。Apple 现在的应用审核周期已经大大缩短，一般 2～3 天内就会有审核结果。

如果在审核期间发现应用程序存在巨大的隐患，需要进行修改之后再重新提交审核，可以在正在等待审核的版本的详细信息页面，点击【remove this version form review】命令，取消当前的审核，如图 30.20 所示。

图 30.20

然后将应用程序修改后再重新打包（打包时需要使用不同的 build 号，因为 iTunes Connect 不接受相同 build 号的.ipa 文件），并重新上传打包后的.ipa 文件，重复之前的步骤，再次提交审核即可。

30.2 小 结

Apple 现任 CEO 蒂姆 • 库克在 2016 年 8 月做出了一个非常罕见的举动，他在自己的社交平台上歌颂了苹果的一款产品——最近上升势头非常明显的 App Store。

据悉，在 2016 年 7 月份 App Store 缔造了一个新纪录，该月 App Store 应用商店创造了新纪录，整月营业额及向开发者支付的分成金额双双创下了历史新高。Apple 支付给应用程序开发商的历史费用也创下了新高，超过 500 亿美元！自从 2008 年 Apple 推出自己的软件销售平台之后，Apple 和全球开发商们用了 8 年时间，终于将 App Store 打造成了一个 500 亿美元的平台。

尽管现在已经不像 2013 年那样，随便发布一款 App 即可收获不错的下载量和收益，但是这也是 App Store 正在趋于稳定和正规的标志。随着 App Store 的发展，大量粗制滥造的 App 逐渐被淘汰，只有那些将产品质量和用户体验放在第一位的 App，才会有更大、更长远的发展空间和机遇。